中等职业学校计算机应用与软件技术专业教学用书

数据库应用开发——Access实用教程

陈佳玉　主编

机 械 工 业 出 版 社

本书主要介绍 Access 系统的基础知识和基本技能，是按照“项目/任务驱动”的理念进行编写的。讲述过程中紧密围绕一个典型项目实例——“班级学生管理系统”，逐步进行系统的介绍，从数据库、表的设计到用户登录，再到报表的输出、项目的集成，各环节真正做到了环环相扣、紧密相连，将 Access 系统的基础知识和基本技能有机地结合在一起，进而使读者能够独立地开发和设计出界面合理、功能适用、模块丰富的数据库应用系统。

本书还结合教材中的具体内容，有针对性地安排了一些习题和电子教案，因而本书不仅适合各类中专、职高、技校相关专业作为教材使用，也可作为大专院校学生进行项目开发、毕业设计的参考书，还适合作为数据库设计爱好者的自学用书或参考书。

图书在版编目（CIP）数据

数据库应用开发：Access 实用教程/陈佳玉主编．—北京：机械工业出版社，2005.6（2017.1 重印）

中等职业学校计算机应用与软件技术专业教学用书

ISBN 978-7-111-16302-2

Ⅰ．数…　Ⅱ．陈…　Ⅲ．关系数据库－数据库管理系统，Access－专业学校－教材　Ⅳ．TP311.138

中国版本图书馆 CIP 数据核字（2005）第 055822 号

机械工业出版社（北京市百万庄大街 22 号　邮政编码 100037）
策划编辑：何月秋　邓振飞
责任编辑：邓振飞　版式设计：张世琴
责任校对：李秋荣　责任印制：常天培
北京机工印刷厂印刷（三河市南杨庄国丰装订厂装订）
2017 年 1 月第 1 版第 7 次印刷
184mm×260mm · 23.75 印张 · 585 千字
14 001—15 500 册
标准书号：ISBN 978-7-111-16302-2
定价：39.80 元

凡购本书，如有缺页、倒页、脱页，由本社发行部调换

电话服务	网络服务
服务咨询热线：010-88379833	机 工 官 网：www.cmpbook.com
读者购书热线：010-88379649	机 工 官 博：weibo.com/cmp1952
	教育服务网：www.cmpedu.com
封面无防伪标均为盗版	金 书 网：www.golden-book.com

中等职业学校计算机应用与软件技术专业教学用书

编委会名单

本书主编　陈佳玉

本书副主编　邹贵财

本书参编　刘　群　钟育煌　杜欣志

本书主审　梁锦波

序

首先感谢您选择了这套为您量身定做的“中等职业学校计算机应用与软件技术专业教学用书”!

根据教育部、信息产业部关于确定《职业院校开展计算机应用与软件技术专业领域技能型紧缺人才培养培训工作的通知》和教育部职教司关于制定《2004～2007年职业教育与培训教材开发编写计划》的通知，针对目前图书市场上中职计算机教材的状况，我们组织了来自珠江三角地区和北京地区的12所知名职业技术学校、技师学院、技校的30多名有丰富教学经验的专业教师、企业专家和IT业代表共同研讨、编写、审定了这套针对性、实用性较强的“中等职业学校计算机应用与软件技术专业教学用书”。

目前图书市场上计算机类教材非常多，但是真正面对中职层次实用、好用的教材为数不多。现有的绝大多数教材体系将知识学习与专业技能训练完全剥离开来，学生在学知识时，并不知道学了有什么用、什么时候能用得上、如何用；而在训练专业技能时，又往往出现不知道要用到哪些知识、如何来解决实际问题。使用这样的教材来进行教学，教师难教，学生难学，教学效果不理想。

为解决中职教师和学生的困惑，我们采用当前中职教育大力提倡的“项目驱动”及“任务驱动”模式建构了新的教材体系。在本套教材中，我们坚持摒弃以往“就知识讲知识”的传统做法，把知识点的学习与专业技能的训练有机地结合起来，从最有利于学生学习的角度来组织教材，充分体现“以学生为主体”的主导思想。

与高等教育（强调理论体系的完整性、知识的全面性，要求具备今后从事研究工作的扎实理论基础）不同的是，职业技术教育以培养动手能力强、技能水平高、面向企业实际应用的技能型专门人才为主要目标，因此我们在编写教材时始终坚持以下几个原则：

1. 针对性强——结合中职学生的实际情况，以项目和任务驱动的教学手法，让学生在训练和提高专业技能的同时，完成对相应知识点的理解和掌握；让学生在自主地、逐步解决实际问题的过程中不时地享受成功的喜悦，增强自信心。

2. 培养目标明确——始终坚持专业技能人才的培养方向，强调“先会用，后总结，再理论提高”；内容安排上符合认知规律，由浅及深，由易到难。

3. 依据清楚——本套教材以教育部《中等职业学校计算机应用与软件技术专业领域技能型紧缺人才培养培训指导方案》为依据，并尽可能多地与相关专业国家职业资格考证标准相结合，力求使教材内容覆盖相应技能鉴定的各项要求，使学生在课程学习结束时可以参加考证，对学习成果有一个非常明确的检验标准。

4. 时效性强——除了保证使用最新的软件版本、最新的技术外，在项目和任务的设计上也充分考虑到实用性，尽量贴近企业的岗位用人需求，这也是我们这次编委会邀请企业技术专家参与的补衷之一。

5. 教学理念新——改变传统教材“以教师的教为主”的思路，树立起“以学生的学和练为主”的先进教学理念。因为技能是通过学生一遍一遍地练会的，而不是听老师讲课听会的。相信这一点能得到大家的认可，也会在教材的使用过程中进一步得到验证。

6. 方便教学——本套教材为教师教学提供了很多方便，大部分教材都附有电子教案或教学课件，部分教材随书附有光盘。内容包括各章节的电子教案、完成书中项目或任务所需的素材、完成项目或任务实现的效果图、源程序、该课程考核模拟试题和习题答案等。其中很多素材都可以直接或稍作改动应用于教学，有效地减少了教师的备课时间，让教师把更多的时间和精力放到如何改善和提高教学效果上来。

本套教材包括计算机软件专业、计算机网络技术及应用专业、多媒体应用技术专业等三个专业方向共 25 本教材（详见封四书目）。

本套教材在编写过程中得到了参与本套教材开发项目的各院校领导的大力支持和帮助，全体编审人员也积极配合、通力合作，为完成高质量的教材付出了艰辛的劳动，在此对他们一并表示由衷的感谢！

在全体编审人员的共同努力下，本套教材有 13 本被评为“教育部职业教育与成人教育司推荐教材”，经教育部确认，特聘请了 26 位有丰富教学经验的专家教授担任审定专家，从而保证了本套教材的质量，在此谨对参与本套教材审定的各位专家表示深深的敬意和衷心的感谢！

虽然我们力求将本套教材做到最好，但由于时间和编审者的水平有限，教材中的错漏之处在所难免，殷切希望广大读者对我们的教材提出宝贵的意见和建议。

需要电子教案或教学课件的教师可登录机械工业出版社教材网 http：//www.cmpedu.com 或机械工业出版社网站 http：//www.cmpbook.com 下载，也可与机械工业出版社技能教育分社联系：（010）88379534。

在书末附有“读者意见反馈表”，真诚期待广大读者的意见和建议，以便我们更好地为您服务。

本套教材编委会

前　言

本书是根据国家《中等职业学校计算机应用与软件技术专业领域技能型紧缺人才培养培训指导方案》，针对目前中职计算机教材“就知识讲知识”的不足现状，以“项目驱动”教学构建教材体系编写的。编写时将知识点与专业技能训练有机结合，从最有利于学生学习的角度组织教材，充分体现了“以学生为主体”的主导思想。

开发数据库项目，许多程序员都使用高级语言编程实现。其实，Access 也是数据库应用开发的理想选择。Access 2003 是微软公司不久前发布的一款最新的桌面数据库管理系统，其友好的工作界面、面向对象的操作理念、强大的网络支持，使得它一推出就受到广大用户的欢迎。它不仅适于用作高级语言编程的后台数据库管理支持，还可以作为软件项目的前台开发工具，尤其是 Access 2003 所具有的操作简单、功能齐全、学习容易的特点，使其更受初学者青睐，它能让初学者在短期内学会 Access。

本书通过大量的具体实例，详细而系统地讲述了 Access 系统的基础知识，包括数据库中各种对象的设计和使用、VBA 编程等。只要读者具有一般的计算机操作基础，通过本书来学习 Access，即使没有系统的编程知识和编程经验，都有望很轻松地掌握 Access，并能用 Access 进行数据库开发工作。

本书按照“项目/任务驱动”理念进行编写，几乎所有内容的学习都以任务的形式展开，这些任务操作性强、内容具体、要求明确，非常便于读者的操作和理解。在内容上，本书围绕一个典型项目实例“班级学生管理系统”来逐步展开 Access 系统基础及应用技巧的介绍，从数据库、表的设计到用户登录，再到报表的输出、项目的集成，按照数据库应用开发的模块设计顺序详细地阐述了实用系统的开发设计过程，同时把 Access 系统的基础知识和技能融合在各个“任务”的操作实践当中，只要读者按照教材进程一步一步地做下去，就能开发设计出一个界面合理、功能实用、模块丰富的数据库应用系统，并全面掌握 Access 系统知识，一举两得。作为 Access 系统的综合应用，本书还介绍了“小超市销售管理系统”、“网络留言薄系统”两个有代表性的数据库项目的设计开发，它们既可用作读者提高开发水平，学习 Access 系统的编程技巧，也可用于学生项目实习，拓展 Access 系统的应用范围，为读者设计 Access 系统提供参考思路 。

本书结合教材中的具体内容，有针对性地安排了习题、电子教案，不仅适合各类中专、职高、技校相关各专业作为教材使用，也可作为大专院校学生进行项目开发、毕业设计的参考书，还适合作为数据库设计爱好者的自学用书或参考书。

本书由一批从事数据库开发多年、拥有丰富的编程教学经验的教学第一线教师合作编写，在本书的编写过程中，充分考虑了学习者的能力和基础，注意循序渐进，力求易教易学。全书由陈佳玉担任主编，邹贵财任副主编，其中第 5、7、13、15 章由陈佳玉编写，第 4、6、10、11、12、14 章由邹贵财编写，第 1、2、9 章由刘群编写，第 3、8 章由钟育煌编写，杜欣志也参加了本书的编写工作，教材中的数据库项目由陈佳玉、邹贵财开发设计，全书由梁锦波担任主审。

由于作者水平有限，加上编写、出版时间仓促，书中难免有错漏和不妥之处，恳请广大读者批评指正。

编　者

目 录

第 1 章　初识 Access 2003

本章应知
1. Access 2003 的安装环境 2. Access 2003 的安装方法 3. Access 2003 的系统界面 4. Access 2003 的主要功能

本章应会
1. Access 2003 的系统安装 2. Access 2003 的启动与退出 3. 获取 Access 2003 的系统帮助

1.1　Access 2003 简介

Access 是 Microsoft 公司著名的办公套装软件 Office 中的组件之一。Access 2003 也是 Microsoft 公司推出的一款较新的优秀数据库管理软件，目前已经获得相当广泛的应用。它是在 Windows 2000 或 Windows XP 环境下运行的一种关系型数据库管理系统，同其他关系型数据库管理系统相比，Access 的功能非常强大且操作简单，可以帮助用户轻而易举地建立数据库应用程序。

1.2　Access 2003 的安装

安装任何一个软件，首先都要了解该软件的安装环境，再学习其安装方法。正确地进行安装，也是全面使用该软件的前提。本节介绍 Access 2003 的安装方法和过程。

1.2.1　Access 2003 的安装环境

安装 Access 2003 系统的软、硬件环境要求如下：

（1）与 IBM 兼容的 Pentium Ⅱ 233MHz 或更高频率的处理器。

（2）至少 128MB 内存。

（3）245MB 以上的硬盘空间及 115MB 的系统空间（所需硬盘空间随用户安装的组件数目的不同而不同）。

（4）VGA（800 × 600 像素或更高分辨率）显示器，256 色或更高。

（5）Microsoft 鼠标或兼容设备。

（6）安装了 Service Pack3 的 Microsoft Windows 2000 或 Windows XP 操作系统。

1.2.2 安装 Access 2003

Access 2003 是作为 Microsoft 公司的 Office 2003 的一个组成部分一并发布的，用户在安装时可以选择是否安装 Office 2003 的其他组件。按照安装位置的不同，Access 有 3 种不同的安装方法，即可以将 Access 安装在本地硬盘、网络服务器或网络工作站上，对于个人用户，我们通常将其安装在本地硬盘驱动器上。

要安装 Access 2003，请首先购买正版的 Office 2003 安装盘，它一般连同 Office 2003 的其他组件以光盘的形式提供给用户。现在以 Windows 2000 系统为例，介绍 Access 2003 安装的过程。

任务 1 安装 Access 2003

Access 2003 的安装方法如下：

（1）把安装光盘放入光驱中，系统便会自动启动安装程序，如果系统未能自动启动安装程序，则可以打开光盘根目录，用鼠标双击安装文件中的 setup.exe；还可以单击 Windows 任务栏上的【开始/运行】菜单项，在出现如图 1-1 所示的“运行”对话框中输入 G:\setup.exe（G：盘为光盘驱动器），单击“确定”按钮，安装程序即开始运行，如图 1-2 所示。

图 1-1 “运行”对话框

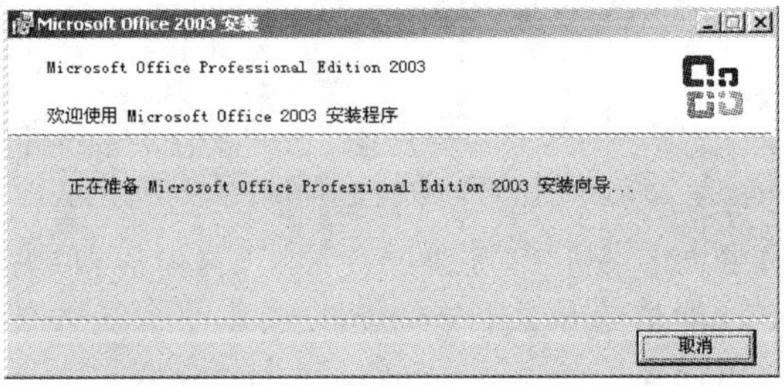

图 1-2 安装程序运行窗口

（2）接着要求输入 Office 的产品密钥，如图 1-3 所示，输入正确的密钥，再单击“下一步”按钮。

（3）如图 1-4 所示，输入用户信息，单击“下一步”按钮，出现安装类型选择窗口，如图 1-5 所示。

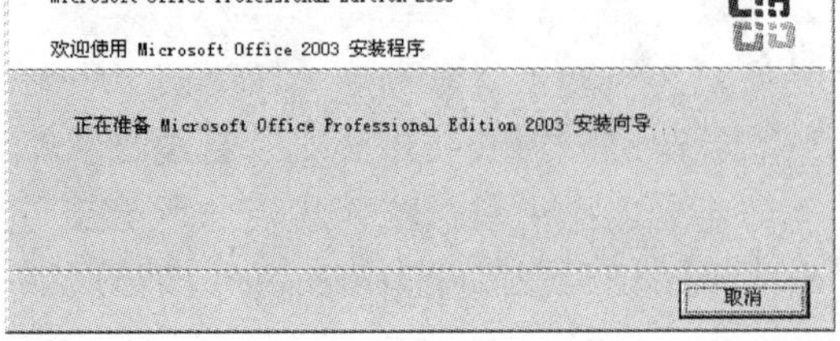

图 1-3 产品密钥窗口

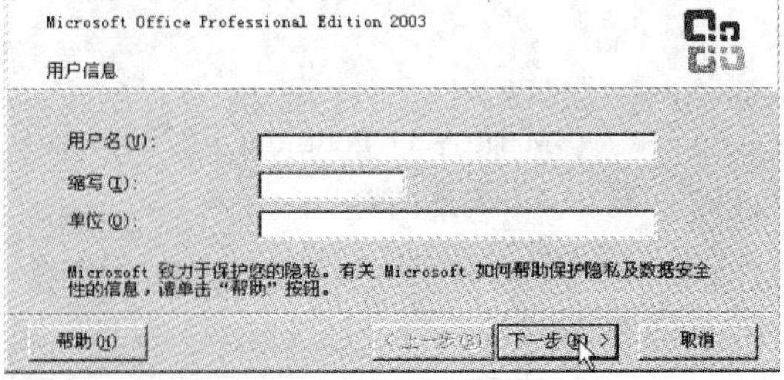

图 1-4 用户信息窗口

(4) 在安装类型选择窗口中，用户可根据自己的需要选择合适的类型，此处选择“自定义安装”方式。单击“浏览”按钮，可选择 Access 2003 的安装路径，若不进行选择，则安装在系统的默认路径。最后单击“下一步”按钮，出现自定义安装窗口，如图 1-6 所示。

注意：Access 2003 提供了多种安装类型，它们是：升级（若计算机内已安装过 Access 2000 则有该项）、完全安装、最小安装、典型安装和自定义安装等，这赋予了用户极大的便利。

(5) 在自定义安装窗口中，选中 Access，表示安装 Access 系统，再选中“选择应用程序的高级自定义”选项，单击“下一步”按钮，出现“高级自定义”窗口，如图 1-7 所示。

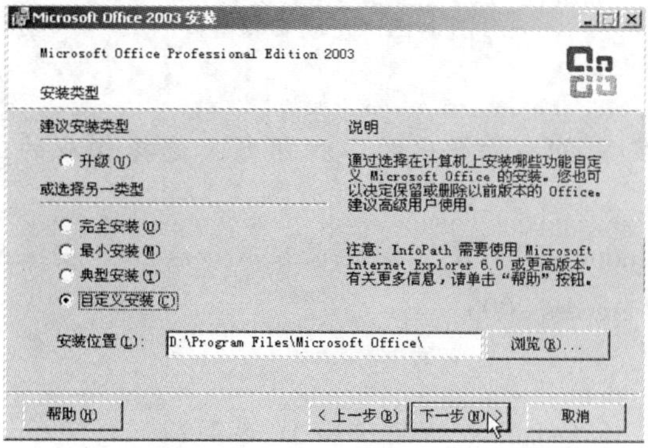

图 1-5　安装类型选择窗口

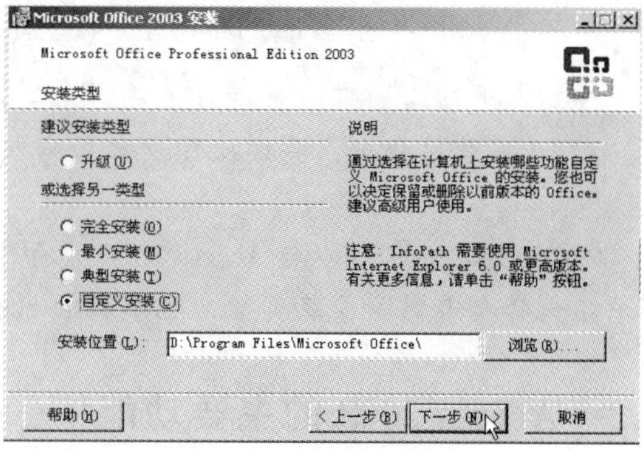

图 1-6　自定义安装窗口

(6) 在高级自定义窗口中，把所有 Access 的组件都选择为“从本机运行”，以方便 Access 2003 的使用，单击“下一步”按钮，出现安装摘要窗口，如图 1-8 所示。

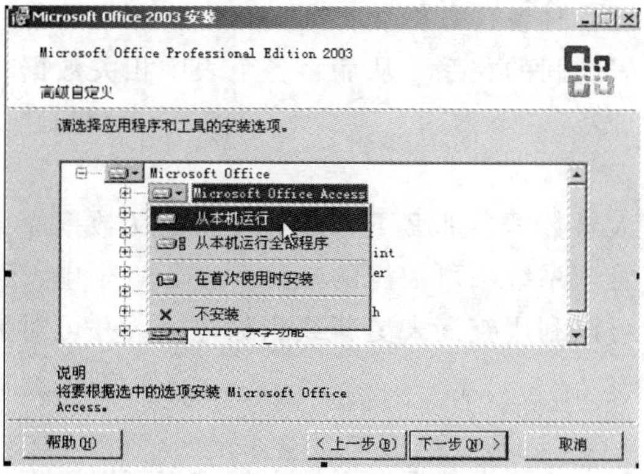

图 1-7　“高级自定义”窗口

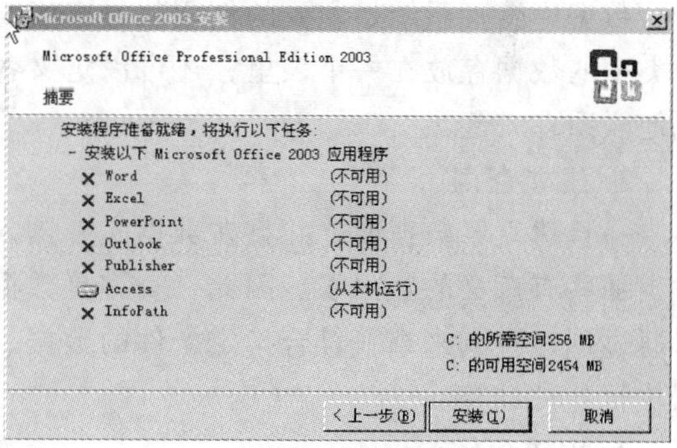

图 1-8　安装摘要窗口

(7) 在安装摘要窗口中，向导显示 Office 组件的选择情况，若要重新修改组件的选择，可以通过单击“上一步”按钮返回到前面的安装对话框。确认所要安装的 Office 组件选项无误后，单击“安装”按钮，系统将开始安装，如图 1-9 所示。

(8) 安装程序会自动将有关的文件复制到相应目录下，这一过程不需要直接干预，几分钟后，安装完成，出现安装已完成窗口，如图 1-10 所示。建议在 Office 2003 的安装过程中不要在同一机器上运行大型的程序。安装结束后，一般情况下安装向导会提示重新启动计算机。计算机重启后，Windows 会对系统进行重新设置，此后，就可以正式使用 Access 2003。

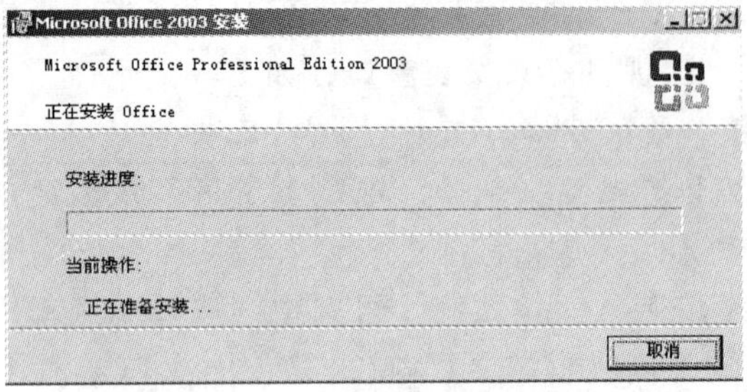

图 1-9　安装进度窗口

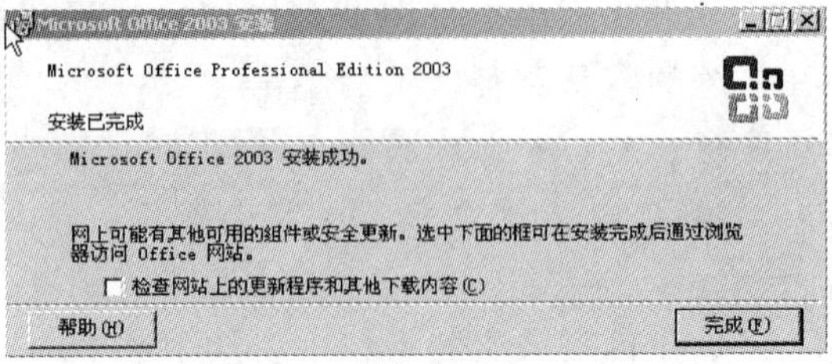

图 1-10　完成安装窗口

注意：

1）在安装过程中，要按操作步骤正确回答安装向导所提出的各种问题，选择相应的选项。

2）Access 2003 可以与 Access 2000 共存于 Windows 2000 中，但要求在 Access 2003 安装过程中不选择“升级”安装类型，也不删除原有的 Access 2000。

1.3　Access 2003 的主要功能

Access 提供了一整套用于组织数据、建立查询、生成窗体、打印报表、共享数据以及支持超级链接的工具，使用它可以完成很多工作。

1. 组织数据

数据库管理系统最主要的作用就是组织、管理各种各样数据。在 Access 中，可以将每一种类型的数据存放在一个表里，还可以定义各个表之间的关系，从而将各个表中相关数据有机地联系在一起。

2. 建立查询

一旦建立了数据库，并且在数据库中输入了大量数据，那么下一步工作就是从数据库中找出那些有意义的数据了。因此，查询是数据库管理系统不可缺少的工具。在 Access 中，可以通过创建查询来查找符合指定条件的数据，也可以利用查询来更新或删除记录，并可对数据执行各种计算。

3. 生成窗体

窗体是用户和数据库应用程序之间的主要接口，窗体在数据库系统中的应用可以极大地提高数据操作的安全性，可以丰富用户操作界面。在 Access 中，一方面可以创建窗体直接查看、输入和更改表中数据。另一方面也可以通过创建的窗体来实现功能的选择。

4. 打印报表

在实际工作中，往往需要将各种数据或查询结果以书面报表形式与同事或上级进行交流。在 Access 中，可以通过创建一个报表来分析数据或将数据以特定方式打印出来。

5. 共享数据

Access 本身不但具有强大、方便的数据管理功能，还提供了与其他应用程序的接口，即数据的导入及导出。通过这些功能，可以将其他系统的数据库数据导入到 Access 数据库中，也可以将 Access 中的数据导出成为其他形式的数据，如文本格式、Excel 格式、Dbf 格式等，实现数据共享，Access 具有很强的数据转换能力。

6. 支持超级链接

超级链接是浏览器（如 Internet Explorer 或 Navigator）中一段具有“跳转”功能的文本或图标，用鼠标单击它，浏览器中的页面就会跳到该链接所指向的网络对象。在 Access 中，用户可以将某个字段的数据类型定义成超链接，并且将 Internet 网络或局域网中的某个对象赋予这个超链接，这样，当用户在数据表或窗体中单击超链接字段时就可以启动浏览器并进入该链接所指向的对象。

7. 建立应用系统

Access 提供了宏和 VBA，利用它们可以将各种数据库对象连接在一起，从而形成一个数据库应用系统。这样，用户就可以使用数据库应用系统来完成不同的操作，提高工作效率。另外，Access 还提供了“切换面板管理器”，可以将已经建立的各种数据库对象连接在一起，以它特有的优美生动的菜单形式提供给用户使用。在 Access 中，建立数据库管理系统比用其他编程语言来实现显得更容易，它甚至不需要用户编写太复杂的程序，只通过一定步骤的操作就能构造出实用的数据库管理系统，避免复杂的代码编写和程序调试。功能强大，操作简单，这正是 Access 的明显优势之一。

1.4　Access 2003 的启动与退出

使用 Access 2003 的第一步，就是熟练掌握 Access 2003 的启动和退出操作。本节用 4 个任务来介绍 Access 系统启动和退出的各种方法。

1.4.1　Access 2003 的启动

任务 2　启动 Access 2003 的三种方法

启动 Access 2003 的三种方法如下。

1. 方法一

（1）打开 Windows 的【开始】菜单，选择【程序】选项。

（2）在【程序】菜单下，单击 Microsoft Access 选项，即可启动 Microsoft Access 系统，如图 1-11 所示。

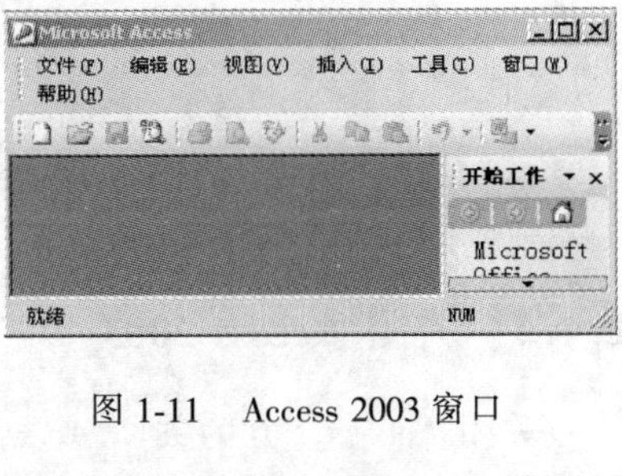

图 1-11　Access 2003 窗口

2. 方法二

（1）单击 Windows 系统任务栏上的【开始/运行】菜单，打开“运行”窗口。

（2）在“运行”窗口中，输入 Access.exe 文件名称，如图 1-12 所示。

（3）在图 1-12 中，单击“确定”按钮，即可启动 Microsoft Access 系统，如图 1-11 所示。

3. 方法三

双击桌面上已建立的 Access 2003 的快捷方式，如图 1-13 所示，这也是启动 Access 系统的最快捷的方式之一。

图 1-12　“运行”窗口

图 1-13　Access 2003 桌面快捷图标

注意：此方法要求在桌面已有 Access 2003 的快捷图标。

任务 3　打开已有的数据库

1. 任务要求

打开“图书管理”库，进入 Access 系统界面。

假设系统已经建立了一个数据库“图书管理”，通过打开该数据库可以直接进入 Access 系统界面。

2. 操作步骤

(1) 启动 Access，单击 Access 系统菜单中的【文件/打开】菜单项，如图 1-14 所示。

(2) 在弹出的“打开”对话框中，选中要打开的数据库“图书管理”，单击“打开”按钮，即进入 Access 系统界面，如图 1-15 所示。

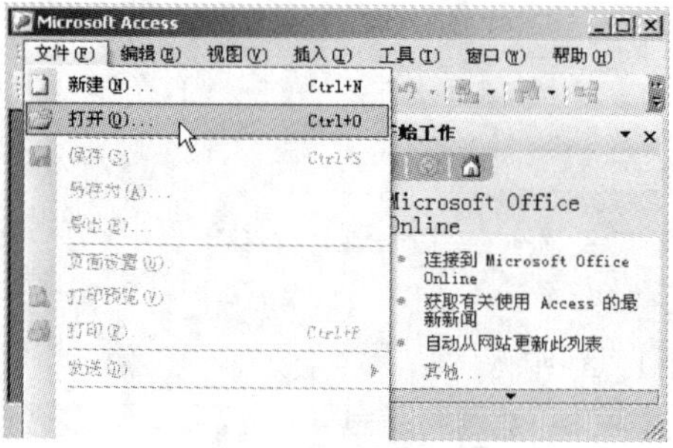

图 1-14　选择【文件/打开】

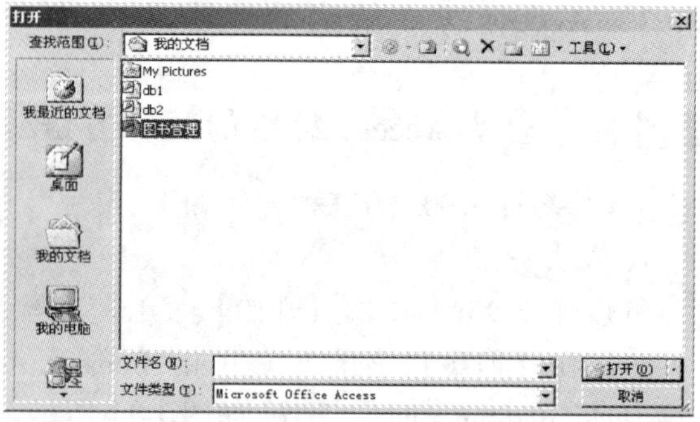

图 1-15　“打开”对话框

1.4.2　关闭 Access 2003

关闭 Access，分为关闭 Access 系统中的数据库与退出 Access 系统两种情况，以下用两个任务说明这两种操作的多种方法。

任务 4　关闭 Access 2003 中的数据库文件

完成了数据库的操作后，关闭该数据库的方法有如下 3 种，如图 1-16 所示。

（1）方法一　单击“数据库”窗口右上角的“关闭”按钮。

（2）方法二　双击“数据库”窗口左上角的“控制”菜单图标。

（3）方法三　单击“数据库”窗口左上角的“控制”菜单图标，然后从菜单中选择【关闭】。

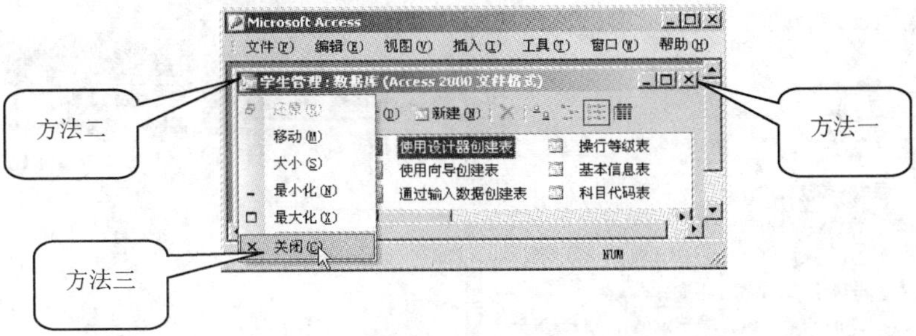

图 1-16　关闭数据库的 3 种方法

任务 5　退出 Access 2003 的五种方法

完成了数据库的操作后，关闭 Access 2003 的方法有如下 5 种：

（1）方法一　单击 Access 2003 窗口右上角的“关闭”按钮，如图 1-17 所示。

（2）方法二　双击 Access 2003 窗口左上角的“控制”菜单图标，如图 1-17 所示。

（3）方法三　单击 Access 2003 窗口左上角上的“控制”菜单图标，然后从菜单中选择【关闭】，如图 1-17 所示。

（4）方法四　单击 Access 2003 窗口菜单栏中【文件/退出】，如图 1-18 所示。

（5）方法五　右击 Access 2003 窗口标题栏，出现快捷菜单，然后从菜单中选择【关闭】，如图 1-19 所示。

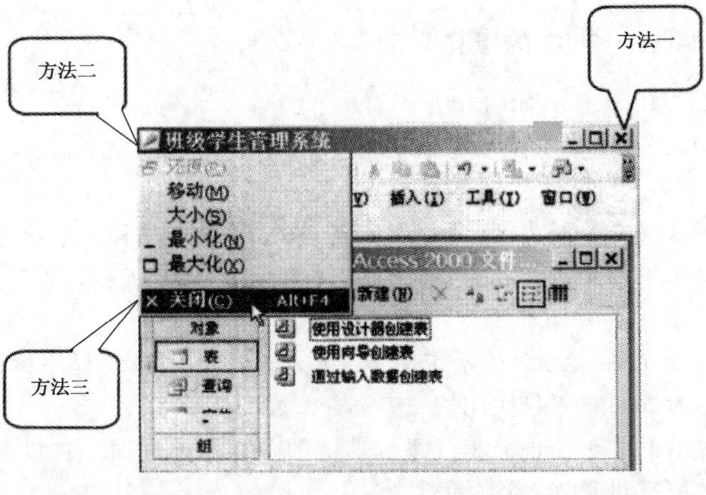

图 1-17　退出 Access 2003 方法之一

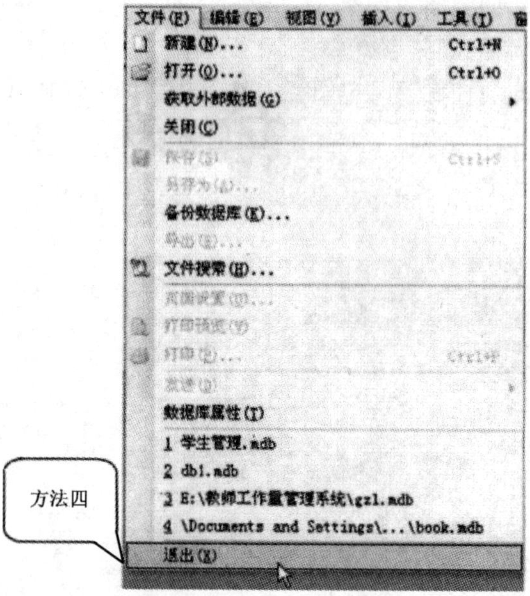

图 1-18 退出 Access 2003 方法之二

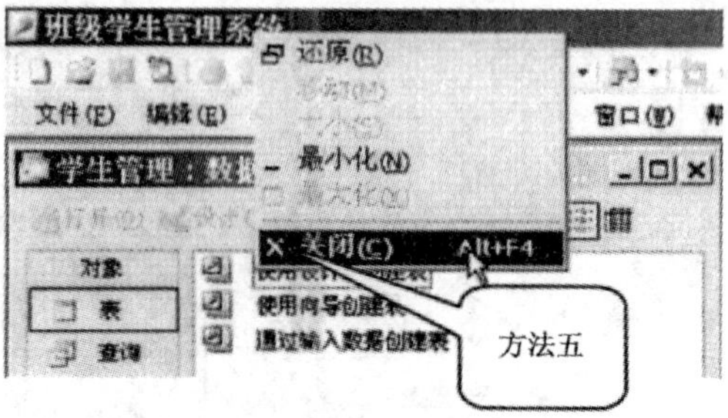

图 1-19 退出 Access 2003 方法之三

注意：退出 Access 系统，也会使 Access 系统中打开的数据库文件关闭。

1.5 Access 2003 的系统界面

要掌握 Access 2003 系统的使用，首先要熟悉 Access 2003 系统界面，本节通过 3 个任务来说明 Access 2003 系统界面的组成。

1.5.1 认识 Access 2003 的工作界面

任务 6 认识 Access 2003 的工作界面

1. 认识 Access 2003 工作界面的方法

（1）参照前面章节描述的操作方法，启动 Access 2003，出现 Access 2003 界面，如图 1-20 所示。

（2）观察 Access 2003 系统界面，与 Microsoft Office 其他应用程序系统界面十分相似，同样包括标题栏、菜单栏、工具栏、工作区和状态栏，如图 1-20 所示。

2. 知识要点

（1）标题栏是由 Access 2003 的系统图标、Access 2003 的系统程序标题、最小化按钮、最大化按钮和 Access 2003 的系统关闭按钮五部分组成的。

（2）菜单栏提供了实现 Access 2003 系统功能的各种菜单选项。它包含文件、编辑、视图、插入、工具、窗口和帮助 7 个菜单选项。

（3）工具栏为用户提供了进行数据库操作的常用命令按钮，用户可以有选择地将这些按钮放在工具栏中，或从工具栏中将其“去掉”，另外，用鼠标可以将工具栏拖到任意位置。

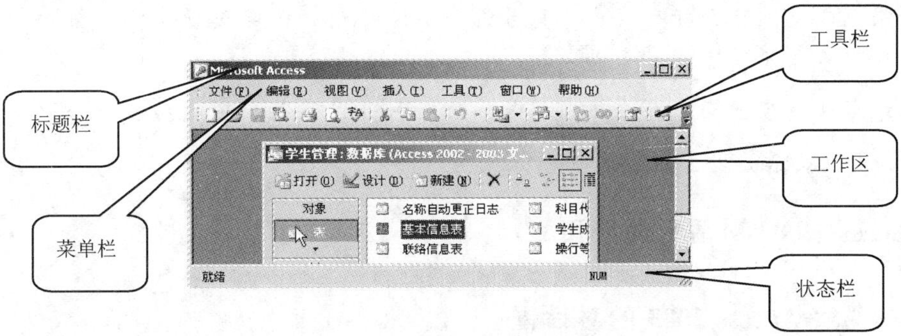

图 1-20　Access 2003 界面

在 Access 2003 系统中，提供了二十多种不同环境下常用的工具栏。若想使用某一工具栏中的按钮，就要激活该工具栏，若不想使用当前的工具栏，则要取消该工具栏。部分工具栏功能按钮如图 1-20 所示。

（4）工作区即 Access 系统各种工作窗口打开的区域。

（5）状态栏位于 Access 系统工作窗口的最下方，是用于显示当前操作的数据库工作状态的。在 Access 系统中，若打开一个数据库，状态栏将根据对数据库的操作状况，显示相关的提示信息。

1.5.2　Access 2003 菜单的使用

任务 7　运用 Access 2003 的系统菜单

Access 2003 系统菜单的操作方法如下：

（1）参照前面所描述的操作方法，打开“学生管理”数据库。

（2）单击菜单项【文件】，出现其对应的下拉式菜单，选择【关闭】，则相应地会实现关闭当前数据库文件的功能，如图 1-21 所示。

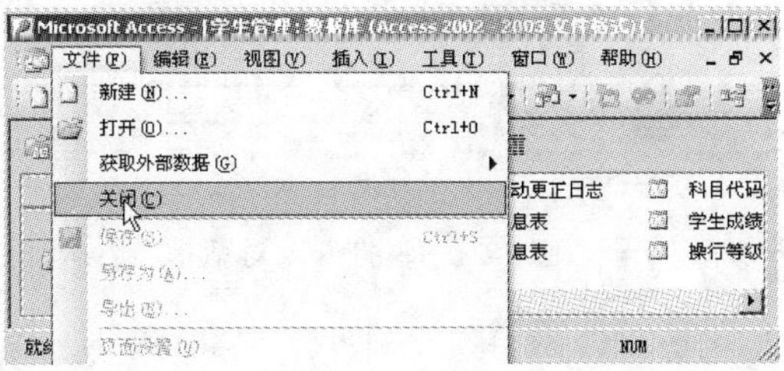

图 1-21　Access 2003 菜单项的使用

注意：

1）如果“下拉式”菜单最后一个选项中标有（ ）符号，则表示此菜单是一个可扩展的菜单。

2）如果菜单选项的显示方式是深颜色（如 ），则表示这些菜单选项是在当前环境下可以选择的操作项。

3）如果菜单选项的显示方式是浅颜色（如 ），则表示这些菜单选项是在当前环境下不可以选择的操作项。

4）如果菜单选项后面标有（…）符号，一旦选择此操作项，将打开一个对应的对话窗口。

5）如果菜单选项后面标有组合键符号，则是该菜单选项所对应的快捷键。

6）如果菜单选项后面标有（▸）符号，一旦选择这一菜单选项，则将打开一个对应的子菜单。

7）如果菜单选项前面标有（✓）符号，表示打开了该菜单项的功能，若取消该菜单项前的勾（✓），表示关闭了该菜单项的功能。

1.5.3 Access 2003 对话框的使用

任务 8 观察 Access 2003 的对话框

Access 2003 对话框的使用方法如下：

（1）参照前面描述的操作方法，启动 Access 2003 系统。

（2）单击 Access 菜单项【文件/打开】，如图 1-22 所示。

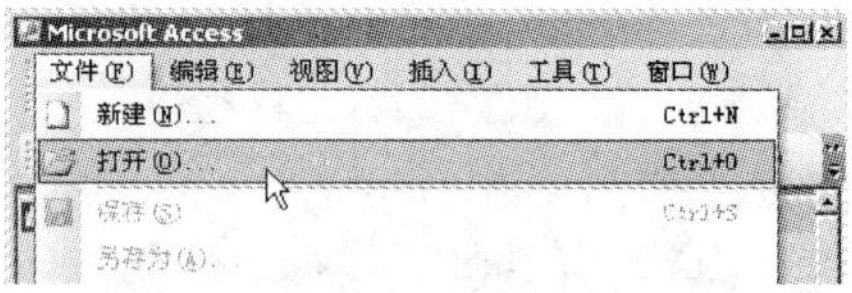

图 1-22 选择【文件/打开】命令

（3）系统出现“打开”对话框，如图 1-23 所示，此对话框用于选取欲打开的数据库文件。

（4）选择好相应的文件后，单击“打开”按钮后，会打开选中的数据库文件，如图 1-24 所示。

图 1-23 “打开”对话框

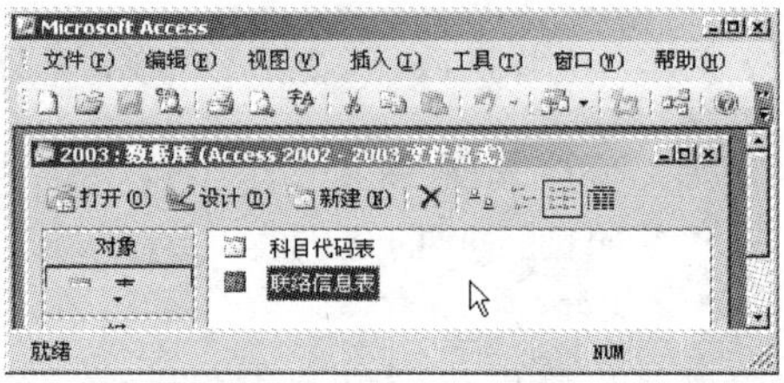

图 1-24 数据库文件的打开

1.6 Access 2003 的帮助系统

Access 2003 提供了完善的帮助系统，很好地利用系统的帮助，对于解决疑难问题、熟悉 Access 2003 系统、学习和研究 Access 都十分有用。

以下用 1 个任务说明获取 Access 2003 的系统帮助的多种方法。

任务 9 向 Access 2003 求助

有关 Access 的任何问题，都可以向系统求助。Access 2003 还能智能地在网络知识库中寻求帮助，搜索 Access 2003 的最新信息。打开 Access 2003 的帮助窗口有多种方法，非常便捷。

打开帮助窗口寻求系统帮助的操作方法如下：

1. 方法一

（1）单击 Access 系统菜单的【帮助/Microsoft Access 帮助】，出现帮助窗口，如图 1-25 所示。

（2）在图 1-25 中的搜索框中输入关键字，按回车键，系统会自动寻找该关键字的相关信息。

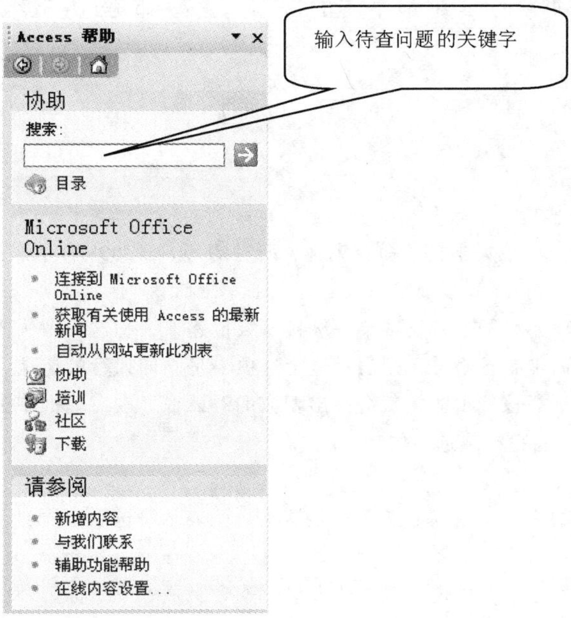

图 1-25　Access 2003 帮助

2. 方法二

（1）单击 Access 系统工具栏最右边的按钮，打开帮助窗口，同时激活助手小精灵。

（2）单击小精灵，出现“请问你要做什么”的提示框，可输入待查问题，单击“搜索”按钮获得相关帮助，如图 1-26 所示。

图 1-26　Access 2003 小助手的形象

3. 方法三　直接按快捷键 < F1 >，也会出现帮助窗口。

本章小结

Access 2003 是一个功能强大、操作简便的数据库管理系统，本章对其进行了初步的介绍。通过本章的学习，了解 Access 2003 系统功能、界面、启动与退出以及如何获得 Access 系统帮助等知识，并掌握 Access 中最基本的操作，这些都是进一步学习 Access 2003 的重要基础。

习　　题

一、选择题

1. 下列说法不正确的是（　　）。

A. 主菜单栏是 Access 2003 最为丰富的命令集合，所有的 Access 2003 命令都可以通过菜单栏找到、选中和执行

B. 菜单项中的许多选项还有子菜单，菜单一级接一级传递下去，这叫做快捷菜单

C. 如果菜单选项的后面带有省略号，则表示这个选项不是立即执行的选项，而是可以弹出对话框

D. 对话框的选项，当选择该选项时，就会弹出相应的对话框，在对话框中进行了相关的操作或者选择相应的对话框选项以后，才能完成该选项的功能

2. 下列说法正确的是（　　）。

A. 如果菜单选项的右边有一个指向右边的三角箭头，就表示该选项包含有子菜单，选择该选项，就会弹出一个对话框

B. 在菜单选项中有一类菜单，单击后其左边会显示或者隐藏一个√标记，这个√就是复选标记，含有复选标记的菜单选项为复选选项

C. 当前不可执行的菜单选项用深色字体显示，单击这些选项，Access 2003 不会做出任何反应

D. 当前不可执行的菜单选项用浅色字体显示，单击这些选项 Access 2003 不会做出任何反应

3. 启动 Access 2003 最快捷的方式是（　）。

A. 从开始菜单中打开　　　　B. 双击在桌面建立的 Access 2003 快捷图标

C. 从 Office 快捷菜单中打开　D. 在 Office 的安装文件夹中打开

二、填空题

1. 主菜单栏是 Access 2003 最为丰富的命令集合，几乎所有的 Access 2003 命令都可以通过菜单栏找到、选中和执行。菜单栏包括________、________、________、________、________、________和________7 个菜单项和一个________提示。

2. 按照安装位置的不同，一般 Access 有 3 种不同的安装方法，即可以将 Access 安装在____、网络服务器或____（多数还是应该将 Access 安装到____）。

三、简答题

1. 列出安装 Access 2003 系统的软、硬件环境要求。

2. 退出 Access 2003 系统主要有哪几种方法？

第 2 章　Access 基础

本章应知

1. 数据库的概念
2. 数据库管理系统的概念
3. Access 2003 中的对象及视图

本章应会

1. 打开数据库对象的各种视图的方法
2. 初步运行“班级学生管理系统”

2.1　数据库的基本概念

为了学好 Access 2003，不仅对 Access 2003 的基本概念要有一个初步印象，更应随着学习的不断深入，对它们的内涵有更加深刻的认识，本节讲述数据库的基本概念。

2.1.1　数据库

“数据库”并不是一个多么高深和陌生的名词，如果留心观察一下，在我们身边到处都有“数据库”的影子。

比如说，你从走入某学校的第一天起，学校就已经拥有了你的档案。这么多的信息，到底要用来做什么呢？或者，如果你成为了某个公司的行政主管后，你必须处理面前一堆堆的雇员资料、一堆堆的最新市场信息、一堆堆的财政收支清单。而在一些必要的时候，主管人员又必须从这些繁杂的资料中寻找一些关键信息。

上述种种情况都是“数据库”在日常生活中的模型。

对各种类型的数据库进行归类分析，可以总结出各种数据库的共同特性——“数据库”就是一个用来存储信息的地方，无论它的形式是档案、资料或是清单。

在当前，我们不可能仅仅满足将各种各样的数据都只堆在档案室里，或者将成堆的资料塞到文件柜里。那样做的话，如果要从这些资料中寻找某些特定的信息，将是件很困难的事情。所以拥有这些信息的学校、主管们，必定会将所有的数据都输入到计算机中，而到了需要的时候，就会按照某种规则来进行编辑、查询和打印所需要的信息。

比如，原来我们在某一个大文件夹上标记了“学生基本信息”，而在另一个文件夹上标记了“学生成绩”，其他还有标记为“操行”、“科目”等。如果要去查找某一个学生的资料，那么就一定会到标记了“学生基本信息”的大文件夹中去查找，而不会到其他任何一个文件夹去查询。因为我们已经将所有的信息都按照文件夹分类了，若用数据库的术语来说，就是建立了各个不同的数据表，如图 2-1、图 2-2、图 2-3 所示。

基本信息表：表

学号	姓名	性别	是否团员	出生日期	毕业学校	照片
0001	陈玉玉	男	☑	1990-11-3	培英中学	b06.bmp
0002	李　英	女	☑	1988-2-3	伟才中学	g01.bmp
0003	陈明华	男	☑	1989-10-3	伟才中学	b03.bmp
0004	林开光	男	☑	1988-2-12	培英中学	b02.bmp
0005	徐雨轩	女	☑	1989-7-12	培英中学	g02.bmp
0006	陈伟智	男	☑	1989-8-9	培英中学	b04.bmp
0007	郑惠国	男	☐	1988-10-1	培英中学	b05.bmp
0008	齐大海	男	☑	1989-12-21	培英中学	b08.bmp
0009	史小枫	女	☑	1989-1-1	伟才中学	g11.bmp
0010	谢朝胜	男	☐	1988-12-25	伟才中学	b10.bmp

图 2-1　学生基本信息表

学生成绩表：表

ID	学号	学年	学期	科目代	成绩
1265	01	2004	上	01	90
1268	02	2004	上	01	76
1271	03	2004	上	01	76
1274	04	2004	上	01	76
1277	05	2004	上	01	76
1280	06	2004	上	01	76
1283	07	2004	上	01	76
1286	08	2004	上	01	76
1289	09	2004	上	01	76
1292	10	2004	上	01	76

图 2-2　学生成绩表

所谓数据库，是指长期储存在计算机内的、有组织的、可共享的数据集合。数据库中的数据按一定的数据模型组织、描述和储存，实现数据的集中管理、统一使用和共享。Access 数据库中包含许多对象（包括表、查询、窗体、报表、页、宏和模块），其中最基本的数据库对象是表（例如图 2-1 中的学生基本信息表、图 2-2 中的学生成绩表、图 2-3 中的联络信息表），数据都是存放在某一个表中的，而表就是关于特定主题数据的集合，如图 2-1 给出的“基本信息表”，它存储了有关学生情况的信息。通常，表是指一张由行和列组成的二维表，它体现关系模型中的数据逻辑结构，称为关系型数据库。

联络信息表：表

学号	家长姓名	家庭地址	联系电话	邮政编码
01	陈汉文	民乐南路四街6号	28983135	341005
02	李国营	七基围路二街一巷14号	28895896	341005
03	陈彩兴	自然新村大福楼3座401	28871627	341005
04	林楚方	德宝北路合安街30号	28315717	341005
05	徐美林	细窖路二街一巷53号	28883674	341005
06	陈杏英	幸福永新南路二街一巷3号	28309125	341005
07	郑一兵	幸福路七街九号	28301955	341005
08	齐瑞文	民乐北路28号	28307565	341005
09	史永恒	兴窖路十街1号	28983226	341005
10	谢林林	民乐南路四街6号	28893542	341005

图 2-3　联络信息表

2.1.2　数据库管理系统

数据库管理系统就是管理数据库的系统软件，简称 DBMS（Database Management System）。数据库管理系统的主要功能有数据库管理功能、数据库维护功能、通信功能。常见的数据库管理系统有：Foxpro、Access、Microsoft SQL Server 等。数据库管理系统是构架在一个或多个数据库之上，并针对数据库中的数据进行管理和运行系统，主要的管理操作有：

（1）新建数据库　根据事先的规划建立相应的数据库。

（2）新建数据表　根据某个实体的相应属性建立对应的数据表。

（3）添加数据　把某类实体的所有数据输入到对应的数据表中。

（4）筛选　分析表中的数据，设置各种条件，根据给定的条件输出所需要的数据，如建立索引和排序等。

（5）查询　使用 SQL 命令从一个或多个表中获取一组指定的记录，或者对某个表执行指定的操作。当从数据库中读取数据时，往往希望读出符合某些条件的数据，并且能按某个字段排序。使用 SQL，可以使这一操作容易实现而且更加有效。

（6）修改数据　对数据表中的数据进行修改和校正等。

（7）删除数据　删除无用的数据。

（8）删除数据表　删除不必要的数据表。

2.2　Access 中的对象

在 Access 中，一个数据库是由各种对象组成的，这些对象包括表、查询、窗体、报表、页、宏和模块，每一个数据库对象将实现不同的数据库功能。

2.2.1　表对象

在 Access 中，表是最基本的操作对象，也是 Access 数据库中最基本的结构。通过表对象，可以很轻松地建立数据结构，生成库中每个表的结构以及它们之间的相互关联。其他对象的使用都是建立在表的基础上，所以表是重点介绍的内容之一。

任务 1　认识表对象中的“设计视图”

1. 表对象中“设计视图”的打开方法

(1) 参照前面描述的操作方法，打开“学生管理”数据库，选择表对象，即可在窗口右边的列表框中列出该数据库中所有的数据表，如图 2-4 所示。

(2) 然后双击“基本信息表”，点击视图工具按钮，出现下拉菜单，再点击【设计视图】子菜单项，如图 2-5 所示。

(3) 此时出现“基本信息表”的设计视图，如图 2-6 所示。

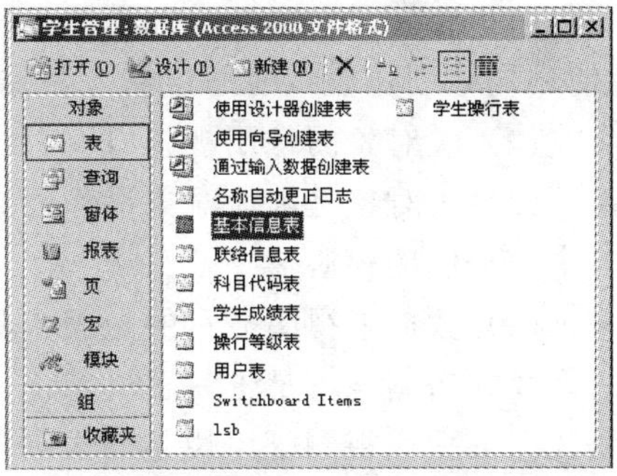

图 2-4　表对象窗口

2. 知识要点

数据表的设计视图专门用于创建、编辑、修改表结构，通过它可以定义字段的各属性，如字段的数据类型、长度、默认值等。

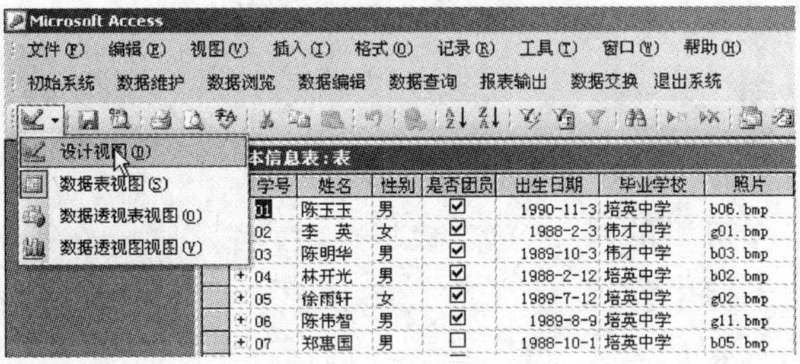

图 2-5　“基本信息表”设计视图的打开

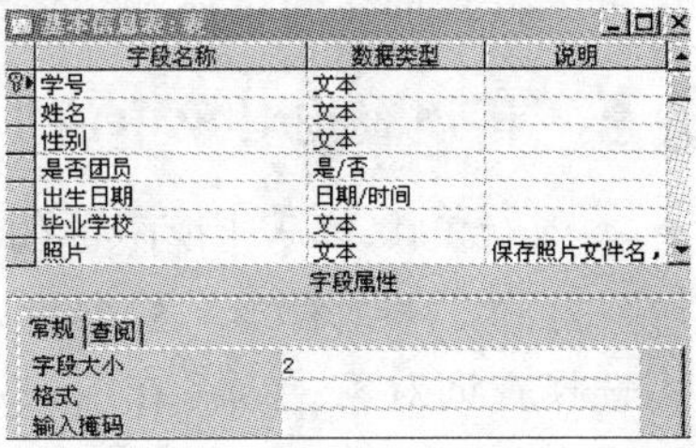

图 2-6　“基本信息表”的“设计视图”

任务 2　认识表对象中的“数据表视图”

1. 表对象中“数据表视图”的打开方法

(1) 打开“学生管理”数据库，选择表对象，即可在窗口右边的列表框中列出该数据库中的所有数据表，如图 2-4 所示。

（2）然后双击“基本信息表”，点击视图工具按钮，出现下拉菜单，再点击“数据表视图”子菜单项，如图 2-7 所示。

（3）此时出现数据表视图，如图 2-8 所示。

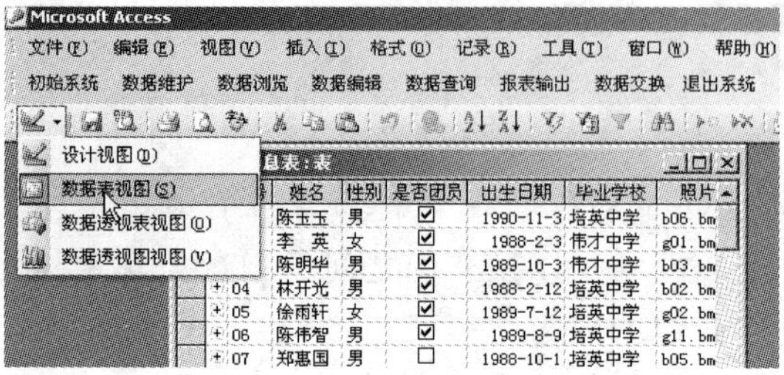

图 2-7 “基本信息表”数据表视图的打开

图 2-8 数据表视图

2. 知识要点

（1）在表对象窗口（如图 2-4 所示）中，可以看到 Access 提供了“使用设计器创建表”、“使用向导创建表”、“通过输入数据创建表”3 种方式，通过它们都可以创建表。

（2）表对象的常用视图有两种：一种是设计视图，另一种是数据表视图。

（3）表对象是其他对象操作的数据源，其他任何对象都以表对象为基础，因此表对象是整个数据库的核心。

（4）数据表视图显示的是表中具体的实体，是一条一条的记录，它是用户录入数据信息的途径，当然这不是惟一的途径，在以后的介绍中，会慢慢学会通过表单以及代码添加数据，但数据表视图可以说是对数据操作使用最多的方式。

2.2.2 查询对象

保存数据、建立数据库的目的是为了将来能从数据库中提取出自己需要的信息，因此查询便成了达到此目的的重要手段，利用查询功能可以用不同的方法来查看、更改以及分析数据，也可以将查询作为窗体和报表的记录源。

任务 3 认识查询对象中的“设计视图”

1. 查询对象中“设计视图”的打开方法

（1）打开“学生管理”数据库，在数据库窗口的对象中，选择查询对象，即可在窗口右边的列表框中列出该数据库中所有的查询对象，如图 2-9 所示。

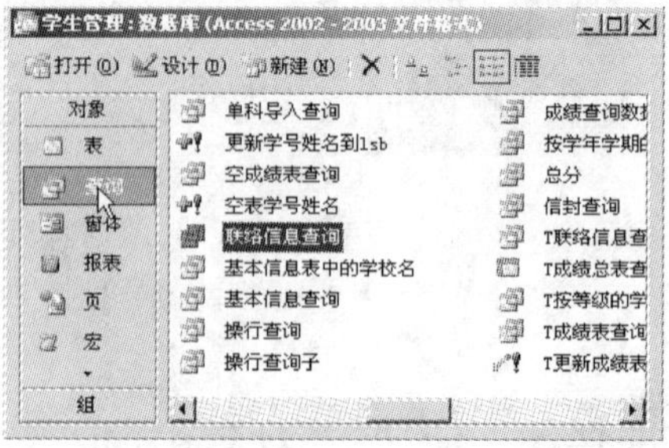

图 2-9 查询对象窗口

（2）然后双击列表框中的“联络信息查询”，点击“视图”工具按钮，出现下拉菜单，再点击【设计视图】子菜单项，如图 2-10 所示。

（3）此时出现查询对象的设计视图，如图 2-11 所示。

2. 知识要点

（1）在查询对象窗口中，选中“联络信息查询”，单击“设计”工具栏中的按钮，也可打开指定查询的设计视图。

（2）查询对象的设计视图用于创建用户需要进行什么样的查询，希望得到哪些有用的数据，在此视图中可以选择需要查询的字段，以及设计查询结果如何显示等。

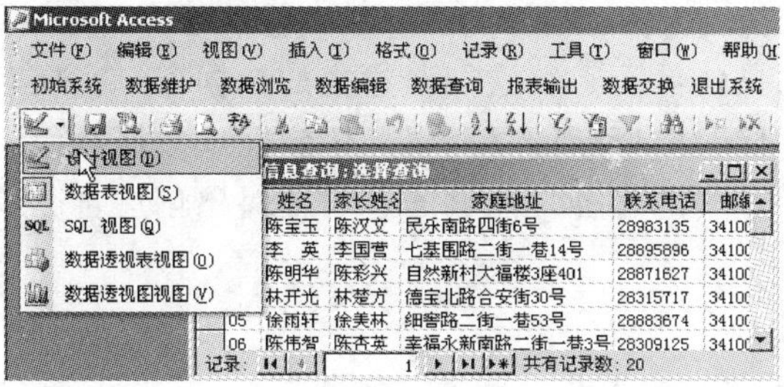

图 2-10　“查询对象”设计视图的打开

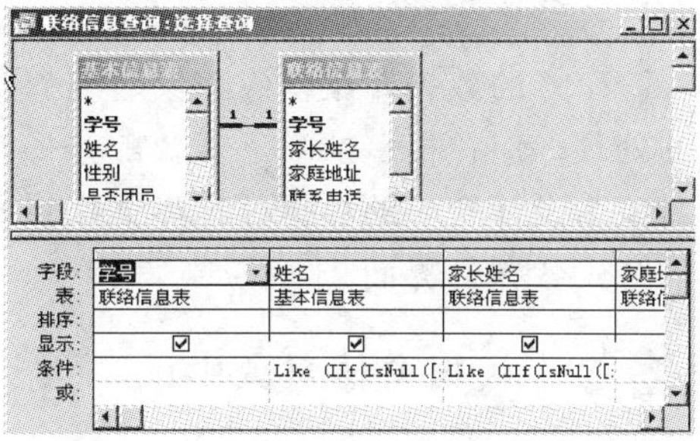

图 2-11　查询对象的设计视图

任务 4　认识查询对象中的“SQL 视图”

1. 查询对象中“SQL 视图”的打开方法

（1）打开“学生管理”数据库，选择查询对象，即可在窗口右边的列表框中列出该数据库中所有的查询对象，如图 2-9 所示。

（2）然后双击列表框中的“联络信息查询”，点击视图工具按钮，出现下拉菜单，再点击【SQL 视图】子菜单项，此时出现查询对象的 SQL 视图，如图 2-12 所示。

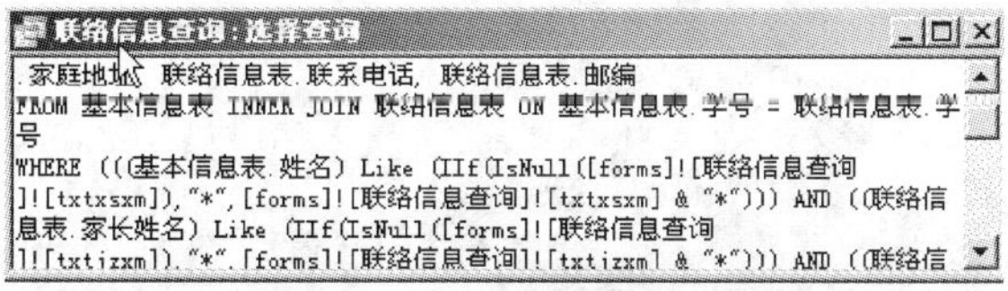

图 2-12　查询对象的 SQL 视图

2. 知识要点

查询对象的 SQL 视图用于显示和编辑查询对象所对应 SQL 字串。在这种视图中，读者可以直接写 SQL 语句，适用于高级用户。

任务 5　认识查询对象中的“数据表视图”

1. 查询对象“数据表视图”的打开方法

（1）打开“学生管理”数据库，在数据库窗口的对象中，选择查询对象，即可在窗口右边的列表框中列出该数据库中所有的查询对象，如图 2-9 所示。

（2）然后双击列表框中的“联络信息查询”，点击视图工具按钮，出现下拉菜单，再点击【数据表视图】子菜单项，此时出现查询对象数据表视图，如图 2-13 所示。

2. 知识要点

（1）查询对象主要提供了 3 种常用视图。

（2）Access 提供了两种方法创建查询，分别是“在设计视图中创建查询”和“使用向导创建查询”。

图 2-13　查询对象的数据表视图

（3）查询对象是数据库系统中一个十分重要的对象，它用于在一个或多个表内查找某些特定的数据，完成数据的检索、定位和计算的功能，供用户查看。没有查询，就没有应用系统对数据的处理能力。

（4）查询对象的数据表视图用于显示查询对象执行的结果。

2.2.3 窗体对象

一个好的数据库系统应该具有友好美观的操作界面，尽管能通过表的数据窗口完成对数据的处理，但在很多情况下需要的是一个更方便、更清晰的界面引导用户完成数据操作。窗体对象为设计希望的数据处理界面提供了一个方便的途径，能够通过窗体对象创建自己所需要的各式各样的界面。

任务6 认识窗体对象中的“设计视图”

1. 窗体对象中“设计视图”的打开方法

（1）打开“学生管理”数据库，在数据库窗口的对象中，选择窗体对象，即可在窗口右边的列表框中列出该数据库中所有的窗体对象，如图 2-14 所示。

（2）然后双击列表框中的“操行等级表维护”，点击视图工具按钮，出现下拉菜单，再点击【设计视图】子菜单项。此时出现窗体对象设计视图，如图 2-15 所示。

图 2-14 窗体对象窗口

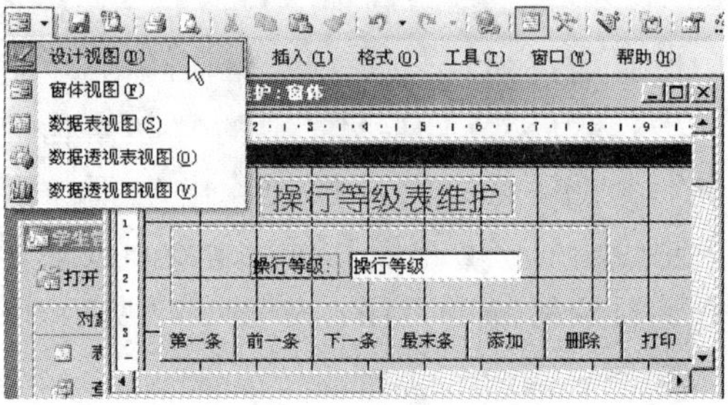

图 2-15 窗体对象的设计视图

2. 知识要点

窗体对象的设计视图是用户布置规划窗体的地方，它附带有工具箱和属性窗口。工具箱用于向窗体中添加各种控件，以便于对用户的动作做出响应。属性窗口显示窗体和控件的外观及数据源等属性。

任务7 认识窗体对象中的“窗体视图”

1. 窗体对象中“窗体视图”的打开方法

（1）打开“学生管理”数据库，在数据库窗口的对象中，选择窗体对象，即可在窗口右边的列表框中列出该数据库中所有的窗体对象，如图 2-14 所示。

（2）然后双击列表框中的“操行等级表维护”，点击视图工具按钮，出现下拉菜单，再点击

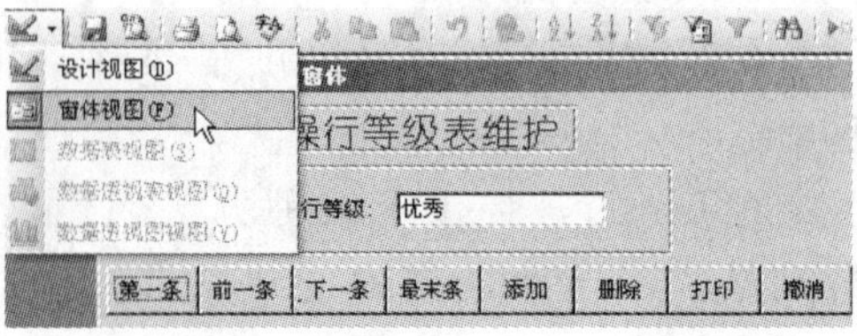

图 2-16 “窗体对象”的窗体视图

【窗体视图】子菜单项，此时出现窗体视图，如图 2-16 所示。

2. 知识要点

窗体视图是窗体运行时的状态，窗体与窗体上控件的属性在设计视图中是得不到体现的，在窗体视图中可检验窗体对用户鼠标事件的响应是否正确，对数据的处理是否正确等。

任务 8　认识窗体对象中的“数据表视图”

1. 任务要求

掌握窗体对象中“数据表视图”的打开方法。

2. 操作步骤

(1) 打开“学生管理”数据库，在数据库窗口的对象中，选择窗体对象，即可在窗口右边的列表框中列出该数据库中所有的窗体对象，如图 2-14 所示。

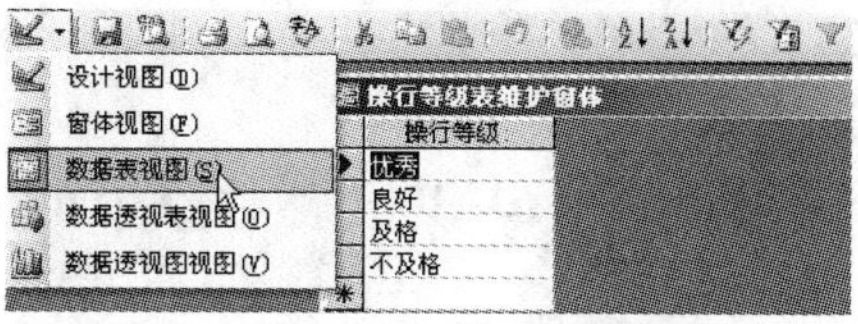

图 2-17　窗体对象的数据表视图

(2) 然后双击列表框中的“操行等级表维护”，点击视图工具按钮，出现下拉菜单，再点击【数据表视图】子菜单项，此时出现窗体对象的数据表视图，如图 2-17 所示。

3. 知识要点

窗体对象的数据表视图可以显示直接与之关联的数据源（可以是表或者是查询），它的作用就是检查它对数据的操作是否正确。

2.2.4　报表对象

在对数据进行处理后，总希望将最后得到的结果或有用的数据打印输出。传统的数据库开发中，程序员往往需要编写复杂的代码完成报表打印，而 Access 提供了报表对象完成有关打印的所有工作。用户只需进行简单的操作就可打印出美观且符合要求的报表文件。例如发票格式、订单格式、信函格式等等。报表最突出的功能就是可以对数值型数据进行分类统计。

任务 9　认识报表对象中的“设计视图”

1. 任务要求

掌握报表对象中“设计视图”的打开方法。

2. 操作步骤

(1) 打开“学生管理”数据库，在数据库窗口的对象中，选择报表对象，即可在窗口右边的列表框中列出该数据库中所有的报表对象，如图 2-18 所示。

(2) 然后双击列表框中的“信封报表”，点击视图工具按钮，出现下拉菜单，再点击【设计视图】子菜单项，此时出现报表设计视图，如图 2-19 所示。

3. 知识要点

可以通过报表对象的设计视图布置所需打印报表的布局，如打印什么字段、字段如何排列等，另外还可以加入让报表更美观的诸如图片之类的东西。

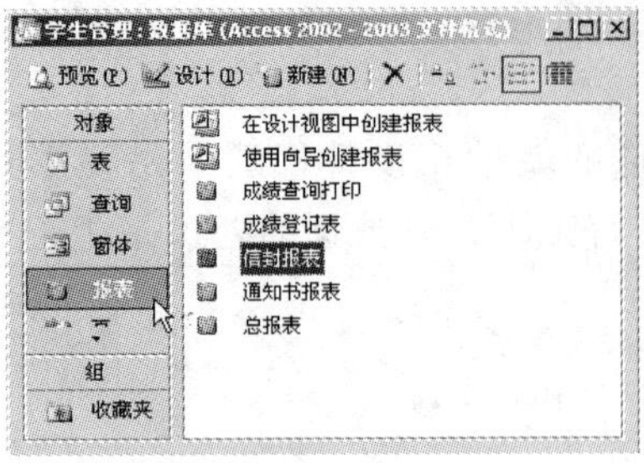

图 2-18　报表对象窗口

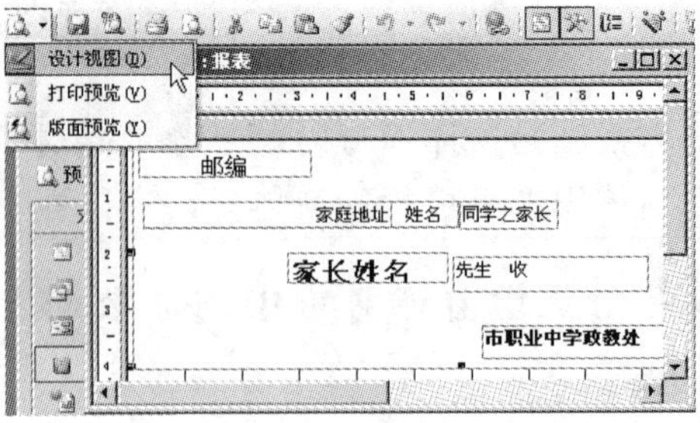

图 2-19　报表对象的设计视图

任务 10　认识报表对象中的“打印预览”

1. 任务要求

掌握报表对象中“打印预览”的打开方法。

2. 操作步骤

（1）打开“学生管理”数据库，在数据库窗口的对象中，选择报表对象，即可在窗口右边的列表框中列出该数据库中所有的报表对象，如图 2-18 所示。

（2）然后双击列表框中的“信封报表”，点击视图工具按钮，出现下拉菜单，再点击【打印预览】子菜单项，此时出现报表对象的打印预览视图，如图 2-20 所示。

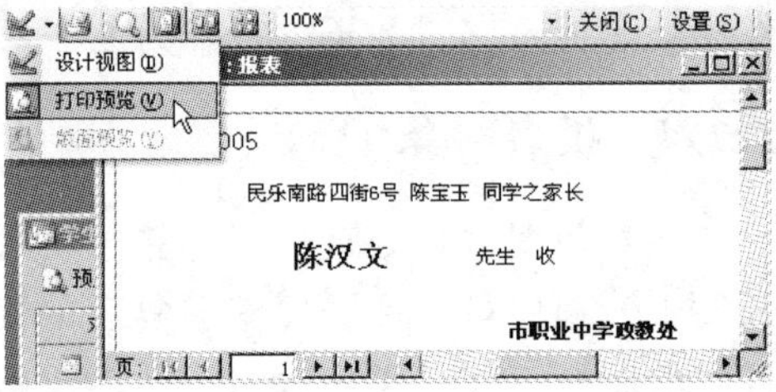

图 2-20　报表对象的打印预览视图

3. 知识要点

报表的打印预览视图可以在未打印报表之前观看与最后打印结果相同的效果。如果在预览视图中感觉不满意，可以再回到设计视图进行修改，直到最终得到自己满意的打印效果为止。

2.2.5　页对象

随着计算机技术的发展，网络化已成为一大趋势，数据库的网络共享也势在必行。通过 Access 2003 提供的数据访问页（也称为数据页，简称页对象），可以轻松地建立基于数据库的 WWW 网页，远程客户可以通过页对象来访问数据库，并可对其进行操作。

任务 11　认识页对象中的“设计视图”

1. 任务要求

掌握页对象中“设计视图”的打开方法。

2. 操作步骤

（1）打开“学生管理”数据库，在数据库窗口的对象中，选择页对象，即可在窗口右边的列表框中列出该数据库中所有的页对象，如图 2-21 所示。

（2）然后双击列表框中的 lsb，点击视图工具按钮，出现下拉菜单，再点击【设计视图】

子菜单项，此时出现页对象的设计视图，如图 2-22 所示。

3. 知识要点

页对象的设计视图是用户布置、规划数据访问页的地方，它附带有工具箱和属性窗口。工具箱用于向窗体中添加各种控件，以便于对用户的动作做出响应。属性窗口显示数据访问页和控件的外观及数据源等属性。

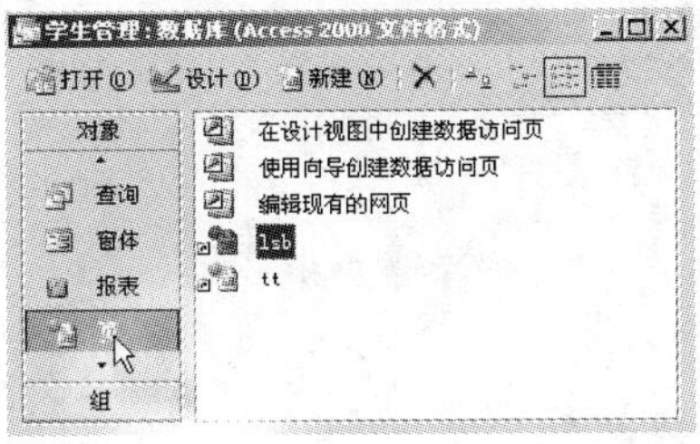

图 2-21　页对象窗口

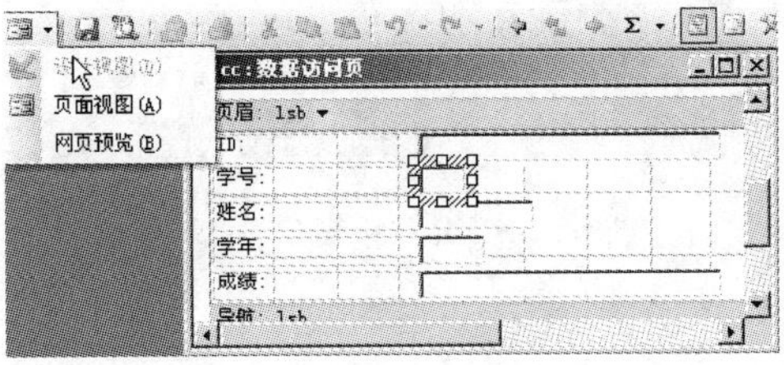

图 2-22　页对象的设计视图

任务 12　认识页对象中的“页面视图”

1. 任务要求

掌握页对象中“页面视图”的打开方法。

2. 操作步骤

(1) 打开“学生管理”数据库，在数据库窗口的对象中，选择页对象，即可在窗口右边的列表框中列出该数据库中所有的页对象，如图 2-21 所示。

(2) 然后双击列表框中的 lsb，点击视图工具按钮，出现下拉菜单，再点击【页面视图】子菜单项，此时出现页对象的页面视图，如图 2-23 所示。

3. 知识要点

页对象的页面视图可让用户浏览该页，还可以进行编辑记录，对记录进行排序等操作。

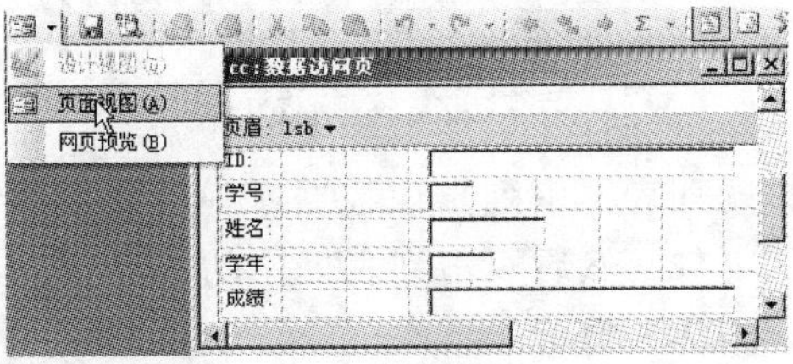

图 2-23　页对象的页面视图

2.2.6　宏对象

宏对象可以说是代码的一种，它是由一连串的宏动作（Action）组成的，宏动作完成一些常见数据库管理功能，比如打开一个窗体对象，执行一个查询，预览一个报表等。宏动作一般放在窗体对象与报表对象及其控件的事件属性中。

任务 13　认识宏对象编辑窗口

1. 任务要求

掌握宏对象编辑窗口的打开方法。

2. 操作步骤

(1) 打开“学生管理”数据库，在数据库窗口的对象中，选择宏对象，即可在窗口右边的列表框中列出该数据库中的宏对象，如图 2-24 所示。

(2) 然后双击列表框中的“数据维护 CD”，点击工具栏中的“设计”按钮，即可打开该宏对象的编辑窗口，如图 2-25 所示。

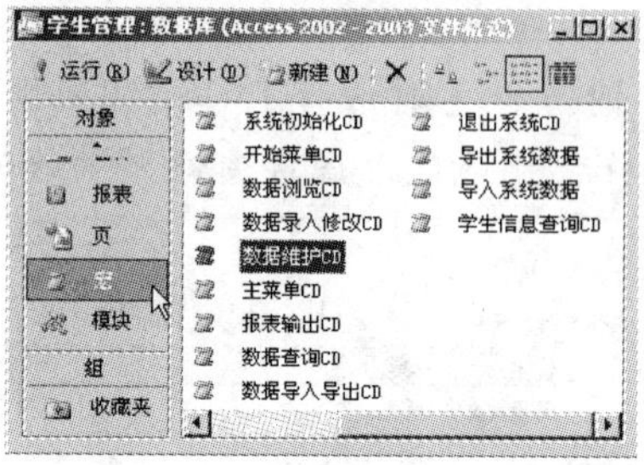

图 2-24　宏对象窗口

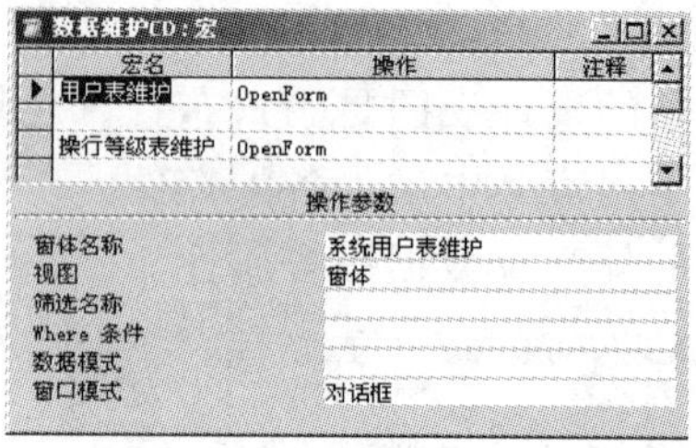

图 2-25　宏对象的编辑窗口

3. 知识要点

对需要编写代码的程序来说，宏是一个很重要的组成部分。

2.2.7　模块

模块是用 Access 2003 所提供的 VBA（Visual Basic for Application）语言所编写的程序。模块有两个基本的类型：对象类型模块和标准模块。模块中的每一个过程都可以是一个函数过程或者一个子程序。宏对象虽然能实现很多对数据库的处理，但与 VBA 相比，它无法完成对数据库细致、复杂的操作，因此 VBA 是完成代码的主要方式。

新建模块可以在模块对象的编辑窗口中进行。

任务 14　认识模块对象编辑窗口

1. 任务要求

掌握模块对象编辑窗口的打开方法。

2. 操作步骤

（1）打开“学生管理”数据库，在数据库窗口的对象中，选择模块对象，即可在窗口右边的列表框中列出该数据库中的模块对象，如图 2-26 所示。

（2）然后双击列表框中的 mk，点击工具栏中的“设计”按钮，即可显示该模块的内容，如图 2-27 所示。

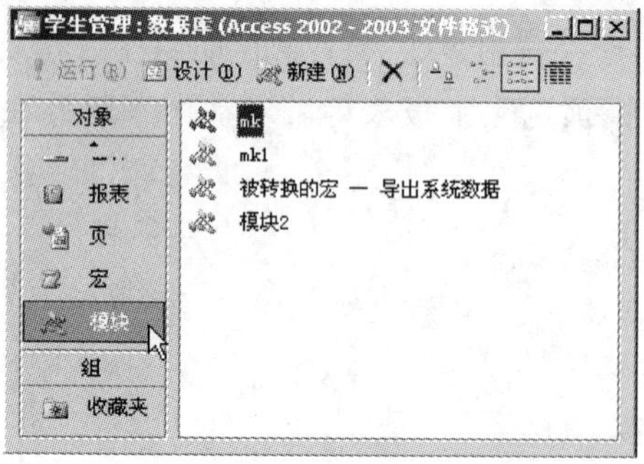

图 2-26　模块对象窗口

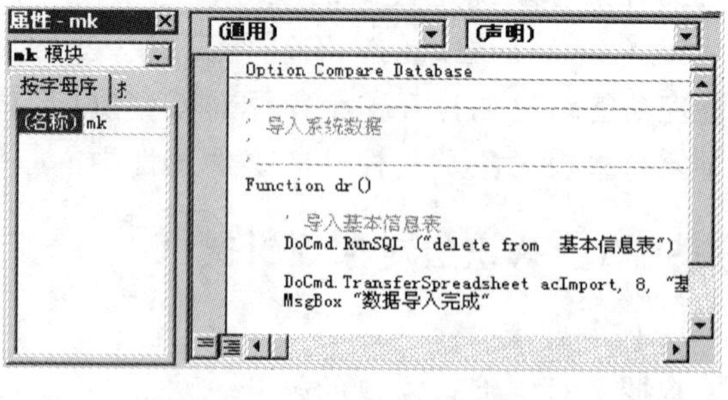

图 2-27　模块对象的编辑窗口

3. 知识要点

模块同宏一样，也可以使数据库应用程序自动化。但是模块可以实现比宏更加细致的操作和复杂的控制过程。一般来说，只有专业程序员才需要编写模块，初级用户无需学习这一部分。

2.3　"班级学生管理系统"项目预览

采用 Access，可以设计出功能强大的数据库管理系统，如本书中的项目 1——"班级学生管理系统"就是 Access 的应用实例，它实现了对全班同学的基本情况、成绩、操行等数据的管理和使用，本书将围绕"班级学生管理系统"来展开介绍 Access 的设计基础，通过这个范例的学习来掌握 Access 数据库开发知识。

2.3.1　系统功能

1. 功能介绍

"班级学生管理系统"的创建是为了配合用户更好地学习与完成该书的内容。本系统具有以下几项功能：浏览、查询、输入、修改、删除、报表输出、数据导入导出。

"班级学生管理系统"是一个具有较强的实用价值的 Access 应用程序，它考虑了班主任对班级学生管理的需要，设计了七大功能模块：系统初始化、数据表维护、数据表浏览、数据录入修改、数据查询、报表输出、数据导入导出。

2. 功能模块的划分

"班级学生管理系统"功能模块结构如图 2-28 所示。

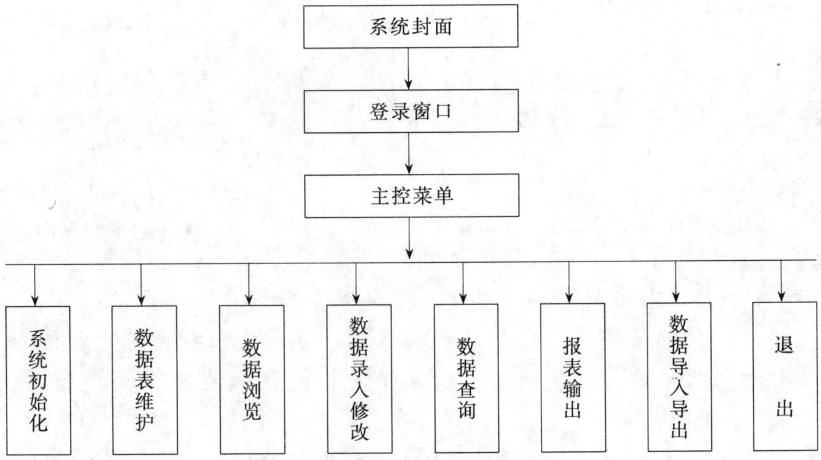

图 2-28　班级学生管理系统的树状结构

各模块的主要功能如下：

（1）系统初始化　完成基本数据的初始化设置。

（2）数据表维护　完成各种数据表记录的增、删、查、改等操作。

（3）数据表浏览　提供查看各数据表的记录功能。

（4）数据录入修改　提供对学生基本信息、成绩、操行等级等数据的录入、编辑功能。

（5）数据查询　提供有关数据的查询功能。

（6）报表输出　提供常用数据的报表。

（7）数据导入导出　成绩数据的导入导出。

任务 15　运行“班级学生管理系统”

运行“班级学生管理系统”的方法

（1）开始运行　当运行程序时，首先进入一个“用户登录”窗体，如图 2-29 所示，在图中，输入用户名 user1，密码 111111，单击“确定”按钮后可进入“主菜单”窗体。

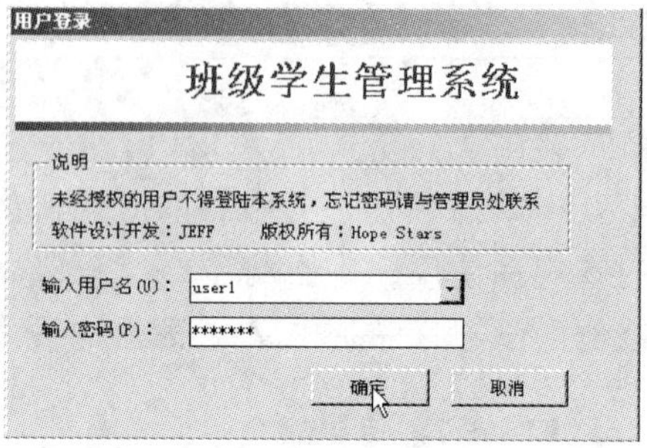

图 2-29　班级学生管理系统用户登陆界面

（2）主菜单　进入“主菜单”窗体后，即可见到“主菜单”界面包括各项功能按钮，如图 2-30 所示。

（3）初始系统操作　在“主菜单”窗体中单击“初始系统”按钮，即可进入“系统初始化”窗体，如图 2-31 所示。

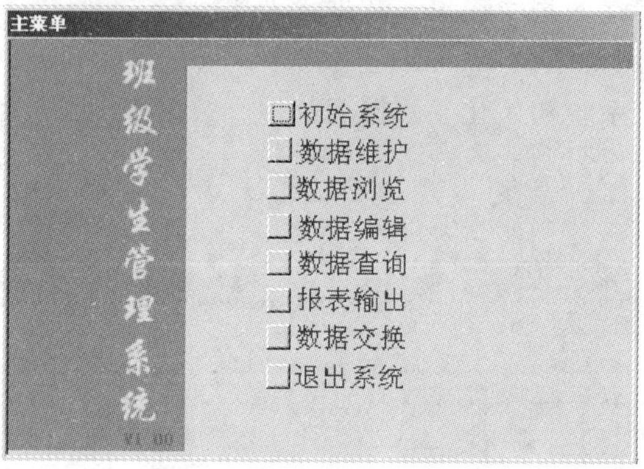

图 2-30　班级学生管理系统主菜单界面

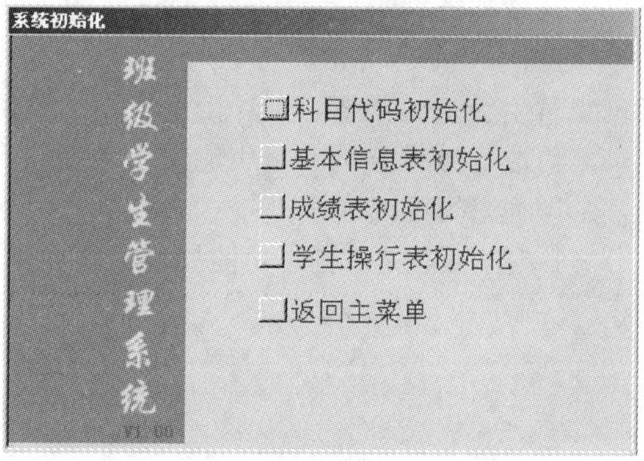

图 2-31　班级学生管理系统初始系统界面

注意：在该窗体中，选择初始化对象即可开始相应的操作。

1）科目代码维护：确定学期、学年的科目代码、名称，维护学期开设的课程信息。

2）基本信息初始化：输入学生的基本信息情况，包括学生的学号、姓名、性别、是否团员、出生日期、毕业学校等。

3）成绩表初始化：由用户选择学年、学期，把基本信息表中的学号与该使用期的课程编号组成的记录添加到成绩表中。

4）学生操行表初始化：由用户选择学年、学期，把基本信息表中的所有学号与所选定的学年、学期添加到学生操行表中。

（4）数据维护　提供维护各基本数据表的操作，维护操作是指对表记录的增、删、查、改等基本操作，如图 2-32 所示。

（5）数据浏览　提供对单一表的浏览查看，可制作成表格形式、纵栏形式等，如图 2-33 所示。

（6）数据编辑　提供对基本数据的录入、修改功能，如图 2-34 所示。

（7）数据查询　可查学生的基本资料、学生表现、学习成绩等资料，如图 2-35 所示。

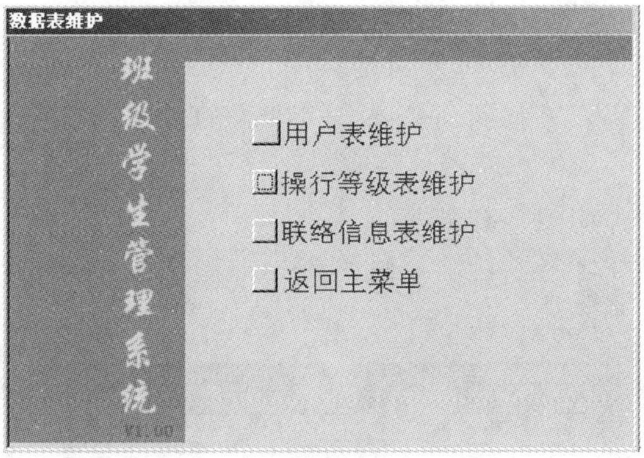

图 2-32　班级学生管理系统数据表维护界面

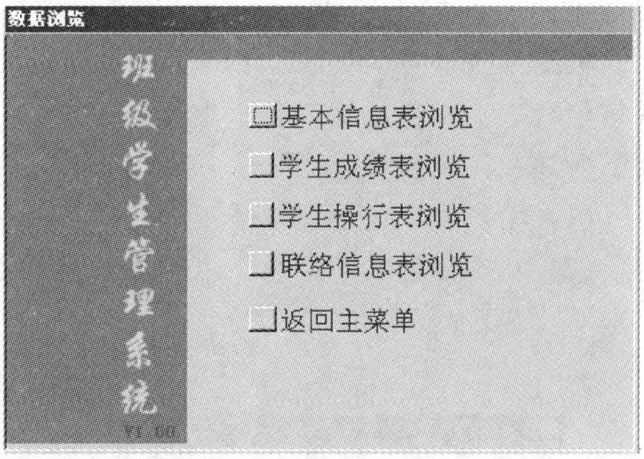

图 2-33　班级学生管理系统数据浏览界面

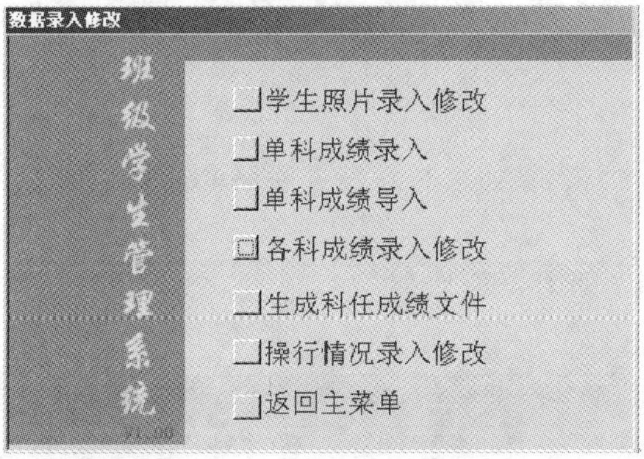

图 2-34　班级学生管理系统数据录入修改界面

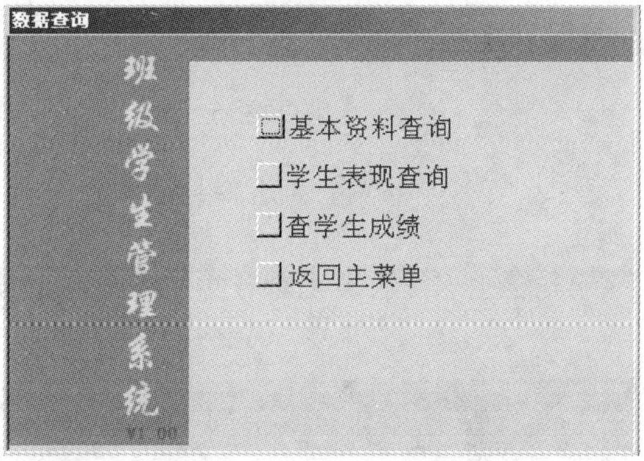

图 2-35　班级学生管理系统数据查询界面

（8）报表输出　可输出学习成绩总表、输出指定学生成绩表，如图 2-36 所示。

（9）数据交换　可完成数据导入导出功能，例如可导入成绩数据、导出成绩数据，如图 2-37 所示。

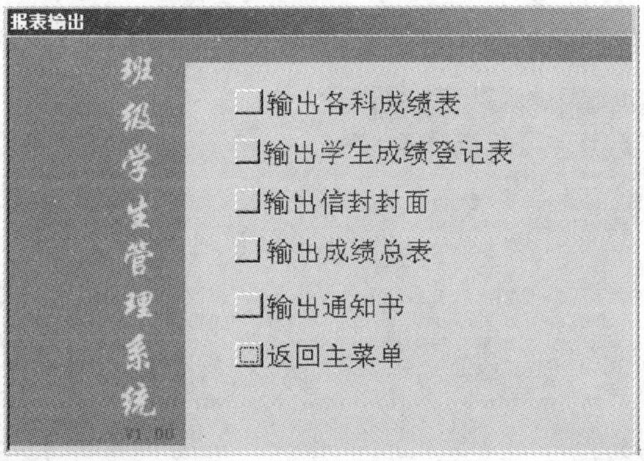

图 2-36　“报表输出”界面

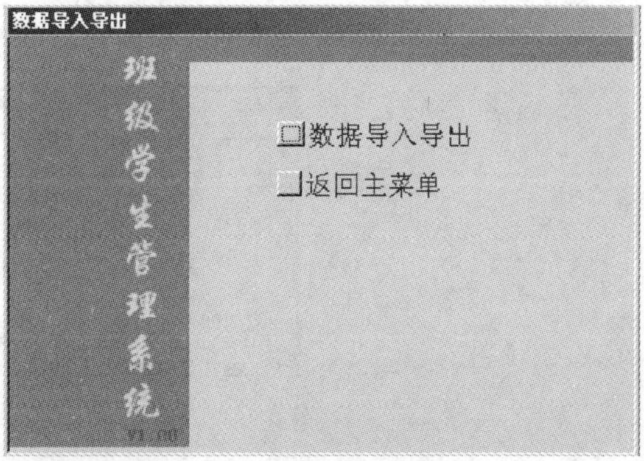

图 2-37　班级学生管理系统数据导入导出界面

2.3.2 “班级学生管理系统”数据表简介

根据系统任务的要求，在本系统中建立了 7 个表，它们分别是：用户表、基本信息表、联络信息表、学生成绩表、学生操行表、科目代码表、操行等级表。7 个表的数据内容分别如下所述：

（1）用户表　记录登录系统的用户名和密码，如图 2-38 所示。

（2）基本信息表　记录学生基本信息内容，如学号、姓名、性别等，如图 2-39 所示。

用户表：表

ID	用户名	用户密码
1	user1	111111
2	user2	222222
3	user3	333333
(自动编号)		

图 2-38　用户表

基本信息表：表

学号	姓名	性别	是否团员	出生日期	毕业学校	照片
0001	陈玉玉	男	☑	1990-11-3	培英中学	b06.bmp
0002	李　英	女	☑	1988-2-3	伟才中学	g01.bmp
0003	陈明华	男	☑	1989-10-3	伟才中学	b03.bmp
0004	林开光	男	☑	1988-2-12	培英中学	b02.bmp
0005	徐雨轩	女	☑	1989-7-12	培英中学	g02.bmp
0006	陈伟智	男	☑	1989-8-9	培英中学	b04.bmp
0007	郑惠国	男	☐	1988-10-1	培英中学	b05.bmp
0008	齐大海	男	☑	1989-12-21	培英中学	b08.bmp
0009	史小枫	女	☑	1989-1-1	伟才中学	g11.bmp
0010	谢朝胜	男	☐	1988-12-25	伟才中学	b10.bmp

图 2-39　基本信息表

（3）联络信息表　记录与各学生家长联络的方式，如家长姓名、联络电话等，如图 2-40 所示。

（4）学生成绩表　记录各学生各学科的成绩，如图 2-41 所示。

联络信息表：表

学号	家长姓名	家庭地址	联系电话	邮政编码
01	陈汉文	民乐南路四街6号	28983135	341005
02	李国营	七基围路二街一巷14号	28895896	341005
03	陈彩兴	自然新村大福楼3座401	28871627	341005
04	林楚方	德宝北路合安街30号	28315717	341005
05	徐美林	细窖路二街一巷53号	28883674	341005
06	陈杏英	幸福永新南路二街一巷3号	28309125	341005
07	郑一兵	幸福路七街九号	28301955	341005
08	齐瑞文	民乐北路28号	28307565	341005
09	史永恒	兴窖路十街1号	28983226	341005
10	谢林林	民乐南路四街6号	28893542	341005

图 2-40　联络信息表

学生成绩表：表

ID	学号	学年	学期	科目代	成绩
1265	01	2004	上	01	90
1268	02	2004	上	01	76
1271	03	2004	上	01	76
1274	04	2004	上	01	76
1277	05	2004	上	01	76
1280	06	2004	上	01	76
1283	07	2004	上	01	76
1286	08	2004	上	01	76
1289	09	2004	上	01	76
1292	10	2004	上	01	76

图 2-41　学生成绩表

（5）学生操行表　记录各学生的操行等级及操行评语，如图 2-42 所示。

学生操行表：表

ID	学号	学年	学期	操行等级	操行评语
1	01	2004	上	良好	你性格沉稳深刻、思维严密。关心集
2	02	2004	上	不及格	你随时都是笑眯眯的，自然地流露出
3	03	2004	上	不及格	你脸上的每一个表情都很温和，宛如
4	04	2004	上	优秀	秀气的你总是默默的，能和同学友好
5	05	2004	上	优秀	你性格沉稳，品行端正，为人敦厚。
6	06	2004	上	良好	你恬静、柔和，富有才气；你刻苦、
7	07	2004	上	及格	你眉清目秀，机智敏捷，身上洋溢着
8	08	2004	上	良好	你性格沉稳，品行端正，治学严谨，
9	09	2004	上	操行等级	你尊敬师长，团结同学，热爱班集体
10	10	2004	上	良好	“真人不露相”这句话用在你身上最

图 2-42　学生操行表

（6）科目代码表　记录各学科的科目编号，如图 2-43 所示。

（7）操行等级表　记录操行等级，如图 2-44 所示。

科目代码表：表

科目编号	科目名称	学年	学期
01	中文	2004	上
02	数学	2004	上
03	计算机应用	2004	上
04	数据库技术	2004	下
05	计算机网络	2004	下
06	多媒体	2005	上

图 2-43　科目代码表

操行等级表：表

操行等级
优秀
良好
及格
不及格

图 2-44　操行等级表

本章小结

数据库是指长期储存在计算机内的、有组织的、可共享的数据集合，数据库中具有多种对象，表、查询、窗体等都是其中的重要的对象。本章介绍了数据库对象的打开及对象中各种视图的转换操作，熟练掌握对象中各种视图的有关操作，是 Access 数据库应用开发的基础。本章还运行了 Access 数据库项目“班级学生管理系统”，通过项目预览，对它的功能、特点、数据表等都有了初步的认识，以后各章，将围绕该项目功能设计来进行介绍。

习　　题

一、填空题

1. 表是数据库的核心，可以称为＿＿＿＿＿＿，因此表对象是 Access 对象中最重要的一个，表对象的使用视图有两种：一种是＿＿＿＿＿＿，另一种是＿＿＿＿＿＿。

2. 可以通过报表对象的＿＿＿＿＿＿视图布置所需打印报表的布局，如打印什么字段、字段如何排列等，另外还可以加入让报表更美观的诸如图片之类的东西。

3. 在表对象窗口中，可以看到 Access 提供了“使用设计器创建表”、＿＿＿＿＿＿、＿＿＿＿＿＿三种方式，通过它们都可以创建表。

4. 页对象的＿＿＿＿＿＿视图可让用户浏览该页，还可以进行编辑记录，对记录进行排序等操作。

5. 数据表的＿＿＿＿＿＿视图专门用于创建、编辑、修改表结构，通过它可以定义字段的各属性，如字段的数据类型、长度、默认值等。

6. 所谓数据库，是指长期储存在计算机内的、有组织的、可共享的＿＿＿＿＿＿。数据库中的数据按一定的数据模型组织、描述和储存，实现数据的集中管理、统一使用和共享。

7. 数据库管理系统就是管理数据库的＿＿＿＿＿＿，简称 DBMS（Database Management System）。数据库管理系统的主要功能有：＿＿＿＿＿＿、数据库维护功能、通信功能。

8. 查询对象的＿＿＿＿＿＿视图用于创建用户需要进行什么样的查询，希望得到哪些有用的数据，在此视图中可以选择需要查询的＿＿＿＿＿＿，以及设计查询结果如何显示等。

9. Access 提供了两种方法创建查询，分别是＿＿＿＿＿＿和＿＿＿＿＿＿。

10. 报表的＿＿＿＿＿＿视图可以在未打印报表之前观看与最后打印结果相同的效果。如果在预览视图中感觉不满意，可以再回到＿＿＿＿＿＿视图进行修改，直到得到自己满意的打印效果为止。

11. 宏对象可以说是代码的一种，它是由一连串的＿＿＿＿＿＿组成的，宏动作完成一些常见数据库管理功能，比如打开一个窗体对象，执行一个查询，预览一个报表等。宏动作一般放在窗体对象与报表对象及其控件的＿＿＿＿＿＿中。

12. 模块是用 Access 2003 所提供的 VBA（Visual Basic for Application）语言所编写的程序。模块有两个基本的类型：＿＿＿＿＿＿模块和＿＿＿＿＿＿模块。模块中的每一个过程都可以是一个＿＿＿＿＿＿或者一个子程序。

二、简答题

1. 简单描述一下数据库的特性。
2. 查询对象提供了哪 3 种视图？
3. 窗体对象包含哪 3 种视图？
4. 报表对象包含哪 2 种视图？
5. 数据访问页包含哪 2 种视图？
6. 何谓宏对象？
7. 何谓模块？

第 3 章　数据库及表的创建

本章应知

1. 表的结构
2. 字段属性
3. 主键
4. 表间的关系与参照完整性

本章应会

1. 数据库的创建
2. 表的创建与表结构的修改
3. 在表中输入记录
4. 建立表间的关系
5. 数据库的备份、转换、压缩与修复

数据库是与某个特定事物相关的全部信息的集合，表是数据库中的主要对象。设计一个数据库首先要明确为什么要建立数据库以及所建数据库要完成什么任务。本章以读者熟知的班级学生管理系统为项目介绍数据库及表的创建与管理。

3.1　创建项目数据库——项目 1　班级学生管理系统

创建数据库是对数据库进行管理的基础，只有在建立数据库的基础上，才能创建数据库的其他对象，并实现对数据库的操作。在 Access 中，可以使用“直接创建空数据库”的方法创建数据库，也可以使用“文件”菜单、“数据库向导”等方法创建数据库。

3.1.1　用“数据库向导”创建数据库

由于各行各业的管理不同，用户所建立的数据库是多种多样的。为了能使用户迅速地创建数据库，Access 提供了许多极具专业性的数据库模板。使用这些模板创建数据库既简单，又快捷。如果所选的数据库不能满足要求，还可以在原来的基础上进行修改。下面我们通过 1 个任务来学习用“数据库向导”创建数据库的方法。

任务 1　用数据库向导创建“联系人管理”库

用“数据库向导”创建数据库的方法如下：

(1) 启动 Access，选择主菜单中的【文件/新建】菜单，出现操作面板，如图 3-1 所示。

（2）在右边的操作面板中单击“本机上的模板”，弹出“模板”对话框，如图 3-2 所示。

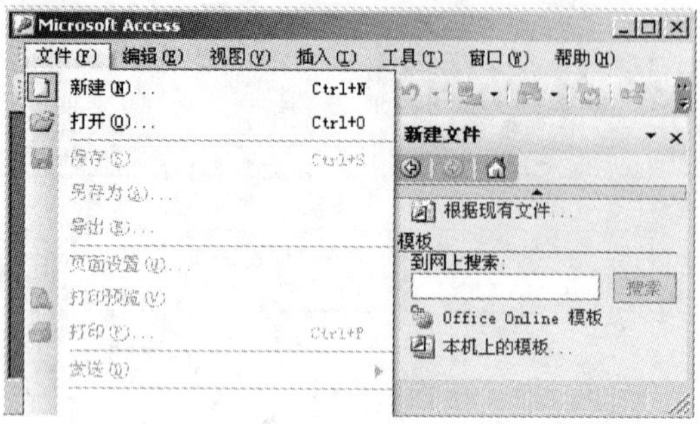

图 3-1 新建数据库项目

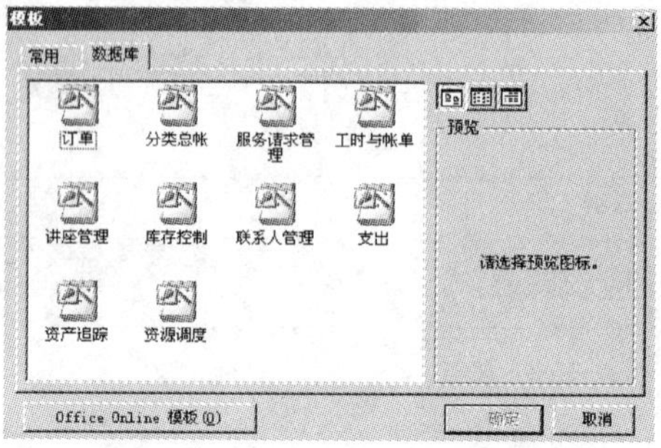

图 3-2 选择数据库模板

（3）在“模板”对话框中，选“数据库”选项卡，并单击其中一个数据库“联系人管理”，单击“确定”按钮，出现“文件新建数据库”对话框。选择要保存的位置，并输入项目文件名“联系人管理”，单击“创建”按钮，如图 3-3 所示。

（4）Access 启动数据库向导，所有操作均按照向导指引操作，单击“下一步”按钮，最后单击“完成”按钮，系统自动创建并启动该数据库项目，如图 3-4 所示。

图 3-3 保存“联系人管理”数据库

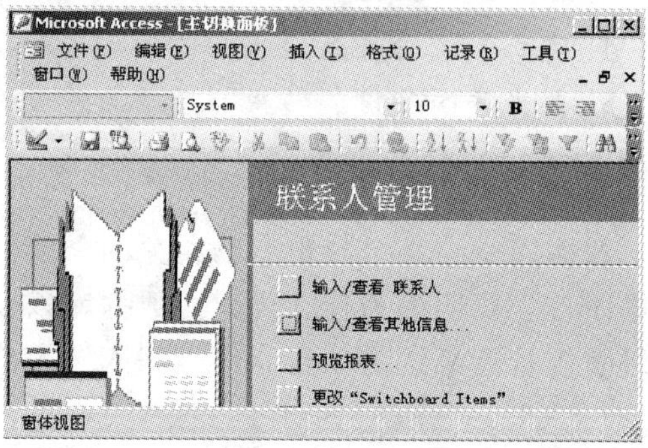

图 3-4 联系人管理数据库

（5）试运行该“联系人管理”项目，领略 Access 的强大功能。

3.1.2 创建“班级学生管理系统”项目数据库

在 Access 中，可以使用“新建空数据库”的方法创建数据库，这也是应用 Access 创建数据库常用的方法。下面我们通过 1 个任务来学习如何创建一个空的数据库。

任务 2 创建空数据库“学生管理 .mdb”

1. 直接创建数据库的方法

（1）在 D：盘中新建文件夹 xsgl；

（2）启动 Access，选【文件/新建】，单击“空数据库”，如图 3-5 所示。

（3）选中刚建立的 xsgl 文件夹，输入文件名“学生管理”，单击“创建”按钮，这样就建立了一个空数据库，并进入 Access 系统界面，如图 3-6、图 3-7 所示。

2. 知识要点

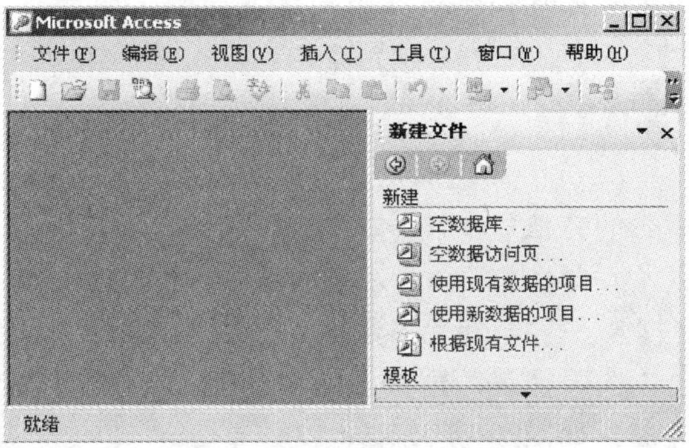

图 3-5　创建空数据库

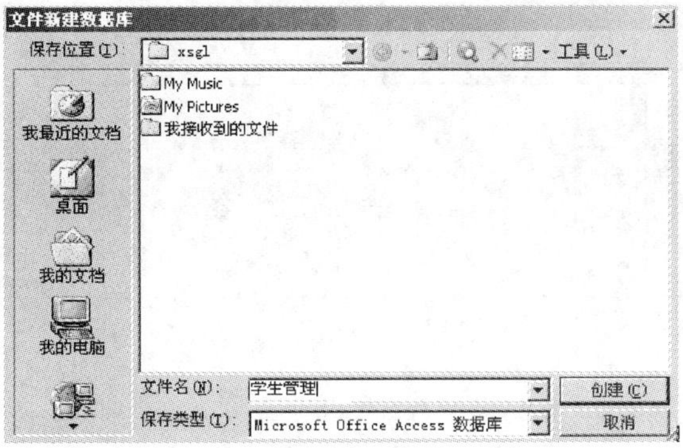

图 3-6　保存“学生管理”数据库

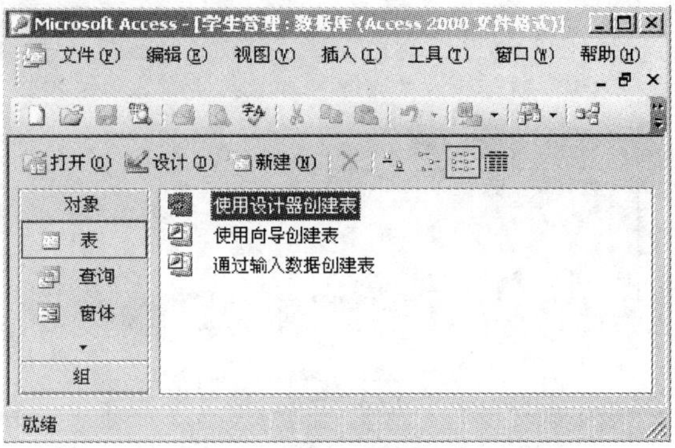

图 3-7　新建“学生管理”数据库窗口

(1) 数据库的默认扩展名为 .MDB，在键入数据库文件的名称时并不需要加上扩展名，因为 Access 会自动加上扩展名 .MDB。

(2) 用数据库向导和模板可以快速地建立数据库，这是最容易掌握的方式。采用自定义方式创建数据库，可以先创建一个空数据库，然后再添加表、窗体、报表以及其他对象，这是最灵活的方式。

(3) 在 Access 中，数据库项目是以数据库形式存在的，它本身就是一个 MDB 文件。在任务 2 中创建的数据库“学生管理”库，就是 Access 数据库项目“班级学生管理系统”。从本节开始，将逐步在“学生管理”库中建立“班级学生管理系统”的各个部分。

3.2　建立数据表

表是 Access 数据库的对象之一，是整个数据库的系统的数据来源，其他的数据库对象，如查询、窗体、报表等都是在表的基础上建立并使用的，表在数据库中占有很重要的地位。建立表的作用是存放数据，所以也称之为数据表。创建一个新表有多种方法：使用设计器创建表、使用向导创建表、通过输入数据创建表、导入表、链接表等等。

3.2.1　使用表设计器创建表

使用表设计器创建表能很好地体现设计者的思路、风格和需求，更灵活地设计表结构。

下面通过 1 个任务的学习来掌握使用表设计器创建表的方法。

任务 3　使用表设计器创建“基本信息表”

1. 任务要求

掌握用表设计器创建表的方法

2. 操作步骤

(1) 启动 Access，并打开“学生管理”数据库，如图 3-8 所示。

(2) 单击“表”对象，选中“表”窗口中的“使用设计器创建表”选项，单击“打开”按钮，出现表设计器对话框，如图 3-9 所示。

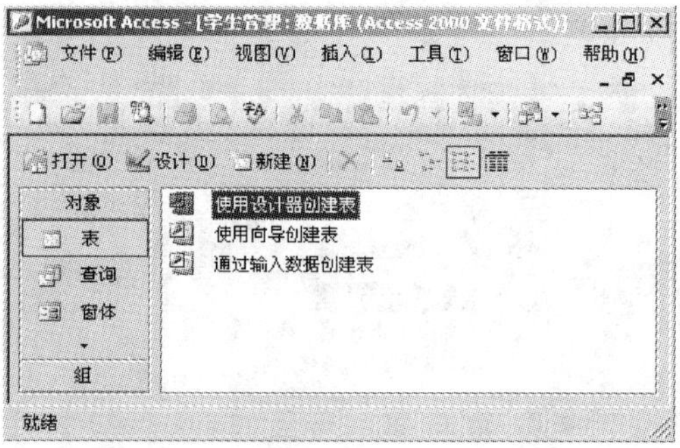

图 3-8　表对象和使用设计器创建表

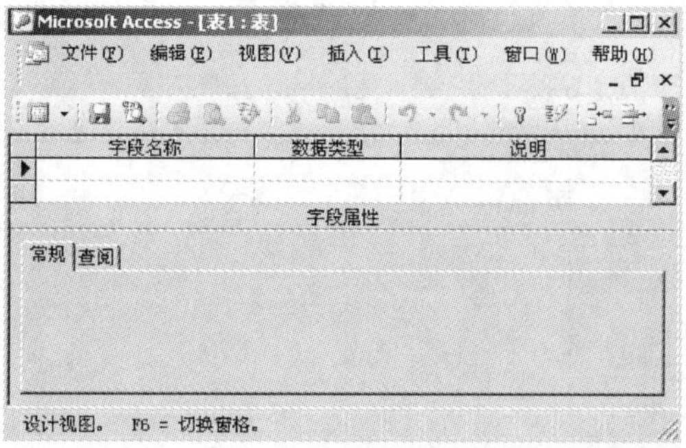

图 3-9　表的设计视图

在表设计器中将完成表字段属性的定义。表 3-1 所示是班级学生管理系统中“基本信息表”的结构。

表 3-1　基本信息表的结构和字段属性

字段名称	学号	姓名	性别	是否团员	出生日期	毕业学校	照片
数据类型	文本	文本	查阅向导	是/否	日期/时间	文本	OLE
字段大小	2	8	2			20	

(3) 在表设计器中进行“学号”字段属性的设置，操作如图 3-10 所示。

(4) 设置“学号”字段的数据类型为“文本”、字段大小为 2。这样基本完成了“学号”字段属性的定义，如图 3-11 所示。

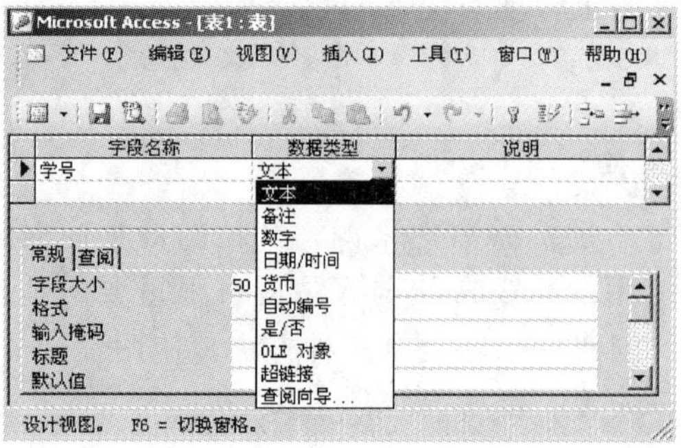

图 3-10　字段名称的输入及数据类型的选择

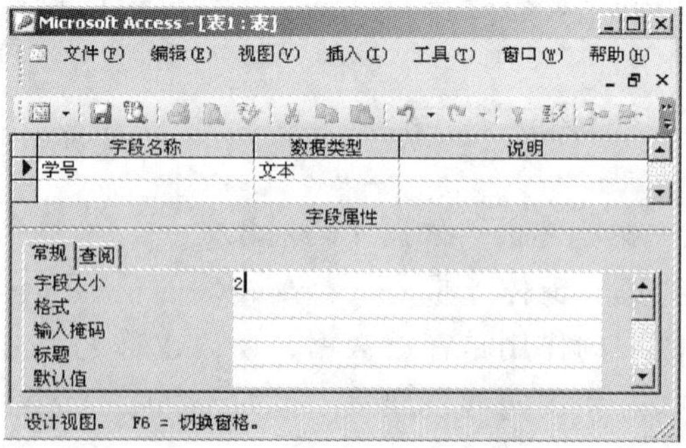

图 3-11　字段大小的定义

(5) 用同样的方法进行“姓名”字段属性的设置。

（6）接着看看“性别”字段的数据类型“查阅向导”如何创建。首先在字段名称中输入文字“性别”，选择数据类型为“查阅向导”，如图 3-12 所示。

（7）选中“查阅向导”选项后出现“查阅向导”对话框，如图 3-13 所示。

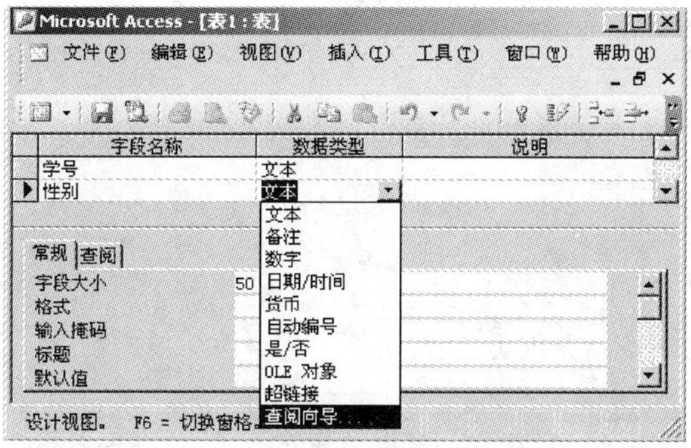

图 3-12　数据类型“查阅向导”

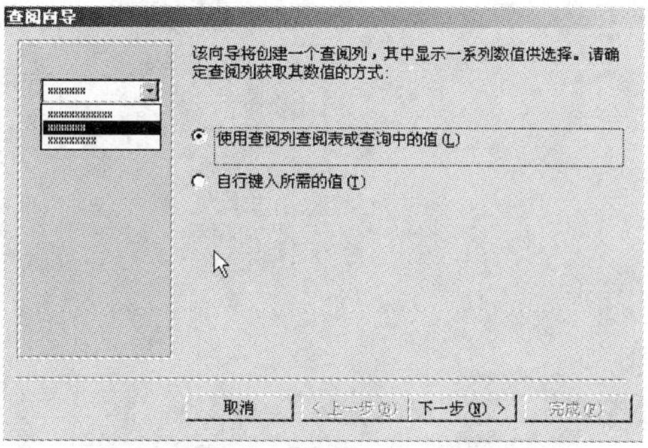

图 3-13　创建查阅列对话框

（8）在对话框中的单选项中选择“自行键入所需的值”选项，单击“下一步”按钮，出现如图 3-14 所示的对话框。

（9）在查阅列中输入“男”、“女”两个值，单击“下一步”按钮，出现如图 3-15 所示的对话框。

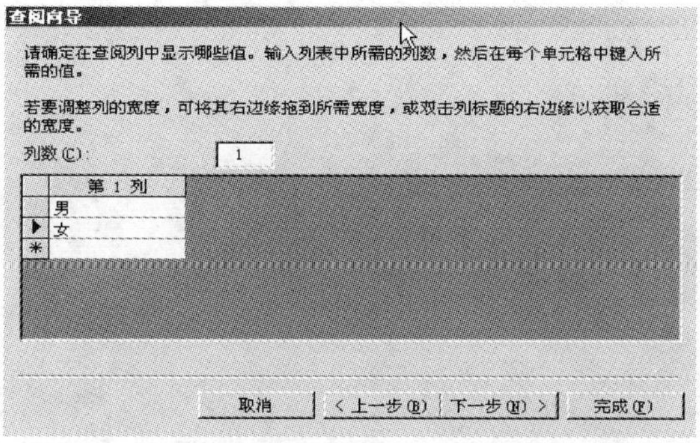

图 3-14　输入“性别”字段的查阅值

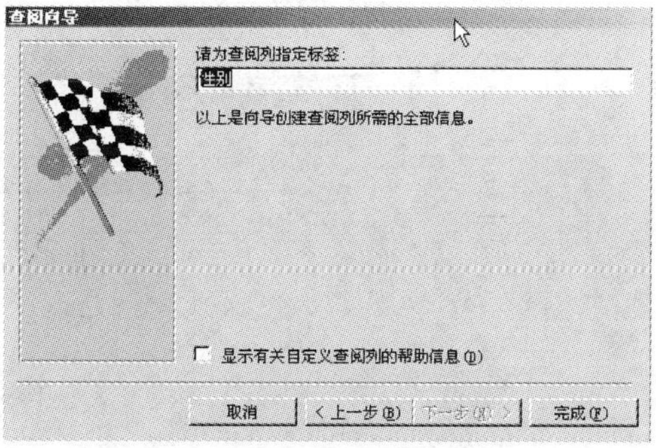

图 3-15　为查阅列指定标签

（10）单击“完成”按钮完成了“性别”字段数据类型“查阅向导”的定义。

（11）将“性别”字段的“字段大小”设置为 1，即完成了该字段属性的定义。

（12）根据表 3-1 基本信息表结构的内容，把基本信息表的其他字段的字段属性进行定义，结果如图 3-16 所示。

（13）定义完基本信息表中全部字段后，单击“学号”字段的字段选定器，然后单击工具栏上的“主键”按钮，给该表定义了一个主键。操作过程如图 3-17 所示，结果如图 3-18 所示，在“学号”字段旁边出现了一个钥匙的小图标，表明“学号”主键。

（14）最后单击工具栏中的“保存”按钮，弹出“另存为”对话框，输入“学生基本信息表”，单击“确定”按钮，完成对表的保存，如图 3-19 所示。

完成上述操作步骤后，Access 就会在“学生管理”数据库中产生一个新表，表的名称为“基本信息表”，如图 3-20 所示。

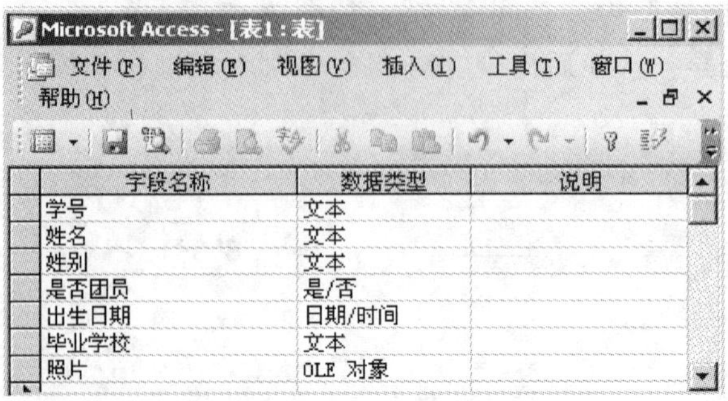

图 3-16　基本信息表的字段及数据类型

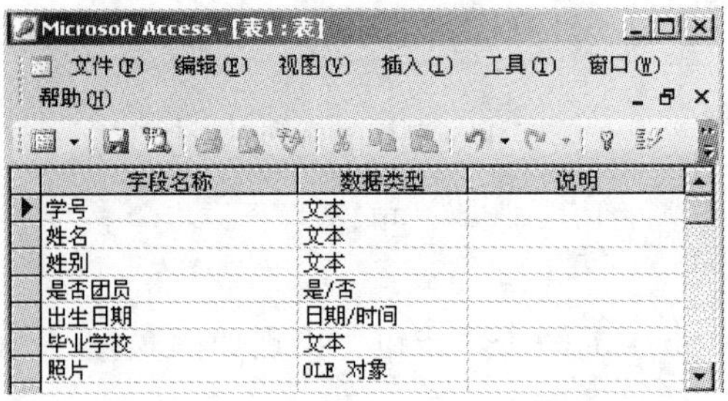

图 3-17　定义主键图

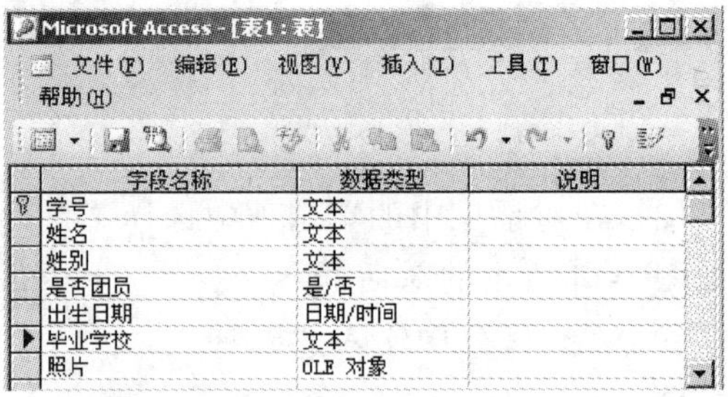

图 3-18　主键的标志

图 3-19　保存表

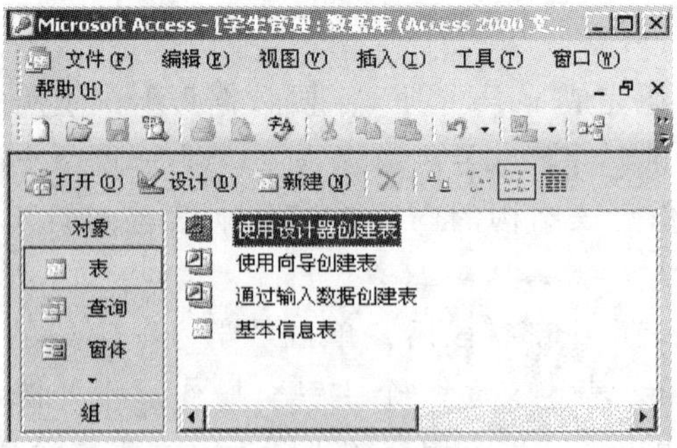

图 3-20　数据库中有了一个新表

（15）下面在新建的表中输入一条记录。记录的数据见表 3-2。双击“基本信息表”，打开表的“数据表视图”，如图 3-21 所示。

（16）在各字段下输入内容，数据记录的输入操作类似 Excel 表中数据的输入，如图 3-22

所示，记录输入完毕可保存关闭。

表 3-2　“基本信息表”中的一条记录

学号	姓名	性别	是否团员	出生日期	毕业学校
01	陈宝玉	男	是	1990-11-3	培英中学

图 3-21　数据表视图

图 3-22　打开表输入数据记录

3. 知识要点

（1）字段是存储数据的最小单位。

（2）记录是相关字段的集合。

（3）主键是具有惟一标识表中每条记录的值的字段。主键不允许为空，例如，对于一个班的学生来说，班上学生的姓名有可能出现同名的情况，但是对每一个学生来说学号却是惟一的，这样，学号就成了具有惟一标识表中每条学生基本信息记录的字段，所以我们将学号字段定义为基本信息表的主键，但是在学生成绩表中，由于一个同学有多科成绩，因此表中必有学号相同的记录，在学生成绩表中学号字段却不能定义为主键。这时往往会选用一个自动编号字段 ID 作为主键。通常当设计者不关心具体的 ID 号但又想要有惟一标识时，选用自动编号的 ID 字段比较合适。

（4）一般情况下一个表设一个主键。

（5）Access 2003 支持 10 种数据类型，常用的有：

1）文本　表示文字字符、ASCII 字符和可打印的字符以及不具有计算能力的数字字符组成字段类型。该字段最大长度为 255 个字符，系统默认长度为 50 个字符。

2）备注　用于存放较长的文本数据，最大长度 65 535 个字符。不能排序或者索引。

3）数字　存放数值型数据，有整型、长整型、单精度型、双精度型等类型。

4）日期/时间　存放日期/时间的数据。

5）货币　存储货币值的字段类型。整数部分最大长度 15 个字符，小数部分长不超过 4 个字符。

6）自动编号　存储递增和随机数据。该字段的值不需用户输入，系统自动增长。常用作记录的 ID。

7）是/否　存储只有两个结果的数据。

此外还有 OLE 对象、超级链接、查阅向导等字段类型。

（6）文本、数值类型的字段一般要用户根据需要来确定字段大小，其他如备注、日期/时间、是/否等类型的字段其大小由系统自行确定，不需用户输入。

3.2.2　用数据表视图建表

“数据表视图”是按行和列显示表中的数据的视图。在数据表视图中，可以进行字段的编辑、添加、删除和数据的查找等各项操作。数据表视图是 Access 中常见的视图形式。在数据表视图下建表比较简单。下面通过 1 个任务的学习来掌握用数据表视图建表的方法。

任务 4 用数据表视图创建“科目代码表”

1. 任务要求

掌握用“数据表视图”创建数据表的方法。

2. 操作步骤

(1) 仔细阅读表的相关资料

1) 表名：科目代码表。

2) 表内容：见本书 2.3.2 节中图 2-43 所示科目代码表中的数据。

3) 表结构：见表 3-3。

表 3-3 “科目代码表”结构

字段名称	科目编号	科目名称	学年	学期
数据类型	文本	文本	文本	文本
字段大小	2	20	4	1
是否主键	是			

(2) 启动 Access 并打开“学生管理”数据库。

(3) 如图 3-23 所示，选中“表”对象，单击工具栏中的“新建”按钮。

(4) 如图 3-24 所示，在弹出的“新建表”对话框中，选择“数据表视图”选项，单击“确定”按钮。

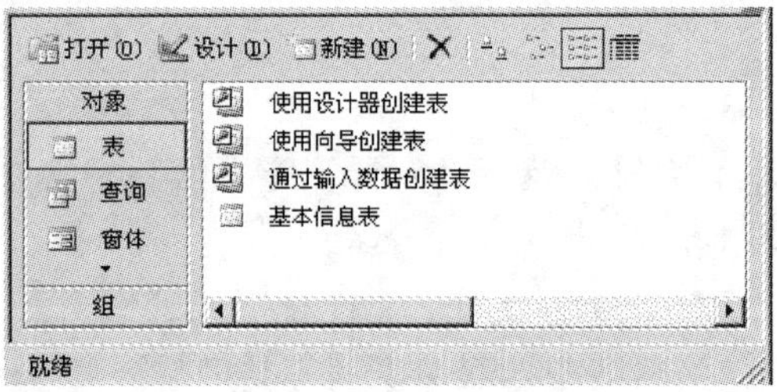

图 3-23 新建表的操作

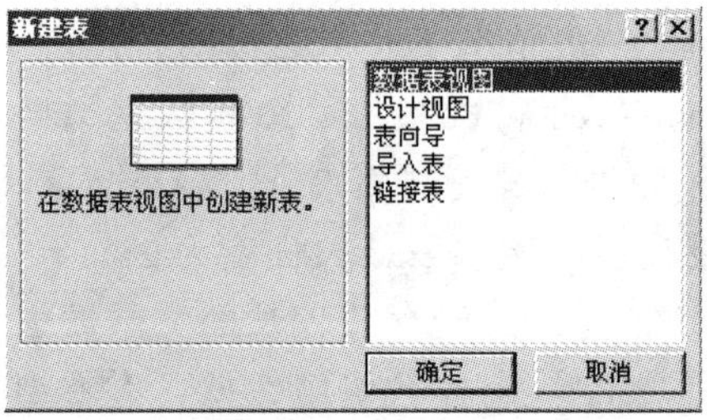

图 3-24 “新建表”对话框

这时显示一个空数据表，表中各个字段的名称依次是“字段 1”、“字段 2”、“字段 3”……，如图 3-25 所示。

(5) 在空数据表中，双击“字段 1”，输入“科目编号”，双击“字段 2”，输入“科目名称”，然后依次将“字段 3”、“字段 4”改名为“学年”和“学期”等，如图 3-26 所示。

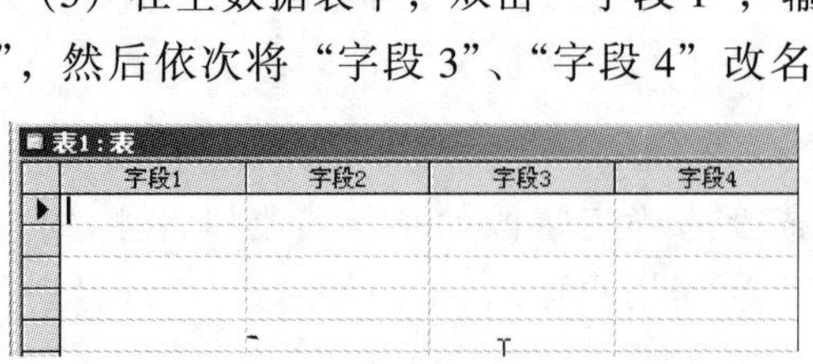

图 3-25 空的数据表

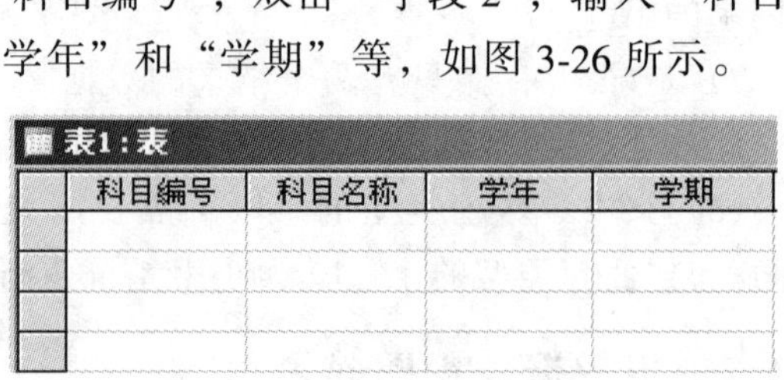

图 3-26 修改字段名称

(6) 关闭表窗口，在弹出的“是否保存”的对话框中，选择“是”，在“另存为”对话框的“表名称”中输入表名“科目代码表”，如图 3-27、图 3-28 所示。

图 3-27　保存表和命名

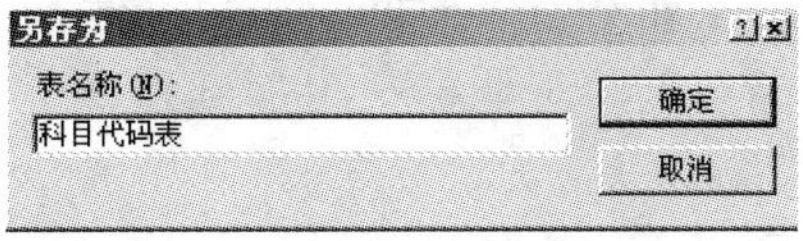

图 3-28　保存表和命名

（7）单击“确定”按钮，系统弹出建立主键的提示信息框，如图 3-29 所示。选“否”留待自行建立主键。

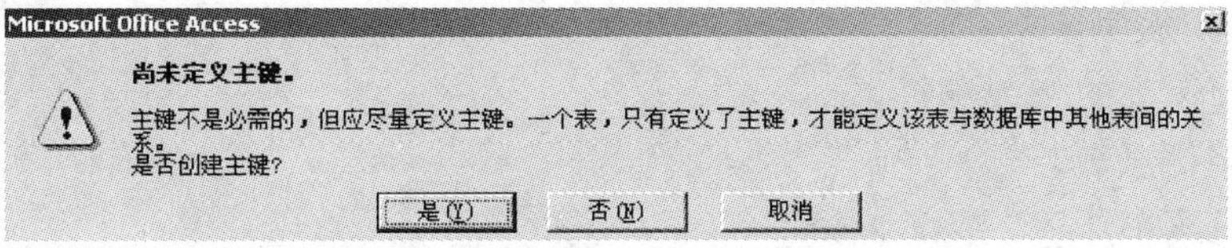

图 3-29　尚未定义主键信息框

（8）点击工具栏左上角的 工具，将“数据表视图”转换成“设计视图”后修改字段大小和定义“科目代码”为主键，如图 3-30、图 3-31 所示。

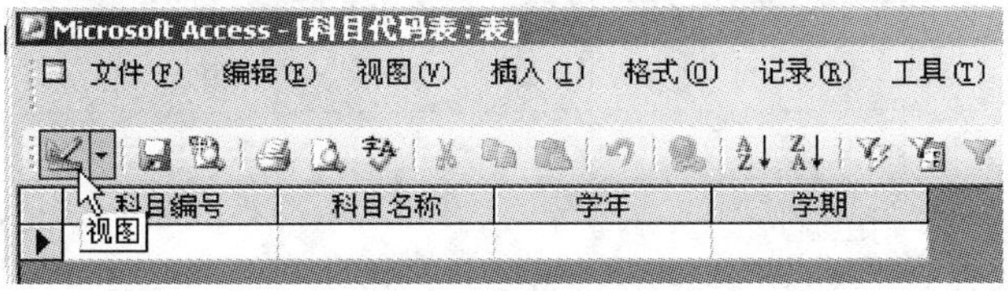

图 3-30　转换设计视图

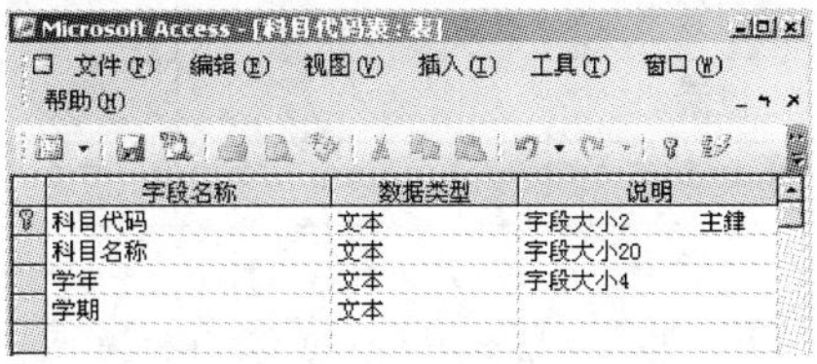

字段名称	数据类型	说明
科目代码	文本	字段大小2　　主键
科目名称	文本	字段大小20
学年	文本	字段大小4
学期	文本	

图 3-31　修改字段属性、定义主键

（9）保存对“科目代码表”的修改。

（10）打开科目代码表，输入如图 3-32 所示的数据记录。

科目代码表 : 表

科目编号	科目名称	学年	学期
01	中文	2004	上
02	数学	2004	上
03	计算机应用	2004	上
04	数据库技术	2004	下
05	计算机网络	2004	下
06	多媒体	2005	上

图 3-32　输入科目代码表记录

3. 知识要点

（1）建表的方法有多种多样，如使用设计器、向导或者通过输入数据创建表等。

（2）数据表视图方式建立表，是先让用户输入数据由系统生成一个表，再由用户修改表字段属性的建表方法。

（3）表的两种常用的视图：数据表视图和设计视图。选中表后，单击“打开”按钮，使表处于数据表视图，这时可显示并修改表中的记录；选中表单击“设计”按钮，使表处于设计视图，这时则可修改表的结构信息，修改表中各字段属性。

3.2.3　设置字段的智能标记

在 Microsoft Office Access 2003 中使用智能标记可以执行通常需要打开其他程序才能完成

的操作，从而节省了时间。可以在表或查询中将智能标记附加到文件中，或在窗体、报表或数据访问页上将智能标记附加到控件上。下面将通过 1 个任务的学习来掌握设置字段的智能标记的方法。

任务 5　创建“联络信息表”，设置“家长姓名”字段的智能标记

1. 任务要求

掌握设置字段的智能标记的方法。

2. 操作步骤

(1) 仔细阅读表的相关资料。

表名：联络信息表。

表内容：见本书 2.3.2 节图 2-40。

表结构：见表 3-4。

表 3-4　联络信息表结构

字段名称	学号	家长姓名	家庭地址	联系电话	邮编
数据类型	文本	文本	文本	文本	文本
字段大小	2	4	30	12	6
是否主键	是				

(2) 启动 Access 2003 并打开“学生管理”数据库。

(3) 在数据库窗口选中“表”对象，选择“使用设计器创建表”，单击工具栏中的“设计”按钮，打开表的设计窗口。

(4) 在表设计窗口中定义第一个字段，并设为主键。

字段名称：学号

数据类型：文本

字段大小：2

(5) 在第二行定义第二个字段，如图 3-33 所示。

字段名称：家长姓名

数据类型：文本

字段大小：4

(6) 如图 3-34 所示，单击字段属性中的“智能标记”栏后，单击右边的生成器按钮 ... 。

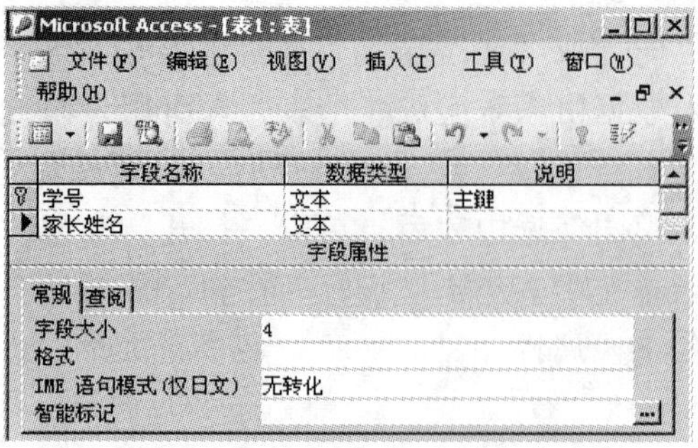

图 3-33　“家长姓名”字段的定义

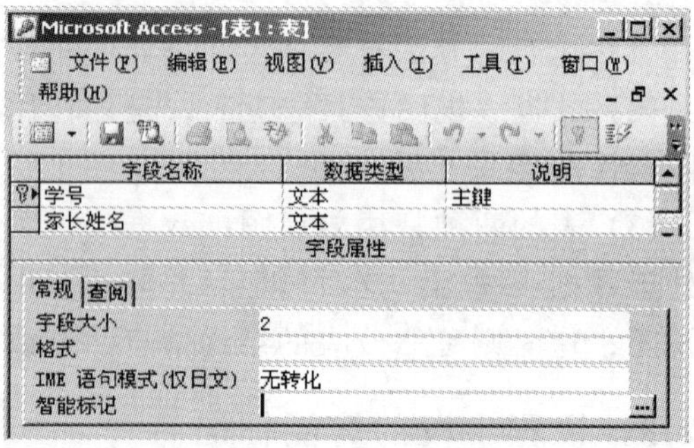

图 3-34　设置“家长姓名”字段的智能标记

(7) 如图 3-35 所示，在智能标记对话框中，选中“人名”选项，表示自动发邮件，单击“确定”按钮。

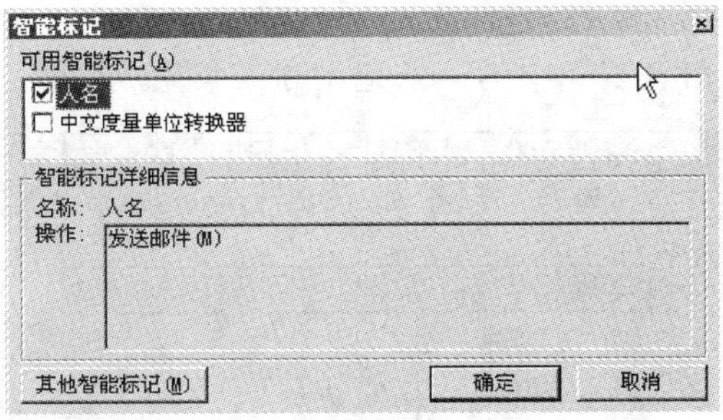

图 3-35　设置智能标记

(8) 按表 3-4 的结构数据，在表设计窗口中定义其他字段：家庭地址，联系电话，邮编等。

(9) 定义完毕，保存为“联络信息表”。

(10) 打开该表，输入如图 3-36 中的记录表中的记录。注意观察在“家长姓名”数据的右下角出现该字段的智能标记符。

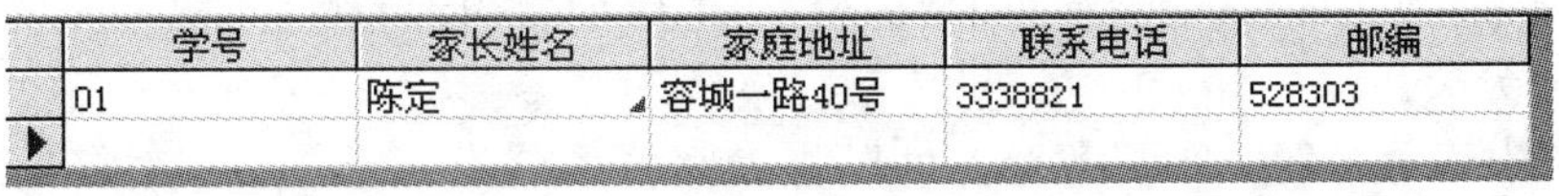

图 3-36　智能标记符

(11) 移动鼠标至智能标记提示符处，出现“智能标记操作”提示。单击，选择“发送邮件”选项，即可以进行发送邮件的操作，如图 3-37 所示。

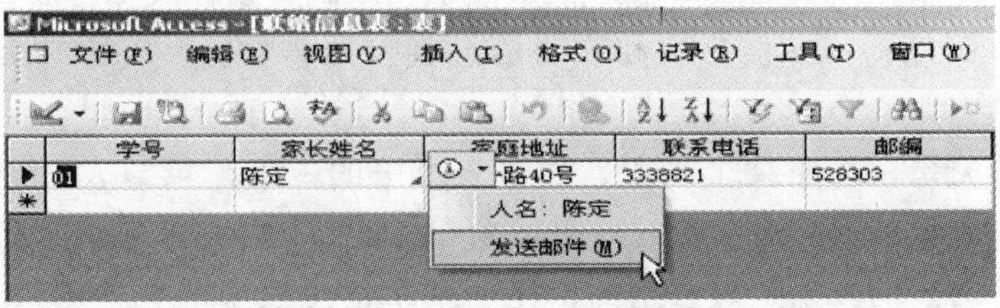

图 3-37　智能标记操作

3. 知识要点

Access 2003 中引入了智能标记技术，该技术曾在 Excel XP、Word XP 和 Outlook XP 中得到应用。如果设置了字段的智能标记为个人姓名，在打开表时，利用智能标记能实现邮件自动发送的操作。

3.3　建立数据表间的关联关系

在 Access 中，每个表是数据库中一个独立的部分，但每个表并不是孤立的，表与表之间可能存在着相互的关联。利用表之间的这种关联，可以将多个表中的信息显示在同一窗体或查询中，从而最大限度地发挥数据库的功能。

3.3.1 概述

1. 关系的概念

图 3-38 所示是“基本信息表”中的一条记录和“学生成绩表”中的多条记录。

学号	姓名	性别	是否团员	出生日期	毕业学校	照片
01	陈玉玉	男	☑	1990-11-3	培英中学	b06. bmp

学号	学年	学期	科目代码	成绩
01	2004	上	01	90
01	2004	上	02	50
01	2004	上	03	67

图 3-38　两个表中的记录

在这两个表的记录中分别表示的是“学号”为“01”的学生的基本信息和成绩信息，分析表中的数据内容可知，两个表中反映的信息都是同一个学生的，这表明，按照“学号”字段，这两个表的记录互相匹配，说明两个表存在着联系，这样的一种联系就为关系。

所谓关系，是指两表的公用字段之间创建的关联性，这种关联性体现了两表中共有字段的联系。它们一个是主表，一个是相关表，公用字段称为相关字段。

2. 关系的分类

根据两表中记录之间的匹配类型，可以将表间关系分为一对一、一对多、多对多三种。假设现有两个表，它们是表 1 和表 2，表 1 是主表，表 2 是相关表，表 1 与表 2 之间的关系可能有：

（1）一对一的关系　按照某个字段，如果表 1 中的一条记录与表 2 中的惟一一条记录相匹配，且表 2 中的一条记录也与表 1 中的一条记录相匹配，则称表 1 与表 2 的关系按该字段是一对一的关系。例如：基本信息表和联络信息表按照“学号”字段来说就是一对一的关系。

（2）一对多的关系　按照某个字段，如果表 1 中的一条记录与表 2 中的多条记录相匹配，且表 2 中的一条记录仅与表 1 中的一条记录相匹配，则称表 1 与表 2 的关系按该字段是一对多的关系。一对多的关系是最常用的，比如基本信息表中的一个学生可以有多科成绩，但学生成绩表中一条成绩记录只对应学生基本信息表中的一个学生。所以按照学号字段，基本信息表和学生成绩表是一对多的关系。

（3）多对多的关系　按照某个字段，如果表 1 中的多条记录与表 2 中的多条记录相对应，且表 2 中的多条记录也与表 1 中的多条记录相对应，则称表 1 和表 2 的关系是多对多的。

实际上，一对一的关系并不常用，因为可以将一对一关系的两个表合并为一个表。如基本信息表和联络表就可以合成一个表。任何多对多的关系都可以拆成多个一对多的关系。因此，在 Access 数据库中，最常用的表之间的关系类型为一对多的关系。

3.3.2 定义表之间的关系

在 Access 中，使用数据库向导创建数据库时，向导自动定义各个表之间的关系。如果没有使用向导创建数据库或表，那么就需要手工定义表之间的关系。在定义表之间的关系之前，应把定义关系的所有表关闭。下面我们通过 1 个任务来学习表之间关系的定义方法。

任务 6　建立“基本信息表”与“学生成绩表”一对多关系

1. 任务要求

掌握表之间关系的定义方法。

2. 操作步骤

（1）关闭所有表。

（2）单击【工具/关系】按钮，如图所示 3-39 所示。

（3）进入“关系”编辑窗口，同时出现“显示表”对话框，如图 3-40 所示。

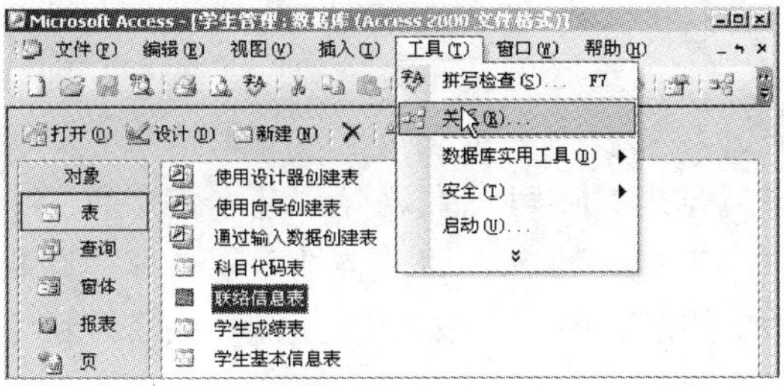

图 3-39　关系按钮

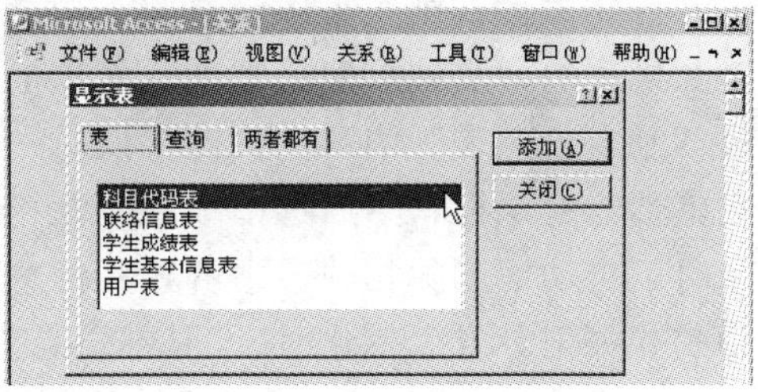

图 3-40　“显示表”对话框

（4）选中“基本信息表”，单击“添加”按钮。接着选中“学生成绩表”，单击“添加”按钮。添加完毕后单击“关闭”按钮，回到“关系”编辑窗，在“关系”编辑窗中出现了将要建立关系的“基本信息表”和“学生成绩表”，如图 3-41 所示。

（5）选定“基本信息表”中的“学号”字段，然后按住鼠标左键不放，拖曳到“学生成绩表”中的“学号”字段处，松开鼠标左键，如图 3-42 所示。

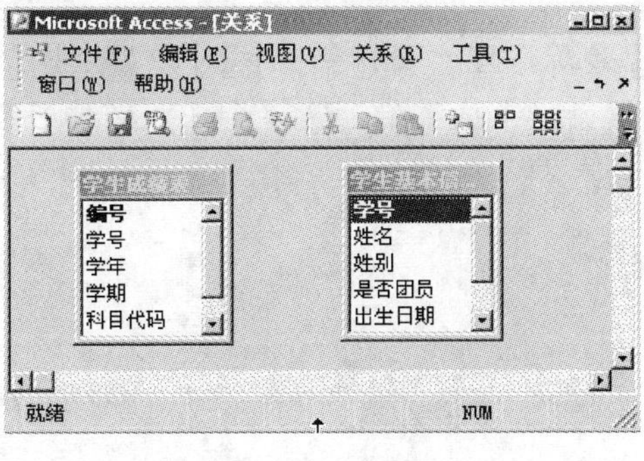

图 3-41　关系编辑窗口

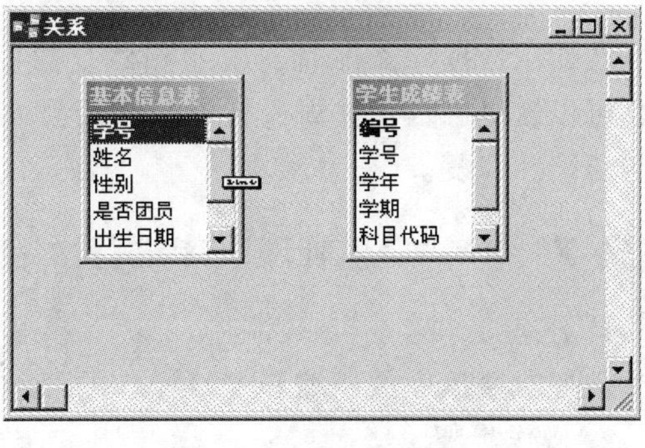

图 3-42　编辑关系的方法

这时显示“编辑关系”的对话框如图 3-43 所示。

（6）选中“实施参照完整性”复选框，并选中“级联更新相关字段”、“级联删除相关字段”前复选框，然后单击“创建”按钮。完成“基本信息表”和“学生成绩表”一对多关系的定义，如图 3-44 所示。

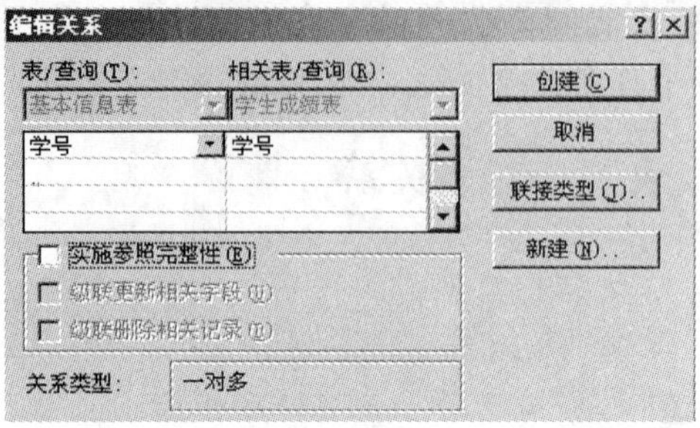

图 3-43 编辑关系的对话框

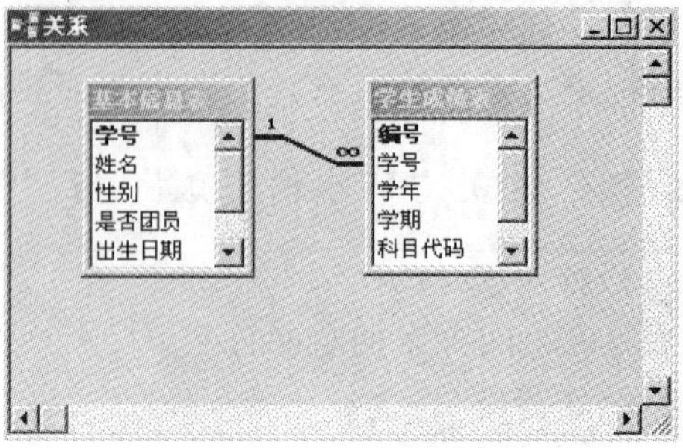

图 3-44 一对多的关系

3. 知识要点

参照完整性是在输入和删除记录时为维护表之间的关系而必须遵循的一个规则。如果实施了参照完整性，则主表中没有关联记录时，Access 不允许将记录添加到相关表。在图 3-43 中，如果选中“实施参照完整性”复选框，然后选中“级联更新相关字段”复选框，则可在更改“基本信息表”中的主关键字值时，自动更新相关表中的对应数值；如果选中“实施参照完整性”复选框，然后选中级联删除相关记录复选框，则可以在删除“基本信息表”中的记录时，自动地删除相关表中的相关信息；如果只选中“实施参照完整性”复选框，则相关表中的相关记录发生变化时，“基本信息表”中的主关键字不会发生相应的变化，而且当删除相关表中的任何记录时，也不会更改“基本信息表”中的记录。

3.4 数据库管理

创建好一个数据库后，在使用数据库的同时，需要对数据库进行有效的管理，从而提高数据库的使用效率，保障数据库的安全。数据库的管理主要包括数据库的压缩与修复，数据库的转换，数据库的备份等。

3.4.1 数据库的压缩与修复

在使用数据库文件时，压缩和修复数据库可以重新整理、安排数据库对磁盘空间的占有，可以恢复因操作失误或意外情况而丢失的数据信息。下面我们通过 1 个任务来学习数据库的压缩和修复。

任务 7 对“学生管理”库进行压缩和修复

1. 任务要求

掌握对数据库的压缩和修复操作的两种方法。

2. 操作步骤

方法一 在数据库打开状态下压缩和修复数据库。

(1) 启动 Access，打开“学生管理”库。

(2) 单击 Access 主菜单中的【工具/数据库实用工具/压缩和修复数据库】，系统即对“学生管理”数据库进行压缩和修复并替代原数据库，如图 3-45 所示。

方法二 不打开数据库进行压缩和修复。

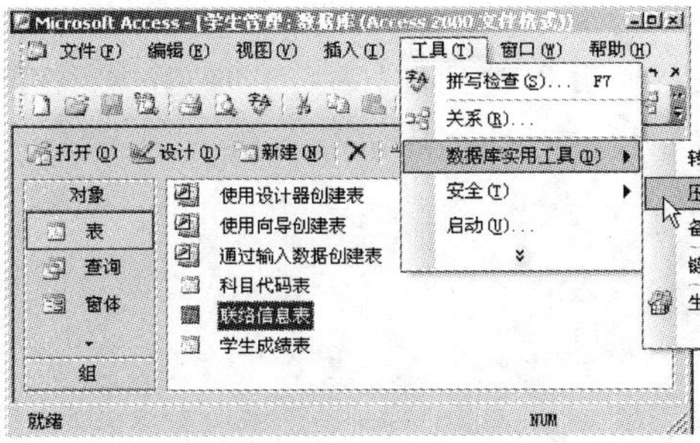

图 3-45　数据库压缩

（1）启动 Access 后，单击主菜单中的【工具/数据库实用工具/压缩和修复数据库】，如图 3-46 所示。

（2）在“压缩数据库来源”窗口，选择要压缩的“学生管理”数据库，再单击“压缩”按钮，如图 3-47 所示。

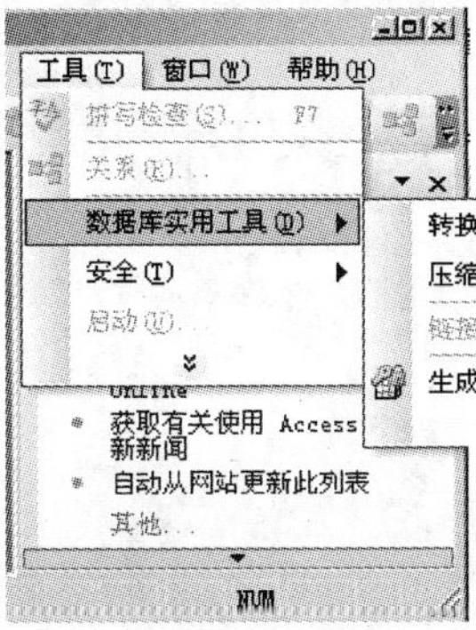

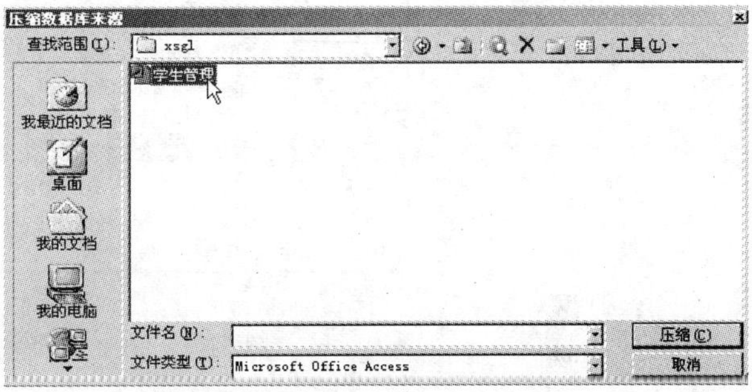

图 3-46　选择“压缩和修复数据库”选项

图 3-47　选择压缩数据库来源

（3）在出现的“将数据库压缩为”窗口中，选择压缩后数据库的保存路径和数据库文件名，如图 3-48 所示。

（4）单击“保存”按钮，结束对选定的数据库文件的压缩和修复的操作。

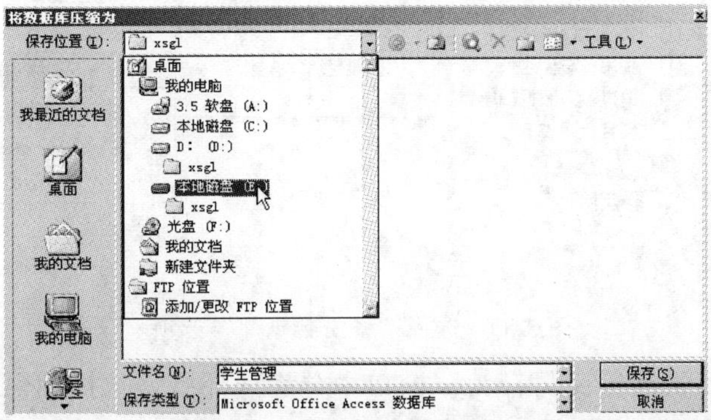

图 3-48　选择数据库压缩的路径和数据库文件名

3.4.2 数据库的备份

虽然数据库有修复功能，但数据库数据遭到破坏时，即便修复也可能造成数据损失。为了确保数据库使用时的安全性，需要经常对数据库进行备份。下面我们通过 1 个任务来学习数据库的备份方法。

任务 8 备份“学生管理”库

1. 任务要求

掌握数据库的备份方法。

2. 操作步骤

（1）启动 Access，进入“学生管理”数据库窗口，如图 3-49 所示。

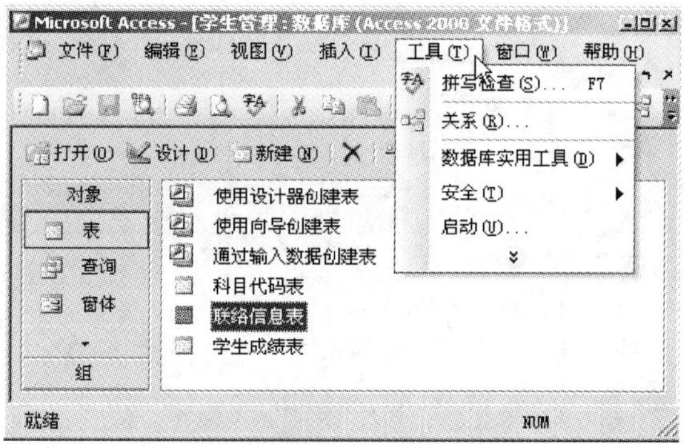

图 3-49 学生管理数据库窗口

（2）在主菜单下，单击【工具/数据库实用工具/备份数据库】菜单项，如图 3-50 所示。

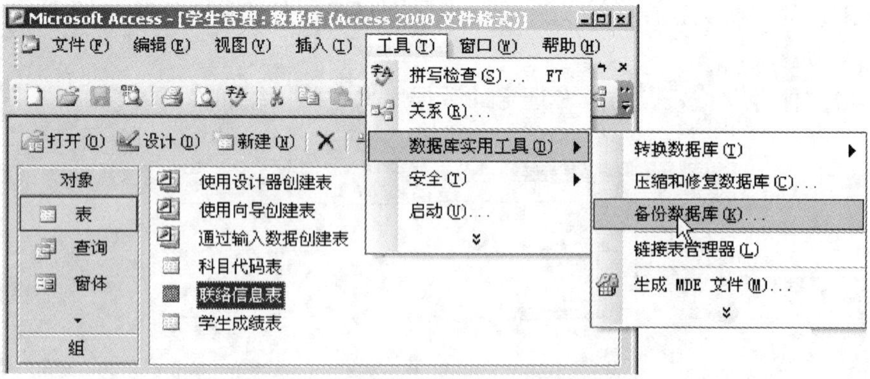

图 3-50 选择“备份数据库”选项

（3）在出现的“备份数据库另存为”窗口中分别选择备份数据库保存的路径为 E：\xs-gl，文件名为默认的“学生管理_2004-11-22”，如图 3-51 所示。

注意： 备份的文件名默认为“原数据库名____当前日期”。

图 3-51　备份数据库另存窗口

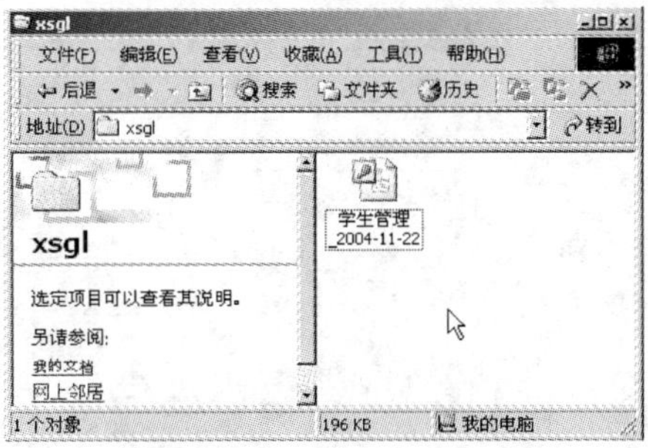

图 3-52　备份的数据库文件

（4）单击“保存”按钮完成对“学生管理”数据库的备份。

（5）打开 E：盘的 xsgl 文件夹可以找到备份的“学生管理-2004-11-22”数据库文件，如图 3-52 所示。

3.4.3　数据库的转换

Access 2003 能直接打开 Access 2000 的数据库，不需要转换。但 Access 2000 不能打开 Access 2003 中建立的数据库，需经过版本转换。Access 2003 提供了把数据库转换为以前版本和把以前版本转换为 Access 2002-2003 格式的功能。通过数据库的转换技术，可以实现 Access 高、低版本的数据库共享，大大提高了 Access 数据库的使用效率。

任务 9　将“学生管理”库 Access 2000 的版本转换成 Access 2003 的版本。

1. 任务要求

掌握数据库的转换方法。

2. 操作步骤

（1）启动 Access 2000，创建一名为“学生管理”数据库及库中的各表，并在 Access 2003 中将其打开，如图 3-53 所示。

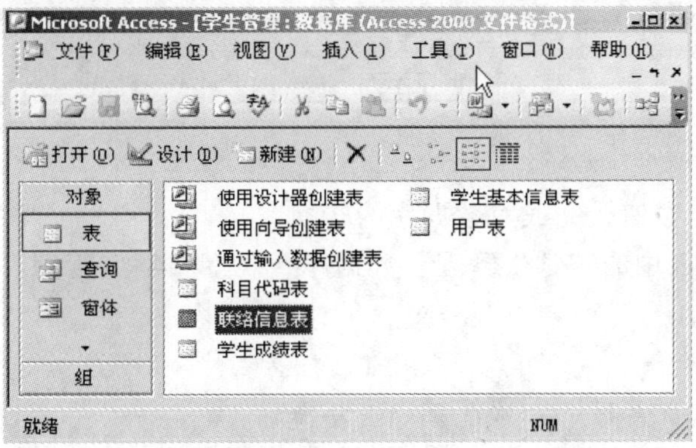

图 3-53　“学生管理”数据库的 Access 2000 格式

（2）单击主菜单中【工具/数据库实用工具/转换数据库/转为 Access 2002-2003 文件格式】菜单项，如图 3-54 所示。

（3）出现“将数据库转换为”对话框，如图 3-55 所示。

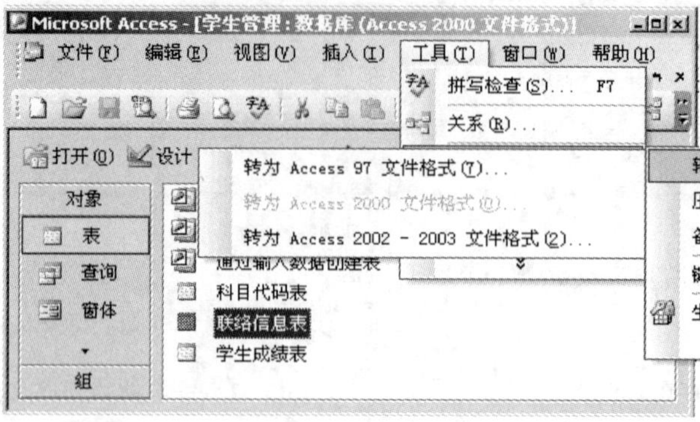

图 3-54 数据库的转换

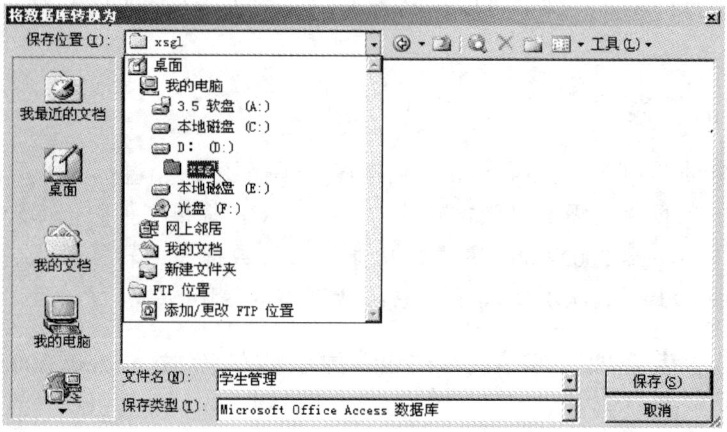

图 3-55 “将数据库转换为”窗口

（4）选择“保存位置”为 D：\ xsgl，文件名为“学生管理”，单击“保存”按钮，将出现提示，如图 3-56 所示。

图 3-56 提示

（5）单击“确定”按钮，完成对数据库的转换。

（6）打开 D：\ xsgl 中的“学生管理”数据库，观察“学生管理”数据库的 Access 2003 的格式，如图 3-57 所示。

3. 知识要点

在压缩与备份数据库文件时，要注意以下几点：

（1）保证磁盘有足够的存储空间，用以存放数据库压缩时产生的数据库文件。

（2）当压缩后的数据库文件与源数据库文件同名，而且在一个文件夹时，压缩后的文件将替换原始文件。

（3）数据库备份操作时应尽量将备份文件保存在不同的计算机上，从而保证数据库的安全性。

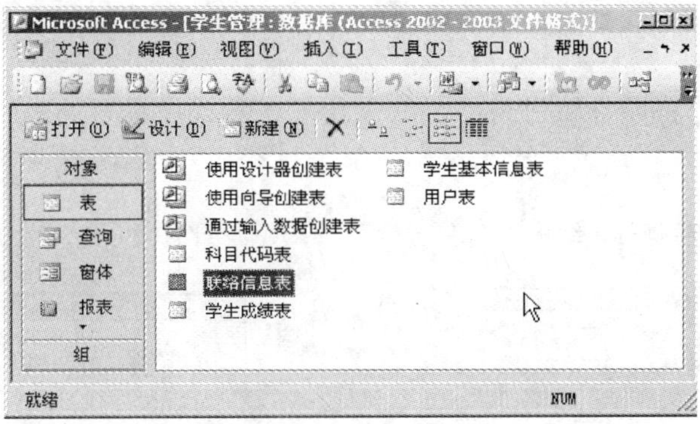

图 3-57　学生管理数据库的 Access 2003 格式

(4) 在进行数据库格式的转换时，如果转换格式后的文件保存在源文件同一文件夹下时，必须输入不同的数据库文件名方能实现保存。

本章小结

建立数据库是 Access 数据库应用开发的第一步，本章对数据库及表的创建进行了详细的说明，结合任务实例，介绍了表间关系及种类、表间关系的创建方法等。此外，还介绍了数据库的一般管理技术，包括数据库的备份、转换、压缩与修复等。

习　　题

一、填空题

1. 为了能既简单，又快捷地创建数据库，可使用________创建数据库。

2. 表是 Access 数据库的对象之一，是整个数据库的系统的________。

3. 表的两种常用的视图分别是________视图和________视图。

4. ________是存储数据的最小单位。

5. ________是相关字段的集合。

6. 主键是________________________________。

7. Access 2003 支持 10 种数据类型，常用的有________、________、________、________、________、________、________、________、________、________等字段类型。

8. 关系是________________________________。

9. 根据两个记录之间的匹配，可以将表之间的关系分为________、________和________三种。

10. ________是在输入和删除记录时为维护表之间的关系而必须遵循的一个规则。

11. 数据库的管理主要包括数据库的________，________，________。

二、操作题

1. 根据图 3-58 的结构在“学生管理”库中创建“学生操行表”。

2. 根据图 3-59 的结构在“学生管理”库中创建“学生成绩表”并输入记录。

3. 根据图 3-60 的结构在“学生管理”库中建立“用户表”并输入图 3-61 所示的记录。

4. 根据图 3-62 的内容自行设计并建立“操行等级表”，并输入相关记录。

5. 创建如图 3-63 所示表的关系。

字段名称	数据类型	说明
ID	自动编号	主鍵
学号	文本	字段大小2
学年	文本	字段大小4
学期	文本	字段大小1
操行等级	文本	字段大小5
操行评语	备注	备注

图 3-58　学生操行表结构

字段名称	数据类型	说明
ID	自动编号	主鍵
学号	文本	字段大小2
学年	文本	字段大小4
学期	文本	字段大小1
科目代码	文本	字段大小2
成绩	数字	字段大小为单精度型

图 3-59　“学生成绩表”结构

字段名称	数据类型	说明
ID	自动编号	主鍵
用户名	文本	字段大小8
用户密码	文本	字段大小8

图 3-60　用户表结构

ID	用户名	用户密码
1	user1	111111
2	user2	222222
3	user3	333333

图 3-61　用户表中的记录

操行等级
优秀
良好
及格
不及格

图 3-62　操行等级表

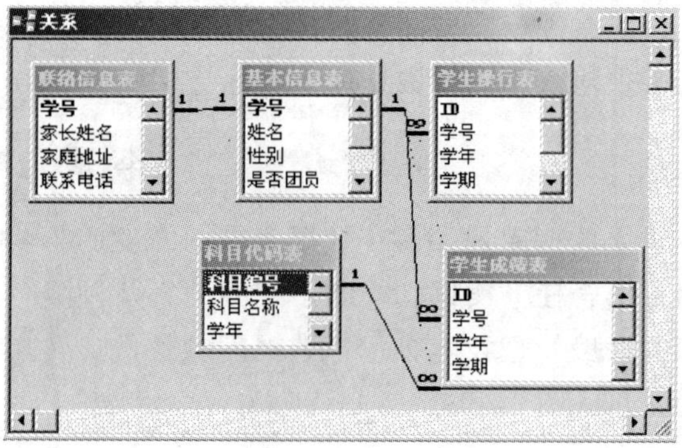

图 3-63　表的关系

第 4 章　表的管理及使用

本章应知
1. 表的构成 2. 数据表和记录的维护与管理

本章应会
1. 字段的添加、删除与重命名 2. 字段属性的设置 3. 记录的添加、删除与修改 4. 记录的查找与筛选 5. 表的复制、重命名与删除

4.1　字段的编辑

由前面有关内容的学习可知，在 Access 中，表是数据库的对象之一，它为数据库系统的操作提供了数据来源。表由表名、字段、记录构成，如图 4-1 所示。字段的集合称为记录，是数据表中的一行。

在图 4-1 中，表名是“联络信息表”，表的字段包括“学号”、“家长姓名”、“家庭地址”、“联系电话”、“邮编”，图中字段名以下的每一行表示一条记录，图 4-1 中所看到的记录，共有 4 条。所谓的表，其实是一种关系模型的二维表。

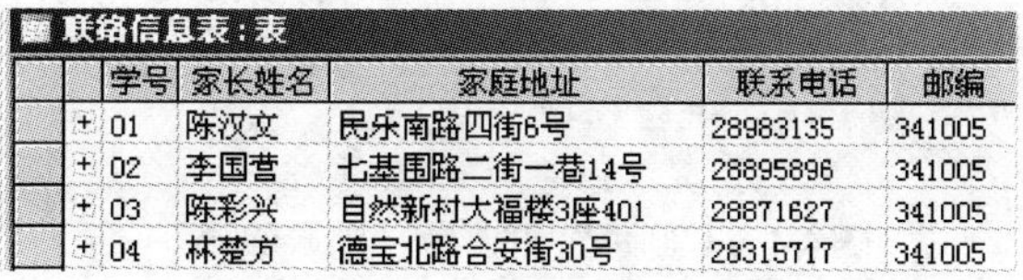
联络信息表 : 表

学号	家长姓名	家庭地址	联系电话	邮编
01	陈汉文	民乐南路四街6号	28983135	341005
02	李国营	七基围路二街一巷14号	28895896	341005
03	陈彩兴	自然新村大福楼3座401	28871627	341005
04	林楚方	德宝北路合安街30号	28315717	341005

图 4-1　联络信息表

在表结构的设计维护中，经常要修改字段名称、添加和删除字段。

在表的管理与维护过程中，为了更全面地存放所有的记录数据，经常需要对表进行字段的添加、删除和字段名称的修改等工作。下面通过 3 个任务来学习字段名称的修改和添加及删除字段的操作技巧。

4.1.1　字段名称的修改

任务 1　在设计状态下修改字段名称

1．任务要求

掌握表字段名称的修改操作方法。

2．操作步骤

（1）参照前面章节描述的操作方法，打开“学生管理”数据库的表对象窗口，然后单击“联络信息表”，最后单击“设计”按钮（如图 4-2 所示），打开“联络信息表”的设计视图，如图 4-3 所示。

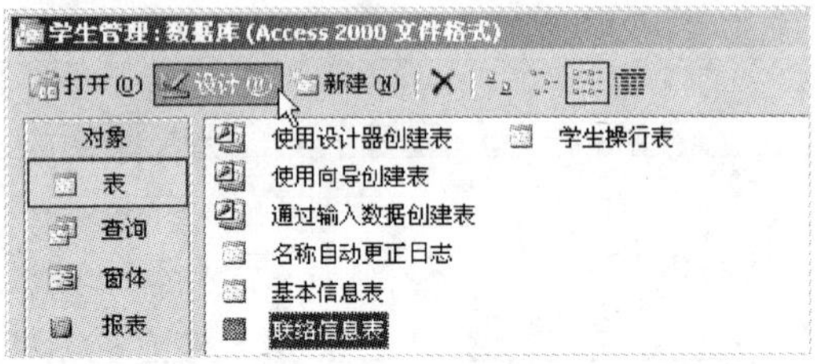

图 4-2　表对象窗口

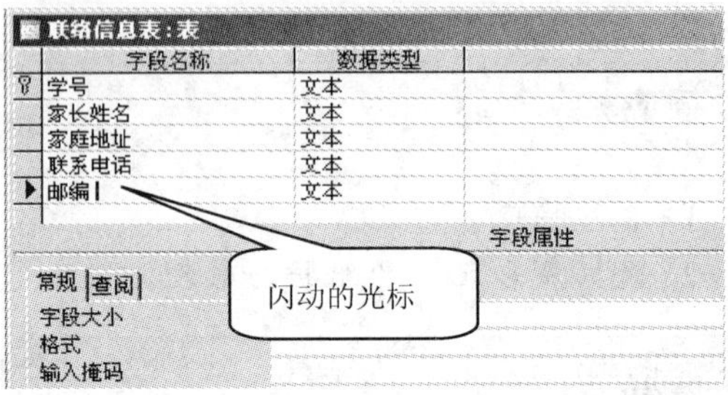

图 4-3　“联络信息表”的设计视图

（2）在图 4-3 中，单击“邮编”字段名称，会发现“邮编”字段名称处出现一个闪动的光标，表示字段名称可编辑，在该状态下，用户可以从键盘输入字段名称，实现对字段名称的更改。把“邮编”更改为“邮政编码”，如图 4-4 所示。

（3）在图 4-4 中，单击右上角的“关闭”按钮。由于“联络信息表”的字段被更改过，所以，会出现“班级学生管理系统”消息框，如图 4-5 所示，提醒用户是否保存更改的操作。

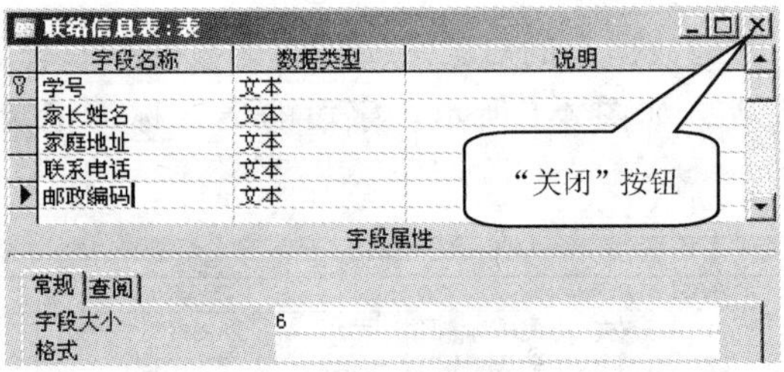

图 4-4　“邮编”更改为“邮政编码”

图 4-5　“班级学生管理系统”消息框

（4）单击“是”按钮，窗口会返回到图 4-2，虽然不能观察到字段，但联络信息表的字段名已被更改过了。

4.1.2　字段的添加与删除

任务 2　添加指定表的字段

1．任务要求

掌握添加表字段的操作方法。

2．操作步骤

（1）参考前面介绍的操作，打开“联络信息表”设计视图，然后，单击“邮政编码”的下一行空白处。出现闪动的光标，允许用户添加字段名称，如图 4-6 所示。

（2）在图 4-6 中的闪动光标处，输入“QQ 号”后，把光标下移一行。

(3) 重复本节第（1）、（2）步的操作，在字段名称的列表中，依次输入两个字段名称“电子邮箱”、“修改日期”，如图 4-7 所示。

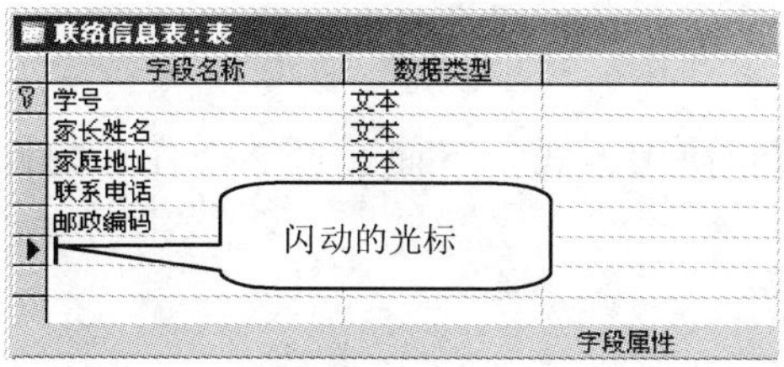

图 4-6　添加字段的编辑状态

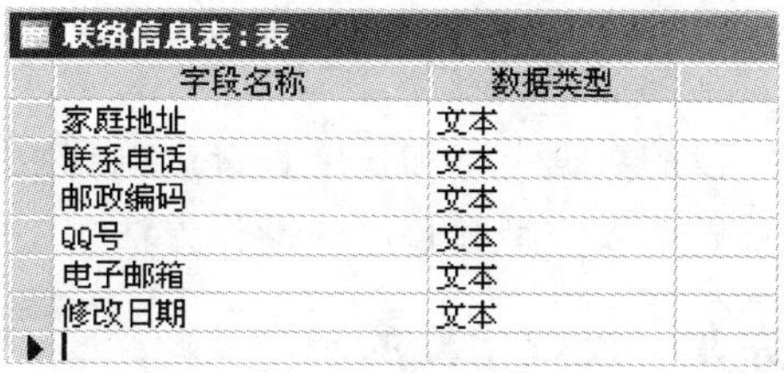

图 4-7　添加了 QQ 号等的字段

任务 3　删除指定表的字段

1．任务要求

掌握删除表字段的操作方法。

2．操作步骤

(1) 在图 4-7 中，单击“QQ 号”字段，使记录指针指向“QQ 号”字段，再右键“QQ 号”字段，弹出快捷菜单，如图 4-8 所示。

(2) 在图 4-8 中，注意观察记录指针的位置，选择快捷菜单中的【删除行】菜单项，稍候，会看到“班级学生管理系统”消息框，如图 4-9 所示。

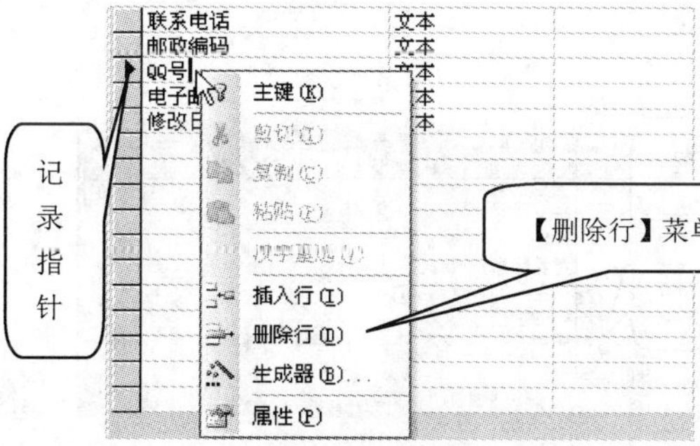

图 4-8　快捷菜单

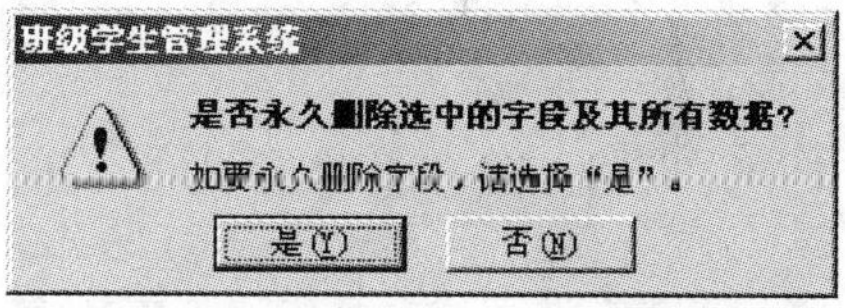

图 4-9　“班级学生管理系统”消息框

(3) 在图 4-9 中，单击“是”按钮，则“QQ 号”字段被永久删除，如果单击“否”按钮，则不对“QQ 号”字段进行删除。这里，单击“否”按钮，暂时保留以上字段，以便进行下一节的学习。

4.2　字段属性的设置

在 Access 中，字段属性一般有常规属性和查阅属性，常规属性包括字段大小、格式、输入掩码、标题、默认值、有效性规则、有效性文本、必填字段、允许空字符串、索引、Unicode 压缩、输入法模式、IME 语句模式、智能标记；查阅属性决定数据表被打开时，记录的显示控件，并不是所有字段都必须有查阅属性。

字段的数据类型决定了数据的存储和使用方式，所以，在表的创建过程中，就要为字段选定数据类型，同时，还要对字段的字段属性进行相应的设置。本节将讲述字段的数据类型设置、字段属性的设置等操作技巧。

4.2.1 字段类型和长度的设置

字段的数据类型和长度直接影响到数据的存储和使用方式。下面通过 2 个任务的操作，学习设置字段类型和长度的操作方法。

任务 4 设置字段的类型

1．任务要求

掌握设置字段类型的操作方法。

2．操作步骤

（1）打开“基本信息表”设计视图，如图 4-10 所示。

（2）在图 4-10 中，单击“照片”字段右侧的“OLE 对象”，然后单击“OLE 对象”右侧的“箭头”按钮，弹出“数据类型”的选择列表。

（3）在图 4-10 的“数据类型”选择列表中，为“照片”字段选择数据类型为“文本”，并完成对“照片”字段的类型设置。

（4）在照片行的说明列，输入说明信息“保存照片文件名，要求不带路径，且放在与数据库同位置的 photo 文件夹下”，对“照片”字段的功能作简要说明，如图 4-11 所示。

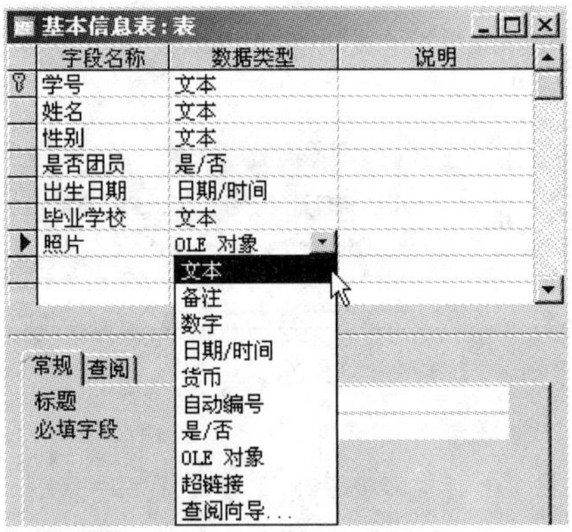

图 4-10 “基本信息表”设计视图之一

图 4-11 “照片”字段的数据类型已改为“文本”

任务 5 设置字段大小

1．任务要求

掌握设置字段大小的操作方法。

2．操作步骤

（1）在图 4-12 中，单击“QQ 号”字段让记录指针指向“QQ 号”字段，观察字段属性的列表，会发现字段的默认大小是 50，显然不太合乎实际的需要。把字段大小的 50 改为 13，如图 4-12 所示。

（2）可采用同样的操作方法，修改其他字段的字段大小。

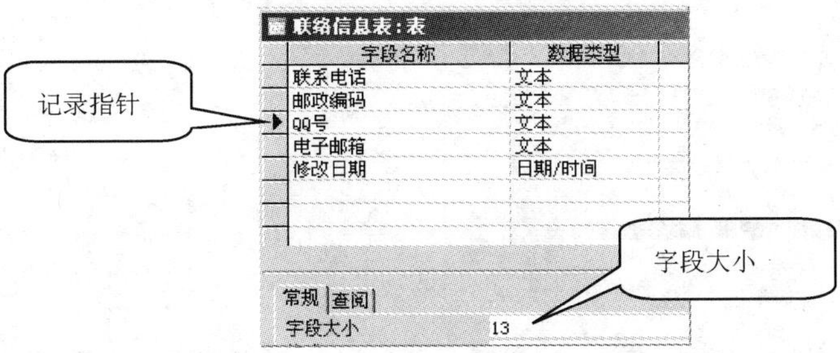

图 4-12　字段大小已修改为 13

注意：某些数据类型的字段大小是固定的，无需用户进行设置，例如“日期/时间”数据类型的字段大小。

4.2.2　设置字段输入/显示格式

设置字段输入/显示格式，既可引导用户输入正确的记录数据，也可避免不符合格式的记录数据输入到数据表中。下面通过 2 个任务的操作来学习设置字段输入/显示格式的操作技巧。

任务 6　设置“基本信息表”中“出生日期”的格式

1．任务要求

掌握设置表字段格式的操作方法。

2．操作步骤

(1) 参照前面章节讲述的操作方法，打开“基本信息表”的设计视图，然后单击“出生日期”字段，使记录指针指向“出生日期”字段，如图 4-13 所示。在图 4-13 中，如果“出生日期”字段的数据类型不是“日期/时间”，必须通过上一节讲述的操作方法，把数据类型设置为“日期/时间”，可以进行下一步的操作。

图 4-13　“基本信息表”设计视图之二

(2) 在图 4-13 中，单击字段属性的格式右边文本框，再单击该文本框右侧的箭头按钮，弹出“格式”下拉菜单，如图 4-14 所示。

(3) 在图 4-14 中，移动鼠标指针至“短日期”选项，然后单击鼠标左键，为“出生日期”字段选定“短日期”格式，如图 4-15 所示。

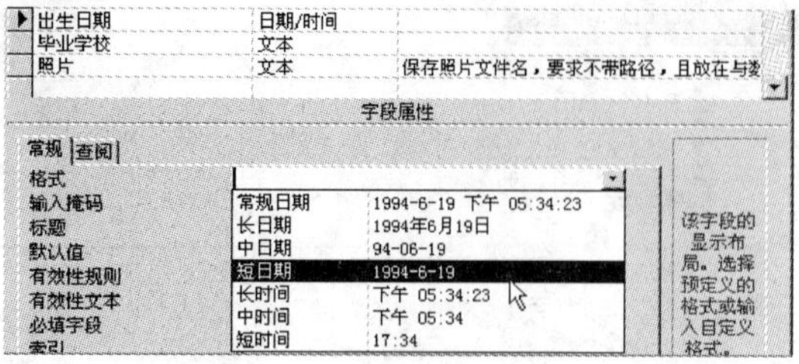

图 4-14 “格式”下拉菜单

图 4-15 选定“短日期”格式

任务 7 设置“基本信息表”中“学号”字段的格式

1．任务要求

掌握表特定字段格式的设置。

2．操作步骤

（1）参照前面章节讲述的操作方法，打开“基本信息表”设计视图，记录指针默认指向“学号”字段，如图 4-16 所示。

（2）在图 4-16 中，找到“字段属性”列表中的“格式”属性，在“格式”属性右侧的文本框中输入“！＊0”三个字符，注意输入时都用英文输入法，中间不用空格隔开，如图 4-17 所示。

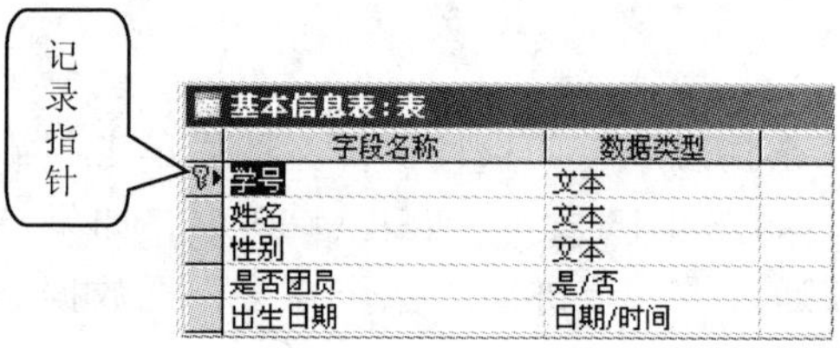

图 4-16 “基本信息表”设计视图之三

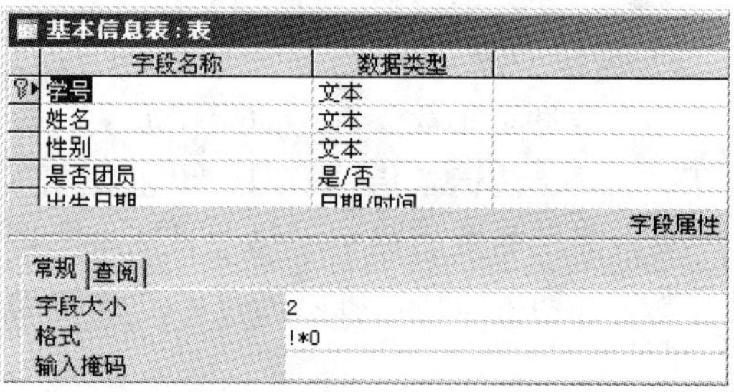

图 4-17 “基本信息表”设计视图之四

（3）关闭“基本信息表”的设计视图，双击“基本信息表”，打开“基本信息表”记录视图，发现所有记录的学号前自动添加了符号“0”，如图 4-18 所示。

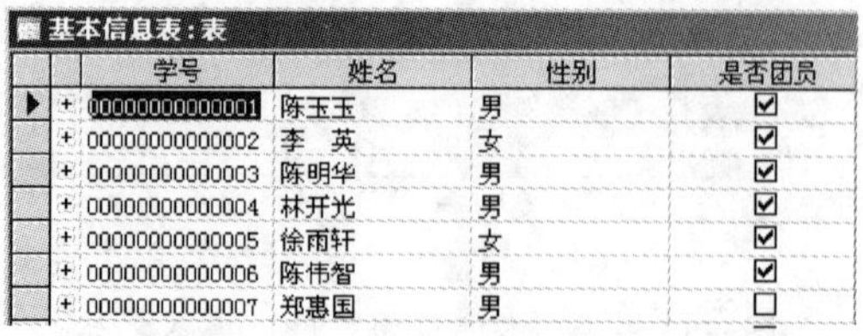

图 4-18 打开“基本信息表”记录视图

3．知识要点

（1）部分自定义格式符号的意义 见表 4-1。

表 4-1　部分自定义格式符号的意义

符号	意　义
!	左对齐
*	用下一个字符填满可用的空格
\	将下一个字符显示为原义字符。也可以通过在左右放置双引号的方式将其显示为原义字符
@	要求文本字符（字符或空格）
&	不要求文本字符
<	输入的所有字符必须为小写
>	输入的所有字符必须为大写

（2）部分格式设置的示例　见表 4-2。

表 4-2　部分格式设置的示例

设置	数据	显示	说明
@@@-@@-@@@@	465043799	465-04-3799	在一定位置上显示“-”
@@@@@@@@@	465-04-3799 465043799	465-04-3799 465043799	按原数据显示
mmm dd“，”yyyy	1997-6-2	Jun 02，1997	月份使用月份英文名称前三字母表示，并在日期相应的位置添加“，”号相隔

（3）如果要了解其他格式字符的设置功能和意义，可以打开任意一个数据表的设计视图，并且将光标处于字段属性中的“格式”属性右侧文本框中，按下键盘上的< F1 >键，即可打开“Microsoft Office Access 帮助”窗口，如图 4-19、图 4-20 所示。

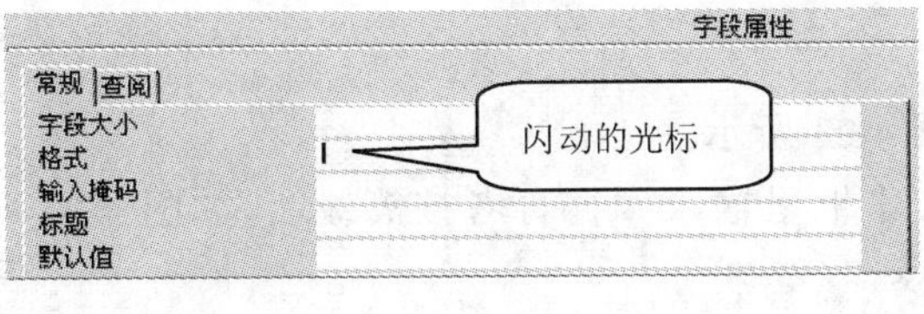

图 4-19　光标处于“格式”属性右侧文本框中

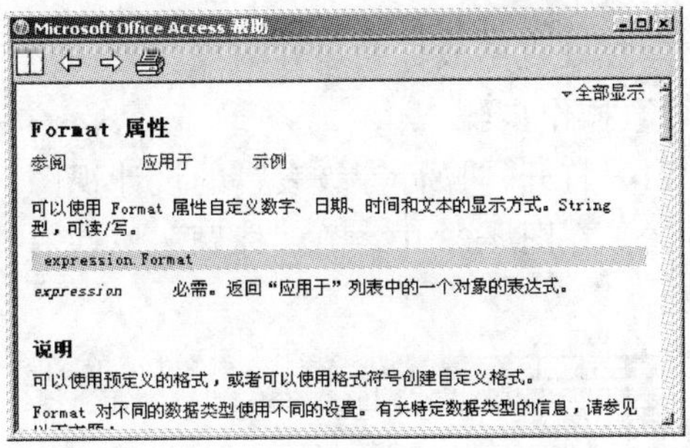

图 4-20　“Microsoft Office Access 帮助”窗口

注意：在图 4-20 中，可通过查看 Format 属性的相关内容，了解更详细的格式设置说明。

4.2.3　设置字段的默认值及标题

在许多数据库软件的应用中，新建记录时，系统会自动给出一个默认值，用户在添加记录时，既可以接受默认值，也可以对默认值进行修改，这将会大大提高用户输入记录的效率，因此，合适的默认值往往很受欢迎。

字段标题用于指定通过从字段列表中拖动字段而创建的控件所附标签上的文本，并作为表或查询“数据表”视图中字段的列标题。下面通过 2 个任务来学习字段默认值和标题的设置。

任务 8　设置“性别”字段的默认值

1．任务要求

掌握默认值的设置操作方法。

2．操作步骤

（1）打开“基本信息表”的设计视图，并单击“性别”字段，使记录指针指向“性别”字段，如图 4-21 所示。

（2）在图 4-21 中，保持记录指针指向“性别”字段，在“字段属性”列表的“默认值”属性右侧的文本框中输入“男”，如图 4-22 所示。

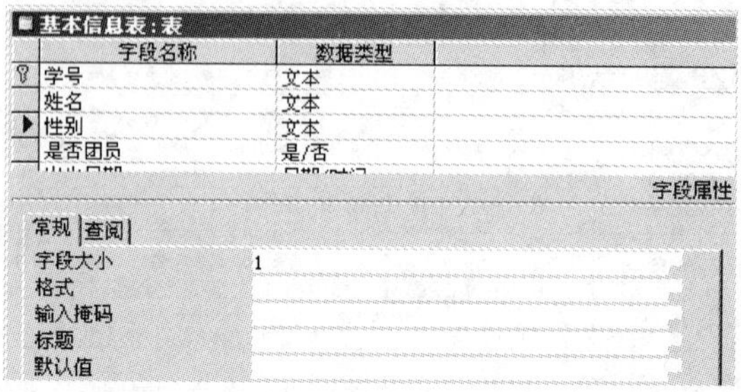

图 4-21　“基本信息表”设计视图之五

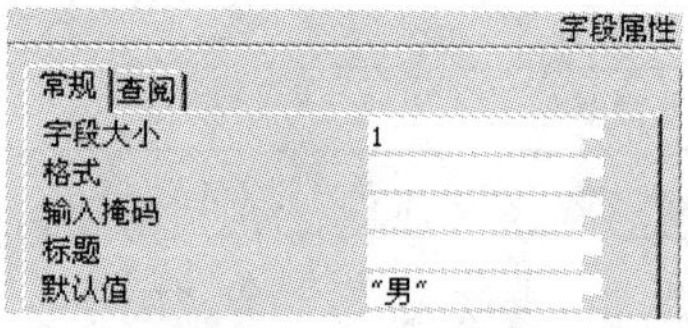

图 4-22　“默认值”属性“男”

（3）关闭上图，则完成默认值的输入。

任务 9　设置字段的标题属性

1．任务要求

掌握设置字段标题属性的操作方法。

2．操作步骤

（1）打开“操行等级表”的设计视图，如图 4-23 所示。

（2）在图 4-23 中，在“标题”属性右侧的文本框里输入“德育考核等级”，如图 4-24 所示。

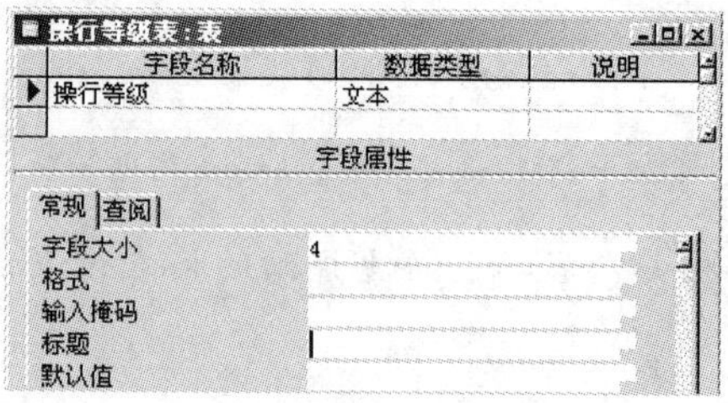

图 4-23　“操行等级表”的设计视图

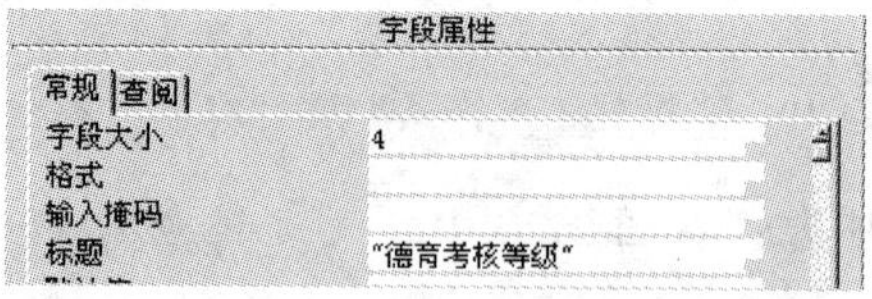

图 4-24　输入了“德育考核等级”

（3）关闭以上视图，即完成“操行等级”字段的“标题”属性的设置。效果将会在为“操行等级表”创建窗体时反映出来，仔细观察图 4-25、图 4-26，图 4-25 是没有设置字段的“标题”属性的窗体效果，字段标题采用字段名称，图 4-26 则是设置了字段“标题”的属性效果。是否需要设置，应根据实际需要确定。

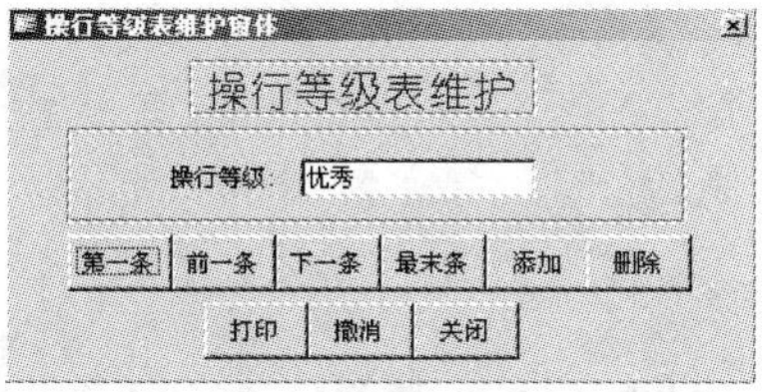

图 4-25　没有设置字段的“标题”属性的窗体效果

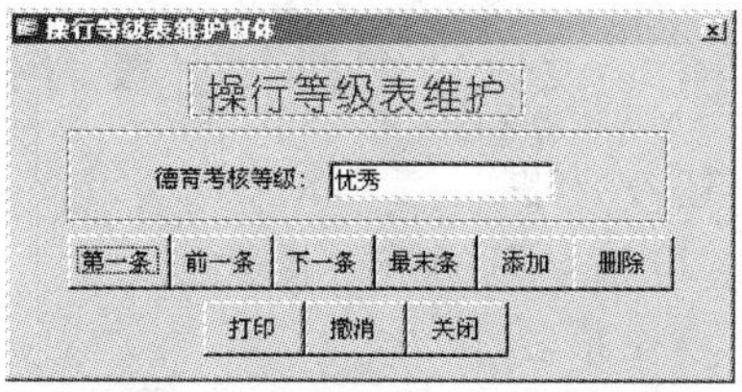

图 4-26　设置了字段的“标题”属性的窗体效果

4.2.4　设置字段的有效性规则

在记录的录入操作中，有必要对一些特殊的字段输入值加以限制，如“性别”字段只能输入“男”或“女”，而“成绩”字段数据的输入往往具有范围的限制，这就涉及到字段的“有效性规则”属性的设置。下面通过 2 个任务的操作，学习有效性规则的设置。

任务 10　限制“性别”字段只允许输入“男”、“女”

1．任务要求

掌握有效性规则的设置。

2．操作步骤

（1）打开“基本信息表”设计视图，并单击“性别”字段，使记录指针指向“性别”字段，如图 4-27 所示。

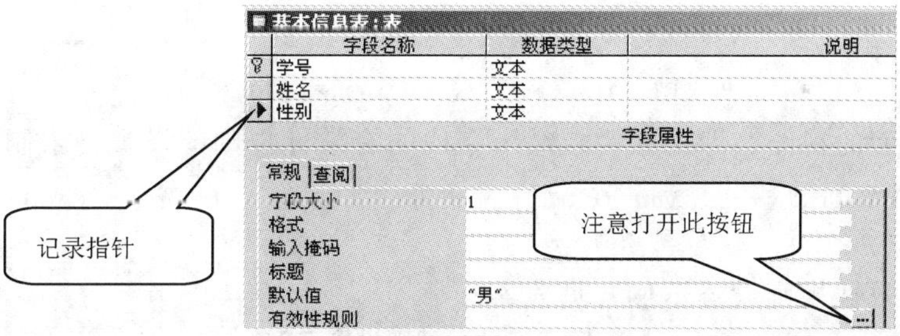

图 4-27　“基本信息表”设计视图之六

（2）单击字段的“有效性规则”属性右侧的文本框，在文本框的右侧将出现“...”按钮，单击此按钮，打开“表达式生成器”窗口，如图 4-28 所示。

（3）在图 4-28 中的表达式编辑框中，输入表达式［“男” or“女”］，如图 4-29 所示。

图 4-28　表达式生成器

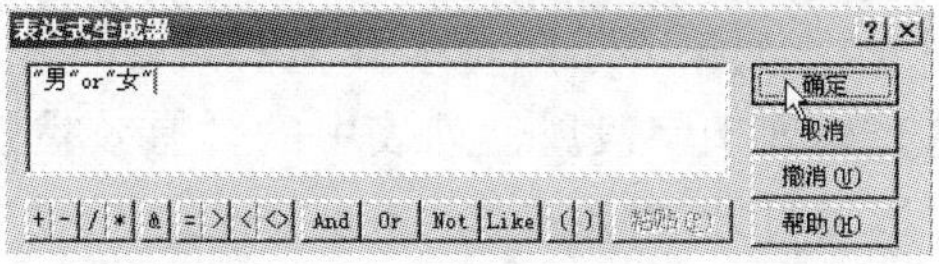

图 4-29　输入表达式“男” or“女”

（4）在图 4-29 中，单击“确定”按钮，则可完成对“性别”字段输入限制的设置。

任务 11　设置“成绩”字段的有效性规则

1．任务要求

掌握设置字段的有效性规则。

2．操作步骤

（1）打开“学生成绩表”的设计视图，并把“记录指针”指向“成绩”字段，如图 4-30 所示。

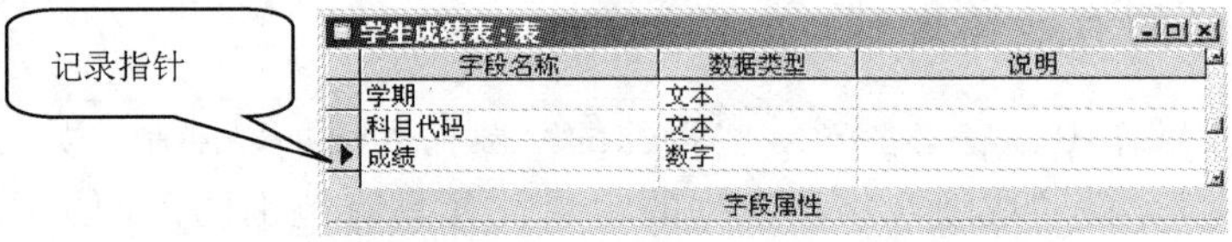

图 4-30　“学生成绩表”的设计视图

（2）在图 4-30 中，保持“记录指针”指向“成绩”字段，如图 4-31 所示，然后在“有效性规则”右侧的文本框中输入“> = 0 And < = 100”。

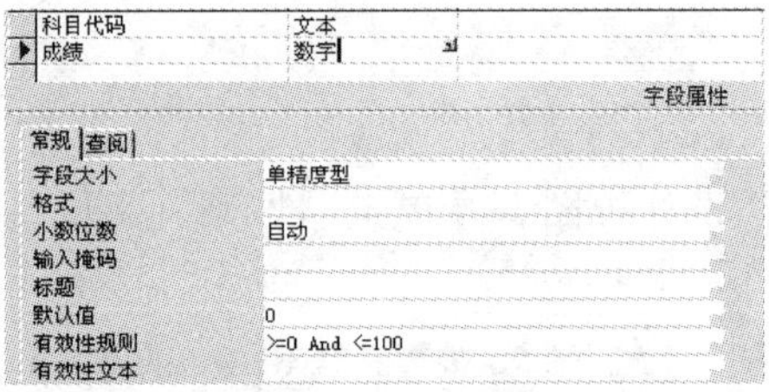

图 4-31　输入“> = 0 And < = 100”

（3）关闭上面的视图，即完成“成绩”字段的有效性规则的设置，限制“成绩”字段只允许输入 0 ~ 100 之间的数。

3．知识要点

（1）部分有效性规则设置示例　见表 4-3。

表 4-3　有效性规则设置示例

有效性规则设置表达式	功　能
< > 0	输入项必须是非零值
> 1000 Or Is Null	输入项必须为空值或大于 1000
Like “A????”	输入项必须是 5 个字符并以字母 A 为开头
> = #1/1/96# And < #1/1/97#	输入项必须是 1996 年中的日期

（2）如果要了解更多其他有效性规则设置的功能，可以打开任意表名的设计视图，并且将光标处于字段属性列表中的“有效性规则”属性右侧文本框中，按下键盘上的 < F1 > 键，即可打开“Microsoft Office Access 帮助”窗口，如图 4-32 所示。

在图 4-32 中，可通过查看 ValidationRule 属性的相关内容，更详细了解到关于有效性规则设置的说明。

4.2.5　设置字段的输入掩码

使用“掩码”属性可以实现特殊数据的输入。

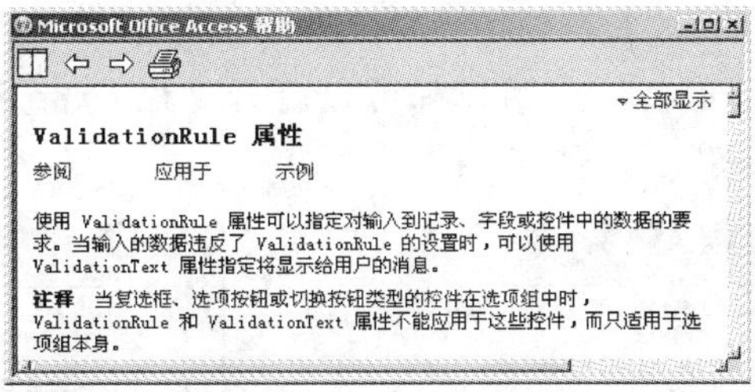

图 4-32　“Microsoft Office Access 帮助”窗口

任务 12　设置“用户密码”字段的掩码

1．任务要求

掌握设置密码掩码的操作方法。

2．操作步骤

（1）打开“用户表”的设计视图，并单击“用户密码”字段，以保证记录指针指向“用户密码”字段，如图 4-33 所示。

（2）在图 4-33 中，单击字段的“输入掩码”属性右侧的文本框，如图 4-33 所示。然后单击“…”按钮，则可打开“输入掩码向导”第一步对话框，如图 4-34 所示。如果在图 4-34 之前出现“必须先保存表”的提示消息框，如图 4-35 所示（有时候不一定会出现此消息框），只有单击“是”按钮，才可能打开图 4-34。

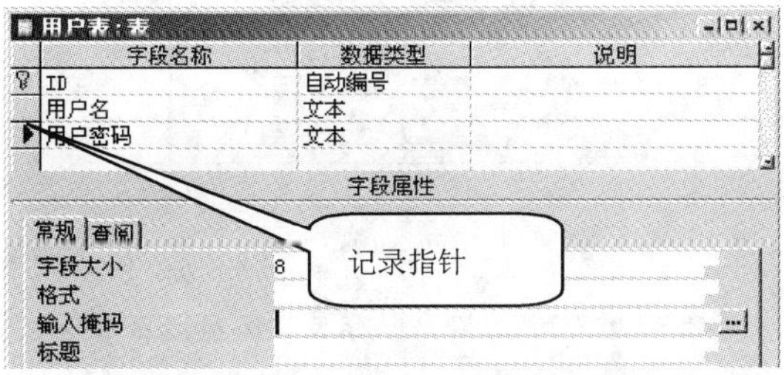

图 4-33　“用户表”的设计视图

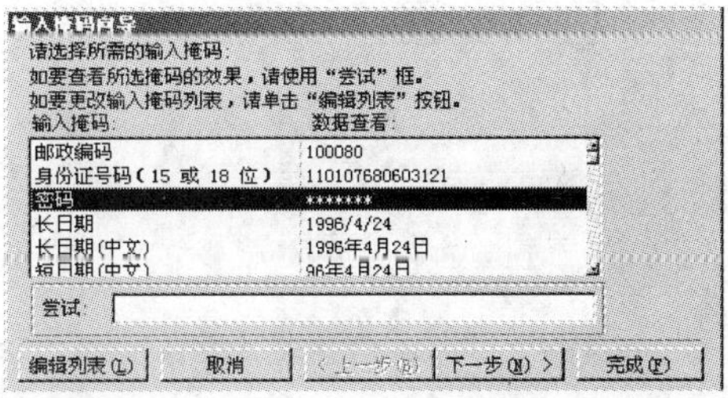

图 4-34　“输入掩码向导”第一步对话框之一

（3）在图 4-34 中，单击列表框中的第三行“密码　*******”，然后单击“下一步”按钮，即可打开“输入掩码向导”第二步对话框，如图 4-36 所示。

图 4-35　“必须先保存表”提示消息框之一

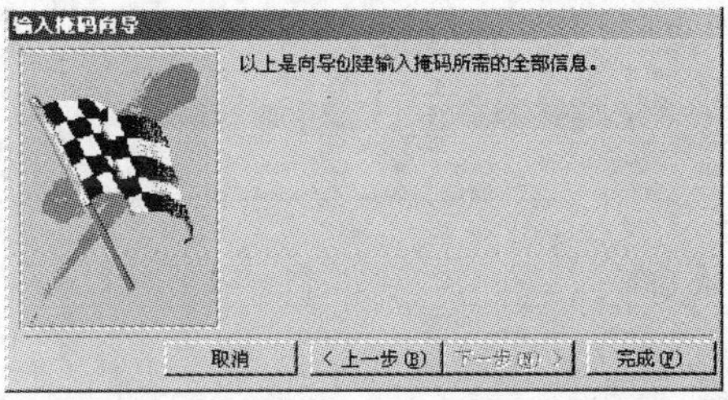

图 4-36　“输入掩码向导”第一步对话框之二

（4）在图 4-36 中，单击“完成”按钮，即可完成“用户密码”字段的掩码设置。

（5）关闭“用户表”的设计视图，并保存所作的操作，打开“用户表”的记录表，观察记录情况，发现设置后的效果如图 4-38 所示，用户密码的记录数据都用掩码“*”掩盖了，可以防止任何用户打开表记录查看其他用户的用户密码。如果“用户密码”字段的掩码没有设置，效果则是如图 4-37 所示，任何用户都可以打开“用户表”的记录表，查看到其他用户的用户密码，这显然是不符合实际需要的。

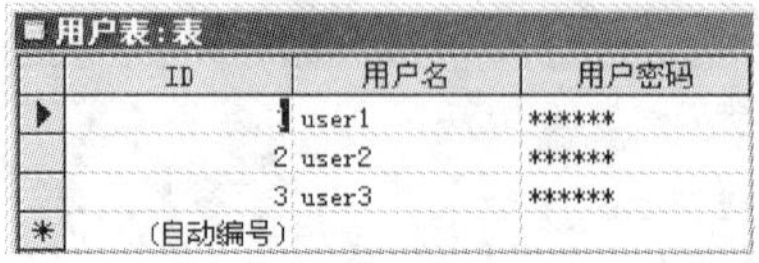

图 4-37 “用户密码”字段的掩码设置前的效果

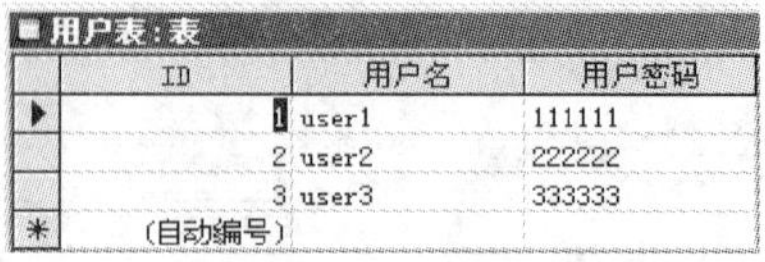

图 4-38 “用户密码”字段的掩码设置后的效果

任务 13 设置“出生日期”字段的输入掩码为“长日期（中文）”格式

1．任务要求。

掌握日期型字段的掩码设置。

2．操作步骤

（1）打开“基本信息表”的设计视图，并单击“出生日期”字段，使“记录指针”指向“出生日期”字段，然后，单击字段的“输入掩码”属性右侧的文本框，使文本框右侧出现“…”按钮，如图 4-39 所示。

（2）在图 4-39 中，单击“…”按钮，如图出现图 4-40 所示的“必须先保存表”的提示消息框，只要单击“是”按钮即可打开“输入掩码向导”第一步对话框，如图 4-41 所示。

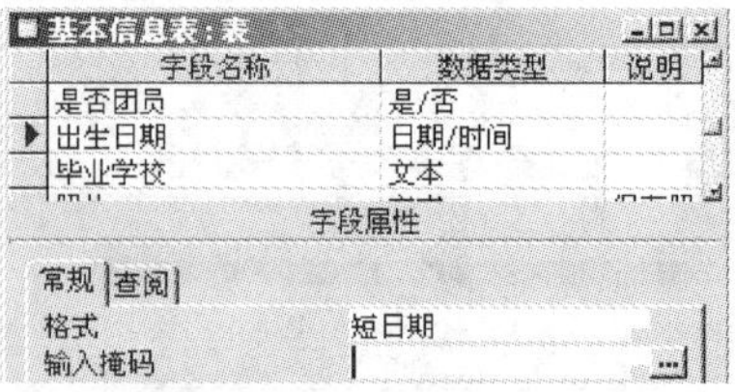

图 4-39 “基本信息表”设计视图

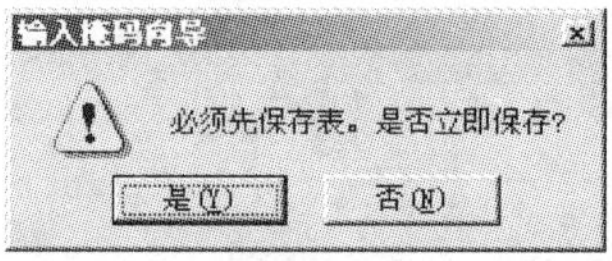

图 4-40 “必须先保存表”提示消息框

（3）在图 4-41 中，选择列表框内的“长日期（中文）1996 年 4 月 24 日”，然后单击“完成”按钮。实现了“出生日期”字段的输入掩码设置，如图 4-42 所示。

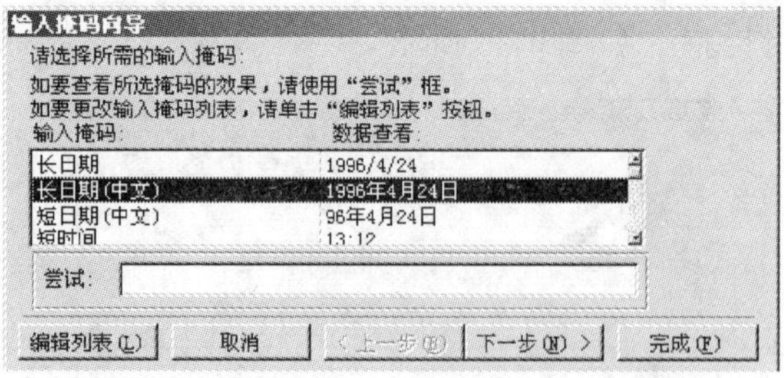

图 4-41 “输入掩码向导”第一步对话框

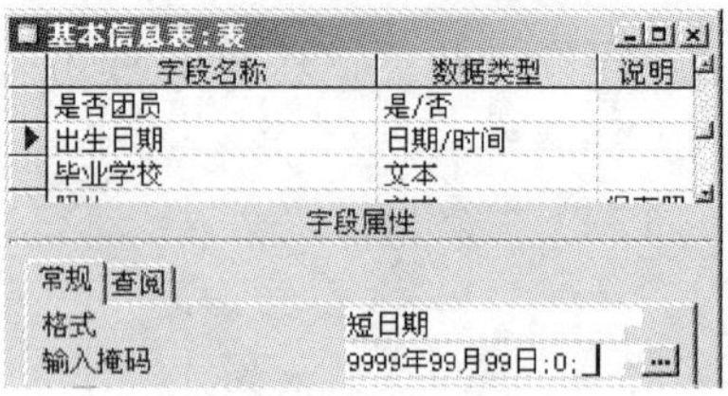

图 4-42 “出生日期”字段设置了“输入掩码”

（4）单击图 4-42 右上角的“关闭”按钮，关闭“基本信息表”的设计视图，保存完成的设置。

3．知识要点

如果为同一字段定义了输入掩码，同时又设置了格式属性，格式属性将在数据显示时优先于输入掩码。这意味着即使已经设置了输入掩码，在设置了格式属性后，显示时，仍将忽略输入掩码。位于基础表的数据本身并没有更改，格式属性只影响数据的显示方式。

4.2.6　设置数据表格式

在 Access 的默认状态下，所建的数据表格式几乎都是白色的底纹、银白颜色的边线，如图 4-43 所示，其实，用户可以根据实际的需要，为不同的数据表设置不一样的格式，以达到更好的视图效果。下面通过 2 个任务的操作，学习数据表格式的设置。

任务 14　设置“科目代码表”的单元格效果

1．任务要求

掌握设置数据表格式的操作方法。

2．操作步骤

(1) 打开“科目代码表”数据表视图，如图 4-43 所示。

(2) 在图 4-43 中，单击菜单栏中的【格式】菜单，然后在弹出的下拉菜单中选择【数据表】菜单项，如图 4-44 所示。

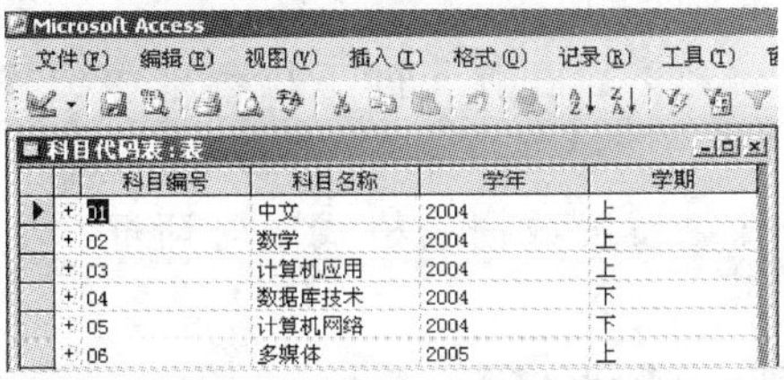

图 4-43　“科目代码表”数据表视图

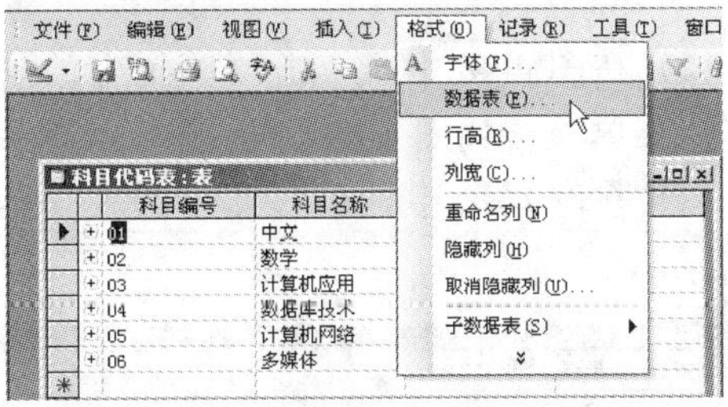

图 4-44　选择【数据表】菜单项

(3) 在图 4-44 中，单击【数据表】菜单项，打开“设置数据表格式”对话框，如图 4-45 所示。

(4) 在图 4-45 中，单击“单元格效果”下的“凸起”单项选项，会发现对话框中的“示例”效果图发生了变化，如图 4-46 所示。

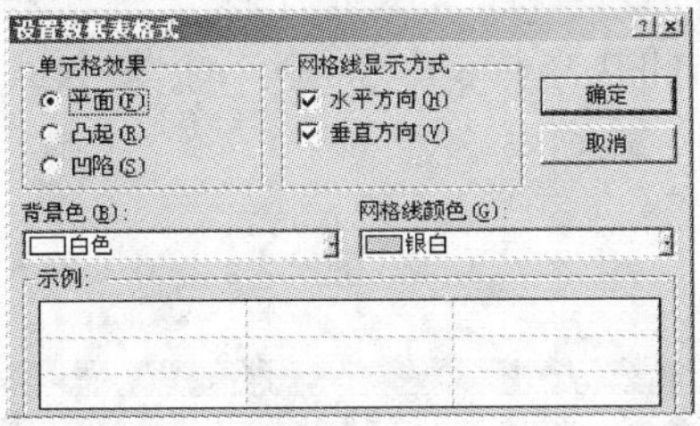

图 4-45　“设置数据表格式”对话框

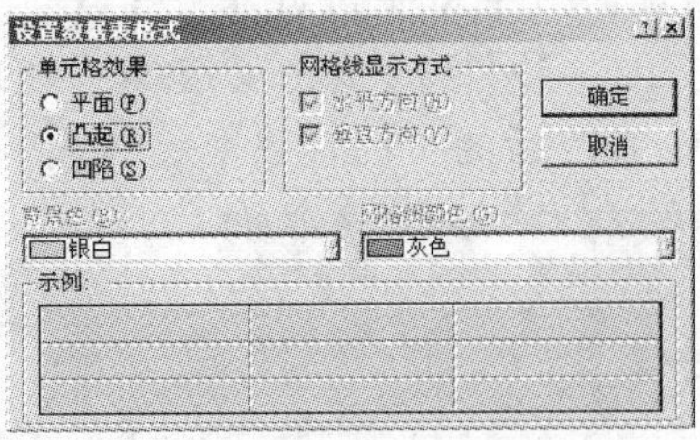

图 4-46　“示例”效果图发生了变化

(5) 在图 4-46 中，单击“确定”按钮，完成“科目代码表”数据表格式的设置，“科目代码表”数据表视图效果如图 4-47 所示。

任务 15　设置“基本信息表”的背景颜色和边框样式

1．任务要求

科目编号	科目名称	学年	学期
01	中文	2004	上
02	数学	2004	上
03	计算机应用	2004	上
04	数据库技术	2004	下
05	计算机网络	2004	下
06	多媒体	2005	上

图 4-47 “科目代码表”数据表视图效果

掌握设置数据表格式的操作方法。

2. 操作步骤

（1）打开“基本信息表”数据表视图，如图 4-48 所示。

学号	姓名	性别	是否团员	出生日期	毕业学校	照片
001	陈玉玉	男	☑	1990-11-3	培英中学	b06. bmp
002	李　英	女	☑	1988-2-3	伟才中学	g01. bmp
003	陈明华	男	☑	1989-10-3	伟才中学	b03. bmp
004	林开光	男	☑	1988-2-12	培英中学	b02. bmp

图 4-48 “基本信息表”数据表视图

（2）在图 4-48 中，单击菜单栏中的【格式】菜单，然后在弹出的下拉菜单中选择【数据表】菜单项，如图 4-49 所示。

（3）在图 4-49 中，单击【数据表】菜单项，打开“设置数据表格式”对话框，如图 4-50 所示。

图 4-49 选择【数据表】菜单项

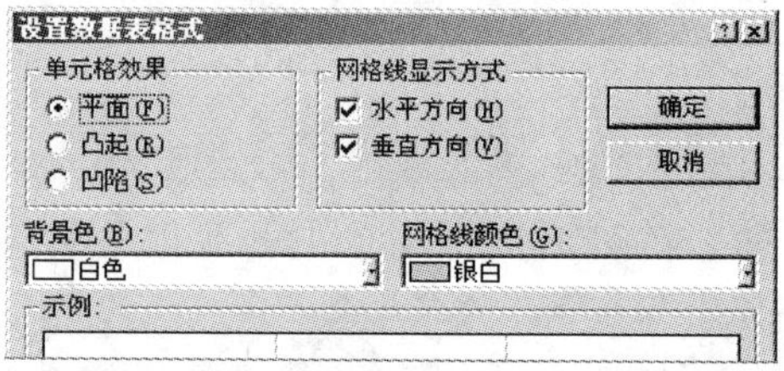

图 4-50 “设置数据表格式”对话框

（4）在图 4-50 中进行以下修改，“网络线显示方式”只选“水平方向”，“背景色”选择“银白”，“网格线颜色”选择“红色”，在“边框和线条样式”的第二个文本框中选择“点线”，修改后的“设置数据表格式”对话框，如图 4-51 所示。

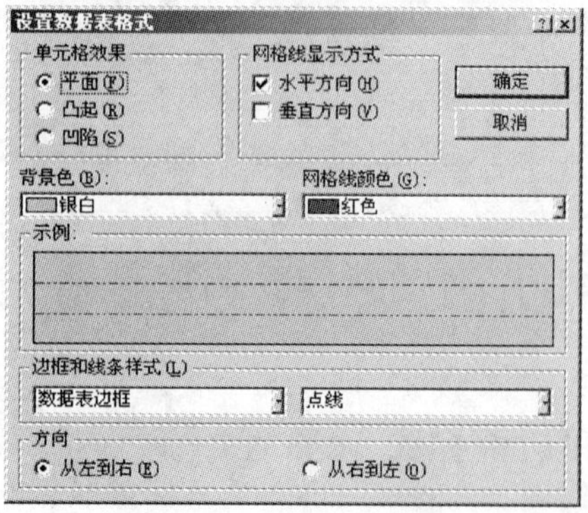

图 4-51 修改后的“设置数据表格式”对话框

学号	姓名	性别	是否团员	出生日期	毕业学校	照片
001	陈玉玉	男	☑	1990-11-3	培英中学	b06. bmp
002	李　英	女	☑	1988-2-3	伟才中学	g01. bmp
003	陈明华	男	☑	1989-10-3	伟才中学	b03. bmp
004	林开光	男	☑	1988-2-12	培英中学	b02. bmp
005	徐雨轩	女	☑	1989-7-12	培英中学	g02. bmp
006	陈伟智	男	☑	1989-8-9	培英中学	b04. bmp

图 4-52 “基本信息表”数据表视图效果

（5）在图 4-51 中，单击“确定”按钮，完成“基本信息表”背景颜色和边框样式的设置，设置后的“基本信息表”数据表视图效果如图 4-52 所示。

4.3　记录的编辑

在 Access 中，经常需要对表中记录进行编辑操作：添加、删除、修改等，以实现对数据表记录的维护。

4.3.1　修改表中的记录数据

修改表中的记录数据，可以在表的数据表视图中进行操作。下面通过 1 个任务的操作，学习修改数据表数据内容的操作技巧。

任务 16　修改“操行等级表”的数据内容

1. 任务要求

掌握在视图中修改常见数据内容的操作方法。

2. 操作步骤

（1）打开“操行等级表”的数据表视图，如图 4-53 所示。

（2）在图 4-53 中，第一条记录内容“优秀”处于反显状态，表示第一条记录正处于编辑状态，此时，从键盘输入“优”，把“优秀”修改为“优”，如图 4-54 所示。

图 4-53　“操行等级表”数据表视图

图 4-54　第一条记录内容被修改为“优”

（3）在图 4-54 中，闪动的光标处于第一行，说明第一条记录还可以继续输入内容。输入完成后，可以直接按 <Enter> 键，结束第一条记录的修改，转入第二条记录的修改，会发现记录指针指向第二条记录，而且，第二条记录内容“良好”处于反显状态，表示第二条记录处于编辑状态，如图 4-55 所示。

（4）在图 4-55 中，从键盘输入“良”，即可实现把“良好”修改为“良”的操作。

（5）采用同样的方法，可以把第三条记录修改为“中”、把第四条记录修改为“差”，效果如图 4-56 所示。

图 4-55　第二条记录处于编辑状态

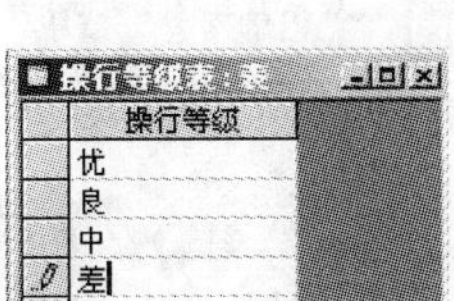

图 4-56　同样的方法修改第三、第四条记录内容

（6）单击图 4-56 右上角的“关闭”按钮，完成“操行等级表”记录内容的修改操作。在实际的操作过程中，可以根据不同用户的实际需要对“操行等级表”的记录内容进行修

改。

4.3.2 添加与删除数据记录

在 Access 中，需要对记录进行添加或删除的操作。下面通过 2 个任务的操作，学习添加与删除数据记录的操作技巧。

任务 17 在“基本信息表”数据表中添加一条记录

1．任务要求

掌握在数据表中添加记录的操作方法。

2．操作步骤

（1）打开“基本信息表”数据表视图，并按下键盘上的 < Page Down > 键，会发现记录指针指向最后一条记录的下一行，而且光标正在“学号”字段内闪动，如图 4-57 所示。

（2）在图 4-57 中，输入以下第 21 条记录的内容，如图 4-58 所示。

学号	姓名	性别	是否团员	出生日期	毕业学校	照片
21	周三	女	True	1978 – 12 – 9	中南中学	g11.bmp

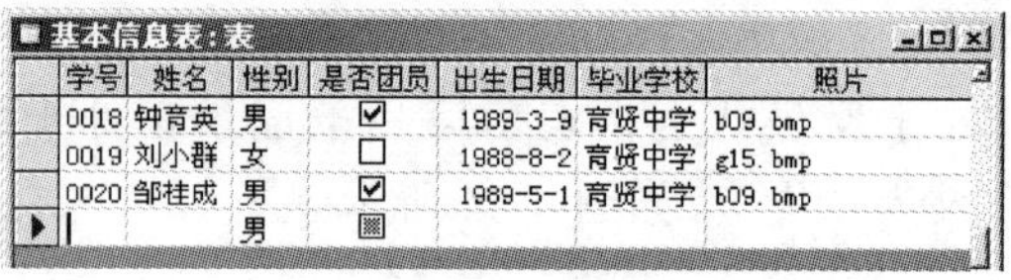

图 4-57 “基本信息表”记录

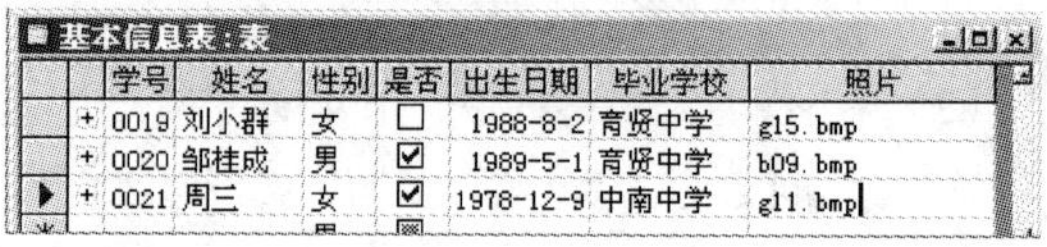

图 4-58 第 21 条记录内容输入完成的效果

（3）单击图 4-58 中右上角的“关闭”按钮，完成本任务的操作。

任务 18 删除表中的指定记录

1．任务要求

掌握在数据表中删除记录的操作方法。

2．操作步骤

（1）打开“基本信息表”的数据表视图，并单击第 21 条记录的姓名“周三”，使记录指针指向第 21 条记录，如图 4-59 所示。

图 4-59 “基本信息表”数据表视图

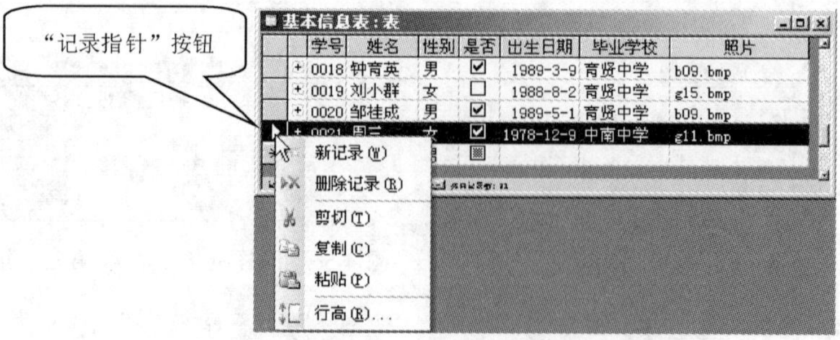

图 4-60 在“记录指针”按钮上，弹出快捷菜单

（2）在图 4-59 中，首先单击“记录指针”按钮，使第 21 条记录处于反显状态，然后，再按鼠标右键，在“记录指针”按钮上，弹出快捷菜单，如图 4-60 所示。

（3）在图 4-60 中的“快捷菜单”上，选择【删除记录】菜单项，如图 4-61 所示。

（4）在图 4-61 中，单击【删除记录】菜单项，会弹出“您正准备删除 1 条记录”的提示消息框，如图 4-62 所示。

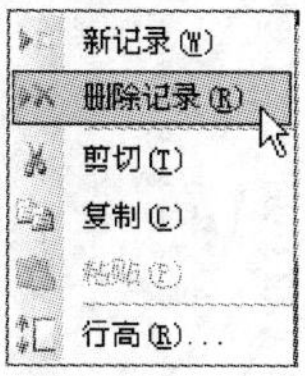

图 4-61　选择“删除记录”菜单项

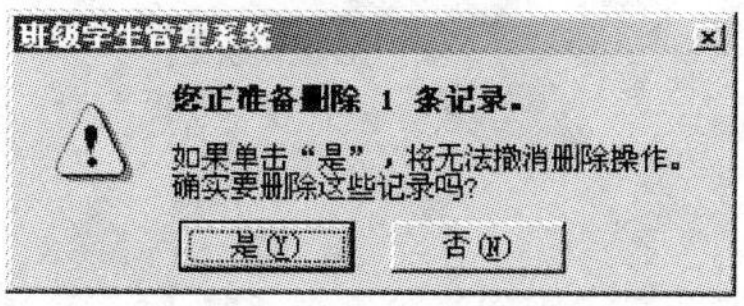

图 4-62　“您正准备删除 1 条记录”的提示消息框

（5）在图 4-62 中，单击“是”按钮，实现删除第 21 条记录的操作。

4.4　记录的排序与查找/替换

在 Access 中，能对记录实现重新排序以及成批修改记录的数据内容，从而提高维护数据库数据的效率，本节将学习记录的排序、查找/替换等操作。

4.4.1　表记录排序

在表的数据表视图中，表中的记录一般都是按数据录入的先后顺序或上一次排序完成后的顺序进行显示。这样的顺序，并不一定满足用户的需要，所以，有时候需对数据表的记录进行排序，记录的排序可分升序排序和降序排序，排序时必须指定排序的关键字段。下面通过 2 个任务的操作，学习对记录进行排序的操作。

任务 19　以“学号”为关键字段，对“基本信息表”进行降序排序

1．任务要求

掌握降序排序的操作方法。

2．操作步骤

（1）打开“基本信息表”的数据表视图，如图 4-63 所示。

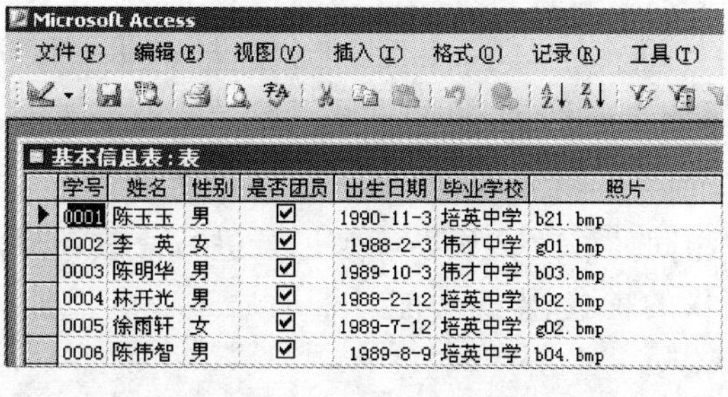

图 4-63　“基本信息表”数据表视图

（2）观察图 4-63，记录按学号顺序排序，学号 0001 处于反显状态，说明当前字段为

“学号”，此时，移动鼠标指针至工具栏上的“降序排序”按钮，如图 4-64 所示。

（3）在图 4-64 中，单击“降序排序”按钮，实现“基本信息表”以学号为关键字段降序排序，效果如图 4-65 所示。

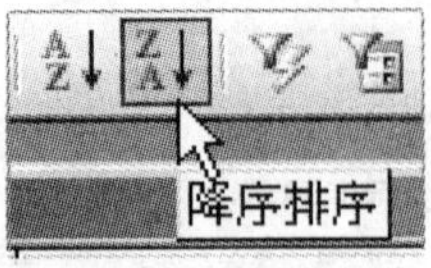

图 4-64 “降序排序”按钮

基本信息表：表

学号	姓名	性别	是否团员	出生日期	毕业学校	照片
0020	邹桂成	男	☑	1989-5-1	育贤中学	b09.bmp
0019	刘小群	女	☐	1988-8-2	育贤中学	g15.bmp
0018	钟育英	男	☑	1989-3-9	育贤中学	b09.bmp
0017	乐田盛	男	☐	989-11-11	育贤中学	b12.bmp
0016	黄小静	女	☑	1988-12-3	伟才中学	g13.bmp
0015	毛爱民	男	☐	1990-1-11	伟才中学	b10.bmp
0014	何美俐	女	☑	1989-3-2	伟才中学	g14.bmp
0013	封小华	女	☐	1989-12-8	伟才中学	g13.bmp
0012	陈小芝	女	☑	989-11-11	伟才中学	g12.bmp
0011	周小明	男	☐	1987-2-12	伟才中学	b11.bmp

图 4-65 “基本信息表”以学号为关键字段降序排序的效果

任务 20 以“出生日期”为关键字段，对“基本信息表”进行升序排序

1．任务要求

掌握升序排序的操作方法。

2．操作步骤

（1）打开“基本信息表”的数据表视图，并单击“出生日期”字段，以确保能按“出生日期”字段进行排序，如图 4-66 所示。

（2）在图 4-66 中，在工具栏上单击“升序排序”按钮，“基本信息表”的记录就会以“出生日期”为关键字段进行升序排序，以“升序”进行排序的“基本信息表”数据表视图效果如图 4-67 所示。

基本信息表：表

学号	姓名	性别	是否团员	出生日期	毕业学校	照片
0020	邹桂成	男	☑	1989-5-1	育贤中学	b09.bmp
0019	刘小群	女	☐	1988-8-2	育贤中学	g15.bmp
0018	钟育英	男	☑	1989-3-9	育贤中学	b09.bmp
0017	乐田盛	男	☐	1989-11-11	育贤中学	b12.bmp
0016	黄小静	女	☑	1988-12-3	伟才中学	g13.bmp
0015	毛爱民	男	☐	1990-1-11	伟才中学	b10.bmp

图 4-66 “基本信息表”的数据表视图

基本信息表：表

学号	姓名	性别	是否团员	出生日期	毕业学校	照片
0011	周小明	男	☐	1987-2-12	伟才中学	b11.bmp
0002	李　英	女	☑	1988-2-3	伟才中学	g01.bmp
0004	林开光	男	☑	1988-2-12	培英中学	b02.bmp
0019	刘小群	女	☐	1988-8-2	育贤中学	g15.bmp
0007	郑惠国	男	☐	1988-10-1	培英中学	b05.bmp
0016	黄小静	女	☑	1988-12-3	伟才中学	g13.bmp
0010	谢朝胜	男	☐	1988-12-25	伟才中学	b10.bmp
0009	史小枫	女	☑	1989-1-1	伟才中学	g11.bmp
0014	何美俐	女	☑	1989-3-2	伟才中学	g14.bmp
0018	钟育英	男	☑	1989-3-9	育贤中学	b09.bmp
0020	邹桂成	男	☑	1989-5-1	育贤中学	b09.bmp

图 4-67 升序排序的“基本信息表”数据表视图

（3）观察图 4-67，按“出生日期”字段的升序进行排序，排序的结果是出生日期较早的记录排列在前，即年龄大的记录排列在前。

4.4.2 记录的查找/替换

在数据库系统的数据维护工作中，从众多的记录中查找某条记录，是一种常用的操作，有时候成批的记录需要作相同的修改，如果逐条记录进行修改，显然效率不高，为达到高效率操作，可使用 Access 提供的查找/替换功能。下面通过 2 个任务的操作，学习在表中对记录进行“查找/替换”的操作。

任务 21 在“基本信息表”中查找姓名为“封小华”的学生记录

1．任务要求

掌握按姓名查找学生记录的操作方法。

2．操作步骤

（1）打开“基本信息表”的数据表视图，并在“姓名”字段的任一行中单击鼠标左键，使当前字段为“姓名”字段，如图 4-68 所示。

（2）在图 4-68 中，保持闪动的光标处于“姓名”字段下的任一行中，如果看不见闪动的光标，必须在“姓名”字段的任一行中单击鼠标左键，然后，单击菜单栏中的【编辑】菜单，打开【编辑】下拉菜单，如图 4-69 所示。

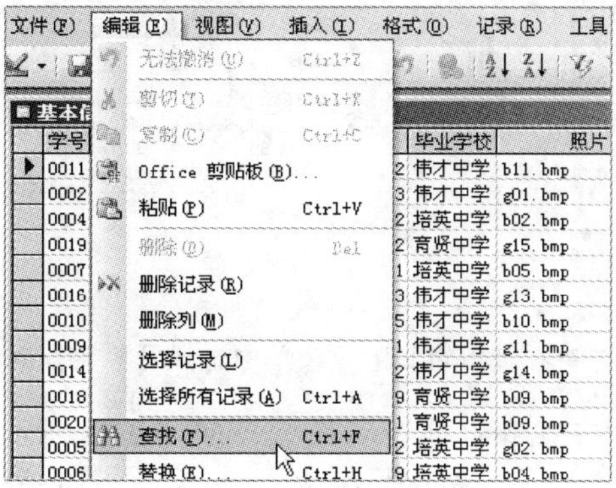

图 4-68　“基本信息表”的数据表视图

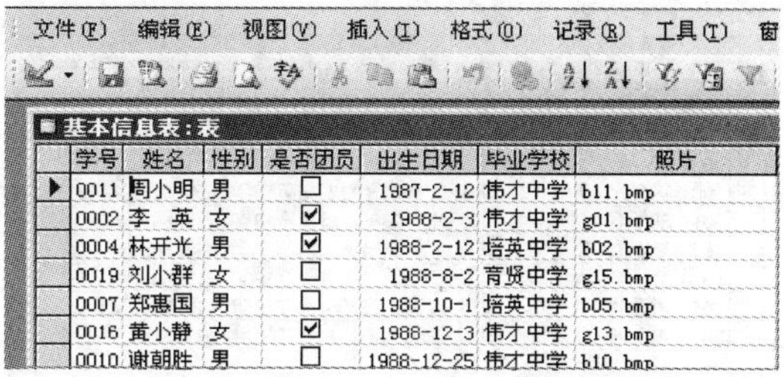

图 4-69　【编辑】下拉菜单

（3）在图 4-69 中，选择【查找】菜单项，然后单击鼠标左键，打开“查找和替换”对话框，如图 4-70 所示。

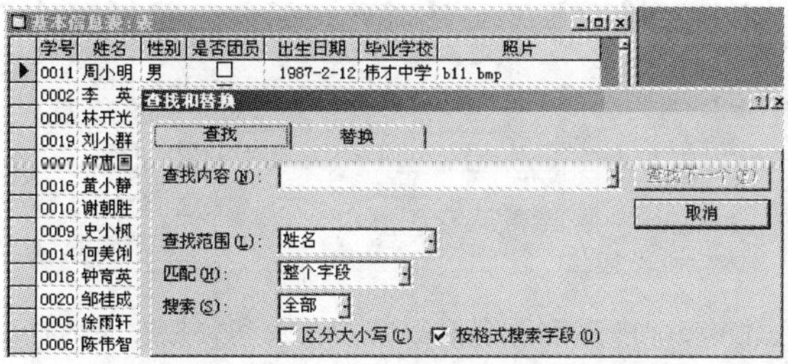

图 4-70　“查找和替换”对话框

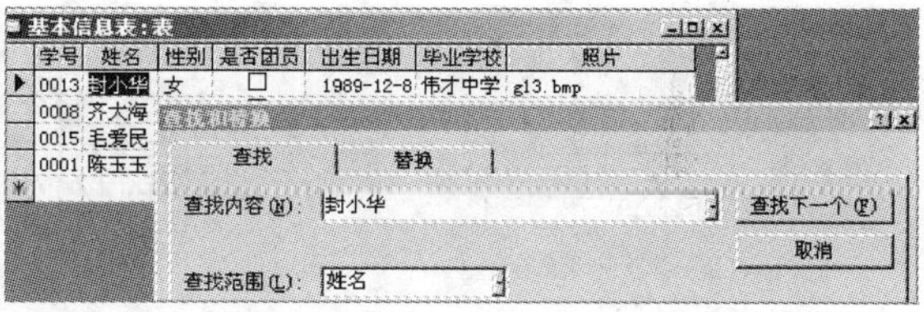

图 4-71　记录指针指向“0013 封小华”记录

（4）在图 4-70 中，注意观察“查找范围”标签右侧文本框的内容为“姓名”，如果不是，请单击“取消”按钮重新进行第（2）、（3）步的操作，如果是，请在“查找内容”标签右侧的文本框中输入“封小华”，然后单击“查找下一个”按钮，将会发现“基本信息表”的记录指针指向“0013 封小华”记录，如图 4-71 所示。

（5）从图 4-71 可以看出，上述操作已经查找到了指定的记录，单击“查找和替换”对话框右上角的“关闭”按钮，关闭“查找和替换”对话框，完成本任务操作。

任务 22　在“基本信息表”中把“培英中学”替换成“培英一中”

1．任务要求

掌握批量修改记录数据的操作方法。

2．操作步骤

（1）打开“基本信息表”数据表视图，并单击“毕业学校”字段下的任一行，使当前字段为“毕业学校”字段，如图 4-72 所示。

（2）在图 4-72 中，注意保持闪动的光标处于“毕业学校”字段下的任一行中，如果看不见闪动的光标，必须在“毕业学校”字段的任一行中单击鼠标左键，然后，单击菜单栏的【编辑】菜单，打开【编辑】下拉菜单，并在【编辑】下拉菜单中选择【替换】菜单项，如图 4-73 所示。

图 4-72 “基本信息表”数据表视图

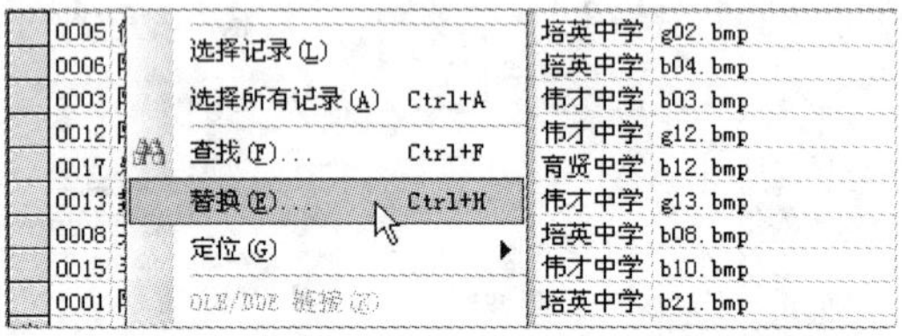

图 4-73 在【编辑】下拉菜单中选择【替换】菜单项

（3）在图 4-73 中，单击“替换”标签，打开“查找和替换”对话框，如图 4-74 所示。

（4）观察图 4-74，当前页应为“替换”标签页，“查找范围”右侧的文本框中应为“毕业学校”，在“查找内容”右侧的文本框中输入“培英中学”，在“替换为”右侧的文本框中输入“培英一中”，观察“替换”按钮和“全部替换”按钮的变化，以上内容输入完成后的“查找和替换”对话框如图 4-75 所示。

图 4-74 “查找和替换”对话框

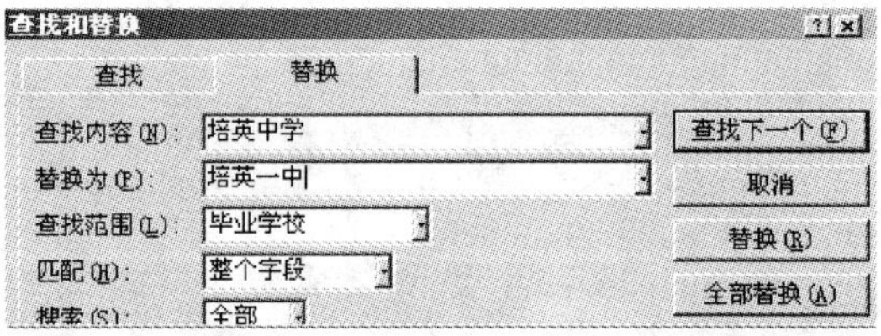

图 4-75 内容输入完成后的“查找和替换”对话框

（5）单击“查找和替换”对话框中的“全部替换”按钮，出现“是否继续”提示消息框，如图 4-76 所示。

（6）在图 4-76 中，单击“是”按钮，观察“基本信息表”的数据表视图，发现“毕业学校”字段的数据原为“培英中学”的所有记录都发生了变化，“培英中学”都替换成了“培英一中”，如图 4-77 所示。

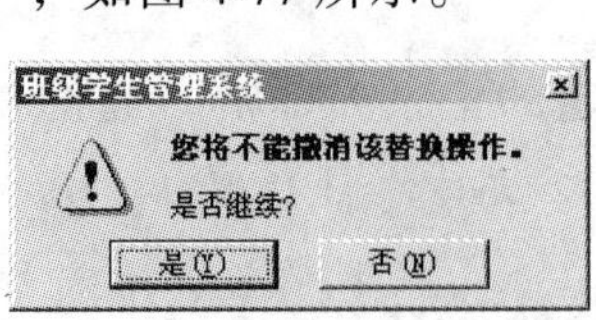

图 4-76 “是否继续”提示消息框

图 4-77 “培英中学”都替换成了“培英一中”

（7）注意图 4-77 记录内容的变化，至此本任务操作完成。

4.4.3　记录筛选

筛选的目的是从数据表中选出全部或部分满足一定条件的记录，在 Access 中，提供强大的筛选功能。下面通过 1 个任务的操作，学习筛选的操作技巧。

任务 23　在“学生成绩表”中筛选出学号为 01 的所有记录

1．任务要求

掌握按条件筛选记录的操作方法。

2．操作步骤

（1）打开“学生成绩表”数据表视图，如图 4-78 所示。

（2）在图 4-78 中，单击工具栏上的“按窗体筛选”按钮，准备输入筛选条件，如图 4-79 所示。

图 4-78　“学生成绩表”数据表视图

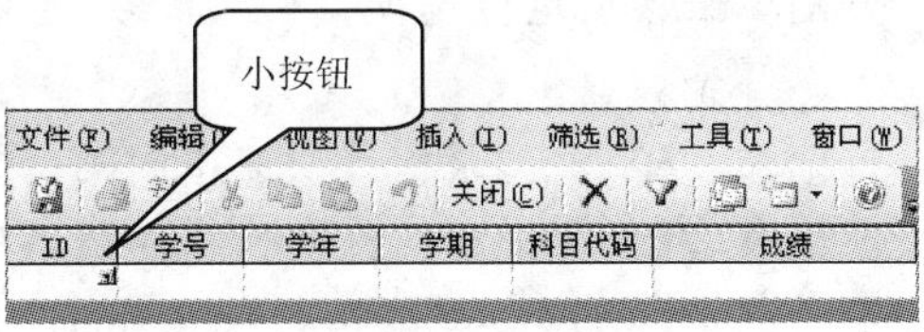

图 4-79　准备输入筛选条件

（3）在图 4-79 中，单击“学号”字段下的文本框，文本框右上角出现小按钮，再单击该小按钮，弹出“学号”字段的下拉列表，如图 4-80 所示。

（4）在图 4-80 中，从下拉列表中选择 01，效果如图 4-81 所示。

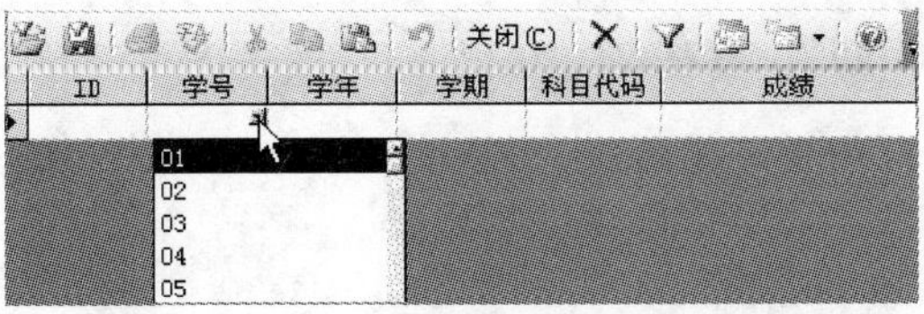

图 4-80　“学号”字段的下拉列表

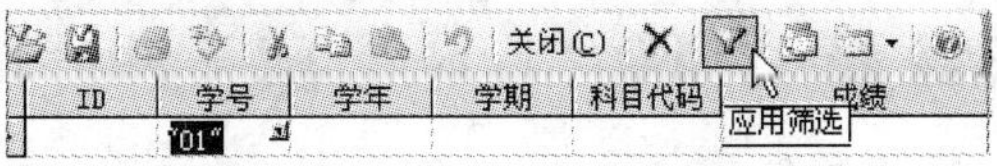

图 4-81　从下拉列表中选择 01

（5）在图 4-81 中，单击工具栏上的“应用筛选”按钮，观察“学生成绩表”数据表视图，发现学号为 01 的所有记录已被筛选出来，如图 4-82 所示。

（6）在图 4-82 中，单击右上角的“关闭”按钮，出现“班级学生管理系统”消息框，如图 4-83 所示。

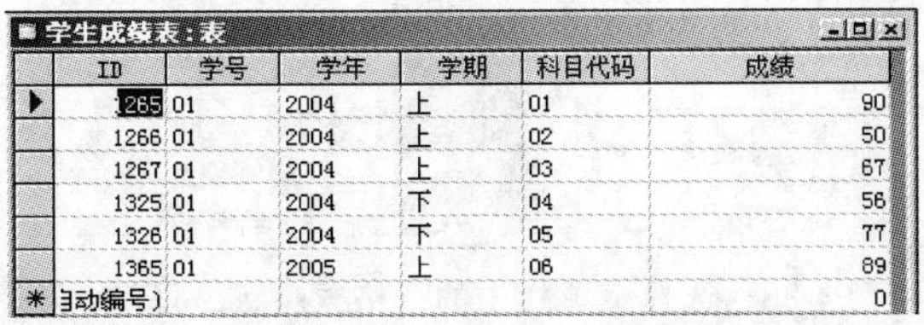

图 4-82　学号为 01 的所有记录已被筛选出来

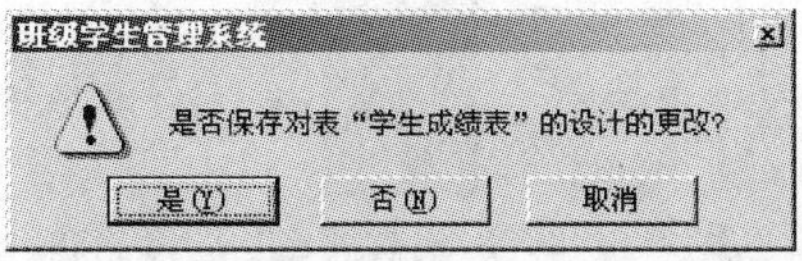

图 4-83　“班级学生管理系统”消息框

（7）在图 4-83 中，单击“是”按钮，保存上述操作，本任务操作完成。

4.4.4 记录定位与列的显示隐藏

在 Access 中，提供了记录定位和列显示隐藏的功能。下面通过 3 个任务的操作，学习记录定位和列显示隐藏的操作技巧。

任务 24 使用记录定位按钮

1．任务要求

掌握记录定位按钮的使用方法。

2．操作步骤

（1）打开"基本信息表"数据表视图，然后，单击菜单栏中的【编辑】菜单项，选择【编辑/定位】菜单项，打开了【定位】菜单项的级联菜单，如图 4-84 所示。

（2）在图 4-84 的级联菜单中，共有五项定位选项，分别单击各项定位选项，检验其功能是否如下所述。

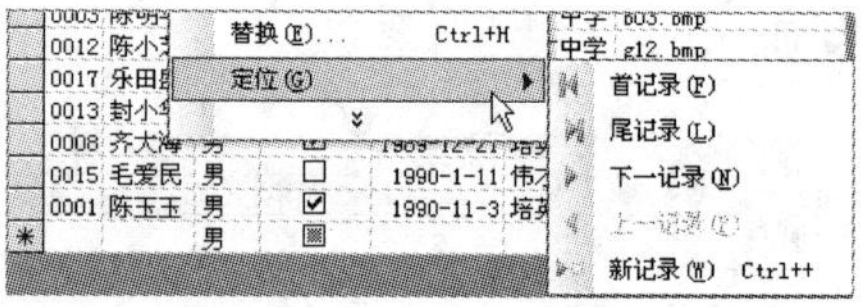

图 4-84 打开了【定位】菜单项的级联菜单

首记录（F） 记录指针快速指向第一条记录。

尾记录（L） 记录指针快速指向最后一条记录。

下一记录（N） 记录指针快速指向当前记录的下一条记录（当前为最后一条记录除外）。

上一记录（P） 记录指针快速指向当前记录的上一条记录（当前为第一条记录除外）。

新记录（W） 记录指针快速指向最后一条记录后的空行。

（3）检验各项选项的功能后，理解其中的意义。

任务 25 隐藏"基本信息表"中"出生日期"所在列

1．任务要求

掌握隐藏某列记录的操作方法。

2．操作步骤

（1）打开"基本信息表"数据表视图，然后，单击"出生日期"字段，使"出生日期"字段所在列的所有记录呈反显状态，说明当前字段为"出生日期"字段，如图 4-85 所示。

（2）在图 4-85 中，选择菜单栏中的【格式/隐藏列】菜单，如图 4-86 所示。

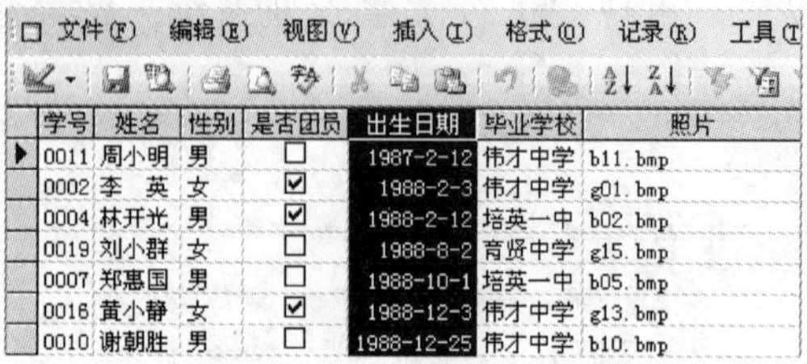

图 4-85 当前字段为"出生日期"

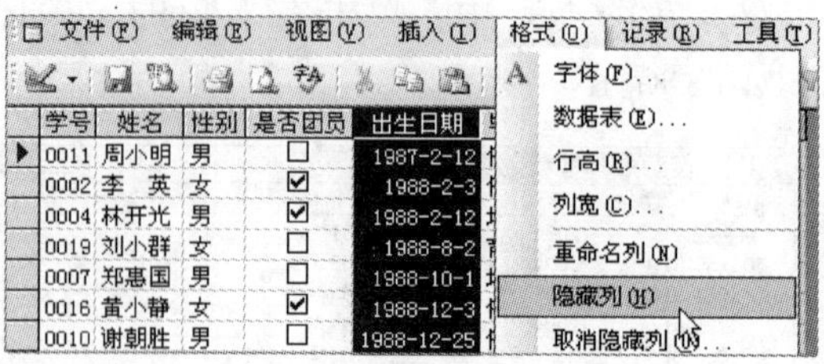

图 4-86 选择菜单栏中的【格式/隐藏列】菜单

（3）在图 4-86 中，单击【隐藏列】菜单项，观察"基本信息表"数据表视图，发现，"出生日期"列已成功隐藏，如图 4-87 所示。

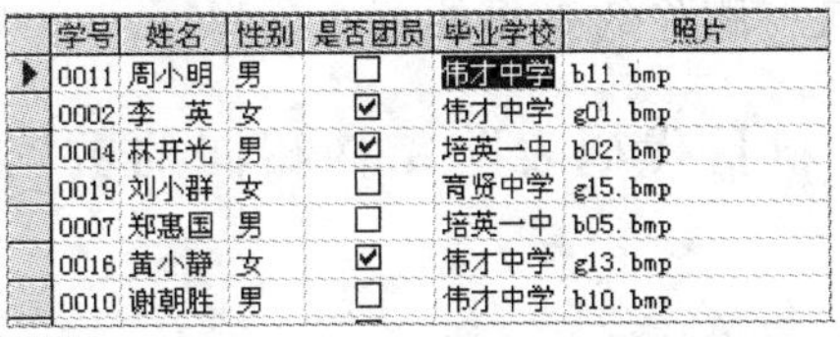

学号	姓名	性别	是否团员	毕业学校	照片
0011	周小明	男	☐	伟才中学	b11.bmp
0002	李　英	女	☑	伟才中学	g01.bmp
0004	林开光	男	☑	培英一中	b02.bmp
0019	刘小群	女	☐	育贤中学	g15.bmp
0007	郑惠国	男	☐	培英一中	b05.bmp
0016	黄小静	女	☑	伟才中学	g13.bmp
0010	谢朝胜	男	☐	伟才中学	b10.bmp

图 4-87　“出生日期”列已成功隐藏

(4) 至此，本任务操作完成，暂时不关闭图 4-88 的数据表视图，继续下一任务的操作。

任务 26　取消“基本信息表”的隐藏列

1．任务要求

掌握撤消已隐藏列的操作方法。

2．操作步骤

(1) 打开“基本信息表”数据表视图，选择菜单栏中的【格式/取消隐藏列】菜单项，如图 4-88 所示。

(2) 在图 4-88 中，单击【取消隐藏列】菜单项，打开“取消隐藏列”对话框，如图 4-89 所示。

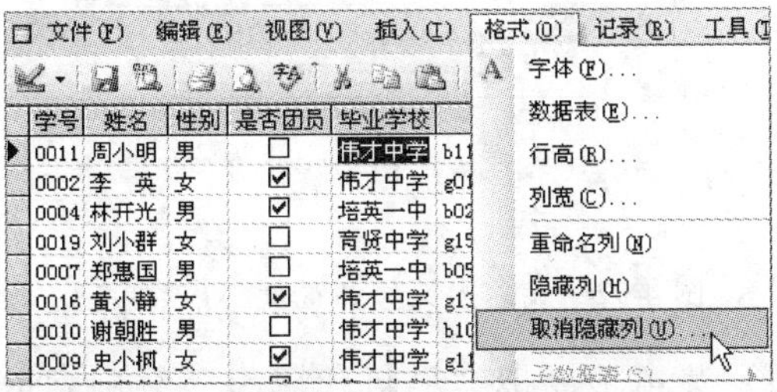

图 4-88　选择【格式/取消隐藏列】菜单项

图 4-89　“取消隐藏列”对话框

(3) 在图 4-89 中，单击“出生日期”列左侧的复选按钮，选取“出生日期”列，如图 4-90 所示。

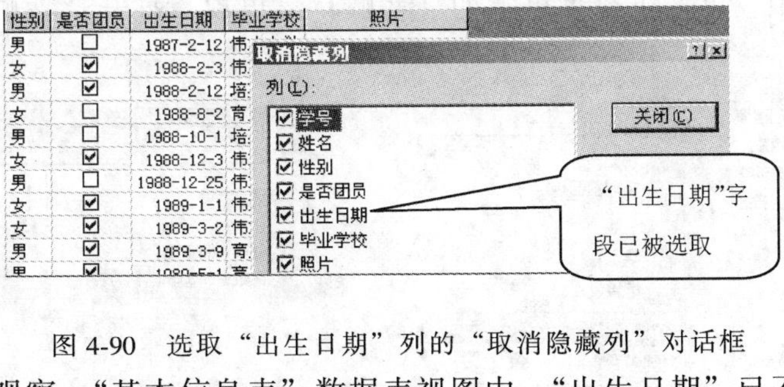

图 4-90　选取“出生日期”列的“取消隐藏列”对话框

(4) 此时注意观察，“基本信息表”数据表视图中，“出生日期”已不再隐藏，单击“取消隐藏列”对话框上的“关闭”按钮，完成取消隐藏列的操作。

4.5　表的复制、重命名与删除

在 Access 中，通过复制、重命名及删除等操作，可以管理数据表。下面通过 3 个任务的操作，学习表的复制、重命名与删除的操作技巧。

任务 27　新建一个与“科目代码表”结构相同的数据表

1．任务要求

掌握使用“复制”功能创建表的操作方法。

2．操作步骤

(1) 打开“学生管理”数据库的表对象窗口，并用鼠标左键单击“科目代码表”，选定“科目代码表”，如图 4-91 所示。

(2) 在图 4-91 中，保持鼠标指针指向“科目代码表”，按下鼠标右键，弹出数据表处理快捷菜单，把鼠标指针移到快捷菜单的【复制】菜单项，如图 4-92 所示。

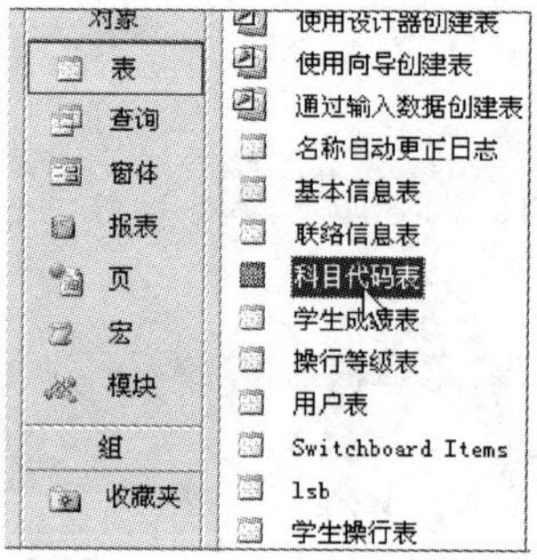

图 4-91　选定“科目代码表”

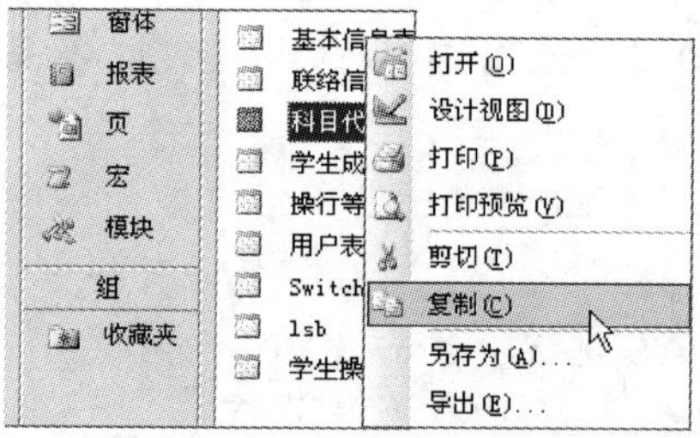

图 4-92　鼠标指针移到【复制】菜单项

(3) 在图 4-92 中，单击快捷菜单中的【复制】菜单项，把“科目代码表”复制到剪贴板。

(4) 在“科目代码表”右侧的空白处，按下鼠标右键，弹出快捷菜单，并把鼠标指针移到快捷菜单上的【粘贴】菜单项，如图 4-93 所示。

(5) 在图 4-93 中，单击快捷菜单上的【粘贴】菜单项，打开“粘贴表方式”对话框，如图 4-94 所示。

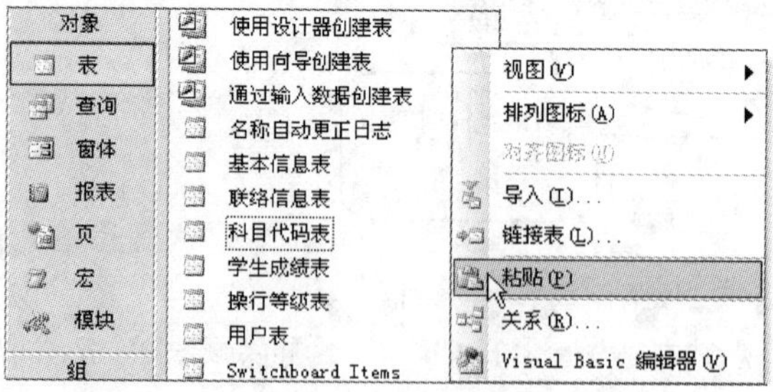

图 4-93　把鼠标指针移到【粘贴】菜单项

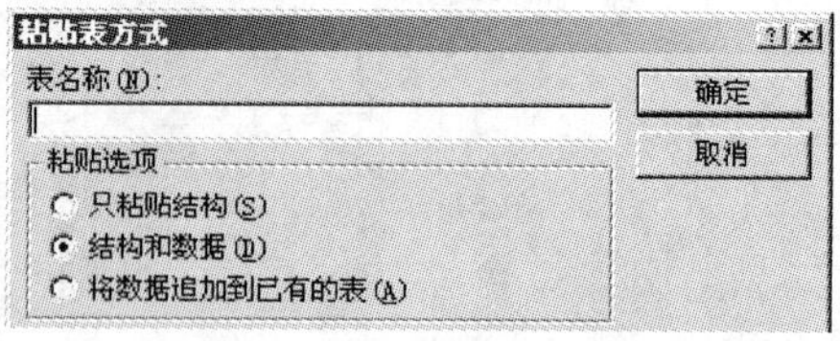

图 4-94　“粘贴表方式”对话框

(6) 在图 4-94 的“表名称”下输入“临时表”，然后单击“确定”按钮，观察“学生管理”数据库的表对象窗口，已成功添加了“临时表”，该表是从“科目代码表”复制而来，所以，表的结构、记录与“科目代码表”数据表的结构、记录是相同的。

任务 28　把"临时表"重命名为"科目表"

1．任务要求

掌握数据表的重命名操作方法。

2．操作步骤

(1) 打开"学生管理"数据库的表对象窗口，单击"临时表"，然后在"临时表"上按下鼠标的右键，弹出快捷菜单，如图 4-95 所示。

(2) 在图 4-95 中，把鼠标指针移到快捷菜单上的【重命名】菜单项，然后单击鼠标左键，"临时表"的表名处于反显状态，如图 4-96 所示。

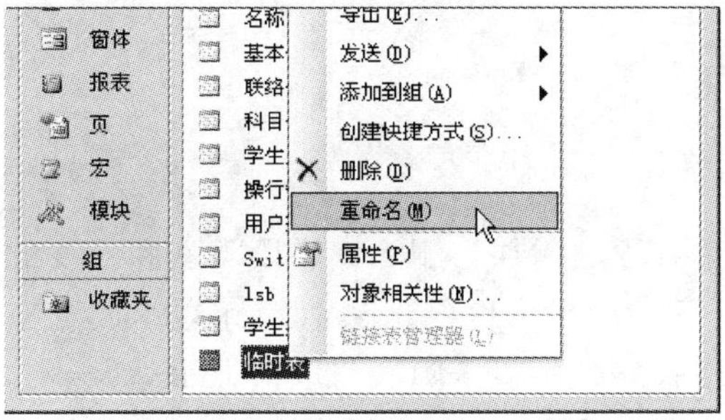

图 4-95　弹出快捷菜单

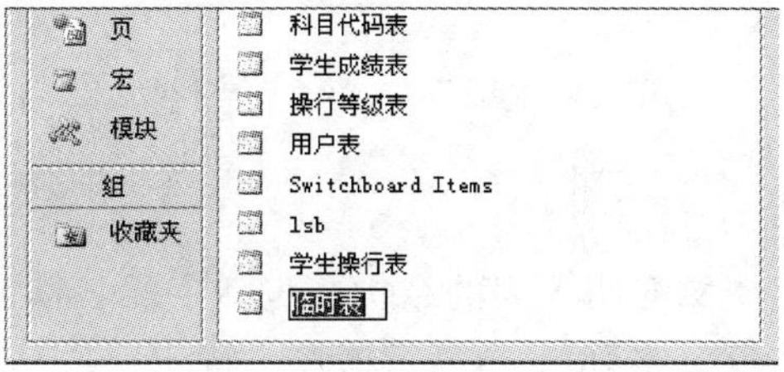

图 4-96　"临时表"的表名处于反显状态

(3) 在图 4-96 中，直接从键盘输入"科目表"，把"临时表"表名重命名为"科目表"，如图 4-97 所示。

图 4-97　"临时表"表名重命名为"科目表"

任务 29　删除"科目表"

1．任务要求

掌握删除表的操作方法。

2．操作步骤

(1) 打开"学生管理"数据库的表对象窗口，找到上一任务创建的"科目表"，并单击"科目表"名称，保持鼠标指针指向"科目表"时，按下鼠标右键，弹出快捷菜单，把鼠标指针移到快捷菜单的【删除】菜单项，如图 4-98 所示。

(2) 在图 4-98 中，单击【删除】菜单项，出现"班级学生管理系统"消息框，如图 4-99 所示的。

(3) 在图 4-99 的消息框中，单击"是"按钮，则删除"科目表"的操作完成。

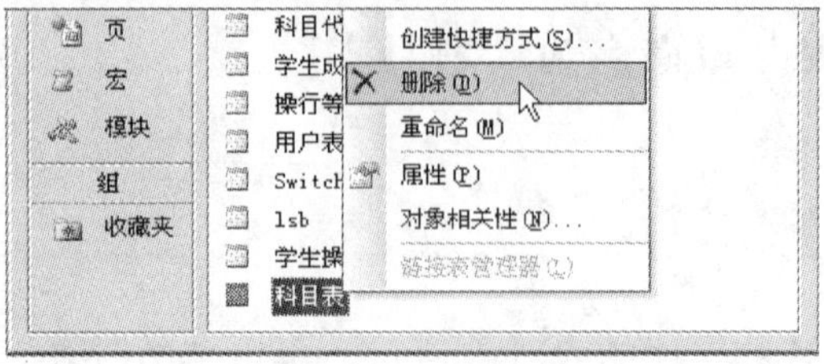

图 4-98　鼠标指针移到【删除】菜单项

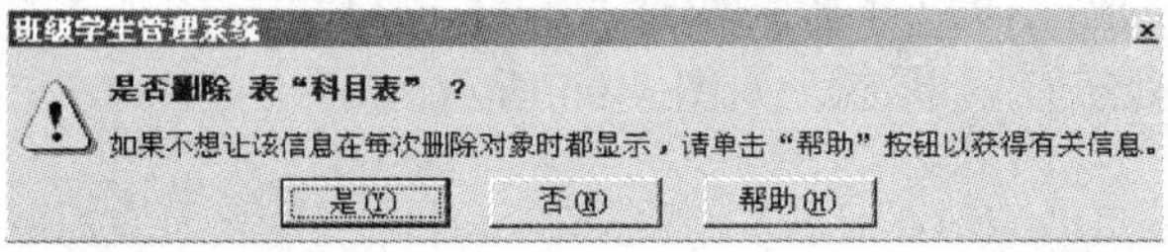

图 4-99　“班级学生管理系统”消息框

本 章 小 结

本章介绍了表的结构，包括字段名称的修改，字段的添加与删除，字段类型和长度的设置，设置字段输入/显示格式，特定字段格式的设置，设置字段的默认值及标题，设置字段的有效性规则，设置字段输入掩码，设置数据表格式，列的显示隐藏与取消显示隐藏。

本章介绍的内容还包括：记录的编辑（添加、删除与修改），记录的排序，记录的查找和替换，批量修改记录数据，记录的筛选，记录的定位以及表的复制、重命名与删除。

习　　题

一、填空题

1．数据表由________、________和 ________构成。

2．字段的集合称为记录，是数据表中的________。

3．如果字段只允许输入“男”或“女”，则应设置字段的 ________属性。

4．在 Access 中，数据类型为“文本”的字段大小，默认是________ 。

5．在 Access 中，按下键盘上的________键，即可打开“Microsoft Office Access 帮助”窗口。

6．能使记录的数据靠左对齐的格式符号是________。

7．在 Access 中，一个数据表设计视图的记录个数等于该数据表的________个数。

8．观察图 4-100 的“基本信息表”设计视图，该表共有哪些字段____。

图 4-100　“基本信息表”设计视图

9．观察图 4-100 的“基本信息表”设计视图，该表的字段包括哪三种类型________、________、________。

10．【定位】菜单项在________下拉菜单中。

二、操作题

1. 把联络信息表的“邮政编码”字段名更改为“邮编”，删除联络信息表中的“QQ 号”、“电子邮箱”、“修改日期”等字段。

2. 创建一个新的数据库（命名为“商品销售管理”），在该数据库创建一个新的数据表（命名为“商品价目表”），包括如下字段：

商品编码、商品名称、单价、数量

根据建立的“商品价目表”依次完成以下各题的操作。

1）把“商品编码”字段设为文本型，字段大小为 4，格式为 9999。

2）把“商品名称”字段设为文本型，字段大小为 20。

3）把“单价”字段设为货币型，小数位数为 2。

4）把“数量”字段设为数字型，字段大小为“字节”，格式为“常规数字”，小数位数为 0。

5）在“商品价目表”中输入以下记录：

商品编码	商品名称	单价	数量
00001	中华学习机	87.00	2
00002	百灵涂改液	2.00	15
00003	英雄钢笔	7.00	20
00004	马良毛笔	2.50	6
00005	《打字高手》	10.00	2

6）复制一个数据表，命名为“商品总价表”，结构和记录数据与“商品价目表”数据表一样。

7）在“商品总价表”中添加一列。

要求：命名为“总价”，设为货币型，小数位数为 2。

8）正确计算“商品总价表”中的总价。

计算的要求是：总价 = 单价 × 数量。

3. 打开“基本信息表”数据表视图，如图 4-101 所示，请把毕业于伟才中学的记录筛选出来。

基本信息表：表

学号	姓名	性别	是否团员	出生日期	毕业学校	照片
0011	周小明	男	☐	1987-2-12	伟才中学	b11. bmp
0002	李　英	女	☑	1988-2-3	伟才中学	g01. bmp
0004	林开光	男	☑	1988-2-12	培英中学	b02. bmp
0019	刘小群	女	☐	1988-8-2	育贤中学	g15. bmp
0007	郑惠国	男	☐	1988-10-1	培英中学	b05. bmp
0016	黄小静	女	☑	1988-12-3	伟才中学	g13. bmp
0010	谢朝胜	男	☐	1988-12-25	伟才中学	b10. bmp

图 4-101　“基本信息表”部分记录

第 5 章 查询的设计与使用

本章应知
1. 查询的含义、作用和种类 2. 各种类型查询的意义和用法 3. 根据需要设计制作查询
本章应会
1. 创建查询的方法 2. 各种创建查询向导的使用 3. 参数查询、动作查询、SQL 查询的设计制作 4. 通用查询模块的设计制作

5.1 查询的种类和创建

本节首先通过查询设计器建立一个查询，让大家“感觉”一下什么是查询，再给出查询的有关概念。

5.1.1 认识查询

创建一个查询后，通过运行查询，可以得到查询的输出结果。

任务 1 创建“T 联络信息查询”

1. 任务要求

用查询设计器创建一个选择查询，认识什么是查询。

2. 操作步骤

（1）打开“学生管理”数据库，选择【查询/新建/设计视图】，单击“确定”按钮，如图 5-1 所示。

（2）在“显示表”对话框中，选择表“联络信息表”，单击“添加”按钮，把选中的表添加到查询设计器中，然后单击“显示表”对话框的“关闭”按钮，如图 5-2 所示。

（3）选取查询显示的各字段，如图 5-3 所示。

在图 5-3 中，选取的字段就是查询结果需要的字段，如果在“显示”行打上☑，表示该字段会在查询执行结果中显示出来，否则就不显示。图中分别选取了学号、家长姓名、家庭地址、联系电话等四个字段。

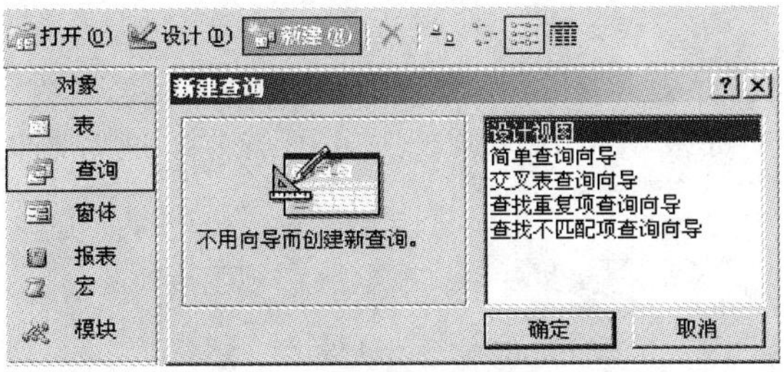

图 5-1　打开查询设计视图

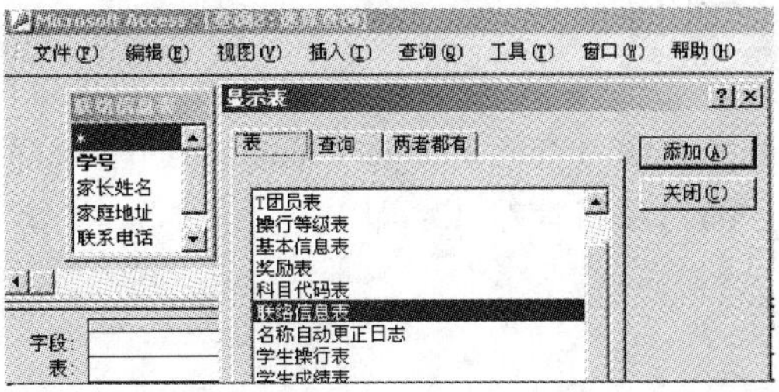

图 5-2　选择作为数据源的表

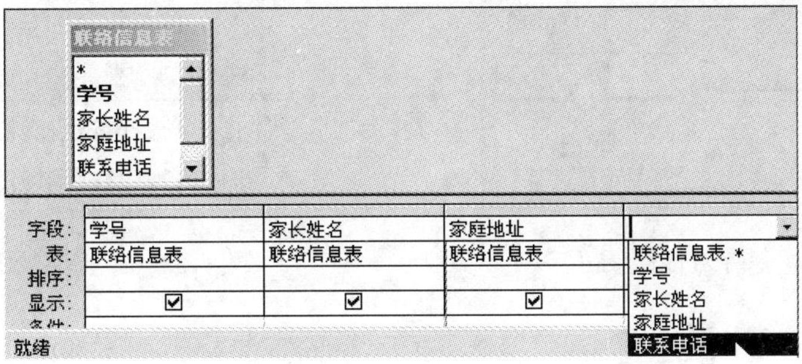

图 5-3　选取查询要显示的各个字段

（4）运行查询。单击 Access 工具栏中的“运行”工具 ，执行该查询，可看到查询的结果，如图 5-4 所示。

班级学生管理系统 - [查询2：选择查询]

学号	家长姓名	家庭地址	联系电话
01	陈汉文	民乐南路四街6号	28983135
02	李国营	七基围路二街一巷14号	28895896
03	陈彩兴	自然新村大福楼3座401	28871627
04	林楚方	德宝北路合安街30号	28315717
05	徐美林	细窖路二街一巷53号	28883674
06	陈杏英	幸福永新南路二街一巷3号	28309125

图 5-4　查询执行结果

（5）保存查询。单击 Access 工具栏中的“保存”工具 ，出现对话框，如图 5-5 所示，输入查询名称“T 联络信息查询”。

（6）若要修改该查询，可以通过视图转换来操作，Access 菜单左边的视图选取框，可以轻松切换查询的各个视图模式。请操作一下看看，查询视图的切换会有什么作用？如图 5-6 所示。

3．知识要点

（1）查询是从表中检索出用户需要的数据，查询的结果也可以作为其他数据库对象（如报表、查询）的数据源，查询不仅可以重组表中的数据，还可以通过计算再生新的数据。

（2）查询是以表或查询为数据源的再生表，就是说，查询的记录集实际上并不存在，每次使用查询时，都是从创建查询的数据源中实时提取数据，基于这一点，查询的结果总是与数据源同步的。

（3）在图 5-5 中将查询保存为“T 联络信息查询”，查询名称前加一个字母 T，表示该查询是为了学习查询基础知识而临时创建保存的，“班级学生管理系统”并不需要，这些临时保存的对象将在第 13 章中被全部删除。

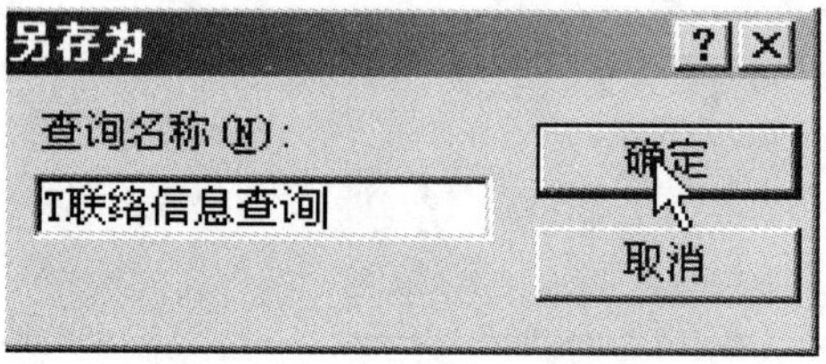

图 5-5 保存对话框

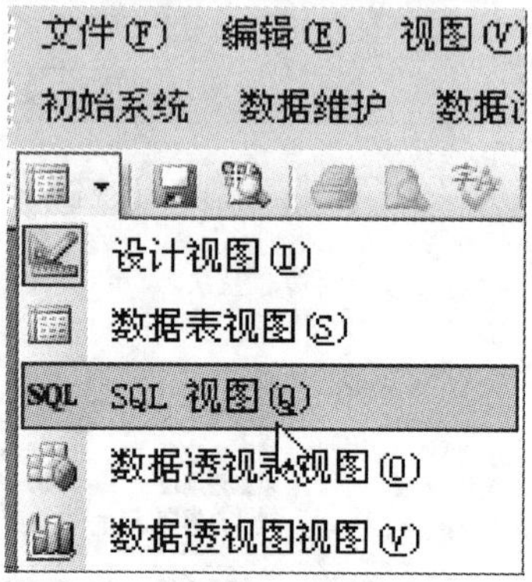

图 5-6 查询视图切换

5.1.2 查询的基本知识

1. 查询的种类

在 Access 中，查询主要有选择查询、参数查询、交叉表查询、动作查询以及 SQL 查询等，其中：

选择查询主要用于浏览、检索、统计数据库中的数据。5.1.1 节制作的查询“T 联络信息查询”就是一种选择查询，它是最重要、最常用的查询类型。

参数查询是指运行时需要提供参数的查询，通过参数查询可以得到动态的查询结果。

交叉表查询用以实现对数据的分组汇总与统计。

动作查询是实现对数据表的某种操作的查询，如实施对表的更新、删除、追加等操作。

SQL 查询是直接通过 SQL 语句创建的选择查询、参数查询、数据定义查询以及动作查询。

2. 查询的用途

查询主要用于如下几方面的操作：

（1）以一个表或者多个表或者另外的查询为基础创建一个新的数据集。

（2）通过创建查询，完成数据的统计分析等。

（3）使用参数查询，可以使查询结果更具有动态性、实效性。

（4）利用交叉表查询，可以将数据表中的某个字段进行汇总，并将其分组，以便于数据分析。

（5）利用动作查询可以生成表，可以更新、删除数据源中的数据，也可以为数据源追加数据。

（6）查询可以作为窗体和报表的数据来源，使只能有一个数据源的窗体和报表，实现以多个数据表为数据源成为可能。

3. 查询的创建方法

同其他数据库对象一样，可以用向导、查询设计器等方法来创建查询。Access 系统提供了 4 种查询设计向导，即简单查询向导、交叉表查询向导、查找重复项查询向导、查找不匹配项查询向导等。

5.2　查询设计向导的使用

为设计制作各种查询，Access 系统提供了多种查询设计向导，利用这些向导可以轻易地设计出多种查询。本节通过 4 个操作任务来介绍查询设计向导的使用方法，并通过这些查询实例的制作进一步理解各类查询的特点和意义。

5.2.1　简单查询向导

简单查询向导专门用来建立选择查询，查询的数据源可以来自一个表，也可以来自多个表。

任务 2　创建“T 联络信息查询 1”

1. 任务要求

用简单查询向导制作带姓名显示的“T 联络信息查询 1”。

在本章任务 1 中建立的“T 联络信息查询”，其查询结果（见图 5-4）只有学生学号没有学生姓名，学生姓名相关资料在另一个表“基本信息表”中。因此，要同时显示学号、姓名则要同时使用“基本信息表”和“联络信息表”。

2. 操作步骤

(1) 启动 Access，打开“学生管理”数据库，选择【查询/新建/简单查询向导】，单击“确定”按钮，如图 5-1 所示。

(2) 在“简单查询向导”的“表/查询”位置选取“基本信息表”，再选取编号、姓名字段，如图 5-7 所示。

(3) 在“简单查询向导”的“表/查询”组合框中再选取“联络信息表”，选取家长姓名、家庭地址、联系电话三个字段，再单击“下一步”按钮，如图 5-8 所示。

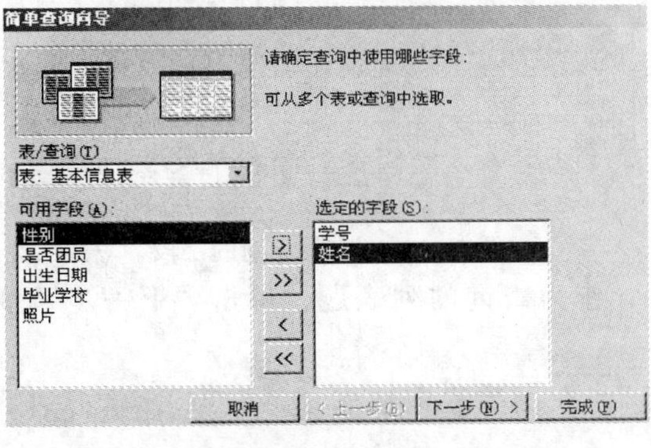

图 5-7　选基本信息表的两个字段

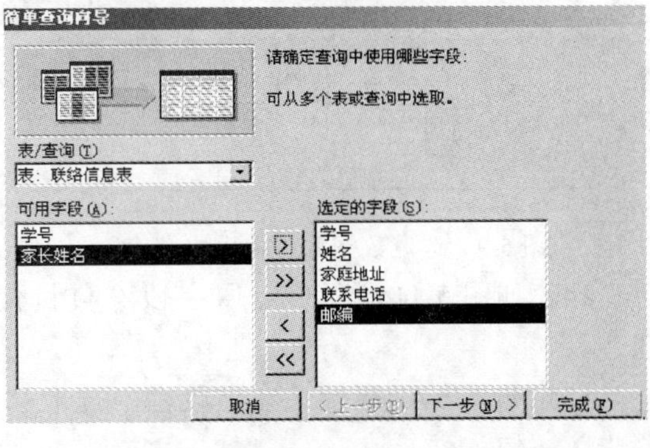

图 5-8　选联络信息表的另外三个字段

(4) 出现“另存为”对话框，在其中输入查询名称“T 联络信息查询 1”，单击“完成”按钮，可看到查询结果。

3. 知识要点

(1) 本任务中分别用两个表的字段“组合”成了一个新的数据集，查询结果表明，这些来自不同表的字段就像在一张表中的情形一样。但要特别注意，这两个表已经建立了按“学号”字段一对一的关系，显示的结果才正确。如果没有建立这种关系，查询结果的记录就是两表中记录任意组合，会出现大量没有实际意义的记录。请删掉两表的关系，再看看本查询的显示结果有何不同，并思考为什么会出现这样的结果？

(2) 选择查询可由简单查询向导制作，也可用“查询设计器”来创建。使用“查询设计器”来设计，由于对查询的各属性直接进行设置，因此比较灵活、简洁，操作步骤也比使用向导简单。用查询设计器设计查询也是 Access 数据库应用开发中经常使用的方法。

5.2.2 交叉表查询向导

交叉表查询的制作比较复杂，最好使用向导来进行。

任务 3 制作“T 成绩总表查询”

1. 任务要求

学习用向导制作交叉表查询。

在学生成绩表中，科目代码是“纵向”排列的，利用交叉表查询，可以制作出按科目编号“横向”排列显示的成绩总表数据。本任务设计制作“T 成绩总表查询”。

2. 操作步骤

(1) 启动 Access，选择【查询/新建/交叉表向导】，单击“确定”按钮，如图 5-1 所示。

(2) 选择查询的数据源“学生成绩表”，单击“下一步”按钮，如图 5-9 所示。

(3) 如图 5-10 所示，分别选取字段学号、学年、学期，这三个字段是查询中的行标题。单击“下一步”按钮。

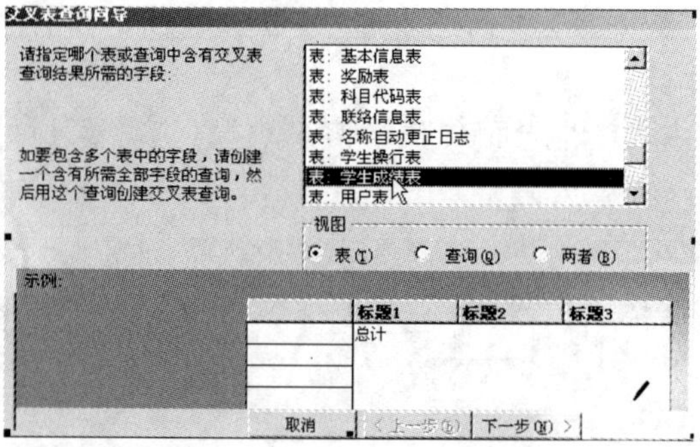

图 5-9 选定数据源“学生成绩表”

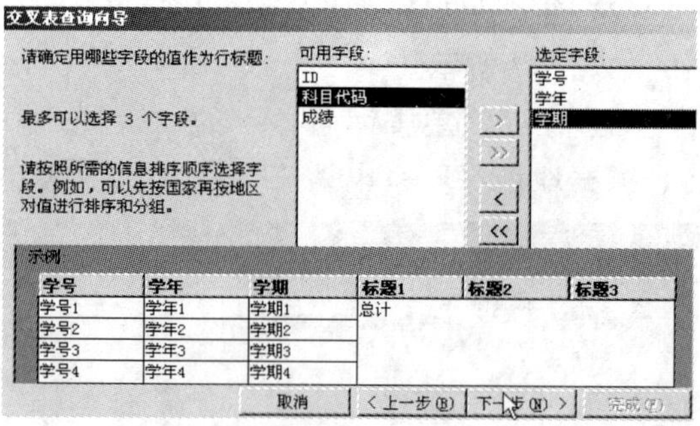

图 5-10 确定行标题的字段

(4) 如图 5-11 所示，点取字段“科目代码”，作为查询的列表题，单击“下一步”按钮。

(5) 如图 5-12 所示，在字段栏中选取“成绩”，在函数栏中选取“第一项”，单击“下一步”按钮。

(6) 输入查询的名称“T 成绩总表查询”，如图 5-13 所示，单击“完成”按钮，可看到查询的结果。请仔细观察查询显示的结果，看它与“学生成绩表”中的数据显示方式有何不同。

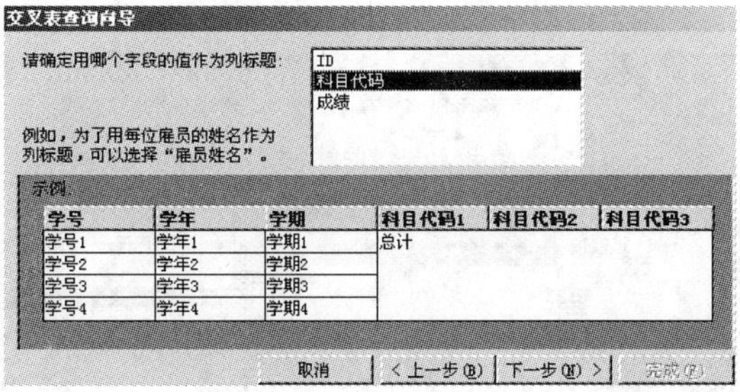

图 5-11　确定列标题

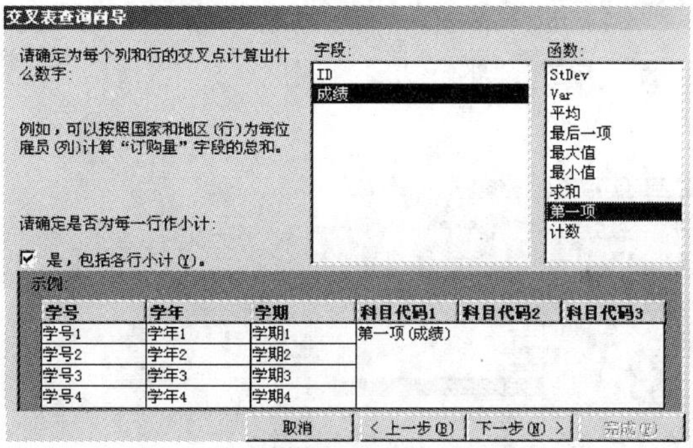

图 5-12　确定交叉点的数据

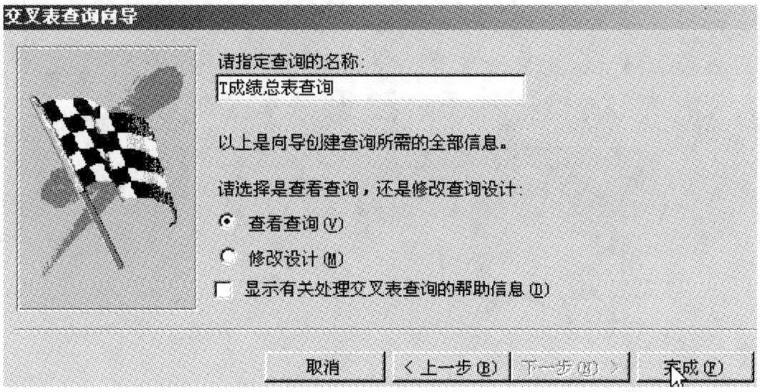

图 5-13　输入交叉表查询的名称

3. 知识要点

交叉表查询用于对记录计算总计、平均值、计数或其他类型总计，然后按照两类信息对结果进行分组：一组信息分布在数据表的左侧，另一组分布在数据表的顶端。

5.2.3　查找重复项查询向导

“重复项”是指取值相同的数据项，用“查找重复项查询向导”来设计按重复项分类排列的查询。

任务 4　创建“T 按等级分类的学生操行查询”

1. 任务要求

创建“T 按等级分类的学生操行查询”，使用查找重复项查询向导。

有时需要按操行等级类别来排列的查询数据，利用“重复项查询向导”可以制作出这样的查询。

2. 操作步骤

(1) 启动 Access，打开“学生管理”数据库，选择【查询/新建/查找重复项查询向导】，单击“确定”按钮，参考图 5-1。

(2) 选取“学生操行表”作为本查询的数据源并单击“下一步”按钮，请参考图 5-9。

(3) 在图 5-14 中，选择字段“操行等级”，添加到右边，这是确定重复值字段。单击“下一步”按钮。

（4）选取除 ID 外的另三个字段，添加到右边，这是查询结果要显示的字段，如图 5-15 所示。单击“下一步”按钮。

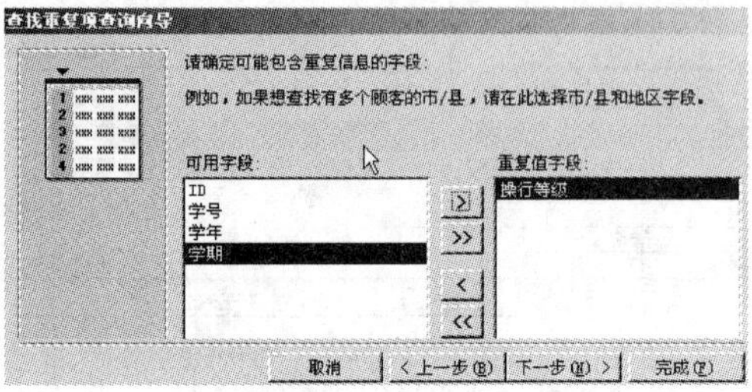

图 5-14　确定重复值字段

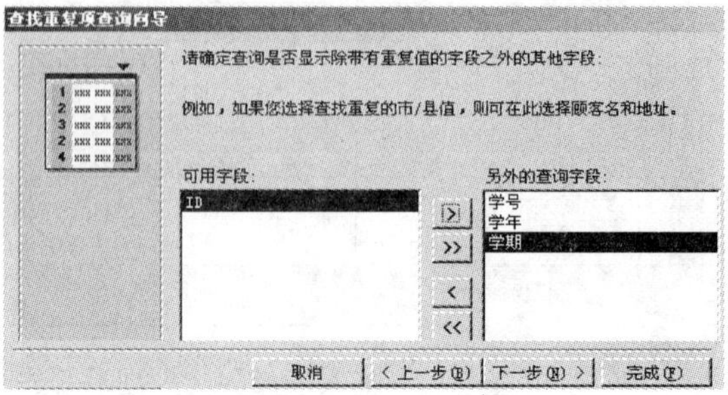

图 5-15　确定其余的查询字段

（5）输入查询的名称“T 按等级分类的学生操行查询”，单击“完成”按钮，可观察到查询结果。它们是按操行等级分类排列的情况，如图 5-16 所示。

班级学生管理系统 - [T按等级的学生操行查询 : 选择查询]

操行等级	学号	学年	学期
不及格	02	2004	上
不及格	03	2004	上
不及格	02	2004	下
不及格	20	2004	下
不及格	14	2005	上
及格	14	2004	上
及格	05	2004	下

图 5-16　“T 按等级的学生操行查询”的运行结果

5.2.4　查询设计器

“查询设计器”是系统提供用于建立查询的工具，也是 Access 数据库应用开发中设计查询的主要方式，用“查询设计器”可以创建各种查询。

任务 5　创建“成绩表查询”

1. 任务要求

创建“成绩表查询”，学会使用查询设计器。

本查询用查询设计器来创建，操作方法同 5.1.1 节的任务 1。由数据表的结构可知，在“学生成绩表”中，有学号、科目编码、成绩等字段，在“基本信息表”中，有学号、姓名字段，在“科目代码表”中，有科目代码、科目名称等字段，因此要同时显示学号、姓名、科目名称、成绩等，则必须使用三个数据表：基本信息表、学生成绩表、科目代码表。

2. 操作步骤

（1）打开“学生管理”数据库，选择【查询/新建/设计视图】，单击“确定”按钮，如图 5-1 所示。

（2）在“显示表”对话框中选取三个表，基本信息表、学生成绩表、科目代码表，并单击“添加”按钮，将这三个表添加到“查询设计器”中，如图 5-17 所示。

（3）在图 5-17 中的字段行中选取各个表的字段，这些是在查询结果中要显示的字段。

（4）保存并输入名称“成绩表查询”。

（5）执行查询，该查询的显示效果如图 5-18 所示，可见同时显示出了学号、姓名、科目名、成绩等十分有用的信息，这些信息来自三个表。

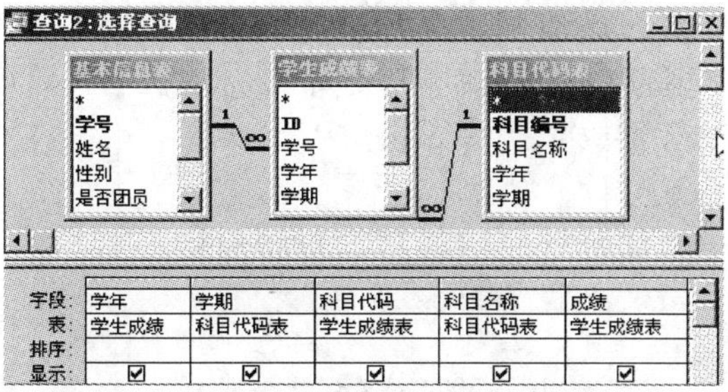

图 5-17　来自三个表的查询

图 5-18　“成绩表查”询执行效果

注意：

1）要执行一个查询，可以用下列方法：

①　在查询设计状态单击工具栏的 ! 按钮。

②　在查询设计状态通过切换到数据表视图，如图 5-6 所示。

③　在数据库窗口中双击“查询”对象中的某查询，如“成绩表查询”。

2）在图 5-17 中，只有在“显示”一行中打勾的字段才被显示出来。

5.3　创建参数查询

参数查询在数据库系统的开发中非常有用，查询的结果取决于用户输入的查询参数，使查询具有很大的灵活性。参数查询常常作为窗体、报表、数据访问页的数据基础。

任务 6　创建“T 带参数的成绩表查询”

1. 任务要求

创建带参数的查询。“学生成绩表查询”显示的是所有人所有学期的成绩，有时要查找其中某一年如“2004 学年”的学生成绩，就必须为查询指定一个参数，告诉查询，只查找“2004 学年”的学生成绩。这里，2004 就是要输入给查询的参数。

本任务通过修改“成绩表查询”来实现上述目的。

2. 操作步骤

(1) 以设计方式打开查询“学生成绩表查询”：选中“查询”对象中的“成绩表查询”单击“设计”按钮，进入查询设计器窗口，如图 5-19 所示。

(2) 建立查询参数：在查询设计状态下，单击系统菜单中的【查询参数】，弹出“查询参数”对话框，输入参数名 xn，确定类型，如图 5-20 所示。

(3) 确定查询条件：如图 5-21 所示，在字段“学年”的下面“条件”行，输入 [xn]，表示只查询 [学年] = [xn] 的数据记录，而 xn 的值是用户输入的数据。

(4) 运行该查询，单击“运行”按钮，弹出输入参数的对话框，输入 2004，单击“确定”按钮，如图 5-22 所示。可看到查询结果，只显示 2004 学年的成绩数据，如图 5-23 所示。

(5) 保存该查询为“T 带参数的成绩表查询”，任务完毕。

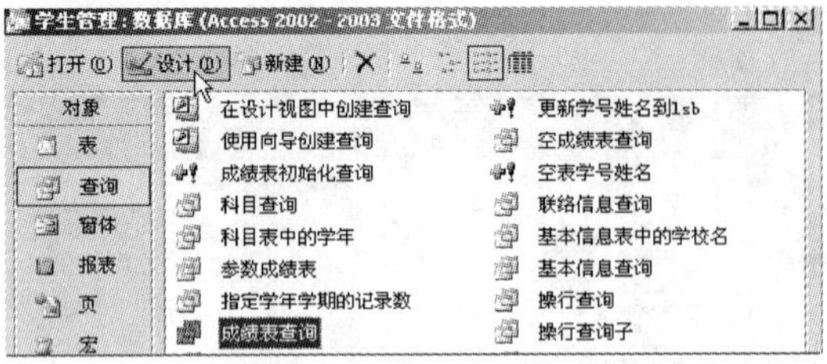

图 5-19　以设计方式打开查询来修改

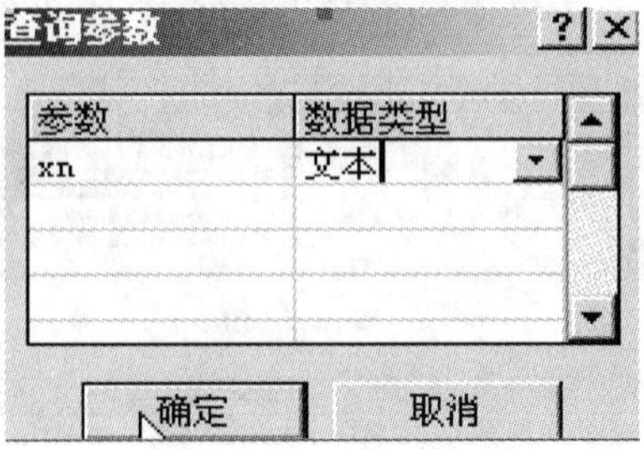

图 5-20　定义查询参数 xn

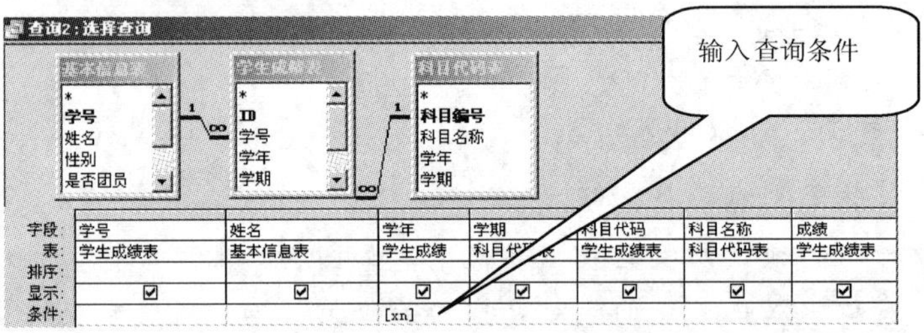

图 5-21　输入查询条件

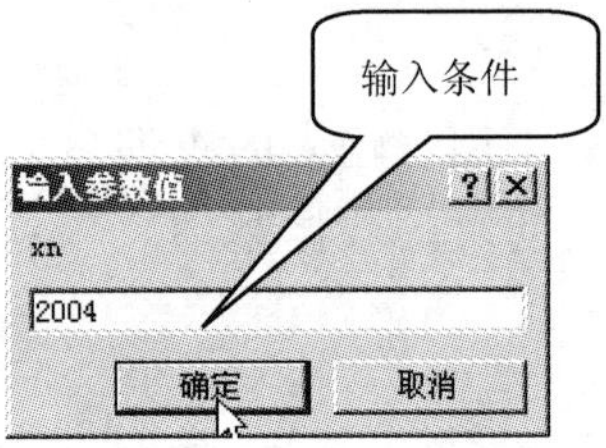

图 5-22　用户输入查询参数　　　　图 5-23　查询结果中只显示 2004 学年的成绩数据

3. 知识要点

(1) 参数查询是一种具有交互操作的查询，用户输入不同的参数，可以得到不同的查询结果。这种参数查询大大提高了查询的使用率和数据库中数据的使用价值。

(2) 参数允许有多个，也允许有不同的类别。但最好先建立参数，再行使用，让 Aceess 明确参数的类型和名称。

5.4　动作查询

查询不仅可以方便快捷地查看数据库中的数据，而且还可以对表中的数据进行更新、追加、删除等操作，这就是动作查询。

5.4.1　生成表查询

任务 7　用生成表查询创建“T 生成团员表”查询

1. 任务要求

利用“基本信息表”生成“T 团员表”。

2. 操作步骤

(1) 打开“学生管理”库，选“查询”对象，单击【新建/设计视图】，参见图 5-1。

(2) 在“显示表”对话框中选中“基本信息表”，单击“添加”按钮，把该表添加到查询设计器中。

(3) 在查询设计器中，选取字段学号、姓名、性别、是否团员等，其中“是否团员”字段不显示，并在“是否团员”字段的“条件”行中输入 True，表示只选取是团员的记录，如图 5-24 所示。

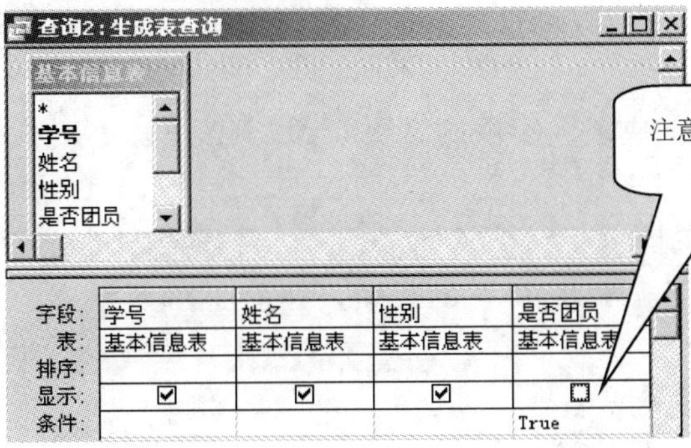

图 5-24　选取字段并输入条件

(4) 单击系统菜单中的【查询/生成表查询】，如图 5-25 所示，弹出“生成表”对话框，输入要生成的表的名称“T 团员表”。单击“确定”按钮，如图 5-26 所示。

(5) 保存查询，输入查询名“T 生成团员表”，查询创建完毕。

(6) 执行该查询，再查看“数据库”窗口中的“表”对象，已经生成了一个表“T 团员表”。

3. 知识要点

(1) 生成表查询是把查询的的结果放在一个新生成的表中，它是一个实实在在的表，而且该表可以生成在另外的数据库中。

(2) 运行生成表查询时，如果指定的新表不存在则生成此表，若存在，则重新覆盖原来的数据。

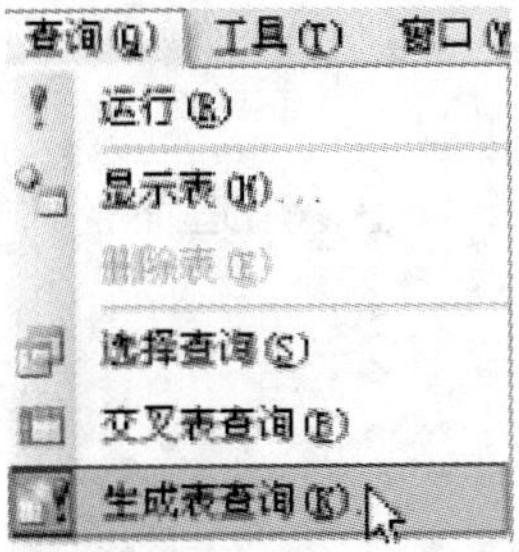

图 5-25　确定查询类型

图 5-26　输入查询名

5.4.2　更新查询

有时候往往需要对表中的数据进行大批量的更改，此时可以用更新查询来完成这种操作。

任务 8　创建更新查询“T 更新成绩表”

1. 任务要求

用查询分析器，建立一个更新查询“T 更新成绩表”，使 2004 学年的 01 科成绩增加 2 分。

2. 操作步骤

（1）打开数据库，选择【查询/在设计视图中创建查询】，单击工具“设计”。系统弹出“显示表对话框”，选取表“学生成绩表”，添加到查询设计器当中，如图 5-27 所示。

（2）在查询设计器中依次选取各个字段：学号、学年、学期、科目代码、成绩，并单击系统菜单中的【查询/更新查询】，使查询设计器的下部分出现“更新到”一行，如图 5-28 所示。

（3）输入更新“算法”：在“成绩”字段的“更新到”行，输入“[成绩] +2”，表示成绩增加 2，如图 5-28 所示。

（4）输入更新条件：分别在“学年”、“学期”、“科目代码”的“条件”行输入 2004、“上”、01，表示只更新 2004 学年上学期 01 科的成绩，如图 5-28 所示。

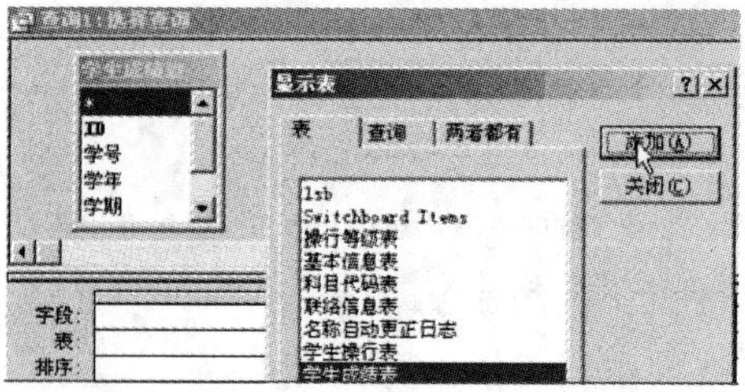

图 5-27　添加数据表“学生成绩表”

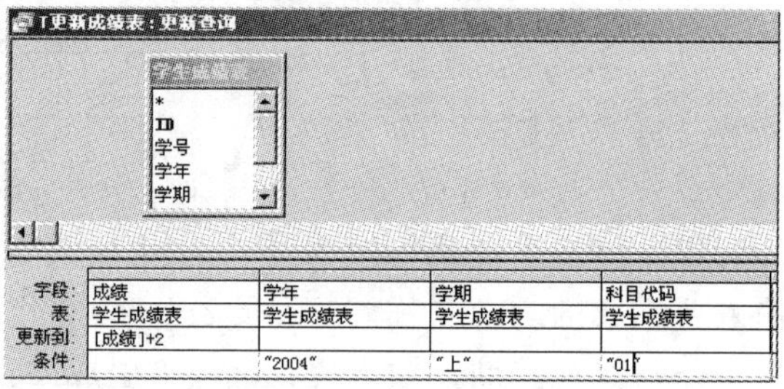

图 5-28　输入条件和“更新到”行

（5）把本查询保存为“T 更新成绩表”。运行该查询一次，就可以使 2004 学年上学期的 01 科成绩增加 2。查询建立完毕。

注意：

更新查询是对数据源表的数据进行物理更新，因此在设置更新条件和更新规则时一定要做到准确无误，以免造成重大损失。更新查询每运行一次，将对数据源表进行一次更新。

5.4.3　追加查询

追加操作，就是把一个表中的全部或者部分数据追加到另一个表中，用追加查询可以实现数据记录的追加。

任务 9　创建“T 追加团员名单”查询

1. 任务要求

学习追加查询的制作方法。

先删除“T 团员表”中的所有数据，然后创建一个追加查询，把“基本信息表”中的团员名单追加到“T 团员表”中。

2. 操作步骤

（1）删除原表中的所有数据：打开“T 团员表”，选中所有记录，再单击系统菜单中的

【编辑/删除记录】，在弹出的对话框中单击“是”按钮，就删除了“T 团员表”中的所有数据，如图 5-29、图 5-30 所示。

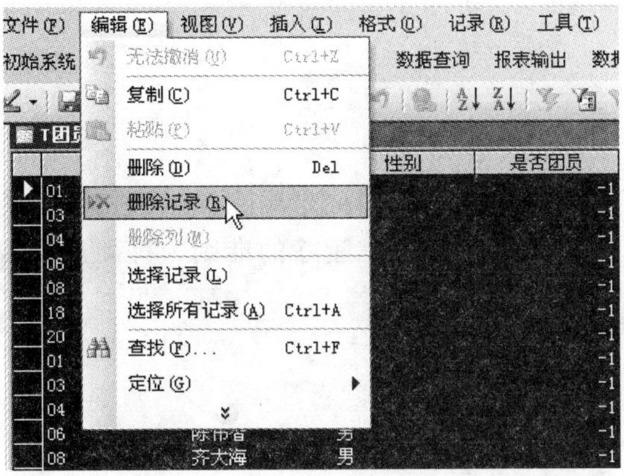

图 5-29　删除表中的所有记录

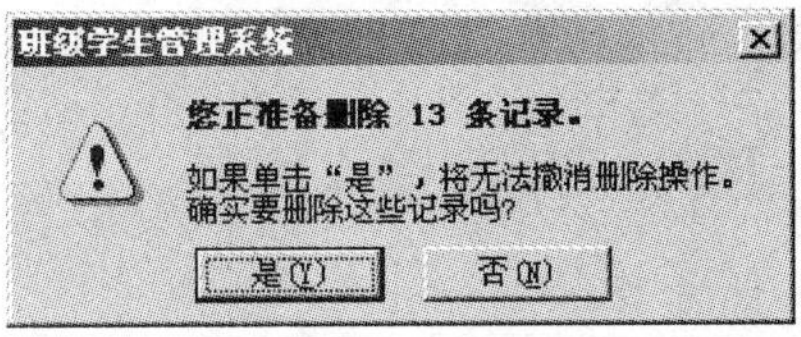

图 5-30　确认对话框

（2）打开查询设计器，并添加表“基本信息表”，选择字段学号、姓名、性别、是否团员，并在“是否团员”字段的“条件”行输入条件 True，如图 5-31 所示。

（3）单击 Access 系统菜单中的【查询/追加查询】，如图 5-32 所示，在弹出的“追加”对话框中输入接受数据的表名“T 团员表”，如图 5-33 所示。

（4）保存查询，查询名确定为“T 追加团员名单”，查询制作完毕。

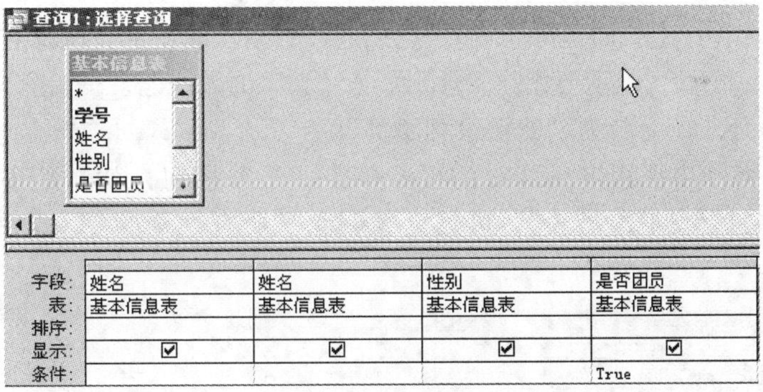

图 5-31　在查询设计器中选取相关字段

图 5-32　追加查询

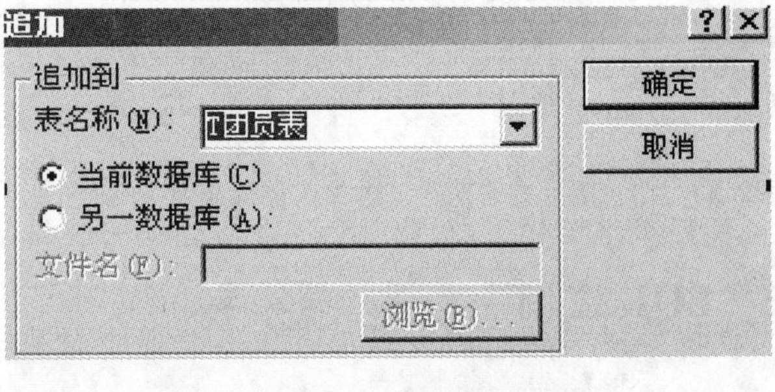

图 5-33　输入接受数据的表名

（5）运行测试该查询，看是否把“基本信息表中”的团员追加到了“T 团员表”中。

注意：由于追加查询是把记录“追加”到数据表中，因此每运行一次追加查询，在目标表中就会增加一些记录，重复运行会增加重复的记录。在实际使用中要注意判断，确保记录追加的有效性。

5.4.4 删除查询

为保证数据表中记录的有效性和有用性，有时要把表中不用的记录删除掉，利用删除查询可以实现记录的删除。制作删除查询的时候，关键问题是要考虑删除的准则，即要删除哪些记录？满足什么条件的记录要删除？

任务 10 “T 删除女团员”

1. 任务要求

练习删除查询的设计制作。

创建删除查询“T 删除女团员”，删除“T 团员表”中的的女团员同学的名单，就是要把“T 团员表”中性别为“女”的记录删除。

2. 操作步骤

（1）打开查询设计器：选择【查询/在设计试图创建查询】，单击“设计”，在弹出的“显示表”对话框中添加“T 团员表”。

（2）在查询设计器中，选取各字段，如图 5-34 所示。

（3）单击系统菜单中【查询/删除查询】，把“选择查询”改变为“删除查询”。并在“性别”字段的条件行上输入“女”，表示要删除“性别”为“女”的数据记录，如图 5-34 所示。

（4）保存该查询，查询名为“T 删除女团员”。

（5）运行该查询，出现用户确认对话框，单击“是”按钮，就删除了指定的数据记录，如图 5-35 所示。再打开“T 团员表”，可见已经删除了所有性别为“女”的数据记录，任务完毕。

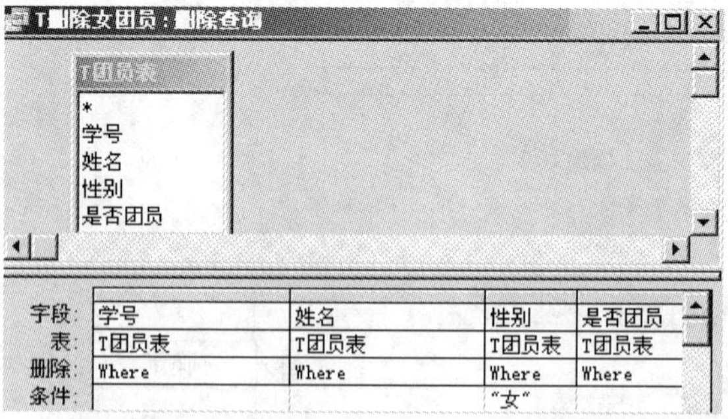

图 5-34　在“删除查询”窗口中输入删除条件

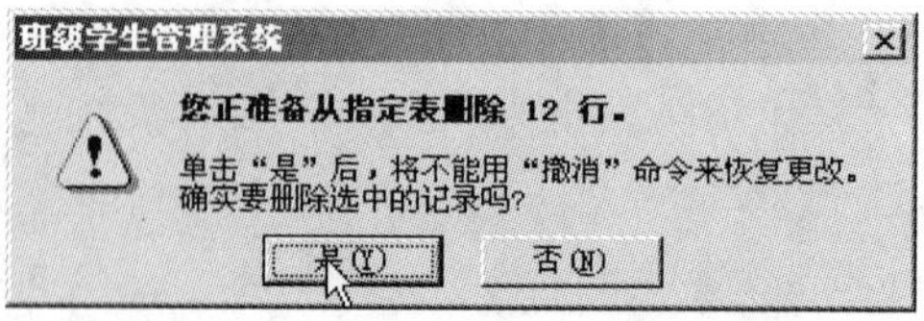

图 5-35　执行删除查询时让用户确认

5.5 SQL 查询

SQL（Structured Query Language 结构化查询语言）是简单易学的关系数据库语言，它集数据定义、数据查询、数据操纵和控制于一体，具有较好的开放性、可移植性和可扩展性。在前面所有的查询中，它们都有一种“SQL 视图”方式，在该方式中，可以看到按各步骤操作得到的查询所对应的 SQL 语句。要创建 SQL 查询，必须懂得 SQL 语句的语法格式，若不熟悉 SQL 语法，应该尽量使用前面介绍的方法来创建各类查询。

5.5.1 SQL 选择查询

选择查询就是用 Select 命令来选取数据源中的记录，当从多个表中选取数据记录时就是联合查询。Select 语句是用得最多的 SQL 命令，它的语法格式为：

SELECT [ALL|DISTINCT] <字段名 1> [, <字段名 2>…]

FROM <数据源表或查询>

[INNER JOIN <数据源表或者查询> ON <表达式>]

[WHERE <条件表达式>]

[GROUP BY <分组字段名> [HAVING <条件表达式>]]

[ORDER BY <排序选项> [ASC] [DESC]]

其中：

ALL，查询结果为数据源全部记录集；

DISTINCT，查询结果不包含重复行的记录集；

INNER JOIN <数据源表或者查询> ON <表达式>，查询结果是多数据源组成的记录集；

WHERE <条件表达式>，查询结果是数据源中满足条件的记录集；

GROUP BY <分组表达式>，查询结果按组分组的记录集；

HAVING <条件表达式>，将指定数据源中满足<条件表达式>，并且按<分组>结果组成的记录集；

ORDER BY <排序选项>，查询结果是否按某一字段值排序；

ASC，查询结果按升序排列；

DESC，查询结果按降序排列。

例如：从“基本信息表”中查找“所有男同学的学号、姓名、性别、毕业学校”的 select 语句为：

select 学号，姓名，性别，毕业学校 from 基本信息表 where 性别 = “男”

执行此命令可以得到指定的数据记录。

任务 11　创建“T 查男生毕业学校”查询

1. 任务要求

直接用 SQL 语句创建一个选择查询，实现从“基本信息表”中查找出所有男同学的学号、姓名、性别、毕业学校的功能。

2. 操作步骤

(1) 在“数据库窗口”中，选择【查询/在设计视图中创建查询】并单击“设计”，就打开了查询设计视图，可以直接关掉系统弹出的“显示表”对话框。

(2) 转换到“SQL 视图”：单击系统菜单【视图/SQL 视图】，如图 5-36 所示。在该视图中已经有一个被选中的命令 Select。

（3）输入 SQL 语句：在 SQL 视图中，输入下列语句（如图 5-37 所示）：

select 学号，姓名，性别，毕业学校 from 基本信息表 where 性别 = “男”

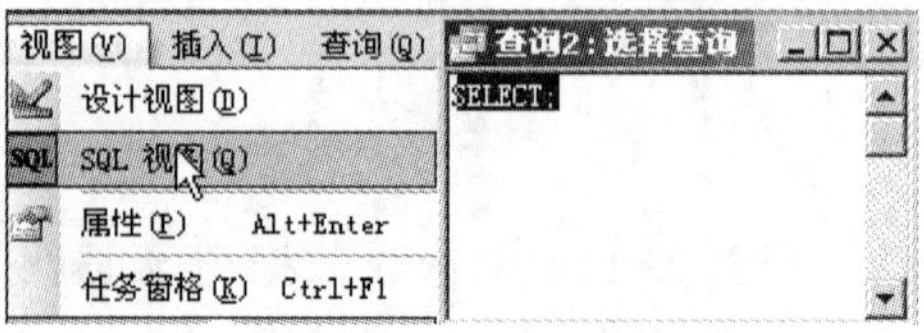

图 5-36　转换到 SQL 视图

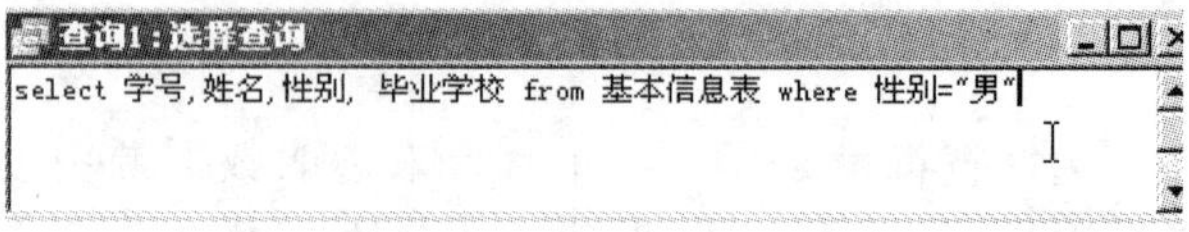

图 5-37　输入 SQL 语句

（4）保存查询，查询命名为“T 查男生毕业学校”。

（5）执行该查询，可以看到查询的结果。

注意：

1）SQL 查询就是在查询的“设计视图”中直接输入 SQL 语句，它比用向导或查询设计器制作查询通过多个步骤来生成 SQL 语句更加直接。请读者在查询的“设计视图”和“SQL 视图”间切换并对查询作些修改，看对生成的查询各有什么不同的影响。

2）SQL 语句中的所有标点符号都是英文标点。

任务 12　创建“科目表中的学年”查询

1. 任务要求

从科目表中选取所有的“学年”，但不要重复的记录。这个查询在项目 1“班级学生管理系统”中将用作为查询条件的数据源。

2. 操作步骤

（1）在“数据库窗口”中，选择【查询/在设计视图中创建查询】并单击“设计”，打开查询设计视图，并直接关掉系统弹出的“显示表”对话框。

（2）转换到“SQL 视图”，在视图中输入语句：

SELECT DISTINCT 科目代码表 . 学年 FROM 科目代码表

（3）保存查询为“科目表中的学年”。

（4）执行该查询，可以看到没有重复的学年出现。如果在 SQL 语句中去掉 DISTINCT，会得到“科目代码表”所有的学年。

任务 13　创建联合查询“学号科目成绩”

1. 任务要求

用 Select 语句建立能同时显示学号、科目名称、成绩的联合查询。

分析“学生成绩表”的结构知道，在该表中有学号、学期、学年、科目代码、成绩等字段，而没有科目名称，科目名称信息在“科目代码表”中。因此，本查询要同时从两个表中选取数据。

2. 操作步骤

（1）先准备好实现该查询功能的 SQL 语句：

SELECT 学生成绩表 . 学号，学生成绩表 . 学年，学生成绩表 . 学期，科目代码表 . 科目名称，学生成绩表 . 成绩 FROM 科目代码表 INNER JOIN 学生成绩表 ON 科目代码表 . 科目编号 = 学生成绩表 . 科目代码

(2) 同任务 12 的操作，打开查询设计视图，如果出现“显示表”对话框可以直接关闭，避免把字段列表加入到查询设计器中。

(3) 单击主窗口中系统菜单的【查询/SQL 特定查询/联合】，如图 5-38 所示。

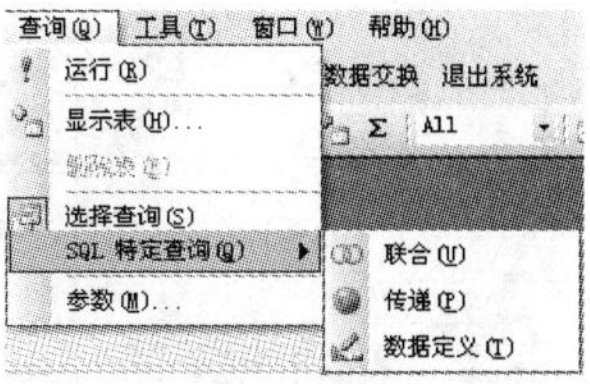

图 5-38　确定查询类型

(4) 在弹出的联合查询对话框中输入上述 SQL 语句，如图 5-39 所示。

(5) 保存查询为“学号科目名成绩”。执行该查询，可以看到显示出的数据包含了科目名称。

注意： 学生成绩表 . 学号 表示“学生成绩表”中的“学号”字段，由于这里从两个表选取数据，因此字段前加表名，确定字段属于哪个表。当然，如果两个表中没有同名的字段，字段名前的表名也可以省略。

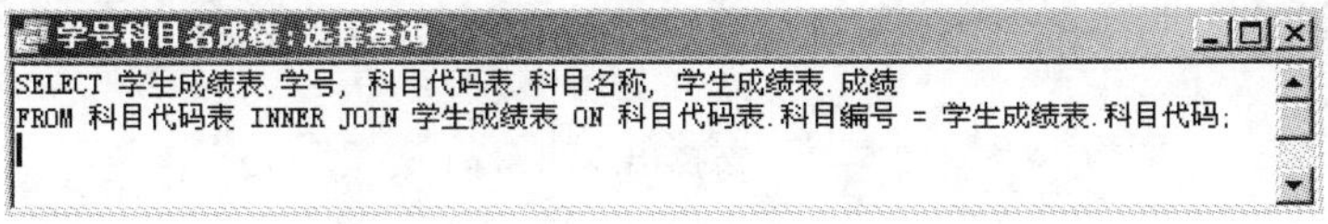

图 5-39　联合查询中输入 SQL 语句

5.5.2　SQL 子查询

子查询是指包含在另一个查询中的 Select 语句查询，在查询的设计中，可以在查询设计视图中的“字段”行中输入这些语句，或者在“条件”行中用子查询定义字段的准则。

子查询有如下作用：通过子查询可以测试某些结果是否存在；查找主查询中大于、小于、或者等于子查询返回的值，在子查询中创建子查询等。下面通过 1 个任务来说明 SQL 子查询的创建。

任务 14　创建查询“T 查找单科最高分”

1. 任务要求

创建一个带子查询的查询。该查询要求在“学生成绩表”中找出单科成绩最高分的相关信息。

2. 操作步骤

(1) 在数据库窗口中，单击“查询”对象，选择“在设计视图中创建查询”，单击“设计”工具，打开了查询设计器，在“显示表”对话框中，选择“学生成绩表”数据表，添加到查询设计器中。

(2) 在查询设计视图中，选取所需要的字段，如学号、学年、学期、科目代码、成绩等，如图 5-40 所示。

(3) 在图 5-40 中的“成绩”字段的条件行中，输入：(见图 5-40)

= select max (成绩) from 学生成绩表

其中 max (成绩) 是 SQL 函数，表示“成绩”字段中的最大值。

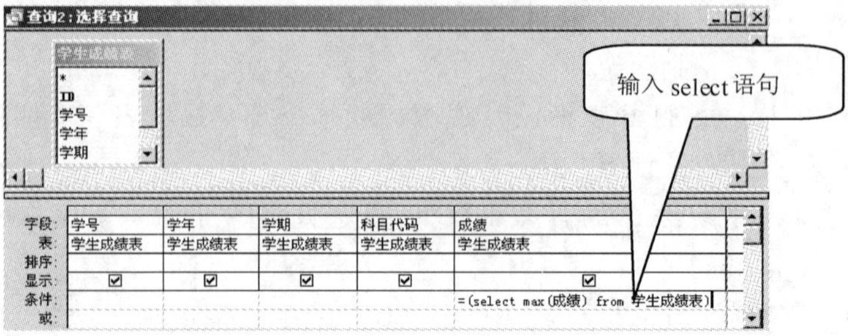

图 5-40　输入带子查询的条件

（4）将查询保存为“T 查找单科最高分”，执行此查询，得到正确的查询结果，如图 5-41 所示。

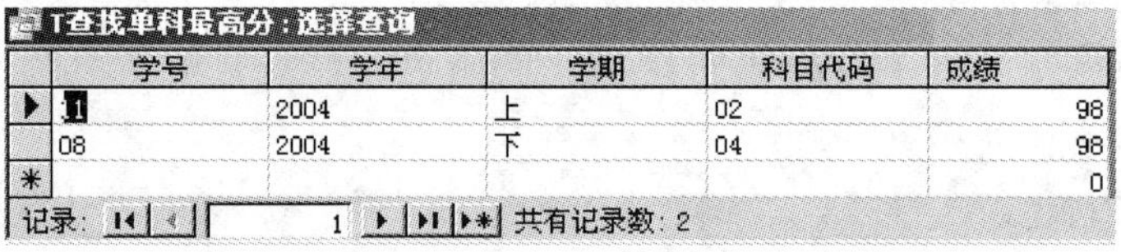

图 5-41　查找出单科最高分

5.5.3　SQL 数据定义查询

数据定义查询用于创建、修改数据库对象，例如表、索引等，也可以实现数据记录的修改、增加、删除等。要实现这些功能，就选用相应的 SQL 语句。

用于数据定义的语句主要有：

create 创建表/索引等数据库对象

alter table 修改表

drop 删除数据库对象

用于数据操纵的语句常用的有：

insert 增加数据记录

delete 删除数据记录

update 修改数据记录

上述语句的具体语法格式和用法请参考有关 SQL 资料，本书略。

任务 15　创建“T 建奖励表”查询

1. 任务要求

用 create tabe 语句创建一个“奖励表”，表的结构见表 5-1。

表 5-1　“奖励表”的表结构

字段名	学号	姓名	学年	学期	奖励等级
类型	text（2）	text（10）	text（4）	text（2）	text（10）
说明	主键				

2. 操作步骤

（1）在数据库窗口中，单击对象“查询”，选择“在设计视图中创建查询”，单击工具

“设计”，打开了查询设计器，不添加表，直接关闭“显示表”对话框。

(2) 单击主窗口中的菜单【查询/SQL 特定查询/数据定义】，打开一个空白的“数据定义查询”窗口，在其中输入下列语句，如图 5-42 所示。

CREATE TABLE 奖励表

(学号 text (2) primary key,

姓名 text (10), 学年 text (4), 学期 text (2), 奖励等级 text (10))

(3) 保存查询为“T 建奖励表”。执行该查询，再返回数据库窗口，可看到生成的表“奖励表”。

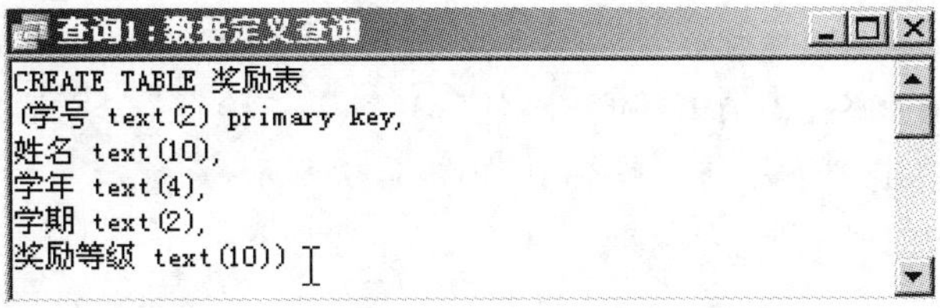

图 5-42　在空白窗口中输入 create 命令

5.5.4　传递查询

传递查询是根据 ODBC（开放式数据库互连）标准将 SQL 指令发给数据库服务器执行的查询，用这个方式可以实现数据表的远程访问。在传递查询中，由于 SQL 指令并不在 Access 中执行，因此发送的 SQL 指令必须符合远程数据库服务器的语法。

要通过传递查询来获取远程数据库服务器中的数据，必须要有访问该服务器的合法身份与一定的权限，同时要建立好 ODBC 数据源 DSN。

任务 16　创建传递查询“T 访问远程表”

1. 任务要求

学习传递查询的创建方法。

设有一个 SQL Server 2000 数据库服务器 JYXL，其中数据库 test 中有表 testb，基本内容如图 5-43 所示。

假设已经从数据库管理员处获得了访问该表的用户名为 sa，密码为 sa。在 Access 上建立一个传递查询“T 访问远程表”来获取 testb 上的数据。

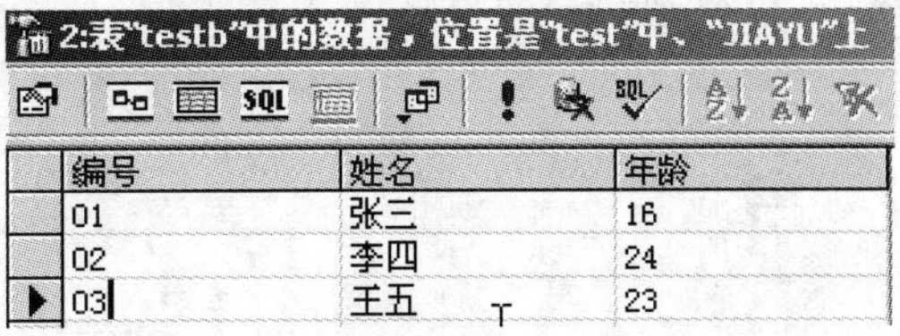

图 5-43　SQL Server 2000 上的表 testb

2. 操作步骤

(1) 建立 ODBC 数据源 TDSN：

1) 打开 Windows 2000 控制面板中管理工具/数据源，弹出“ODBC 数据源管理器”，如图 5-44 所示。

2) 单击“系统 DSN”选项卡，单击“添加”按钮，出现“创建新数据源”窗口。在该窗口中，选中 SQL Server 作为数据源的驱动程序，并单击“完成”按钮，如图 5-45 所示。

3) 在下一屏窗口中，输入数据源名、服务器名以及说明，如图 5-46 所示，再单击“下一步”按钮。

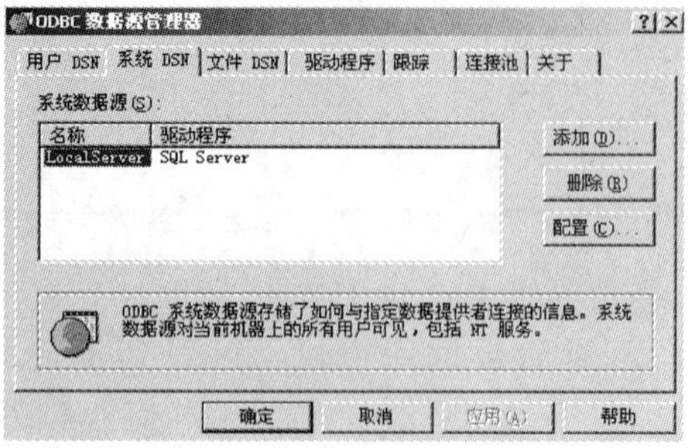

图 5-44　ODBC 数据源管理器

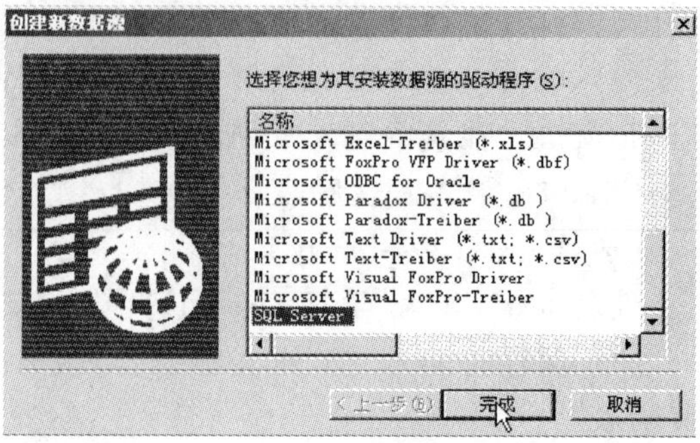

图 5-45　确定数据源的驱动程序

4）选中“使用用户输入登录 ID 和密码的 SQL Server 验证”，之后输入“登录 ID”为 sa 和“密码”为 sa，再单击“下一步”按钮，如图 5-47 所示。

5）在“更改默认的数据库为”前打上勾，并选取数据库 test，如图 5-48 所示，单击“下一步”按钮。

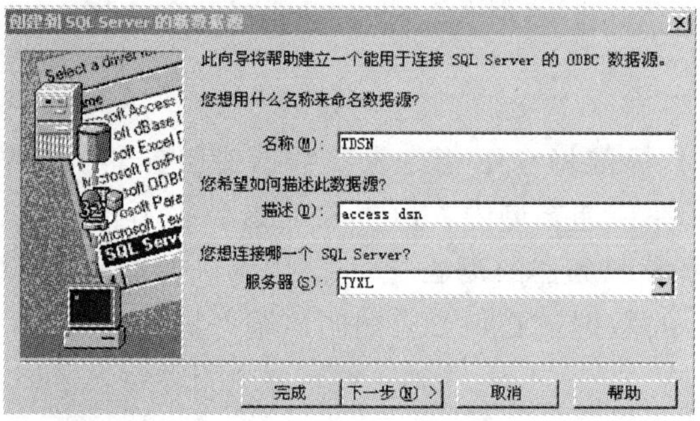

图 5-46　创建到 SQL Server 的新数据源窗口

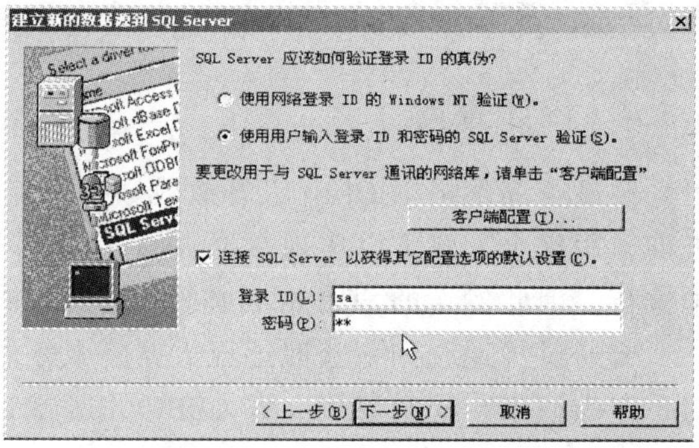

图 5-47　输入登录 ID 和密码

6）在下一步的向导对话框中，单击“完成”按钮，出现“ODBC Microsoft SQL Server 安装”窗口。若要测试数据源，可以单击“测试数据源”按钮，若不想测试，直接单击“确定”按钮，如图 5-49 所示。至此，ODBC 数据源建立完毕，若重新打开“ODBC 数据源管理器”，可看到新建的数据源 TDSN。

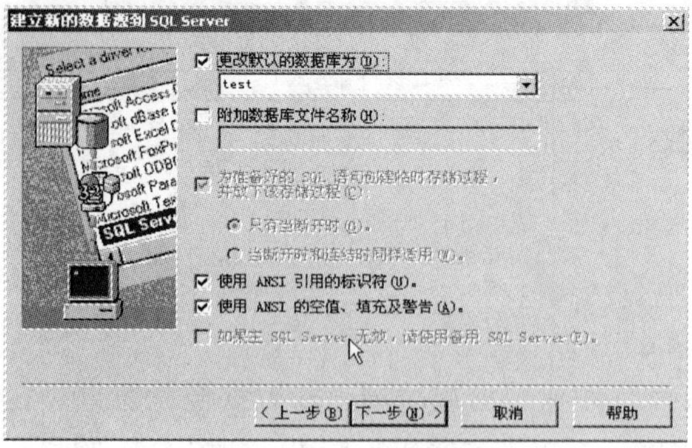

图 5-48　更改数据库

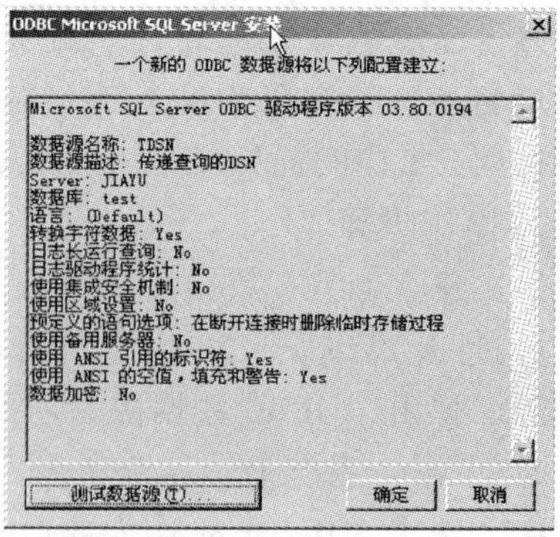

图 5-49　完成建立 ODBC 数据源

注意：如果使用的操作系统是 Windows 98 系统，可以在控制面板中启动“ODBC 数据源管器”来建立 ODBC 数据源。

（2）单击数据库窗口对象栏中的“查询”，选择“在设计视图中创建查询”，单击工具“设计”，打开查询设计器，如果出现“显示表”对话框，不选表直接关闭。

（3）单击主窗口菜单的【查询/SQL 特定查询/传递查询】，在空白“SQL 传递查询”窗体中输入如下语句：

```
Select * from testb
```

其含义为：从 testb 表中选取所有的字段。

（4）保存查询为“T 访问远程表”。注意，此时还不能实行查询。

（5）设置查询属性：单击工具栏上的“属性”按钮，弹出属性对话框，如图 5-50 所示。

（6）输入 ODBC 字符串：

ODBC; DSN = TDSN; Description = access dsn; UID = sa; DATABASE = test; Trusted_Connection = Yes

（7）执行该查询，可以看到查询结果，如图 5-51 所示。

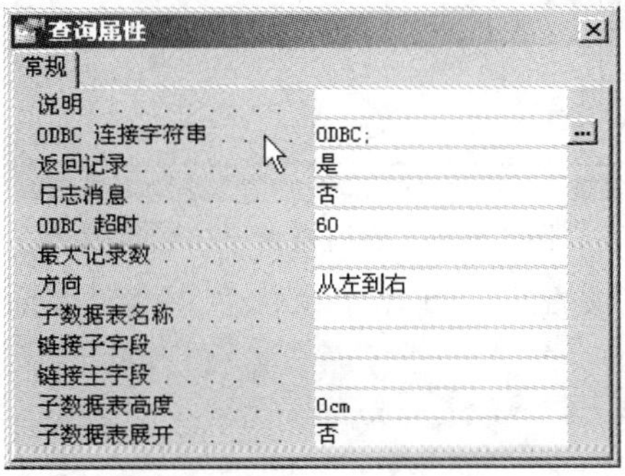

图 5-50　设置查询的属性

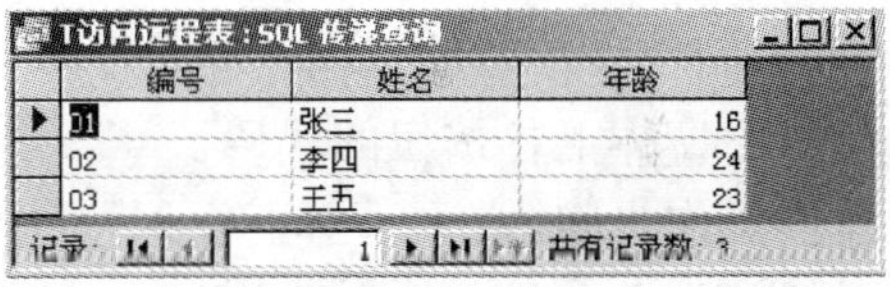

图 5-51　获取远程表上的数据记录

注意：

1）步骤（6）中所输入的 ODBC 字符串也可以通过单击属性窗口中右边（图 5-46）的按钮，按照系统提供的向导操作得到，它通过选择系统的 ODBC 数据源，让 Access 自动生成 ODBC 连接字符串。

2）要执行此查询，必须要求远程的数据库服务器处于服务状态。

5.6　设计“学生操行情况查询”功能模块

本模块是“班级学生管理系统”中实际使用的查询功能，在实际查询中，查询操作往往放在窗体里，因此在本模块的设计中势必涉及控件、窗体、代码的有关制作。通过本功能的设计制作，可以掌握按任意条件典型查询的设计制作方法，有比较大的实际意义。有关窗体、代码部分，在本节中尽量给出详细解释，同学们也可参看后面的相关章节。本节重点介绍查询的设计制作。

为更好地掌握本功能模块的设计方法，本节先安排一个比较简单但十分典型的任务实例，通过该任务来理解这类灵活通用的查询窗体的设计思想和方法。

5.6.1 通用查询窗体

查询是 Access 数据库最重要、最灵活的数据管理功能，本节提供一个比较简单但很典型的通用查询窗体“T 通用查询”的设计制作，有它作基础，可以变换、完善成为实际有用的查询功能。希望同学们仔细理解其设计思路和制作方法。

任务 17 制作“T 通用查询”

1. 任务要求

设计制作一个能按两个条件及组来查询的查询窗体。

本窗体实现对学生操行情况的查询，其基本功能是根据输入的“学年”和“学期”来查询学生的操行情况。其中“清除”按钮的功能是清除查询条件，显示所有数据记录；“确定”按钮的功能是实施查询，在窗体的下部显示满足查询条件的记录；“退出”按钮的功能则是关闭本窗体。运行该窗体的效果如图 5-52 所示。

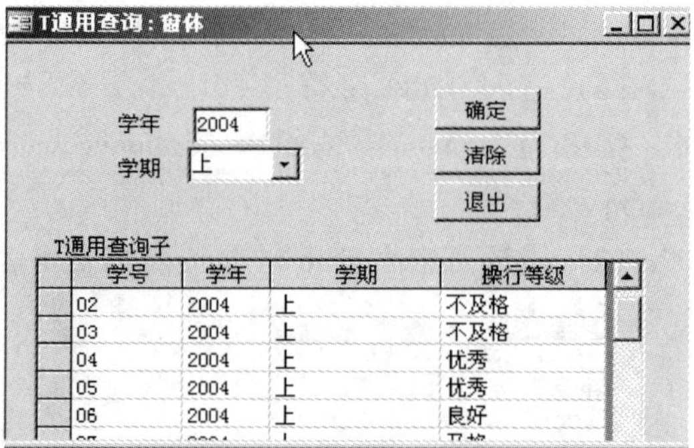

图 5-52 T 通用查询窗体运行效果

2. 操作步骤

“通用查询窗体”的设计制作过程复杂，步骤繁多，其大致思路是：先制作主窗体“T 通用查询”，再制作带参数的查询“T 通用查询子”，利用该查询，制作子窗体“T 通用查询子”，最后编写主窗体上各按钮的代码。

具体操作步骤为：

（1）制作主窗体“T 通用查询”

1）打开“学生管理”数据库，在数据库窗体对象栏中单击“窗体”，选择“在设计视图中创建窗体”并单击工具“设计”，打开窗体设计器。单击主菜单上的【视图】，取消【视图/页面页眉/页脚】和【窗体页眉/页脚】前面的小勾，取消后的窗体设计视图如图 5-53 所示。

2）设置窗体属性：在窗体设计器中左上角小方框■上右击，再单击快捷菜单中的“属性”，弹出窗体的属性对话框，如图 5-54 所示。

3）在属性窗口中设置窗体的属性，如图 5-54 所示。

窗体的大部分属性可以采用默认值，主要设置窗体格式方面的属性：

标题：“T 通用查询”。

滚动条：“两者均无”。

记录选择器、导航条、分隔线都设置为“否”。

这些属性主要控制窗体的外观。

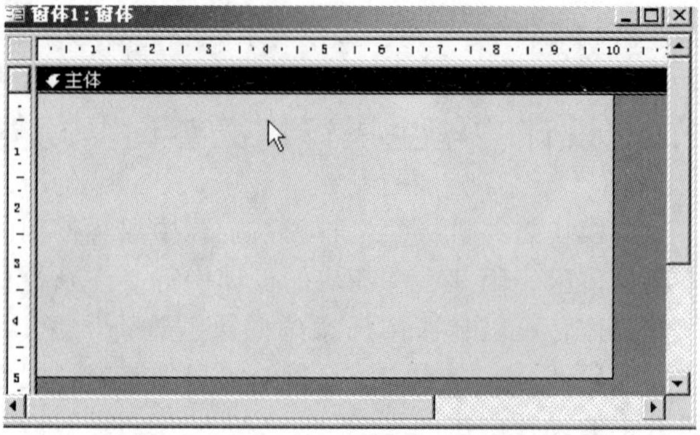

图 5-53 取消页眉页脚后的窗体设视图

4）在窗体中放置下列控件：一个文本框、一个组合框、两个标签、三个按钮，如图 5-55 所示。

图 5-54　设计窗体属性

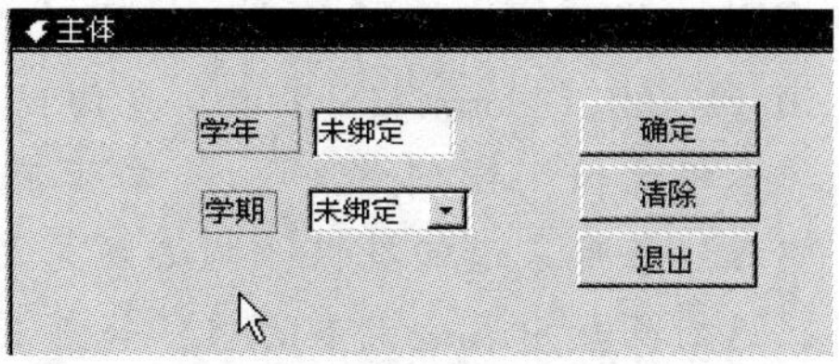

图 5-55　部署窗体上的控件

5）设置窗体上的控件属性：选中各控件，单击右键，在快捷菜单中单击“属性”打开该控件的属性窗口，各控件的外观属性效果如 5-55 所示。另对文本框、组合框的属性还作如下设置：

控件	属性	设置值
文本框	名称	xn
组合框	名称	xq
	行来源类型	值列表
	行来源	“上”；“下”
	绑定列	1

（2）制作带参数的查询“T 通用查询子”。此查询要作为子窗体的数据源，因此在子窗体设计以前先设计好本查询。具体操作步骤如下：

1）在数据库窗体对象栏中单击“查询”，选择“在设计视图中创建查询”并单击工具“设计”，在弹出的“显示表”对话框中选表“学生操行表”，添加到查询设计器中。

2）选取所需要的字段：学号、学年、学期、操行等级，暂不选“操行评语”字段。

3）指定参数：这里需要指定两个参数，分别实现按学年、学期查询。

在“学年”的条件行，输入条件表达式（如图 5-56 所示）：

Like（IIf（IsNull（［forms］！［T 通用查询］！［xn］），“＊”，［forms］！［T 通用查询］！［xn］））

在“学期”的条件行，输入条件表达式：

Like（IIf（IsNull（［forms］！［T 通用查询］！［xq］），“＊”，［forms］！［T 通用查询］！［xq］））

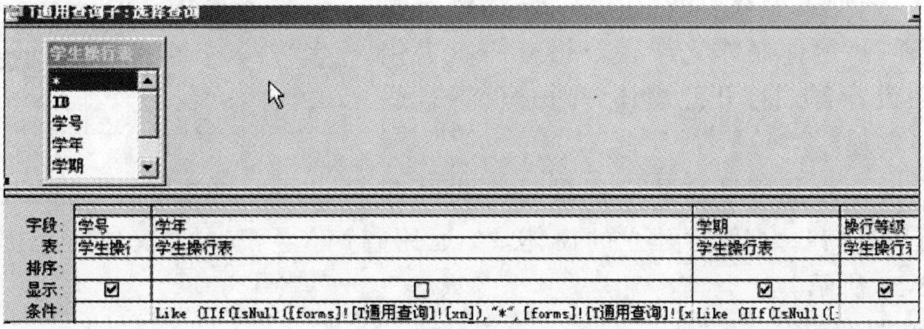

图 5-56　输入查询参数

注意：上述输入条件表达式中用到了几个函数，语句比较长，要正确理解它们的意义。其中“学年”条件行输入的条件表达式，可作如下理解：

[forms]! [T 通用查询]! [xn] 表示主窗体“T 通用查询”中的文本框 xn 的值

Isnull （[forms]! [T 通用查询]! [xn]）是判断文本框中的数值是否为 Null，如果文本框 xn 无数值（例如没有输入数值）则该函数的结果为 True，否则为 false。

IIf（IsNull（[forms]! [T 通用查询]! [xn]），“*”，[forms]! [T 通用查询]! [xn]）表示如果文本框无值则得到“*”，文本框有数值则结果为文本框的值。IIF（ ）是条件判断函数，它根据条件来返回数据，其格式为 IIF（条件，表达式 1，表达式 2）。当条件表达式为真时，返回函数中表达式 1 的值，否则返回函数中表达式 2 的值。例如 IIF（5 > 3,"A","B"）的值为 A，而 IIF（5 < 3,"A","B"）的值为 B。

Like（IIf（IsNull（[forms]! [T 通用查询]! [xq]），“*”，[forms]! [T 通用查询]! [xq]））参数条件的表达式。

例如，假定文本框中 [xn] 输入 2004，则参数的最后形式为 like 2004，只选取 2004 学年的记录。

假定文本框中没有输入，则参数的最后形式为 like“*”，表示选取所有学年的记录。

“学期”字段条件行输入的表达式可作上述解释同样的理解，只是把“学年”换成“学期”而已。要注意的是，实现通用查询，用窗体中的控件值作为参数提供给条件表达式，使得查询的条件表达式写成本例中的形式，这是一种典型的做法。请读者仔细领会这一技巧，熟练掌握它的用法，在后面的几个查询窗体中都用到了这技术。

4）保存查询为“T 通用查询子”，查询制作完毕。

（3）制作子窗体“T 通用查询子”　子窗体是放在主窗体中的窗体，它负责显示查询的记录结果。制作窗体的具体步骤如下：

1）在数据库窗口中选择“窗体/使用向导创建窗体”，单击工具栏的“新建”按钮，弹出“新建窗体”对话框，选择“自动创建窗体：数据表”，并在下部分的下拉框中选择表“T 通用查询子”作为窗体的数据源，如图 5-57 所示。

2）单击“确定”按钮，向导自动生成数据窗体并执行该窗体。由于我们所选择的数据源是带参数的，因此执行时会弹出参数输入对话框，可以不予理会，单击“确定”按钮继续，最后会看到执行的结果。

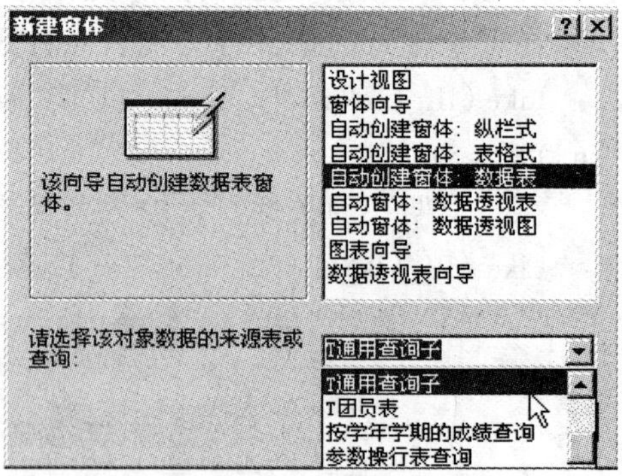

图 5-57　选取窗体样式和窗体的数据源

3）单击工具栏上的保存按钮，输入窗体名“T 通用查询子”。窗体制作完毕，若想进一步美化窗体，可以在设计方式打开此窗体，通过设置合适的窗体属性来实现。

（4）在主窗体中加入子窗体　以设计方式打开主窗体“T 通用查询”，把刚才建立的窗体“T 通用查询子”拖入主窗体的下部，并调整好位置，如图 5-58 所示。

（5）编写按钮代码

“确定”按钮用来实现查询：

```
Private Sub Command6_Click ()
Me.T通用查询子 .Requery' 调用子窗体的 Requery 方法，更新子窗体显示的内容
End Sub
```

“清除”按钮用来清除文本框和组合框中的内容，即清除查询条件：

```
Private Sub Command7_Click ()
Me.xn = Null ' 使学年条件赋空
Me.xq = Null ' 使学条件赋空
End Sub
```

“退出”按钮用来关闭本窗体：

```
Private Sub Command8_Click ()
Docmd.Close' 关闭窗体
End Sub
```

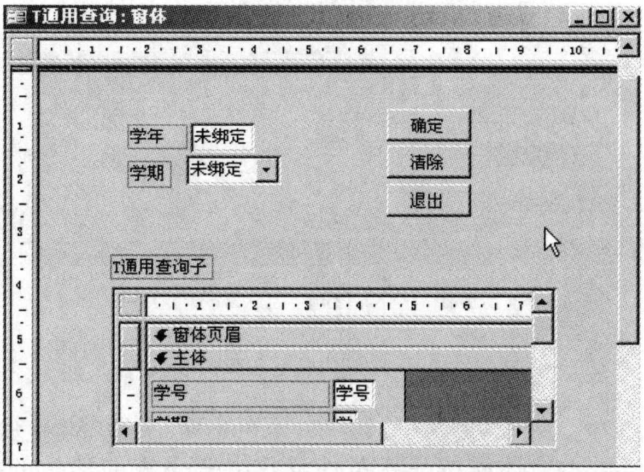

图 5-58　在主窗体中加入子窗体

（6）保存窗体　将窗体命名为“T 通用查询”，再以运行方式打开本窗体，并测试窗体功能，正常情况下该窗体能实现查询操作了。

3. 知识要点

（1）设置文本字段的查询条件，表 5-2 给出了一些常见的查询条件表达式。

表 5-2　文本字段的查询条件举例

条　件	说　明
Like “”	查找空字符
Like “string”	查找与 string 相等的字符串
Like “string＊”	查找以 string 开头的字符串
Like “＊string”	查找以以 string 结尾的字符串
Like “＊”	任何字符都满足查找条件
Like “?? 大学”	查找只有 4 个字的学校，如“湖南大学”
Is null	查找该字段无数据的记录
Is not null	查找该字段有数据的记录

（2）查询设计器查询条件可以直接在查询设计器中输入，也可以用“表达式”生成器来帮助设置查询条件。

（3）任务 17 中制作的“T 通用查询”窗体，可以实现任意学年、任意学期（及其组合条件）的学生操行等级情况的查询，因此其查询功能具有一定的通用性。此外，实现这类查询功能的制作过程也基本相同基本，所以称它为“通用查询”窗体。

5.6.2　设计“查学生操行情况”模块

有了 5.6.1 节的基础，现在来完成实际的“查学生操行情况”模块的设计制作。

任务 18　设计“查学生操行情况”模块

1. 任务要求

设计制作项目 1 中的学生操行情况查询模块，完成如下要求：

（1）设计制作　完成“班级学生管理系统”中“查学生操行情况”的设计制作，进一步掌握通用查询窗体的设计制作方法。

（2）运行效果　运行“查学生操行情况”，界面如图 5-59 所示。

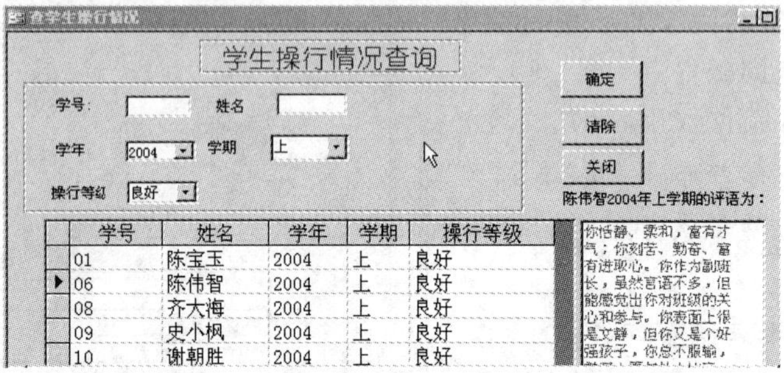

图 5-59　“查学生操行情况”运行效果

本窗体能按任意条件及其组合来查询学生的操行情况，例如可以选择“学年”、“学期”、“操行等级”，也可以输入“学号”、“姓名”等，所有的查询条件为“与”的关系。若不选查询条件，表示不作限制，例如，不选“学期”，表示所有学期。“确定”按钮的功能为执行查询，查找出满足条件的数据记录；“清除”按钮的功能是清除所有查询条件，并显示出所有的记录。图 5-59 的查询结果是所有 2004 学年“上”学期操行等级为“良好”的记录，右边显示的是选中的学生的“操行评语”。

（3）与 5.6.1 节“T 通用查询”窗体的比较　本模块同任务 17 制作的查询窗体相比，在功能上有了扩充，主要有如下几点不同：

1）增加了学号、姓名、操行等级等三个查询条件；

2）“学年”这一查询条件不是让用户输入，而是用组合框让用户选取；

3）在查询结果中，选中哪一条记录，则在右边显示出该同学该学年学期的“操行评语”。

2. 操作步骤

要制作出本功能模块，需要如下对象：

- 查询“科目表中的学年”。
- 查询“操行查询子”：这是带窗体控件参数的查询，是子窗体的数据源。
- 主窗体“查学生操行情况”和子窗体“操行查询子”。

同 5.6.1 节“T 通用查询窗体”的设计制作过程一样，先分步设计制作好各个对象，再将子窗体加入到主窗体中，之后编写窗体上各按钮的相关代码。

（1）建立“科目表中的学年”查询　查询“科目表中的学年”在前面已经建好，可以直接使用。要说明的是，该查询主要用作图 5-59 中查询条件“学年”组合框的数据源，让用户通过选择来确定“学年”。因此，供用户选择的“学年”值一定是“科目代码表”中出现过且没有重复的“学年”数，所以当初用下列语句来建立这个查询的：

SELECT DISTINCT 科目代码表 . 学年 FROM 科目代码表

其中关键字 DISTINCT 的作用就是去掉重复的数值。

（2）制作主窗体“查学生操行情况”　用与 5.6.1 节制作“T 通用查询窗体”相同的方

法步骤，制作出主窗体“查学生操行情况”，其主体如图 5-60 所示。主体上控件比较多，大部分控件的外观、类型由图 5-60 可以看出，由读者自行设计完成。几个关键控件的相关属性设置请参见表 5-3。

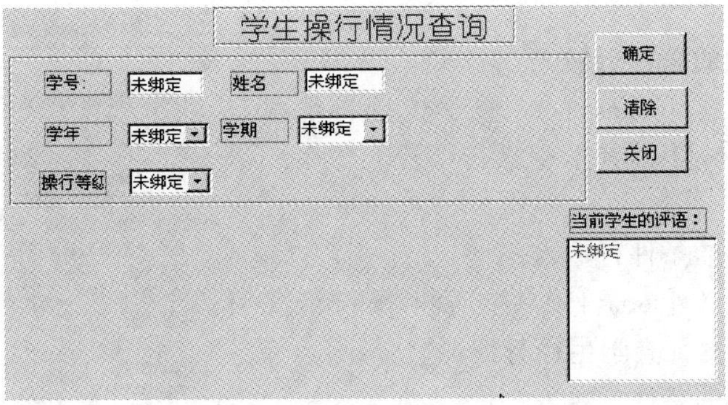

图 5-60　“查学生操行情况”窗体的主体中各控件部署

这些控件的属性设置可以通过属性对话框来进行，也可以通过“控件向导”来完成。例如窗体中的各组合框，可以通过控件向导来制作，详细操作参见第 5 章有关内容。

各控件的主要属性设置见表 5-3，窗体的属性设置如图 5-61 所示。

表 5-3　“查学生操行情况”窗体部分控件属性设置

控件	属性	属性值	说明
窗体			各属性参照图 5-55
文本框	名称	xh	学号文本框
文本框	名称	xm	姓名文本框
组合框	名称	xn	学年组合框
	行来源类型	表/查询	
	行来源	科目表中的学年	
组合框	名称	xq	学期组合框
	行来源类型	值列表	
	行来源	“上”；“下”	
组合框	名称	dj	操行等级组合框
	行来源类型	表/查询	
	行来源	操行等级表	
文本框	名称	py	评语文本框
标签	名称	dqxm	当前记录的姓名标签
	标题	当前学生的评语	

设置好上述属性，把窗体保存为“查学生操行情况”，主窗体制作完毕。

(3) 设计制作查询“操行查询子”　此查询的参数是主窗体“查学生操行情况”中的查询条件控件。它是子窗体“操行查询子”的数据源。

仿照 5.6.1 节中制作“T 通用查询子”的方法，打开查询设计器，把表“学生操行表”添加到查询设计视图中，并选择该表中的所有字段，在各字段条件行输入参数，如图 5-62

所示。

在“学号”字段的条件行输入：

Like (IIf (IsNull ([forms]! [查学生操行情况]! [xh]), “ * ”, [forms]! [查学生操行情况]! [xh]))

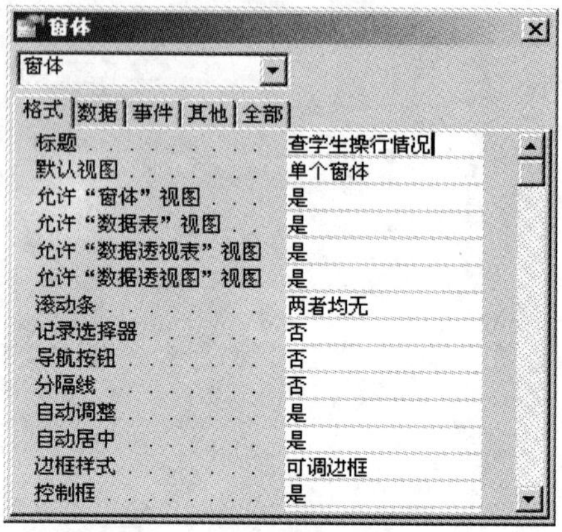

图 5-61 “查学生操行情况”窗体的主要属性

在“姓名”字段的条件行输入：

Like (IIf (IsNull ([forms]! [查学生操行情况]! [xm]), “ * ”, [forms]! [查学生操行情况]! [xm] & “ * ”))

在“学年”字段的条件行输入：

Like (IIf (IsNull ([forms]! [查学生操行情况]! [xn]), “ * ”, [forms]! [查学生操行情况]! [xn]))

在“学期”字段的条件行输入：

Like (IIf (IsNull ([forms]! [查学生操行情况]! [xq]), “ * ”, [forms]! [查学生操行情况]! [xq]))

在“操行等级”字段的条件行输入：

Like (IIf (IsNull ([forms]! [查学生操行情况]! [dj]),” * ”, [forms]! [查学生操行情况]! [dj]))

各条件表达式的意义同 5.6.1 节对“T 通用查询子”的有关说明。

上述表达式输入完毕后，把查询保存为“操行查询子”。

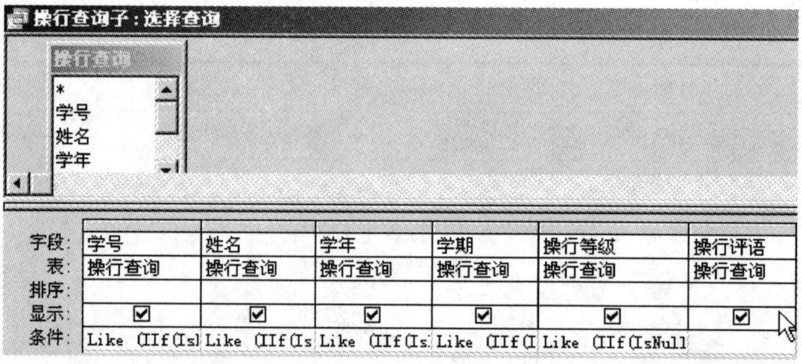

图 5-62 在“操行查询子”中输入参数

(4) 制作子窗体“操行查询子” 这是一个数据表窗体，它的数据源就是上一步制作好的“操行查询子”。该窗体的制作可以用向导（如 5.6.1 节中“T 通用查询子”），也可以在窗体设计器中来进行，如图 5-63、5-64 所示。

此外，子窗体的的 current 事件还要输入如下代码，使得在子窗体选中某条记录时，能在主窗体上显示该同学的姓名以及本学年学期的“操行评语”：

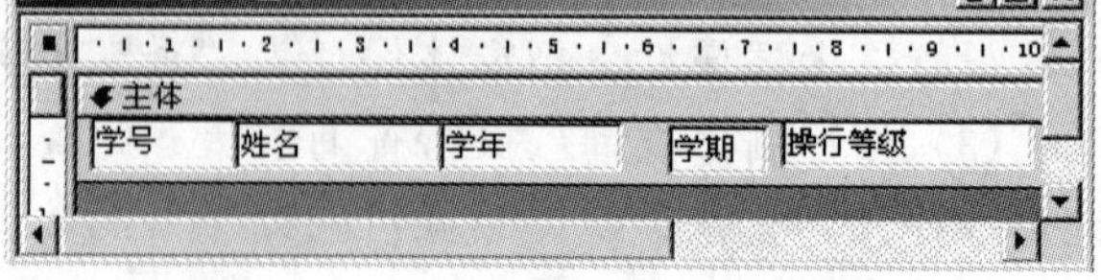

图 5-63 “操行查询子”窗体设计视图

Private Sub Form_ Current ()

Me.Parent.py = Me. 操行评语 ’ ***使评语文本框显示当前记录的评语***

Me.Parent.dqxm.Caption = Me. 姓名 &

Me. 学年 &“年”& 学期 &“学期的评语为:”

’*使标签 dqxm 显示当前记录的姓名*

End Sub

注意: 若用数据表窗体向导来制作本窗体，当向导完成的窗体上控件布局不同于图 5-63 时，可以在原有基础上进行修改，在窗体的设计视图下，把窗体上的标签和文本框“操行评语”删掉，并调整各字段文本框的位置调整至图 5-63 所示的位置，再设置窗体的属性，然后保存窗体为“操行查询子”。

(5) 在主窗体中加入子窗体　在设计视图方式下打开窗体“查学生操行情况”，把子窗体“操行查询子”拖入到主窗体的下部分，并适当调整子窗体的位置，其窗体的主体部分如图 5-65 所示。

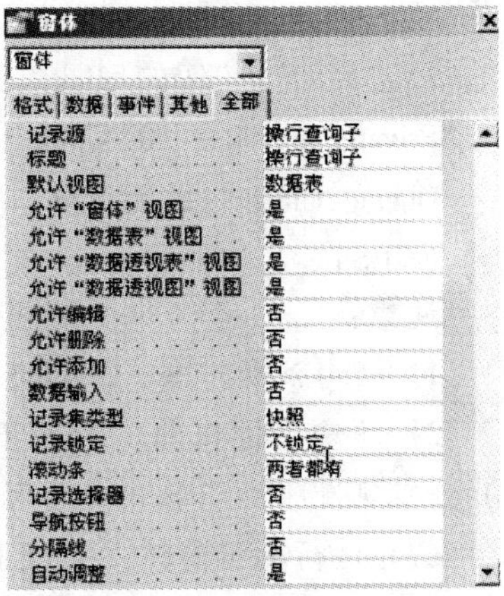

图 5-64　“操行查询子”窗体的参数设置

(6) 输入主要代码

1)“确定”按钮的 click 事件:

Private Sub 命令 29_Click ()

Me. 操行查询子 .Requery ’***子窗体重新查询，更新子窗体中显示的数据***

End Sub

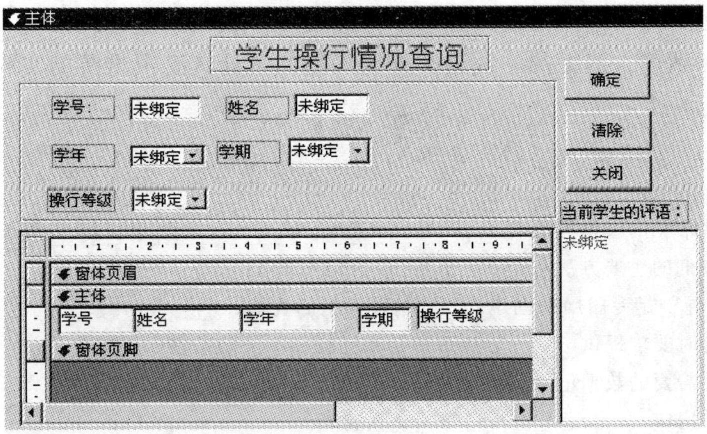

图 5-65　把子窗体“操行查询子”加入到主窗体“查学生操行情况”的主体下部分

2)“清除”按钮的 click 事件:

Private Sub 命令 30-Click ()

’***使各查询条件赋 Null，可以显示所有数据记录***

Me.xh = Null ’***学号赋 Null***

Me.xm = Null ’***姓名赋 Null***

Me.dj = Null ’***操行等级赋 Null***

Me.xn = Null ’***学年赋 Null***

Me.xq = Null ’***学期赋 Null***

```
Me.操行查询子.Requery '更新子窗体中的显示的数据
End Sub
```

3）“关闭”按钮的 click 事件：

```
Private Sub 命令10_Click ()
Docmd.Close '关闭窗体
End Sub
```

注意：

1）语句注释部分，可以不输入，对执行结果没有影响。

2）注意各按钮的名称和 Click 事件内容的对应，例如“清除”按钮的名称为“命令_30”，实现清除功能的代码要写在该按钮的 Click 事件中。

（7）运行测试窗体　完成上述工作后，打开“查学生操行情况”，测试窗体的功能，如果有错误，利用 VBA 的程序调试功能，在出错误的地方进一步修改，直到正确运行为止。代码虽然不算多，当仍需要反复调试。

本章小结

本章介绍了查询的基本概念以及如何创建各种类型的查询，用查询设计器、查询设计向导制作了各种查询。查询也可以通过输入 SQL 语句来生成，因此本章还介绍了 SQL 语句的基本语法。参数查询可以实现系统同用户的交互，在数据库开发中用的比较多。本章还通过示例介绍了一种通用查询窗体的设计方法，并完成了“班级学生管理系统”中的“学生操行情况查询”的设计制作，熟练的掌握这类查询功能的设计具有很重要的实际意义。

习　题

一、填空题

1. 在 Access 中，常见的查询种类有_____、_____、_____、_____和_____等 5 种。
2. 创建 Access 查询的主要方法有_____和_____两种。
3. “简单查询向导”是专门用来创建_____这种类型的查询。
4. 参数查询运行时要求提供_____，查询的结果随提供不同的条件而不同。
5. 要删除表中不需要的数据记录，可以使用_____。
6. 动作查询主要完成_____、_____、_____等操作。
7. 追加查询的主要作用是_____。
8. 语句“SELECT DISTINCT 科目代码表.学年 FROM 科目代码表”中 DISTINCT 的作用是_____。
9. 要创建数据表，可以使用 SQL 的_____查询。
10. 通过_____查询可以实现对远程数据库中的数据表的访问。

二、简答题

1. 查询与表有什么不同？它的主要功能是什么？
2. 选择查询与动作查询有什么不同？
3. 怎样创建参数查询？
4. 使用 SQL 能创建什么样的查询？
5. 如何找到在查询设计器中创建的查询的 SQL 语句？可以直接修改 SQL 语句吗？

三、操作题

设计制作系统中“联络信息查询”模块，运行效果如图 5-66 所示。

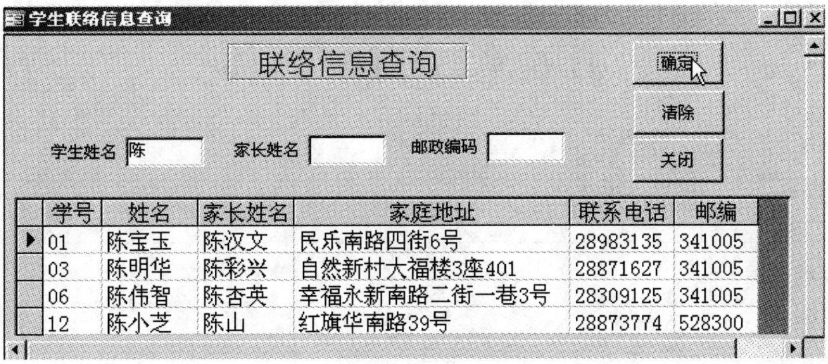

图 5-66　“联络信息查询”窗体运行效果

第6章　窗　　体

本章应知

1. 窗体的构成
2. 创建窗体
3. 控件的应用

本章应会

1. 使用窗体向导、图表、窗体设计器等创建窗体
2. 设置窗体的属性
3. 向窗体添加控件
4. 常用控件的应用

6.1　窗体的构成与创建

窗体通常由窗体页眉、页面页眉、主体、页面页脚、窗体页脚等五部分组成，如图6-1所示。

在具体的应用中，窗体是否都要包括五部分，视实际需要来确定。有些窗体，可能只包括窗体的主体部分，如图6-2所示。

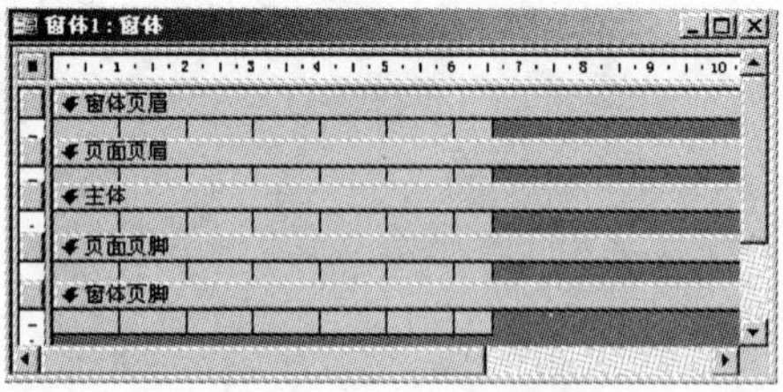

图6-1　窗体的构成

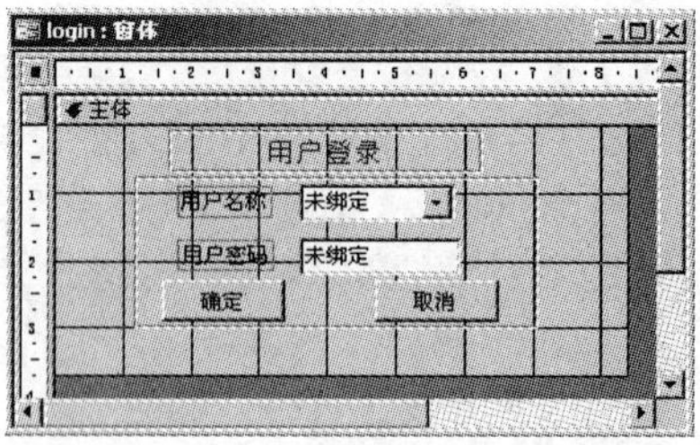

图6-2　只包括主体部分的窗体

在Access中，窗体有三种视图，分为设计视图、窗体视图和数据表视图。窗体的设计视图，主要用于创建、修改、管理窗体。窗体视图是运行中的窗体，可显示记录数据，也可实现添加或修改表的数据。数据表视图是以行列的形式显示表、查询或窗体数据的窗口，是用户维护数据的交互界面。本节将讲述创建窗体的常用操作技巧。

6.1.1　创建窗体

Access 提供了多种建立窗体的方法，下面将通过两个任务的操作，学习创建窗体的操作方法。

任务 1　用向导创建“基本信息表维护窗体”

1. 任务要求

掌握使用向导创建窗体的操作方法。

2. 操作步骤

（1）打开“学生管理”数据库，选择窗体对象窗口，如图 6-3 所示。

（2）在图 6-3 中，双击“使用向导创建窗体”选项，打开“窗体向导”第一步对话框，如图 6-4 所示。

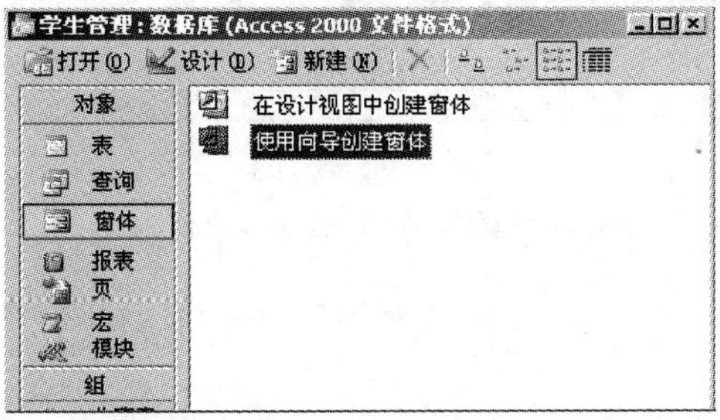

图 6-3　选择窗体对象窗口

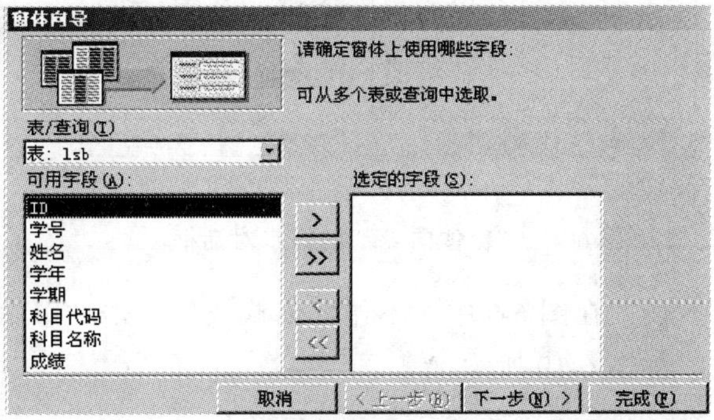

图 6-4　“窗体向导”第一步对话框

（3）在图 6-4 中，单击“表/查询”组合框右侧的箭头按钮，打开下拉列表框，移动鼠标指针指向“表：基本信息表”选项，如图 6-5 所示。

（4）在图 6-5 中，单击“表：基本信息表”选项，选取“基本信息表”，如图 6-6 所示。

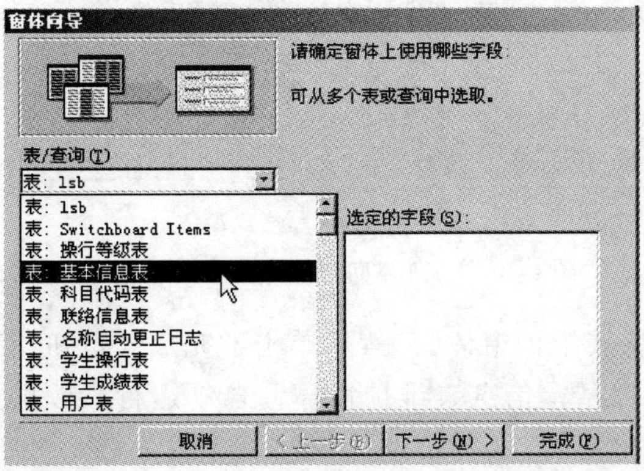

图 6-5　“窗体向导”第二步对话框

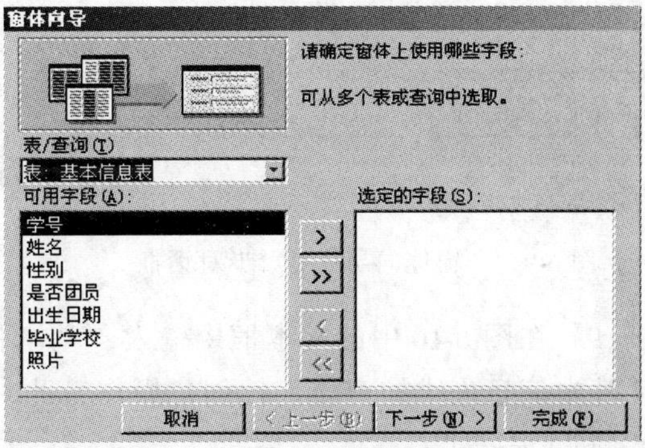

图 6-6　“窗体向导”第三步对话框

（5）在图 6-6 中，单击“≫”按钮，把所有字段从“可用字段”列表添加到“选定的字段”列表中，如图 6-7 所示。

（6）在图 6-7 中，单击“下一步”按钮，打开“窗体向导”第五步对话框，如图 6-8 所示。

（7）在图 6-8 中，不作任何修改，单击“下一步”按钮，打开“窗体向导”第六步对话框，如图 6-9 所示。

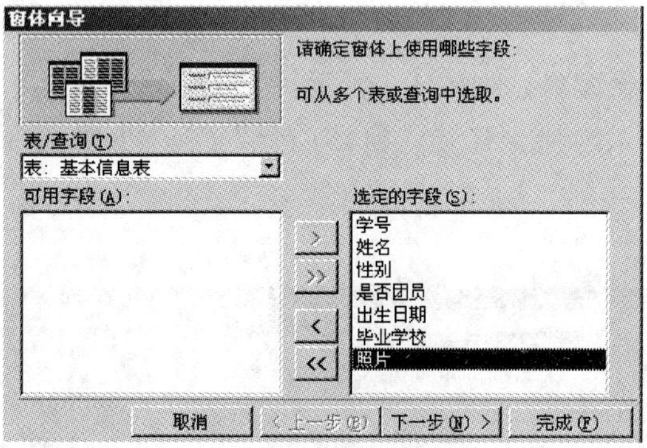

图 6-7 “窗体向导”第四步对话框

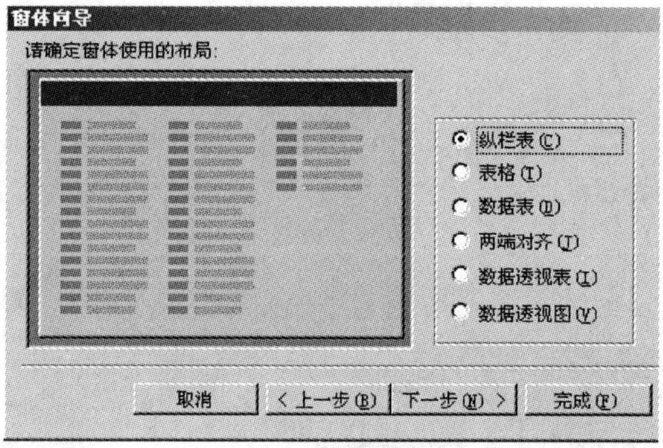

图 6-8 “窗体向导”第五步对话框

（8）在图 6-9 中，不作任何修改，单击“下一步”按钮，打开“窗体向导”第七步对话框，如图 6-10 所示。

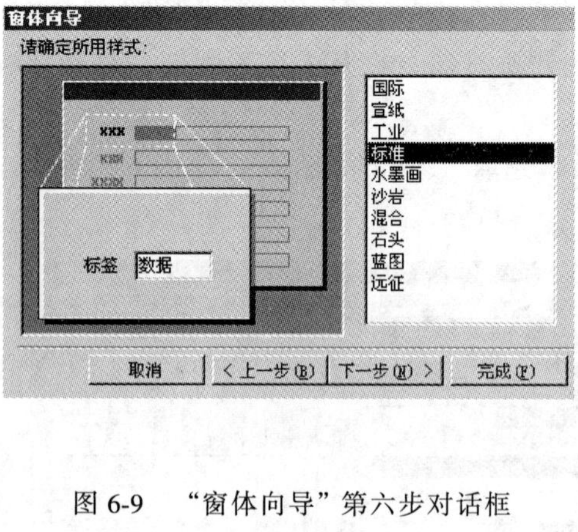

图 6-9 “窗体向导”第六步对话框

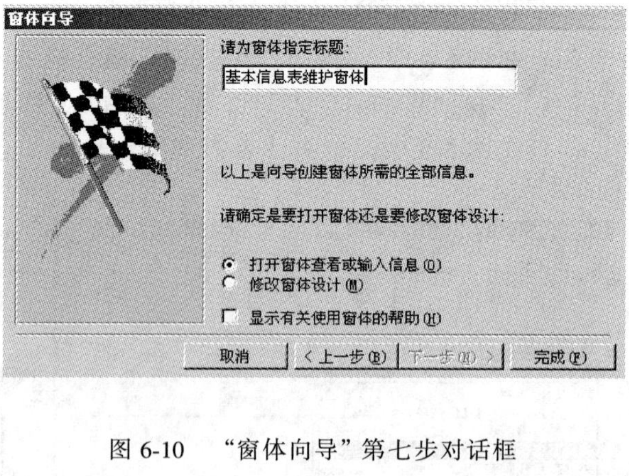

图 6-10 “窗体向导”第七步对话框

（9）在图 6-10 中的文本框中输入“基本信息表维护窗体”，然后单击“完成”按钮，结束“基本信息表维护窗体”的创建操作，此时，“基本信息表维护窗体”自动运行，效果如图 6-11 所示。

（10）在图 6-11 中，单击“关闭”按钮，返回“学生管理”数据库的窗体对象窗口，“基本信息表维护窗体”已成功创建，如图 6-12 所示。

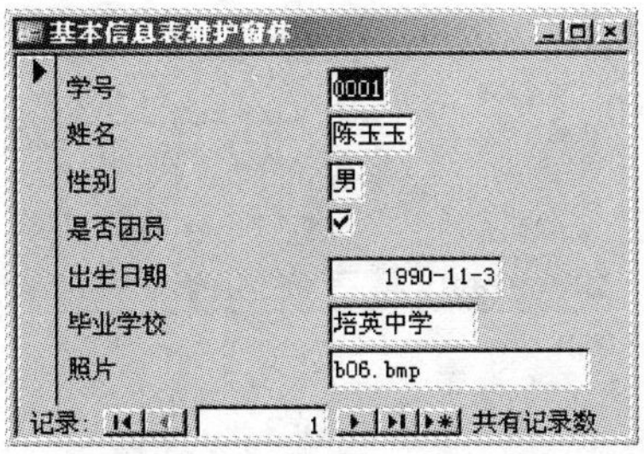

图 6-11　“基本信息表维护窗体”的运行效果

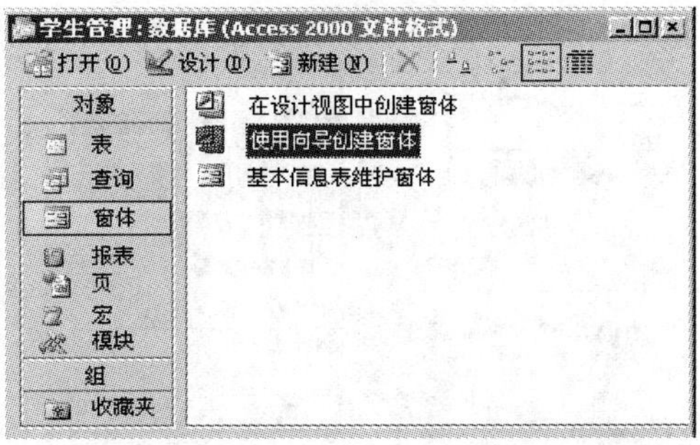

图 6-12　“基本信息表维护窗体”已成功创建

任务 2　用自动创建功能创建“科目代码维护窗体”

1. 任务要求

掌握使用“自动创建”的功能快速创建窗体的操作方法。

2. 操作步骤

(1) 打开“学生管理”数据库的窗体对象窗口，如图 6-12 所示。

(2) 在图 6-12 中，单击“新建”按钮，打开“新建窗体”对话框，如图 6-13 所示。

(3) 在图 6-13 中，单击组合框右侧的箭头按钮，打开组合框的下拉列表，移动鼠标指标，指向“科目代码表”选项，如图 6-14 所示。

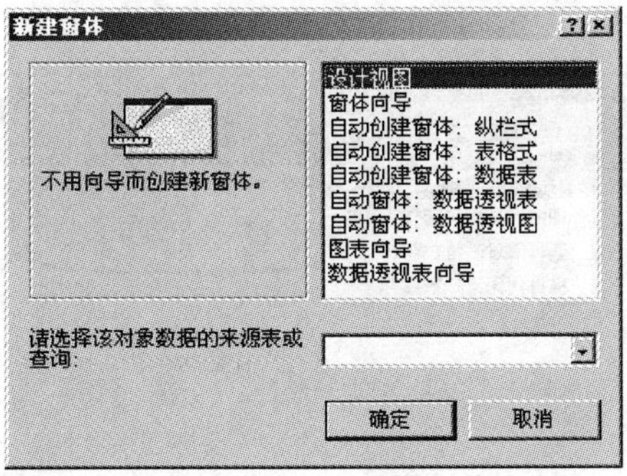

图 6-13　“新建窗体”对话框

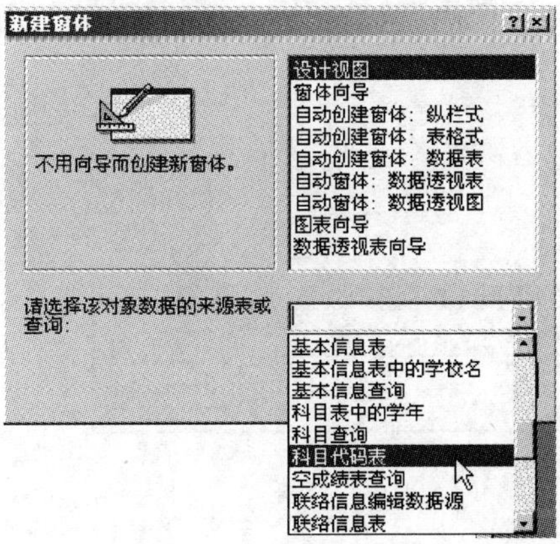

图 6-14　鼠标指标指向“科目代码表”选项

(4) 在图 6-14 中，单击“科目代码表”选项，选择“科目代码表”作为数据的来源表，如图 6-15 所示。

(5) 在图 6-15 中，在列表框中单击“自动创建窗体：纵栏式”选项，然后，单击“确定”按钮，即可运行“科目代码表”窗体，如图 6-16 所示。

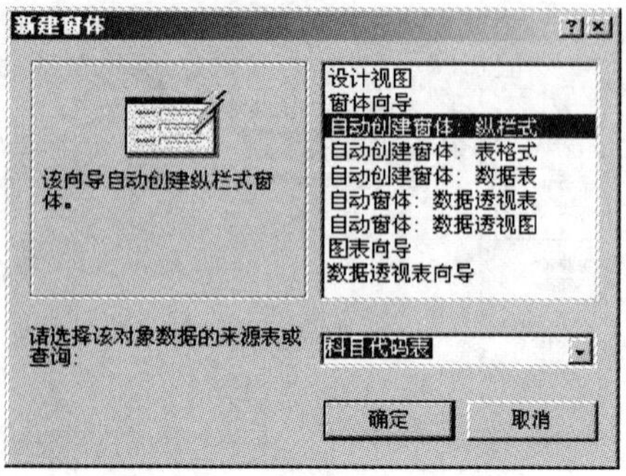

图 6-15　选择“科目代码表”作为数据的来源表

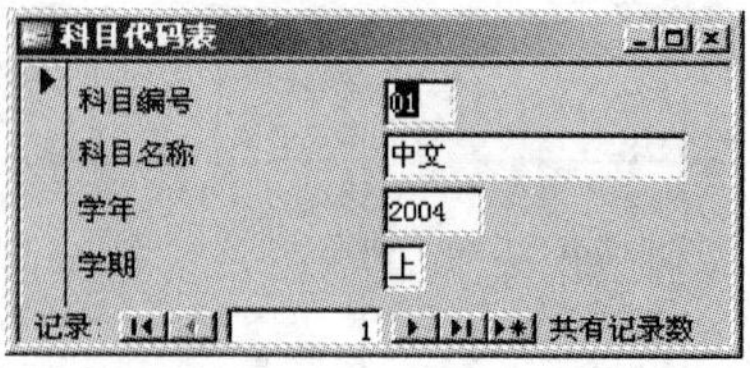

图 6-16　打开“窗体 1：窗体”设计视图

（6）在图 6-16 中，单击右上角的“关闭”按钮，则会出现“班级学生管理系统”消息框，如图 6-17 所示。

（7）在图 6-17 中，单击“是”按钮，即可打开“另存为”对话框，如图 6-18 所示。

（8）在图 6-18 的输入框中，输入“科目代码维护窗体”，如图 6-19 所示。

图 6-17　“班级学生管理系统”消息框

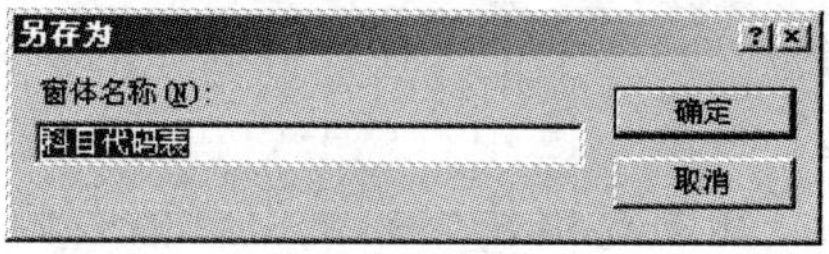

图 6-18　“另存为”输入框

（9）在图 6-19 中，单击“确定”按钮，返回“学生管理”数据库的窗体对象窗口，发现“科目代码维护窗体”已成功创建，如图 6-20 所示。

图 6-19　输入“科目代码维护窗体”

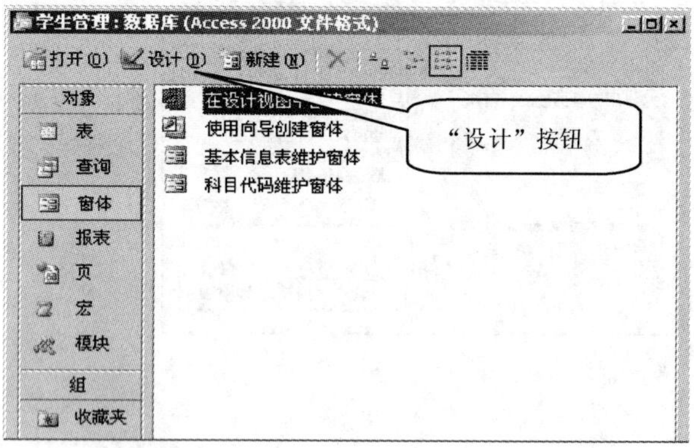

图 6-20　“科目代码维护窗体”已成功创建

6.1.2　设置窗体属性

窗体属性的设置，会影响窗体的数据信息的来源，也会改变窗体运行时的界面效果。下面通过 1 个任务的操作，学习窗体属性设置的操作技巧。

任务3 设置“基本信息表维护窗体”的窗体属性

1. 任务要求

掌握设置窗体属性的操作方法。

2. 操作步骤

（1）参照图 6-20 所示的数据库窗口，首先选取“基本信息表维护窗体”，然后单击“设计”按钮，打开“基本信息表维护窗体”的设计视图，如图 6-21 所示。

（2）在图 6-21 中，鼠标移到标题栏任意一位置上，然后，单击鼠标右键，弹出快捷菜单，如图 6-22 所示。

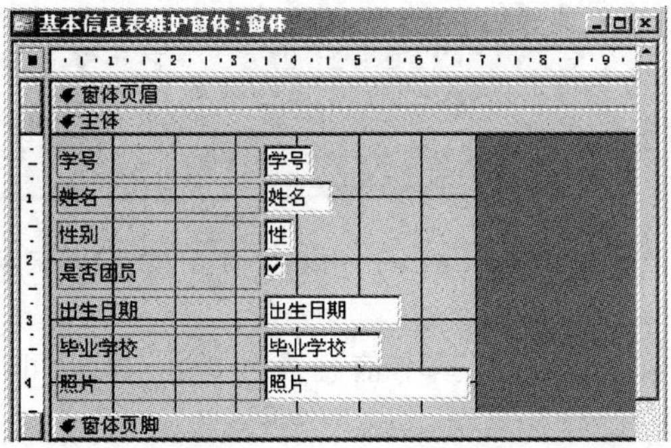

图 6-21 “基本信息表维护窗体”的设计视图

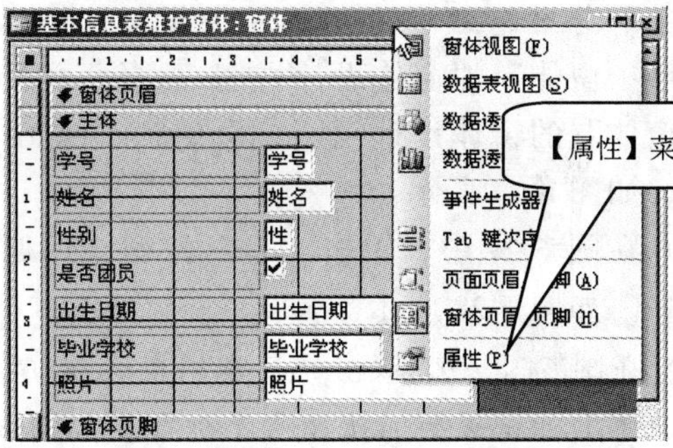

图 6-22 弹出快捷菜单

（3）在图 6-22 中的快捷菜单中，单击【属性】菜单项，打开“窗体”属性窗口，如图 6-23 所示。

（4）在图 6-23 中，单击“格式”标签，打开“格式”标签页，如图 6-24 所示。

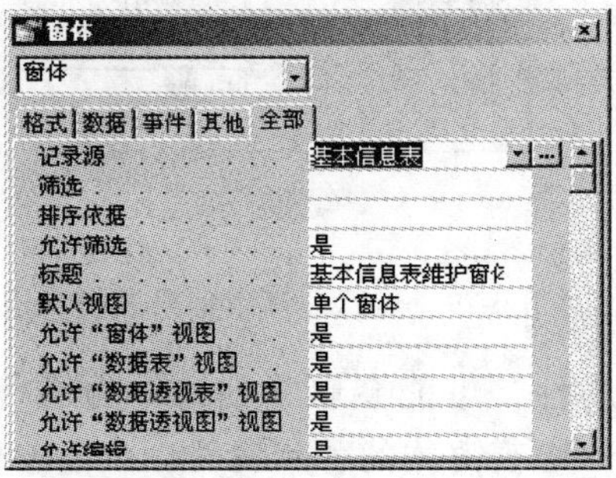

图 6-23 打开“窗体”属性窗口

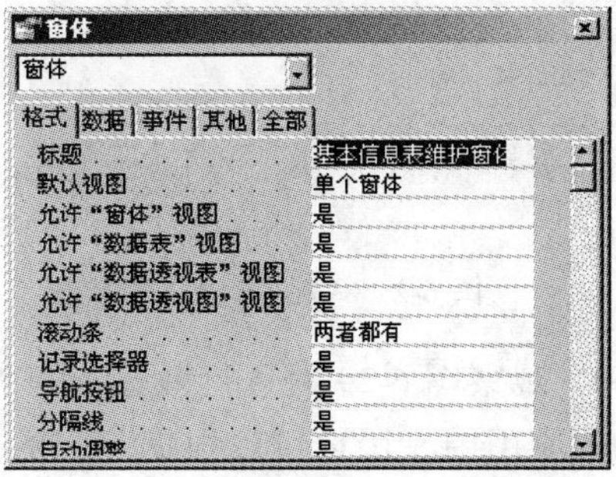

图 6-24 打开“格式”标签页

（5）在图 6-24 中，单击“导航按钮”属性右侧的文本框，准备更改“导航按钮”属性的值，如图 6-25 所示。

（6）在图 6-25 中，“导航按钮”属性的值选定为“否”，如图 6-26 所示。

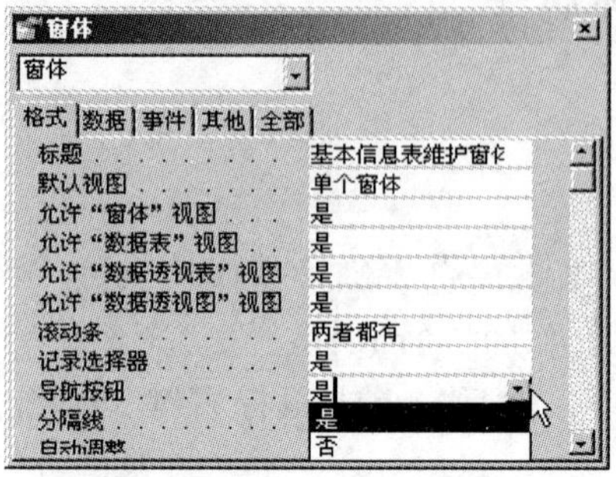

图 6-25　准备更改“导航按钮”属性的值

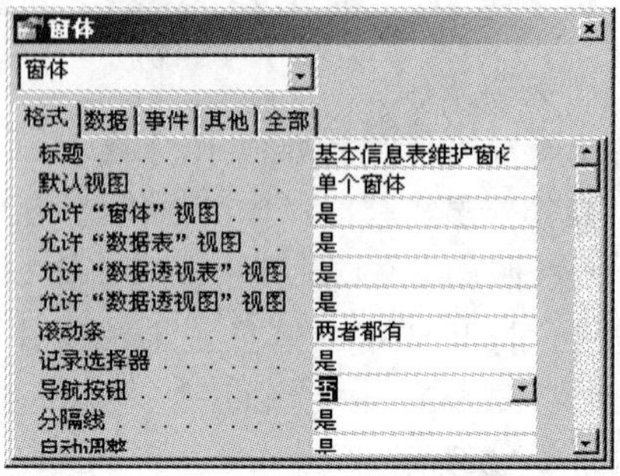

图 6-26　“导航按钮”属性的值选定为“否”

（7）单击图 6-26 右上角的“关闭”按钮，返回“基本信息表维护窗体”的窗体设计视图，然后再关闭“基本信息表维护窗体”的窗体设计视图，会见到“Office 助手”的保存提示，如图 6-27 所示。

图 6-27　“Office 助手”的保存提示

（8）在图 6-27 中，单击“是”按钮，返回数据库窗体对象窗口，如图 6-28 所示。

（9）在图 6-28 中，双击“基本信息表维护窗体”，运行“基本信息表维护窗体”，可以观察到窗体上的记录导航按钮已不存在，如图 6-29 所示。

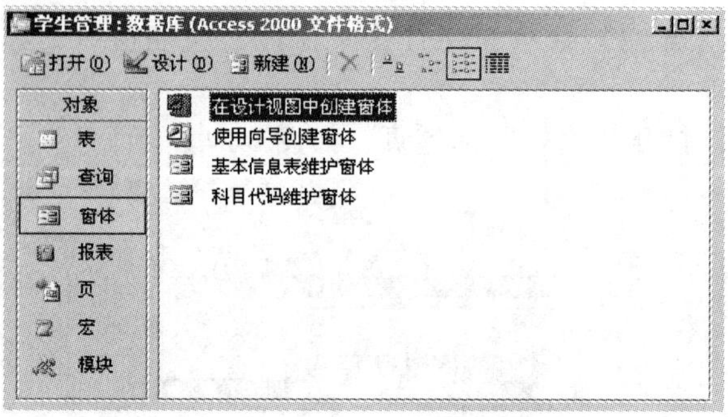

图 6-28　数据库窗体对象窗口

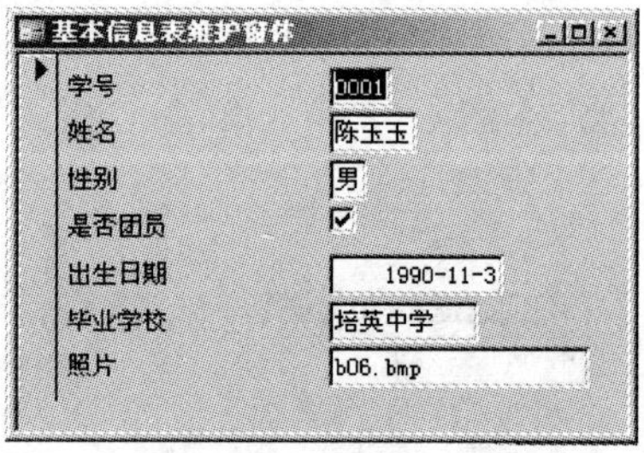

图 6-29　运行“基本信息表维护窗体”

（10）观察图 6-29 的运行效果，可知修改窗体的属性，可能会影响到窗体的运行效果。在实际的应用中，用户可以根据不同的系统环境要求，修改窗体的各种属性，以使窗体更适应用户操作的需要。

（11）重新打开“基本信息表维护窗体”属性窗口，选择“格式”标签页，把“记录选择器”的值更改为“否”，如图 6-30 所示。

（12）关闭“基本信息表维护窗体”的属性窗口及设计视图，运行“基本信息表维护窗体”，运行效果如图 6-31 所示，“记录选择器”已不显示了，比较图 6-31 与图 6-29 的区别。

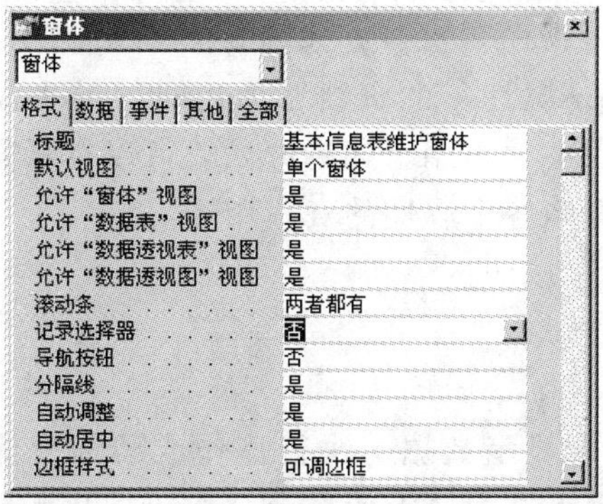

图 6-30 “记录选择器”的值更改为“否”

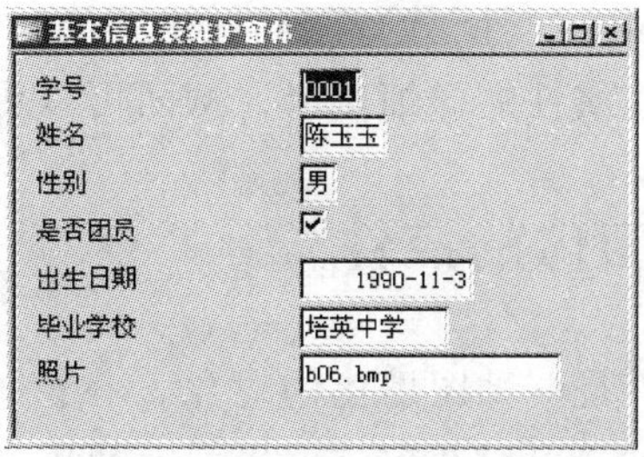

图 6-31 没有“记录选择器”的运行效果

3. 知识要点

(1) 使用本任务的操作步骤第 (1)、(2)、(3) 步，重新打开“窗体”属性对话框，单击“全部”标签，打开“全部”标签页，如图 6-23 所示，上下拖动图 6-23 中的垂直滚动条中的滑动块，可查看到窗体的其他属性，如图 6-32 所示。

(2) 在图 6-32 中，单击“工具栏”属性右侧的文本框，如图 6-33 所示。

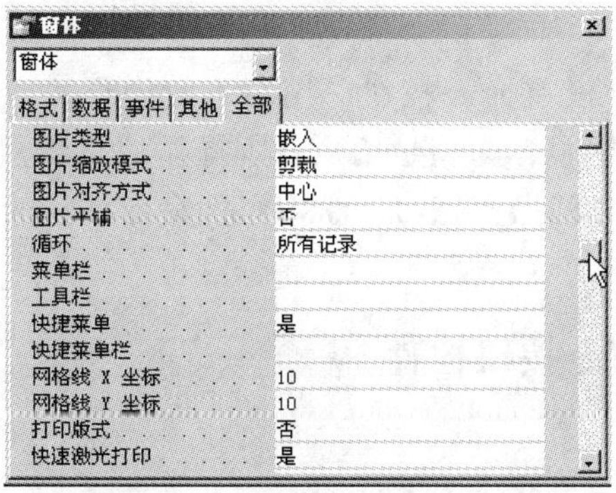

图 6-32 查看到窗体的其他属性

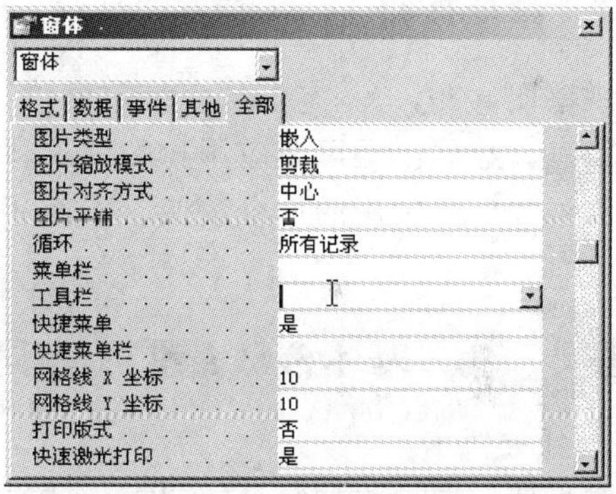

图 6-33 单击属性“工具栏”右侧的文本框

(3) 保持图 6-33 状态，观察 Access 工作窗口的左下角，可见有“打开窗体时显示的工具栏”提示信息，这是关于“工具栏”属性的功能说明，如图 6-34 所示。

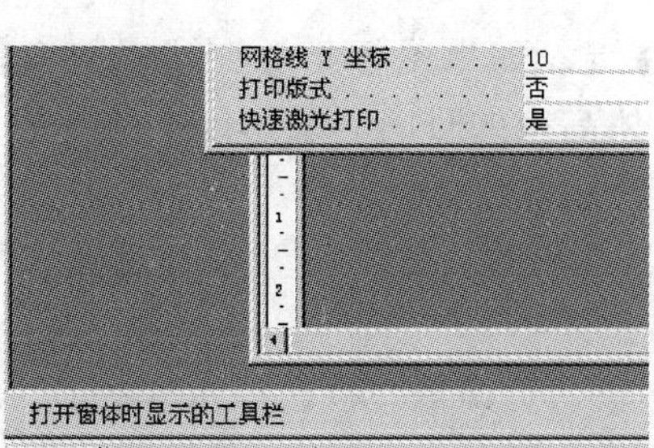

图 6-34 属性的功能说明提示信息

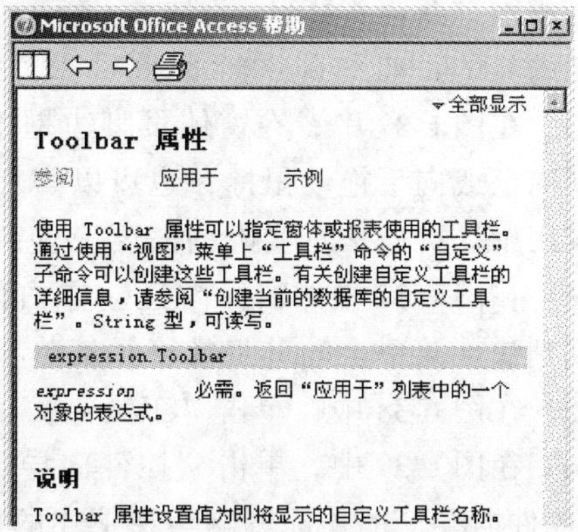

图 6-35 打开“Microsoft Office Access 帮助”窗口

（4）如果要进一步了解“工具栏”属性的详细功能和说明，可在保持图 6-33 的状态下，按下键盘上的 <F1> 键，打开“Microsoft Office Access 帮助”窗口，如图 6-35 所示。

（5）在图 6-35 中，可以查看到更多关于“Toolbar 属性”的资料，为用户进一步详细了解“Toolbar 属性”的资料提供了可能。在实际的应用中，采用上述的办法，可以查看窗体的其他任意属性的详细资料，从而可以更深入地了解窗体各个属性的真正用途。

6.2 窗体的控件

控件是一种图形化的对象，在窗体或报表上用于显示数据、执行操作或装饰窗体、报表。例如，可以在窗体或报表上使用文本框显示数据，在窗体上使用命令按钮打开另一个窗体或报表，或使用线条、矩形框来分隔与组织控件，美化界面。

Access 一般包含以下控件类型：文本框、标签、选项组、复选框、切换按钮、组合框、列表框、命令按钮、图像控件、绑定对象框、非绑定对象框、子窗体/子报表、选项卡控件、分页符、线条、矩形框以及 ActiveX 控件，它们可以通过窗体设计视图或报表设计视图中的工具箱进行访问。

6.2.1 命令按钮

观察图 6-29，“基本信息表维护窗体”的界面中没有命令控钮，用户不能操作按钮查看记录信息，显然不足以适应用户的需求。在实际应用中，为满足用户直观操作的需要，必须向窗体添加一些常用的命令按钮。下面通过 1 个任务的操作练习，学习添加命令按钮的操作技巧。

任务 4 为“基本信息表维护窗体”添加命令按钮控件

1. 任务要求

掌握使用向导添加命令按钮控件的操作方法。

2. 操作步骤

（1）打开“基本信息表维护窗体”的设计视图，如图 6-36 所示。

（2）在图 6-36 中，鼠标指针移到主体的右边框线上，然后，按着鼠标左键，如果鼠标指针变成水平双箭头指针，则向右拖动一定的距离，然后松开鼠标左键，达到了增加窗体主体宽度的目的，如图 6-37 所示。

（3）在图 6-37 中，在窗体页脚边框上按下鼠标左键，如果鼠标指针变成垂直双箭头指针，则向上或向下拖动鼠标，也可以实现更改窗体主体高度的目的。采用以上的方法，在实际的应用中，可以根据实际的需要设置窗体主体的宽度和高度。

（4）在图 6-37 中的窗体内任一空白位置上，按下鼠标的右键，打开快捷菜单，把鼠标指针移到快捷菜单上的【工具箱】菜单项，如图 6-38 所示。

（5）在图 6-38 中，单击【工具箱】菜单项，会出现“工具箱”栏，如图 6-39 所示。

（6）在图 6-39 中，单击“控件向导”图标，如图 6-40 所示，打开“控件向导”功能开关，“控件向导”的功能影响会在下述的操作中反映出来，在这里暂时没有其他的结果，只是图标边框有所不同，这可以从图 6-39 和图 6-40 的比较可以看出。

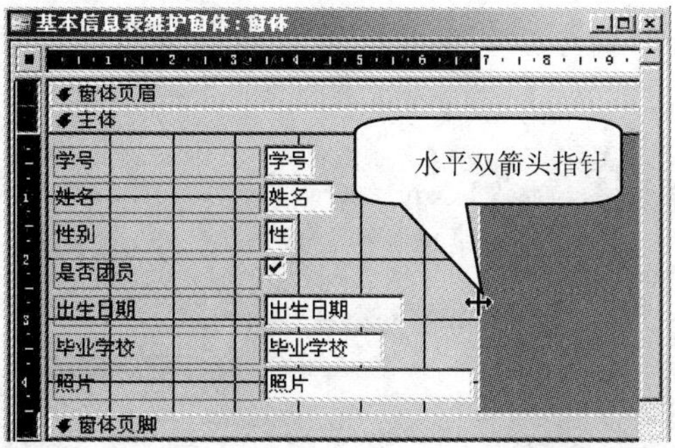

图 6-36 “基本信息表维护窗体”的设计视图

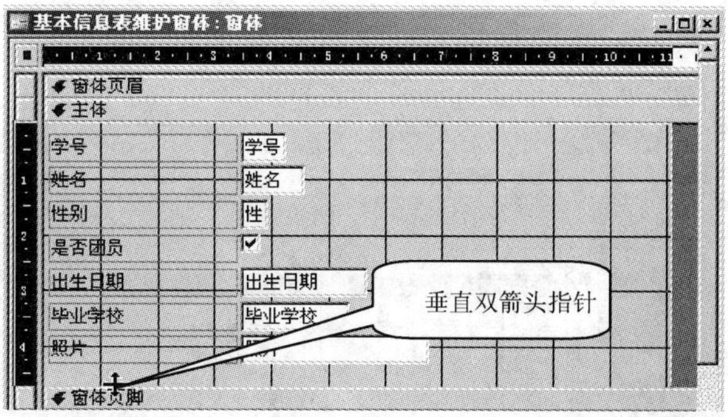

图 6-37 增加了“基本信息表维护窗体”的宽度

（7）在图 6-40 中，单击“命令按钮”，如图 6-41 所示，然后，把鼠标指针移到窗体上，会发现鼠标指针如图 6-42 所示的形状，表示窗体处于将添加按钮的状态，如图 6-42 所示。

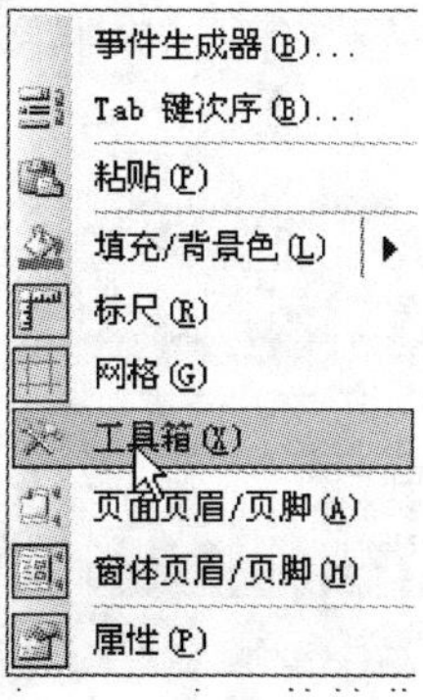

图 6-38 打开快捷菜单

图 6-39 “工具箱”栏

图 6-40 单击“控件向导”按钮

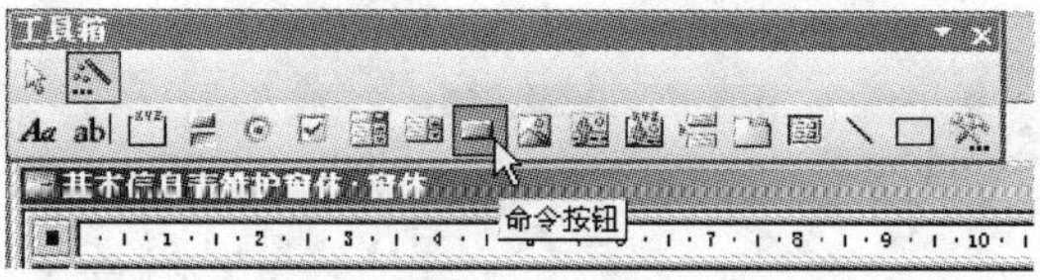

图 6-41 单击“命令按钮”

（8）在图 6-42 中，按住鼠标左键，向右下方拖动鼠标指针，如图 6-43 所示，拖动过程中，观察出现的矩形框的大小变化，如果矩形框大小合适时，可以松开鼠标左键，弹出“命令按钮向导”第一步对话框，如图 6-43 所示。

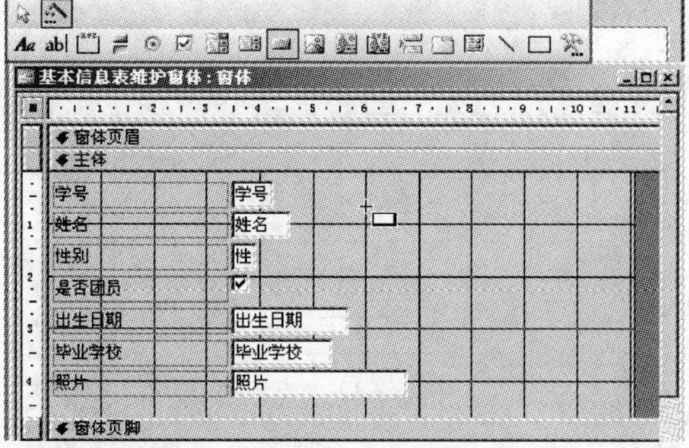

图 6-42 窗体处于将添加按钮的状态

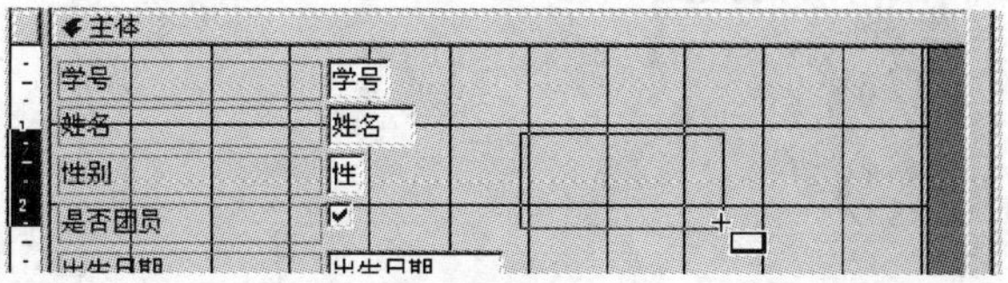

图 6-43 按下鼠标左键，向右下方拖动鼠标指针

（9）观察图 6-44，单击“操作”列表框中的“转至下一项记录”选项，如图 6-45 所示，

（10）在图 6-45 中，单击“下一步”按钮，打开“命令按钮向导”第二步对话框，如图 6-46 所示。

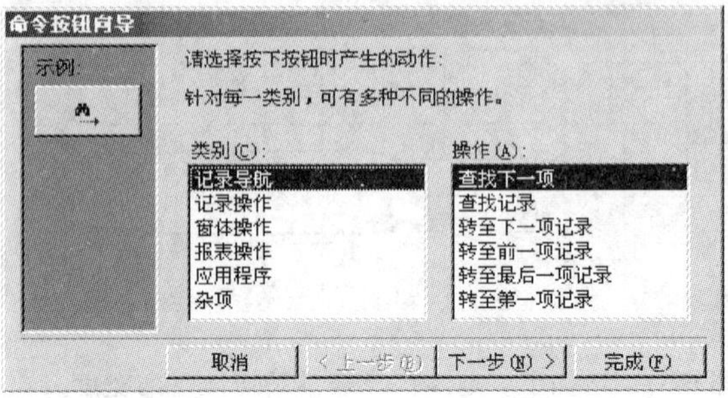

图 6-44　“命令按钮向导”第一步对话框

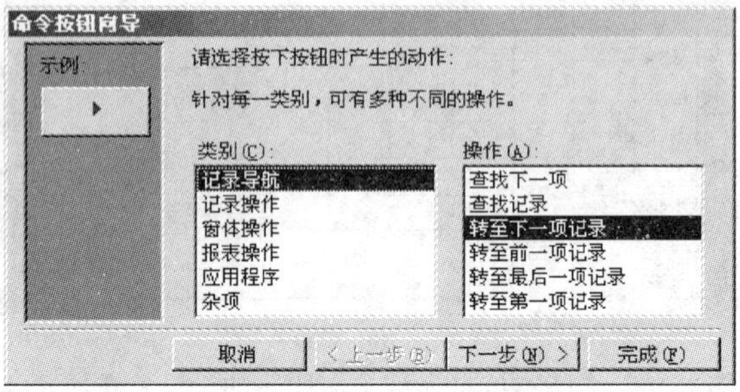

图 6-45　“命令按钮向导”第一步对话框

（11）在图 6-46 中，单击“文本”单选按钮，并将“文本”单选按钮右侧的文本修改为“下一条”，如图 6-47 所示。

（12）在图 6－47 中，单击“下一步”按钮，打开“命令按钮向导”第三步对话框，如图 6-48 所示。

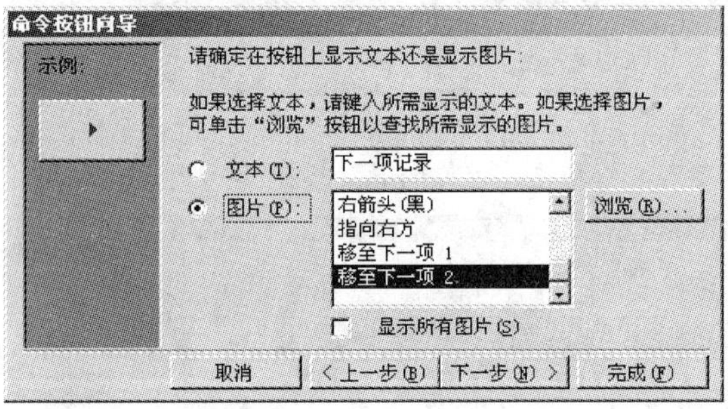

图 6-46　“命令按钮向导”第二步对话框

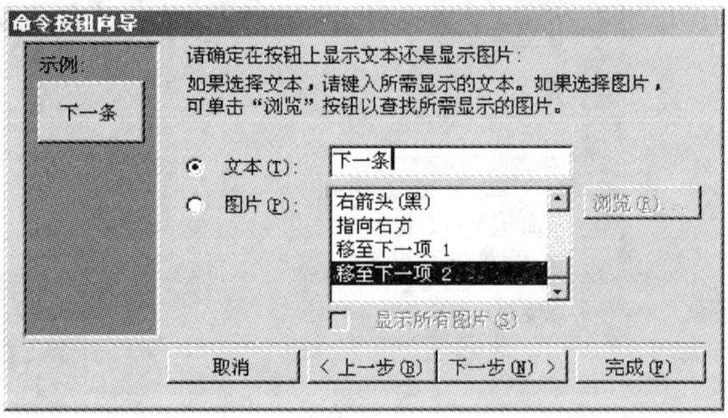

图 6-47　“命令按钮向导”第二步对话框

（13）在图 6-48 中，单击“完成”按钮，返回“基本信息表维护窗体”的设计视图，发现“下一条”按钮已存在于窗体中，如图 6-49 所示。

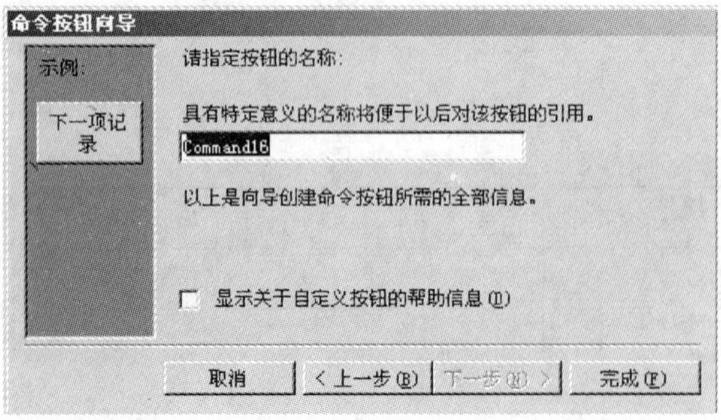

图 6-48　“命令按钮向导”第三步对话框

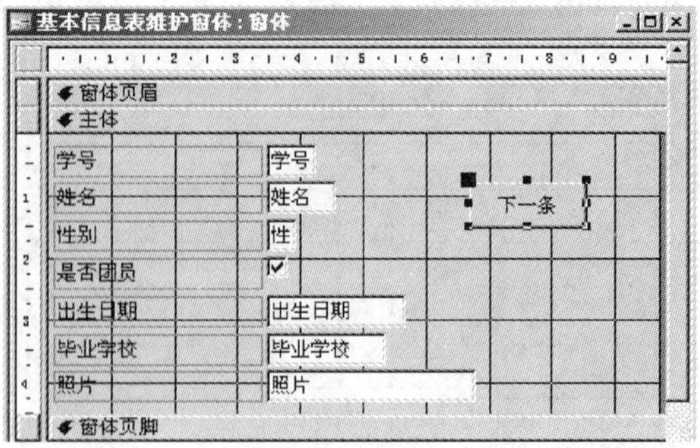

图 6-49　“下一条”按钮已存在于窗体中

（14）参考以上的操作方法，在图 6-49 中添加“第一条”、“前一条”、“最末条”、“撤消”、“关闭”等一系列按钮，然后关闭并保存窗体设计视图，运行后的效果如图 6-50 所示。

3. 知识要点

在命令按钮向导中，所遇到的命令按钮可分为六类：记录导航、记录操作、窗体操作、报表操作、应用程序、杂项，如图 6-51 的“类别”列表框所示。

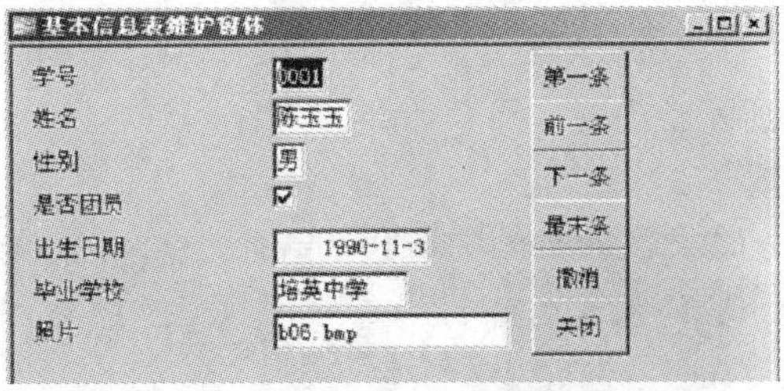

图 6-50　添加一系列按钮后的窗体运行效果图

（1）记录导航类别包括的操作项：查找下一项、查找记录、转至下一项记录、转至前一项记录、转至最后一项记录、转至第一项记录，如图 6-51 所示。

（2）记录操作类别包括的操作项：保存记录、删除记录、复制记录、打印记录、撤消记录、添加新记录，如图 6-52 所示。

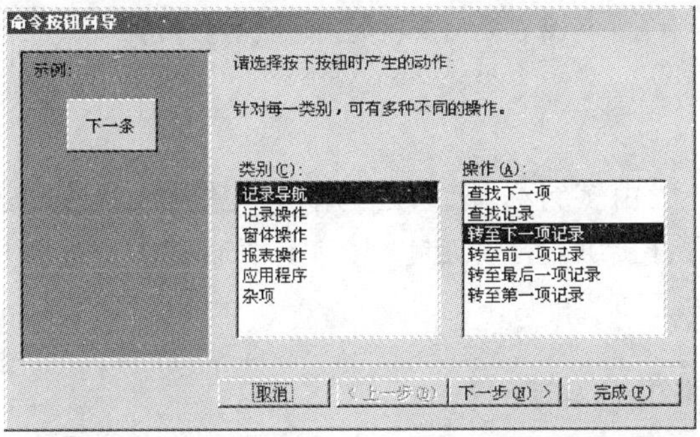

图 6-51　记录导航类别包括的操作项

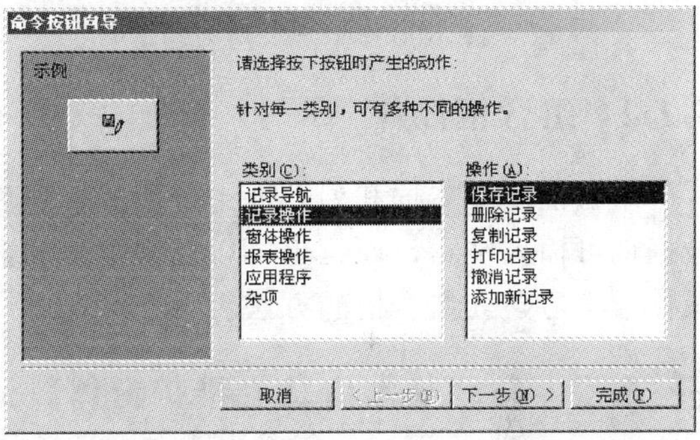

图 6-52　记录操作类别包括的操作项

（3）窗体操作类别包括的操作项：关闭窗体、刷新窗体数据、应用窗体筛选、打印当前窗体、打印窗体、打开窗体、打开页、编辑窗体筛选，如图 6-53 所示。

（4）报表操作类别包括的操作项：将报表发送至文件、打印报表、邮递报表、预览报表，如图 6-54 所示。

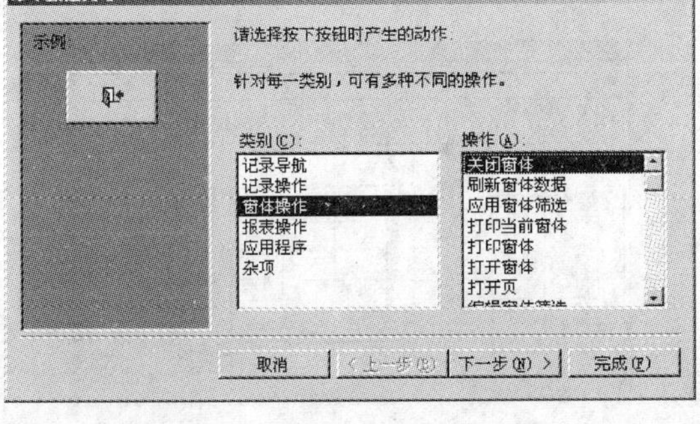

图 6-53　窗体操作类别包括的操作项

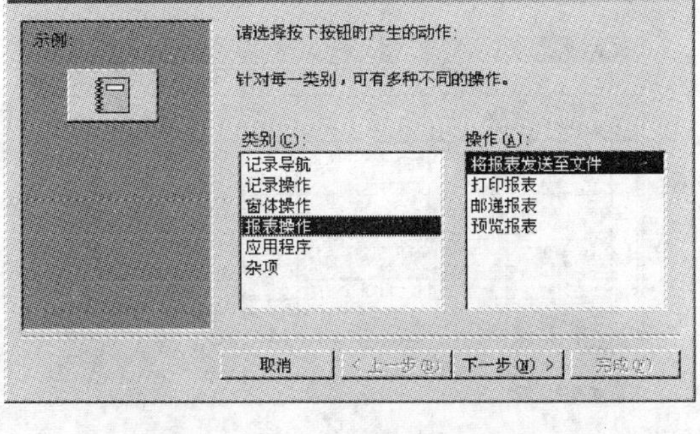

图 6-54　报表操作类别包括的操作项

（5）应用程序类别包括的操作项：运行 MS Excel、运行 MS Word、运行应用程序、退出应用程序，如图 6-55 所示。

（6）杂项类别包括的操作项：打印表、自动拨号程序、运行宏、运行查询，如图 6-56 所示。

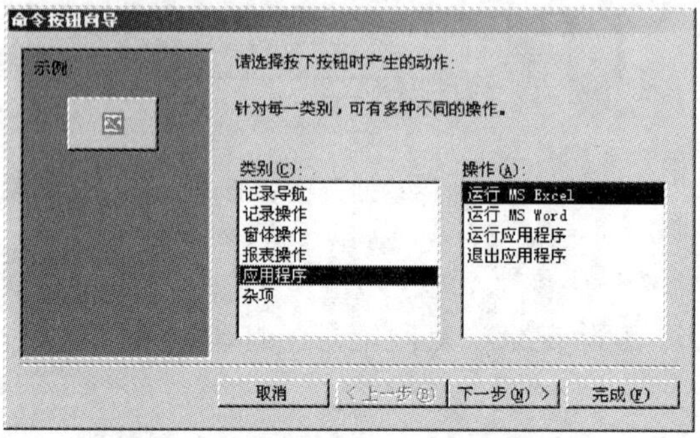

图 6-55　应用程序类别包括的操作项

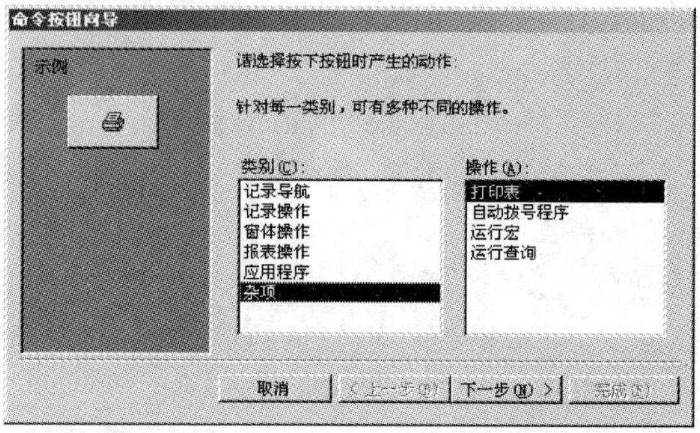

图 6-56　杂项类别包括的操作项

6.2.2　组合框控件

组合框由文本框和列表框组合而成，列表一般由多行数据组成，用户可从列表框中选择数据也可输入文本，而且也可以使文本框的数据直接绑定于某字段上。下面通过 1 个任务的操作，学习建立组合框的方法。

任务 5　向“基本信息表维护窗体”添加组合框控件

1. 任务要求

掌握添加组合框控件的操作方法。

2. 操作步骤

（1）打开“基本信息表维护窗体”的视计视图，并单击窗体内的“性别”文本框，如图 6-57 所示。

（2）在图 6-57 中，“性别”文本框已被选中，此时，按下键盘上的 < Delete > 键，则可以删除该文本框及其标题，如图 6-58 所示。

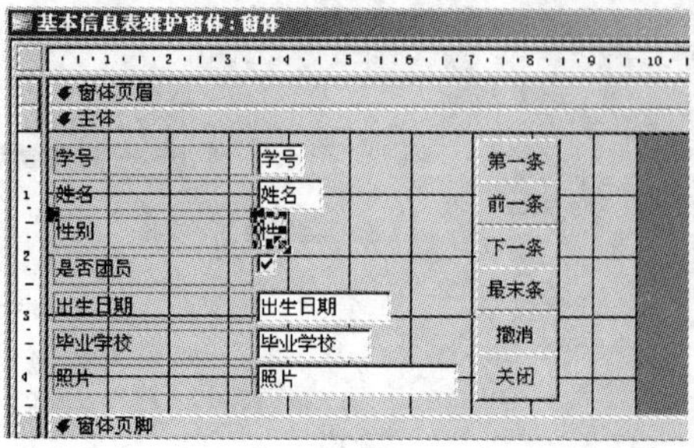

图 6-57　“基本信息表维护窗体”的视计视图

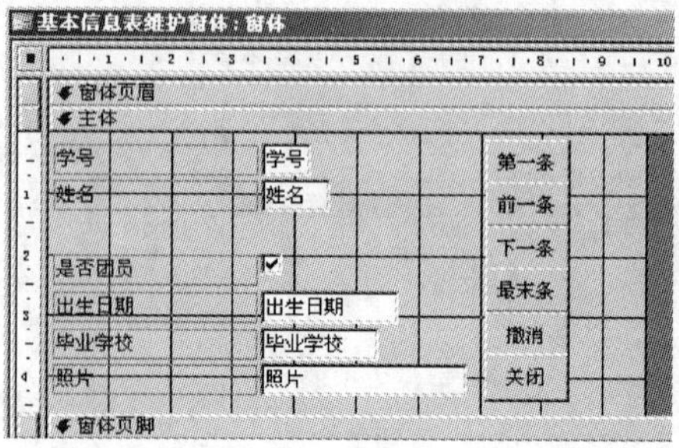

图 6-58　删除“性别”文本框及其标题

(3) 参考命令按钮创建的操作方法，单击工具箱中“组合框”工具，如图6-59所示。

(4) 在图6-59中的窗体主体内的空白处按下鼠标左键，拖动鼠标指针，效果如图6-60所示，然后松开鼠标左键，打开“组合框向导”第一步对话框，如图6-61所示。

图6-59 单击工具箱中“组合框”工具

(5) 在图6-61中，单击“自行键入所需的值”单选按钮，然后单击“下一步”按钮，打开“组合框向导”第二步对话框，如图6-62所示。

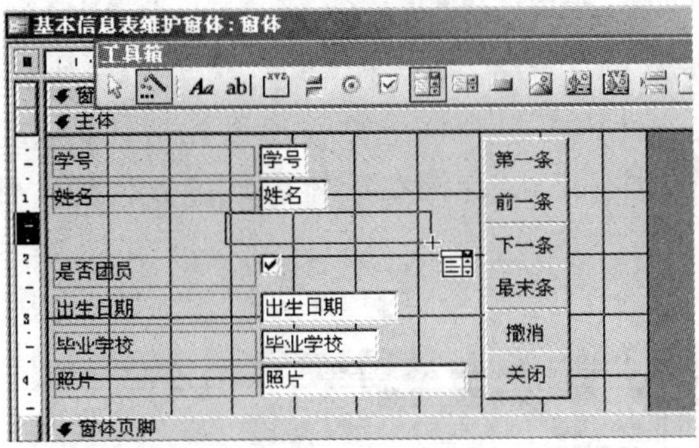

图6-60 选定组合框，拖动鼠标指针的效果

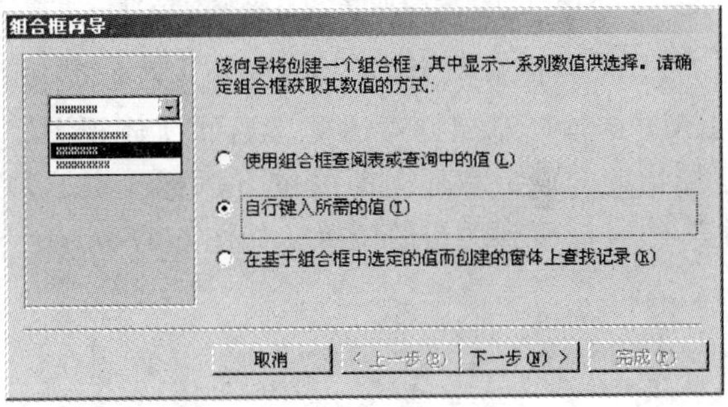

图6-61 “组合框向导”第一步对话框

(6) 在图6-62中，单击“下一步”按钮，打开“组合框向导”第三步对话框，如图6-63所示。

(7) 在图6-63中，单击“将该数值保存在这个字段中”单选按钮，并在右侧的组合框中选定“性别”字段，如图6-63所示，然后，单击“下一步”按钮，打开“组合框向导”第四步对话框，如图6-64所示。

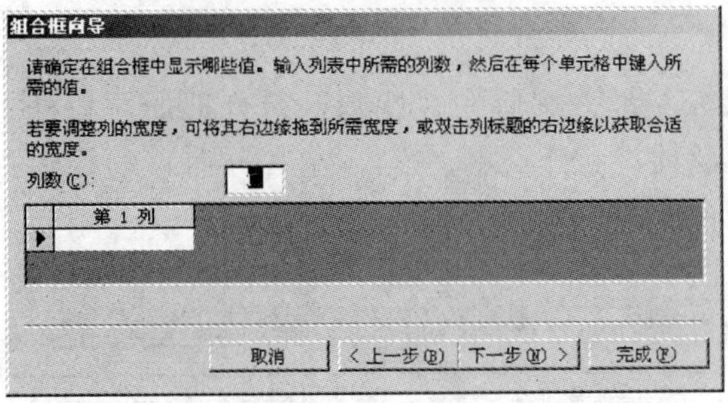

图6-62 “组合框向导”第二步对话框

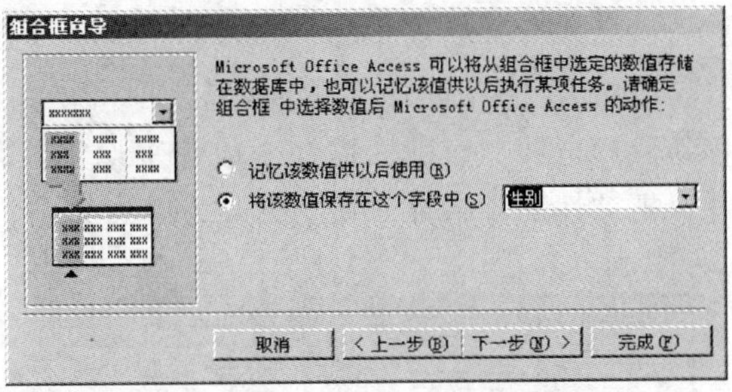

图6-63 “组合框向导”第三步对话框

(8) 把图6-64的文本框的内容更改为“性别”，然后单击“完成”，返回“基本信息表维护窗体”的视计视图，发现“性别”组合框已添加到窗体的主体中，如图6-65所示。

(9) 保持图6-65的“性别”组合框处于被选中状态，按下键盘上的 <Alt + Enter> 键，弹出“性别”组合框的属性窗口，如图6-66所示。

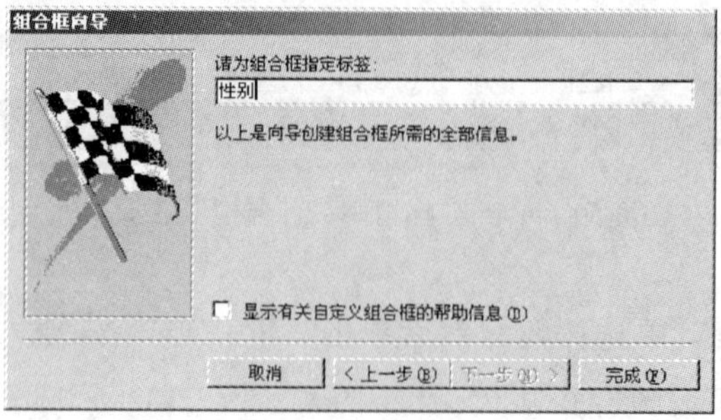

图 6-64 “组合框向导”第四步对话框

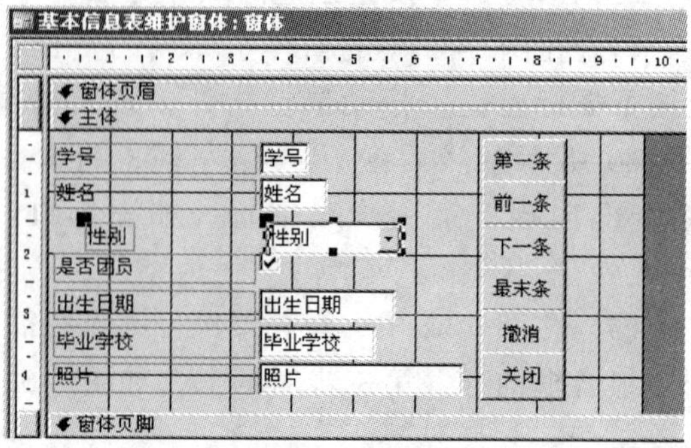

图 6-65 返回“基本信息表维护窗体”的视计视图

（10）在图 6-66 中的“行来源”文本框中用英文输入状态输入［“男”；“女”］，然后，关闭图 6-66 所示属性对话框，返回窗体视图，在“性别”组合框上方移动鼠标指针，直至鼠标指针变成手掌形，即可按下鼠标左键，移动“性别”组合框在窗体内的位置，把“性别”组合框移到适当的位置，如图 6-67 所示。

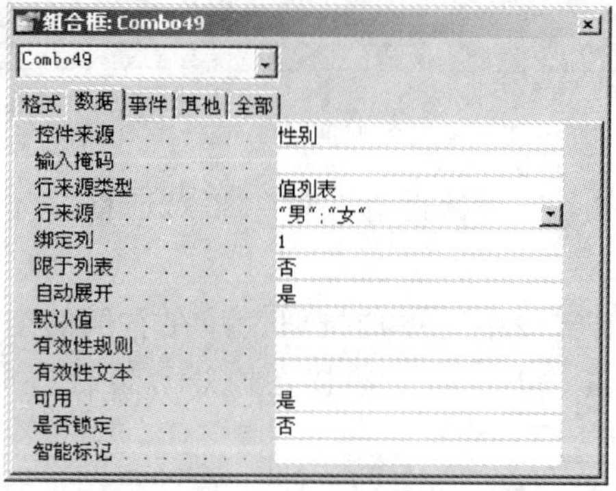

图 6-66 “性别”组合框的属性窗口

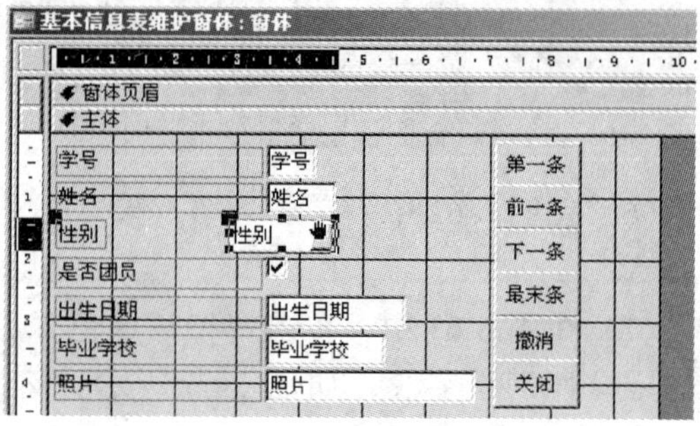

图 6-67 移动“性别”组合框的位置

（11）在上一步的操作完成后，即可松开鼠标左键，然后在“性别”组合框的左边框上移动鼠标指针，当鼠标提针变成水平双箭头形状时，按下鼠标左键，左右方向移动鼠标指针，把“性别”组合框宽度更改为适当大小，如图 6-68 所示。

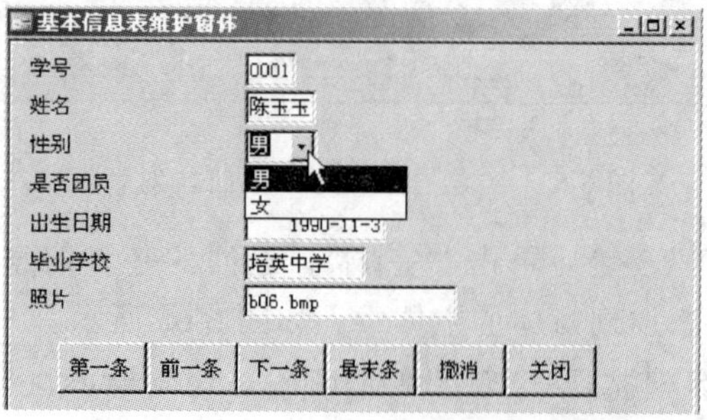

图 6-68 改变“性别”组合框的宽度

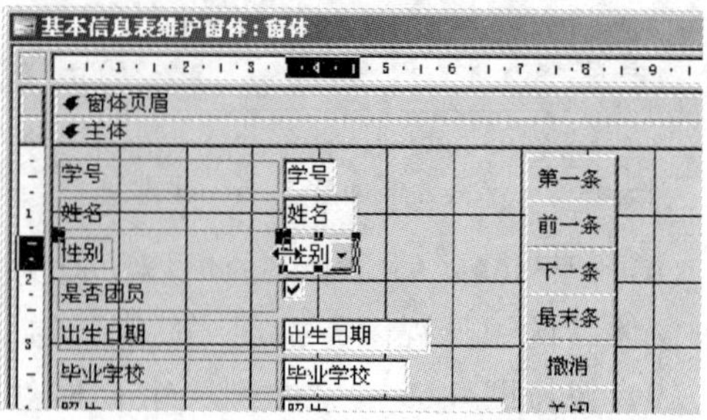

图 6-69 调试“基本信息表维护窗体”的运行效果

（12）在上一步的操作完成后，松开鼠标左键，重新调整窗体内的命令按钮的位置，关闭“基本信息表维护窗体”的设计视图，完成此任务的修改操作。运行“基本信息表维护窗体”，调试“性别”对话框是否允许用户选择“性别”字段的值，正确的运行效果如图6-69所示。

6.2.3　图像控件

图像控件主要用于在窗体中显示静态图片，图片来源于某个文件名，采用一定的代码可实现显示对应记录的图片数据，具有非常重要的使用价值。下面通过1个任务的操作，学习添加和设置图像控件的操作技巧。

任务6　在“基本信息表维护窗体”上添加图像控件

1. 任务要求

掌握图像控件属性设置的方法。

2. 操作步骤

（1）打开上一任务完成之后的“基本信息表维护窗体”的设计视图，如图6-70所示。

（2）打开“工具箱”栏，单击“图像”工具，如图6-71所示，然后在图6-70中的适当位置按下鼠标左键并拖动鼠标指针，然后松开鼠标左键，弹出“插入图片”对话框，如图6-72所示。

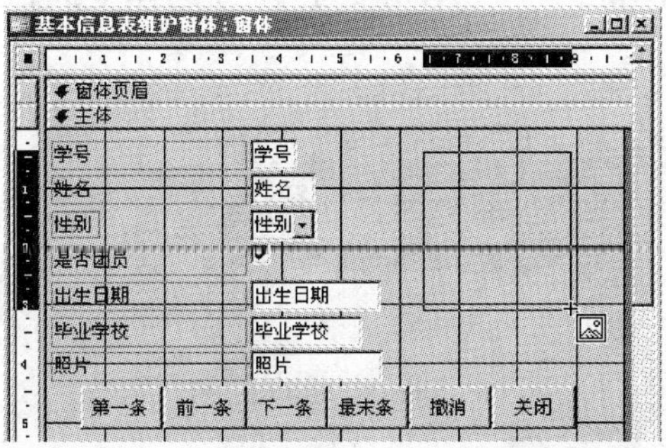

图6-70　“基本信息表维护窗体”的设计视图

图6-71　单击“工具箱”栏上的“图像”工具

（3）在图6-72中，双击b08文件名（也可双击任意一个图像文件名），返回“基本信息表维护窗体”的窗体设计视图，发现窗体已添加了图像控件，如图6-73所示。

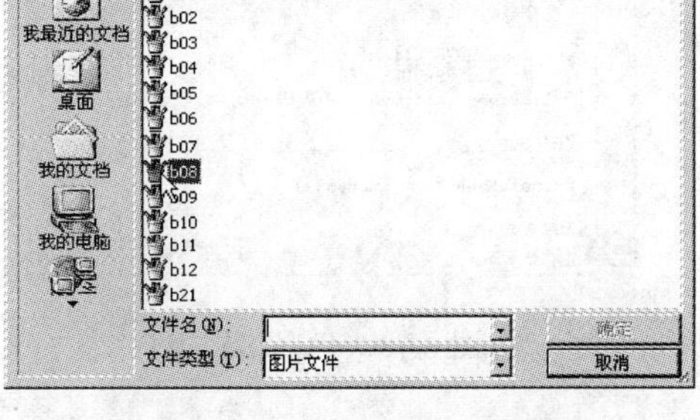

图6-72　“插入图片”对话框

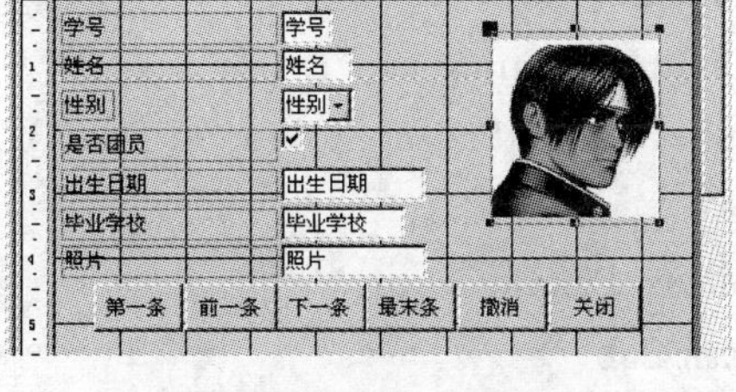

图6-73　已添加图像控件

(4) 在图 6-73 中，保持图像控件处于被选中状态，按下键盘上的 < Alt > + < Enter > 键，打开图像控件属性窗口，选择“全部”标签下的“名称”属性，把控件名称更改为 tx，如图 6-74 所示。

(5) 关闭“图像”属性窗口，返回图 6-73，右击图 6-73 的标题栏，从弹出的快捷菜单中选取【属性】菜单项，如图 6-75 所示。

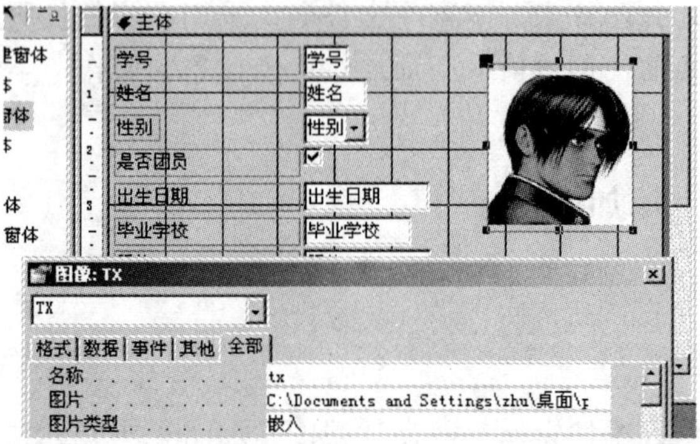

图 6-74 打开“图像”控件的属性窗口

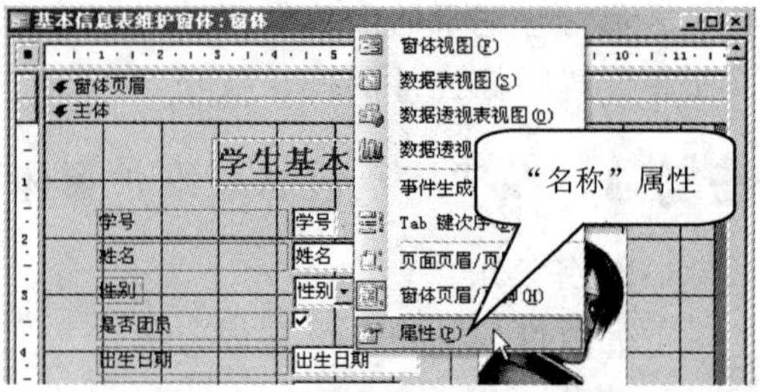

图 6-75 选取“属性”选项

(6) 在图 6-75 中，单击【属性】菜单项，打开“窗体”属性对话框，在该对话框内单击“事件”标签页，然后单击“成为当前”选项，再单击“…”按钮，打开“选择生成器”对话框，如图 6-76、图 6-77 所示。

图 6-76 单击“事件”标签页，单击“成为当前”选项

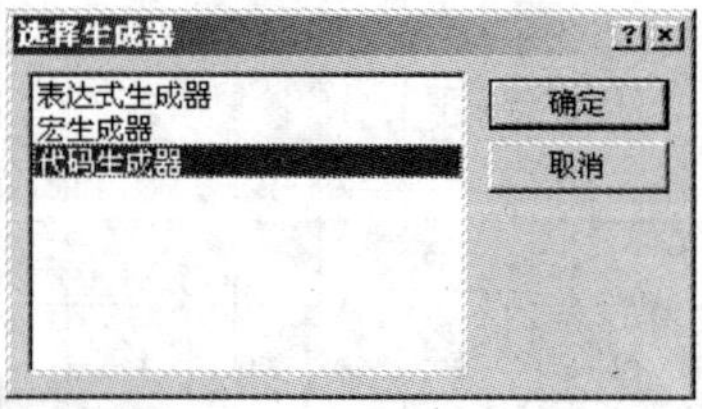

图 6-77 “选择生成器”对话框

(7) 在图 6-77 中，单击“确定”按钮，打开代码编辑窗口，如图 6-78 所示。

(8) 在图 6-78 中，不要修改原来的任何代码，只需要在 Private Sub Form_ Current () 与 End Sub 之间，添加以下 7 行代码：

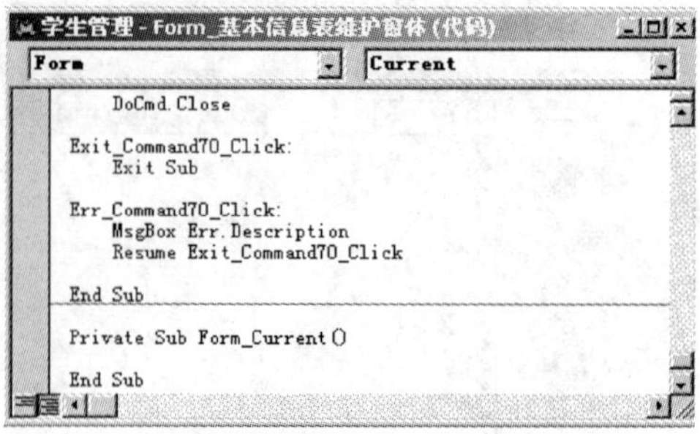

图 6-78 代码编辑窗口

```
On Error GoTo cl:
Dim tp As String
tp = CurrentProject.Path & " \ photo \ " & Me. 照片
Me.tx.Picture = tp
Exit Sub
cl:
```

Me.tx.Picture = ""

输入代码后的效果，如图 6-79 所示。

（9）关闭图 6-79 所示的代码编辑窗口，运行“基本信息表维护窗体”，调试“记录导航”的功能，观察图片内容的变化，运行效果如图 6-80 所示。

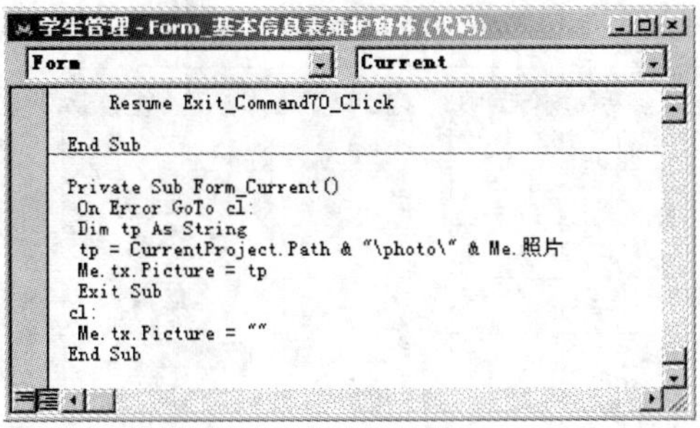

图 6-79　输入代码后的效果

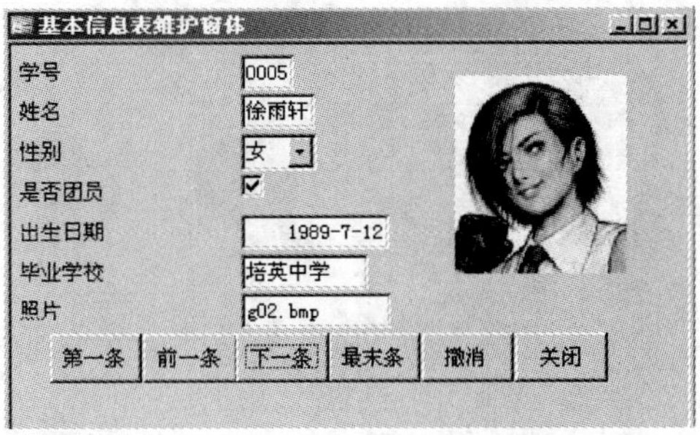

图 6-80　运行“基本信息表维护窗体”的效果

6.2.4　标签控件

标签控件一般用于在窗体上显示指定的文字，可通过标签控件属性的设置，使显示文字美观而且有实用意义。下面通过 1 个任务的操作，学习设置标签控件的操作技巧。

任务 7　在“基本信息表维护窗体”上添加“标签”控件

1. 任务要求

掌握“标签”控件的属性设置方法。

2. 操作步骤

（1）打开“基本信息表维护窗体”的窗体设计视图，把窗体的主体高度适当增大，然后在左上角按下鼠标左键，向右下角拖动鼠标指针，如图 6-81 所示。

（2）在图 6-81 中，待拖动过程中出现的矩形包围了所有控件时，松开鼠标左键，此时，会选中主体内的全部控件，如图 6-82 所示。

图 6-81　从左上角向右下角拖动鼠标指针

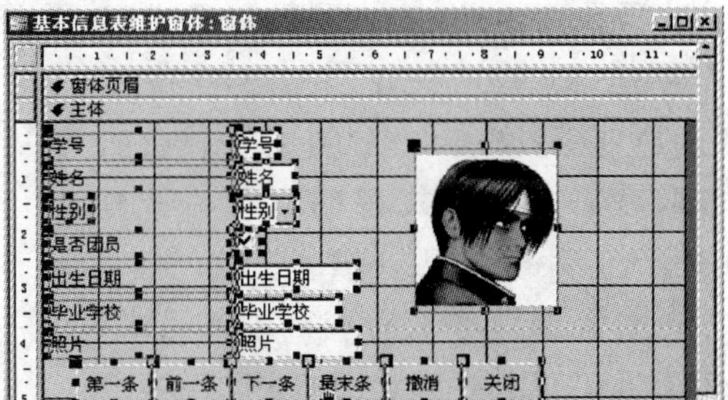

图 6-82　选中主体内的全部控件

（3）在图 6-82 中，在控件上方移动鼠标指针，待鼠标指针图形变成手掌形时，然后按下鼠标左键，移动鼠标指针，会移动控件的位置，把全部控件的位置往右下方向移动，目的是为了让主体上方空出足够位置放置一个标签，如图 6-83 所示。

（4）在图 6-83 中，待主体上方空出的位置足够放置一个标签时，松开鼠标左键，在窗体的主体内任一空白位置单击一下鼠标左键，取消选取控件，观察控件移动位置后的主体，效果如图 6-84 所示。

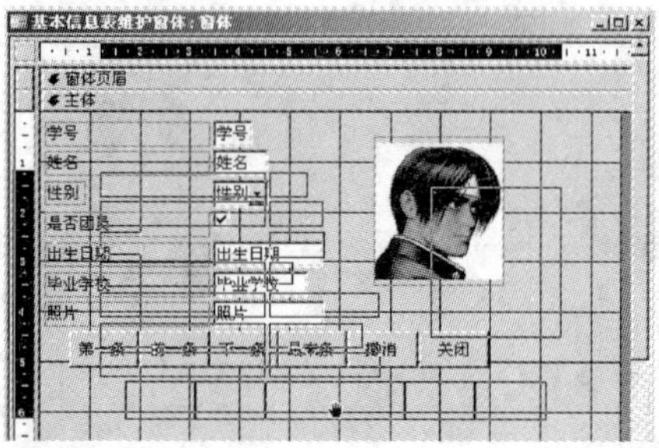

图 6-83　向右下方向移动控件的位置

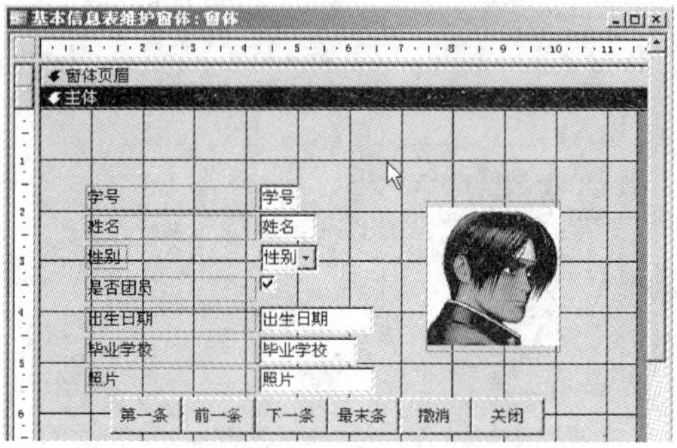

图 6-84　控件移动位置后的主体

（5）保持上图，打开“工具箱”栏，单击“工具箱”上的“标签”工具，如图 6-85 所示，然后在图 6-84 所示的主体中上位置按下鼠标左键，再往右下角拖动鼠标指针，拖动鼠标指针过程中的效果，如图 6-86 所示。

图 6-85　单击“工具箱”栏的标签工具

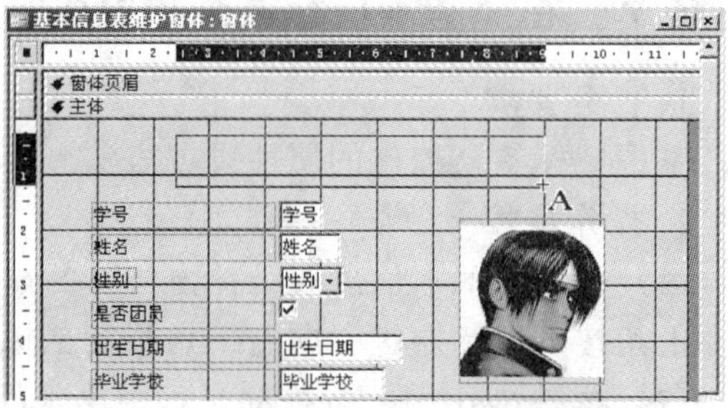

图 6-86　拖动鼠标指针过程中的效果

注意：在窗体中显示文本信息，一般使用标签控件。

（6）在图 6-86 中，松开鼠标左键，为标签输入标识内容“学生基本信息维护窗体”，如图 6-87 所示。

（7）保持图 6-87 中的标签控件处于被选取状态，对格式栏的以下格式作相应的修改，字号更改为 16，“字体/字体颜色”为蓝色，单击格式栏中的“加粗”格式按钮，如图 6-88、图 6-89 所示。

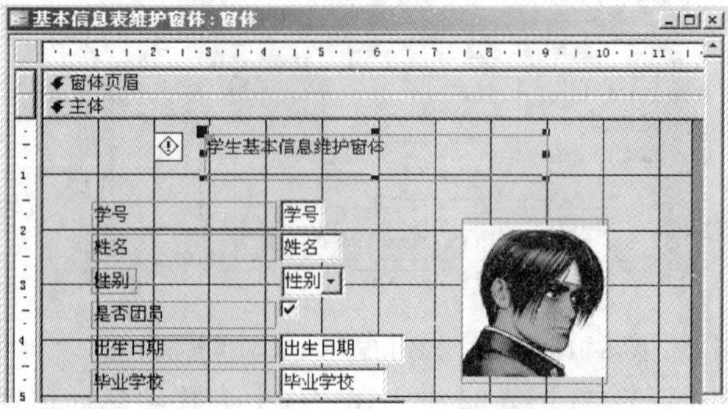

图 6-87　为标签输入标识内容“学生基本信息维护窗体”

（8）右击刚才添加到主体的标签控件，弹出快捷菜单，鼠标指针移到快捷菜单中的【特殊效果】菜单项，并在级联菜单中单击第二行第一个效果，如图

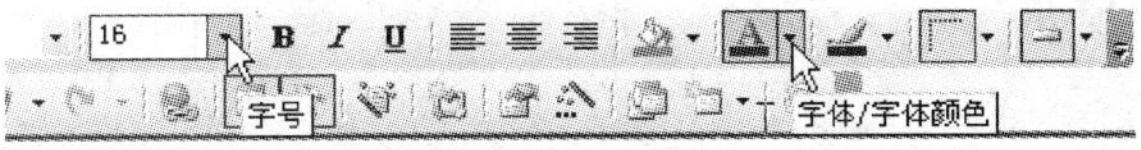

图 6-88　修改字号和字体/字体颜色

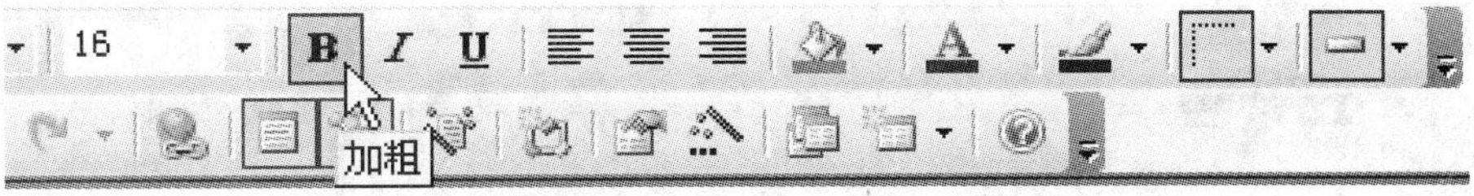

图 6-89　单击“加粗”格式按钮

6-90 所示。

(9) 至此，本任务完成，关闭“基本信息表维护窗体”的窗体设计视图并保存所作的修改，运行“基本信息表维护窗体”，运行效果如图 6-91 所示。

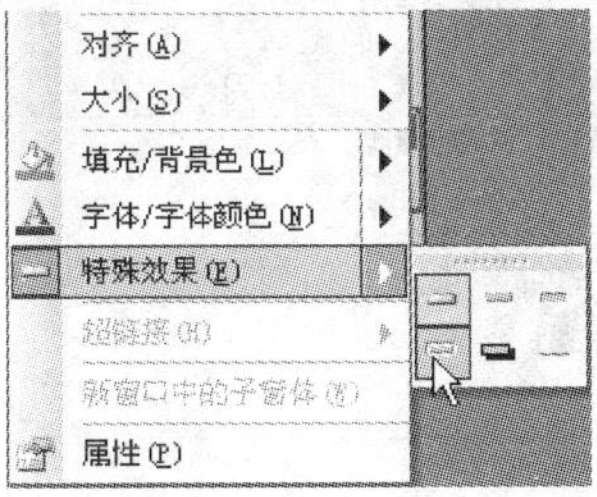

图 6-90　【特殊效果】菜单项

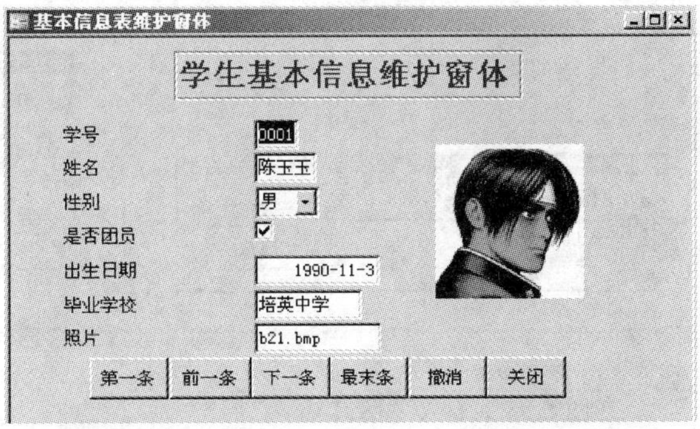

图 6-91　“基本信息表维护窗体”，运行效果

6.2.5　窗体的复制

使用窗体的复制，可以在现存的窗体上，快速建立新窗体。对话框控件提供了实现打开或保存文件操作的可能，在设计过程中，适当输入少量的代码，会更随意地实现完美的功能。下面通过 1 个任务的操作，学习以上内容的操作技巧。

任务 8　窗体的复制

1. 任务要求

掌握复制窗体的操作方法。

2. 操作步骤

(1) 打开“学生管理”数据库，选择窗体对象窗口，右击“基本信息表维护窗体”，在弹出的快捷菜单中选择【复制】菜单项，如图 6-92 所示。

(2) 在图 6-92 中，鼠标左键单击【复制】菜单项，然后在工作区内任一空白位置上按下鼠标右键，在弹出的快捷菜单中选择【粘贴】菜单项，如图 6-93 所示。

(3) 在图 6-93 中，鼠标左键单击【粘贴】菜单项，弹出“粘贴为”对话框，并在“窗体名称”文本框中输入“照片输入”，如图 6-94 所示。

(4) 单击“粘贴为”对话框上的“确定”按钮，返回窗体对象窗口，发现创建了“照片输入”窗体，如图 6-95 所示。

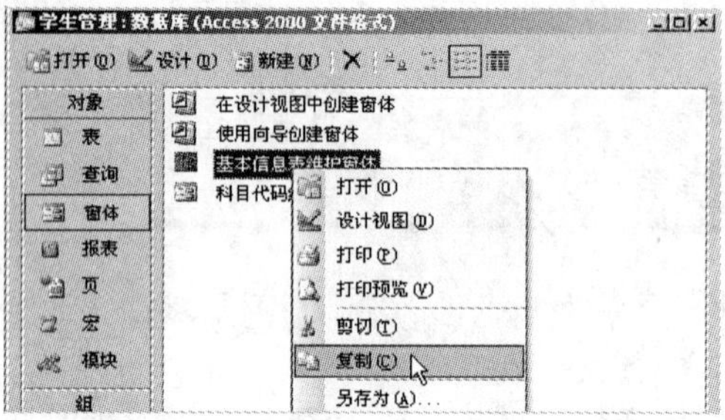

图 6-92　选择【复制】菜单项

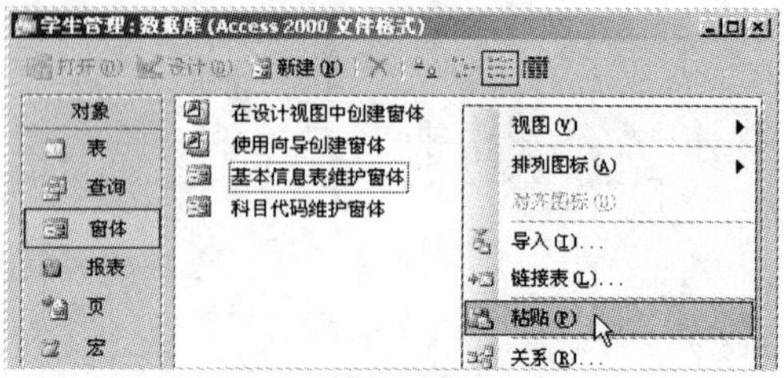

图 6-93　选择【粘贴】菜单项

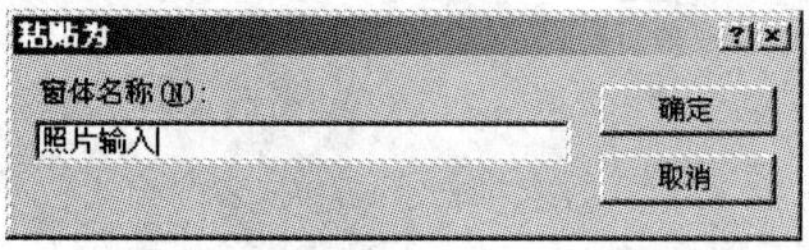

图 6-94　输入“照片输入”

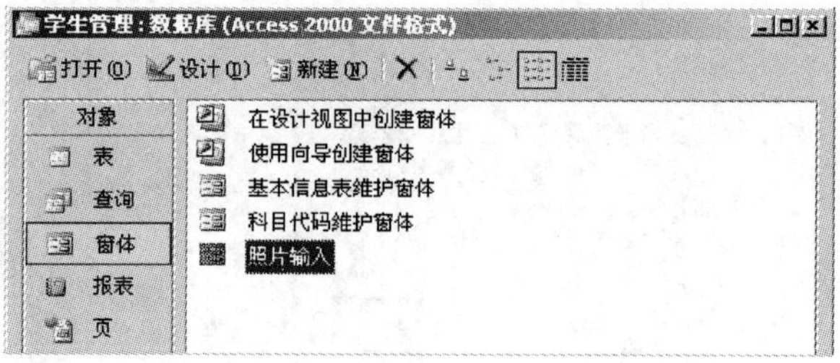

图 6-95　创建了“照片输入”窗体

(5) 打开“照片输入”窗体的窗体设计视图，如图 6-96 所示，比较“照片输入”窗体设计视图与“基本信息表维护窗体”窗体设计视图的区别。

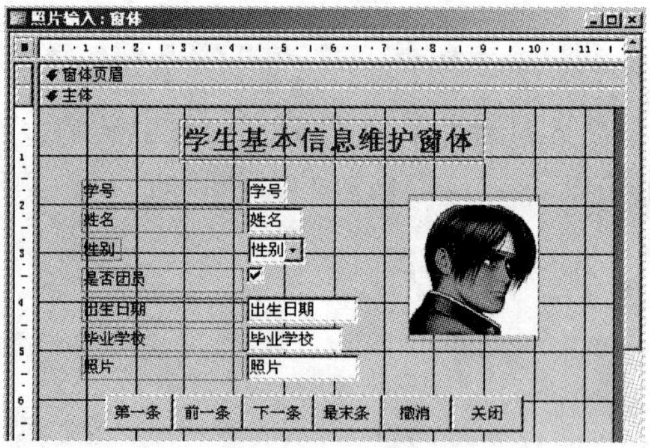

图 6-96　“照片输入”窗体的设计视图

6.2.6　文本框、子窗体等控件的综合应用

文本框既能绑定于某个字段，实现对数据库数据的维护，亦可以由用户输入值作为变量，为查找等操作提供条件变量。

在一个窗体中调用另一个现存的窗体能更快捷地实现复杂的功能。

下面通过 2 个任务的操作，学习上述内容的操作技巧。

任务9　实现“照片输入”窗体的功能

1．任务要求

掌握实现照片输入功能的操作方法。

2．操作步骤

（1）打开上一任务建立的“照片输入”窗体的设计视图，如图6-96所示。在图6-96中作以下操作，主题标签内容更改为“学生照片输入”，然后单击“工具箱”栏的“其他控件”工具，鼠标指针移到快捷菜单中Microsoft Common Dialog Control，version 6.0选项，即添加CommonDialog按钮的选项，如图6-97、图6-98所示。

图6-97　单击“工具箱”栏的“其他控件”工具

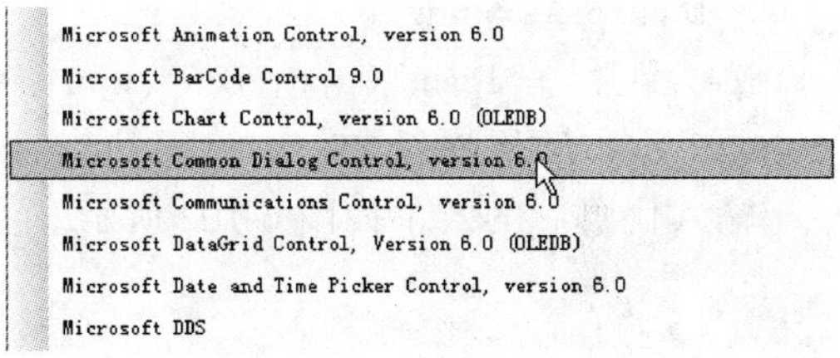

图6-98　添加CommonDialog按钮的选项

（2）在图6-98中，单击鼠标左键，在窗体中添加CommonDialog按钮，按钮名称更改为DG，如图6-99所示。

（3）采用前面章节讲述的操作方法，在窗体中添加命令按钮，并把命令按钮的标题设为“选取照片文件”，如图6-100所示。

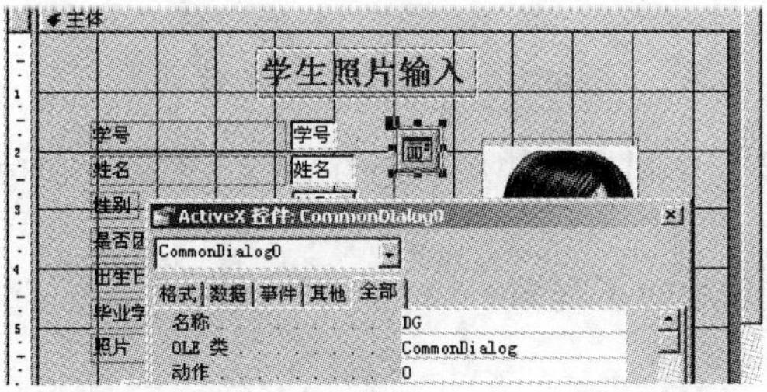

图6-99　添加CommonDialog按钮

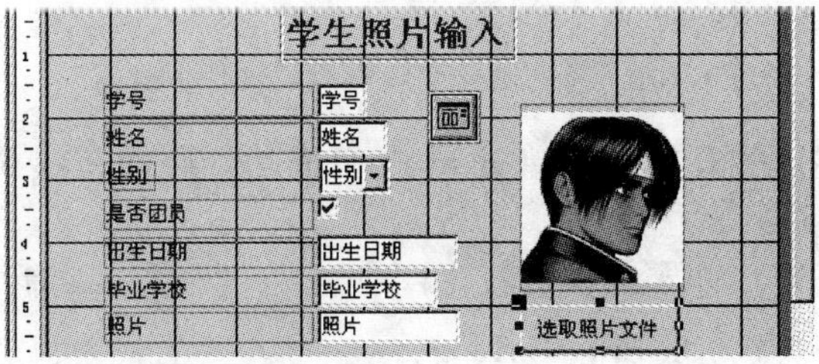

图6-100　添加“选取照片文件”按钮

（4）左击“选取照片文件”，弹出快捷菜单，选取“事件生成器”选项，如图6-101所示。

（5）在图6-101中，单击“事件生成器”选项，打开代码编辑窗口，输入以下代码：

注意：“’”号后面斜粗体字的内容为注释，可以不用输入，也可以任意更改，只供更容易了解代码的用途，相当于说明书，本书以后各章节的注释与此说明相同，后面章节不再说明。

```
DG.Filter = "图像文件|＊.jpeg;＊.bmp;＊.jpg"          ’设置对话框打开时的文件类型
```

```
Dim dqlj As String ' 声明字符串变量 dqlj
dqlj = CurrentProject.Path & "\photo"
DG.InitDir = dqlj
DG.ShowOpen ' 显示打开对话框
Dim wjm As String ' 声明 wjm 字符串变量
wjm = DG.FileName ' 对话框所得的文件名赋给 wj 变量
If IsNull (wjm) Then ' 如果 wjm 为空值
MsgBox "请为该同学选择一个照片文件", vbInformation, "系统提示"
Exit Sub ' 结束过程
End If ' If 语句的结尾
' Dim zp As String
Me.照片 = Right (wjm, Len (wjm) - Len (dqlj) - 1)
Call xs ' 调用过程 XS
```

输入代码后的效果如图 6-102 所示。

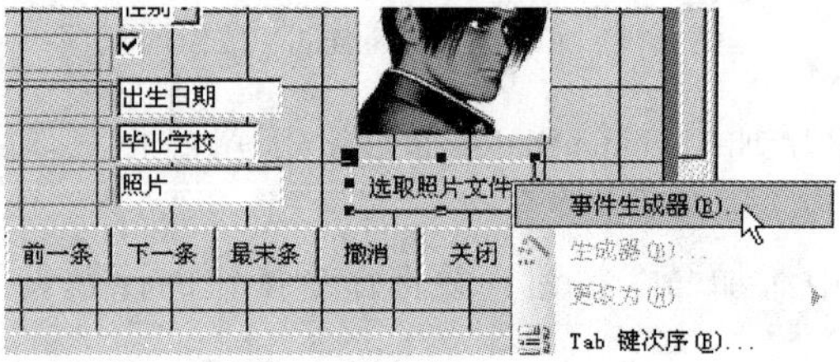

图 6-101　选取快捷菜单中的“事件生成器”

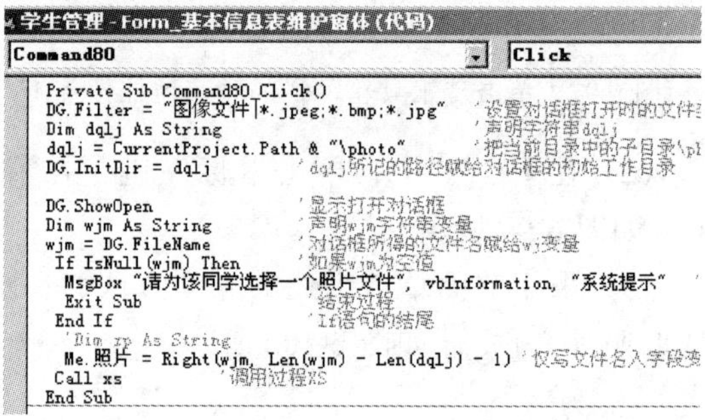

图 6-102　输入代码后的效果

(6) 为了让 Call xs 执行成功，必须在图 6-102 中 End Sub 代码后，添加 xs 过程，代码如下：

```
Private Sub xs ()          ' 显示当前记录照片的子过程
On Error GoTo cl:
If IsNull (Me.照片) Then
   tx.Picture = ""
Else
   Dim dqlj As String
   dqlj = CurrentProject.Path & "\photo\"
   tx.Picture = dqlj & 照片
End If
Exit Sub
cl:
MsgBox "把照片文件放在指定位置：与项目同位置的子目录 photo 中"
```

End Sub

（7）至此，任务完成，关闭代码编辑窗口，再关闭“照片输入”窗体的设计视图。运行“照片输入”窗体时，单击“选取照片文件”按钮，会弹出“打开”对话框，实现了选取学生照片的功能，如图6-103所示。

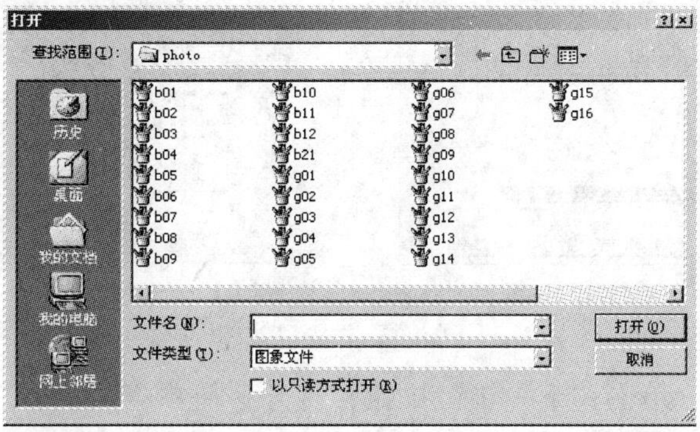

图6-103　“打开”对话框

任务10　建立“基本信息查询窗体”

1. 任务要求

掌握在窗体中调用查询的操作方法。

2. 操作步骤

注意：首先必须创建窗体中将要使用到的查询。

（1）打开“学生管理”数据库，选择查询对象窗口，如图6-104所示。

（2）在图6-104中，双击“使用向导创建查询”选项，打开“简单查询向导”第一步对话框，在对话框中选择“表/查询”为“表：基本信息表”，如图6-105所示。

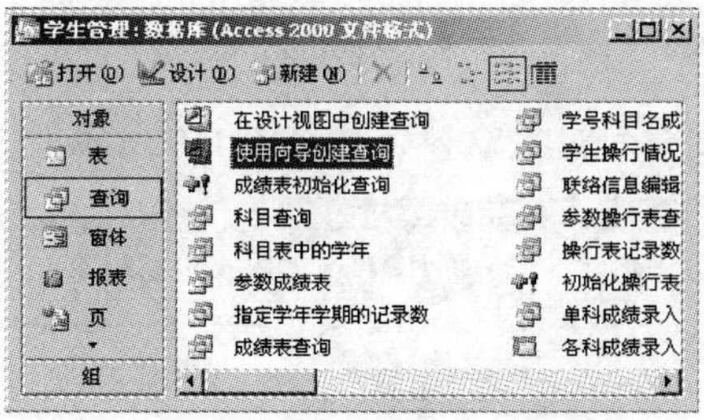

图6-104　查询对象窗口

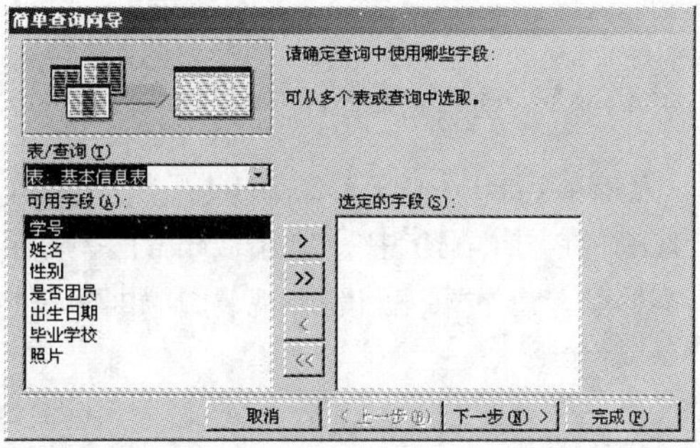

图6-105　“简单查询向导”第一步对话框

（3）在图6-105中，单击“…”按钮，把基本信息表的可用字段全部添加到“选定的字段”列表框中，如图6-106所示。

（4）在图6-106中，单击“下一步”按钮，打开“简单查询向导”第二步对话框，如图6-107所示。

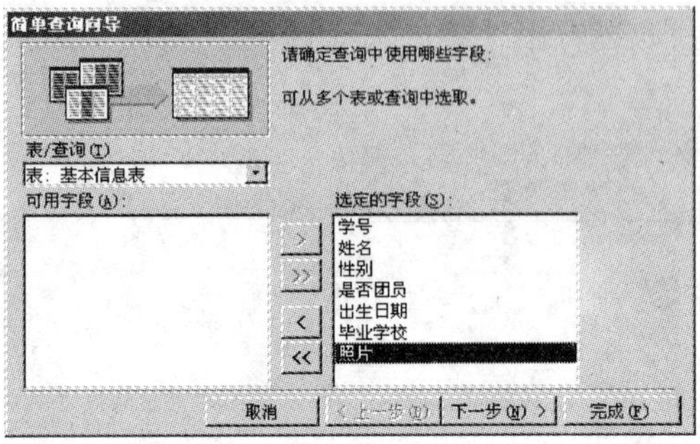

图 6-106　选定所有字段

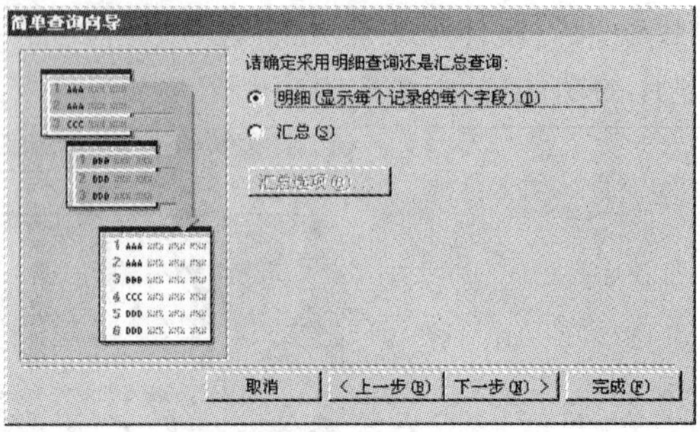

图 6-107　“简单查询向导”第二步对话框

(5) 在图 6-107 中，单击“下一步”按钮，打开“简单查询向导”第三步对话框，并在对话框中的文本框中输入“基本信息查询”，如图 6-108 所示。

(6) 在图 6-108 中的文本框中输入“基本信息查询”，最后单击“完成”按钮，打开“基本信息查询”数据表视图，如图 6-109 所示。

图 6-108　“简单查询向导”第三步对话框

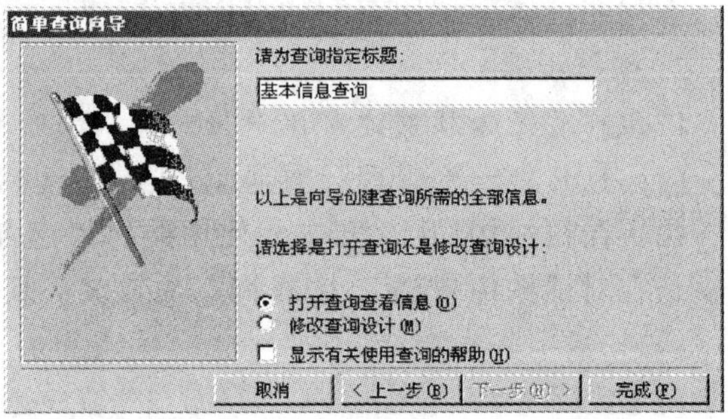

图 6-109　“基本信息查询”数据表视图

(7) 单击图 6-109 右上角的“关闭”按钮，返回查询对象窗口，如图 6-110 所示。

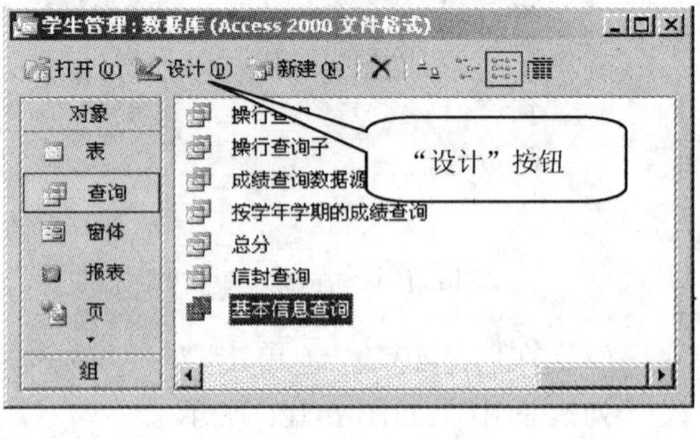

图 6-110　查询对象窗口

(8) 在图 6-110 中，单击“设计”按钮，打开“基本信息查询”设计视图，如图 6-111 所示。

(9) 在图 6-111 中，在“学号”字段下输入以下查询条件：

Like (IIf (IsNull ([forms]! [基本信息表查询]! [txtxh]), “ * ”, [forms]! [基本信息表查询]! [txtxh]))

输入完成后，“基本信息查询”设计视图如图 6-112 所示。

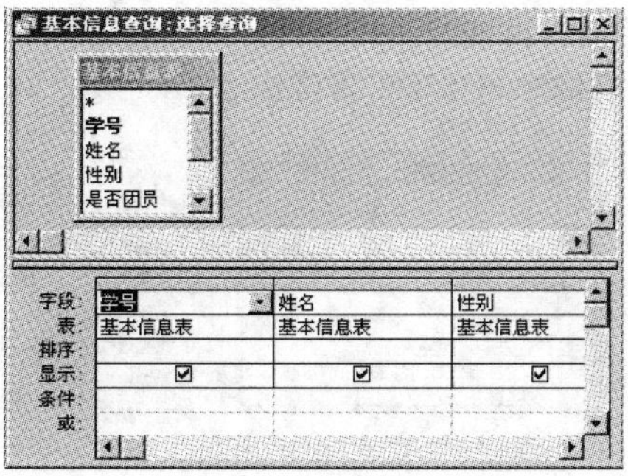

图 6-111 "基本信息查询"设计视图

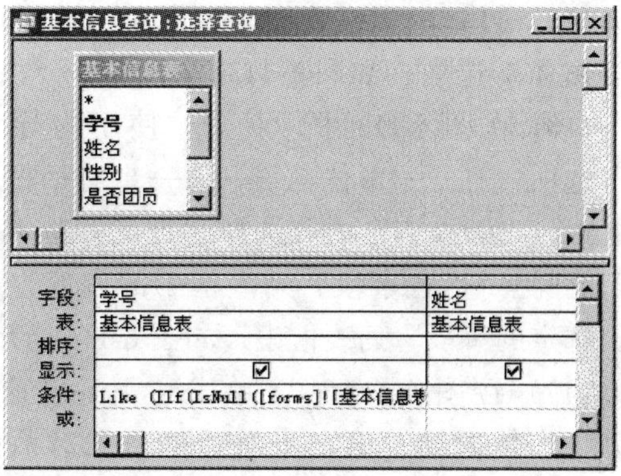

图 6-112 输入"学号"字段查询条件

（10）参照上一步的方法，在"姓名"字段下输入以下查询条件：

Like (IIf (IsNull ([forms]! [基本信息表查询]! [txtxm]), "＊", [forms]! [基本信息表查询]! [txtxm] & "＊"))

（11）参照上一步的方法，在"性别"字段下输入以下查询条件：

Like (IIf (IsNull ([forms]! [基本信息表查询]! [zhkxb]), "＊", [forms]! [基本信息表查询]! [zhkxb]))

（12）参照上一步的方法，在"出生日期"字段下输入以下查询条件：

Between IIf (IsNull ([forms]! [基本信息表查询]! [txtrq1]), #1900-12-30#, [forms]! [基本信息表查询]! [txtrq1]) And IIf (IsNull ([forms]! [基本信息表查询]! [txtrq2]), #2010-12-30#, [forms]! [基本信息表查询]! [txtrq2])

（13）参照上一步的方法，在"毕业学校"字段下输入以下查询条件：

Like (IIf (IsNull ([forms]! [基本信息表查询]! [zhkbyxx]), "＊", [forms]! [基本信息表查询]! [zhkbyxx]))

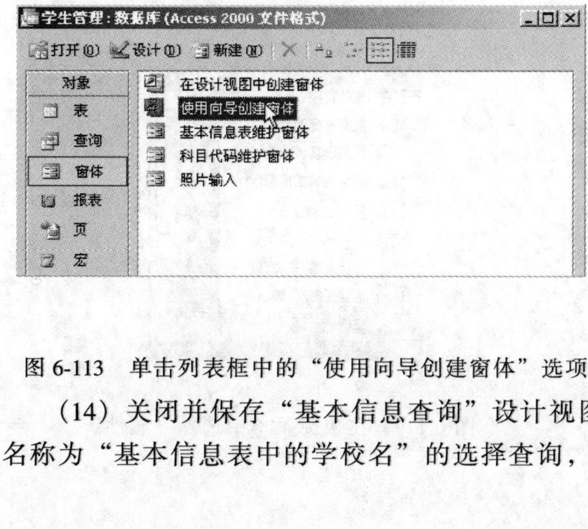

图 6-113 单击列表框中的"使用向导创建窗体"选项

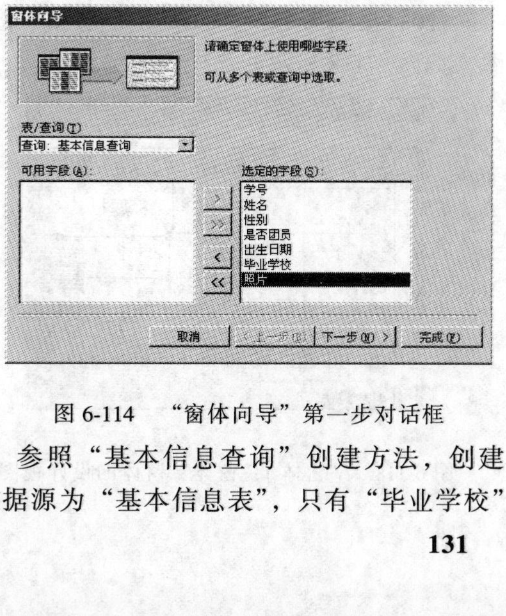

图 6-114 "窗体向导"第一步对话框

（14）关闭并保存"基本信息查询"设计视图。参照"基本信息查询"创建方法，创建名称为"基本信息表中的学校名"的选择查询，数据源为"基本信息表"，只有"毕业学校"

字段。至此，查询创建完成，可以继续进行以下操作。

(15) 打开“学生管理”数据库，选择窗体对象窗口，然后单击列表框中的“使用向导创建窗体”选项，如图 6-113 所示。

(16) 在图 6-113 中，双击“使用向导创建窗体”选项，打开“窗体向导”第一步对话框，在对话框中，“表/查询”内容选择“查询：基本信息查询”，并把“可选字段”列表框中的内容全部添加到“选定的字段”列表框中，如图 6-114 所示。

(17) 在图 6-114 中，单击“下一步”按钮，打开“窗体向导”第二步对话框，在对话框内单击“数据表”单选按钮，如图 6-115 所示。

(18) 在图 6-115 中，单击“下一步”按钮，打开“窗体向导”第三步对话框，如图 6-116 所示。

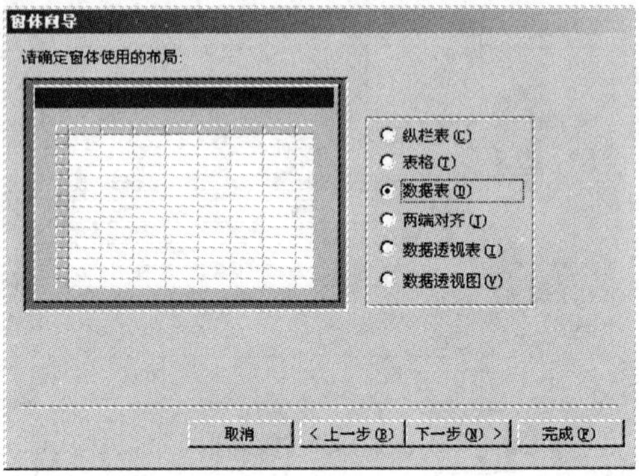

图 6-115 “窗体向导”第二步对话框

(19) 在图 6-116 中，不作任何修改，直接单击“下一步”按钮，打开“窗体向导”第四步对话框，在对话框中的“请为窗体指定标题：”文本框中输入“基本信息表子窗体”，然后单击“修改窗体设计”单选按钮，如图 6-117 所示。

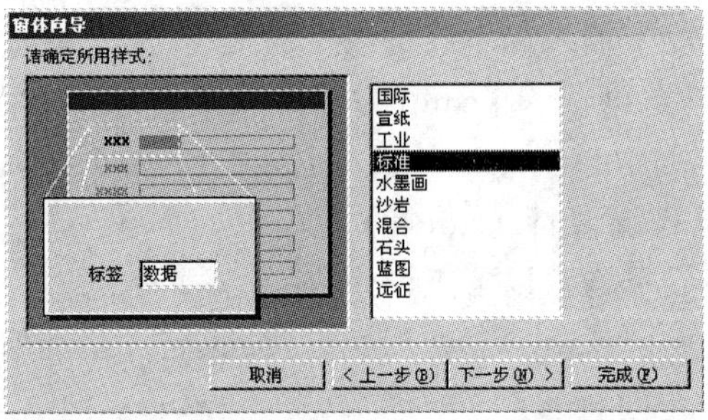

图 6-116 “窗体向导”第三步对话框

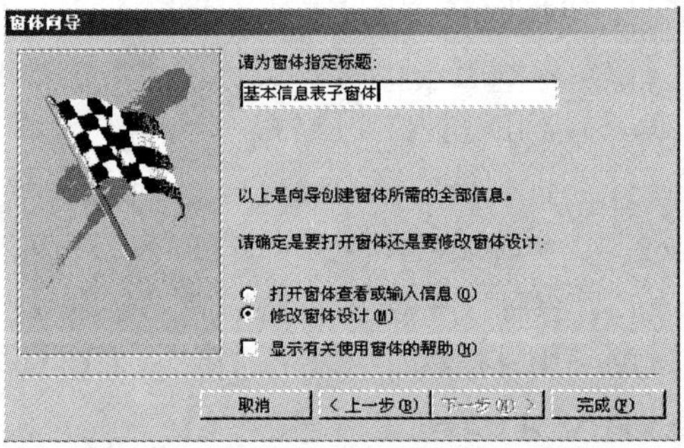

图 6-117 “窗体向导”第四步对话框

(20) 在图 6-117 中，单击“完成”按钮，稍候会看到“窗体 1：窗体”窗体的设计视图，如图 6-118 所示。

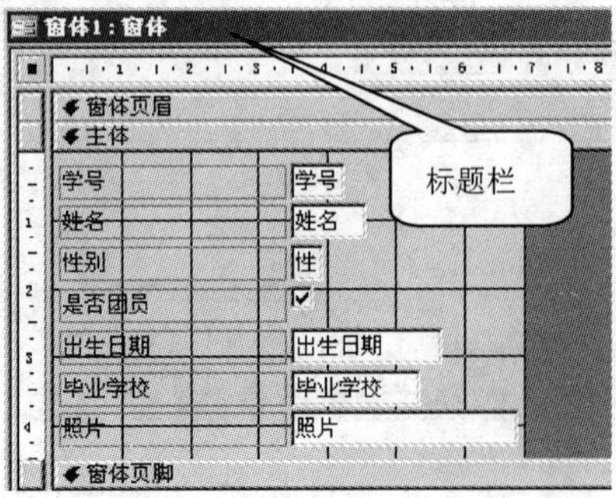

图 6-118 “窗体 1：窗体”窗体的设计视图

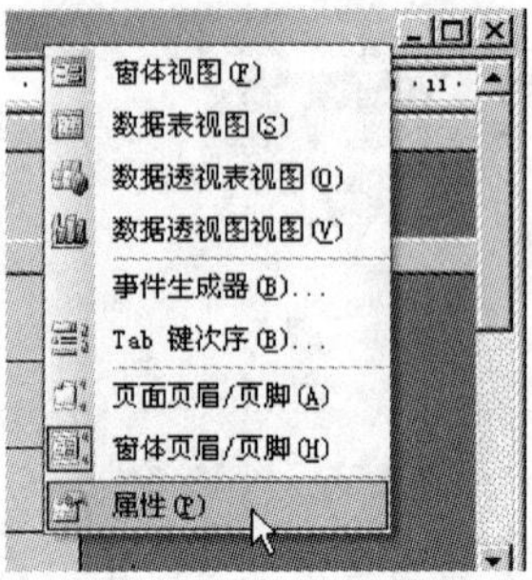

图 6-119 在快捷菜单中选择“属性”

(21) 在图 6-118 中，鼠标右键单击设计视图的“标题栏”，弹出快捷菜单，在快捷菜单中选择“属性”，如图 6-119 所示。

(22) 在图 6-119 中，单击【属性】菜单项，打开“窗体”属性窗口，然后，单击“事件”标签页的“成为当前”属性选项，如图 6-120 所示。

(23) 在图 6-120 中，单击“…”按钮，打开“选择生成器”对话框，然后单击“选择生成器”对话框列表中的“代码生成器”选项，如图 6-121 所示。

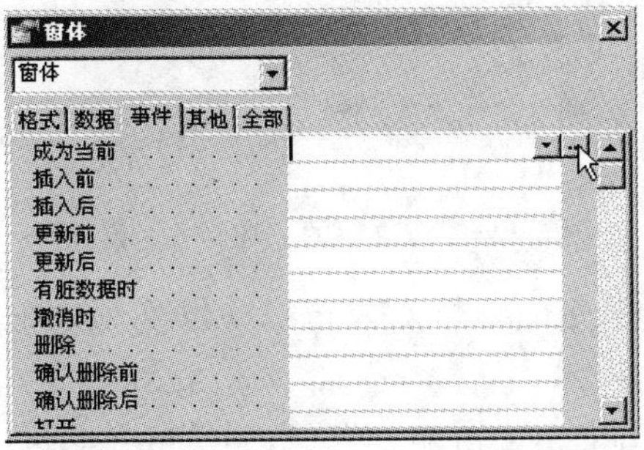

图 6-120 “成为当前”属性选项

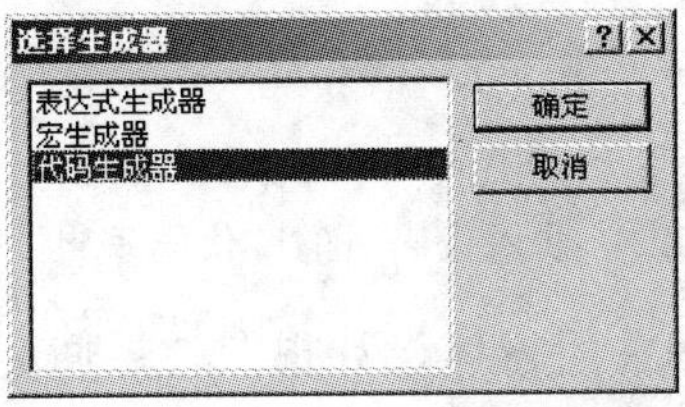

图 6-121 “选择生成器”对话框

(24) 在图 6-121 中，单击“确定”按钮，打开“代码编辑”窗口，如图 6-122 所示。

(25) 在图 6-122 中的 Private Sub Form_Current ( ) 与 End Sub 两行代码之间输入以下代码:

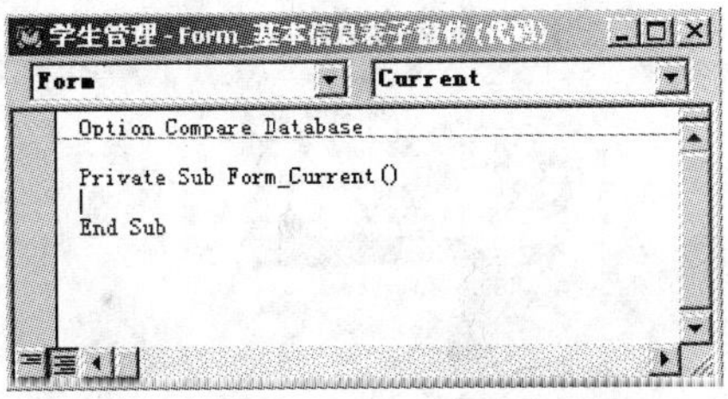

图 6-122 “代码编辑”窗口

On Error GoTo cl:

’当代码执行有错误时转到 CL：标识以下的语句处理

Dim tp As String ***’声明 tp 为字符串变量***

tp = CurrentProject.Path & "\photo\" & Me.照片

Me.Parent.tx.Picture = tp

Me.Parent.bqxm.Caption = Me.照片

Exit Sub

cl:

Me.Parent.tx.Picture = ""

Me.Parent.bqxm.Caption = ""

输入代码时，标点符号应使用英文输入法，输入代码的“代码编辑”窗口如图 6-123 所示。

(26) 关闭刚打开的所有窗口，返回窗体设计视图，在设计视图中，进行如下修改:

1) 主体位置下移，把“是否团员”控件移动“窗体页眉”内。

2) 在主体中添加一个文本框控件，标题设为“是否团员”，数据来源设为

= IIF ([是否团员]，“是”，“否”)

注意：在输入代码时，标点符号的输入必须用英文输入方式。

修改后的“窗体 1”窗体的设计视图效果如图 6-124 所示。

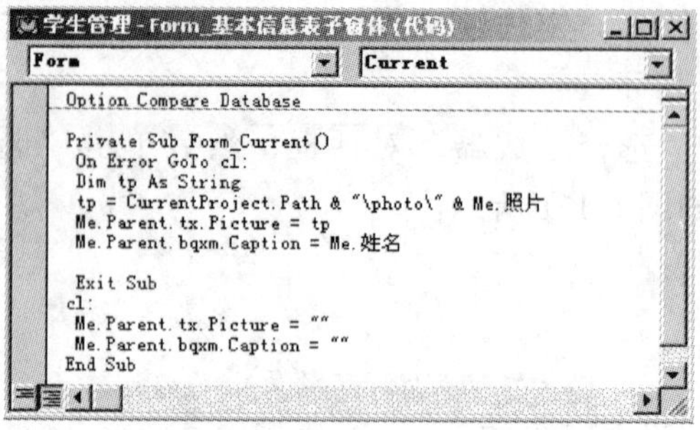

图 6-123　输入代码后的“代码编辑”窗口

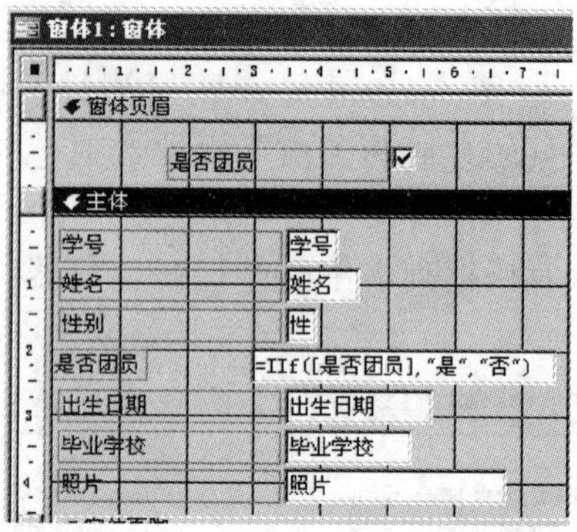

图 6-124　修改后的“窗体 1”窗体

(27) 关闭窗体设计视图，返回“学生管理”数据库的窗体对象窗口，发现列表框中已经添加了“基本信息表子窗体”，如图 6-125 所示。

(28) 在图 6-125 中，双击列表框中“在设计视图中创建窗体”选项，打开“窗体 1”窗体的设计视图，“窗体 1”为 Access 自动建立的默认名，如图 6-126 所示。

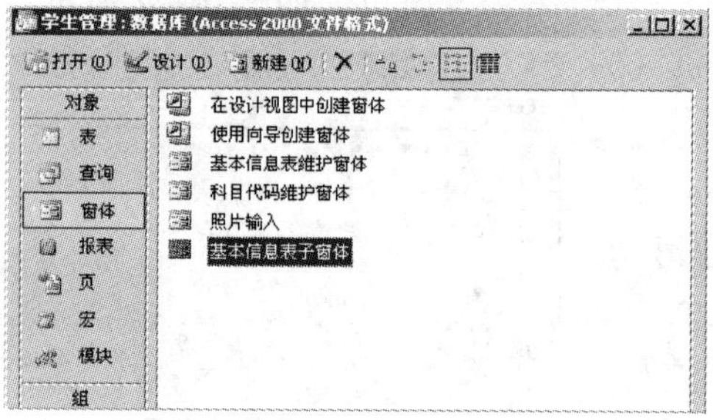

图 6-125　已经添加了“基本信息表子窗体”

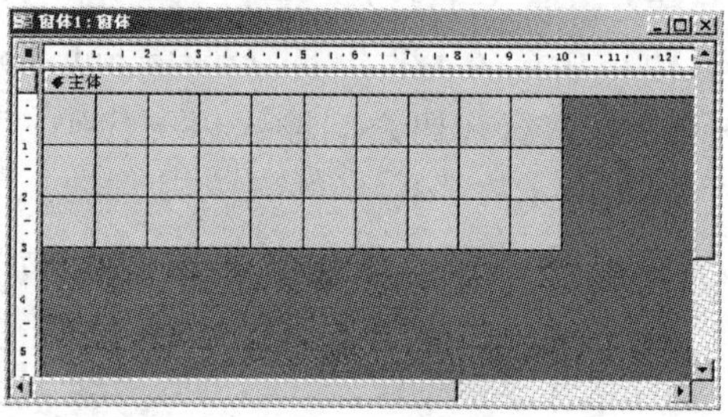

图 6-126　“窗体 1”窗体的设计视图

(29) 在窗体设计视图中，进行如下修改：

1) 增大窗体主体的宽度和高度。

2) 添加“基本信息查询”标签控件，标题为“基本信息查询”，字号为 16，字体名称“幼圆”，字体颜色为“蓝色”，特殊效果为第 2 行第 1 种。

3) 添加“学号”文本框控件，设置名称为 txtxh。

4) 添加“性别”组合框控件，设置名称为 zhkxb，行来源类型为“值列表”，行来源为[“男”；“女”]。

5) 添加“姓名”文本框控件，设置名称为 txtxm。

6) 添加“毕业学校”组合框控件，设置名称为 zhkbyxx，行来源类型为“表/查询”，行来源为 [SELECT 基本信息表中的学校名 . 毕业学校 FROM 基本信息表中的学校名;]。

7) 添加“出生日期”文本框控件，设置名称为 txtrq1，格式为“短日期”。

8) 添加“~”标签，标题为“~”，字号为 26。

9) 在“~”标签后，添加一文本框控件，删除标题，名称设为 txtrq2。

添加了一系列的文本框控件和标签控件的窗体设计视图，如图 6-127 所示。

（30）在窗体的设计视图中，继续进行以下修改操作：

1）添加“确定”按钮，单击事件添加以下一行代码：

```
Me. 基本信息表子窗体 .Requery
```

2）添加“清除”按钮，单击事件添加以下代码。

```
Me.txtxh = Null
Me.txtxm = Null
Me.zhkbyxx = Null
Me.zhkxb = Null
Me.txtrq1 = Null
Me.txtrq2 = Null
Me. 基本信息表子窗体 .Requery
```

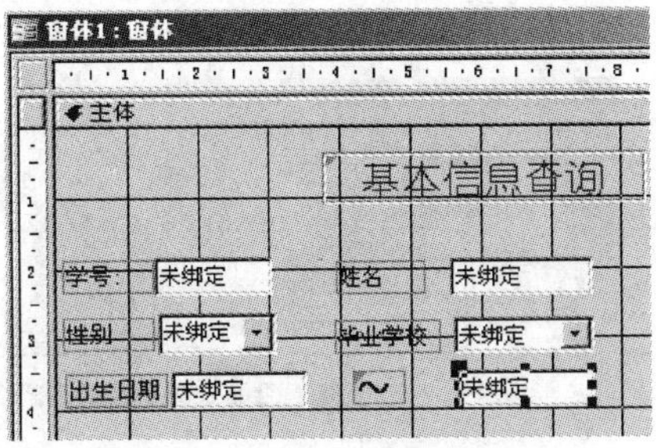

图 6-127　添加了一系列的文本框控件和标签控件的窗体设计视图

3）使用“命令按钮向导”添加“窗体操作”类别，操作为“关闭窗体”的按钮，标题设为“关闭”。

4）添加“图像”控件，名称设为 tx，任意选一图片文件作为图片的内容。

5）在“图像”控件下方添加“照片”标签，名称设为 bqxm，标题为“照片”。

完成上述修改操作后的设计视图，如图 6-128 所示。

（31）保持打开“窗体 1”设计视图，选取“工具箱”栏上的“子窗体/子报表”工具，如图 6-129 所示。

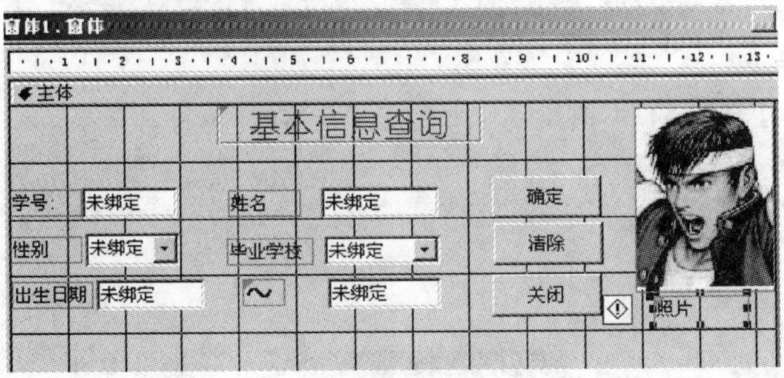

图 6-128　修改操作后的设计视图

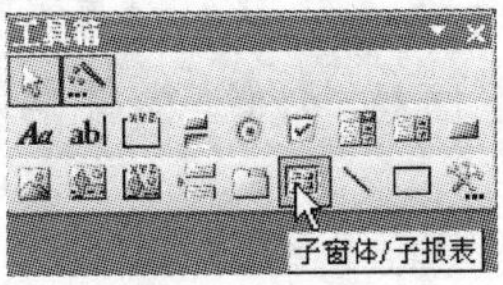

图 6-129　“子窗体子报表”工具

（32）在图 6-129 中，单击“工具箱”栏上的“子窗体/子报表”工具后，在“窗体 1”设计视图中的主体内空白处拖动鼠标指针，然后，松开鼠标左键，打开“子窗体向导”第一步对话框，在对话框中，单击“使用现有的窗体”单选按钮，然后，单击列表框中的“基本信息表子窗体”选项，如图 6-130 所示。

（33）在图 6-130 中，单击“下一步”按钮，打开“子窗体向导”第二步对话框，如图 6-131 所示。

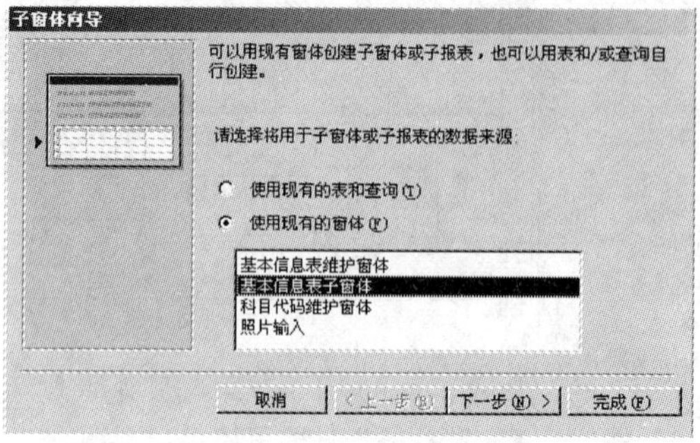

图 6-130 “子窗体向导”第一步对话框

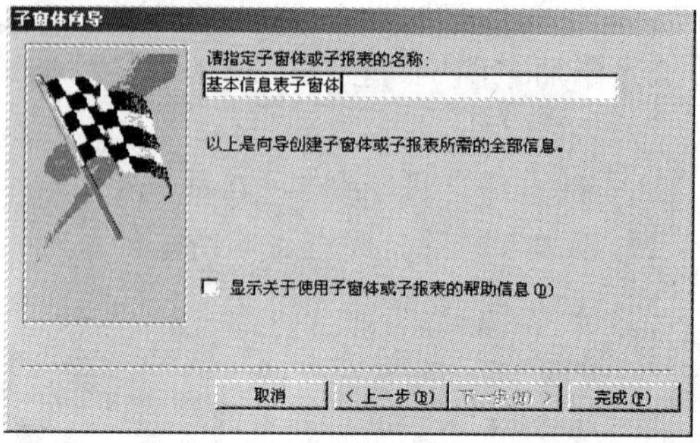

图 6-131 “子窗体向导”第二步对话框

（34）在图 6-131 中，不作任何修改，单击“完成”按钮，返回窗体设计视图，会看到窗体的主体内已添加了一个子窗体，标题为“基本信息表子窗体”，添加了子窗体的窗体主体效果，如图 6-132 所示。

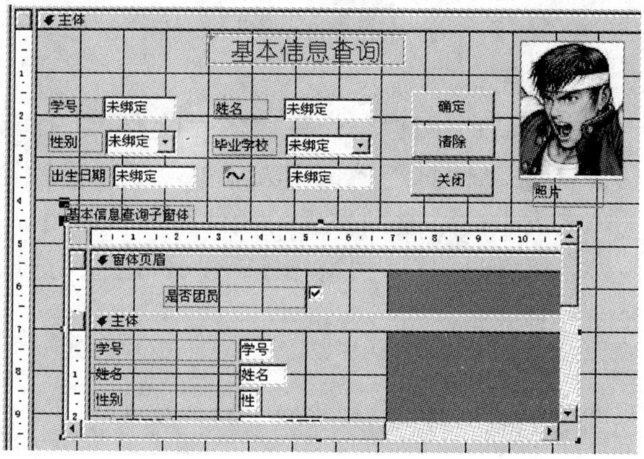

图 6-132 添加了子窗体的窗体主体效果

（35）单击“子窗体”控件的标题“基本信息查询子窗体”，然后，按下键盘上＜Delete＞键，删除该标题，适当调整“子窗体”控件的字体大小和控件的大小，单击设计视图右上角的“关闭”按钮，在弹出保存提示对话框，如图 6-133 所示。

（36）在对话框中，单击“是”按钮，在弹出的“另存为”对话框的文本框中输入“基本信息查询”窗体名称，如图 6-134 所示。

图 6-133 存提示对话框

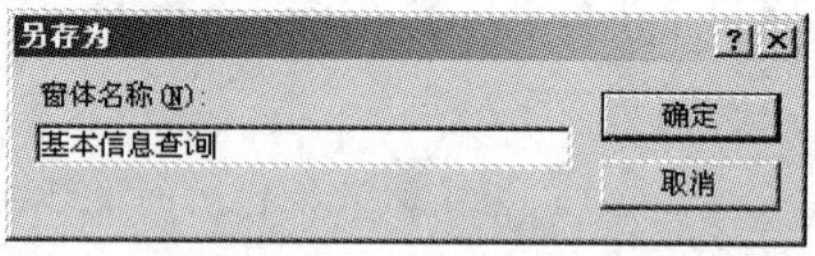

图 6-134 “另存为”对话框

（37）单击对话框中的“确定”按钮，保存“基本信息查询”窗体。至此，本任务已完成，运行该窗体，在子窗体中单击任意记录，观察“基本信息查询”窗体的运行效果，如图 6-135 所示。

（38）在图 6-135 中，在“毕业学校”组合框中，任选一种学校名称，再单击“确定”按钮，窗体的运行效果，如图 6-136 所示。

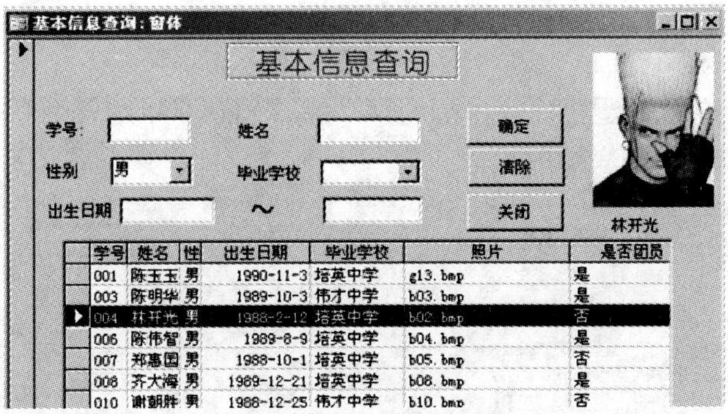

图 6-135　“基本信息查询”窗体的运行效果

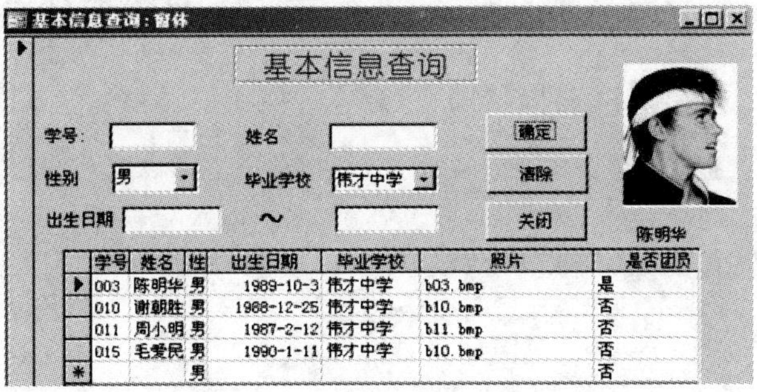

图 6-136　窗体的运行效果

本 章 小 结

本章介绍了窗体的应用，包括使用向导创建窗体，设置窗体的属性，命令按钮、组合框、图像、标签、文本框、子窗体、对话框等控件的应用，数据维护窗体的创建与应用，窗体的复制创建方法，记录图片显示的应用，窗体、查询、子窗体的综合应用。

习　　题

一、填空题

1. 窗体通常由窗体的页眉、________、________、页面页脚、窗体的页脚等五部分组成。

2. 在 Access 中，窗体分为________、________和________三种视图。

3. 窗体的________视图，主要用于创建、修改、管理窗体。

4. 窗体________的设置，会影响窗体的数据信息的来源，也会改变窗体的界面效果。

5. 在窗体中显示文本信息，一般使用________控件。

6. ________控件为直接调用另一个现存窗体提供可能。

7. 按下键盘上的________键，打开“Microsoft Office Access 帮助”窗口。

8. 使用________，可以在现存的窗体上，快速建立新窗体。

9. ________主要用于在窗体中显示静态图片，图片来源于某个文件名，采用一定的代码可实现显示对应记录的图片数据，具有非常重要的使用价值。

10. 在输入代码时，标点符号的输入必须用________输入方式输入。

二、操作题

1. 打开图 6-137 所示的“基本信息表维护”窗体，添加“添加记录”、“删除记录”、“撤消”、“保存记录”、“关闭窗体”等按钮，修改后，窗体的执行功能，如图 6-138 所示。

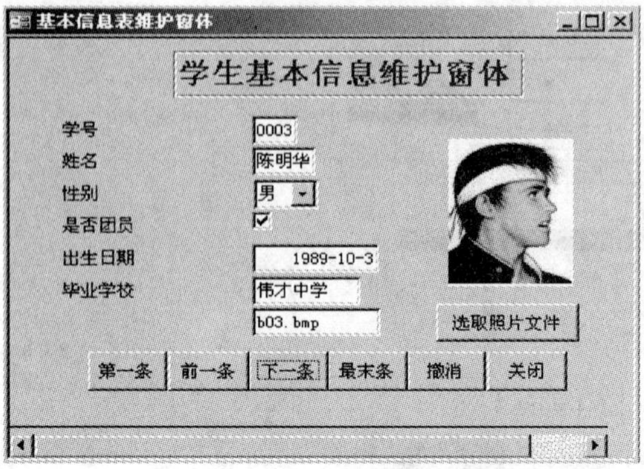

图 6-137 “学生基本信息维护”窗体

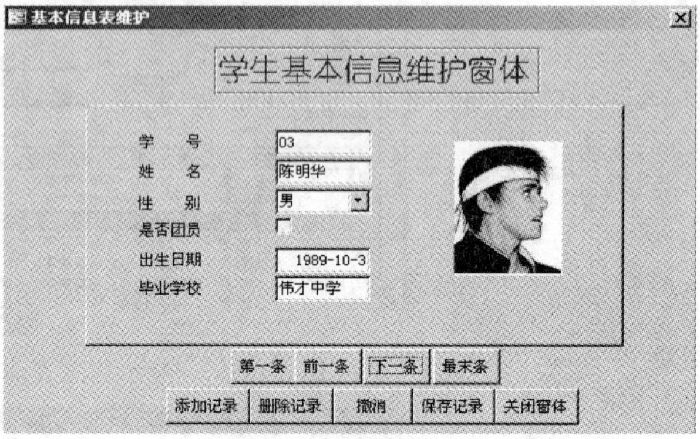

图 6-138 “学生基本信息维护”窗体

2. 创建“操行等级表维护”窗体，实现记录的添加、删除、打印以及浏览记录的功能，如图 6-139 所示。

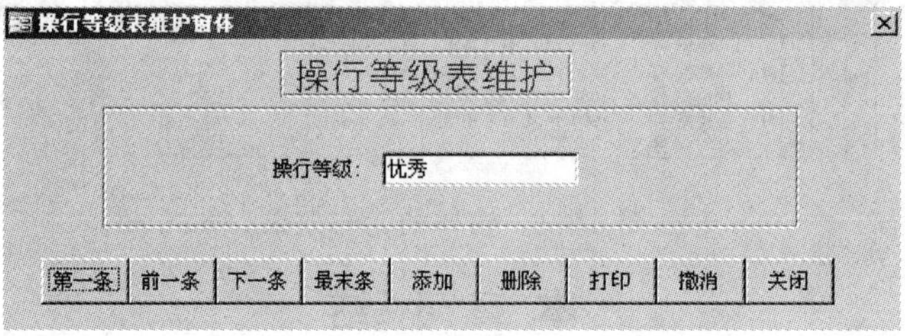

图 6-139 操行等级表维护窗体

3. 创建“联络数据编辑”窗体，实现浏览记录及打印功能，如图 6-140 所示。

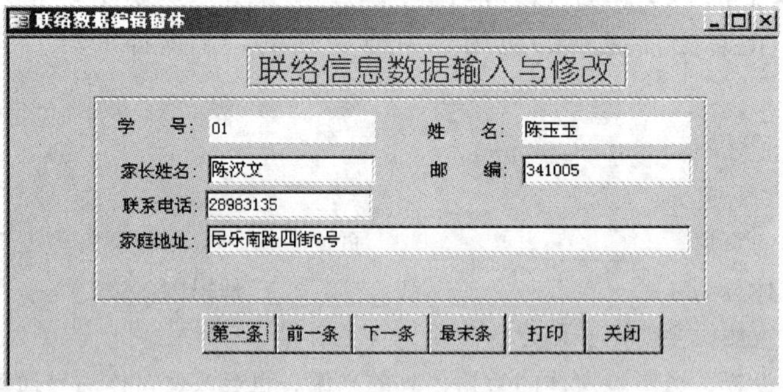

图 6-140 联络数据编辑窗体

第 7 章　VBA 编程

本章应知
1. 对象、属性、方法和事件的含义 2.VBA 的编程基础，基本的控制语句 3. 代码生成器、表达式生成器、宏生成器的作用 4. 设计制作功能窗体的一般方法和步骤
本章应会
1. 能对指定对象进行属性设置和事件代码设计 2. 会使用 dlookup（ ）、Dcount（ ）、Nz（ ）等函数 3. 设计制作“用户登录”模块 4. 设计制作“成绩表初始化”模块

在前面的各章学习中，大部分设计都是用向导或者图形界面来实现的。通过宏与窗体的组合的确能完成一定的数据管理功能，但对于复杂的数据库系统，往往需要更灵活的数据处理及控制，这都必须依赖 VBA（Visual Basic for Application)。VBA 本身涉及的内容非常广泛，本章只能简单扼要地对 VBA 进行介绍，限于篇幅和出于本书的编写目的、对象、特点的考虑，只对 VBA 常用的部分内容进行说明和举例，更详尽和系统的介绍，请参考专门的 VBA 专著。

7.1　VBA 简介

Access 本身具有强大的向导机制，能提供大量的数据库常用操作，但如果加上少量的代码，那么程序将是专业级的，这一切都依靠 VBA。VBA 是 Microsoft Office 系列的内置编程语言，功能强大，面向对象（OOP)，非常适合入门级的学习，如果读者已经有 Visual Basic 的基础，那么学习将更加轻松而有效。

7.1.1　一个简单的 VBA 编程示例

Access 中提供了 VBA 的编程环境，本节用 1 个任务来说明 VBA 的编成过程。

任务 1　制作窗体 Whello，编写按钮代码

1. 任务要求

创建一个临时数据库 VBATMP，在该库中创建一个窗体 Whello。通过代码来实现信息的显示和清除。

2. 操作步骤

(1) 启动 Access，新建一个数据库 VBATMP。

(2) 在数据库 VBATMP 中，新建一个窗体，保存为 Whello。窗体上放三个按钮、一个文本框，如图 7-1 所示（其中“关闭窗体”按钮由按钮控件向导产生）。

(3) 设置文本框的“名称”属性为 txtxs。

所有的对象都有自己的属性，属性值可以通过编写代码来修改，也可以通过属性窗口来设置。例如，设置本窗体中文本框的“名称”属性为 txtxs 操作如下：

1）在图 7-1 中右击文本框，弹出快捷菜单，单击“属性”，弹出属性窗口，如图 7-2 所示。

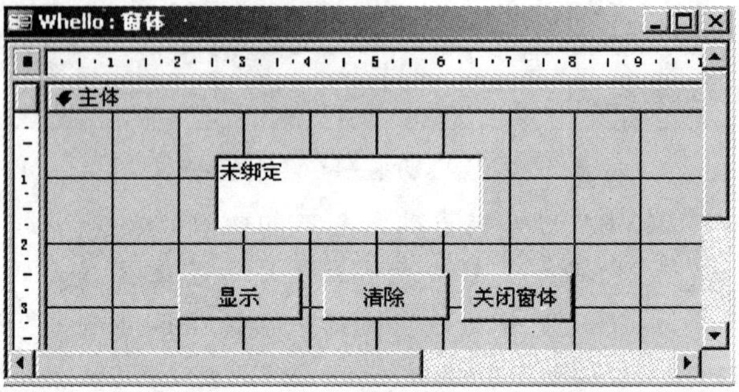

图 7-1　窗体 Whello

2）在图 7-2 的属性窗口中的“名称”处，输入 txtxs，表示该文本框的名称为 txtxs.

用同样的方法和步骤把“显示”按钮的“名称”属性的值设为 cmdxs。

(4) 为命令按钮编写代码。

1）在图 7-1 中，右击“显示”按钮，在快捷菜单中单击“事件生成器”，弹出“选择生成器”对话框，如图 7-3 所示，选中“代码生成器”，单击“确定”按钮。

注意：查看工具箱中的控件向导按钮  的状态，只有它关闭时单击“事件生成器”才会弹出“选择生成器”对话框，否则直接进入 VBA 环境。

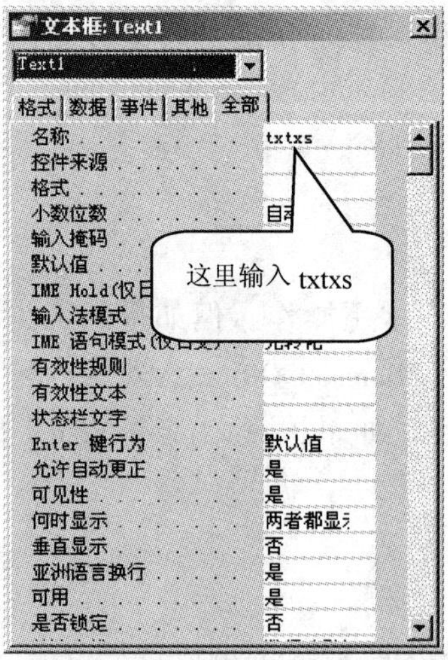

图 7-2　文本框的属性窗口

图 7-3　选择生成器

2）此时进入 VBA 编程环境，系统菜单也相应改变了。它是一个编写代码的窗口，所有代码均在此窗口中编写，如图 7-4 所示。

光标位置处可输入程序语句，在输入代码时一定要明确事件过程，它是哪一个对象的哪个事件。例如图 7-4 光标位置输入的是按钮 cmdxs 的 Click 事件代码。cmdxs_Click 就表示是

cmdxs 的 Click 事件过程。

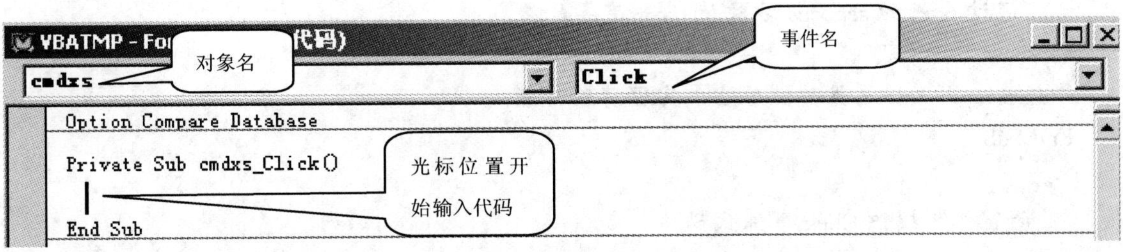

图 7-4 为 cmdxs 按钮的 Click 事件输入代码

注意： 在图 7-4 中，需要补充说明如下几点：

(1) 对象名和事件名都是可以选择的，在图 7-4 中的对象名组合框中可选当前窗体中的所有对象，事件名组合框位置则有所选对象支持的所有事件。选中对象和事件以后光标会自动转到该对象的该事件过程中。

(2) 在 VBA 编程环境下，系统提供了程序修改调试、测试运行等丰富的菜单项和工具，请读者一边使用 VBA，一边熟悉它们，此处不再一一介绍。

(3) 在图 7-4 中的光标位置处输入 cmdxs 的 Click 事件代码：

```
Me.txtxs ="你好！欢迎你学习 VBA"
```

Me 是 Access 的关键字，表示当前窗体。上述语句的含义是：把“你好！欢迎你学习 VBA”赋给当前窗体中的控件 txtxs 的 text 属性（缺省），窗体运行时该文本框会显示这一字符串。

Access 同 VB 一样，它支持代码输入时的智能感应技术。例如当我们输入 Me. 时，系统会自动列出它所能引用的对象、方法、属性等，非常方便，如图 7-5 所示。

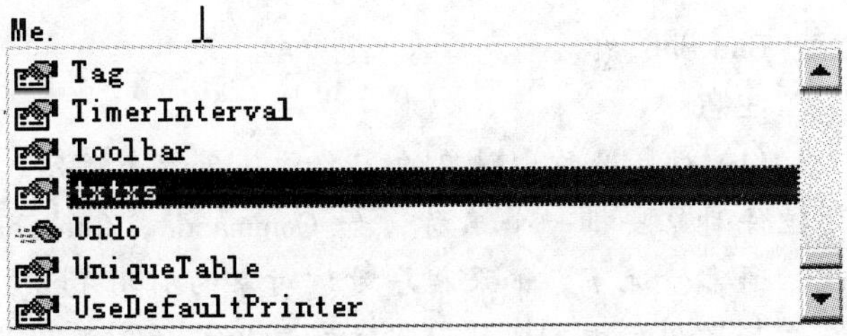

图 7-5 Access 中输入代码的“智能感应”

(4) 按同样的方法和步骤为“清除”按钮编写代码。此外，在本任务当中，“关闭窗体”按钮是由按钮控件向导自动产生的，其代码由向导自动产生，无须用户输入。以下给出所有按钮的代码，供读者参考。（’号后的斜粗体部分内容是注释，程序执行时会忽略）。

“显示”按钮的 Click 事件代码：

```
Private Sub cmdxs_ Click ()
' 显示按钮的代码
  Me.txtxs ="你好！欢迎你学习 VBA"
End Sub
```

“清除”按钮 Click 事件代码：

```
Private Sub Command3_ Click ()
```

```
    ' command3 是“清除”按钮的控件名称
Me.txtxs.SetFocus
    ' 通过 txtxs 的 setfocus 方法使 txtxs 获得焦点
Me.txtxs.Text = ""
' 使 txtxs 的 text 属性的值为空，实现清除功能
End Sub
```

“关闭窗体”按钮 Click 事件代码：

```
Private Sub Command5_Click ()
' Command5 是“关闭窗体”按钮控件的名称
' 本按钮是通过向导产生的，代码也是自动产生的，它包括了出错处理，程序功能较完整
On Error GoTo Err_Command5_Click ' 如果出错误，就转到 Err_Command5_click 处。
  Docmd.Close ' 关闭当前功能
Exit_Command5_Click: ' 带冒号：的标识是标号，如 Exit_Command5_Click 是标号，它表示程序代码位置。不是执行语句
    Exit Sub ' 退出
Err_Command5_Click:
    MsgBox Err.Description ' 显示出系统的错误信息
Resume Exit_Command5_Click
' 继续执行 Exit_Command5_Click 后面的代码，实际是退出
End Sub
```

注意：

(1) 对象名称由对象的“名称”属性来确定，任何对象都有“名称”属性，系统会自动为控件对象安排一个名称，如 Command3，Command5 等，用户可以在此基础上对其进行修改。通常情况下，如果程序对该对象的引用不多，一般也可以直接使用系统的默认名称。但是，如果程序中有多处引用该对象的名称，最好为其命一个有意义、好识别的“名称”。

(2) 在本例中“关闭窗体”的代码是向导自动产生的，它包含了出错处理，是一个很完整的程序段落，请仔细阅读、体会并理解代码的含义和思想。在 Access 的学习研究中，从系统向导产生的代码中学习程序的编写，这是提高编程水平的有效方法。如果在阅读程序过程中碰到不懂的命令、函数，可以用鼠标选中其中的关键字，按 <F1> 即得到系统的联机帮助。

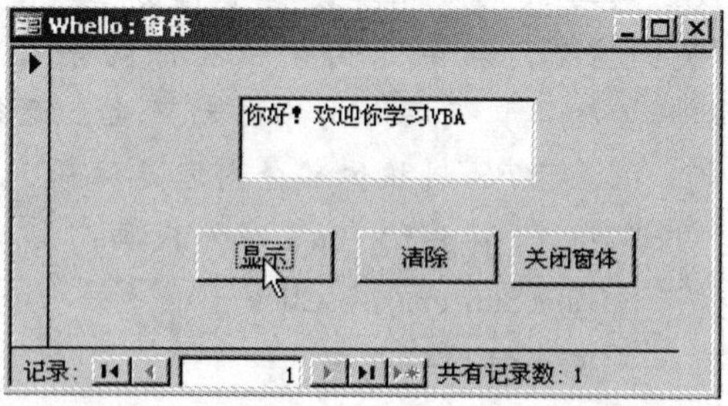

图 7-6　Whello 窗体的运行效果

(5) 以“窗体视图”模式打开该窗体，测试各按钮的功能，运行效果如图 7-6 所示。

7.1.2　面向对象编程的基本概念

1. 理解对象、属性、方法和事件

同其他任何面向对象编程的语言一样，VBA 里也有对象、属性、方法和事件。所谓对象，就是代码和数据的组合，可以将它看作一个单元，例如，表、窗体、文本框、命令按钮等都是对象；所谓属性，是指对象所拥有的特性，如大小、颜色、状态等；所谓方法，是指对象能执行的动作，如刷新等；而事件则是指一个对象可以辨认的动作，例如单击鼠标或按下某键，就是事件，事件的处理过程通过编写程序来确定。

例如：一个苹果，它可以看成是一个对象。"颜色"是它的属性，"颜色"可以为"红"，即它的"颜色"属性值为"红"。它能变熟，这是它成熟的一个方法。用棍子打它，它会从树上落下，即它对"打"作出响应。用棍子打，就是一个事件。

图 7-6 中有三个按钮，它们都是对象，其中一个按钮上面有"显示"字符，这是设置了它的"标题"（caption）属性的值为"显示"的缘故；当用鼠标左键去单击它时（即发生鼠标的单击事件），它会使窗体中的文本框显示出"你好！欢迎学习 VBA"。又如，文本框有个 setfocus 方法，文本框执行此方法，可以获得焦点，即取得光标，使光标在文本框里闪烁。

一般来说，每一种对象都有自己的属性，具有各自方法，能响应其特有的事件。学习某个控件对象时，掌握它具有哪些属性、方法、事件，事件在什么时候发生，这是十分重要的，尤其对那些常见对象的属性、方法、事件，一定要熟练掌握。

2. 对象的常用属性、方法、事件

（1）常用控件的属性　这部分内容在第 6 章"窗体"中已经有介绍，请读者自行参考有关内容。

（2）常用事件简介

1）鼠标单击（Click）　鼠标左击对象时候发生，事件程序定义格式为：

```
Private Sub 对象_Click ()
  事件处理语句序列
End sub
```

此事件在编程中使用最多，例如按钮的单击事件就是最常用的事件之一。

2）更新前（BeforeUpdate）　当对象中的数据被修改，按下回车键或者鼠标移开对象时该事件发生，事件程序定义格式为：

```
Private Sub 对象_BeforeUpdate (Cancel As integer)
  事件处理语句序列
End Sub
```

该事件可以用作检验输入数据的有效性。因为通过事件参数 Cancel 的设置可以控制该过程能否退出。Cancel 为 True，表示"取消"过程，则事件无法结束，输入无效。Cancel 为 False，表示"不取消"过程，事件能正常结束，这也是该参数的默认值。

3）更新后（AfterUpdate）　当对象中的数据修改并得到认可后，该事件被触发，事件处理程序定义格式为：

```
Private Sub 对象_AfterUpdate ()
  事件处理语句序列
```

```
End Sub
```

使用该事件可以用作数据输入后的处理，例如对相关数据的关联操作处理等。

4）更改（Change）

当对象中的数据被修改时该事件发生，事件处理程序的定义格式为：

```
Private Sub 对象_Change ()
  事件处理语句序列
End Sub
```

以下是常用的窗口事件：

5）窗口打开（Open）

当打开窗体时该事件被触发，事件处理程序的定义格式为：

```
Private Sub Form_Open (Cancel As Integer)
  事件处理语句序列
End Sub
```

参数 Cancel 决定打开操作是否有效的进行，当 Cancel 为 False 时窗口被打开，为 True 时窗口不能打开。

6）窗口加载（Load）

当打开一个窗体并显示其中记录时该事件被触发，事件处理程序的定义格式为：

```
Private Sub Form_Load ()
  事件处理语句序列
End Sub
```

此事件可用于窗体中各控件的默认设置。

7）窗口激活（Activate）

当窗体获得焦点，成为当前窗口时，该事件发生，事件处理程序的定义格式为：

```
Private Sub Form_Activate ()
  事件处理语句序列
End Sub
```

8）窗口卸载（Unload）

当关闭窗口时候，该事件被触发，事件处理程序的定义格式为：

```
Private Sub Form_Unload (Cancel As Integer)
  事件处理语句序列
End Sub
```

注意：当一个窗体被用户调用时候，发生的窗体事件顺序为：

Open—Load—Resize—Activate—Current.

以下是窗体中与数据操作相关的事件：

9）插入前（BeforeInsert）

当在一个编辑记录窗体中进行插入记录操作时，在记录插入前该事件被触发，事件处理程序的定义格式为：

```
Private Sub Form_BeforeInsert (Cancel As Integer)
  事件处理语句序列
End Sub
```

该事件可以进行记录插入前的处理。例如检查当前状态是否允许插入记录，也可以编写一个插入操作的确认对话框。当 Cancel 被设置为 True 时，插入操作被取消。

10）插入后（AfterInsert）

当记录插入后该事件被触发，事件处理程序的定义格式为：

```
Private Sub Form_AfterInsert ()
  事件处理语句序列
End Sub
```

11）删除（Delete）

当窗体中删除记录时该事件被触发，事件处理程序的定义格式为：

```
Private Sub Form_Delete (Cancel As Integer)
  事件处理语句序列
End Sub
```

该事件可用作检验删除操作是否合法、让用户进行删除确认等操作。

12）成为当前（Current）

当窗体中有一个记录成为当前记录时，该事件被触发，事件处理程序的定义格式为：

```
Private Sub Form_Current ()
  事件处理语句序列
End Sub
```

当窗体打开时候该事件触发，以后每改变记录指针时也会触发此事件。

上面给出了一些常用事件的事件处理定义格式和事件触发的条件，供大家编程时参考。在 VBA 中还有大量的事件，可以通过实例、帮助来了解事件的触发条件和用途。以下用 1 个任务来说明其中某些事件过程的使用方法。

任务 2　使用文本框的更新事件

1. 任务要求

学习使用文本框的更新前、更新后事件。

如图 7-7 所示，当在文本框中输入语文、数学时，程序自动计算语文与数学的总分，并在总分文本框中显示。同时，在输入成绩时，保证语文、数学的输入数值在有效范围内（小于等于 100 且大于等于 0）。

2. 操作步骤

（1）新建一个窗体，保存为 Wtest1，放置三个文本框，“名称”属性分别为 txtyw，txtsx，txtzf，如图 7-7 所示。

（2）输入文本框的事件代码。

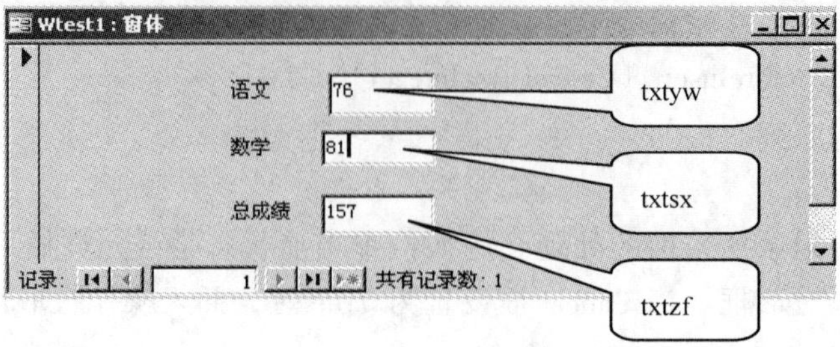

图 7-7　自动显示两科总分

编写语文、数学文本框的 BeforeUpdate 事件代码，用来对输入内容的有效性进行检验。

```
Private Sub Txtyw_BeforeUpdate (Cancel As Integer)
' 对语文成绩 txtyw 的数值作有效性检验
  Dim yw As Single
  yw = Me.txtyw
  If yw > 100 Or yw < 0 Then
Cancel = True ' 此参数设为 True，则无法结束本事件过程，控制鼠标无法离开 txtyw
  End If
End Sub
Private Sub txtsx_BeforeUpdate (Cancel As Integer)' 对数学成绩输入作有效性检验
Dim sx As Single
sx = Me.txtsx
If sx > 100 Or sx < 0 Then
    Cancel = True
End If
  End Sub
```

编写语文、数学文本框的 AfterUpdte 事件代码，使总分文本框自动计算并显示结果。

```
Private Sub txtyw_AfterUpdate ()
  Me.txtzf =""
  Me.txtzf = Val (Nz ( (Me.txtyw)) + Val (Nz (Me.txtsx))) ' 语文成绩确认后，自动
显示总分 val () 函数是转换文本框内的内容为数值型。NZ () 函数用于处理文本框无输入
数值的情况
End Sub
Private Sub txtsx_AfterUpdate ()
  Me.txtzf =""
  Me.txtzf = Val (Nz ( (Me.txtyw)) + Val (Nz (Me.txtsx)))
End Sub ' 数学成绩确认后，自动显示总分
```

(3) 运行测试窗体。以“窗体视图”打开该窗体，在窗体上的文本框中输入数据，可以看到“总分”文本框显示出正确的结果。

7.1.3　生成器

为便于编写代码、表达式、宏等，系统提供了三个生成器。它们是表达式生成器、宏生成器、代码生成器等，如图 7-3 所示。

1. 表达式生成器

如图 7-8 所示，表达式生成器的内容非常丰富，包含了所有可用的函数、常量及各对象的属性等，通过选中、粘贴即可在生成器中的文本框内生成表达式。然后把表达式复制到代码中，在 VBA 环境中得到我们所需要的表达式。

2. 宏生成器

宏生成器用来设计宏，如图 7-9 所示，它的具体用法见第 10 章的相关内容。

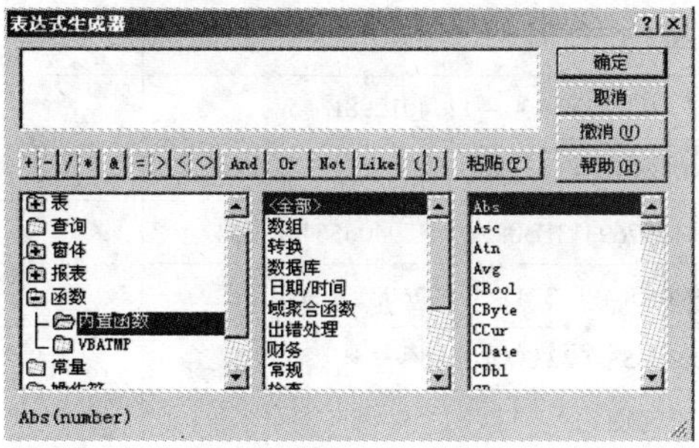

图 7-8　表达式生成器

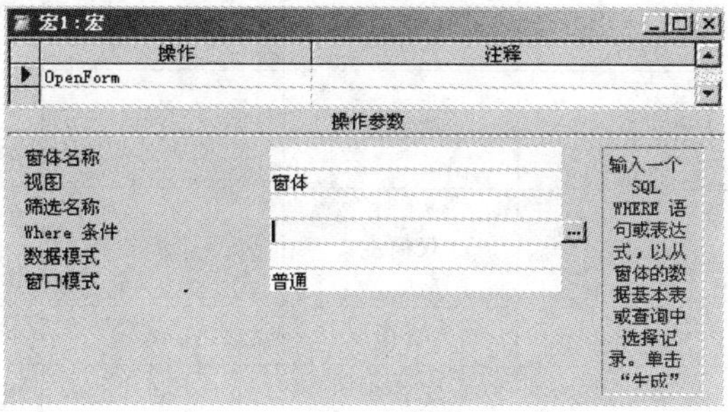

图 7-9　宏生成器

3. 代码生成器

代码生成器提供代码的编写环境，这是使用最多的生成器。打开代码生成器就会进入 VBA 的编程环境，如图 7-10 所示。

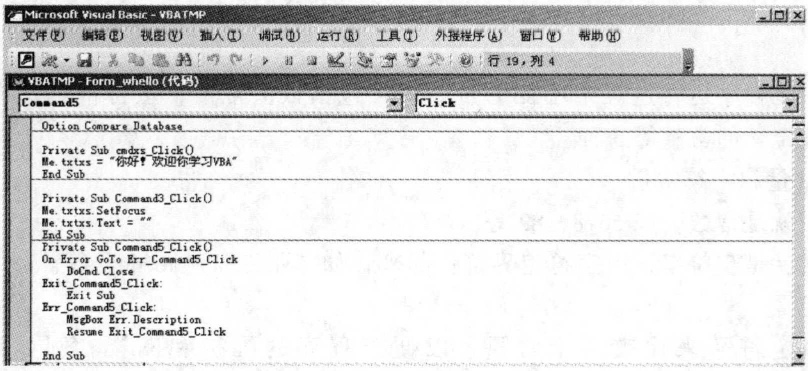

图 7-10　VBA　编程环境

在此环境下，可以进行代码的编写、程序的调试工作，系统工具栏中提供了大量的工具按钮。如：回到数据库窗口，保存代码，设计视图等。

7.2　VBA 编程基础

本节包括数据类型、常量、变量、表达式、函数等编程语言的基本元素的简单介绍，供读者参考，它们是编写程序必须了解的内容。

7.2.1 数据类型

VBA 提供了比较完备的数据类型，它包含了除 Access 表中的 OLE 和备注类型以外的其他所有数据类型，请见表 7-1。

表 7-1 VBA 中的基本数据类型

VBA 类型	含义	类型说明符	有效值范围	默认值
byte	字符		0 ~ 255	0
integer	整型	%	－32768 ~ 32767	0
boolean	是/否		True 和 False	False
long	长整型	&	－214783648 ~ 214783647	0
single	单精度	!	负数：－3.402823E38 ~ －11.401298E-45 正数：1.401298E-45 ~ 3.402823E38	0
double	双精度	#	负数：－1.79769313E308 ~ －4.94065648E-324 正数：4.94065648E-324 ~ 1.79769313E308	0
currency	货币	@	－922337203685 ~ 922337203685	0
string	字符串	$	根据字符长度而定	“”
date	日期时间		January 1，100 到 December 31，9999	0
object	对象			
variant	变体			Empty

除表中基本数据类型外，VBA 还支持用户自定义数据类型。

7.2.2 常量

常量是指在程序运行过程中不变的量。VBA 包括数值常量、字符常量、符号常量、固有常量和系统定义的常量等 5 种。

1. 数值常量和字符常量

数值常量就是常数，如 56.8，82 等。

字符常量就是字符串，由字符定界符括起来，如“张三”，“abcde”等。

2. 符号常量

用一个固定符号来代表一个常量，以便于程序的维护和阅读。例如用 Pi 来代表 3.1415926，使用符号常量时，要用 const 进行符号常量的说明：

```
const Pi = 3.1415926
```

有此说明后，Pi 就可以代替数值 3.1415926。符号常量 Pi 只能读取，不能修改和重新赋值。

3. 固有常量

固有常量是 Access 或引用库的一部分。所有固有常量均可以在宏或者 VBA 代码中使用。通常，固有常量通过前两个字母来指明该常量的对象库，例如，来自 Access 库的常量以 ac 开头，来自 ADO 库的常量以 ad 开头，而来自 VB 库的常量则以 vb 字母开头，例如 acform、 adaddnew、vbcurrency 等。

有哪些固有常量可用呢？可以通过“对象浏览器”来查看对象库中的固有常量列表。在 VBA 环境中，单击 Access 系统菜单【视图/对象浏览器】可打开“对象浏览器”。

4. 系统定义的常量

这类常量有 3 个：True、False 和 Null，系统定义的常量可以在所有应用程序中使用。

7.2.3　变量

变量是指在程序运行过程中其值变化的量。变量分为简单变量和数组变量两种。简单变量只有一个值，而数组变量则有相同类型的多个值。不论是简单变量还是数组变量，都有一个变量名，变量命名的规则是：以字母、字符开头，变量名长度不超过 255 个字符，中间不能包含句号和类型说明符。一般情况下，变量应该先声明后使用。变量的声明可以提高程序代码的可读性和可维护性。

1. 简单变量的声明

例如，要声明变量 name 为字符串类型，并赋值为“中国”，声明变量 x 为整数，并赋值为 134。有三种方式来实现。

（1）用 dim 语句

dim name as string ’***用 dim 声明 string 类型变量 name***

name = “中国”’***给 name 赋值为中国***

dim x as integer ’***用 dim 声明 integer 类型的变量 x***

x = 134 ’***给 X 赋值为 134***

（2）用类型说明符

name $ = “中国”’ ***$ 是字符串的类型说明符，声明变量的同时赋了值***

x% = 134 ’ ***% 是整型数据的类型说明符号，声明变量的同时赋了数值 134***

（3）使用 Deftype 语句　Deftype 语句主要用于模块级的通用声明部分，一般用来声明变量或者给传送过程的参数的数据类型，还用来声明指定字符开头的 Function 或 Propety get 过程的返回值类型。Deftype 的格式为：

Deftype 字母［，字母范围］

例如：Defint a，b，m-o

该语句表示，在模块中定义了以字母 a、b、m 到 o 开头的变量的默认数据类型为整型。VBA 中所能声明的数据类型如表 7-2 所示。

表 7-2　DefType 语句相应的数据类型

语　句	数据类型	说　明	语　句	数据类型	说　明
DefByte	byte	字节	DefCurency	curency	货币
DefInteger	integer	整型	DefString	string	字符串
DefBoolean	boolean	布尔型	DefDate	date	日期/时间
DefLong	long	长整型	DefObject	object	对象
Defsingle	single	单精度	DefVariant	variant	变体型
DefDouble	double	双精度			

用户可以根据以上的资料来使用 Deftype 语句，注意的是 Detype 不能直接用在过程中，只能用在模块级的变量定义中。VBA 判断一个变量的数据类型时，首先判断是否使用过 Dim 语句，然后判断是否使用类型说明符，最后判断是否使用过 Deftype 语句。如果没用以上 3 种方法声明变量的数据类型，那么 VBA 将变量默认为变体类型（Variant）。

2. 数组变量的声明

用 dim 语句声明数组变量，其格式为：

dim 数组名（数组下标上界）As 数组类型

例如：

dim xy（10）as string ’***声明了有 11 个元素的数组 xy，元素为 xy（0）到 xy（10）***

dim cj（1-10）as integer ’***声明了整型数组 cj，可使用的元素为 cj（1）到 cj（10）***

dim name（4，5）as string ’***声明了一个 4 行 5 列的二维数组，string 型***

7.2.4 表达式

表达式是由运算符、常量、变量、函数、字段名、控件、属性等组合而成的式子。在 Access 的 VBA 编程中，表达式无处不在。表达式有 5 种，它们是算术表达式、字符表达式、关系表达式、布尔表达式和对象表达式。

1. 算术表达式

算术表达式通过算术运算符构成。Access 的算术运算符号有 8 种，其含义及优先顺序如表 7-3 所示（表中假设 x = 5，y = 2）。

表 7-3 算术运算符

运算符	运　　算	示　　例	示例结果	优先顺序	备　　注
^	指数运算	x^y	25	1	
-	取负运算	- x	- 5	2	单目运算
*	乘法运算	x * y	10	3	
/	浮点除法运算	x/y	2.5	4	
\	整数除法运算	x \ y	2	5	
mod	取模运算	x mod y	1	6	
+	加法运算	x + y	7	7	
-	减法运算	x - y	3	8	

2. 字符串表达式

字符串表达式由字符串运算符连接而成。在 VBA 中可以使用 + 或者 & 连接多个字符串。例如 “abcd” + “xyz”，“中国人民” & “很勤劳”。

3. 关系表达式

通过关系运算符组成的表达式称为关系表达式。关系运算符的作用是比较两个表达式的值，比较的结果是布尔值，也称为逻辑值，即 True 或 False。关系运算符及含义如表 7-4 所示（表中假设 x = 5，y = 2）。

表 7-4　关系运算符

运算符	含　义	示　例	示例结果	优先顺序
<	小于	x < y	False	1
>	大于	x > y	True	1
< =	小于等于	x < = y	False	1
> =	大于等于	x > = y	True	1
=	等于	x = y	False	2
< >或> <	不等于	x < > y	True	2

4．布尔表达式

布尔表达式是由逻辑运算符连接而成的。逻辑运算也称为布尔运算，其运算符形式及含义如表 7-5 所示。

表 7-5　布尔运算符

运算符	含　义
not	非，取反
and	与，并且，两个表达式同为真则值为真，否则为假
or	或，或者，两个表达式有一个为真则为真，否则为假
xor	异或，两个表达式相同则为真，相反为假
eqv	等价，两个表达式同时为真或者同时为假，则值为真，否则为假
imp	蕴涵，当第一个表达式为真，且第二个表达式为假，则值为假，否则为真

布尔表达式主要用于条件的判断。

5．对象表达式

引用了对象或者对象属性的表达式称为对象表达式。对象表达式中所使用的运算符有两种："!"和"."。符号的作用如表 7-6 所示。

表 7-6　对象运算符

运算符	作　用	示　例	示例含义
!	指出随后为用户定义的内容	[forms]![成绩表初始化]![zhkxn]	窗体"成绩表初始化"中的控件 zhkxn
.	指出随后为 Access 定义的内容	[命令 3].Visible	引用命令按钮的 Visible 属性

7.3　VBA 中的流程控制语句

程序员最基本和最重要的工作就是要告诉计算机何时要做出什么样的动作，就象交通警察指挥车辆和行人何时该走、何时该停、该向哪边走一样。流程控制语句就是实现程序执行流程的指令。

7.3.1　判断语句

If 语句用来判断，实现程序分支，常用的有行语句和块语句形式及实现多分支判断的 Select Case 语句，下面给出它们的基本格式。

1. 行语句形式

If 条件表达式 then 语句

例如：If x > = 60 then n = n + 1

2. 块语句形式

```
If 条件表达式 then
  语句序列 1
Else
  语句序列 2
End if
```

它的执行逻辑为：如果条件满足（条件表达式的值为 True），则执行语句序列 1，否则，则执行语句序列 2。

3. Select Case 语句

专门用于多分支的判断控制语句。

语法结构为：

```
Select Case 表达式
  Case 值 1
    语句序列 1
  Case 值 2
    语句序列 2
  Case 值 3
    语句序列 3
  …
  Case Else
    其他语句序列
End Select
```

该语句的基本执行逻辑为：根据表达式的值来决定执行哪些语句。当表达式的值为值 1 时，执行语句序列 1 后跳转 End Select 后；表达式的值为值 2 时，执行语句序列 2 后跳转 End Select 后，…若表达式的值不等于任何一个 Case 后的值，则执行 Case Else 后面的其他语句序列，之后转出 End Select 后继续执行其他语句。

7.3.2 循环语句

下面介绍两种实现循环的语句格式。

1. For 循环

For 语句是 Visual Basic 中常用的循环控制语句，其语法结构如下：

```
For 计数变量 = 初始值 to 结束值 [step 增量]
  语句
   [Exit For]
Next 计数变量
```

2. Do 循环

语句格式为：

```
Do While 条件表达式
  语句
   [Exit Do]
Loop
```

7.3.3　Goto 语句

Goto 语句实现无条件跳转到指定语句上，可以用行号、标志（或标号）来指定语句位置。其语法格式为：

Goto 标志

Goto 行号

注意： Goto 语句可以实现语句的任意跳转，因此用得太多将会破坏程序流程的流畅结构，程序将很难阅读和调试，应尽量少使用 Goto 语句。

7.4　“班级学生管理系统”“用户登录”窗体的编写

作为 VBA 知识的综合应用，7.4 节和 7.5 节各用 1 个任务来设计项目 1“班级学生管理系统”中的“用户登录”模块和“成绩表初始化”模块。

任务 3　设计制作“班级学生管理系统”的“用户登录”窗体

1. 任务要求

创建“用户登录”窗体，实现用户登录功能。

该窗体的运行效果如图 7-11 所示。

它的具体功能要求为：

(1) 用户名选择框可以选择系统中的用户名。

(2) “学生管理”数据库中“用户表”中保存了用户名和用户密码，本模块对用户进行合法性检测，由于用户名是通过选择输入的，因此，用户的合法性检测主要看用户输入的密码是否正确。如果正确视为合法，则进入系统的主菜单，否则让用户重新选择并输入密码。

(3) “取消”按钮的功能是退出系统，结束程序。

图 7-11　“用户登陆”窗体运行效果

2. 操作步骤

(1) 打开“学生管理”数据库，选择“窗体”对象，双击“在设计视图中创建窗体”，新建一个窗体，保存为“用户登录”。

（2）窗体界面设计：界面效果如图 7-11 所示，在窗体的设计视图下，在工具箱中把控件拖拽到窗体中，如图 7-12 所示。

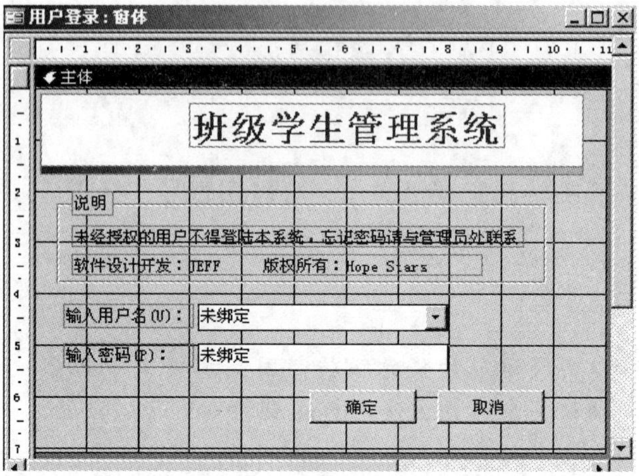

图 7-12 “用户登录”窗体的控件布局

（3）窗体及控件的属性设置：按照表 7-7 来设置窗体及控件的属性，没有涉及到的属性取默认值，每个控件的属性可以在其对应的属性窗口中进行设置。

表 7-7 “用户登录”窗体的控件设计

对　象	属性名	属性值	备　注
窗体	滚动条	两者均无	
	记录选择器	否	
	导航按钮	否	
	分隔线	否	
	自动居中	是	
	记录源	用户表	
矩形	边框样式	透明	白色底框
图像	图片	line.bmp	彩色条带
标签	标题	班级学生管理系统	
组合框	名称	Combo 用户	用户名组合框
	行来源类型	表/查询	
	行来源	用户表	
	绑定列	1	
文本框	名称	Txt 密码	
命令按钮 1	标题	确定	
	名称	Cmd 确定	
命令按钮 2	标题	取消	
	名称	Cmd 取消	

其余标签仅用于显示文字信息，根据窗体界面图自行设置，此处略。

(4) 编写事件代码。

本模块中需要编写代码的主要是两个按钮的 Click 事件。选中按钮，打开代码生成器可以输入其对应的代码，具体代码输入过程从略。下面给出代码的功能说明和程序清单。

1)“确定”按钮的 Click 事件代码

代码的主要功能：用户选择一个用户名，则从“用户表”中取出该用户的密码，同用户输入的密码比较，如相同，则打开主菜单窗体，否则提醒用户重新选择用户名并输入密码。

```
Private Sub Cmd确定_Click()
On Error GoTo Err_Cmd确定_Click ' 若出错，转至 Err_Cmd确定_Click
If Nz([Txt密码]) = Nz(DLookup("[用户密码]", "用户表", "[用户名] =" & "'" & Combo用户名 & "'")) And Me.Combo用户名 <> "" Then ' 验证用户和密码，这是关键语句' 当用户选中一个用户名时，本句用 Dlookup 函数从用户表中取出选中的用户名的密码，'同用户输入的密码相比较，如果相等，则合法
  Docmd.Close ' 关闭本窗体
stDocName = "main"
  Docmd.OpenForm stDocName, , , stLinkCriteria ' 打开 main 主窗体
Else ' 否则（密码不正确）
MsgBox "用户名和密码错误", , "请重新输入"
  Me.Combo用户名.SetFocus ' 用户名组合框再次得到焦点，重新选用户名。
End If
Exit_Cmd确定_Click:
  Exit Sub ' 结束事件过程
Err_Cmd确定_Click: ' 若出错误，转到这里
    MsgBox Err.Description ' 显示系统的错误表述信息
  Resume Exit_Cmd确定_Click ' 结束事件过程
End Sub
```

2)“取消”按钮的 Click 事件

代码的主要功能为：关闭窗体并退出系统。

```
Private Sub Cmd取消_Click()
  On Error GoTo Err_Cmd取消_Click
    Docmd.Close ' 关闭本窗体
    Docmd.Quit ' 退出系统
  Exit_Cmd取消_Click:
    Exit Sub
  Err_Cmd取消_Click:
    MsgBox Err.Description
    Resume Exit_Cmd取消_Click
End Sub
```

3. 知识要点

(1) 功能模块的编写步骤　编写一个功能模块，一般的步骤为：

第一步，设计窗体的界面，包括控件和布局；

第二步，设置窗体和控件的属性；

第三步，编写窗体及各控件的事件代码；

第四步，打开窗体运行调试。

(2) 两个实用函数　在“用户登录”窗体代码的编写中，使用了两个函数：NZ（ ）和 Dlookup（ ），对它们说明如下：

Nz（表达式）：当表达式为 Null 时，返回 0 或者零长度的字符。该函数对可能包含 Null 值的表达式是很有用的。要使表达式即使在包含 Null 值时也能计算得到一个非 Null 值，可使用 Nz 函数来返回 0、零长度字符串或一个自定义的返回值。

Dlookup（ ）函数：DLookup 函数用于从指定记录集获取特定字段的值。例如从“用户”中取出用户名为 user1 的密码，则函数表示为：

Dlookup（“密码”，“用户表”，“用户名 = ’ user1’”）

该函数也非常有用，提取数据的表可以是非当前窗口记录源的表，它为我们从表（或记录集）中提取特定的字段值提供了很方便的手段。

7.5 “成绩表初始化”模块

班级管理者在期初要对“班级学生管理系统”进行初始化，设定系统的初始数据，它包括科目表初始化、基本信息表初始化、成绩表初始化、学生操行表初始化等，其中科目表与基本信息表的初始化主要完成初始数据的录入工作，是一般的数据维护，而成绩表与操行表的初始化工作需要专门的模块来完成，本节实现“成绩表初始化”模块。

7.5.1 “成绩表初始化”效果及功能要求

“成绩表初始化”模块是在学期初使用的，属于系统的初始设置部分。它的主要功能是：在“学生成绩表”中为新学期准备数据记录。它要根据用户选定的学年和学期、该学年学期所开设的科目及“基本信息表”中的“学号”，在“学生成绩表”中增加记录。选定的学年学期的成绩表经过初始化后，可以用于输入该学年的成绩。一般来说，学期伊始，要进行成绩表的初始化，如果学期开设课程、学生有增减变化时，成绩表也要相应作初始化处理。

例如，假定用户选中 2004 学年“上”期，“成绩表初始化”模块会对成绩表作什么样的处理呢？以下用具体数据来说明初始化功能处理结果。

假设此时“科目代码表”、“基本信息表”中的数据如图 7-13、图 7-14 所示。

	科目编号	科目名称	学年	学期
+	01	语文	2004	上
+	02	数学	2004	上

图 7-13　“科目代码”：2004 年上期开 01、02 课程

初始化成绩表，就是要利用追加查询“成绩表初始化查询”在“学生成绩表”中增加 6

学号	姓名	性别	是否团员	出生日期	毕业学校
01	陈宝玉	男	☑	1990-11-3	培英中学
02	李　英	女	☑	1988-2-3	伟才中学
03	陈明华	男	☑	1989-10-3	伟才中学

图 7-14 “基本信息表”有 01、02、03 三个学生

条记录，见表 7-8。

表 7-8 在“学生成绩表”中增加 6 条纪录，这是初始化结果

学　号	学　年	学　期	科目代码	成　绩
01	2004	上	01	0
02	2004	上	01	0
03	2004	上	01	0
01	2004	上	02	0
02	2004	上	02	0
03	2004	上	02	0

表 7-8 中的 6 条记录，是“基本信息表”中的“学号”与“科目代码表”的“科目编码”在“学年、学期”为“2004 上”的约束下组合而成的，所有科目的成绩初始值为 0，初始化功能就是完成这些记录在“学生成绩表”中的追加工作。

该模块运行效果如图 7-15 所示。

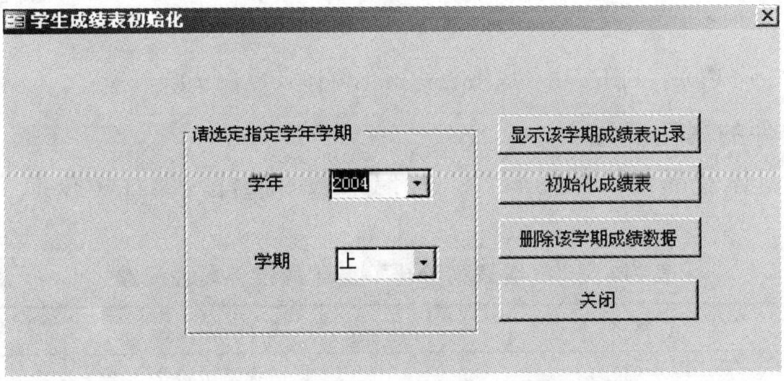

图 7-15 学生成绩表初始化运行效果

为便于观察数据表中的数据，故提供“显示该学期成绩表”功能。在初始化此功能模块中，还要判定是否已经进行过初始操作，因为重复的初始化会产生重复的数据记录，应该避免，可以让用户删除所有该学年学期的成绩记录之后重新初始化，因此要提供“删除该学期成绩数据”的功能。

7.5.2 “成绩表初始化”模块的编写

按照 7.4 节提出的功能模块的编写步骤，以下用 1 个任务来说明该模块的设计制作方法。

任务 4　设计制作“成绩表初始化”窗体

1. 任务要求

掌握“成绩表初始化”模块的设计。

设计制作出图 7-15 所示的窗体，并完成成绩表的初始化功能。本模块还要用到三个查询，“科目表中的学年”、“指定学年学期的记录数”、“成绩表初始化查询”等。其中“科目表中的学年”查询已经在本书的第 5 章制作了。另外两个查询，在本任务中来建立。

2. 操作步骤

（1）打开“学生管理”数据库，在设计视图中创建窗体，新建的窗体保存为“成绩表初始化”。

（2）窗体界面设计。按图 7-16 所示，在“工具箱”中拖拽四个按钮、两个组合框、一个矩形控件至窗体主体中，并按图效果调整好各控件的大小和位置。

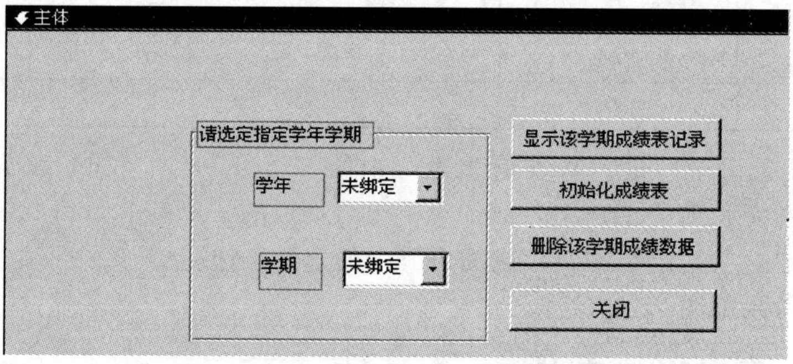

图 7-16　成绩表初始化窗体及控件布局

（3）窗体及控件的属性设置。

按表 7-9 设置窗体及部分控件的属性。其他未列的控件及属性请按照 7-16 所示窗体自行设置。

表 7-9　“成绩表初始化”窗体的控件属性设置

对　　象	属 性 名	属 性 值	备　　注
窗体	标题	学生成绩表初始化	
	滚动条	两者均无	
	记录选择器	否	
	导航按钮	否	
	分隔线	否	
	自动居中	是	
	边框样式	对话边框	
	记录源	科目代码表	
组合框	名称	Zhkxn	学年组合框
	行来源类型	表/查询	
	行来源	科目表中的学年	
	默认值	“2004”	

（续）

对　　象	属 性 名	属 性 值	备　　注
组合框	名称	zhkxq	
	行来源类型	值列表	学期组合框
	行来源	“上”；“下”	
	默认值	“上”	

（4）创建增加记录的查询“成绩表初始化查询”。在查询设计器中新建一个“追加查询”，保存为“成绩表初始化查询”，追加记录的目标表是“学生成绩表”。查询设计中的“表”、“字段”、“追加到”、“条件”等行的设置如图 7-17 所示。

注意：这个追加查询是带条件控制的查询，在“条件”行输入“学年”、“学期”两个条件，它们分别是窗体“成绩表初始化”中的组合框的值。因此此查询要建立在窗体“成绩表初始化”之后。该查询的作用是在“学生成绩表”中追加满足条件的记录，这是成绩表初始化功能的关键所在。

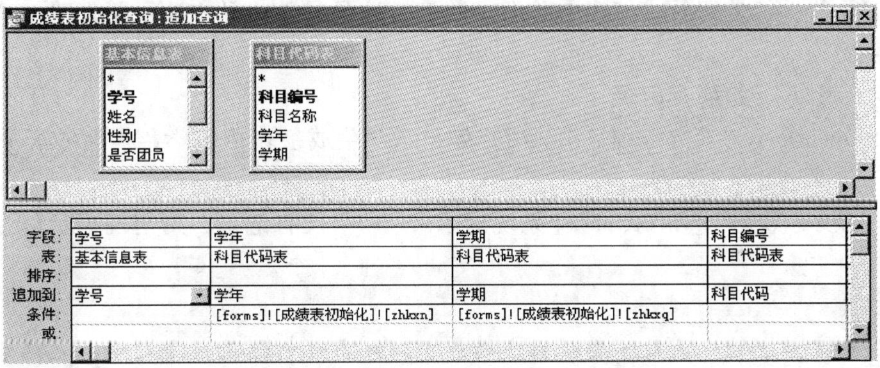

图 7-17　追加查询“成绩初始化查询”

（5）创建带参数的查询“指定学年学期的记录数”。该查询的作用是获得“学生成绩表”中用户指定的学年、学期的记录数。例如，用户如果选定 2004、“下”，则此查询获得“学生成绩表”中 2004 学年“下”学期的记录数，它将来用于判定该学期是否已经作过初始化处理。它在查询设计视图中的设置如图 7-18 所示。

（6）编写事件代码。

四个按钮的 Click 事件代码如下：

1）“显示该学期的成绩表记录”按钮的 Click 代码。这段程序的主要功能：如果在“学生成绩表”中存在选中的学年学期的成绩记录，则显示这些记录；如果不存在该学年学期的成绩记录，则不显示并作相应提示。

```
Private Sub 命令 22_Click（）
    Dim x As Integer
    Dim tj As String
    tj = “学年 = '” + Me.zhkxn + “' and 学期 = '” + Me.zhkxq + “'”' 生成条件，指向
```

选定的学年学期，注意 tj 表达式中引号的用法

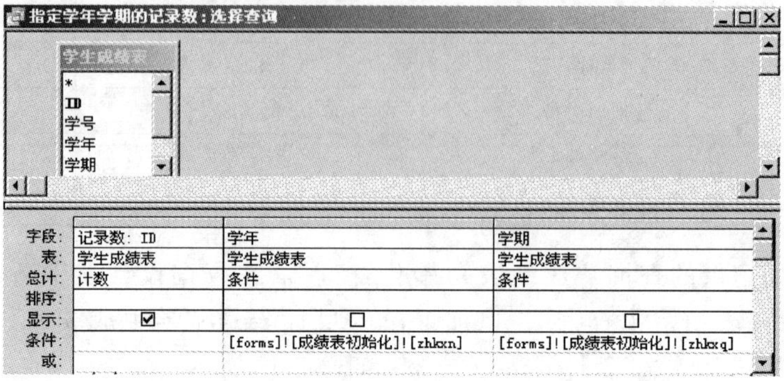

图 7-18　创建“指定学年学期的记录数”查询

x = DCount（“ID”,“学生成绩表”, tj）’ ***用 Dcount 函数统计 ’ 学生成绩表’ 中指定学年学期的记录数***

’ x = DLookup（“记录数”,“指定学年学期的记录数”）’ ***利用查询‘指定学年学期的记录数’来获得该学年学期的成绩表中的记录数字，这是另外一种方法，要先建立‘指定学年学期的记录数’***

If x > 0 Then ’ ***如果有记录，***

Docmd.OpenQuery“参数成绩表”’ ***用查询显示学生成绩表中该学年学期的记录***

Else

MsgBox“没有数据”, vbOKOnly,“系统提示”’ ***如果没有记录，则出现提示信息***

End If

End Sub

注意：在显示表的记录前，要根据成绩表中满足条件的记录数来判定有无记录，在上述代码中，给出了获得“学生成绩表”指定学年学期的记录数的两种方法。

方法一，用函数 Dcount（　）。使用 Dcount 函数可以确定特定记录集（一个域）中的记录数，例如要取得“学生成绩表”中语文超过 60 的人数，可以用函数表示为

Dcount（“ID”,“学生成绩表”,“语文 > 60”）

其中 ID 是统计字段，用主键字段列。“学生成绩表”是表名，“语文 > 60”是条件。

方法二，先制作一个带参数的查询“指定学年学期的记录数”，如图 7-18 所示，再从该查询中取出记录数。这种做法虽然比方法一稍烦一点，但避免了复杂代码的编写。特别重要的是，用查询来获取所需要的数据是一种非常重要的思想，应该充分利用 Access 所提供的强大的查询功能。

2)“初始化成绩表”按钮的 Click 事件代码。本事件代码的功能：取得“学生成绩表”中在当前窗口选定学年学期的记录数并赋给 x，用以判定是否已经进行过初始化，若 x > 0 表示已经过初始化处理，要删除原有的数据记录才能重新初始化；若 x 不大于 0，则可以进行初始化，调用查询“成绩表初始化查询”来完成相应记录的增加。

Private Sub gg_Click（）

Dim x

```
  Dim tj As String
  tj = "学年='" + Me.zhkxn + "' and 学期='" + Me.zhkxq + "'" ' 生成条件字符串
  x = DCount("ID","学生成绩表",tj)
  ' x = DLookup("记录数","指定学年学期的记录数") ' 用查询来获得记录数
  If x > 0 Then
    MsgBox "在成绩表中，选定的学期的记录已经有" & x & "条，表明已经初始化过了，若确实要重新初始化，请请先删除该学期成绩数据。", vbOKOnly, "系统提示"
  Else
    Docmd.SetWarnings False ' 关掉系统提示信息显示
    Docmd.OpenQuery "成绩表初始化查询" ' 调用追加查询实现成绩表初始化
    Docmd.SetWarnings True ' 重新打开提示信息的显示，还原系统设置
    MsgBox "已经初始化完毕，向成绩表中追加了若干条记录", vbOKOnly, "系统提示"
  End If
End Sub
```

3) “删除该学期成绩数据”按钮的 Click 事件代码。这段程序的主要功能：取得“学生成绩表”中指定学年、学期的记录数，并赋给变量 x，如果 x=0，表明还没有进行过初始化，无须删除；如果 x>0，则进行数据删除处理。记录的删除是利用 SQL 语句来实现的，首先用语句：

sqlyj = "delete from 学生成绩表 where 学年='" & xn & "' and 学期='" & xq & "'"

生成 SQL 语句串，保存在 sqlyj 中。其中 xn 和 xq 是用户选择的“学年”和“学期”，例如，如果用户选择的“学年”是 2005，“学期”是“上”，则生成的 sqlyj 字符串为：

delete from 学生成绩表 where 学年 = ‘2004’ and 学期 = ‘上’。通过调用 Docmd.runsql 命令就可以删除“学生成绩表”中指定学年学期的记录了。

```
Private Sub 命令19_Click()
  Dim x
  x = DLookup("记录数","指定学年学期的记录数")
  If x = 0 Then
    MsgBox "目前还没有记录，不需要删除", vbOKOnly, "系统提示"
    Exit Sub
    End If
      Dim xn, xq, sqlyj As String ' 定义变量用以保存用户选定的学年、学期
      xn = zhkxn ' 保存学年到变量 Xn
      xq = zhkxq ' 保存学期到变量 Xq
      sqlyj = "delete from 学生成绩表 where 学年='" & xn & "' and 学期='" & xq & "'"' 生成 sql 语句，注意引号的用法，这是本段程序的关键
      ' MsgBox sqlyj ' 用于调试，看生成的 sql 语句是否符合要求
      Dim hd ' 用于保存用户信息框的回答
      hd = MsgBox("要删除" & xn & "年" & xq & "学期的成绩数据吗?", vbYesNo, "系统提示")
```

```
    If hd = vbYes Then ' 如果用户选择是，则做删除处理
    Docmd.SetWarnings False ' 关闭掉系统信息提示
    Docmd.RunSQL sqlyj ' 执行 SQL 语句，实现删除操作
    Docmd.SetWarnings True
  MsgBox "数据删除完毕，你可以重新初始化该学期的成绩记录", vbOKOnly, "系统提示"
  End If
End Sub
```

注意：对象 Docmd 具有许多方法，本程序段用 runsql 方法来执行 SQL 命令，它的基本格式是：Docmd.runsql 'sql 语句'

用 Docmd.runsql 可以很方便的执行 SQL 语句，实现对数据表的有关操作。但要注意，这里被执行的 SQL 语句不能是 Select 命令，它属于查询的范畴。

4）"关闭" 按钮的 Click 事件：

```
Private Sub 命令 10_Click ()
  On Error GoTo Err_命令 10_Click
  Docmd.Close
 Exit_命令 10_Click:
     Exit Sub
Err_命令 10_Click:
 MsgBox Err.Description
 Resume Exit_命令 10_Click
End Sub
```

5）调试运行窗体，测试窗体中各按钮的代码是否能正常执行，若有问题就进行修改。

本 章 小 结

本章介绍了 VBA 编程的基本知识，包括数据类型、流程控制语句等，同时介绍了系统中功能模块设计制作的一般方法和步骤。VBA 的编程理论知识和技巧内容非常多，读者可以进一步参考相关书籍。本章还带领读者设计制作了"班级学生管理系统"的"用户登录"模块和"成绩表初始化模块"。希望通过这两个实例，读者能领会到利用 VBA 编程实现有关功能的基本思路。

习 题

一、填空题

1. 把 x 定义成 string 型数据的语句为______________。

2. 某窗体中有文本框 txt1 和 txt2，把第一个文本框的内容赋给第二个文本框并显示出来的语句是______________。

3. 退出事件处理过程的命令为______________。

4. 打开窗体 W1 的命令为______________。

5. 从指定数据表中提取满足条件的记录的指定字段的函数为______________。

6. 当一个窗体被调用时，窗体各事件发生的顺序是______________。

7. 通过________可以查看对象库中所使用的系统固有常量。

8. 当窗体中的记录删除时，发生________事件。

9. 用________可以执行指定的 SQL 命令。

10. [forms]! [窗体 1]! [组合框 1] 表示的含义是________________。

二、选择题

1. “面向对象程序设计”的英文缩写是（　）。

A. OOP　　B. POP　　C. POS　　D. PNP

2. 对象的性质和状态特征称为（　）。

A. 事件　　B. 方法　　C. 属性　　D. 类

3. “一个白色的杯子被打破了”，其中“白色”、“杯子”、“被打破”依次是下面的哪一项（　）。

A. 对象、属性、事件　　B. 属性、事件、对象

C. 属性、对象、事件　　D. 都不是

4. 下面几个符号中合法的变量名是（　）。

A. vb123　　B. dcount　　C. 12xy　　D. xy \ z

5. 下面变量中单精度数据类型是（　）。

A. xyz%　　B. bold #　　C. name $　　D. aver!

三、操作题

完成“班级管理系统”中的“操行表初始化”功能模块的设计制作。要求如下：

界面如图 7-19 所示，窗体保存为“操行表初始化”。

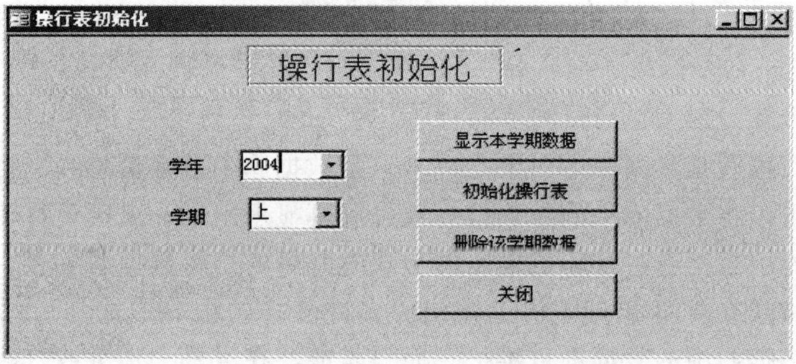

图 7-19　操行表初始化运行效果

各按钮的功能要求为：

(1)“显示本学期数据”按钮：如果在“学生成绩表”中有选中的学年学期的成绩记录，则显示出这些记录。如果没有，则提示无记录。

(2)“初始化操行表”按钮：如果在“学生操行表”中没有用户选中的学年学期的记录，则在“学生操行表”中增加所有学生该学年学期的记录。如果已经有该学年的记录，则拒绝初始化。

(3)“删除该学期数据”：在“学生操行表”中，删除用户选定的学年、学期的记录。

(4)“关闭”按钮：关闭本窗体。

第 8 章　报表的设计

本章应知
1. 报表的基本概念和作用 2. 报表的组成部分 3. 创建报表的方法及各自的特点 4. 报表的几种视图形式

本章应会
1. 使用报表向导、设计视图创建报表 2. 掌握自动创建报表的方法 3. 对报表进行分组与排序的设置 4. 创建汇总报表、图表报表和标签报表

8.1　认识报表

在 Access 中，报表是数据库的对象之一，它是数据库中数据信息和文档信息输出的一种形式，使用报表可以将数据库中的数据信息通过屏幕显示出来，或通过打印机打印出来。

报表是数据库中数据通过打印机输出的形式，其目的是将数据源（表、查询）中的数据根据用户设计的格式在屏幕和打印机上输出。多种多样的报表形式与数据库的窗体、表相似，但它不能对数据源中的数据进行维护，而只是能够在屏幕上预览或打印机上输出。下面我们将通过 1 个任务来认识报表的基本结构。

任务 1　认识报表

1. 任务要求

认识报表的基本结构。

2. 操作步骤

(1) 启动 Access，打开“学生管理”数据库的报表对象窗口，如图 8-1 所示。

(2) 在图 8-1 中，单击“新建”按钮，进入“新建报表”窗口，如图 8-2 所示。

(3) 选择“设计视图”选项，单击“确定”按钮，进入报表的“设计视图”，如图 8-3 所示。

(4) 点击工具栏中的“视图”按钮，如图 8-4 所示。

(5) 在下拉菜单中选中“报表页眉/页脚”选项。报表的设计视图出现了报表的报表页眉、报表页脚、页面页眉、页面页脚及主体 5 个组成部分，如图 8-5 所示。

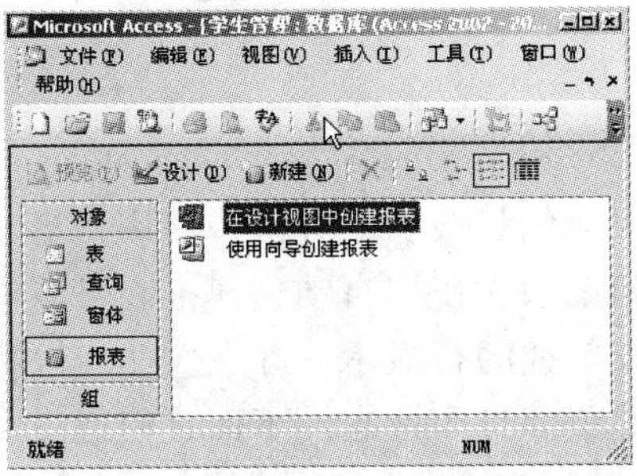

图 8-1 数据库对象“报表”

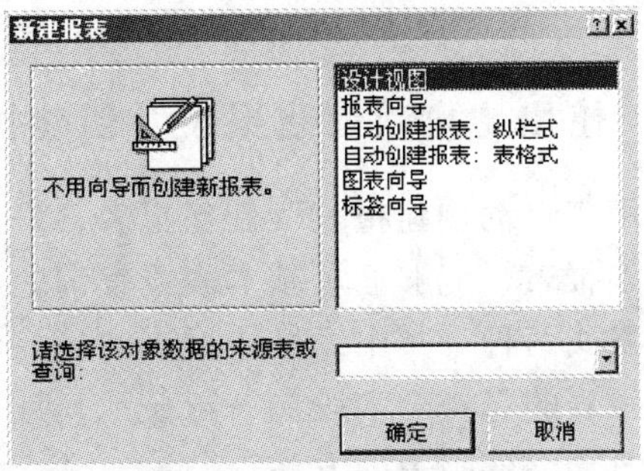

图 8-2 “新建报表”窗口

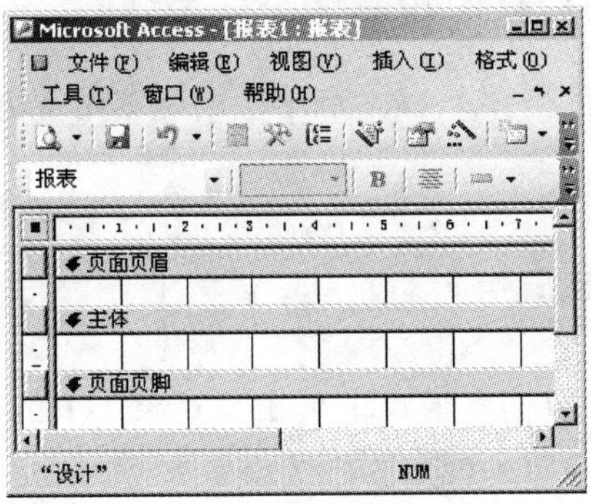

图 8-3 报表的“设计视图”

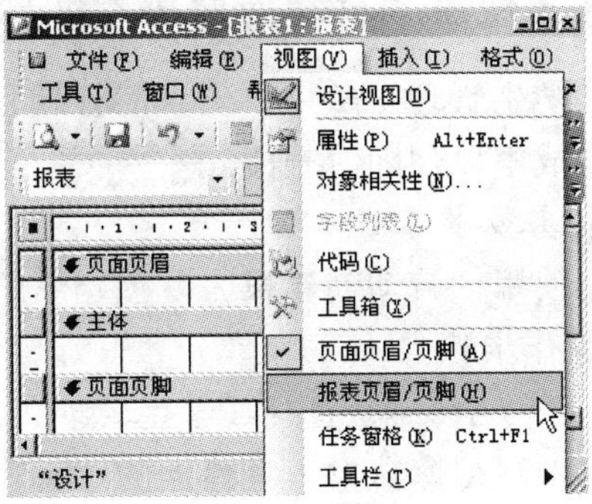

图 8-4 在“视图”工具中选择报表的页面页眉

3. 知识要点

报表通常由报表页眉、报表页脚、页面页眉、页面页脚及主体 5 个组成部分。这些部分我们称为报表的“节”。

(1) 报表页眉　报表页眉是整个报表的页眉，内容只在报表的首页头部打印输出。报表页眉主要用于打印报表的标题、制作时间、制作单位等内容。

(2) 报表页脚　报表页脚是整个报表的页脚，内容只在报表的最后一页底部打印输出。主要用来打印数据的统计结果信息。

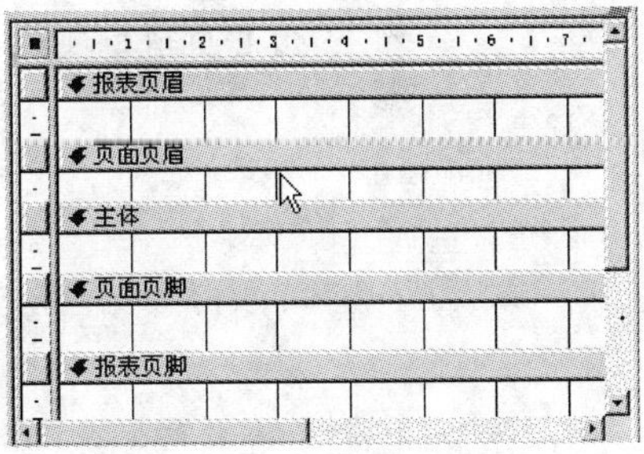

图 8-5 报表的组成部分

(3) 页面页眉　页面页眉的内容在报表每页头部打印输出，主要用于定义报表输出的每一列的标题。

(4) 页面页脚　页面页脚的内容在报表每页底部打印输出，主要用来打印报表页号、制表人和审核人等信息。

(5) 主体　主体是报表打印数据的主体部分。可以将数据源的字段直接“拖”到“主体”节中或者将报表控件放到“主体”节中用于显示数据内容。

“主体”节中的内容是报表的项目不可缺少的关键内容。

8.2 创建报表

在 Access 中，创建报表与创建窗体的方法基本相似，同样可以使用“自动创建报表”、

“报表向导”和“报表设计器”进行创建。

8.2.1 使用“自动创建报表”创建报表

应用“自动创建报表”创建报表，是最简单最快捷创建报表的方法，使用“自动创建报表”创建报表，能够显示基本表或查询的所有字段和记录。使用自动创建报表可以创建纵栏式和表格式两种。其中纵栏式报表的每一个字段都以单独的行显示，并在左侧附以标志。而表格式报表的每一个字段在一行显示，且只在每页的顶部打印标志。下面我们通过 2 个任务来学习自动创建报表的方法。

任务 2 使用“自动创建报表”创建“基本信息”报表

在“学生管理”库中，班级的管理者在期初往往需要掌握本班学生的基本情况并能打印出来装订成本以便随时查阅。

1. 任务要求

掌握使用“自动创建报表”创建纵栏式报表的方法。

2. 操作步骤

(1) 启动 Access，打开“学生管理”数据库，在数据库窗口下单击“对象”下的“报表”选项，单击数据库窗口工具栏上的“新建”按钮，如图 8-6 所示。

(2) 在出现的“新建报表”对话框中选择“自动创建报表：纵栏式”选项，在数据源组合选择框中选择“基本信息表”作为报表的数据源，如图 8-7 所示。

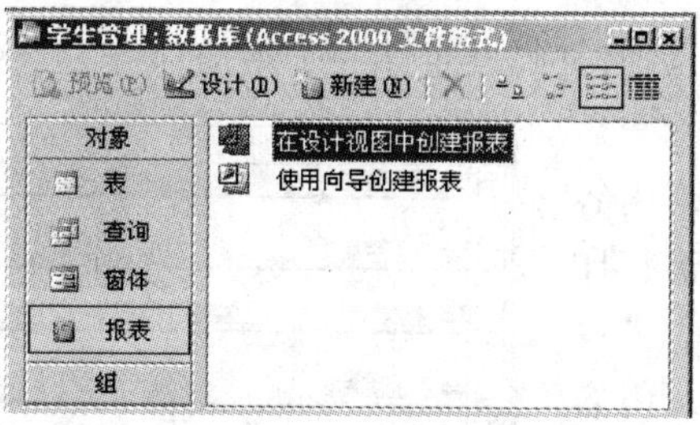

图 8-6 选择报表对象

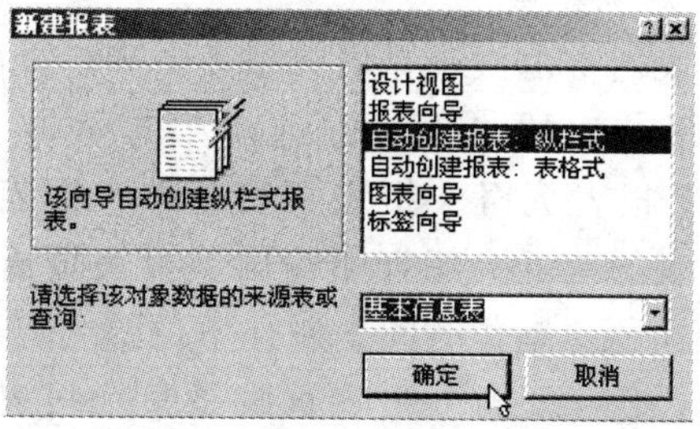

图 8-7 选择报表的数据源

(3) 单击“确定”按钮，系统将自动完成报表的相关的设置，并生成了名为“基本信息表”的纵栏式报表，如图 8-8 所示。

任务 3 使用“自动创建报表”创建“科目代码表”报表

在“学生管理”库中，班级的管理者在期初往往需要掌握本学期所开科目的信息并打印出来公布在班上，所以需要输出科目信息报表。

1. 任务要求

掌握使用“自动创建报表”创建表格式报表的方法。

2. 操作步骤

(1) 启动 Access，打开“学生管理”库，在数据库窗口下单击“对象”下的“报表”选项，单击数据库窗口工具栏上的“新建”按钮，如图 8-9 所示。

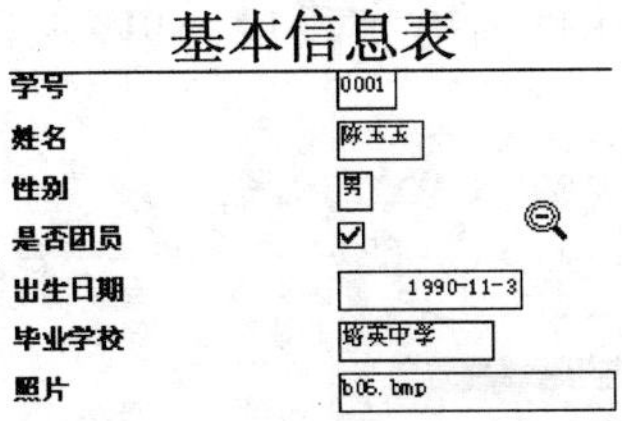

图 8-8　自动生成的纵栏式报表

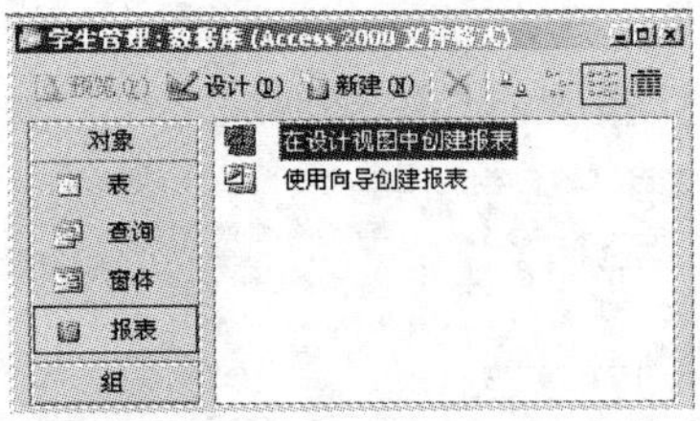

图 8-9　数据库报表对象

(2) 在出现的“新建报表”对话框中选择“自动创建报表 表格式”选项，点击“请选择该对象数据的来源表或查询:”列表项中选择“科目代码表”作为报表的数据源，如图 8-10 所示。

(3) 单击“确定”按钮，系统将自动完成报表的相关的设置，并生成了名为“科目代码表”的表格式的报表，如图 8-11 所示。

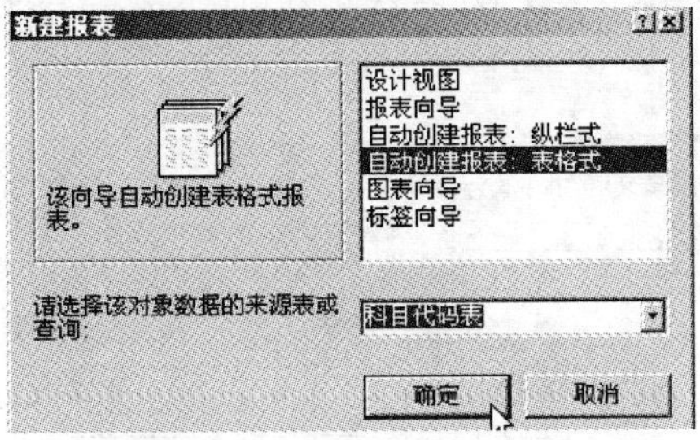

图 8-10　选择报表的数据源

科目代码表

科目编号	科目名称	学年	学期
01	语文	2004	上
02	数学	2004	上
03	计算机	2004	上
04	英语	2004	下
05	数据库	2004	下
06	网络	2005	上
07	创业教育	2005	下

图 8-11　自动生成的表格式报表

8.2.2　使用报表向导创建报表

使用“自动创建报表”创建报表虽然简单，但用户几乎无法做出任何选择。而使用“报表向导”创建报表，报表包含的字段个数在创建报表时可以选择，还可以定义报表布局及样式。下面我们通过 1 个任务的学习来掌握使用“报表向导”创建报表的方法。

任务 4　使用“报表向导”创建“学生成绩表”报表

1. 任务要求

掌握使用“报表向导”创建报表的方法。

2. 操作步骤

(1) 打开“学生管理”数据库。

(2) 在“学生管理”数据库窗口选择“报表”为操作对象，点击“新建”按钮，进入“新建报表”窗口，并选择“报表向导”选项，如图 8-12 所示。

(3) 选择报表的数据源为“成绩表查询”。

(4) 单击“确定”按钮，出现“报表向导”，如图 8-13 所示。

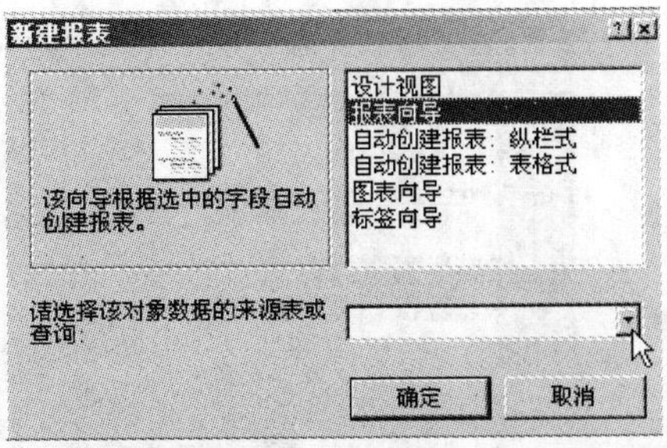

图 8-12　“新建报表”窗口

(5) 单击选定“> >”按钮，选定“成绩表查询”中的所有字段后，单击“下一步”按钮，打开“报表向导”对话框之二，如图 8-14 所示。

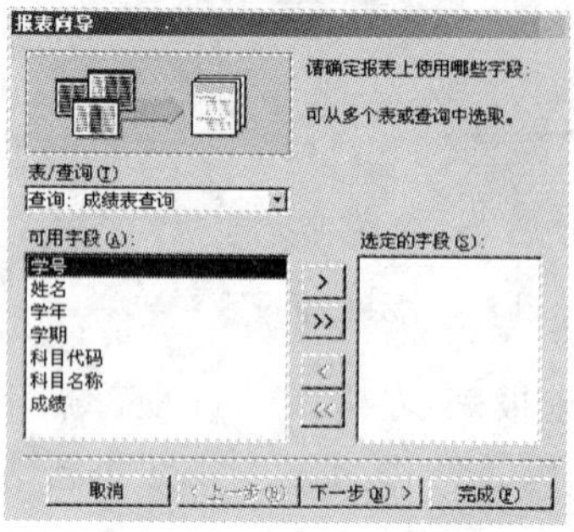

图 8-13 确定报表使用字段的对话框

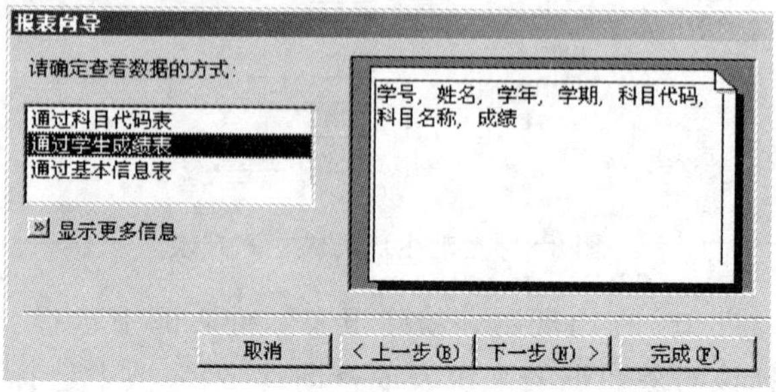

图 8-14 查看数据的方式的对话框

(6) 在“请确定查看数据的方式”的对话框中选择“通过学生成绩表”选项，单击“下一步”按钮，打开“报表向导”对话框之三，如图 8-15 所示。

(7) 在“请确定是否添加分组级别”的对话框中，暂不添加分组级别，单击“下一步”按钮，打开“报表向导”对话框之四，如图 8-16 所示。

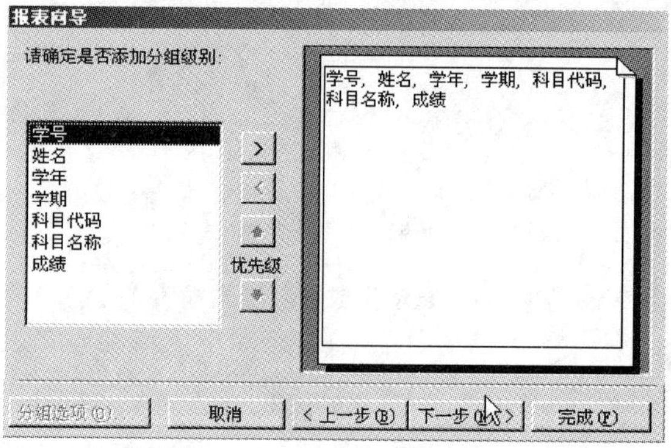

图 8-15 确定是否添加分组级别的对话框

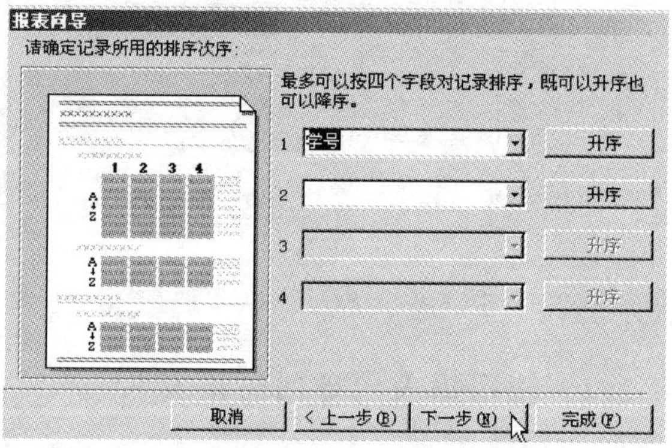

图 8-16 确定记录所用的排序次序对话框

(8) 在“确定记录所用的排序次序”选项组中选择第 1 个排序字段为“学号”，排序方式为“升序”，单击“下一步”按钮，打开“报表向导”对话框之五，如图 8-17 所示。

(9) 选择报表的“布局”选项为“表格”，“方向”选项为“纵向”，单击“下一步”按钮，打开“报表向导”对话框之六，如图 8-18 所示。

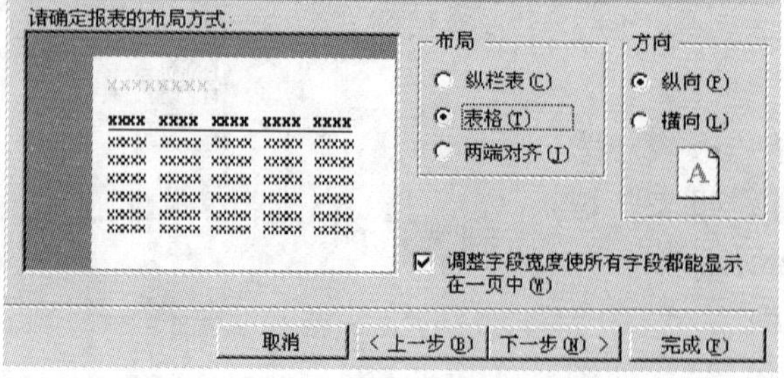

图 8-17 确定报表的布局方式对话框

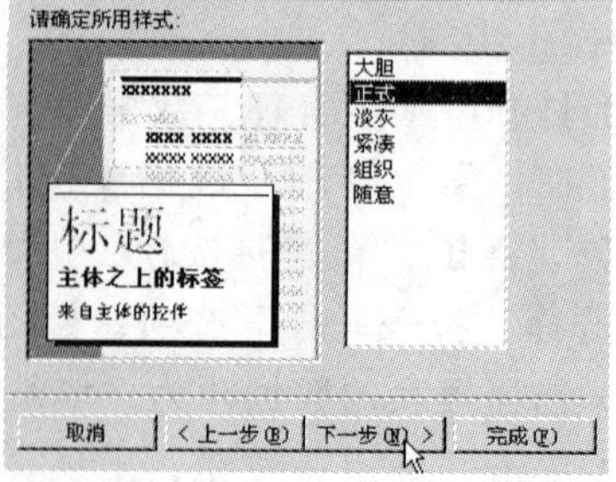

图 8-18 确定报表样式对话框

(10) 选择报表所用的样式为“正式”，单击“下一步”按钮，打开“报表向导”对话框之七，如图 8-19 所示。

(11) 指定报表的标题为“学生成绩表”，选择“预览报表”选项，单击“完成”按钮。打开标题为“学生成绩表”的报表预览视图，如图 8-20 所示，完成用“报表向导”创建报表的全过程。

3. 知识要点

(1) 在使用“报表向导”创建报表时，可以选择多个表或查询中的多个字段作为报表的输出字段。

(2) 如果对生成的报表不满意，可以在报表的“设计视图”中对报表进行修改。

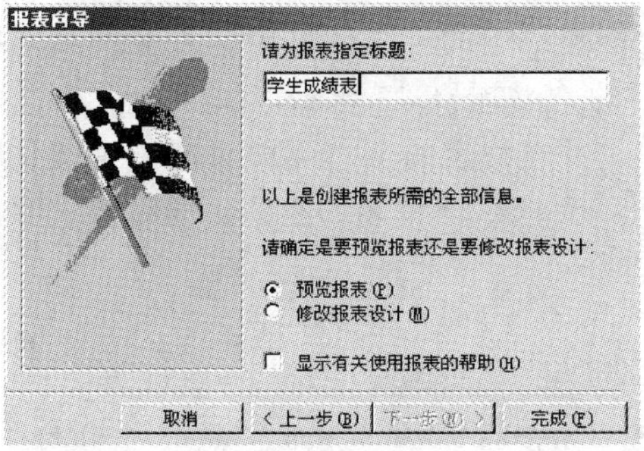

图 8-19　为报表指定标题的对话框

图 8-20　“学生成绩表”报表的预览视图

8.2.3　使用报表的设计视图创建报表

用报表设计视图创建报表可以按设计者的个性及问题的需求加以设计，这是一种更为灵活的设计方式。下面通过 1 个任务来学习使用“报表设计器”创建报表的方法。

任务 5　使用报表“设计视图”创建报表

1. 任务要求

掌握使用报表“设计视图”创建报表的方法。

2. 操作步骤

(1) 打开“学生管理”数据库，新建一个查询“操行查询”，作为报表的数据源。

在数据库窗口中选择“查询”，双击在“设计视图中创建查询”，不选择表直接关闭“显示表”对话框，单击菜单项【查询/SQL 特定查询/联合】，出现“联合查询”窗口，在其中输入下列 SQL 语句：

SELECT 学生操行表．学号，基本信息表．姓名，学生操行表．学年，学生操行表．学期，学生操行表．操行等级，学生操行表．操行评语 FROM 基本信息表 INNER JOIN 学生操行表 ON 基本信息表．学号 = 学生操行表．学号；

输入完毕后测试，正常后保存此查询为“操行查询”。

(2) 在数据库窗口中选择“报表”为操作对象，单击“新建”按钮，进入“新建报表”窗口，如图 8-21 所示。

(3) 在“新建报表”窗口中选择“操行查询”为新建报表的“数据来源”，单击“确定”

按钮，进入报表“设计视图”，同时还显示了“操行查询”的字段列表，如图 8-22 所示。

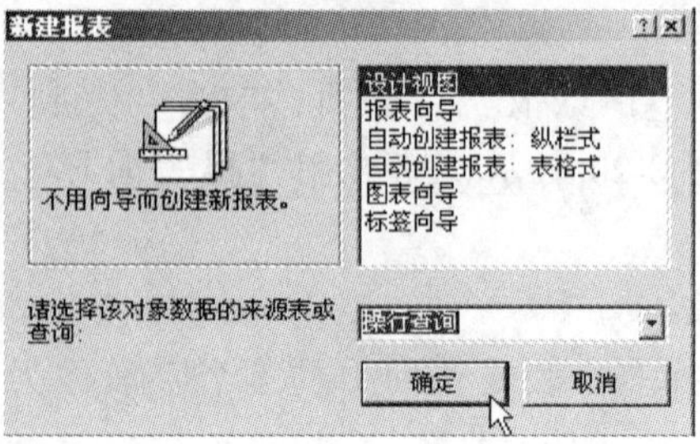

图 8-21 “新建报表”窗口

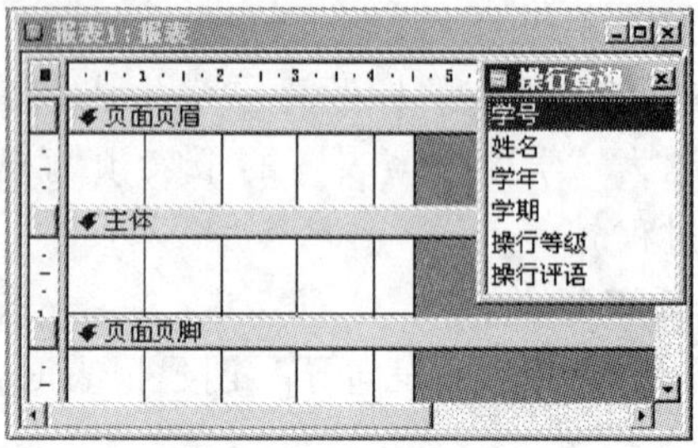

图 8-22 报表的设计视图

(4) 把“操行查询”表中的字段拖到报表设计视图窗口中的“主体”中，并调整相对的位置和大小（其调整的方法和窗体中设计方法是一样的），如图 8-23 所示。

(5) 在报表工具箱中单击一下“标签”控件按钮，并在报表的节“页面页眉”中按住鼠标左键“画”出一个方框，在方框内输文字“学生操行评语”作报表的主题，同时将文字的格式设为：“14 号，加粗”，如图 8-24 所示。

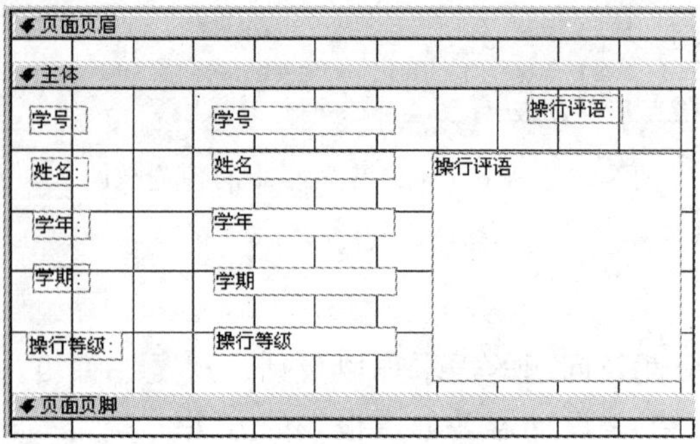

图 8-23 在主体中设置报表的字段

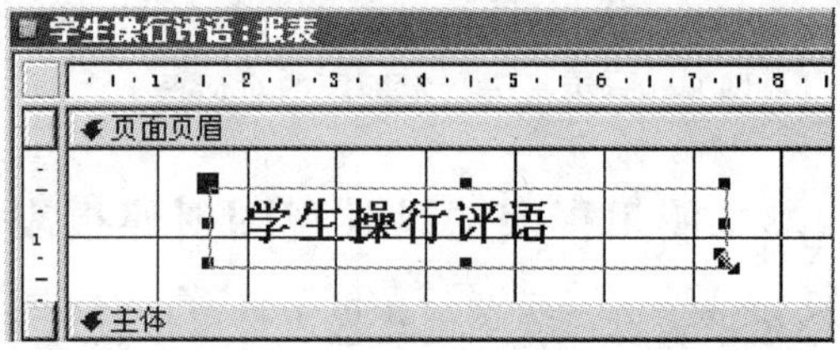

图 8-24 设置报表的主题

(6) 点击工具栏左上角的按钮，将报表的“设计视图”切换成“预览视图”，如图 8-25 所示。

(7) 保存报表并命名为“学生操行评语”。

3．知识要点

报表有三种视图模式，它们具有不同的特点：

(1) 设计视图：可以修改报表格式等相关的设计，并可以增加删除字段或加入其他的控件。

(2) 打印预览视图：查看整份报表的结果，在此模式下不能进行任何编辑。

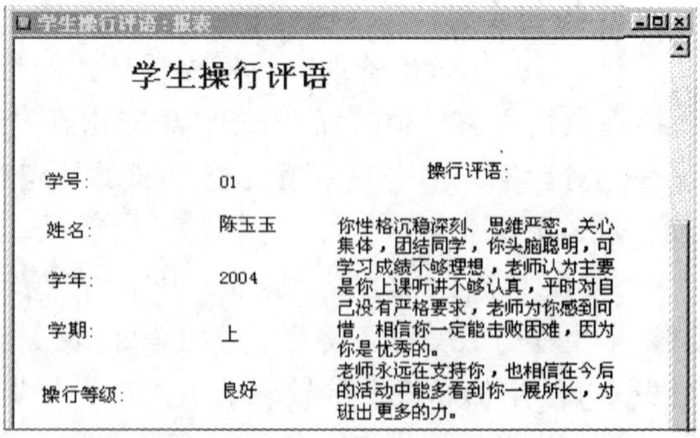

图 8-25 学生操行评语报表的预览视图

(3) 版面预览视图：查看报表设计窗口的页面相关设置，此模式通常只显示一页，同时在此视图模式下也不能进行任何编辑，而且必须通过“设计视图”模式，才能切换到此模式。

8.2.4　新建查询来创建报表

报表的数据源可以是表，也可以是查询。所以我们在设计报表时首先要创建数据源，Access 可以在报表的属性窗口中创建新的查询，然后根据此查询中的数据创建新的报表。下面我们通过 1 个任务的学习来掌握新建查询创建报表的方法。

任务 6　创建报表“单科成绩统计报表”

1. 任务要求

掌握新建查询创建报表的方法。

2. 操作步骤

(1) 在“学生管理”数据库窗口中，单击对象栏中的“报表”按钮，然后双击数据库窗口中的“在设计视图中创建报表”选项，如图 8-26 所示。

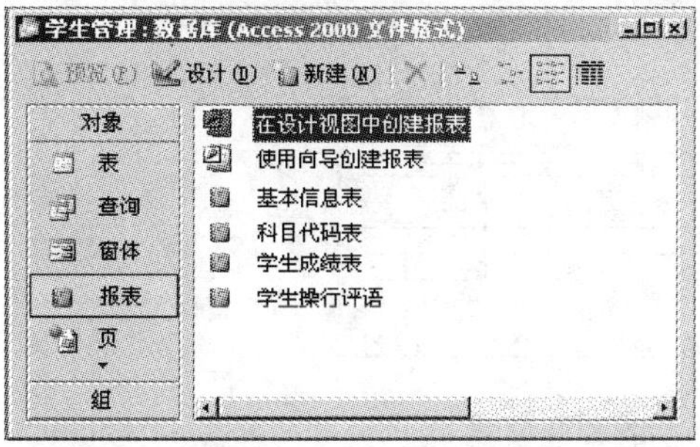

图 8-26　进入报表设计视图的另一方法

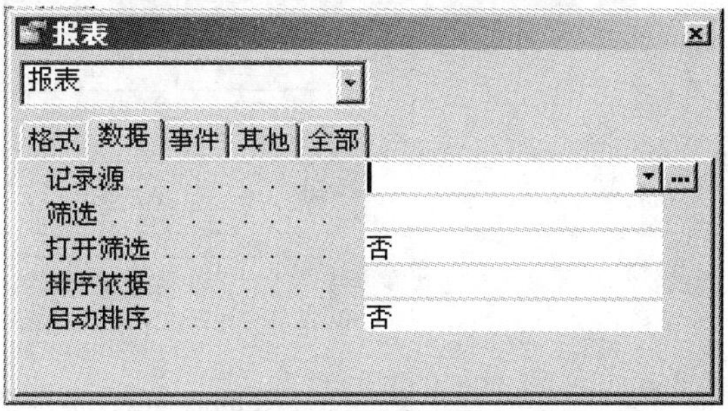

图 8-27　“报表”属性对话框

(2) 在报表的设计视图中单击工具栏上的“属性”按钮 ，出现“报表”的属性对话框，如图 8-27 所示。

(3) 在“报表”的属性对话框中，激活其中的“数据”选项卡，并单击“记录源”字段右边的生成器“…”按钮，打开“查询生成器”和“显示表”对话框，如图 8-28 所示。

(4) 双击“学生成绩表”、“科目代码表”和“基本信息表”后，单击“关闭”按钮。在查询生成器中添加了建立查询需要的三个表，如图 8-29 所示。

(5) 在查询设计器中的字段行，选取字段“科目代码”、“科目名称”、“学号”、“姓名”、“成绩”等，并在“科目代码”字段的“条件”行输入 kmdm，在“科目名称”字段的“或”行输入 kmmc，结果如图 8-30 所示。

这里输入 kmdm 和 kmmc 实际上是查询的参数，它们是“或”的关系，因此输入在两行不同位置。查询运行时要求提供“科目代码”或者“科目名称”，以显示指定科目代码或者科目名称的学生成绩。

(6) 单击关闭按钮 ，出现“是否保存对 SQL 语句的更改并更新属性?”提示窗口，如图 8-31 所示。

(7) 单击“是”按钮，重新回到报表的属性对话框，这时用“查询生成器”设置的查询，出现在“记录源”中，如图 8-32 所示。

(8) 单击关闭按钮 ，回到报表的设计视图，出现新建查询的字段列表，如图 8-33 所示。

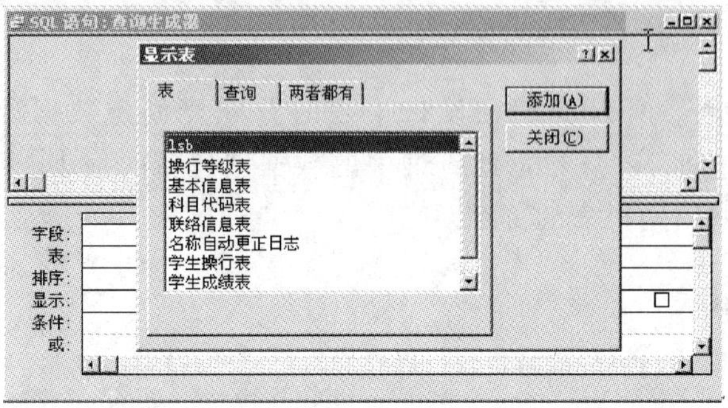

图 8-28　查询生成器和显示表窗口

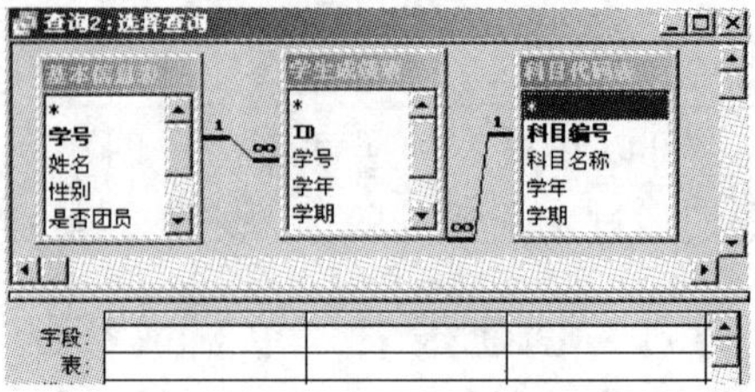

图 8-29　查询生成器中的 3 个表

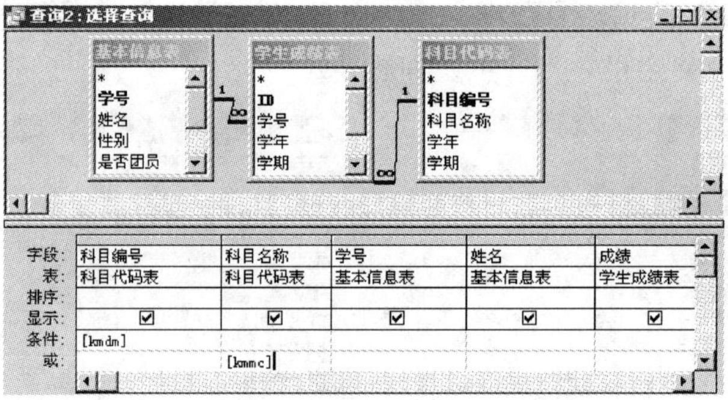

图 8-30　创建带两个参数的查询数据源

图 8-31　是否保存的提示

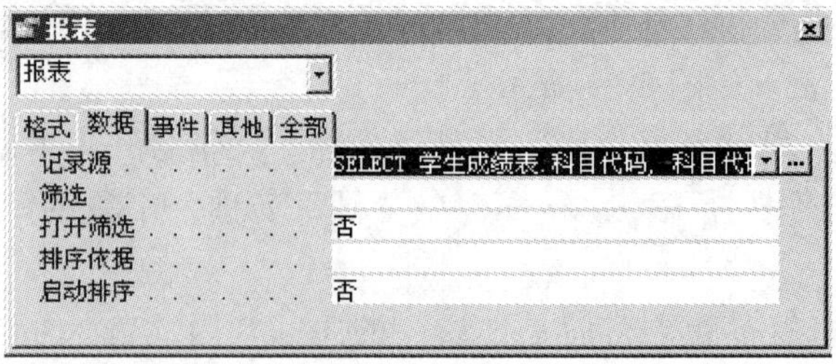

图 8-32　报表的属性窗口

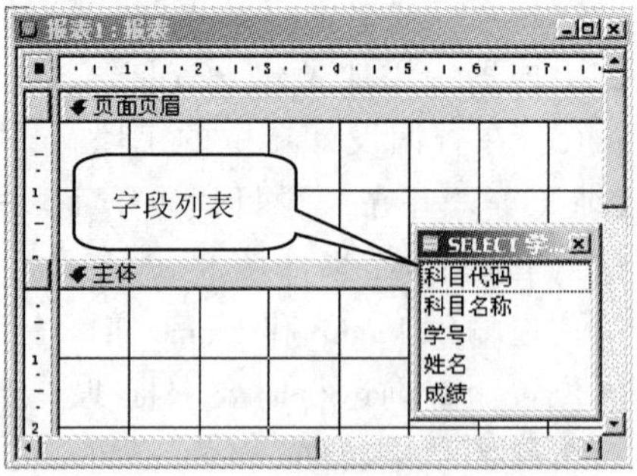

图 8-33　出现新建查询的字段列表

(9) 把字段列表窗口中所有的字段拖到报表设计视图的“主体”区域中，每个字段被拖入时都有两个控件对应，一个是“列标记”标签，显示该字段的名称，一个是文本框，用于绑定变化的字段。选中所有的“列标记”，通过执行剪切、粘贴命令，把“列标记”移到

“页眉页脚”区域中，并调整至合适的位置，同时，为避免数据的重复显示，把“科目名称”和“科目代码”字段也移动到了报表的“页面页眉”区域，如图 8-34 所示。

(10) 单击关闭按钮 ☒，将报表命名为“单科成绩统计报表”后保存，如图 8-35 所示。

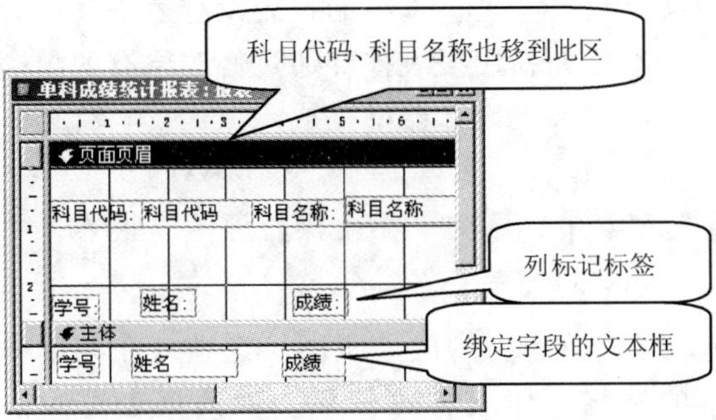

图 8-34　单科成绩统计报表设计视图

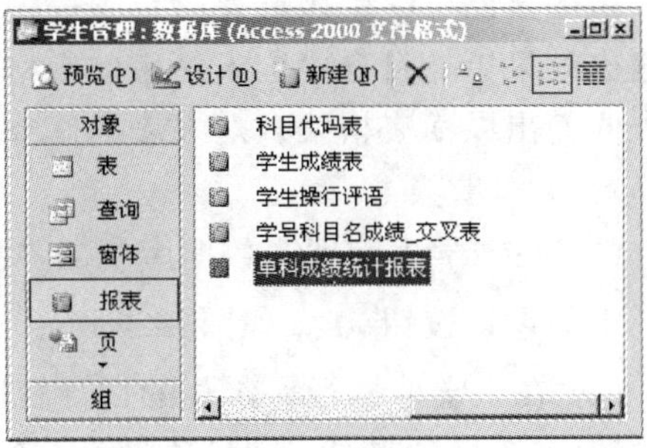

图 8-35　新建的单科成绩统计报表

(11) 双击“单科成绩统计报表”，输入查看报表的条件“科目代码”为 03 或者“科目名称”为“计算机应用”，查看结果，如图 8-36 所示。

图 8-36　“计算机应用”科成绩统计

8.3　设计报表

在 Access 环境下，对已经创建的报表可以进一步对报表加以修改、完善，使其更加合理化，利用报表设计器可以完成此项工作。由于窗体与报表两者的“设计视图”结构及操作很相似，因此对于已经熟悉窗体设计器的读者来说，掌握报表设计器的使用方法并非难事。

8.3.1　报表控件的使用

在报表设计器中利用报表控件可以大大丰富报表的设计手段，常见的报表控件同窗体设计器中所使用的“工具箱”中的控件大部分相同，例如标签控件、文本框控件、直线控件等，用法上也基本类似，因此对各控件的具体操作方法不再详细介绍，以下通过 1 个任务来学习报表控件的应用。

任务 7　设计“学生操行评语”报表

1. 任务要求

基本掌握部分报表控件的使用方法。

由图 8-25“学生操行评语”报表输出的预览效果可见，输出的报表没有表格线。为使报表输出效果更加符合中国人使用的表格习惯，本任务利用报表控件通过修改原有的报表，使报表能输出纵横表格线，对报表的修改设计可以在报表设计器中完成。

2. 操作步骤

(1) 在“学生管理”数据库中的“报表”对象中，选中“学生操行评语”报表，单击工具栏中的设计按钮，如图 8-37 所示。

(2) 在“学生操行评语”的设计视图中，点击菜单栏中的“视图”选项，在菜单中单击“网格”选项，取消报表设计视图中各节中的网格，如图 8-38 所示。取消报表设计器中的“网格”线，是为了更自如地移动报表控件。

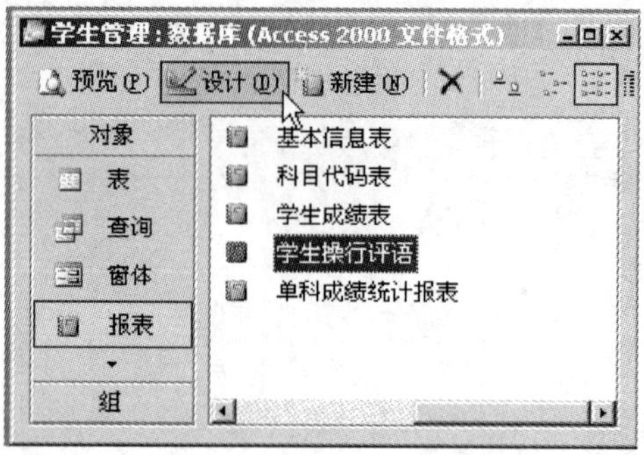

图 8-37　打开“学生操行评语”报表的设计视图

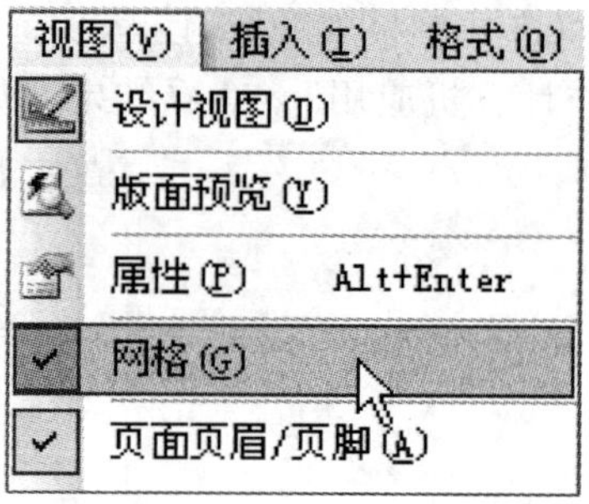

图 8-38　取消“网格”

(3) 单击工具栏中的工具箱按钮，使“工具箱”出现在设计视图中，如图 8-39 所示。

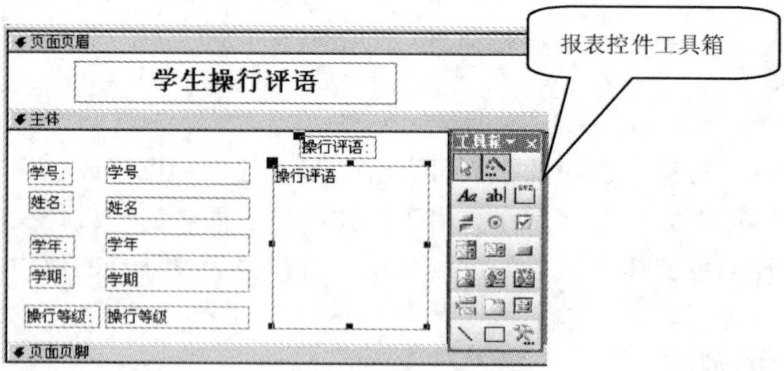

图 8-39　学生操行评语报表的设计视图

(4) 选中工具箱中的“矩形”控件在报表的主体区域中拖动，大小为容纳主体中所有的字段为止。单击鼠标右键选择“矩形”控件的”填充/背景色”属性为“透明”，如图 8-40 所示。

(5) 选中工具箱中的“直线”控件，按住“Shift”键在矩形框中按各字段的大小绘制出

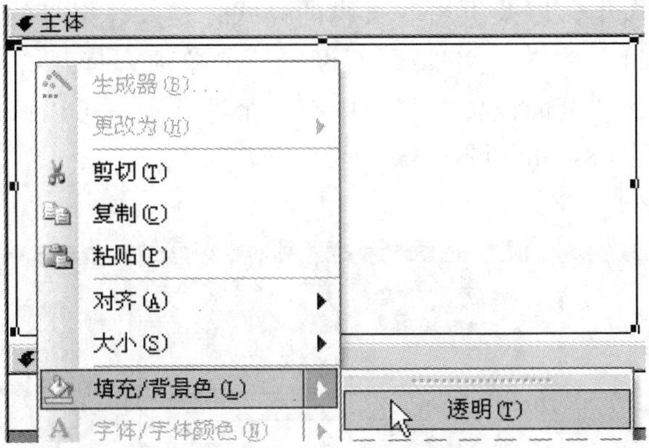

图 8-40　设置矩形控件的属性

表格线，如图 8-41 所示。

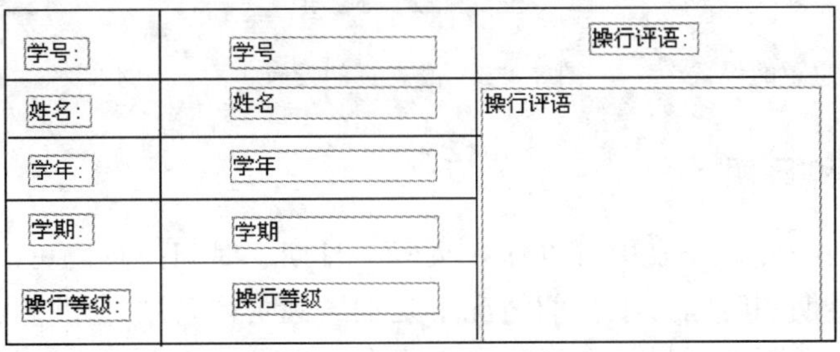

图 8-41　绘制了表格线的报表设计视图

(6) 保存报表，命名为“学生操行评语”预览报表，如图 8-42 所示，可见在原有基础上出现了表格线。

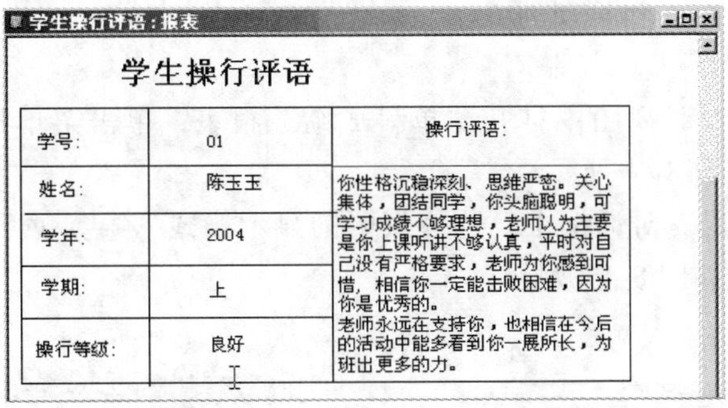

图 8-42　学生操行评语报表的预览视图

注意：本任务是通过“矩形”控件绘制矩形来实现表格线效果的，也可以利用“直线”控件来绘制直线达到同样目的。无论用“矩形”控件还是“直线”控件，要设计出美观合理的报表，必须要多练习，多思考，才能在“绘制”报表时对各种控件应用自如。

8.3.2　报表的页面设置

报表通常是由报表的页眉和页面页眉、页面页脚、报表页脚和主体组成。设置报表的页面，主要是设置页面的大小，以及页眉、页脚的样式，是设计报表的基础。

在“报表”设计窗口，单击【文件/页面设置】菜单项，打开“页面设置”窗口，可以对报表页面进行设置。在“页面设置”窗口中有 3 个选项卡，可以修改报表边距、页和列的有关参数，如图 8-43a、图 8-43b、图 8-43c 所示。

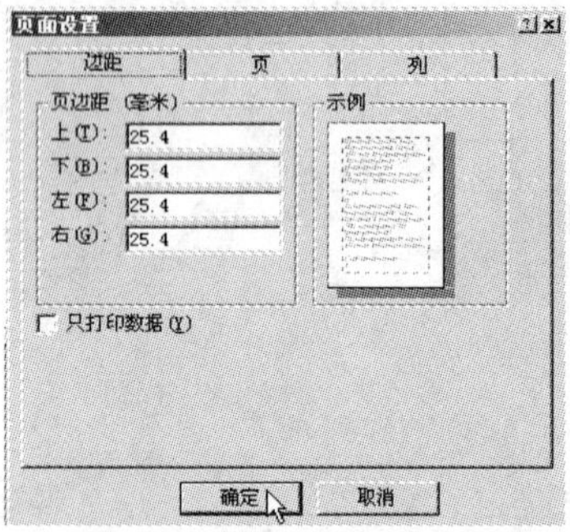

图 8-43a 报表页面边距的设置

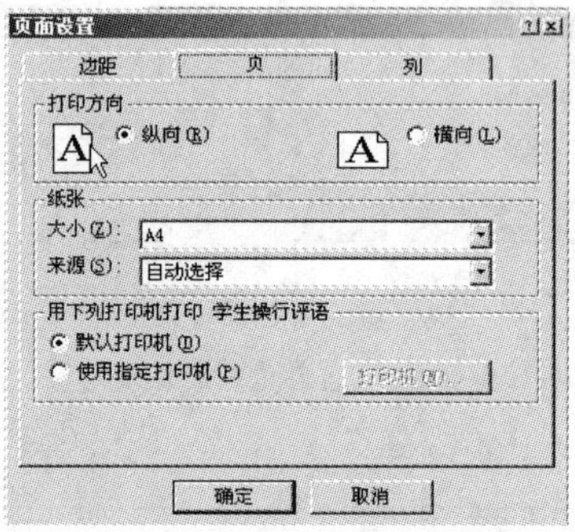

图 8-43b 报表页的设置

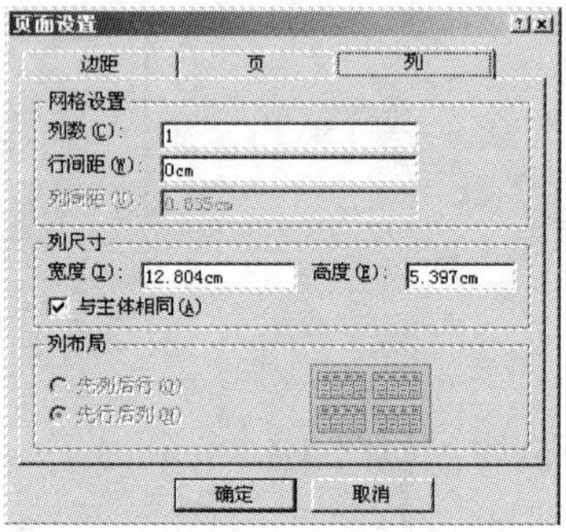

图 8-43c 报表页面列的设置

8.3.3 插入页码和日期

根据报表设计的需要，报表中可以加入页码、日期、时间。页码可以加到页面页眉或页面页脚区域，至于日期和时间，默认的情况下是加入到主体区域，用户可以加入后，再将其拖放到想要放置地方。下面通过 1 个任务来学习在报表中插入页码和日期。

任务 8 在“单科成绩统计”报表中插入页码和日期

1. 任务要求

掌握在报表中插入页码和日期的方法。

2. 操作步骤

(1) 在报表的“设计”视图中打开“单科成绩”报表，单击菜单栏中的“插入”菜单，选择“页码”选项，如图 8-44 所示。

(2) 在打开的“页码”对话框中，选择页码的显示格式“第 N 页，共 M 页”，并选择页码的位置和对齐方式，如图 8-45 所示。

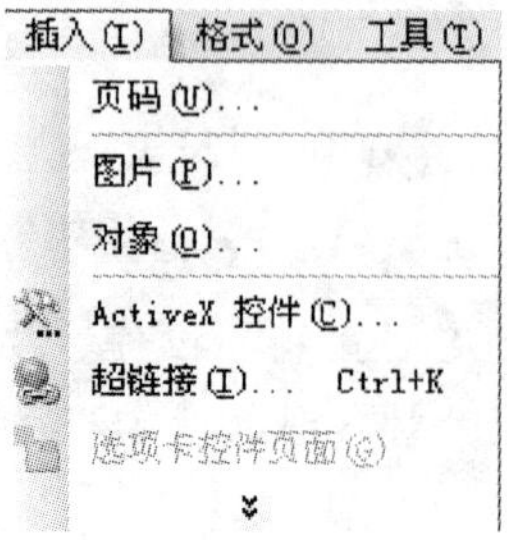

图 8-44 插入页码

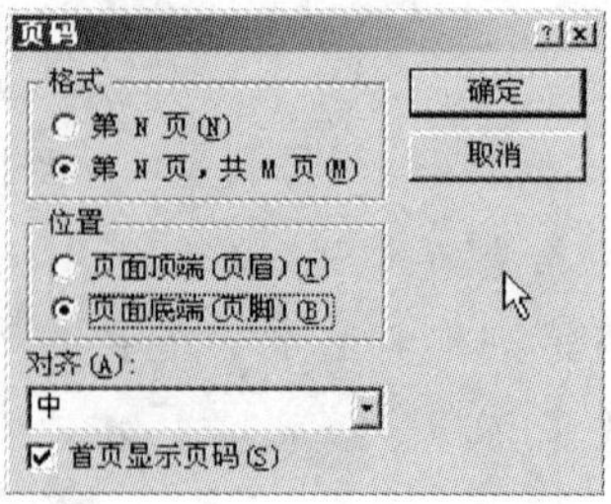

图 8-45 页码对话框

(3) 这时页码就出现在“页面页脚”区域中，还可以将它移动其他地方，如图 8-46 所示。

(4) 单击“插入”菜单，选择“日期与时间”，并选择相应的时间日期格式，如图 8-47 所示。

(5) 单击“确定”按钮，这时插入的日期和时间会位于报表设计视图的“主体”区域中，将它拖到报表的“页面页眉”处。保存报表，命名为“单科成绩统计 1”并查看报表，如图 8-48 所示。

图 8-46　页码在设计视图中的形式

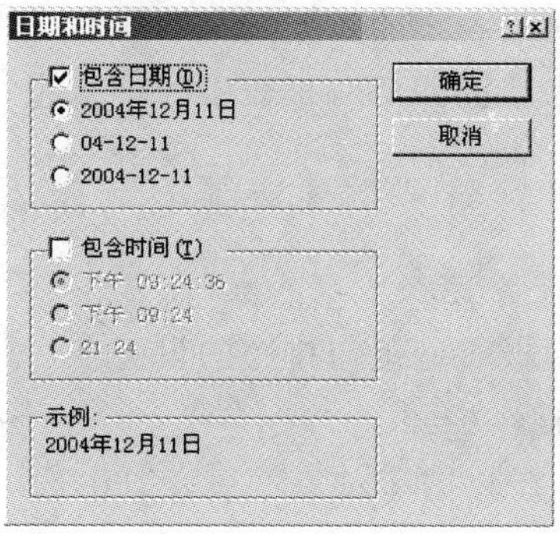

图 8-47　日期和时间对话框

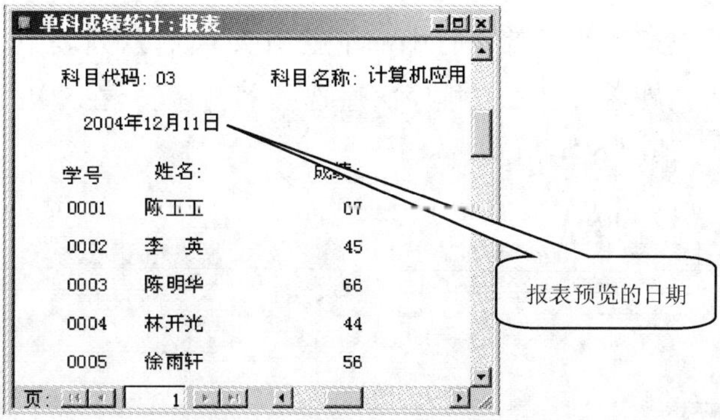

图 8-48　日期在预览视图中的形式

8.3.4　报表的格式化

同样，我们可以对报表进行格式化，包括设置文本的字体、字号、颜色、控件的颜色、对齐控件、加入背景图片等，其方法与窗体的设置方法相同，这里不再介绍，读者可以自行学习掌握。

8.4　报表的高级设计

在创建报表的过程中可以设计数据输出的内容、输出对象的显示或打印格式，还能将记录按多个级别进行分组，一次就能从多个记录中取值并计算出其总和或平均数。在本节中我们将学习报表的高级设计，包括设置分组和排序、加入汇总数据等。

8.4.1 分组与排序

对报表进行排序与分组的设置，可以使报表中的数据按一定的顺序和分组输出，分组是指把相同类别的记录排列在一起。另外，用户在建立数据表输入数据时，记录的排序顺序是按照输入的先后顺序排序的，但在很多情况下，用户希望记录按照一定的特征排列，这就是排序。排序通常是根据某些指定的字段作升序或降序排列。对报表进行排序与分组的设置后，将使报表中的数据具有针对性、直观性，更方便用户的使用。下面我们将通过 1 个任务的学习来掌握如何对报表中的记录进行分组同时进行排序。

任务 9 对“学生成绩表”报表进行分组与排序设置

1. 任务要求

掌握报表分组与排序的设置。

2. 操作步骤

(1) 在数据库对象“报表”中选中“学生成绩表”报表。点击工具栏中的“设计”按钮，进入“学生成绩表”报表的设计视图。

(2) 单击工具栏中的“排序与分组”按钮，打开“排序与分组”对话框，如图 8-49 所示。

(3) 单击“字段/表达式”列的第一行中的下拉箭头，从列表中选择所要设置排序与分组的“学号”字段和“姓名”字段。排序次序选择“升序”，在“组属性”选项中的“组页眉”属性设为“是”，如图 8-50 所示。

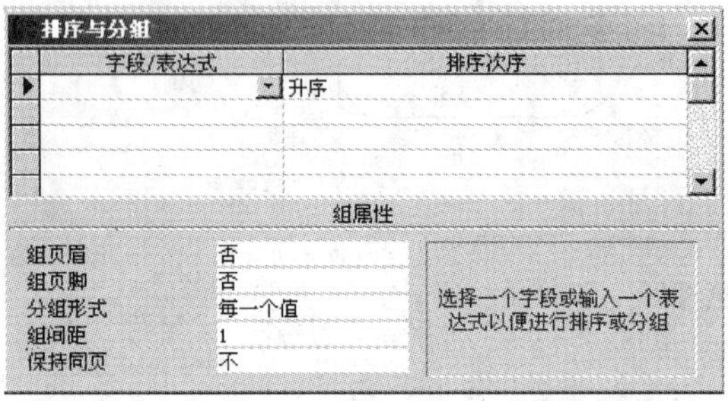

图 8-49 排序与分组对话框

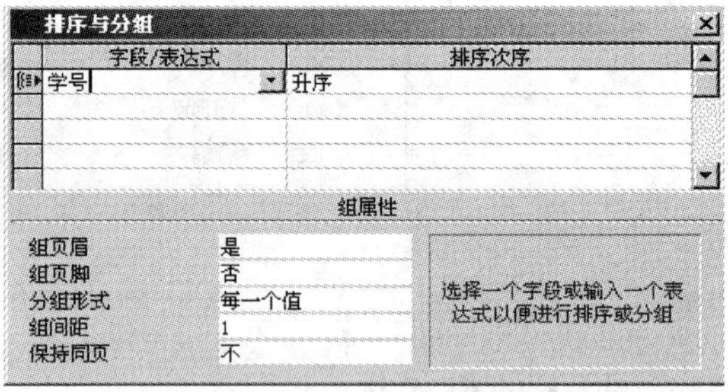

图 8-50 设置排序与分组字段及组属性

(4) 单击关闭按钮，在报表的设计视图中出现了“学号页眉”的节，如图 8-51 所示。

(5) 删除原来页面页眉中的内容，点击工具栏中字段列表按钮，在显示的字段列表中，将需要分组的字段从字段列表中拖到学号页眉节中并调整位置，如图 8-52 所示。

(6) 单击工具栏中的报表视图切换按钮，查看“学生成绩表”报表的预览视图，如图 8-53 所示。在报表中学生的成绩已按学号进行了排序与分组。

(7) 保存报表，并重命名为“学生成绩表 1”。

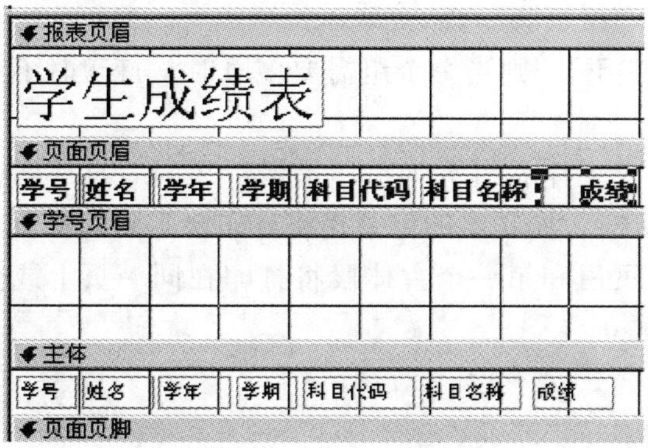

图 8-51　“学号页眉”节

图 8-52　在“学号页眉”节中添加了分组字段

3. 知识要点

分组时除了“组页眉”和“组页脚”中至少要有一个设置为“是”外，其他组属性的设置及其作用也因字段类型不同而不同。

(1) 字段分组　在用“文本”字段进行分组时，“分组形式”有两个选项：

“每一个值”：将分组依据的文本字段或表达式中由“组间距”属性相同的记录分为一组。

“前缀字段”：将分组依据的文本字段或表达式中由“组间距”属性所指的前 N 个字符相同的记录分为一组。

例如，如果按“姓名”字段进行分组，分组形式指定为“前缀字段”，且“组间距”指定为 1，则姓名中凡是姓“张”的记录将会分在一组，如果组间距指定大于 1 的其他整数时，则这些记录会分为两组。

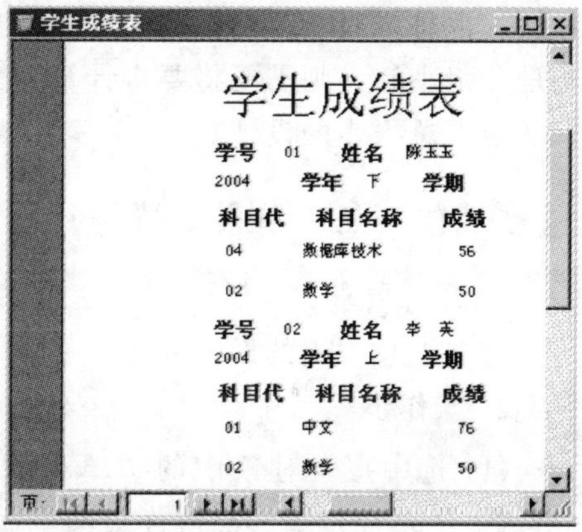

图 8-53　设置了分组字段的报表预览视图

(2) 类型分组　在用“日期/时间”类型进行分组时，“分组形式”有如下的选项：

“每一个值”：将“日期/时间”的值相同的记录分为一组。

“年”：将年份相同的记录分为一组。

“季”：将年份相同且季节相同的记录分为一组。

“月”：将年份相同且月份相同的记录分为一组。

“日”将年份、月份相同且日期相同的记录分为一组。

“时”：将年份、月份、日期相同的情况下，按小时对记录分组。

“分”：将年份、月份、日期、小时相同的情况下，按分钟对记录分组。

例如：按“出生年月”字段分组，分组形式指定为“年”，且“组间距”指定为 3，则 3 年内生的学生都分为一组。

(3)“组间距”属性　对于“组间距”属性的设置，如果“分组形式”属性为“每一个值”，则该属性的值只能设为 1，只有“分组属性”不是“每一个值”时才可以设置为其他数值。

(4)“组页眉”属性和“组页脚”属性　如果“组页眉”（或“组页脚”）属性设置为

"是"，则添加组页眉，否则删除"组页眉"（或"组页脚"）。

(5)"保持同页"属性　如果该属性设置为"不"，则当一个组需要多页时，打印时不考虑出现换页的情况。

如果该属性设置为"所有的组"，则组页眉、主体和组页脚都尽量保持在同一页或同一列上。如果组中的记录过多，不能打印在同一页时，同一组的记录仍将打印在不同的页上。

如果该属性设置为"用第一个主体"，则组页眉和第一个主体段将打印在同一页上或同一列中。

8.4.2　设计汇总报表

在打印报表时，有时希望查看详细信息，有时希望查看数据汇总的结果，甚至两者都需要。这就要求设计汇总报表。

Access 数据库报表与其他数据库管理系统创建的报表相比，在功能和使用的方便方面具有许多优点。在 Access 报表中可以为整份报表的汇总、为每一个分组加入汇总、甚至为每一页加入汇总。对于整份报表的汇总，只需要在报表页眉或报表页脚区域中，加入计算控件，若是分组小计，则需要将要将计算公式加到组页眉或组页脚区域中。下面我们通过 1 个任务来学习汇总报表的设计。

任务 10　在"单科成绩统计报表"中添加统计选项

1. 任务要求

掌握汇总报表的设计方法。

2. 操作步骤

(1) 选中报表对象中的"单科成绩统计"报表，单击工具栏上的设计按钮，进入"单科成绩统计报表"的设计视图，如图 8-54 示。

(2) 点击菜单栏中的视图菜单，选中下拉菜单选项中的"报表页眉/页脚"，使报表的设计视图出现"报表页眉/页脚"的节，如图 8-55 示。

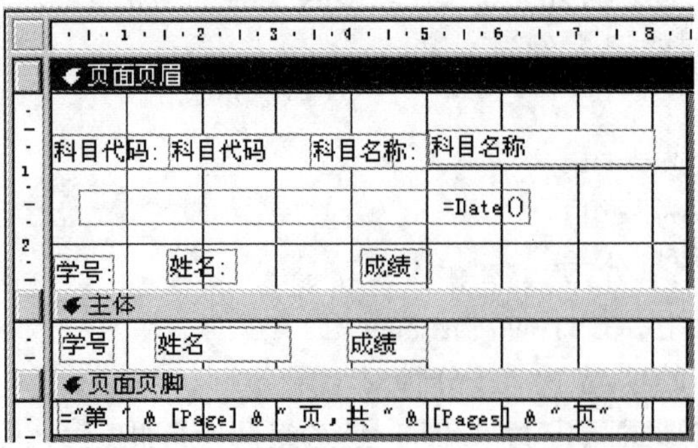

图 8-54　"单科成绩统计报表"的设计视图

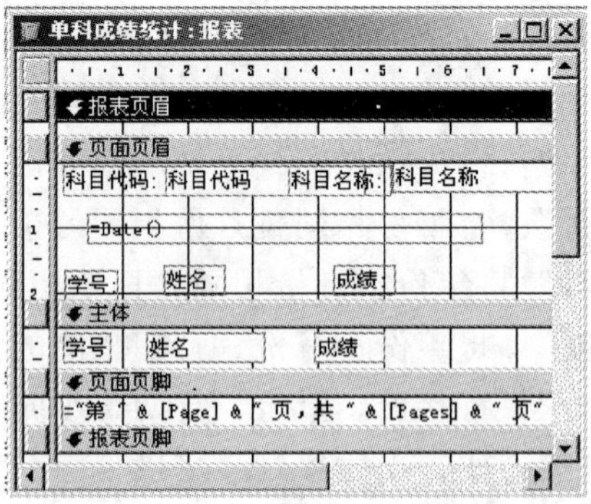

图 8-55　报表页眉/页脚节

(3) 单击工具栏中的工具箱按钮，使工具箱出现在报表的设计视图中，单击工具箱中的"文本框"控件，在报表页脚区域拖出 5 个文本框，分别修改文本的列标记和文本框字段中的内容，如图 8-56 所示。

注意：在文本框的字段中输入统计表达式时应该使用英文格式的等号和字母，否则会出错。

(4) 重新将原报表中页面页眉中的日期和页面页脚中的页码“剪切”后“粘贴”到报表页脚区域中并调整在区域中的位置，如图 8-57 所示。

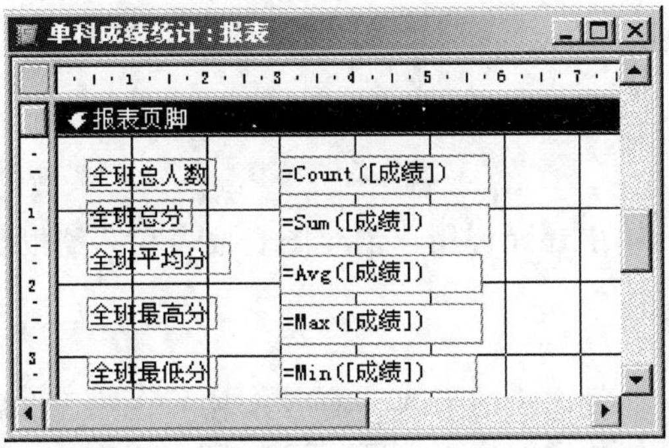

图 8-56　在报表的页脚区域添加统计文本框

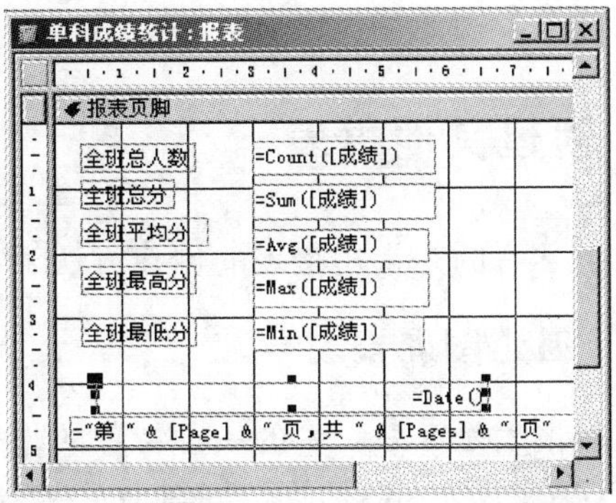

图 8-57　在报表页脚区域中插入日期和页码

(5) 点击工具栏中的报表视图切换按钮，查看报表的预览视图，在提示中输入科目代码为 01 或者科目名称为“计算机应用”后，计算机应用科的成绩统计报表，如图 8-58 所示。

(6) 保存报表，另命名为“单科成绩统计 2”。

3. 知识要点

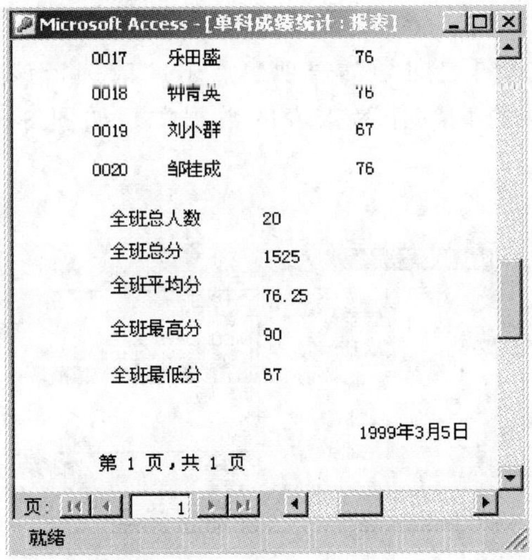

图 8-58　报表的预览视图

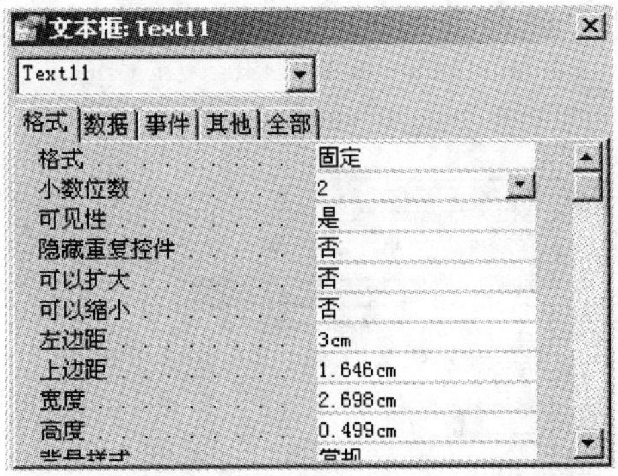

图 8-59　文本框属性对话框

(1) 在设计汇总控件时，要控制控件中小数点的位数，请在报表设计视图中选中该控件，然后双击该控件打开控件的属性对话框，并激活“格式”选项卡，单击“格式”右边的箭头，从下拉列表中选择“固定”，再单击“小数位数”旁边的文本框，直接输入一个正整数表示要保留几位小数，如图 8-59 所示。

(2) 如果在报表的同一区域中加入了多个汇总字段，要在报表显示时对齐这些控件，可以在报表的设计视图中把需要对齐的控件全部选中然后单击格式工具栏上的对齐按钮进行对齐。

(3) 在任务 10 中我们进行的是整份报表的汇总设计，如果要对某一组数据进行汇总，可以在已分组的报表（没有分组的，可先进行分组设计）的分组页眉或页脚中加入统计控件，实现对分组数据的汇总计算。

8.5 创建其他报表

以上学习的是常用报表的创建方法，在 Access 中还允许用户创建图表报表和标签报表。

8.5.1 创建图表报表

图表报表是 Access 中的一种特殊的报表，它通过图表的形式，输出数据源中两组数据的关系。这种图形方式展示了数据间的关系图，可使数据阅读更方便、更直观。下面我们通过 1 个任务的学习来掌握图表报表的创建方法。

任务 11 创建“学生期末总成绩”图表报表

1. 任务要求

掌握图表报表的创建方法。

2. 操作步骤

(1) 启动 Access，打开“学生管理”库，在数据库窗口下单击“对象”下的“报表”选项，单击数据库窗口工具栏上的“新建”按钮，如图 8-60 所示。

(2) 在出现的“新建报表”对话框中选择“图表向导”选项，点击“请选择该对象数据的来源表或查询:”列表项中选择“成绩表查询”作为报表的数据源，如图 8-61 所示。

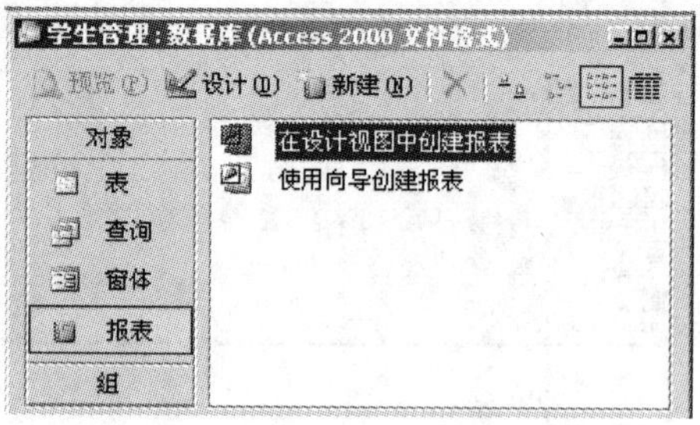

图 8-60 选择报表对象

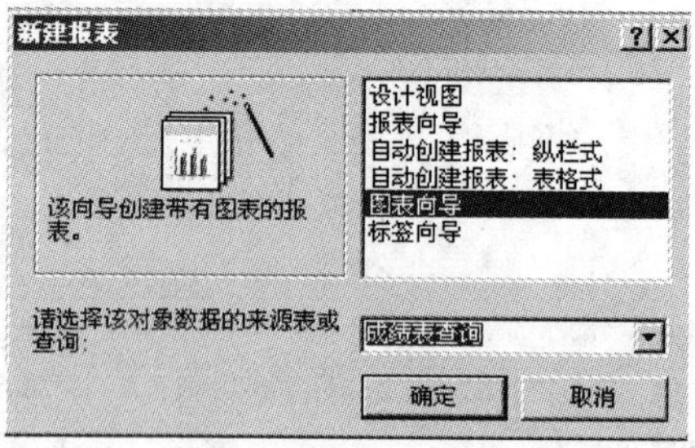

图 8-61 选择“图表向导”创建报表

(3) 单击“确定”按钮，系统将出现“请选择图表数据所在的字段”的对话框，将“可用字段”中的“姓名”字段和“成绩”字段用字段选定器选入“用于图表的字段”方框中，如图 8-62 所示。

(4) 单击“下一步”按钮，出现“请选择图表类型”的对话框，如图 8-63 所示。

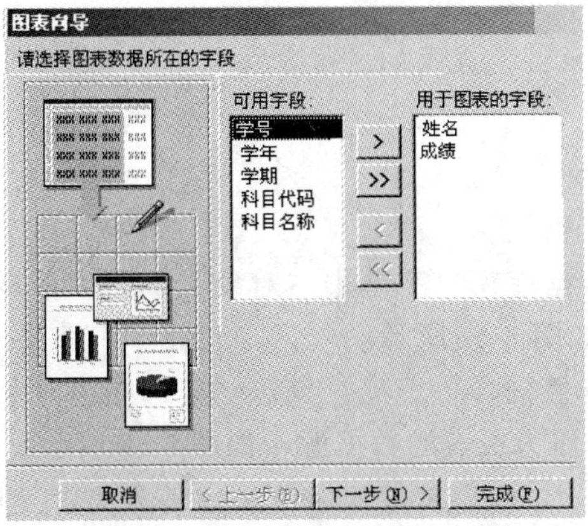

图 8-62 图表向导对话框之一

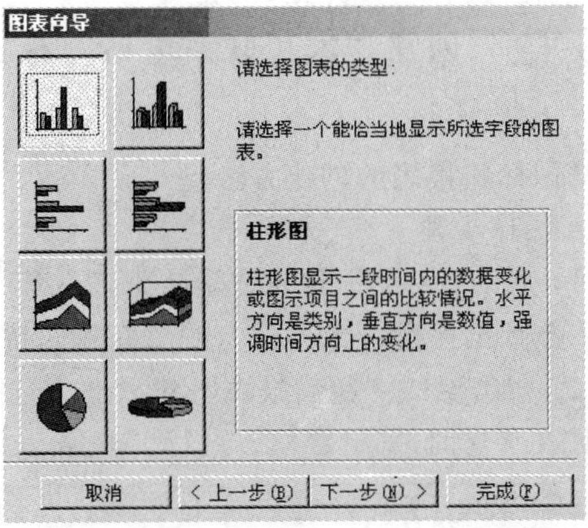

图 8-63 图表向导对话框之二

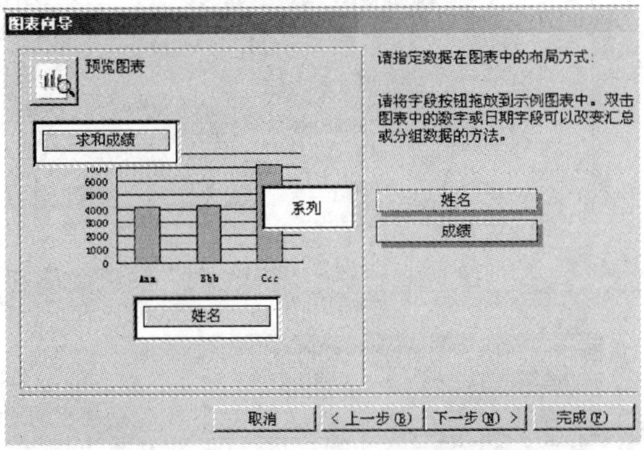

图 8-64 图表向导对话框之三

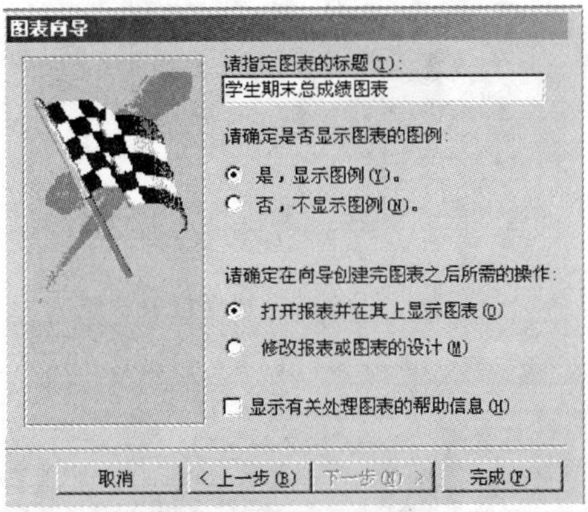

图 8-65 图表向导对话框之四

(5) 选择“图表类型”中的“柱形图”选项，单击“下一步”按钮。出现“请指定数据在图表中的布局方式”的对话框，如图 8-64 所示。

(6) 单击“下一步”按钮，出现“请指定图表标题”的对话框，输入“学生期末总成绩图表”作为标题，如图 8-65 所示。

(7) 单击“完成”按钮，出现图表报表的预览视图，如图 8-66 所示。

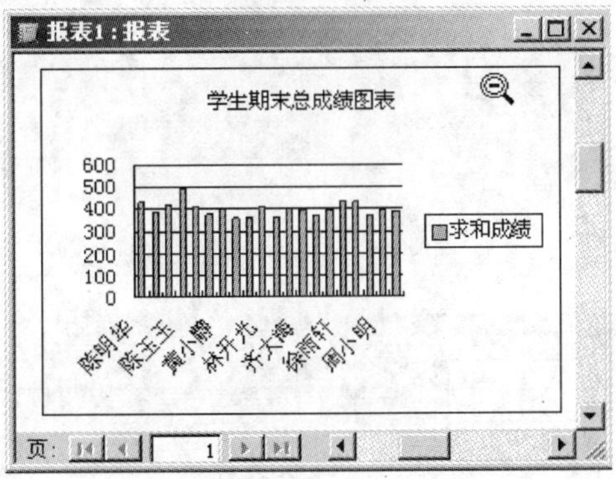

图 8-66 图表报表的预览视图

8.5.2 创建标签报表

标签报表是多列布局的报表，它完全是为适应标签纸而设置的特殊格式的报表，Access 中，通过已有的数据资源，利用标签报表的独特性，可以方便、快捷地创建大量的标签信息报表。下面我们通过 1 个任务的学习来掌握标签报表的创建方法。

任务 12　创建“家长联系电话”标签报表

1. 任务要求

掌握标签报表的创建方法。

2. 操作步骤

(1) 启动 Access，打开“学生管理”库，在数据库窗口下单击“对象”下的“报表”选项，单击数据库窗口工具栏上的“新建”按钮，如图 8-67 所示。

(2) 在出现的“新建报表”对话框中选择“标签向导”选项，点击“请选择该对象数据的来源表或查询:”组合框，选择“联络信息表”作为报表的数据源，如图 8-68 所示。

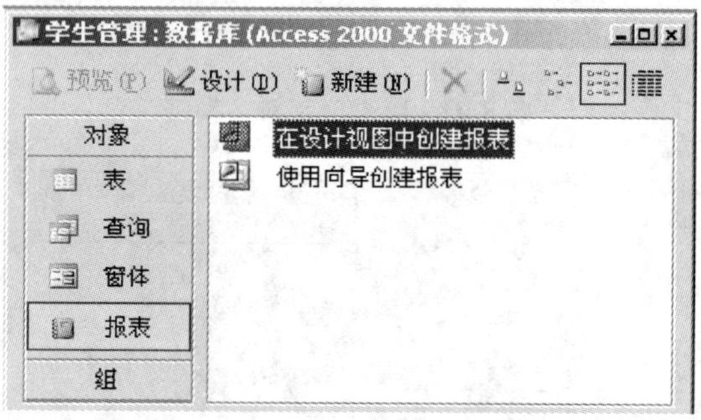

图 8-67　选择报表对象

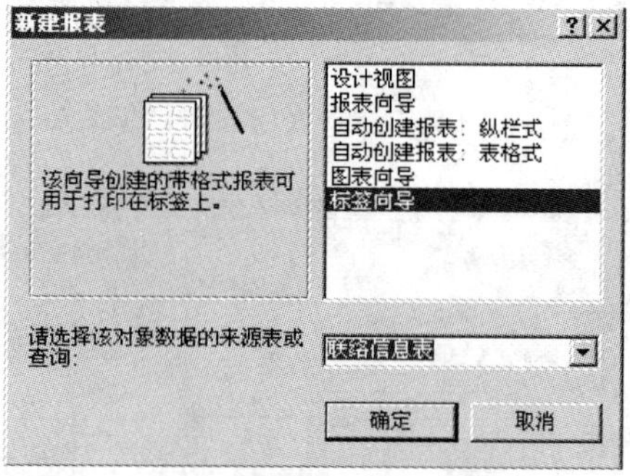

图 8-68　选择“图表向导”创建报表

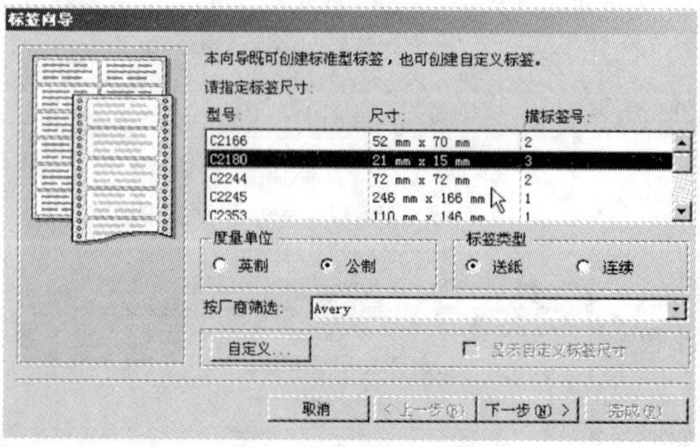

图 8-69　标签向导对话框之一

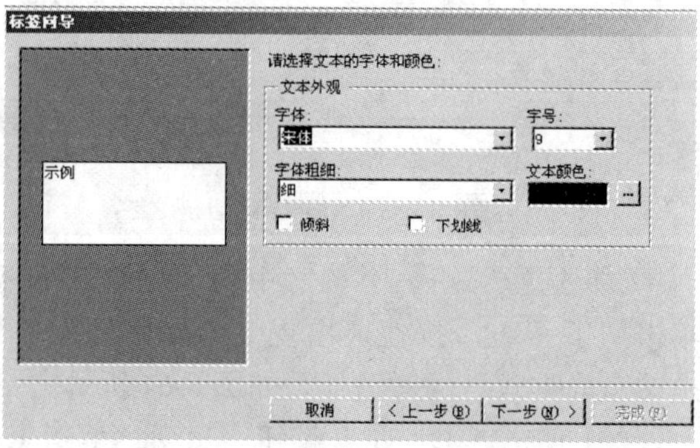

图 8-70　标签向导对话框之二

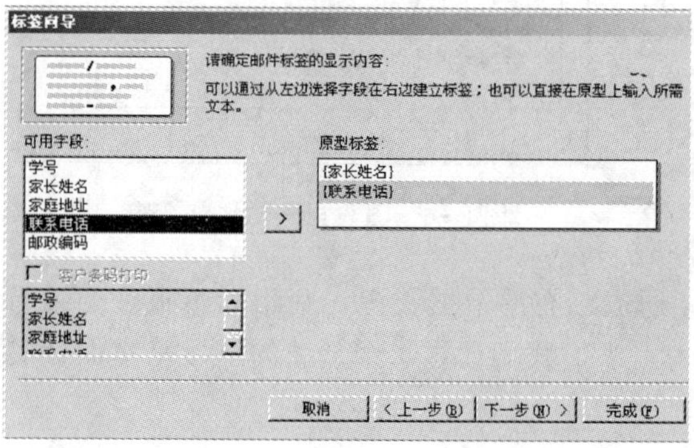

图 8-71　标签向导对话框之三

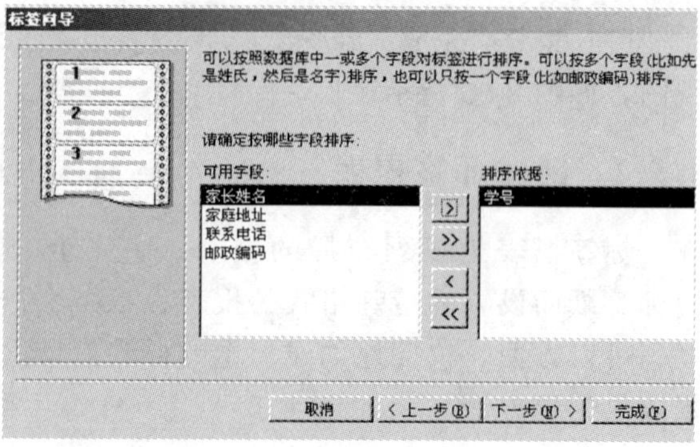

图 8-72　标签向导对话框之四

(3) 单击“确定”按钮，系统将出现“标签向导”对话框，在出现的对话框中，我们分别定义标签的尺寸及类型、中文文本的字体、字号和颜色、标签所显示的内容、输出顺序、报表的名称等参数，如图 8-69、图 8-70、图 8-71、图 8-72、图 8-73 所示。

(4) 单击“完成”按钮，出现“家长电话标签”报表的预览视图，如图 8-74 所示。

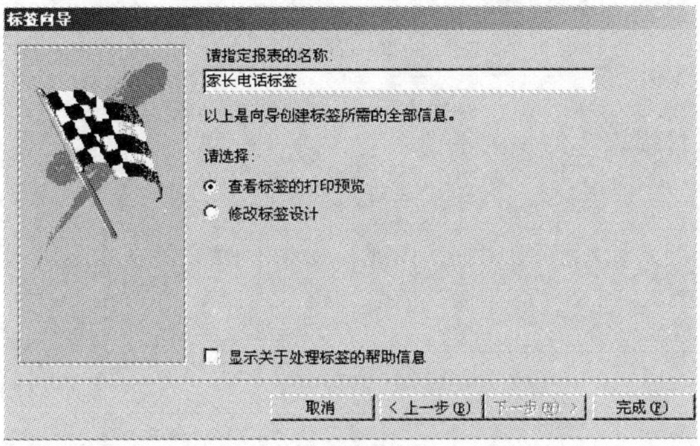

图 8-73　标签向导对话框之五

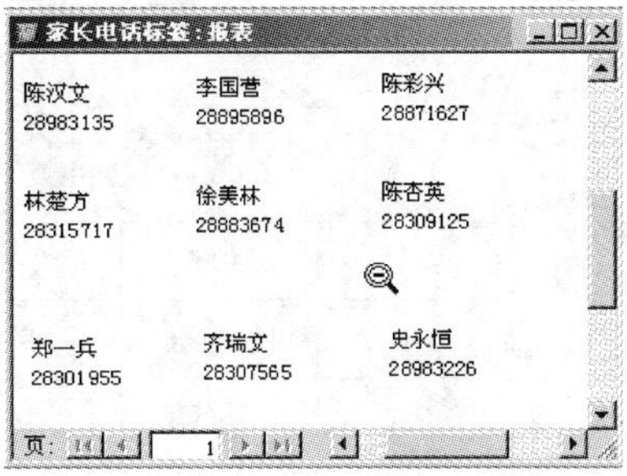

图 8-74　标签报表的预览视图

本章小结

报表是数据输出的重要形式，也是数据库管理系统必备的功能之一。Access 提供了强大的报表功能支持，本章介绍了报表基本概念，报表由页眉、页脚、页面页眉、页面页脚和主体 5 部分组成，其中报表的主体是报表输出数据源数据记录的关键部分。报表的数据来源可以是表，也可以是查询。本章还通过大量的操作实例，详细介绍了多种报表的创建方法，熟练掌握报表的设计制作是本章学习的重点。

习　题

一、填空题

1. 报表可以将数据库中的数据信息以表格的形式通过________显示出来，或通过打印机打印出来。

2. 报表通常由________、________、________、________及________5 个部分组成。这些部分我们称为报表的________。

3. 报表页眉主要用于打印报表的________、________、________等内容。

4. ________的内容在报表每页的头部打印输出，主要用于定义报表输出的每一列的________。

5. 主体是报表________的主体部分。________节中的内容是报表的项目不可缺少的关键内容。

6. 报表页脚的内容只在报表的________底部打印输出。主要用来打印数据的________信息。

7. 自动创建报表可以创建________和________两种。

8. 纵栏式报表的每一个字段都以单独的________显示。

9. 表格式报表的每一个字段在________显示。

10. 报表的数据源可以是________，也可以是________。

二、操作题

1. 为了班级的管理者在期末能将成绩方便地邮寄给同学们的家长，请同学们创建一个名为“信封报表”的报表，预览效果如图 8-75 所示。

2. 请设计一个空成绩登记表，样式如图 8-76 所示。其中学号和姓名由打印自动输出，成绩部分输出为空。

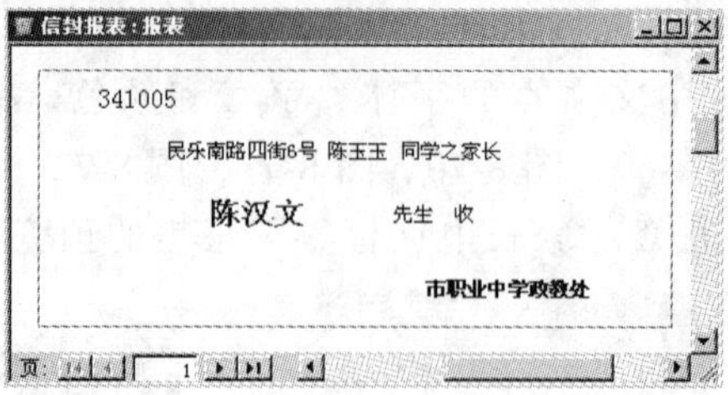

图 8-75 “信封报表”的预览视图

200 学年 期《 》科学生成绩登记表 科任

学号	姓名	性别	平时成绩	期中考试	期末考试
01	陈玉玉	男			
02	李 英	女			
03	陈明华	男			

图 8-76 成绩登记空表的预览视图

第 9 章　数据访问页

本章应知
1. 数据访问页的的概念 2. 数据访问页的的创建 3. 数据访问页的的功能
本章应会
1. 创建数据访问页 2. 数据访问页与数据库的连接 3. 增加数据访问页功能 4. 数据访问页的的发布

9.1　数据访问页简介

数据访问页（也称数据页）以 .htm 文件形式存储在 Access 2003 数据库之外。.htm 文件使用 HTML 格式，这是一个标记构成的系统，所有经过这些标记描述的文件，都可以在全球资源网（World Wide Wed）上发布，并能使用如 Microsoft IE 、Netscape 等 Web 浏览器来访问这些网站，并浏览这些网页。

虽然访问页是一个独立的文件，保存在 Access 2003 之外，但当用户创建了一个数据访问页后，Access 2003 将在数据库窗口中自动为数据访问页文件添加一个图标。数据访问页与窗体、报表很相似，它们都要使用字段列表、工具箱、控件、排序与分组对话框等。它能够完成窗体、报表所完成的大多数工作，但又具有窗体、报表所不具备的功能，是使用数据访问页还是使用窗体和报表取决于要完成的任务。

一般情况下，在 Access 2003 数据库中输入、编辑和交互处理数据时，可以使用窗体，也可以使用数据访问页，但不能使用报表。通过 Internet 的输入、编辑和交互处理活动数据时，只能使用数据访问页实现，而不能使用窗体和报表。当要打印发布数据时，最好使用报表，也可以使用窗体和数据访问页，但效果不如报表。如果要通过电子邮件发布数据，则只能使用数据访问页。

9.2　创建数据访问页

9.2.1　自动创建数据访问页

与窗体和报表类似，Access 2003 为数据访问页提供了“自动创建数据页”、“数据页向导”、“设计视图”等创建方法，同时还提供了使用“现有的网页”创建数据页的方法。

任务 1　制作“基本信息表”数据页

1. 任务要求

掌握使用自动数据创建页创建数据页的操作方法。

2. 操作步骤

（1）参照前面章节描述的操作方法，打开“学生管理”数据库，选择页对象，如图 9-1 所示。

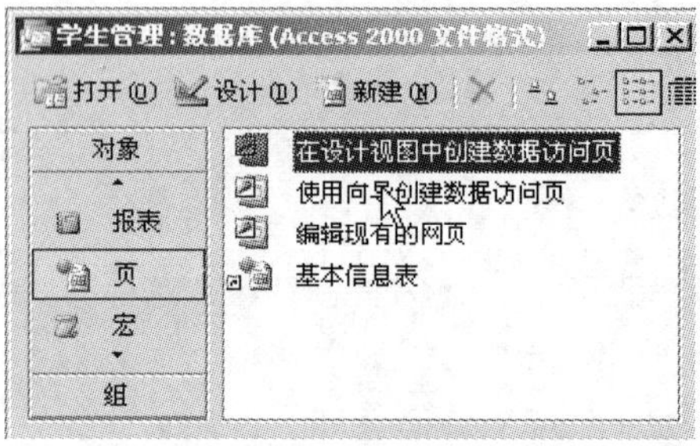

图 9-1　选择页对象

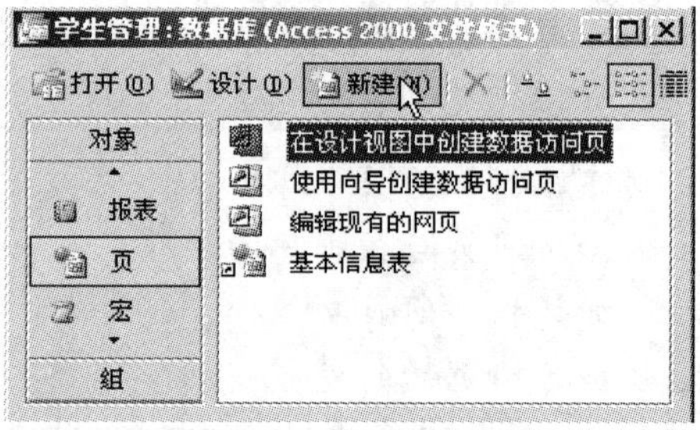

图 9-2　单击“新建”按钮

（2）单击数据库工具栏上的“新建”按钮，如图 9-2 所示，弹出“新建数据访问页”对话框，如图 9-3 所示。

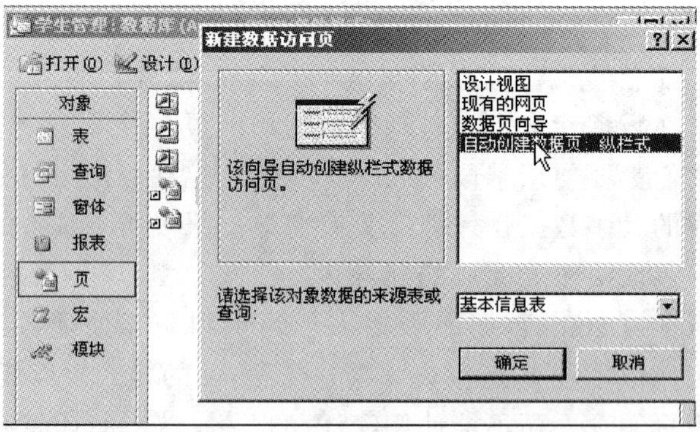

图 9-3　“新建数据访问页”对话框

（3）在对话框中，选择“自动创建数据页：纵栏式”项。

（4）选择“基本信息表”作为对象数据的来源表。

（5）单击“确定”按钮，稍等片刻，屏幕上显示出自动创建的页视图，如图 9-4 所示。

页视图与窗体视图很相似，只是在页视图中，记录浏览器的一级按钮控件的形式出现在窗口中，并且还增加了几个工具按钮。可以试试单击移动记录、升降序、筛选等按键，它们与其他 Access 2003 对象中的操作功能相似。

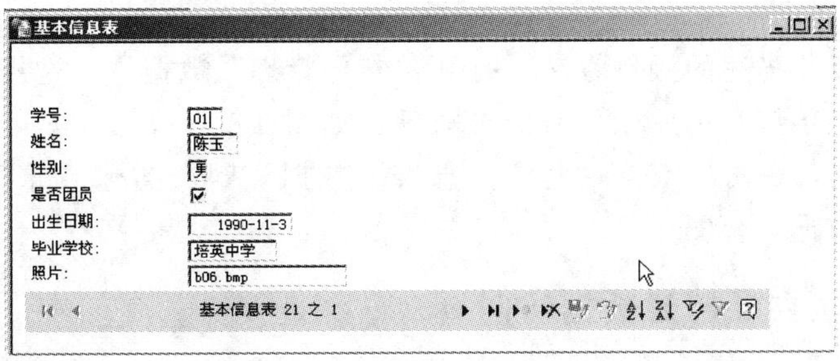

图 9-4　自动创建的页视图

(6) 单击页视图右上角的“关闭”按钮，弹出询问是否保存对数据访问页设计的更改对话框，如图 9-5 所示。

(7) 单击“是”按钮，弹出“另存为数据访问页”对话框，如图 9-6 所示。

图 9-5　询问是否保存

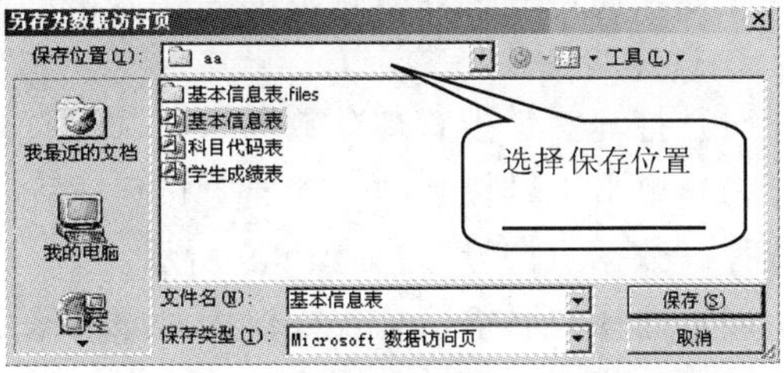

图 9-6　“另存为数据访问页”对话框

(8) 在“另存为数据访问页”对话框中输入“基本信息表”文件名，然后单击“保存”按钮，会出现如图 9-7 所示的信息，建议数据源不要使用绝对路径（如：D：\database）。单击“确定”按钮保存设计结果，“基本信息表 .htm”文件创建结束，返回“学生管理”数据库窗口，会发现在页对象右边的列表框中出现“基本信息表”数据页，如图 9-8 所示。

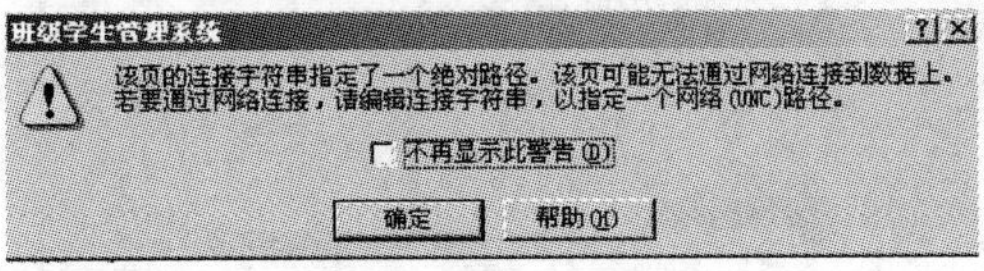

图 9-7　提示对话框

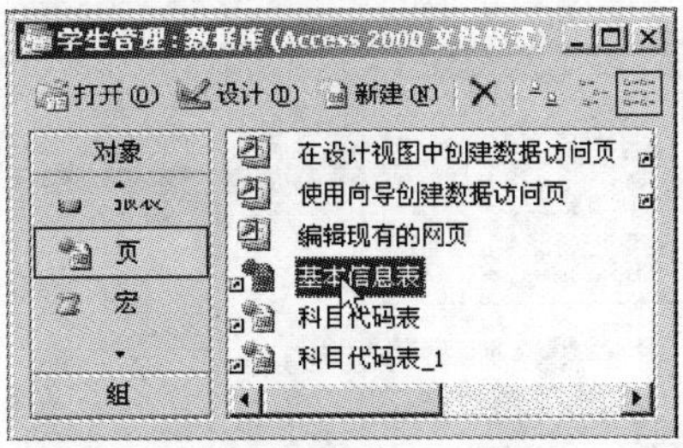

图 9-8　显示基本信息表数据页

注意：

(1) 如果新创建的数据访问页要存到指定盘、指定文件夹下，则在“另存为数据访问页”对话框中选择保存位置。

(2) 以设计视图方式打开数据访问页，可以对数据访问页进行修改。

任务 2　打开“基本信息表”数据页

1. 任务要求

掌握打开数据访问页的操作方法。

2. 操作步骤

（1）参照前面章节描述的操作方法，打开“学生管理”数据库，选择页对象，即可在窗口右边的列表框中列出该数据库中所有的页对象，如图 9-8 所示。

（2）在数据库窗口中可以双击“基本信息表”数据访问页图标，屏幕会显示出如图 9-4 所示的基本信息表数据页视图。

9.2.2 使用数据页向导创建数据访问页

使用“数据访问页向导”创建数据访问页，能在向导的引领下完成数据访问页的创建，在某些操作环节中，可以允许用户有适当的选择。

任务 3 使用向导创建“联络信息表”数据页

1. 任务要求

掌握使用向导创建数据页的操作方法。

2. 操作步骤

（1）打开“学生管理”数据库，选择页对象，如图 9-8 所示。

（2）单击工具栏上的“新建”按钮，弹出“新建数据访问页”第一步对话框，在对话框中选择“数据页向导”，如图 9-9 所示。

（3）选择“联络信息表”作为对象的来源表，然后单击“确定”按钮，弹出“数据页向导”的第二步对话框，如图 9-10 所示。

（4）单击“表/查询”组合框，选择“表：联络信息表”，在“可用字段”列表框中选择字段“学号”，单击“>”按钮，将字段添加到右侧的“选定的字段”列表框中。同理，可以将“家长姓名”、“家庭地址”、“联系电话”和“邮编”字段添加到右侧的“选定的字段”列表框中，如图 9-10 所示。

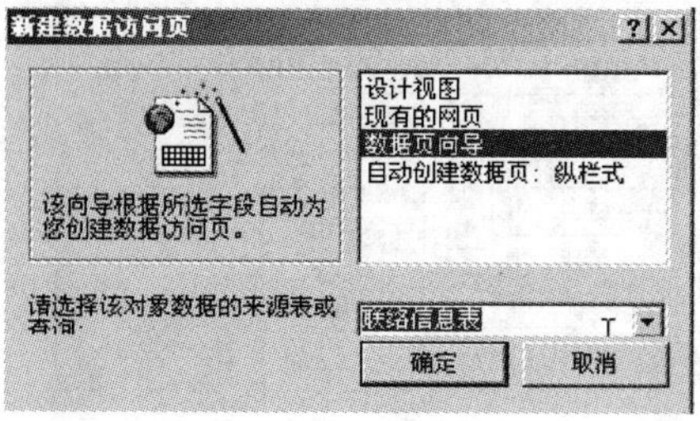

图 9-9 “新建数据访问页”第一步对话框

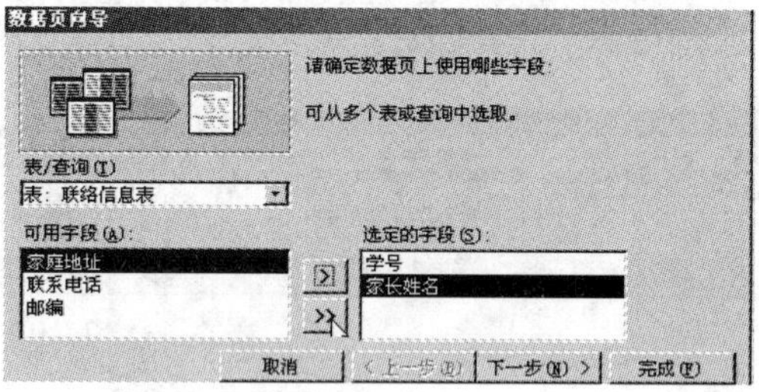

图 9-10 数据页向导第二步对话框

（5）单击“下一步”按钮，弹出“数据页向导”的第三步对话框，如图 9-11 所示。

（6）在第三个对话框中，需要确定分组级别，并且一旦设置了分组级别，则生成数据页是只读的。在这里按“学号”进行分组，在左侧的列表框中单击“学号”字段，然后单击“>”按钮，即按字段“学号”进行分组，结果如图 9-11 所示。

（7）单击“下一步”按钮，弹出“数据页向导”的第四步对话框，如图 9-12 所示。

（8）在第四步对话框，用户可以设置升、降序（最多可以设置 4 个字段）。在这里，并不需要排序，所以直接单击“下一步”按钮，弹出“数据页向导”的第五个对话框，如图 9-13 所示。

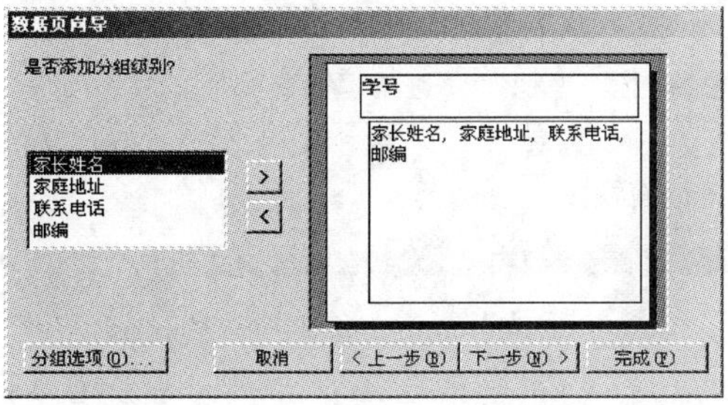

图 9-11　数据页向导第三步对话框

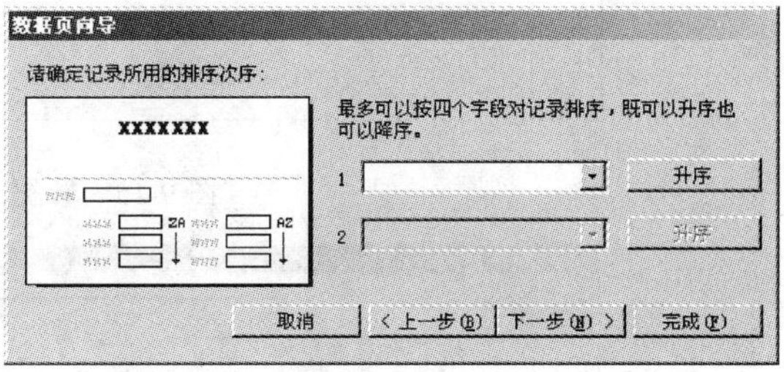

图 9-12　数据页向导第四步对话框

（9）这是“数据页向导”的最后一个对话框，需要用户指定数据页的标题，如输入“联络信息表”。如不指定，则 Access 2003 系统将给出一个默认的标题。

在该对话框中，用户还可以选择创建工作结束之后是进入到页视图，还是返回页的设计视图（缺省是设计视图，即“修改数据页的设计”）。另外，还有两个复选项：一个是“显示有关使用数据页的帮助”；另一个是“为数据页应用主题”，选择该项将会启动“主题”对话框。在“主题”对话框中，用户可以设置数据页的格式（如背景等，相当于窗体、报表的“自动套用格式”）。

在这里，选择“打开数据页”，其余不选择，最后单击“完成”按钮，系统开始创建“联络信息表”。然后，屏幕上出现页视图，如图 9-14 所示。

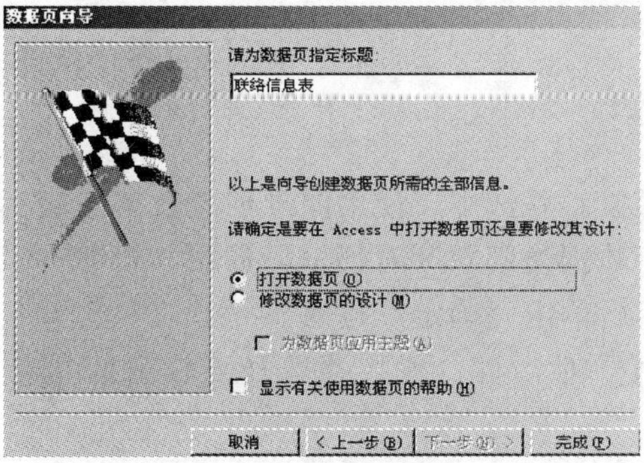

图 9-13　数据页向导第五个对话框

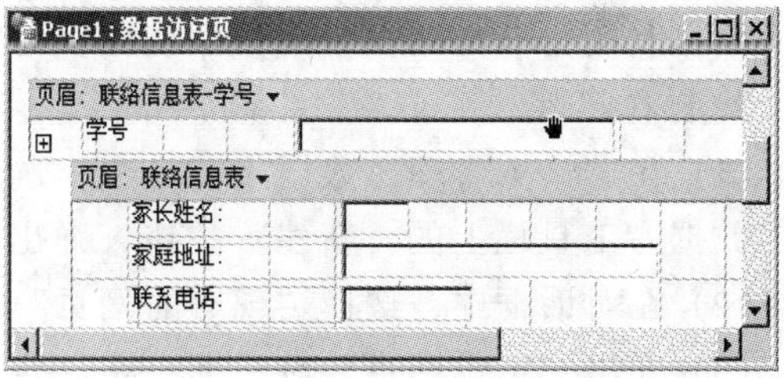

图 9-14　数据访问页设计视图

在图 9-14 中，在“学号”文本框左侧，是一个“+”按钮，称为“展开控件”。它与 Windows 的折叠文件夹的功能相同，单击“+”按钮，则该按钮变成“-”按钮，同时显示学号 01 的全部信息，如图 9-15、图 9-16 所示。

（10）单击页视图右上角的“关闭”按钮，弹出询问是否保存对数据访问页设计的更改对话框，单击“是”按钮，弹出“另存为数据访问页”对话框。

在“另存为数据访问页”对话框中输入“联络信息表”文件名，然后单击“保存”按钮，最后单击“确定”按钮保存设计结果，“联络信息表 .htm”文件创建结束，返回“学生管理”数据库窗口，会发现页对象右边的列表框中出现“联络信息表”页。

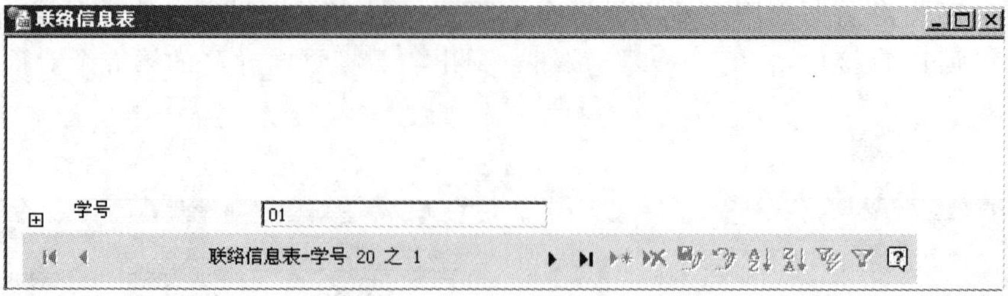

图 9-15　数据访问页页面视图

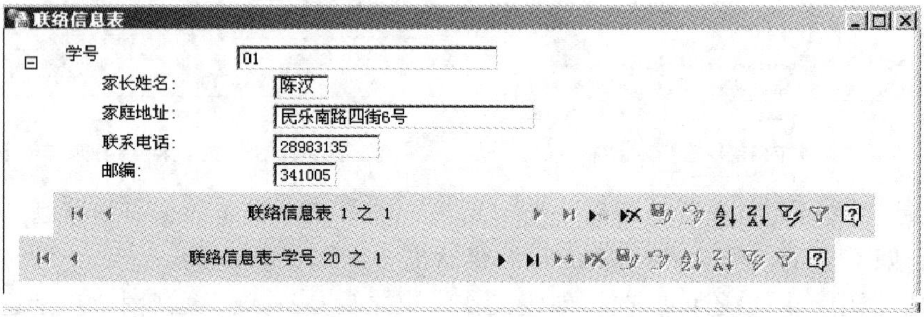

图 9-16　页视图展开

9.2.3　利用已有的网页生成数据访问页

这种方法是对已有的 Web 页进行重新设计，并生成 Access 2003 的数据访问页。

任务 4　利用已有的网页生成数据访问页

1. 任务要求

掌握利用已有的网页生成数据访问页的操作方法。

2. 操作步骤

（1）在“学生管理”数据库窗口中，选择页对象。并选中“使用向导创建数据访问页”，单击数据库工具栏上的“新建”按钮，弹出“新建数据访问页”对话框，如图 9-17 所示。

（2）在对话框中，选择“现有的网页”项，然后单击“确定”按钮。

（3）弹出“定位网页”对话框，在“定位网页”对话框，查找并选择要打开的 Web 文件，如图 9-18 所示。

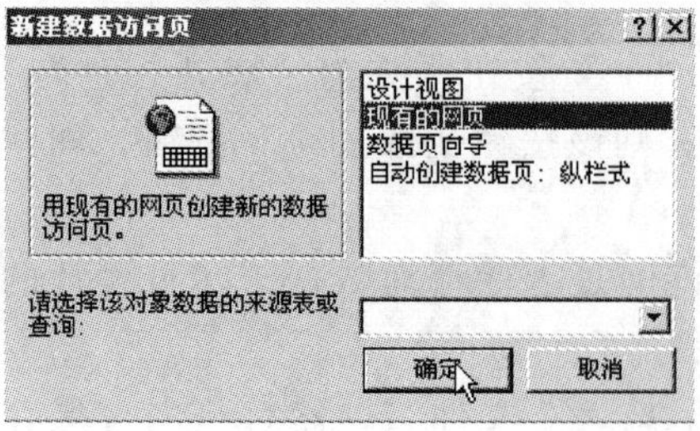

图 9-17　新建数据访问页对话框

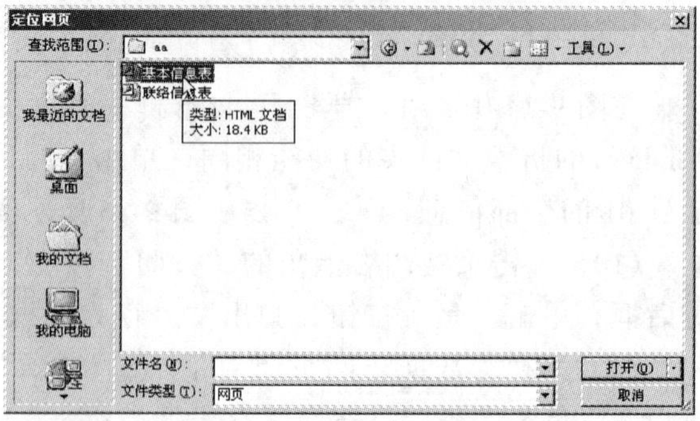

图 9-18　定位网页对话框

(4) 选中“基本信息表”数据访问页，单击“打开”按钮，将在设计视图中显示所选择的页，如图 9-19 所示。

(5) 此时可根据需要在视图中进行新数据访问页的编辑操作，如图 9-20 所示。

注意：该新建数据访问页方法的特点是使用已有的数据访问页通过修改、调整来创建新的数据访问页，它具有极大的灵活性，充分发挥网络的功能。

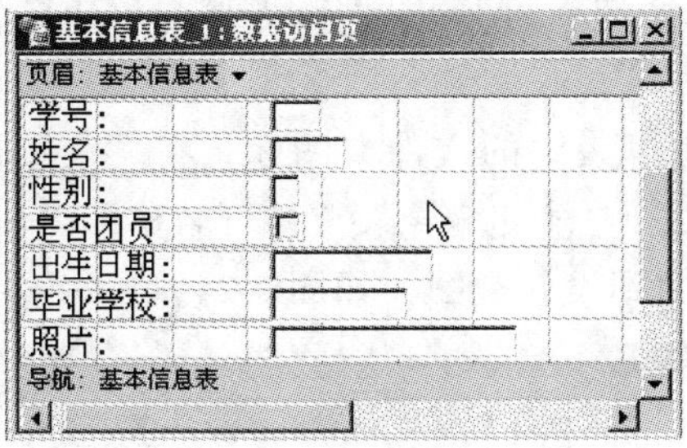

图 9-19 已有的网页

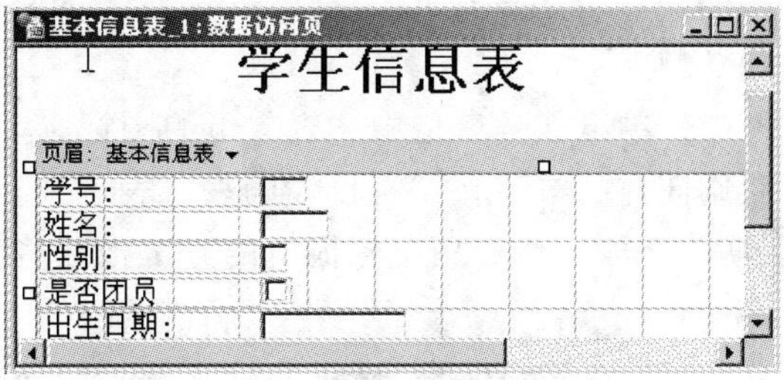

图 9-20 编辑网页

9.2.4 手动创建数据访问页

使用向导创建数据访问页，和其他向导生成的对象一样具有局限性和不完善性，所以，有时需要手动创建数据访问页。

数据页的设计视图与窗体和报表的设计视图基本相同，包括“格式”工具栏、“页设计”工具栏、工具箱和页的设计窗口。在数据库窗口中选中页对象，然后单击“设计”按钮，即可打开数据页的设计视图。

任务 5 用“设计器”制作“科目代码表”数据页

1. 任务要求

掌握用“设计器”制作科目代码数据页的操作方法。

2. 操作步骤

(1) 打开“学生管理”数据库，选择页对象。

(2) 单击数据库工具栏上的“新建”按钮，弹出“新建数据访问页”对话框。

(3) 在对话框中，选择“设计视图”选项，然后单击“确定”按钮，如图 9-21 所示。

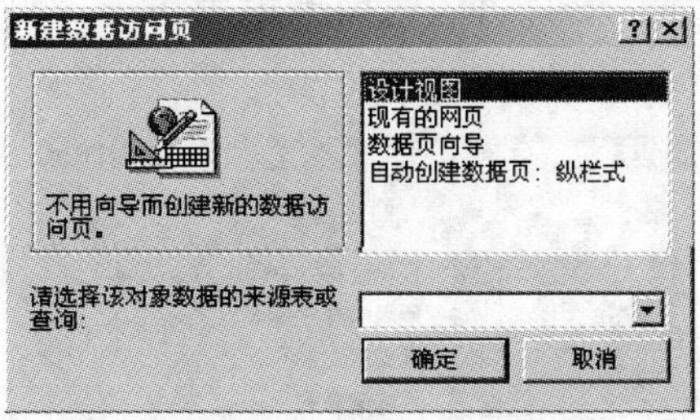

图 9-21 选择设计视图选项

图 9-22 数据页的“设计”视图

(4) 弹出一个空白数据页的设计视图，如图 9-22 所示。

(5) 单击设计视图上标题文字信息“单击此处并输入标题文字”处，可以在这里输入标题“科目代码”。单击鼠标右键在弹出的菜单中设置“字体”、“字体颜色”和“背景颜色”，如图 9-23 所示。

注意：若无如图 9-22 所示的页设计工具箱，单击“视图”菜单中的“工具箱”，可弹出。如果单击工具箱中控件向导按钮，则在加入控件时会启动向导，帮助用户完成该控件的设置工作。

（6）单击 Access 2003 系统工具栏上的字段列表按钮，可弹出“字段列表”任务窗格，如图 9-24 所示。

（7）单击任务窗格中“表”下的图标 + ，或双击“表”的文件夹图标，将“表”展开，然后用同样的方法将“科目代码表”表展开。分别双击“科目编号”、“科目名称”、“学年”、“学期”字段，或者用鼠标拖曳的方法把这些字段添加到设计视图，如图 9-24 所示。

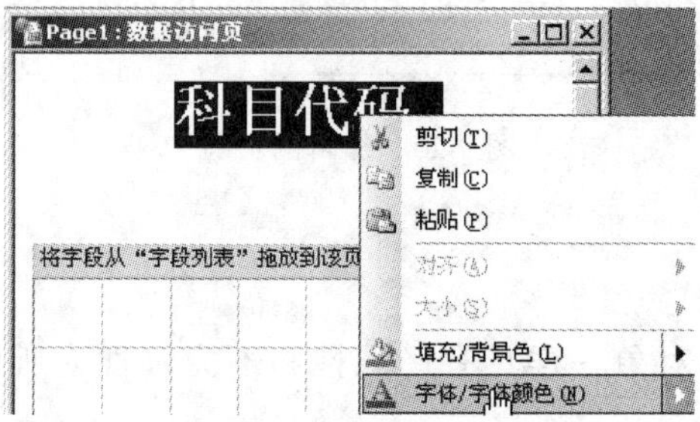

图 9-23　快捷菜单

图 9-24　选取字段

（8）单击设计视图右上角的关闭按钮。当询问是否保存对数据访问页设计的更改时，单击“是”按钮，如图 9-25 所示。

图 9-25　保存更改

（9）弹出“另存为数据访问页”对话框，输入“科目代码表”文件名，单击“保存”按钮，数据访问页创建结束，如图 9-26 所示。

（10）返回“学生管理”数据库窗口，会发现在页对象右边的的列表框中出现“科目代码表”数据页，如图 9-27 所示。

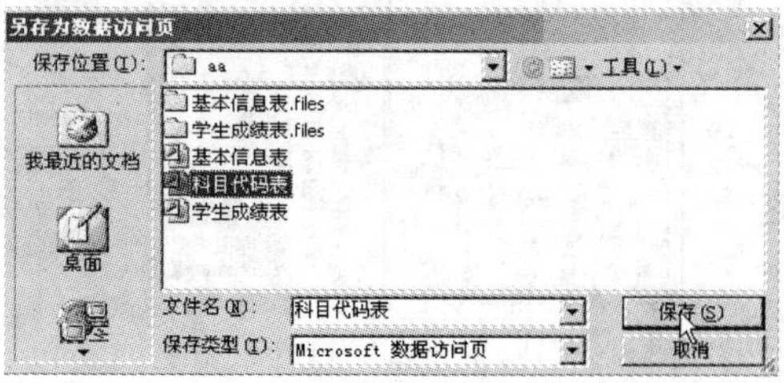

图 9-26　保存

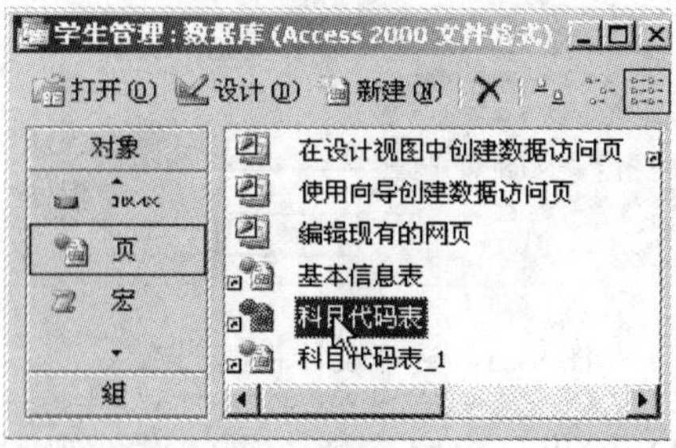

图 9-27　页对象界面

任务 6　用“设计器”制作“学生成绩表”数据页

1. 任务要求

掌握用“设计器”制作数据页的操作方法。

2. 操作步骤

(1) 打开“学生管理”数据库，选择页对象。

(2) 单击数据库工具栏上的“新建”按钮，弹出“新建数据访问页”对话框。

(3) 在对话框中，选择“设计视图”选项，然后单击“确定”按钮。

(4) 弹出一个空白的页的设计视图。

(5) 单击设计视图上标题文体信息“单击此处并输入标题文字”处，可以在这里输入标题“学生成绩”，如图 9-28 所示。

(6) 单击任务窗格中“表”的图标 + ，或双击“表”的文件夹图标，将“表”展开，然后用同样的方法将“学生成绩表”展开。分别双击“学号”、“ID”、“学年”、“学期”等字段，或者用鼠标拖曳的方法把这些字段添加到设计视图，如图 9-28 所示。

(7) 在“字段列表”任务窗格的“学生成绩表”下，将其中的“关系”表展开。打开页设计工具箱，单击控件向导按钮。然后将“基本信息表”用鼠标拖曳到左侧的数据访问页中。松开鼠标，会出现“版式向导”对话框，单击其中一种版式，例如“列表式”，然后单击“确定”按钮，如图 9-29 所示。

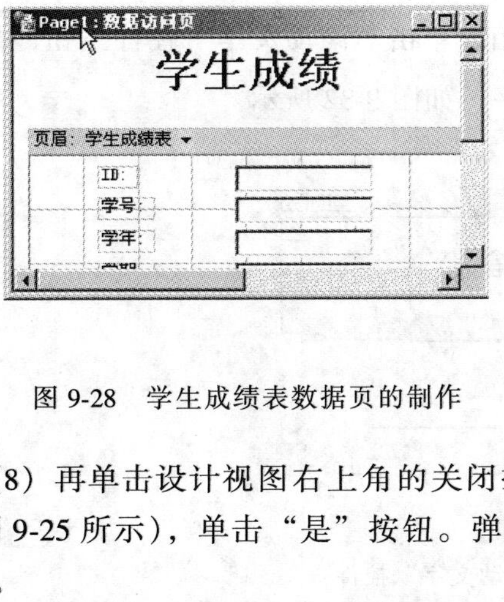

图 9-28　学生成绩表数据页的制作

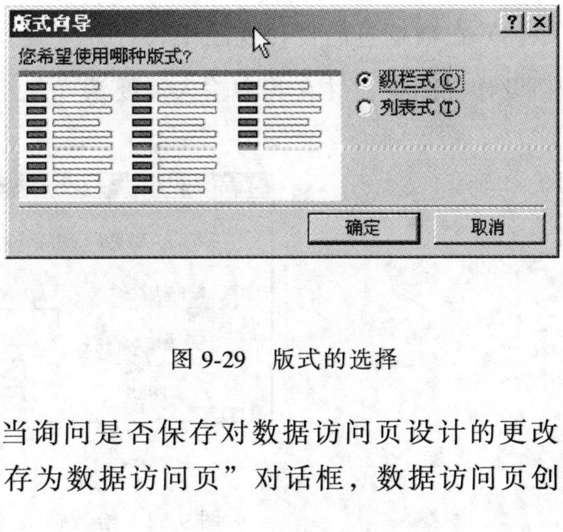

图 9-29　版式的选择

(8) 再单击设计视图右上角的关闭按钮。当询问是否保存对数据访问页设计的更改时（如图 9-25 所示），单击“是”按钮。弹出“另存为数据访问页”对话框，数据访问页创建结束。

(9) 返回“学生管理”数据库窗口，会发现在页对象右边的的列表框中出现“学生成绩表”数据页。

9.3　数据页的设计

设计数据页是通过数据页的设计视图，对原有的数据页进行修改或编辑，或者通过设计视图创建新的数据页，并设置其组成部分的属性，以便实现特定的功能。

9.3.1 在数据页中加入文本和字段

用户除了可以在默认的标题文本区和主体区中输入文字外，也可以利用工具箱中的“标签”控件，在数据页的其他地方输入文字，或是利用“滚动文字”控件，创建动态显示的文字。

任务 7 添加一个“滚动文字”控件

1. 任务要求

掌握添加一个“滚动文字”控件操作方法。

2. 操作步骤

(1) 打开“学生管理”数据库，首先选择页对象，如图 9-30 所示。

(2) 打开“联络信息表”数据页的设计视图，如图 9-31 所示。

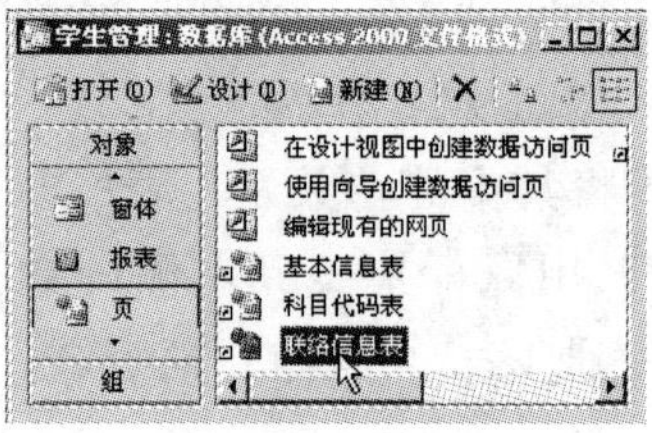

图 9-30 页界面

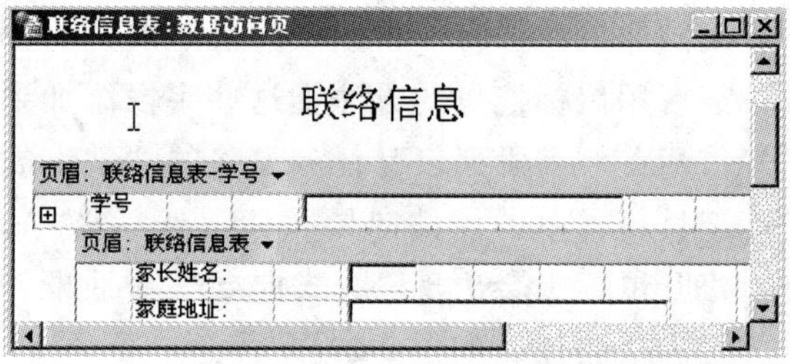

图 9-31 联络信息表数据访问页设计视图

(3) 在数据页的设计视图中，打开页设计工具箱，单击“滚动文本”控件按钮，拖动到设计视图中，并在其中输入需要滚动显示的文字，如图 9-32 所示。

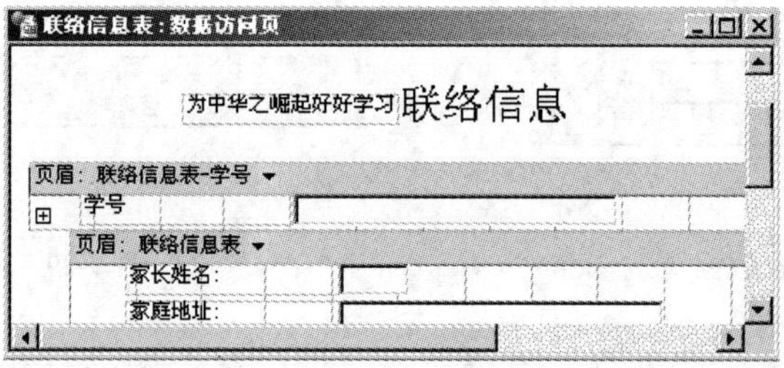

图 9-32 给数据页加入“滚动文字”控件

任务 8 修改页面标题

1. 任务要求

掌握修改页面标题的操作方法。

2. 操作步骤

(1) 打开“学生管理”数据库，首先选择页对象，如图 9-30 所示。

(2) 打开“基本信息表”数据页的设计视图，如图 9-33 所示。

（3）在数据页的设计视图中，用鼠标单击原标题，然后输入新标题，如图 9-34 所示。

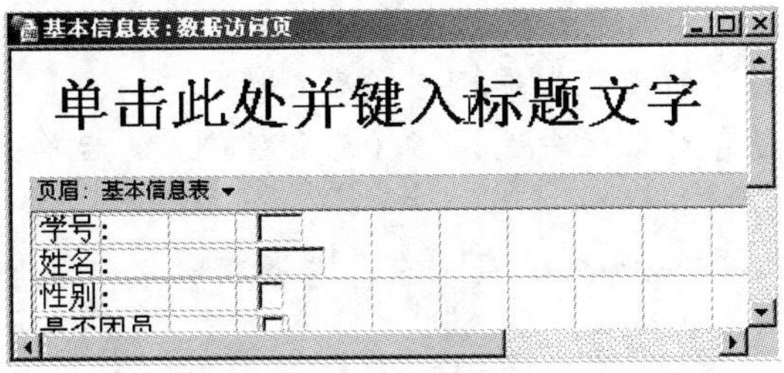

图 9-33　“基本信息表”数据访问页的设计视图

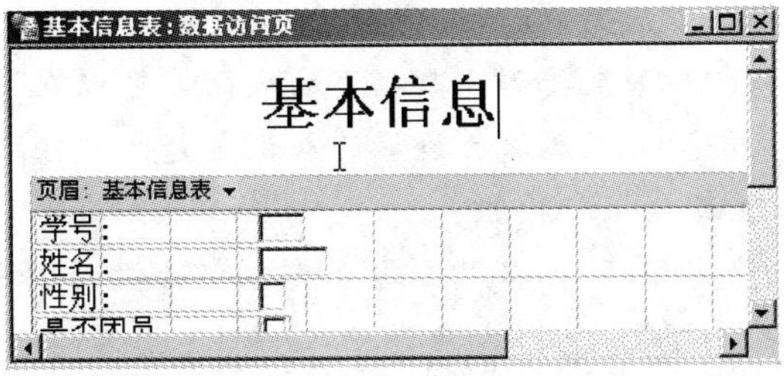

图 9-34　给数据页修改标题

9.3.2　数据页的外观设计

数据页的外观设计包括数据页的视觉效果（如标题、字体、项目符号等）和行为特征（如 Tab 键的次序、分组和排序方式等）的设计。其中视觉效果可以通过定义主题来实现，而行为特征则可以通过设置 Tab 键的次序或加以分组等相关属性设置来实现。

数据页的主题实际上就是 Access 2003 所提供的网格式模板。一旦选用了某个主题，数据页中的标题、字段格式、项目符号、超链接文字、已浏览过的超链接文字、背景颜色、背景图样等，都会根据主题的样式进行修改。

任务 9　设计数据页主题

1. 任务要求

掌握设计数据页主题的操作方法。

2. 操作步骤

（1）打开“学生管理”数据库，选择页对象。

（2）打开“基本信息表”数据页的设计视图，如图 9-33 所示。

（3）单击【格式/主题】菜单，打开“主题”对话框，如图 9-35 所示。

（4）在“主题”对话框中，选择需要的主题，如“粗条”，并选择或清除该对话框左下角的复选框，然后单击“确定”按钮，关闭“主题”对话框，得出效果如图 9-36 所示。

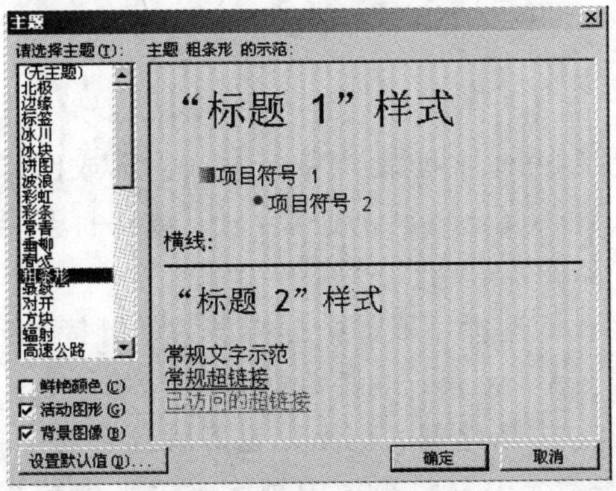

图 9-35　“主题”对话框

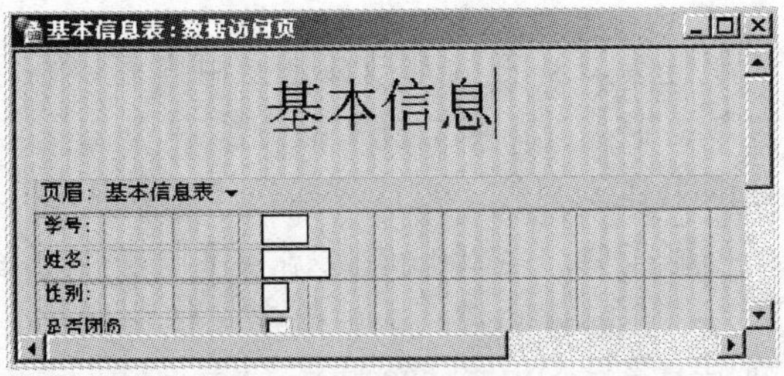

图 9-36　给数据页设置主题

注意：

（1）在“主题”对话框中单击“设置默认值”按钮，可将所选择的主题设置为默认值，这样在以后新建数据页时，Access 自动用这里选择的主题设置所创建的新数据页。

（2）如果要删除数据页的主题，可以在“主题”对话框中选择“（无主题）”。

（3）如果删除已设置的默认主题，可在“主题”对话框中选择“（无主题）”，然后单击“设置默认值”按钮。

（4）除了可以用主题来美化整张数据页外，也可以加入背景颜色、背景图片美化数据页。

任务 10　设计背景

1. 任务要求

掌握设计背景的操作方法。

2. 操作步骤

（1）打开“学生管理”数据库，首先选择页对象，如图 9-30 所示。

（2）打开“联络信息表”数据页的设计视图，如图 9-31 所示。

（3）单击【格式/背景/图片】菜单，打开“插入图片”对话框，如图 9-37 所示。

（4）选择其中一个图片文件，单击“插入”按钮，Access 将把选中的图片作为当前数据页的背景图片，如图 9-38 所示。

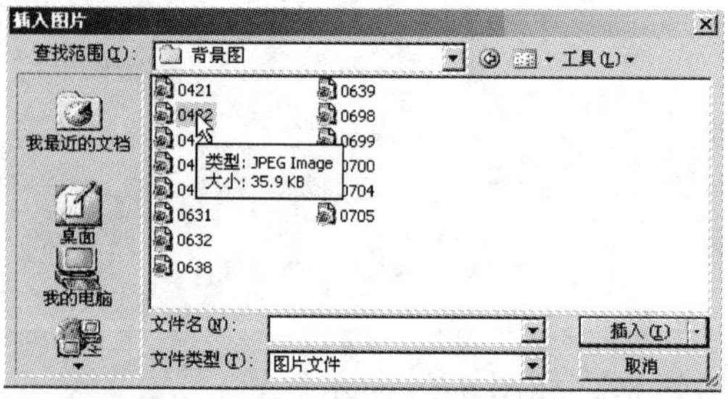

图 9-37　插入图片对话框

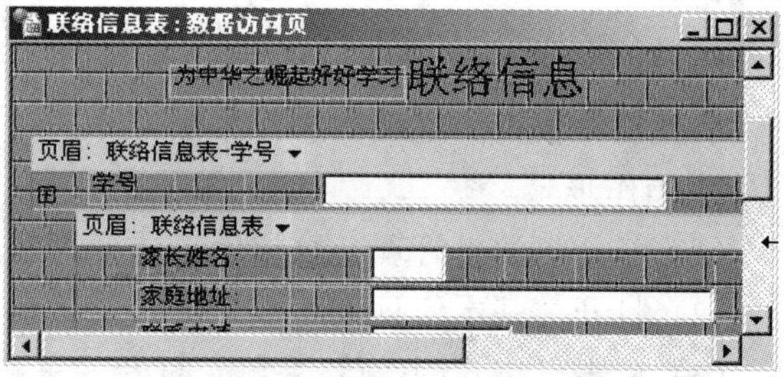

图 9-38　在数据页中加入背景图片

9.4　使用超链接

超链接是 Web 的基础，是指用户可以在数据表和窗体中插入某种标志（文本或图像），通过单击这个标志来启动 URL（统一资源定位）或 UNC（全球网络连接），下载并打开全球广域网中其他文件，包括数据访问页或某些形式的多媒体信息。

可以在 Access 2003 的数据表字段中存储超链接，即选择字段的数据类型为超链接。

可以在窗体和数据表中使用超链接跳到同一或另一 Access 2003 数据库中的对象上，或跳到用 Microsoft Word 2003、Excel 2003 及 PowerPoint 2003 新建的文档上，也可跳到全球 Internet 中的某个文档上。也可以在报表中添加链接，虽然在 Access 2003 中浏览时报表中的超链接是不起作用的，但是将报表输出到 Word 2003、Excel 2003 或 HTML 时超链接是有效的。

可以在窗体或报表中创建标签或图像，或在窗体中创建命令按钮，并设置超链接，通过单击这些标签、图像或命令按钮可以与超链接路径相连。

9.4.1　超链接地址

超链接地址分为 URL 和 UNC 路径，其中 URL 是针对与全球广域网而言的，而 UNC 针对于本机硬盘和 Intranet 的。无论哪种超链接地址都可以将某个超链接地址直接输入到超链接字段中，结合到超链接字段的文本框中，或在其文本框中显示超链接的组合框中。

超链接地址最多可由 pound 符号（#）分隔 3 部分。

1. 显示文本

显示文本是在字段或控件中见到的文本。例如，可以显示由地址和子地址指定的全球广域网的站点或对象的说明性名称。可以根据需要输入不同的显示文本，也可以选用自己熟悉的符号。

2. 地址

地址是到目标文档的绝对或相对路径。绝对路径是到文档的一条完全合格的 URL 或 UNC 路径。而相对路径是与由“数据库属性”对话框中的“超链接基础”选项设置指定的基础路径相对的路径，或是与当前数据库路径相对的路径，选择【文件/数据库属性】菜单命令可打开“数据库属性”对话框。在输入超链接地址时，一般都得输入地址项，除非子地址指向当前数据库文件（.mdb）中的对象。

3. 子地址

子地址是指文件或数据访问页中的地点。例如，可以指向 Access 数据库中指定的窗体或报表，或 Word 文档中指定的书签。可以不对该项进行设置。

Access 2003 并不显示字段或控件中超链接地址所有的 3 个部分。如果要查看整个超链接地址，可以使用键盘（以避免进入链接之中）将插入符号放在字段或控件中，并按 <F2> 键即可。

注意：如果输入了显示文本，Access 2003 不显示跟在显示文本后的地址中的任何剩余部分。如果未输入显示文本，Access 2003 只显示地址。子地址只在没有显示文本或地址时才显示，并且如果该地址指向 Access 2003 数据库中的某个对象，则该对象必须在当前数据库中。

9.4.2　在表中插入超链接字段

在数据表中，超链接是作为字段的一种数据类型出现的，它和字段的 OLE 对象数据类型一样都是在表中存放了一个链接地址，通过这些地址便可以使用相应的数据或文件。在数据表中插入超链接首先要新建一个用于存储超链接的字段。

任务 11　新建超链接字段

1. 任务要求

掌握新建超链接字段的操作方法。

2. 操作步骤

(1) 打开“学生管理”数据库，首先选择表对象，在数据库窗口中会出现所有数据表，如图 9-39 所示。

(2) 打开“科目代码表”的设计视图，如图 9-40 所示。

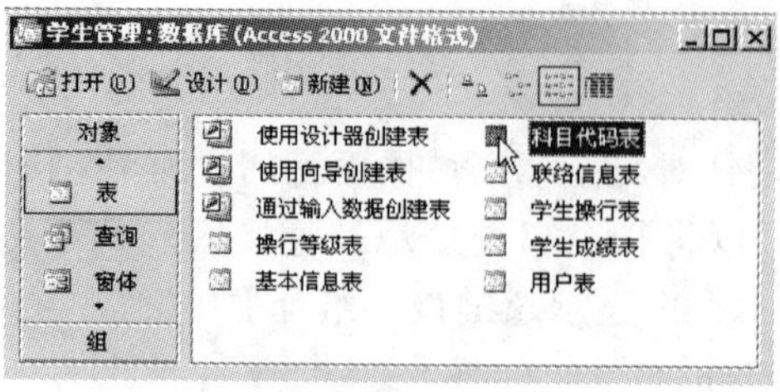

图 9-39　数据表界面

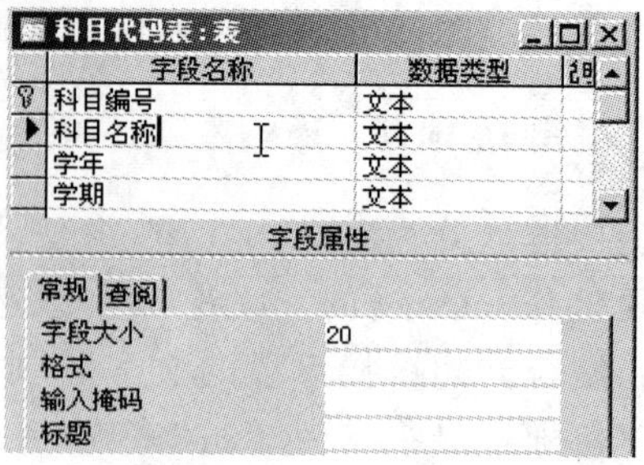

图 9-40　科目代码表设计视图

（3）打开“科目名称”的数据类型列表，选择“超链接”项，如图 9-41 所示。

（4）单击工具栏上的“保存”按钮，保存对表所做的修改。进入表的（数据表）视图时可以发现“科目名称”字段中的内容已经变成了系统默认的超链接地址显示模式，即文本颜色为蓝色，文本添加了下划线。

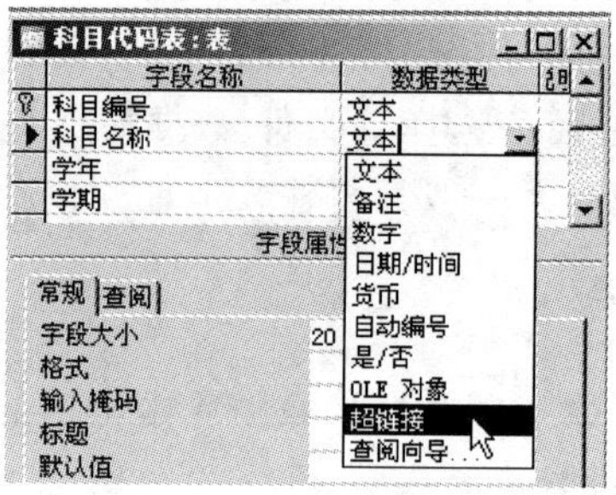

图 9-41　修改

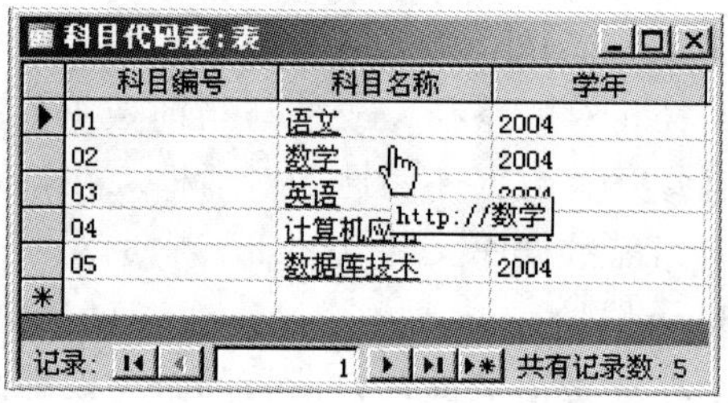

图 9-42　新建超链接字段的科目代码表

通过上述操作过程，就可以在数据表中添加一个超链接字段，可以根据需要选择多个超链接字段，如图 9-42 所示。

注意：在数据表视图中同样可以通过选择【插入/超链接列】，新建一个字段，用于存储超链接，然后在新字段中键入超链接地址。如果链接无效，必须对“科目名称”字段中的链接地址进行修改编辑。

任务 12　在数据页中设置超链接

1. 任务要求

掌握在数据页中设置超链接的操作方法。

2. 操作步骤

（1）打开“学生管理”数据库，首先选择页对象，打开“联络信息表”数据页的设计视图。

（2）如果使用文字超链接，则单击工具箱的“超链接控件”按钮，在数据页的设计视图中需要设置超链接的地方拖出一个矩形框，Access 将自动打开“插入超链接”对话框，在“要显示的文字”旁边的文本框中输入链接到网页上的提示文字，如“搜狐”，在“地址”旁边的文本框中输入要链接的网页网址，如图 9-43 所示。

（3）单击“确定”按钮，即可在数据页中加入了超链接。

（4）如果使用图片超链接，请单击工具箱中的“图像超链接控件”按钮，Access 将首先打开“插入图片”对话框，如图 9-44 所示。

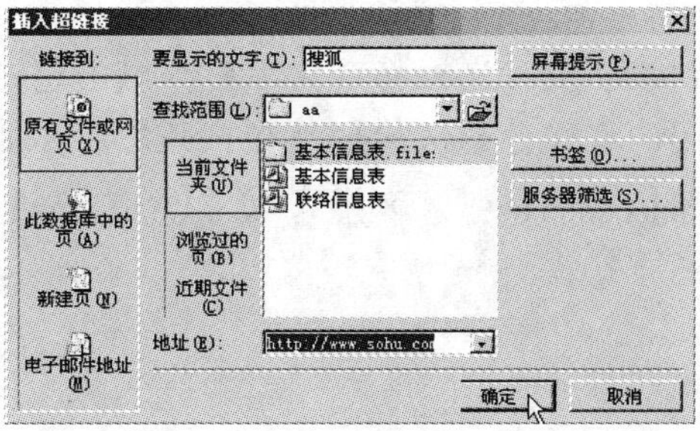

图 9-43　“插入超链接”对话框

图 9-44　“插入图片”对话框

（5）找到并选中满意的图片后，单击“插入”按钮，Access 将打开“插入超链接”对话框，其设置方法与第（2）步相同。

（6）保存文件，并预览数据页中的超链接效果，如图 9-45 所示。

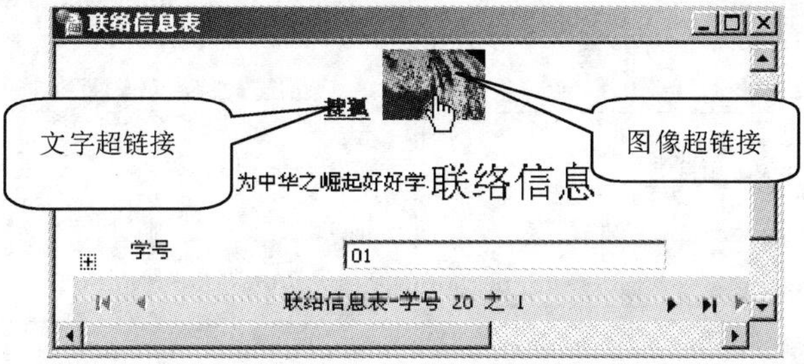

图 9-45　在数据页中使用超链接

3．知识要点

（1）在“链接到”选择框的 4 个选项中选择一种，指定超链接对象的类型。Office 2003 将超链接类型直接分为了 4 种类型：原有文件或 Web 页、数据库中的对象、新建页和电子邮件地址。不像在 Office 2000/XP 中没有对链接对象进行分类。当选择不同选项时，“插入超链接”对话框中的内容会发生改变。在这里就以链接到原有文件或 Web 页为例，并与 Office 2000/XP 的（插入超链接）对话框进行对比来说明插入链接的设置过程。

当选择了“原有文件或 Web 页”选项之后，在对话框中主要有 3 个设置对链接对象进行设定：

1）利用（要显示的文字）文本框，在该文本框中可以指定在表中字段所显示的文字内容。这项在 Office 2000/XP 中是没有的，以往超链接字段在表中所显示的文字是在表中输入的。

2）在“地址”文本框中设定链接对象是具体地址，该项的作用和 Office 97/2000 中的链接到文件或 URL 作用一样。可以通过该项文本框上的列表框，或使用列表框上面的“浏览目标”按钮来指定链接的地址。

3）使用“书签”按钮指定链接对象的子地址。

（2）在创建完超链接字段之后，还必须在超链接字段中输入有效的 URL 或 UNC 路径作为超链接地址，只有这样才能够使字段真正与数据库之外的其他文件进行超链接。

(3) Access 2003 提供了两种插入超链接的方法：可以直接在字段中输入超链接地址插入一个超链接，或通过“插入超链接”对话框插入一个超链接。一般而言，利用“插入超链接”对话框可以直观方便地将一个地址输入到字段中。

(4) 当插入一个超链接地址后，鼠标再次移动到该字段时光标将变为手形。单击超链接地址之后，所打开的应用程序为创建链接文件时使用的程序。超链接地址在打开之后，如果还未被使用，则地址文本成蓝色；当通过链接地址使用超链接时，文本变成紫色。

任务 13　编辑超链接

1. 任务要求

掌握新建超链接字段的操作方法。

2. 操作步骤

(1) 打开“学生管理”数据库，首先选择页对象，打开“联络信息表”数据页的设计视图，如图 9-46 所示。

(2) 在需要更改超链接字段上单击鼠标右键，在弹出的快捷菜单中选择【超链接/编辑超链接】，出现“编辑超链接”对话框，如图 9-47 所示。

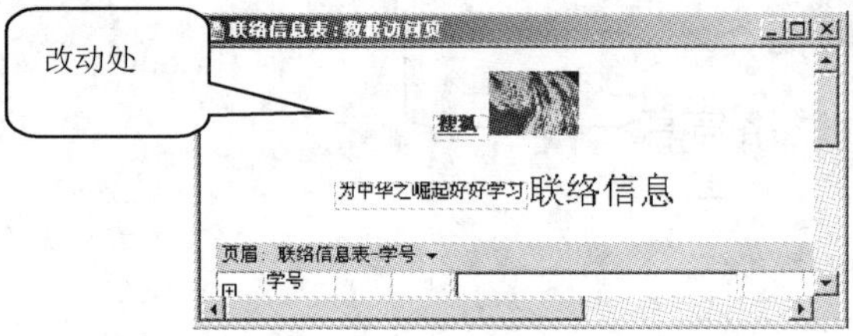

图 9-46　要修改超链接的界面

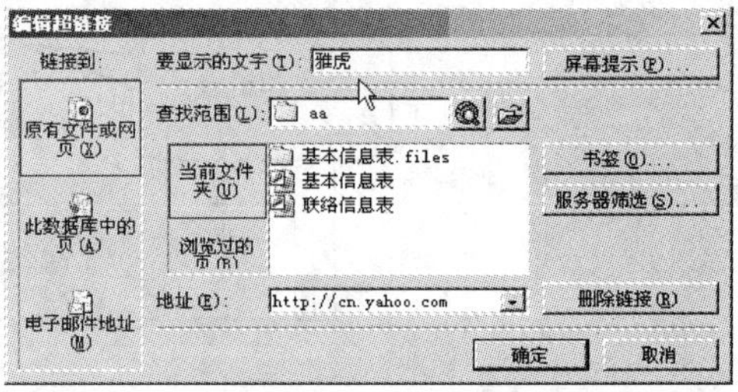

图 9-47　“编辑超链接”对话框

(3) 在“编辑超链接”对话框中可以根据需要修改对话框选项中的内容。

(4) 选择完毕后，单击“确定”按钮。这时，Access 2003 就会改变字段的链接地址，用新输入的超链接地址代替原来的超链接地址，如图 9-48 所示。

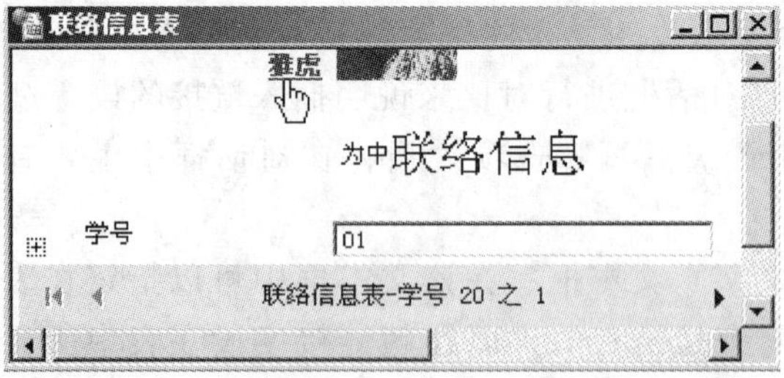

图 9-48　已修改超链接的联络信息表数据访问页页面视图

注意： 在输入超链接地址之后，如果所输入的超链接地址不正确，则超链接无法正确运行。

9.4.3　超链接在窗体和报表中的应用

在 Access 2003 中还可以在窗体和报表中添加超链接控件，在窗体和报表中一般可以在 3

种控件中建立超链接，它们是标签、图像、按钮。建立超链接的操作基本相同，希望在学会超链接标签的创建后，能够举一反三，建立其他类型的超链接控件。

任务 14　创建超链接标签

1. 任务要求

掌握在窗体设计视图中创建超链接标签的操作方法。

2. 操作步骤

(1) 在窗体设计视图中打开相应的窗体。

(2) 在工具栏上单击“插入超链接”按钮，打开“插入超链接”的对话框。

(3) 在“插入超链接”对话框中可以指明超链接对象。

(4) 选择完毕之后，单击“插入超链接”对话框中的“确定”按钮。

3. 知识要点

Access 2003 可以将标签加入到窗体或报表。在设计视图中，如果要检测链接，需要用鼠标右键单击该链接标签，选择快捷菜单上的【超链接】命令，然后单击“打开”按钮，即可看到地址链接到的文件内容。

任务 15　利用工具箱中“标签控件”按钮创建一个超链接标签

1. 任务要求

掌握利用工具箱中“标签控件”按钮创建一个超链接标签的操作方法。

2. 操作步骤

(1) 在窗体设计视图中打开相应的窗体。

(2) 直接利用工具箱中“标签控件”按钮，在需要放置超链接地址的地方设置标签控件，并在标签内输入所需的文本。

注意：此时创建的标签还不具有超链接的功能。

(3) 单击工具栏上的“属性表”按钮，打开新建标签的“属性表”窗口。

(4) 在“属性表”窗口中，单击“格式”标签，在“超链接地址”文本框中输入超接的地址，或者使用文本框后面的“生成器”按钮打开“插入超链接”对话框，在对话框中设定超链接地址。需要的话，在“超链接子地址”文本中输入相应的信息，确定子地址的内容。

注意：第四步完成后，所创建的标签才成为一个超链接标签。利用该方法创建超链接标签时，可以看到当在超链接地址文本框或超链接子地址文本框中输入一个地址之后在标签文本的底部添加了下划线，同时字体的颜色也变为了蓝色。

任务 16　通过复制并粘贴超链接来新建一个超链接标签

1. 任务要求

掌握从 Mcrosoft Office 文档中复制并粘贴超链接来新建一个超链接标签的操作方法。

2. 操作步骤

(1) 打开一个包含有已定义了超链接的 Mcrosoft Office 2003 文档。

(2) 选择要复制的超链接内容，然后选择【编辑/复制】命令或用其他方法复制所需内容。

(3) 切换到 Access 2003 窗口，并在窗体或报表（设计）视图中打开相应的窗体或报表。

(4) 选择【编辑/粘贴为超链接】命令，则可以看到在窗体或报表中出现前面复制的超链接内容。

9.5 利用 Internet Explorer 浏览器发布数据页

创建数据访问页后，可以将该页发布到“Wed 文件夹”或 Wed 服务器中，同时，数据访问页还可以连接到 Microsoft Access 或 Microsoft SQL Server 数据库中。

在 Windows XP 中，如果安装了 Microsoft Internet Information Server（Microsoft IIs），则可以将计算机作为 Wed 服务器发布数据页。

任务 17　发布数据页

1. 任务要求

掌握在窗体设计视图中创建超链接标签的操作方法。

2. 操作步骤

(1) 点击任务栏上的【开始】按钮，选择【控制面板/管理工具/Internet 信息服务】选项。

(2) 展开“网站”文件夹，找到“默认网站”。

(3) 选中“默认网站”后单击鼠标右键，从弹出的快捷命令中选择【新建/虚拟目录】命令，打开“虚拟目录创建向导”对话框之一，并单击对话框中的“下一步”按钮，打开“虚拟目录创建向导”对话框之二。

(4) 在“虚拟目录创建向导”对话框之二输入虚拟目录的别名，如 WWW。

(5) 单击“下一步”按钮，打开“虚拟目录创建向导”对话框之三，在该对话框中，单击“浏览”按钮，找到目录：C：\Intetpub\wwwroot。找到文件夹“wwwroot”后单击“新建文件夹”按钮，在该目录新建一个文件夹用于保存数据页及其他文件，还可以对新建的文件夹重命名，创建新文件夹后的“虚拟目录创建向导”对话框。

(6) 单击“下一步”按钮，打开“虚拟目录创建向导”对话框之四，在其中设置虚拟目录的访问权限。

(7) 单击“下一步”按钮，并在随后的对话框中单击“完成”按钮，完成虚拟目录的创建。

(8) 把数据页、有关的文件、其他网页及 Access 数据库拷贝到刚才新建的文件夹中。在 Web 服务器上输入网页的 URL，如：C：\Intetpub\wwwroot\新建文件夹\new_page_1.htm，就可以浏览相关的网页和链接了。

本章小结

本章主要介绍了 Access 2003 的数据访问页的创建及其功能。创建数据访问页的方法有 4 种，它们是自动创建数据访问页、使用数据页向导创建、利用已有网页创建和手动创建数据访问页等。创建好的数据访问页可以在设计窗口进行进行修改，并可以添加各种控件如按钮、文本框等。在数据访问页中可以使用超链接，使用方法简单。

习　　题

一、选择题

1. 新建数据访问页有（　　）方法。

A. 自动创建　　B. 向导创建

C. 用已有的 Web 页创建　　D. 手动设计创建

2. Microsoft Access 的（　　）版本不含数据访问页功能。

A. Access 97　　B. Access 2000　　C. Access 2002　　D. Access 2003

3. 工具箱中的控件可以在（　　）对象中使用。

A. 数据访问页　　B. 窗体　　C. 报表　　D. 查询

4. 下列说法正确的是（　　）。

A. 超链接是作为字段的一种数据类型出现的

B. 对于粘贴的超链接内容，用户无法使用其他名称加以替代

C. 单击超链接地址之后，所打开的应用程序为创建链接文件前使用的程序

二、填空题

1. 在数据访问页的新建功能里，还可以使用其中的＿＿＿＿＿＿＿＿选项来快速地生成一个新的数据访问页。

2. 利用绑定的＿＿＿＿＿＿＿＿、＿＿＿＿＿＿＿＿和＿＿＿＿＿＿＿＿，可以在数据访问页中访问数据库的＿＿＿＿＿＿＿＿，利用超链接地址来打开或使用这些文档，使得数据访问页中所包含的内容更加丰富。

3. 在 Access 2003 中，不但可以在数据访问页＿＿＿＿＿＿＿＿中对数据访问页进行编辑，还可以利用 Access 2003 所提供的＿＿＿＿＿＿＿＿来对数据访问页进行编辑。

三、简答题

1. 如何建立一个新的数据访问页？

2. 超链接地址最多可由 # 分隔为几部分？

3. 当选择“原有文件或 Web 页”单选按钮之后，在对话框中主要有哪几个设置对链接对象进行设定？

四、操作题

新建超链接字段，具体操作要求如下：

利用“学生管理”库的“基本信息表”创建一个数据访问页。

在该数据访问页中，请选择一个表中的字段，创建一个超链接。

第 10 章　宏

本章应知

1. 宏的概念
2. 宏的创建、设计与运行
3. 菜单的创建

本章应会

1. 使用宏实现打开窗体、报表、数据表等
2. 使用宏创建菜单
3. 运行和调试宏

10.1　仅包含操作序列的宏

在 Access 中，打开窗体、退出系统、打印报表、打开数据表等命令都可以理解为操作，一次执行一个或多个操作的集合，就是所谓的宏。

10.1.1　使用宏打开数据表

创建“宏”时，选择 OpenTable 操作，可实现打开数据表的功能。下面，通过 1 个任务的操作，学习使用宏打开数据表的操作方法。

任务 1　创建“基本信息浏览”宏

1. 任务要求

掌握使用宏打开数据表的操作方法。

2. 操作步骤

（1）打开“学生管理”数据库的宏对象窗口，如图 10-1 所示。

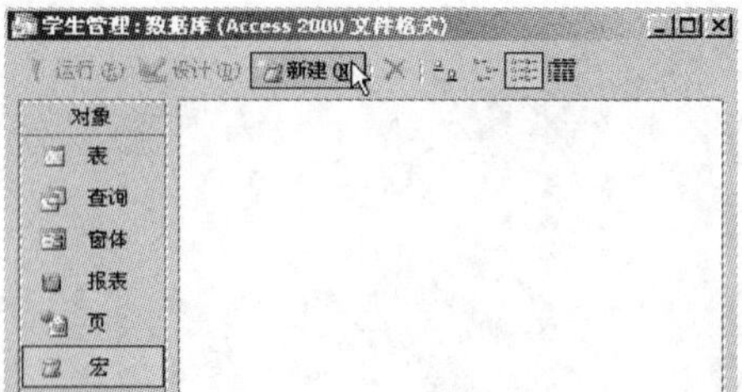

图 10-1　宏对象窗口

（2）在图 10-1 中，单击“新建”按钮，打开“宏”编辑窗口，如图 10-2 所示。

（3）在图 10-2 中，单击“操作”列右侧的“箭头”按钮，打开“操作”列表，如图 10-3 所示。

（4）在图 10-3 中的“操作”列表中，选择 OpenTable 操作，如图 10-4 所示。

（5）在图 10-4 中，单击“表名称”右侧的文本框，再单击文本框右侧的“箭头”按钮，打开“表名称”列表，并在“表名称”列表中选择“基本信息表”，如图 10-4 所示。然后单击“数据模式”文本框右侧的“箭头”按钮，打开“数据模式”列表，如图 10-5 所示。

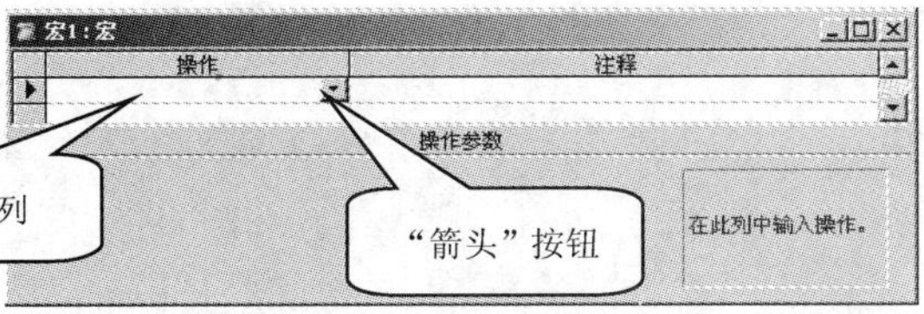

图 10-2　“宏”编辑窗口

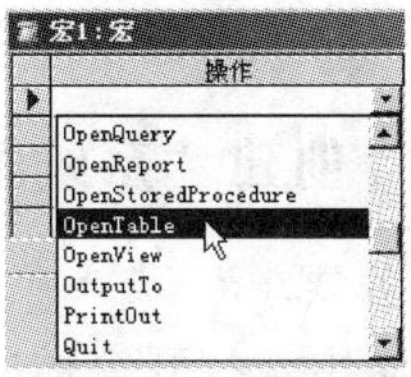

图 10-3　打开“操作”列表

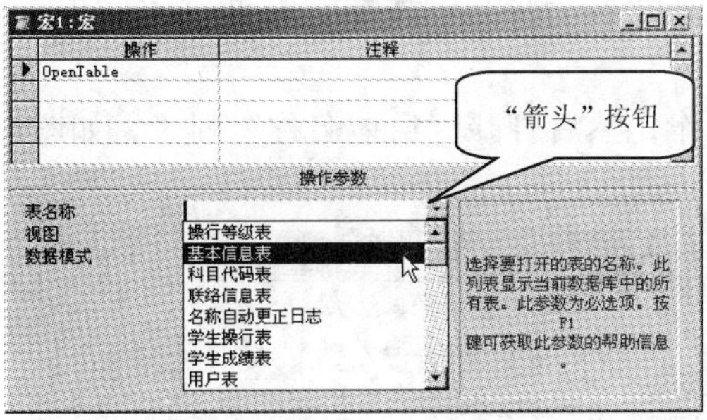

图 10-4　打开“表名称”列表

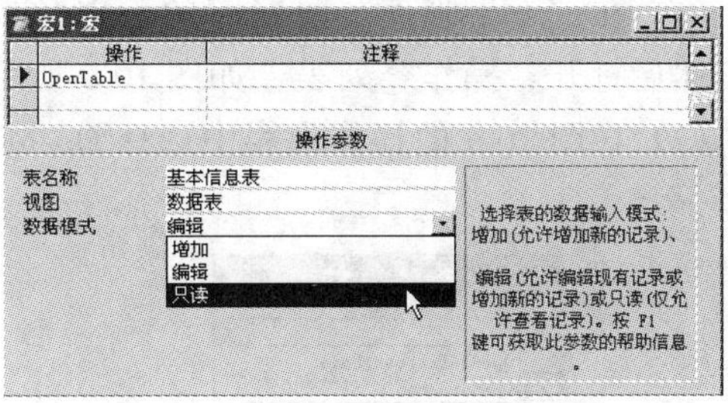

图 10-5　打开“数据模式”列表

（6）在图 10-5 的“数据模式”列表中，选择“只读”数据模式，然后单击“宏”编辑窗口右上角的“关闭”按钮，弹出 Office 助手提示［是否保存对宏“宏 1”的设计的更改?］，如图 10-6 所示。

注意：只有 Office 助手被启动时才有助手提示，否则，会以消息框形式提示。

图 10-6　Office 助手提示

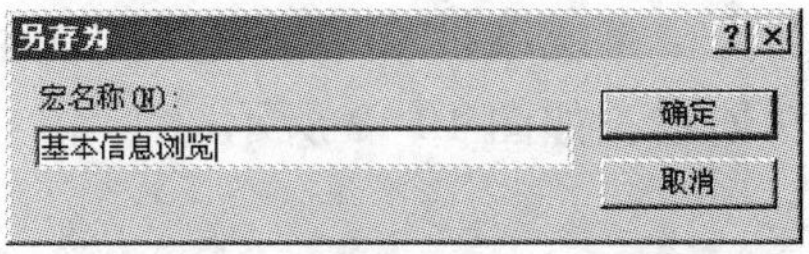

图 10-7　“另存为”对话框

（7）在图 10-6 中，单击“是”按钮，弹出“另存为”对话框，如图 10-7 所示。

（8）在图 10-7 中的“宏名称”文本框中，输入“基本信息浏览”，然后，单击“确定”按钮，返回“学生管理”数据库的宏对象窗口，发现“基本信息浏览”宏已成功创建，如图 10-8 所示。

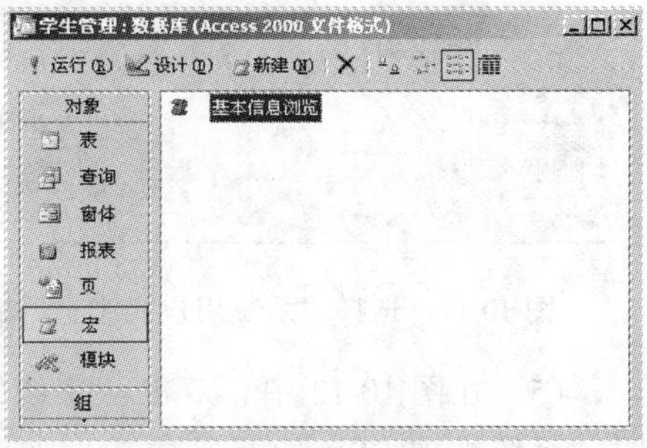

图 10-8　“基本信息浏览”宏已成功创建

（9）在图 10-8 中，双击“基本信息浏览”宏，观察该宏的运行是否成功，如果成功，则可以打开“基本信息表”数据表，并可浏览其中的记录，但不可以对数据表中的记录数据进行编辑。

10.1.2 使用宏打开窗体

创建“宏”时，选择 OpenForm 操作，可实现打开窗体的功能。下面，通过 1 个任务的操作，学习使用宏打开窗体的操作方法。

任务 2 创建“系统维护 CD”宏

1. 任务要求

掌握使用宏打开窗体的操作方法。

2. 操作步骤

(1) 在“学生管理”数据库的宏对象窗口中，单击“新建”按钮，打开“宏”编辑窗口，然后打开“操作”列表，如图 10-9 所示。

(2) 在图 10-9 的操作列表中选择 OpenForm 操作，然后打开“窗体名称”列表，如图 10-10 所示。

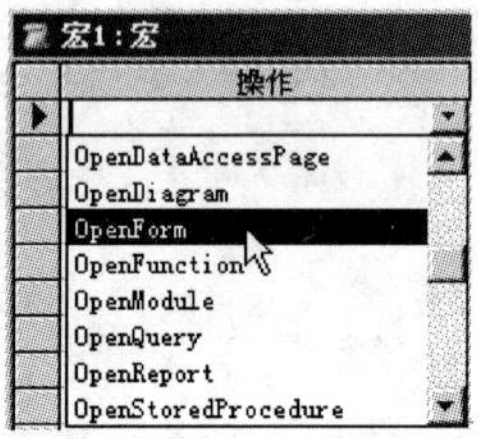

图 10-9 打开“操作命令”列表

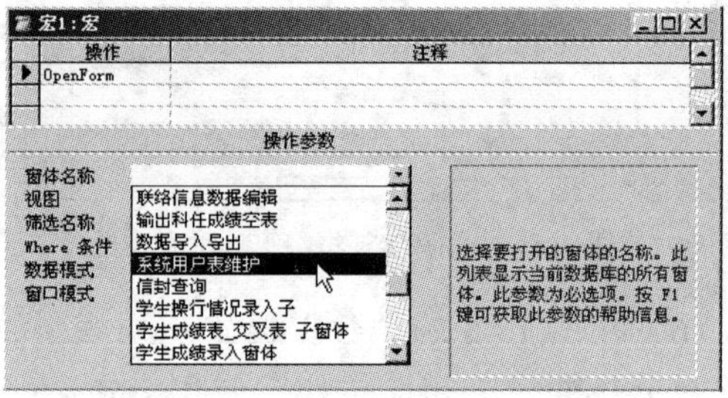

图 10-10 打开“窗体名称”列表

(3) 在图 10-10 的“窗体名称”列表中选择“系统用户表维护”窗体，如图 10-11 所示。

(4) 在图 10-11 中，单击“宏”编辑窗口的“关闭”按钮，关闭“宏”编辑窗口，保存宏时命名为“系统维护 CD”，返回“学生管理”数据库的宏对象窗口，发现“系统维护 CD”宏已成功创建，如图 10-12 所示。

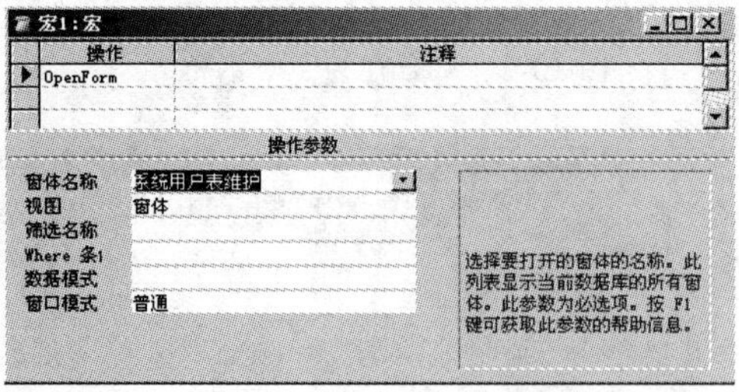

图 10-11 选择“系统用户表维护”窗体

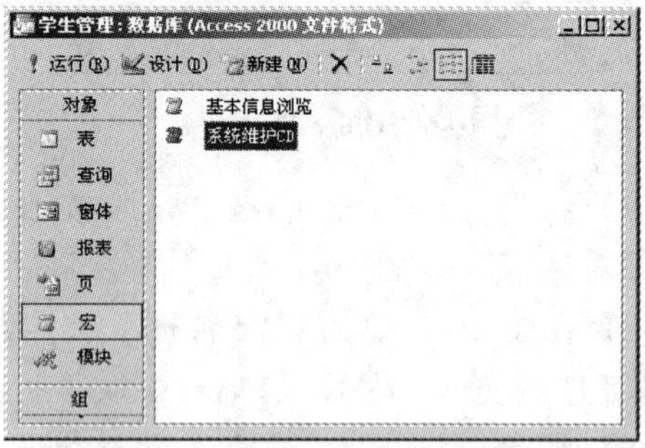

图 10-12 “系统维护 CD”宏已成功创建

(5) 在图 10-12 中，双击“系统维护 CD”宏，如果会打开“系统用户表维护”窗体，说明“系统维护 CD”宏运行成功，如图 10-13 所示。

(6) 在图 10-13 中，单击右上角的“关闭”按钮，返回图 10-12 的“学生管理”数据库的宏对象窗口。在图 10-12 中，首先单击“系统维护 CD”宏，然后再单击“设计”，打开“宏”编辑窗口，为宏添加第二个 OpenForm 操作，如图 10-14 所示。

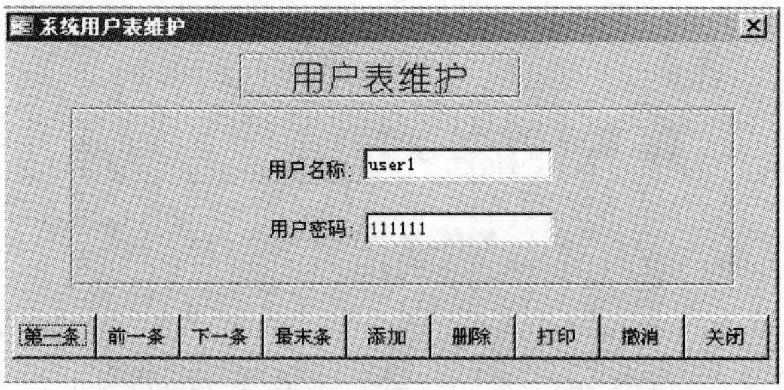

图 10-13　运行“系统维护 CD”宏成功打开的窗体

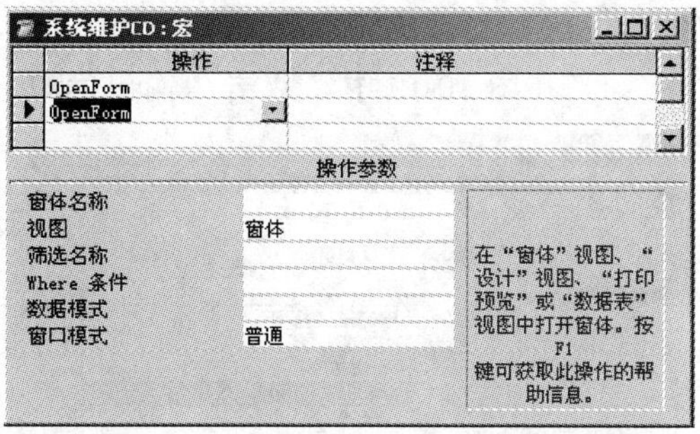

图 10-14　为宏添加第二个 OpenForm 操作

(7) 在图 10-14 中，打开第二个 OpenForm 操作的“窗体名称”列表，并选择“操行等级表维护”，如图 10-15 所示。

(8) 关闭图 10-15，保存宏的更改，返回“学生管理”数据库的宏对象窗口，运行“系统维护 CD”宏，能实现同时打开“系统用户表维护”和“操行等级表维护”两个窗体，运行效果如图 10-16 所示。

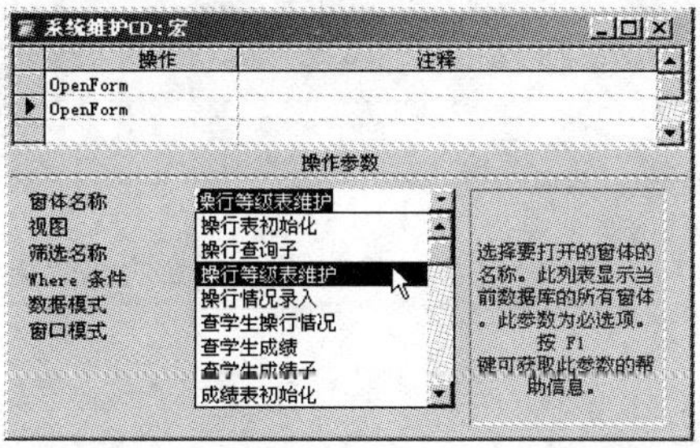

图 10-15　为宏添加第二个 OpenForm 操作

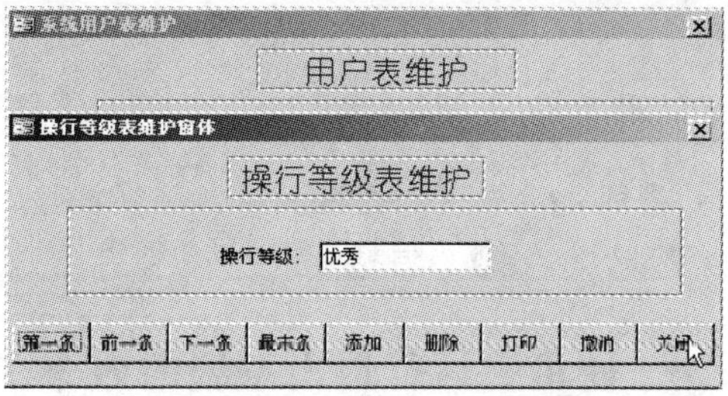

图 10-16　同时打开两个窗体的运行效果

注意：有时，被打开的两个窗体可能重叠显示，可能只看到其中一个窗体，若移动所见窗体的位置，可观察到两个窗体。

10.1.3　使用宏运行报表

创建“宏”时，选择 OpenReport 操作，可实现打开报表的功能。下面，通过 1 个任务的操作，学习使用宏打开报表的操作方法。

任务 3　创建“输出信封”宏

1. 任务要求

掌握使用宏打开报表的操作方法。

2. 操作步骤

(1) 在“学生管理”数据库的宏对象窗口中，单击“新建”按钮，打开“宏”编辑窗口，然后，打开“操作”列表，并选择 OpenReport 操作，如图 10-17 所示。

(2) 在图 10-17 中，打开“报表名称”列表，选择“信封报表”报表名称，如图 10-18 所示。

(3) 在图 10-18 中，打开“视图”列表，选择“打印预览”视图，然后关闭“宏”编辑窗口，保存时宏的名称命名为“输出信封”，返回“学生管理”数据库的宏对象窗口，发现

“输出信封”宏已成功创建，如图 10-19 所示。

（4）在图 10-19 中，双击“输出信封”宏，如果运行成功，效果如图 10-20 所示。

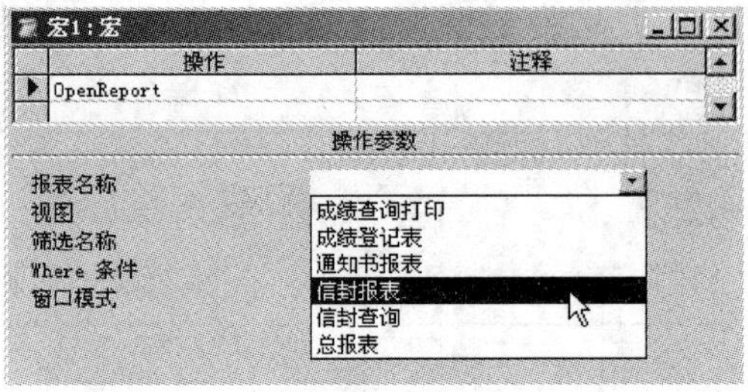

图 10-17　选择 OpenReport 操作

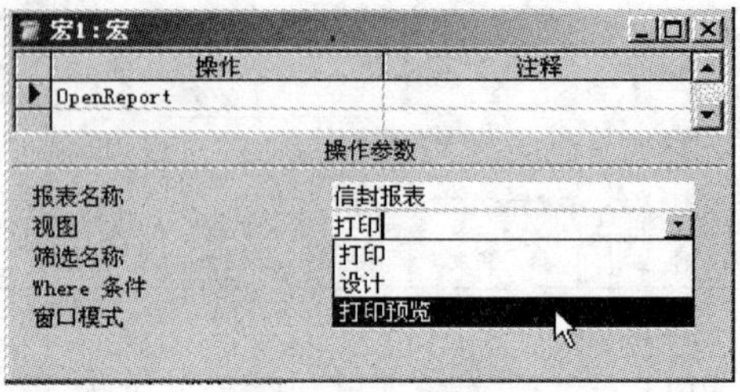

图 10-18　选择“信封报表”报表名称

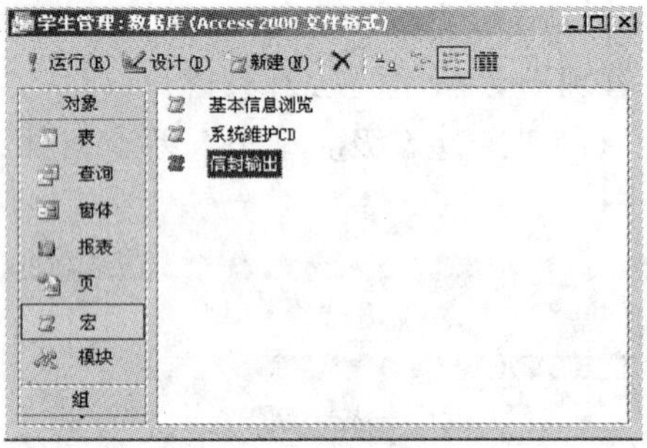

图 10-19　“输出信封”宏已成功创建

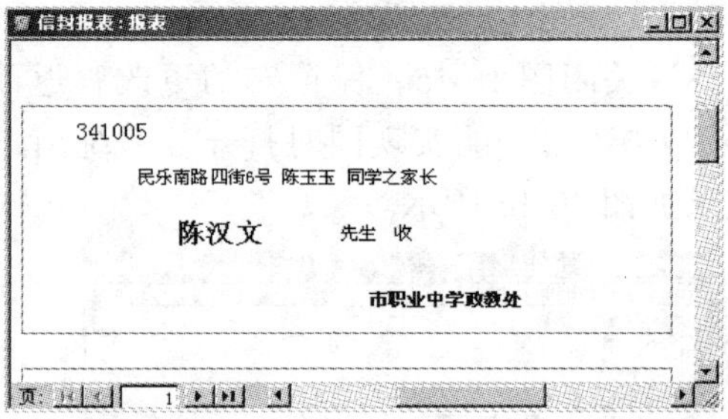

图 10-20　“输出信封”宏，运行成功的效果

10.1.4　使用宏运行退出系统的命令

创建宏并不一定必须打开某些对象，也可以执行某些命令，例如，退出系统命令也可以由宏执行。

任务 4　使用宏退出系统

1. 任务要求

掌握使用宏实现退出系统的操作。

2. 操作步骤

（1）在“学生管理”数据库的宏对象窗口中，单击“新建”按钮，打开“宏”编辑窗口，然后，打开“操作”列表，并选择 Quit 操作，如图 10-21 所示。

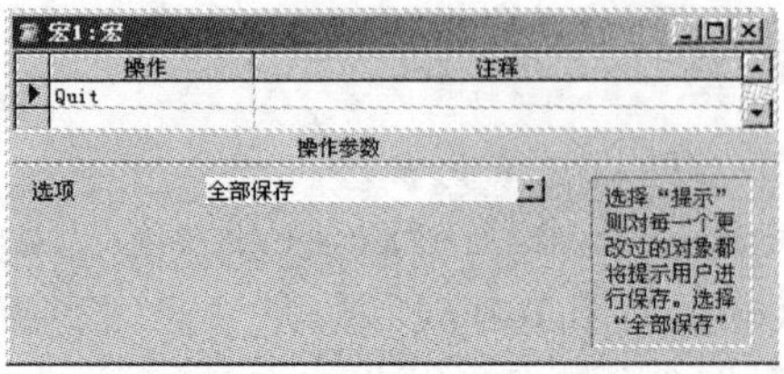

图 10-21　选择 Quit 操作

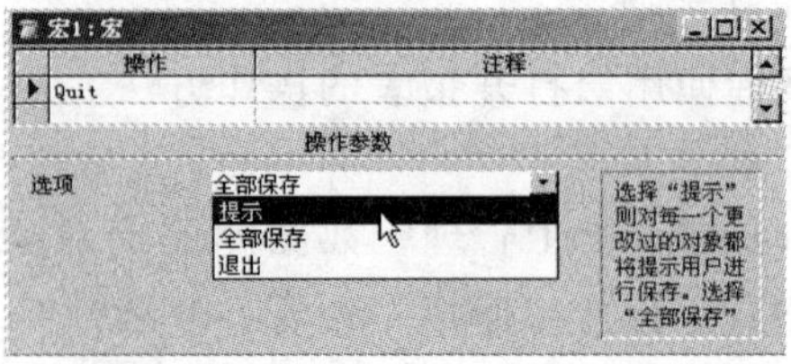

图 10-22　选择“提示”选项

（2）在图 10-21 中，在操作参数中，打开“选项”列表，选择“提示”选项，如图 10-22 所示。

（3）关闭图 10-22 的“宏”编辑窗口，保存宏时为宏命名为“退出系统 CD”，返回“学生管理”数据的宏对象窗口，发现“退出系统 CD”宏已成功创建，如图 10-23 所示。

（4）在图 10-23 中，采用以下操作方法也可以运行“退出系统 CD”宏。首先，单击“退出系统 CD”宏，然后再单击“运行”按钮，运行后，会发现系统自动退出了 Access 环境，此时并不是执行了不正常的功能，而是正确执行“退出系统 CD”宏的效果。

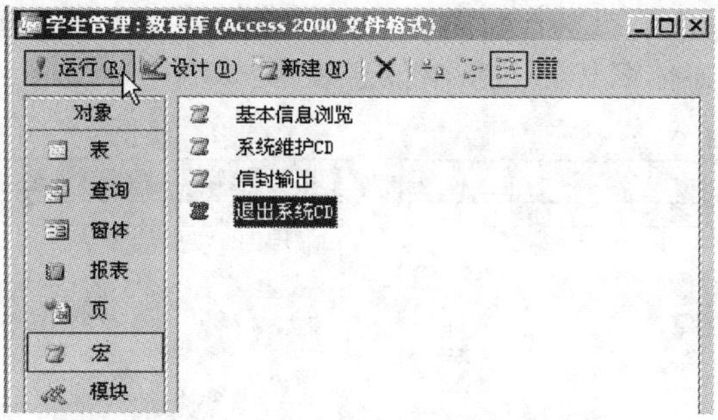

图 10-23 “退出系统 CD”宏已成功创建

10.2 宏组

如果一个宏包括了若干个宏，其实就存储了宏的集合，则构成了宏组。下面通过 2 个任务的操作，学习宏组的创建操作技巧。

10.2.1 使用宏组打开窗体

任务 5 创建“系统初始化 CD”宏组

1. 任务要求

掌握创建宏组的操作方法。

2. 操作步骤

（1）在“学生管理”数据库的宏对象窗口中，单击“新建”按钮，打开“宏”编辑窗口，然后，打开“操作”列表，并选择 OpenForm 操作，如图 10-24 所示。

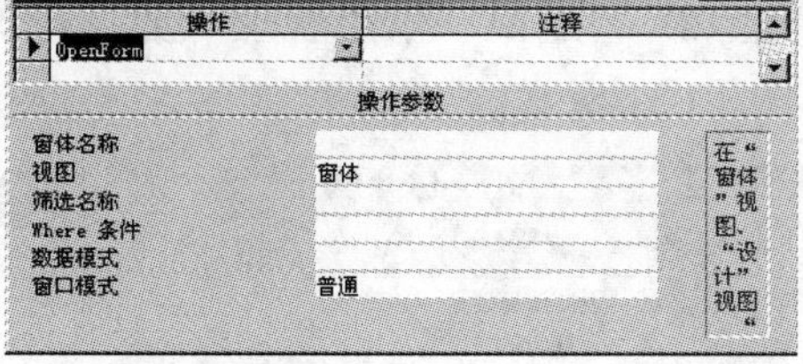

图 10-24 选择 OpenForm 操作

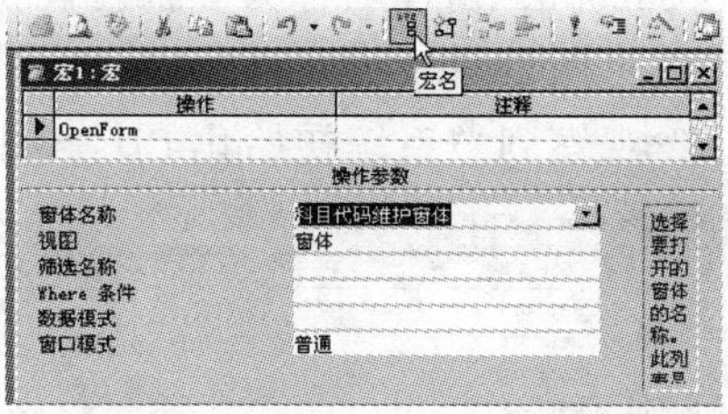

图 10-25 选择“科目代码维护窗体”

（2）在图 10-24 中，打开“窗体名称”列表，选择“科目代码维护窗体”，然后“宏设计”工具栏上找到“宏名”工具按钮，如图 10-25 所示。

（3）在图 10-25 中，单击“宏名”工具按钮，观察“宏”编辑窗口，发现“操作”列左侧显示了“宏名”列，如图 10-26 所示。

注意：为了加深对“宏名”工具按钮功能的理解，可重复单击“宏名”工具按钮，观察“宏名”列的变化。

(4) 观察图 10-26，此时“宏设计”工具栏上的“宏名”工具按钮处于被选中状态。然后，在“宏名”列的第一行输入“科目代码初始化”，如图 10-27 所示。

(5) 采用上述的方法，在“宏”编辑窗口中，添加第二个宏，宏名为“基本信息表初始化”，操作为 OpenForm，窗体名称为“基本信息表维护窗体”，如图 10-28 所示。

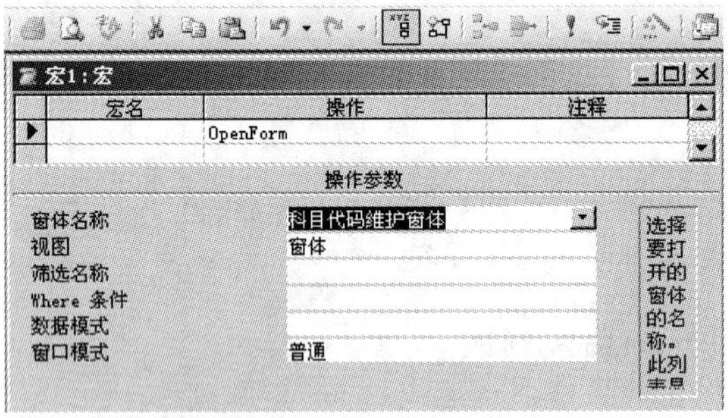

图 10-26 增加了“宏名”列

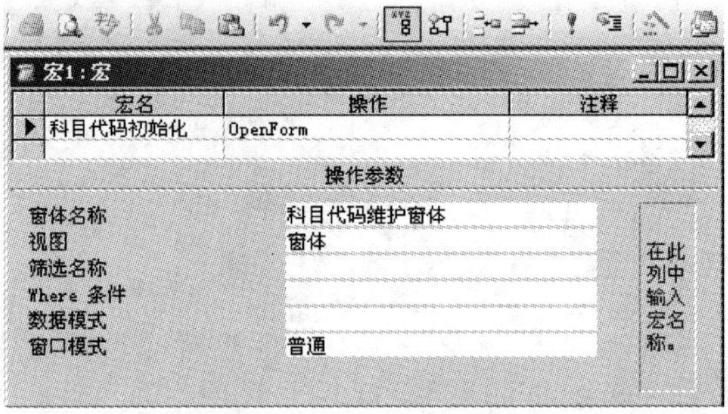

图 10-27 输入“科目代码初始化”

(6) 采用同样的操作方法，在图 10-28 中添加第三个宏，宏名为“成绩表初始化”，操作为 OpenForm，窗体名称为“成绩表初始化”，如图 10-29 所示。

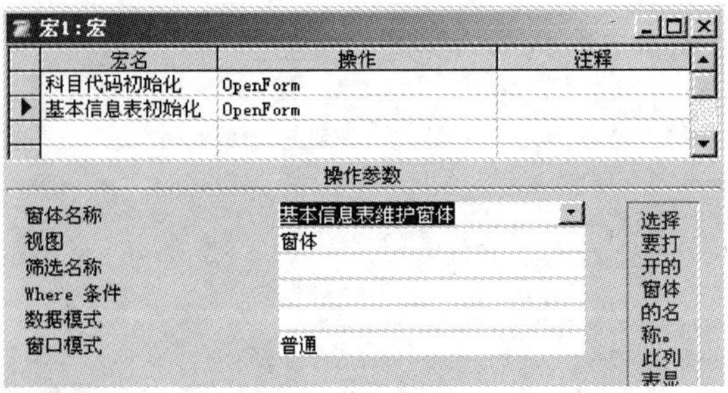

图 10-28 在“宏”编辑窗口中，添加了第二个宏

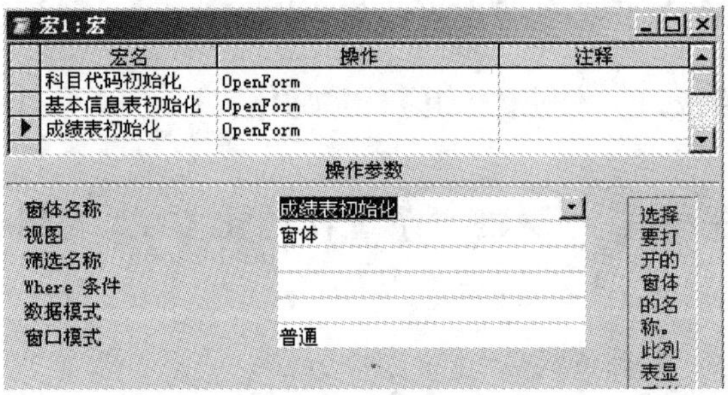

图 10-29 在“宏”编辑窗口中，添加了第三个宏

(7) 采用同样的操作方法，在图 10-29 中添加第四个宏，宏名为“学生操行表初始化”，操作为 OpenForm，窗体名称为“操行表初始化”，如图 10-30 所示。

(8) 关闭图 10-30，保存宏时命名为“系统初始化 CD”，返回“学生管理”数据库的宏对象窗口，观察到“系统初始化 CD”宏已存在，如图 10-31 所示。

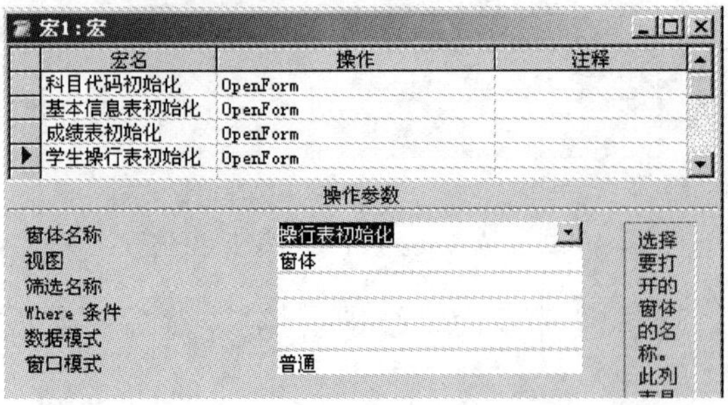

图 10-30 在“宏”编辑窗口中，添加了第四个宏

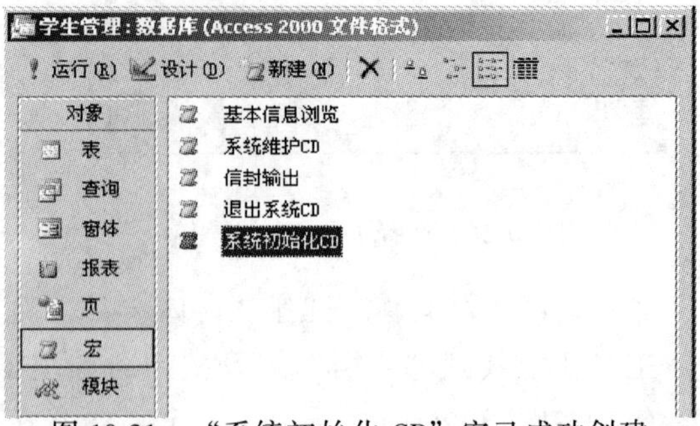

图 10-31 “系统初始化 CD”宏已成功创建

（9）在图 10-31 中，“系统初始化 CD”虽然包括四个宏，但如果双击“系统初始化 CD”宏，发现只打开了第一个窗体，即只执行了宏组中的第一个宏，这是正常的，那怎样才能执行宏组中的其他宏呢？通过本章第 3 节的学习将会解决此问题。

10.2.2　使用宏组打开数据表

任务 6　创建“数据浏览 CD”宏组

1. 任务要求

掌握复制和修改宏的操作方法。

2. 操作步骤

（1）在“学生管理”数据库的宏对象窗口中，右击“基本信息浏览”宏，弹出快捷菜单，移动鼠标指针到快捷菜单中的【复制】菜单项，如图 10-32 所示。

（2）在图 10-32 中，单击【复制】菜单项，然后在宏对象窗口的空白处单击鼠标右键，弹出快捷菜单，鼠标指针移到快捷菜单中的【粘贴】菜单项，如图 10-33 所示。

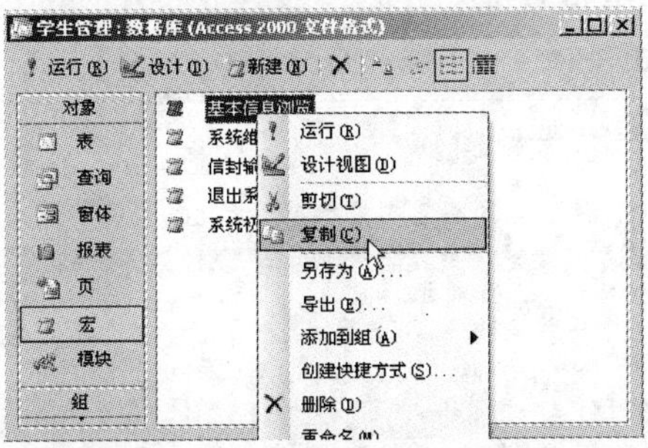

图 10-32　移动鼠标指针到【复制】菜单项

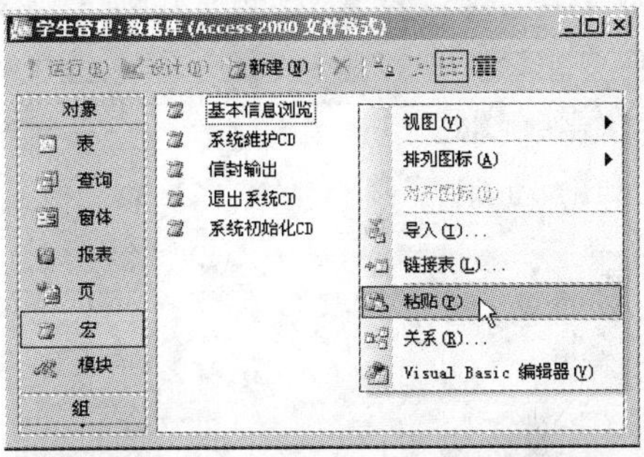

图 10-33　鼠标指针移到【粘贴】菜单项

（3）在图 10-33 中，单击【粘贴】菜单项，弹出“粘贴为”对话框，如图 10-34 所示。

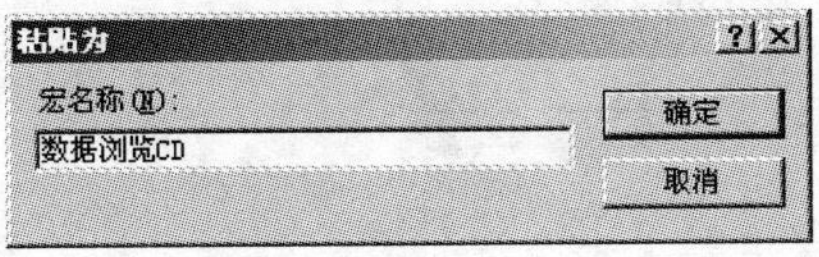

图 10-34　弹出“粘贴为”对话框

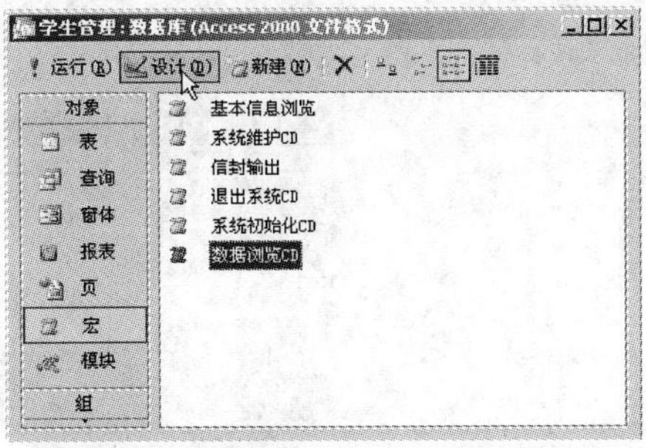

图 10-35　“数据浏览 CD”宏已成功创建

（4）在图 10-34 的“粘贴为”对话框中，输入宏名称为“数据浏览 CD”，然后，单击“确定”按钮，返回“学生管理”数据的宏对象窗口，观察“数据浏览 CD”宏是否已存在，“数据浏览 CD”宏已成功创建的效果如图 10-35 所示。

（5）在图 10-35 中，保持“数据浏览 CD”宏处于被选状态，单击“设计”按钮，打开“宏”编辑窗口，如图 10-36 所示。

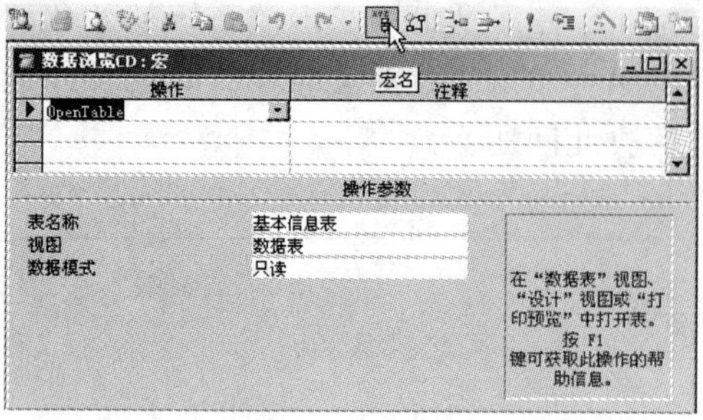

图 10-36　“宏”编辑窗口

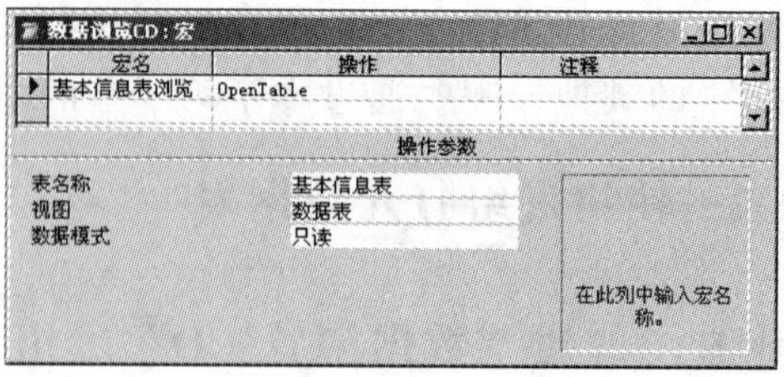

图 10-37　输入“基本信息表浏览”宏名

（6）在图 10-36 中，单击“宏设计”工具栏中的“宏名”工具按钮，显示“宏名”列，在“宏名”列的第一行输入“基本信息表浏览”，如图 10-37 所示。

（7）在图 10-37 中，添加第二个宏，宏名为“学生成绩表浏览”，操作为 OpenTable，表名称为“学生成绩表”，数据模式为“只读”，如图 10-38 所示。

（8）在图 10-38 中，添加第三个宏，宏名为“学生操行表浏览”，操作为 OpenTable，表名称为“学生操行表”，数据模式为“只读”，如图 10-39 所示。

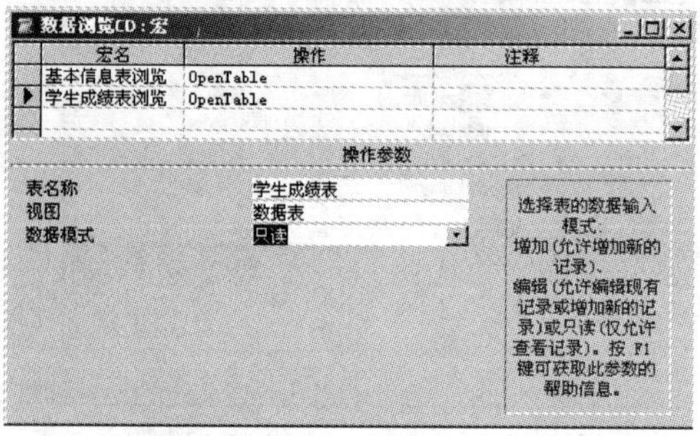

图 10-38　添加第二个宏

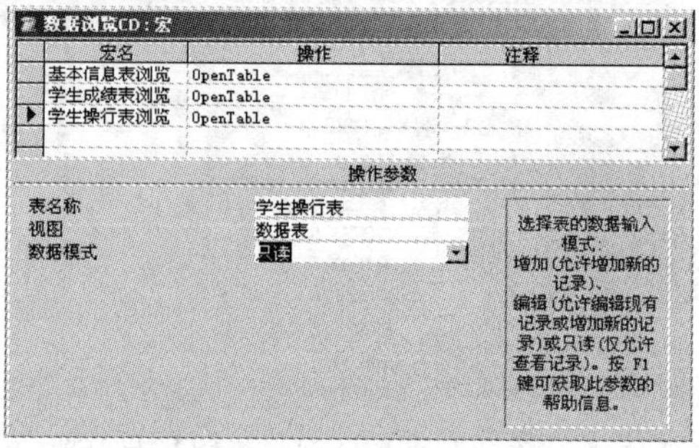

图 10-39　添加第三个宏

（9）在图 10-39 中，添加第四个宏，宏名为“联络信息表浏览”，操作为 OpenTable，表名称为“联络信息表”，数据模式为“只读”，如图 10-40 所示。

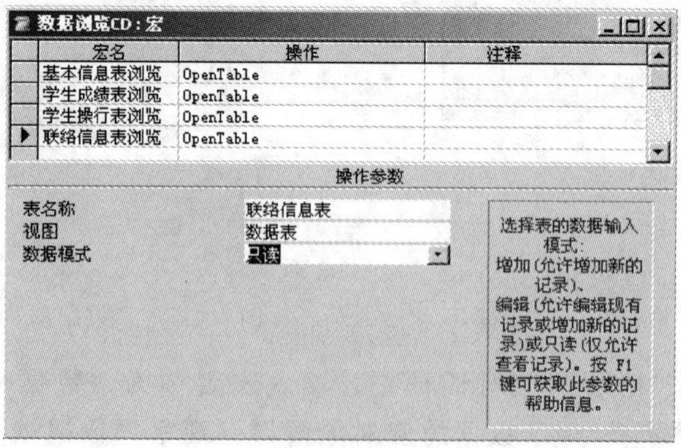

图 10-40　添加第四个宏

（10）在图 10-40 中，关闭“宏”编辑窗口，并选择保存，至此，“数据浏览 CD”宏组已成功创建。

10.3　使用宏创建菜单并调试与运行

在 Access 中，采用宏可以很简单地创建菜单栏。下面通过两个任务的操作来学习创建菜单的操作技巧。

10.3.1　使用宏创建菜单

任务 7　创建“主菜单 CD”宏组

1. 任务要求

掌握使用宏组创建菜单的操作方法。

2. 操作步骤

(1) 在“学生管理”数据库的宏对象窗口中，单击“新建”按钮，打开“宏”编辑窗口，选择 AddMenu 操作，如图 10-41 所示。

(2) 在图 10-41 中，打开“菜单宏名称”列表，选择“系统初始化 CD”宏，并在“菜单名称”文本框中输入“初始系统”，在“状态栏文字”文本框中输入“系统的一些初始设置”，如图 10-42 所示。

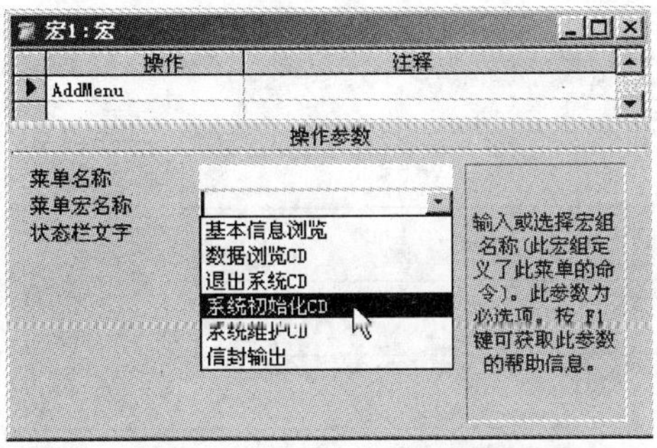

图 10-41　选择 AddMenu 操作

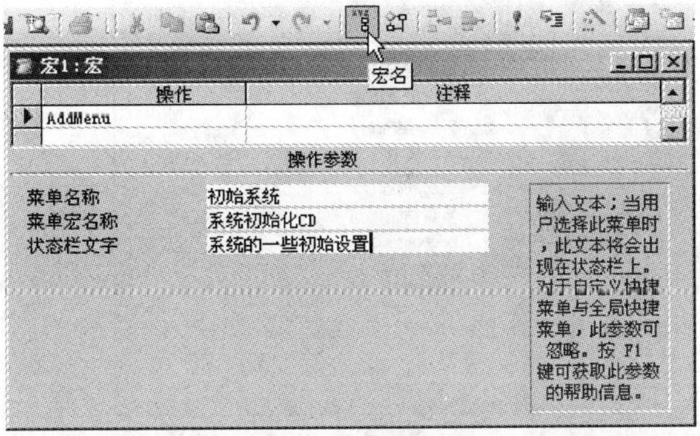

图 10-42　输入状态栏文字

(3) 在图 10-42 中，单击“宏名”工具按钮，显示“宏名”列，并在第一行输入宏名“系统初始化”，如图 10-43 所示。

(4) 在图 10-43 中，添加第二个宏，宏名为“数据表维护”，操作为 AddMenu，菜单名称为“数据维护”，菜单宏名称选择“系统维护 CD”，状态栏文字为“数据表的增删查改”，如图 10-44 所示。

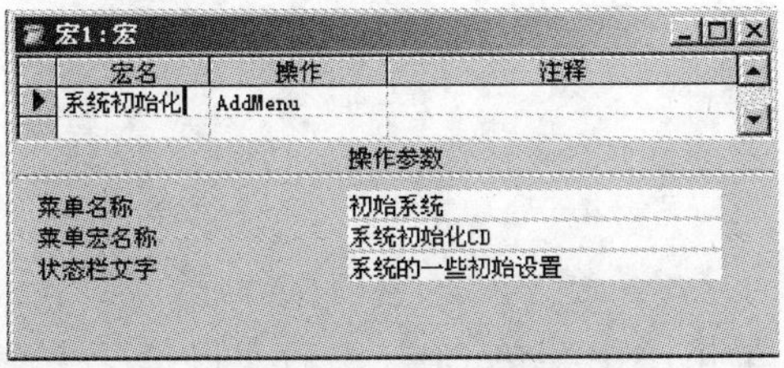

图 10-43　输入宏名“系统初始化”

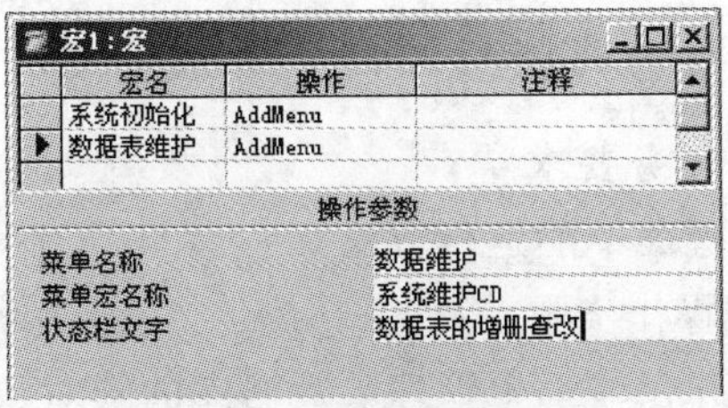

图 10-44　添加第二个宏

（5）在图 10-44 中，添加第三个宏，宏名为“数据浏览”，操作为 AddMenu，菜单名称为“数据浏览”，菜单宏名称选择“数据浏览 CD”，状态栏文字为“浏览数据表的内容”，如图 10-45 所示。

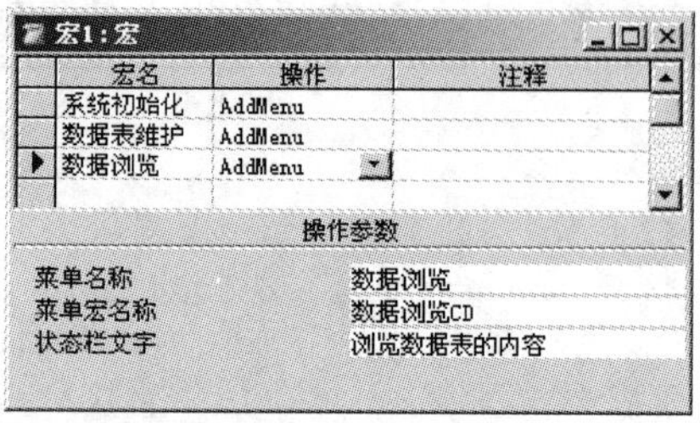

图 10-45　添加第三个宏

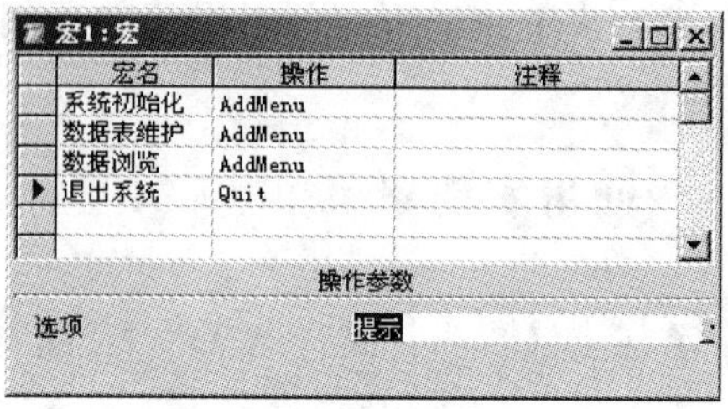

图 10-46　添加第四个宏

（6）在图 10-45 中，添加第四个宏，宏名为“退出系统”，操作为 Quit，选项选择“提示”，如图 10-46 所示。

（7）关闭图 10-46，在保存时命名为“主菜单 CD”，返回“学生管理”数据的宏对象窗口，“主菜单 CD”宏已成功创建，效果如图 10-47 所示。

（8）此时，如果双击“主菜单 CD”宏，运行并不会成功，系统会出一个出错消息框，如果在消息框单击“确定”按钮后，会出现“操作失败”的对话框，如图 10-48 所示。

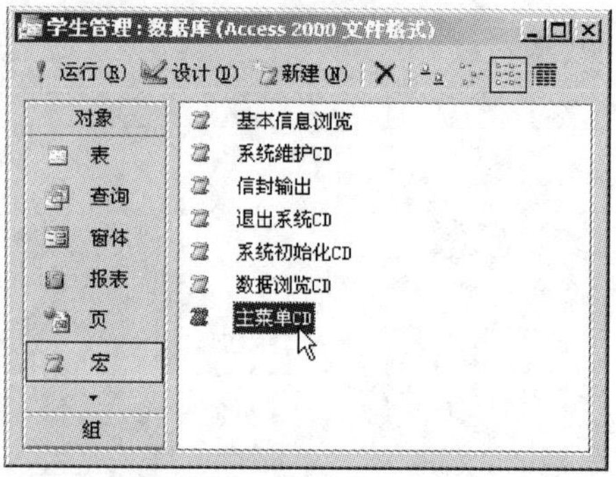

图 10-47　“主菜单 CD”宏已成功创建

图 10-48　“操作失败”对话框

（9）虽然出现了“操作失败”对话框，但并不影响“主菜单 CD”的成功创建，至此，可以暂时关闭图 10-48 所示的对话框。在下一个任务中，将讲述菜单的调试与运行的操作技巧。

10.3.2　调试与运行菜单

任务 8　调试与运行“主菜单 CD”

1. 任务要求

掌握菜单的运行方法。

2. 操作步骤

（1）在“学生管理”数据库的宏对象窗口中，单击“主菜单 CD”宏后，保持“主菜单 CD”处于被选中状态，选择【工具/宏】菜单项，如图 10-49 所示。

（2）在图 10-49 中，选择【工具/宏/用宏创建菜单】菜单项，如图 10-50 所示。

（3）在图 10-50 中，单击【工具/宏/用宏创建菜单】菜单项，不管出现任何对话框，都可以按“确定”按钮，然后，观察 Access 左上角，出现了自定义的菜单，单击“初始系统”菜单，能展开“初始系统”下拉菜单，如图 10-51 所示。

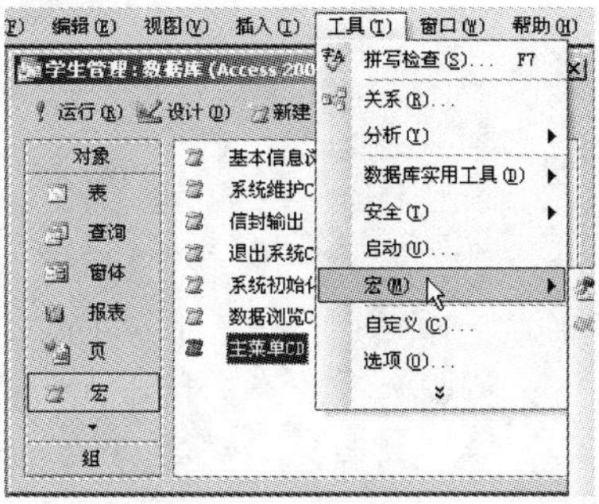

图 10-49　选择【工具/宏】菜单项

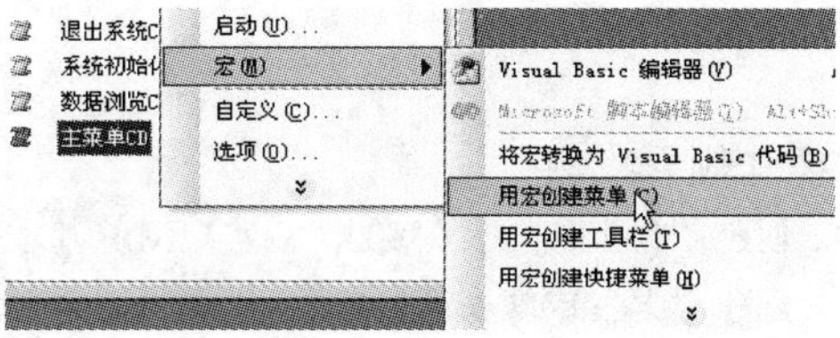

图 10-50　选择【工具/宏/用宏创建菜单】菜单项

3. 知识要点

（1）在图 4-51 中，如果在“初始系统”下拉菜单中，单击任一选项都会打开相应的窗体，说明下拉菜单运行成功。

（2）在图 4-52 中，单击“数据维护”菜单，发现弹出的“数据维护”下拉菜单并没有文字选项，如图 4-52 所示。想想，为什么？

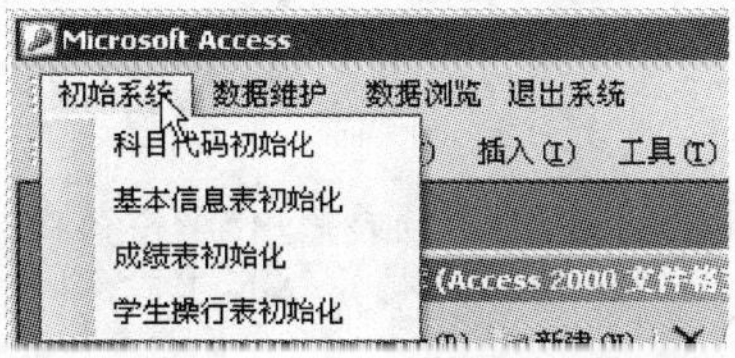

图 10-51　展开“初始系统”下拉菜单

图 10-52　弹出的“数据维护”下拉菜单并没有文字选项

（3）因为在创建“数据维护”宏时，并没有展开“宏名”列，即“数据维护”此时并不是宏组，而仅仅是包括两个操作的宏，这从“系统维护 CD”宏的“宏”编辑窗口中可看出，如图 10-53 所示。

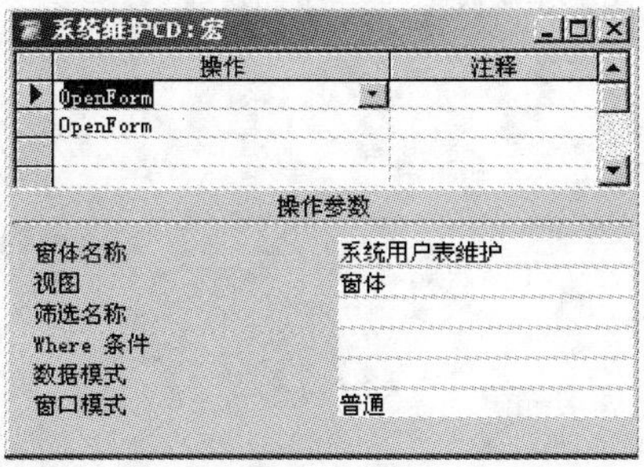

图 10-53　“系统维护 CD”并不是宏组

（4）当然，可以在图 10-53 中，可以继续把“系统维护 CD”宏修改为功能完善的宏组，但必须重新本任务的第（1）、（2）步的操作，完善后的效果才会反映到菜单栏中。

本章小结

本章主要介绍了宏的知识，包括使用宏打开数据表、使用宏打开窗体、使用宏运行报表、使用宏运行退出系统的命令、使用宏组打开窗体、使用宏组打开数据表、使用宏创建菜单、调试与运行菜单。

习　题

操作题

1. 创建“基本信息表浏览宏”，实现浏览基本信息表的功能。

2. 创建“学生成绩表浏览宏”，实现浏览学生成绩表的功能。

3. 创建“学生操行表宏”，实现浏览学生操行表的功能。

4. 创建“联络信息表宏”，实现浏览联络信息表的功能。

5. 创建一个“报表输出 CD”宏组，宏组包括 6 个宏，如图 10-54 所示。

第 1 个宏，宏名“输出各科成绩表”，操作为 OpenForm，窗体名称为“查学生成绩”，窗口模式为“对话框”；

第 2 个宏，宏名为“输出学生成绩登记表”，操作为 OpenReport，报表名称为“成绩登记表”，视图为“打印预览”；

第 3 个宏，宏名为“输出信封封面”，操作为 OpenReport，报表名称为“信封报表”，视图为“打印预览”；

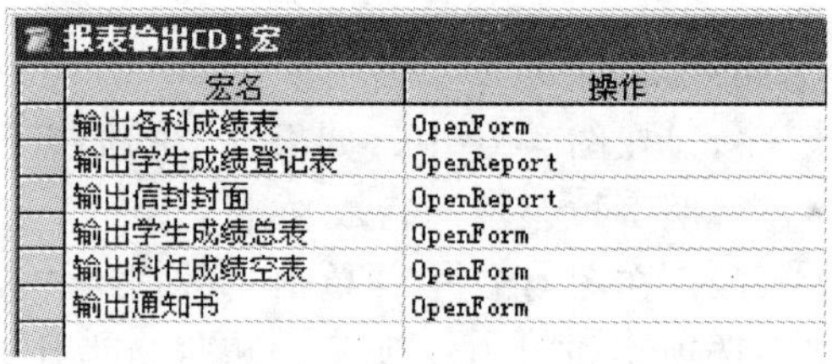

报表输出CD : 宏

宏名	操作
输出各科成绩表	OpenForm
输出学生成绩登记表	OpenReport
输出信封封面	OpenReport
输出学生成绩总表	OpenForm
输出科任成绩空表	OpenForm
输出通知书	OpenForm

图 10-54　“报表输出 CD”宏

第 4 个宏，宏名“输出学生成绩总表”，操作为 OpenForm，窗体名称为“总表输出”，窗口模式为“对话框”；

第 5 个宏，宏名“输出科任成绩空表”，操作为 OpenForm，窗体名称为“输出科任成绩空表”，数据模式为“只读”，窗口模式为“对话框”；

第 6 个宏，宏名“输出通知书”，操作为 OpenForm，窗体名称为“总表输出”，窗口模式为“普通”；

6. 把上题所建的宏，加入到“主菜单 CD”宏组中，操作为 AddMenu，菜单名为“报表输出”，状态栏文字为“输出系统资料、报表”。

7. 调试上题所修改后的“主菜单 CD”，检查运行结果是否正确。

8. 删除“主菜单 CD”宏组。

第 11 章　数据的导出导入

本章应知
1. 数据导出 2. 数据导入
本章应会
1. 数据库导出到 Excel 或 Word 文件中 2. 数据库导出为文本文件 3. 把外部数据导入到数据库中

11.1　数据导出

Access 可以实现与其他应用程序的数据共享，即可以将 Access 数据库对象转换成其他应用程序所要求的文件格式，称为导出；相反，将其他应用程序现存的数据文件转换为 Access 需要的数据文件，则为导入。在实现导入、导出的前后，Access 与其他应用程序可以毫无关联，本节将学习数据导出的操作技巧。

11.1.1　把数据库对象导出到另一数据库中

把数据库对象（数据表、窗体、报表等）导出到另一数据库中，可以实现数据库对象对外共享。下面通过两个任务的操作，学习数据库对象导出到另一数据库中的操作方法。

任务 1　把数据表导出到另一数据库中

把数据表导出到其他数据库的操作步骤如下：

(1) 启动 Access，单击【文件/新建】菜单项，打开“新建文件”任务窗格，然后，把鼠标指针移到“空数据库 ...”选项，如图 11-1 所示。

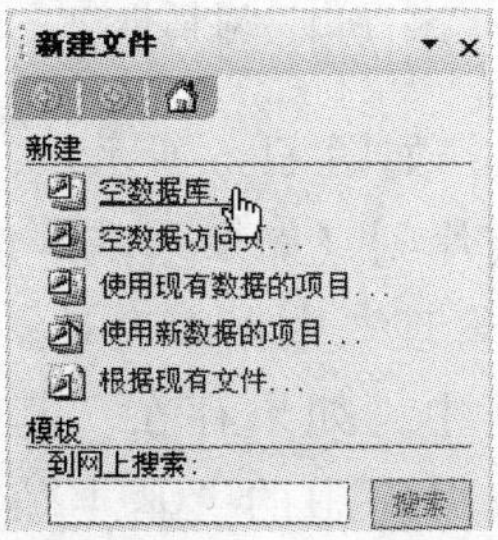

图 11-1　选择“空数据库 ...”选项

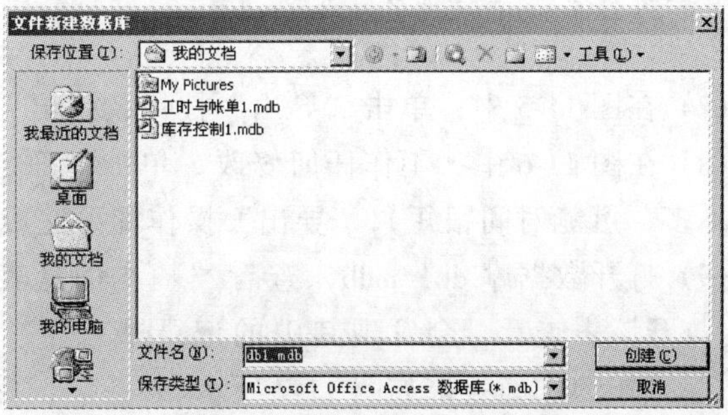

图 11-2　“文件新建数据库”窗口

（2）在图 11-1 中，单击“空数据库 ...”选项，打开“文件新建数据库”窗口，如图 11-2 所示。

（3）在图 11-2 中，不更改文件名 db1.mdb，单击“创建”按钮，建立数据库 db1.mdb。

注意：在以下操作步骤中将会用到数据库 db1.mdb。

（4）打开“学生管理”数据库的表对象窗口，然后单击“基本信息表”，如图 11-3 所示。

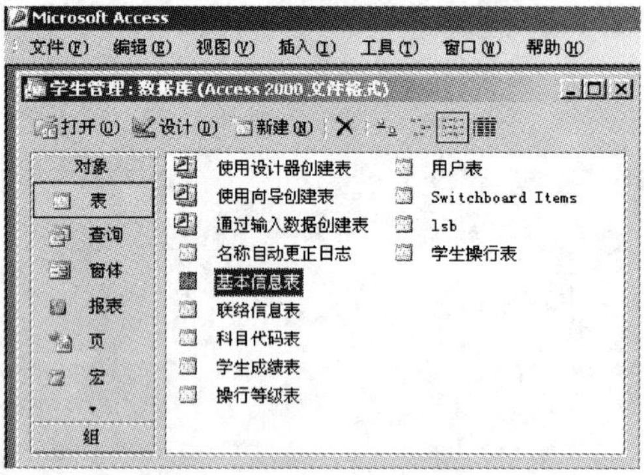

图 11-3　单击“基本信息表”

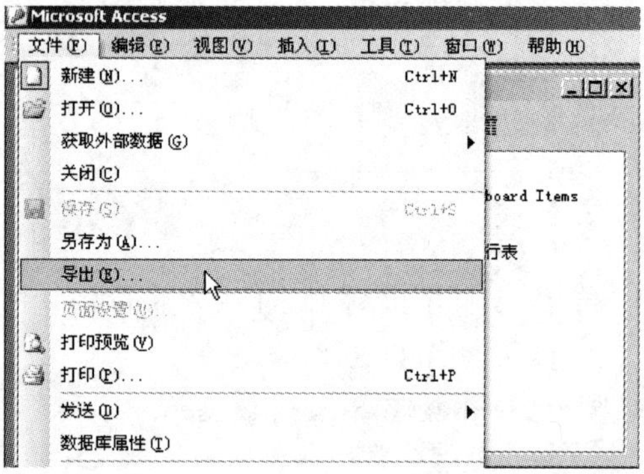

图 11-4　选择【文件/导出】菜单项

（5）在图 11-3 中，保持“基本信息表”处于被选中状态，选择【文件/导出】菜单项，如图 11-4 所示。

（6）在图 11-4 中，单击【文件/导出】菜单项，打开［将表“基本信息表”导出为 ...］窗口，在该窗口的工作区中，单击前面创建的数据库文件 db1.mdb，选择文件名为 db1.mdb，如图 11-5 所示。

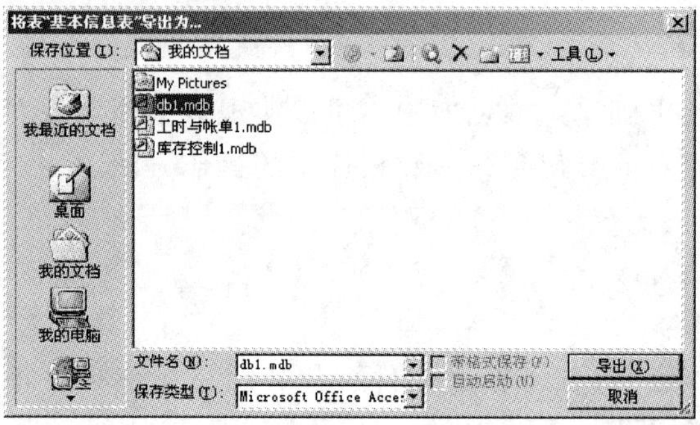

图 11-5　选择文件名为 db1.mdb

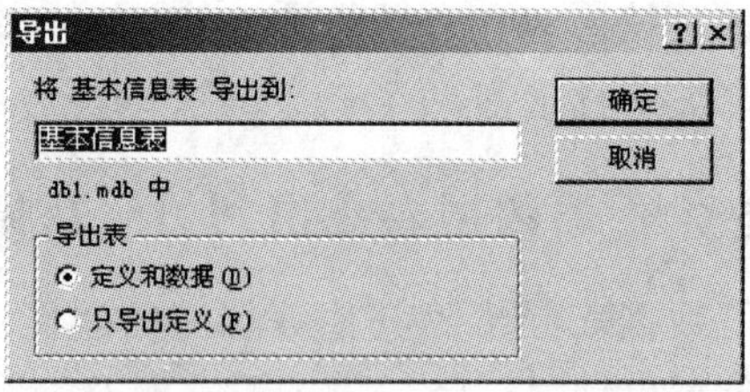

图 11-6　“导出”对话框

（7）在图 11-5 中，单击“导出”按钮，弹出“导出”对话框，如图 11-6 所示。

（8）在图 11-6 中，不作任何修改，单击“确定”按钮，稍候片刻（如果“基本信息表”记录不多，可能时间很短），“导出”操作即可完成，返回“学生管理”数据库表对象窗口。

（9）打开数据库 db1.mdb，查看“基本信息表”是否处于其中，如果存在“基本信息表”，打开该表查看，会发现其中的记录来自于“学生管理”数据库中的“基本信息表”，“导出”操作的正确效果如图 11-7 所示。

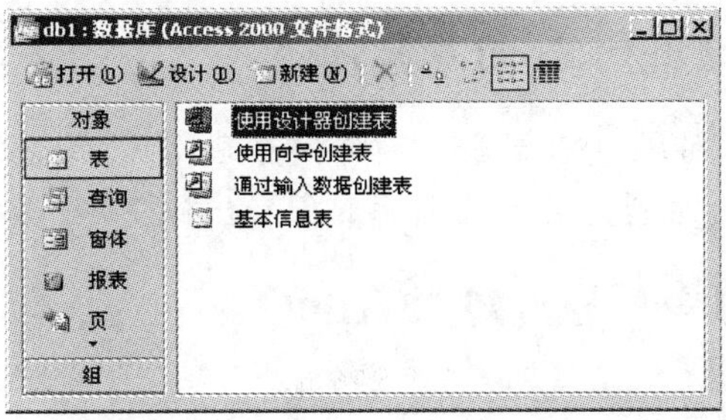

图 11-7　“导出”操作的正确效果

任务 2　把窗体导出到另一数据库中

把窗体导出到其他数据库的操作步骤如下：

(1) 打开“学生管理”数据库的窗体对象窗口，然后单击“基本信息表维护窗体”，如图 11-8 所示。

(2) 在图 11-8 中，保持“基本信息表维护窗体”处于被选中状态，单击【文件/导出】菜单项，打开［将窗体“基本信息表维护窗体”导出为 ...］窗口，并在该窗口的工作区中，单击前面创建的数据库文件 db1.mdb，选择文件名为 db1.mdb，如图 11-9 所示。

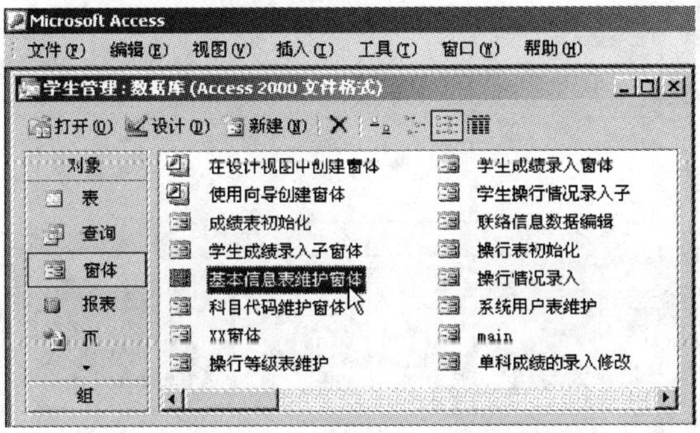

图 11-8　单击“基本信息表维护窗体”

图 11-9　选择文件名为 db1.mdb

(3) 在图 11-9 中，单击“导出”按钮，弹出“导出”对话框，如图 11-10 所示。

(4) 在图 11-10 中，不作任何修改，直接单击“确定”按钮，稍候片刻，“导出”操作即可完成，返回“学生管理”数据库表对象窗口。

(5) 采用本章任务 1 的方法，查看数据库 db1.mdb 中应存在“基本信息表维护窗体”，如图 11-11 所示。

图 11-10　“导出”对话框

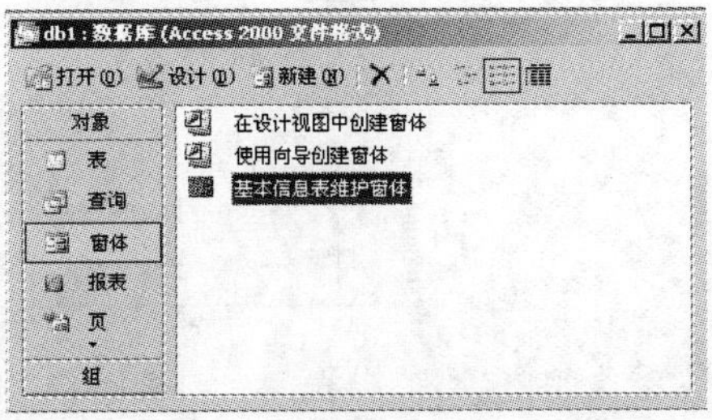

图 11-11　已存在“基本信息表维护窗体”

11.1.2 把数据库对象导出到 Excel 数据库

Access 提供了把数据库对象（数据表、窗体、报表等）导出到 Excel 数据库的功能。下面以“联络信息表”的导出为例，学习数据库对象导出到 Excel 数据库的操作技巧。

任务 3 把“联络信息表”导出到 Excel 中

1. 任务要求

掌握把数据表导出到 Excel 中的操作方法。

2. 操作步骤

（1）首先打开 Microsoft Excel 建立一个数据库文件 Book1.xls，然后才可以进行以下步骤的操作。

（2）打开“学生管理”数据库的表对象窗口，单击“联络信息表”，如图 11-12 所示。

（3）在图 11-12 中，保持“联络信息表”处于被选中状态，单击【文件/导出】菜单项，打开［将表“联络信息表”导出为 ...］窗口，如图 11-13 所示。

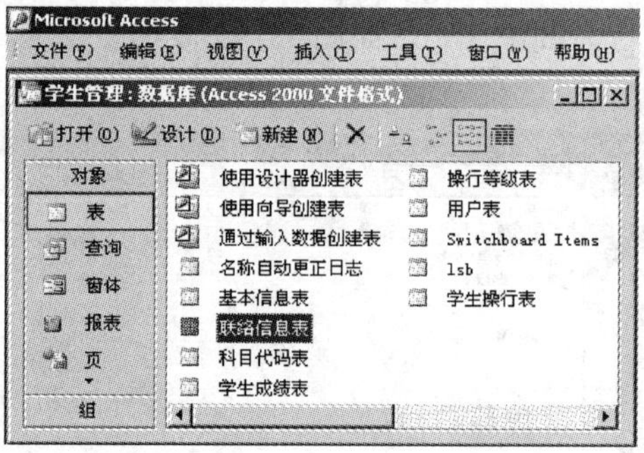

图 11-12 单击“联络信息表”

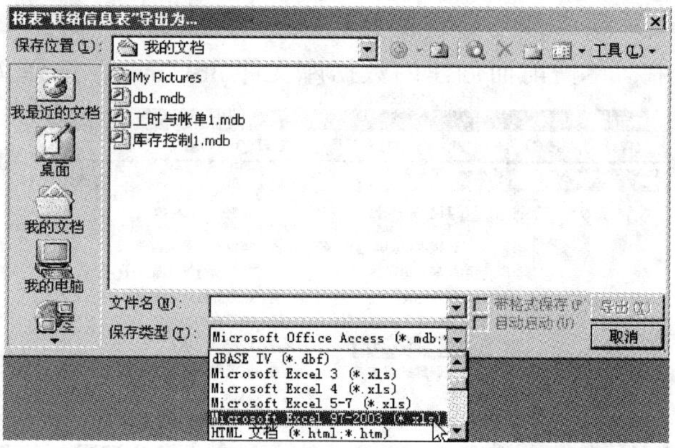

图 11-13 ［将表“联络信息表”导出为 ...］窗口

（4）在图 11-13 中，选择保存类型为 Microsoft Excel 97 – 2003（ *.xls)，并选择文件名为 Book1.xls，如图 11-14 所示。

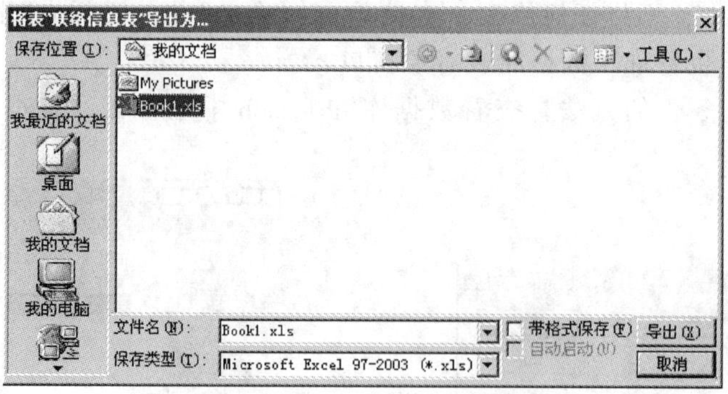

图 11-14 选择文件名为 Book1.Xls

注意： Book1.xls 必须在第（1）步建立。

(5) 在图 11-14 中，单击“导出”按钮，等待导出操作完成，至此，本任务操作完成。然后打开 Book1.xls，查看是否已有“联络信息表”工作表，若有记录内容应与导出前的“联络信息表”一样。

11.1.3　把数据库对象导出为文本文件

数据库对象（数据表、窗体、报表等）不仅可以导出到 Excel 数据库中，也可以导出到文本文件中。下面通过 1 个任务的操作，学习数据库对象导出到文本文件中的操作技巧。

任务 4　把数据库对象导出为文本文件

1. 任务要求

掌握把数据表导出为文本文件的操作方法。

2. 操作步骤

(1) 打开“学生管理”数据库的表对象窗口，单击“科目代码表”，如图 11-15 所示。

(2) 在图 11-15 中，保持“科目代码表”处于被选中状态，选择【文件/导出】菜单项，打开［将表“科目代码表”导出为］窗口，如图 11-16 所示。

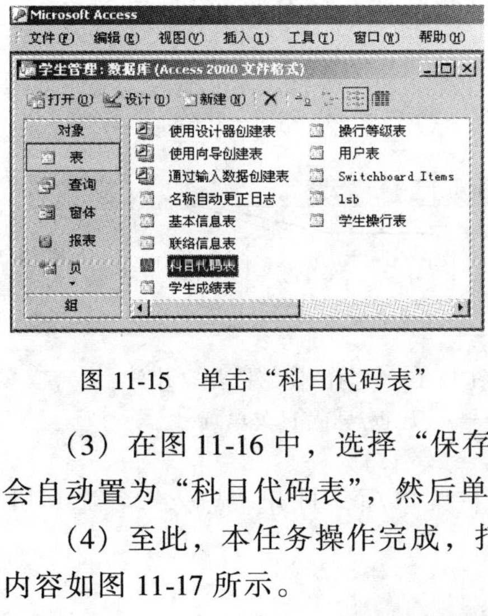

图 11-15　单击“科目代码表”

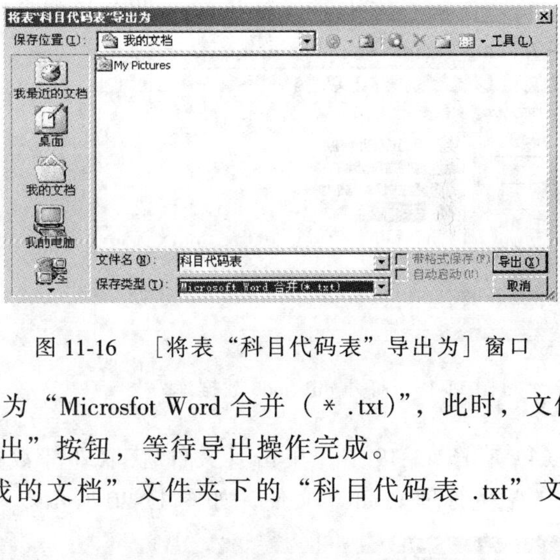

图 11-16　［将表“科目代码表”导出为］窗口

(3) 在图 11-16 中，选择“保存类型”为“Microsfot Word 合并（*.txt)”，此时，文件名会自动置为“科目代码表”，然后单击“导出”按钮，等待导出操作完成。

(4) 至此，本任务操作完成，打开“我的文档”文件夹下的“科目代码表.txt”文件，内容如图 11-17 所示。

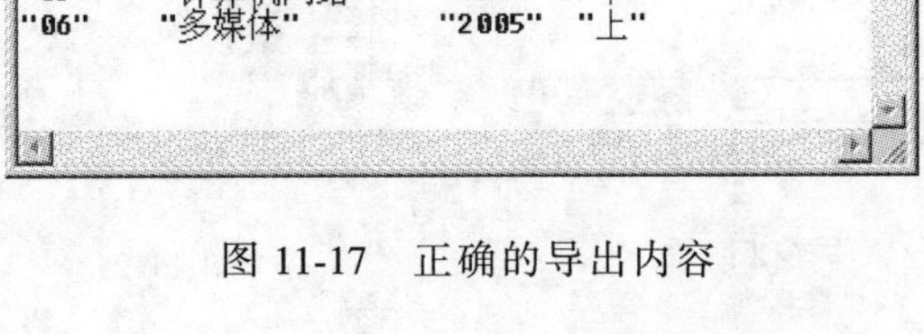

图 11-17　正确的导出内容

11.2 数据导入

Access 提供的导入功能，不仅可以导入数据表，也可以从其他数据库导入数据库对象（窗体、报表等），本节将学习数据导入的操作技巧。

11.2.1 导入数据库对象

在创建 Access 数据库过程中，从已有的 Access 数据库中导入对象，可以提高创建数据库的速度。下面，通过 1 个任务的操作，学习导入数据库对象的操作方法。

任务 5 把“操行等级表”和“科目代码表”导入到 db1.mdb 数据库

1. 任务要求

掌握导入数据库对象的操作。

2. 操作步骤

（1）为进行本任务的操作，必须用到本章第一节创建的 db1.mdb 数据库，并把“学生管理”数据库预先保存在“我的文档”文件夹中。

（2）打开 db1.mdb 数据库，并选择表对象窗口，如图 11-18 所示。

（3）在图 11-18 中，选择【文件/获取外部数据/导入】菜单项，如图 11-19 所示。

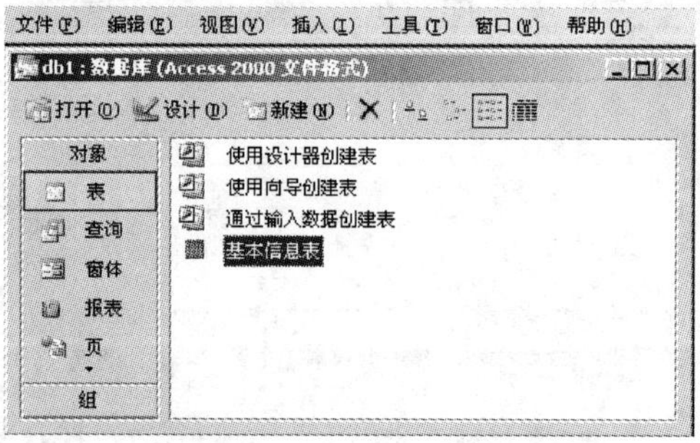

图 11-18 打开 db1.mdb 数据库

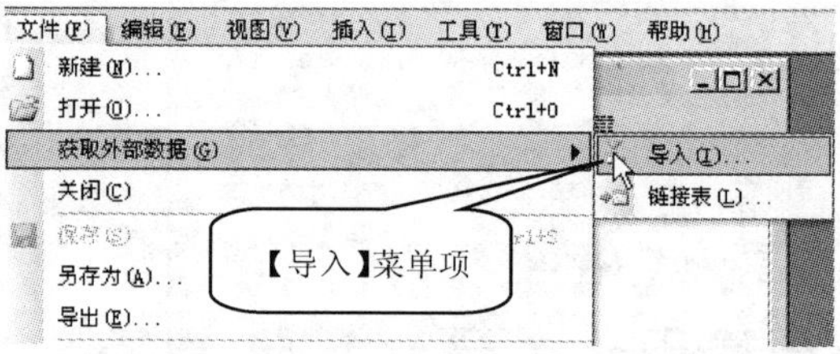

图 11-19 选择【文件/获取外部数据/导入】菜单项

（4）在图 11-19 中，单击【文件/获取外部数据/导入】菜单项，打开“导入”窗口，并单击“学生管理 .mdb”文件，如图 11-20 所示。

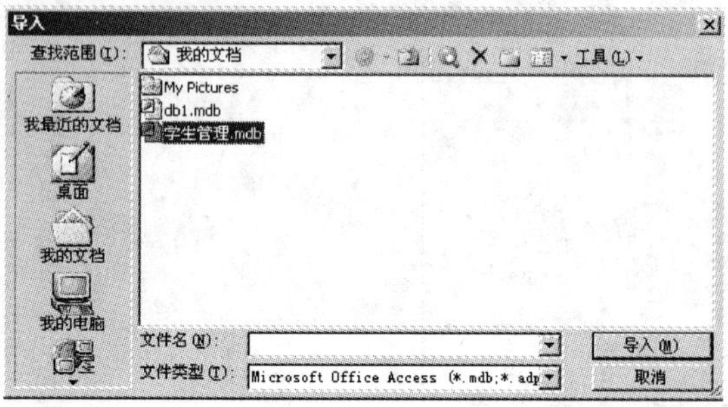

图 11-20 打开“导入”窗口

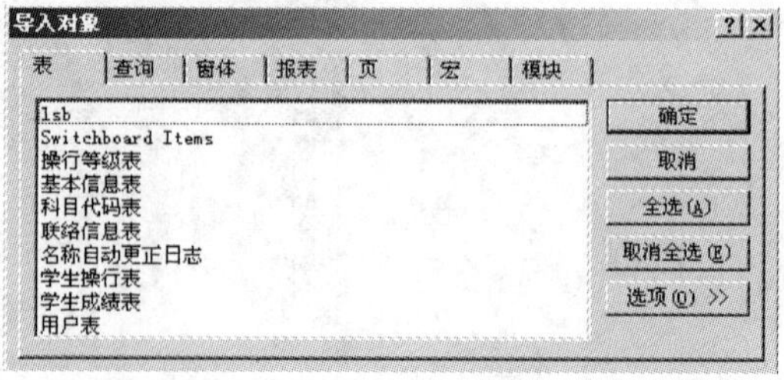

图 11-21 “导入对象”对话框

注意： 如果该“学生管理 .mdb”文件不是存在于“我的文档”文件夹中，可改变“查看范围”的内容，查找“学生管理 .mdb”文件。

（5）在图 11-20 中，单击“导入”按钮，打开“导入对象”对话框，如图 11-21 所示。

（6）在图 11-21 的“表”标签页的列表中，单击“操行等级表”后，再单击“科目代码表”，选取要导入的数据表，如图 11 – 22 所示。

注意： 观察图 11-21，共有“表”、“查询”、“窗体”、“报表”、“页”、“宏”、“模块”七个标签页，根据实际的需要，用户可以选择七个标签页中的任意对象进行导入。

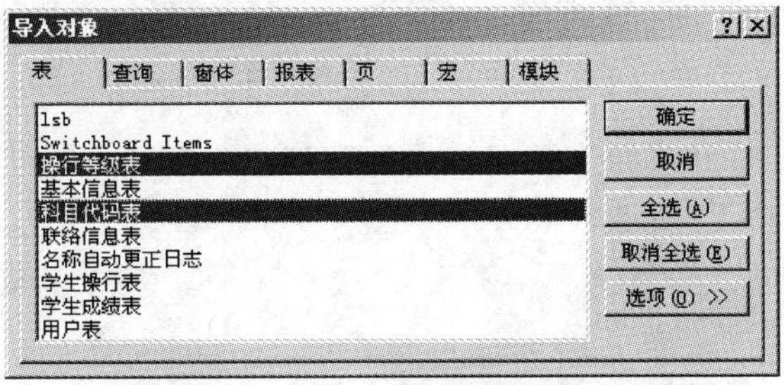

图 11-22　选取要导入的数据表

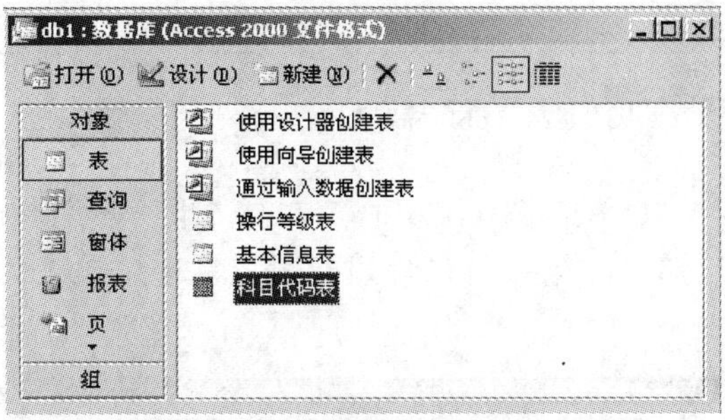

图 11-23　导入完成后的效果

（7）在图 11-22 中，单击“确定”按钮，等待片刻，导入操作完成，返回到 db1.mdb 数据库的表对象窗口，发现“学生管理”数据库的“操行等级表”和“科目代码表”已被导入到 db1.mdb 数据库，导入完成后的效果如图 11-23 所示。

11.2.2　导入 Excel 数据库

在 Access 的导入操作中，不仅可以导入其他 Access 数据库的对象，也可以导入非 Access 文件格式的数据内容。下面，以导入 Excel 的为例，讲解导入非 Access 文件格式内容的操作技巧。

任务 6　导入 Excel 数据库

1. 任务要求

掌握导入非 Access 文件格式内容的操作方法。

2. 操作步骤

（1）为进行本任务的操作，必须用到任务 5 中的 db1.mdb 数据库和 11.1.1 节创建的数据库文件 Book1.xls。

（2）打开 db1.mdb 数据库的表对象窗口，如图 11-24 所示。

（3）在图 11-24 中，单击【文件/获取外部数据/导入】菜单项，打开“导入”窗口，并在“导入”窗口中，选择文件类型为 Microsoft Excel（*.xls），然后，单击 Book1.xls，如图 11-25 所示。

注意： 此处的 Book1.xls 必须为本章任务 3 使用的 Book1.xls。

（4）在图 11-25 中，单击“导入”按钮，打开“导入数据表向导”第一步对话框，并单击“显示工作表”单选按钮右侧列表框中的“联络信息表”选项，如图 11-26 所示。

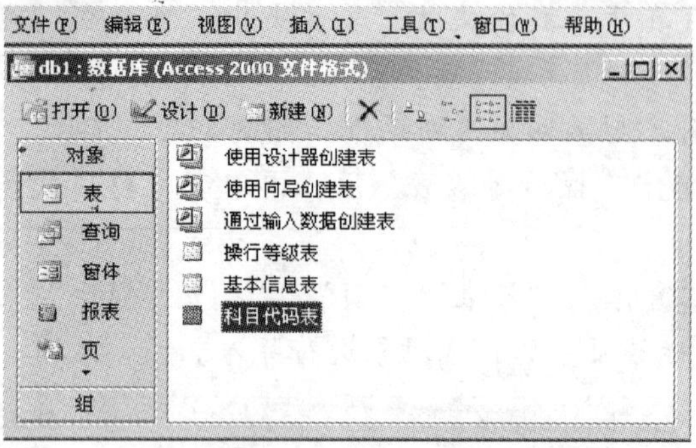

图 11-24　db1.mdb 数据库的表对象窗口

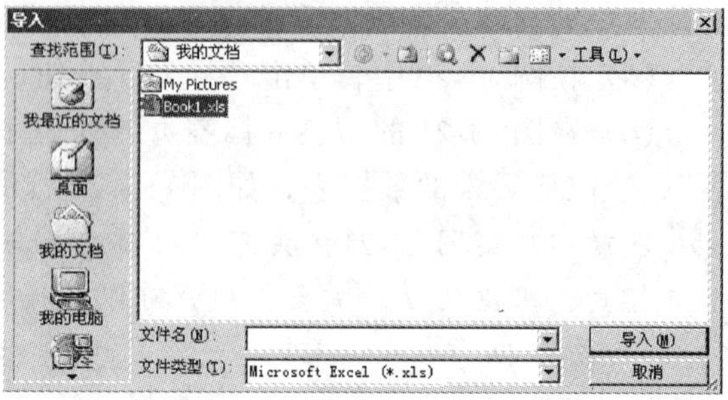

图 11-25　“导入”窗口

（5）在图 11-26 中，单击“下一步”按钮，打开“导入数据表向导”第二步对话框，然后单击“第一行包含列标题”复选按钮，如图 11-27 所示。

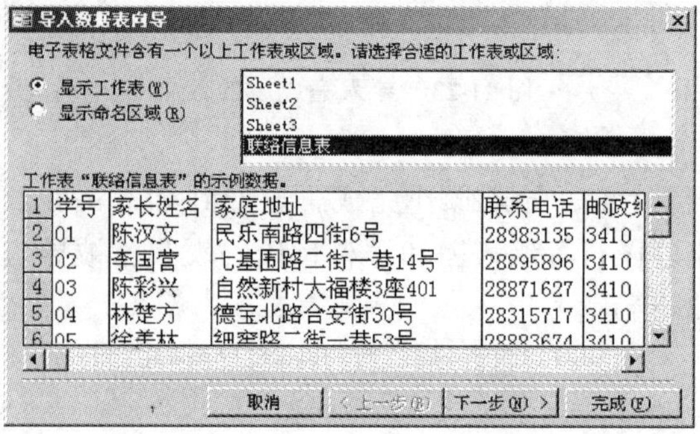

图 11-26　“导入数据表向导”第一步对话框

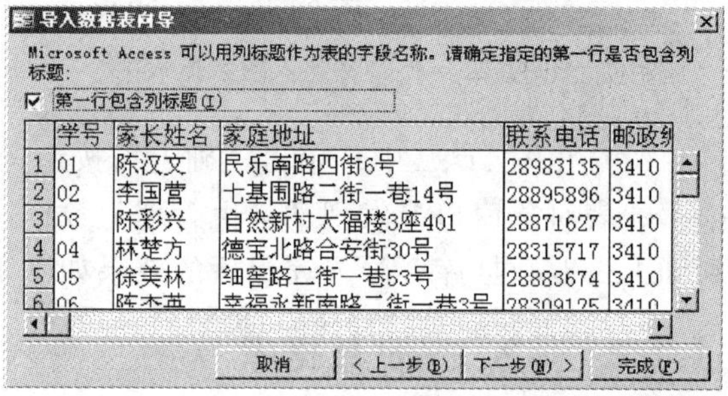

图 11-27　“导入数据表向导”第二步对话框

（6）在图 11-27 中，保持“第一行包含列标题”复选框处于被选取状态，然后单击“下一步”按钮，打开“导入数据表向导”第三步对话框，如图 11-28 所示。

（7）在图 11-28 中，不作任何修改，单击“下一步”按钮，打开“导入数据表向导”第四步对话框，如图 11-29 所示。

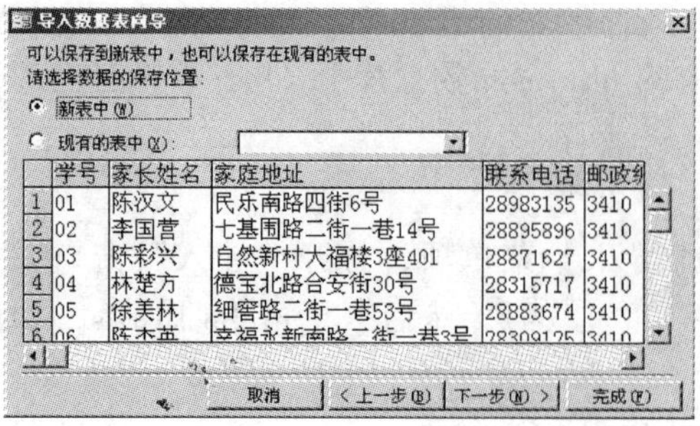

图 11-28　“导入数据表向导”第三步对话框

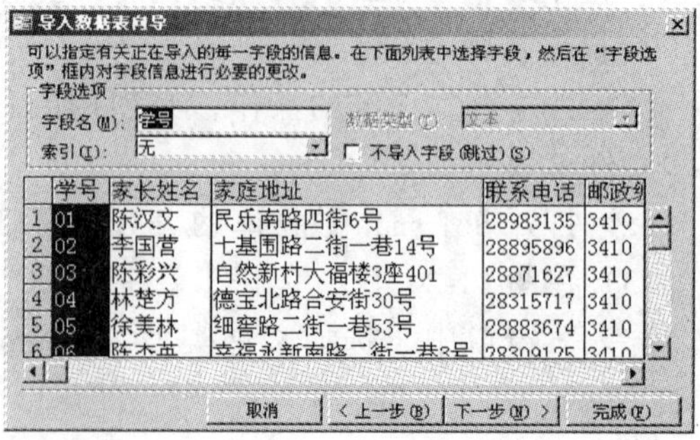

图 11-29　“导入数据表向导”第四步对话框

（8）在图 11-29 中，不作任何修改，单击“下一步”按钮，打开“导入数据表向导”第五步对话框，如图 11-30 所示。

（9）在图 11-30 中，单击“不要主健”单项选项按钮，然后再单击“下一步”按钮，打开“导入数据表向导”第六步对话框，如图 11-31 所示。

图 11-30　“导入数据表向导”第五步对话框

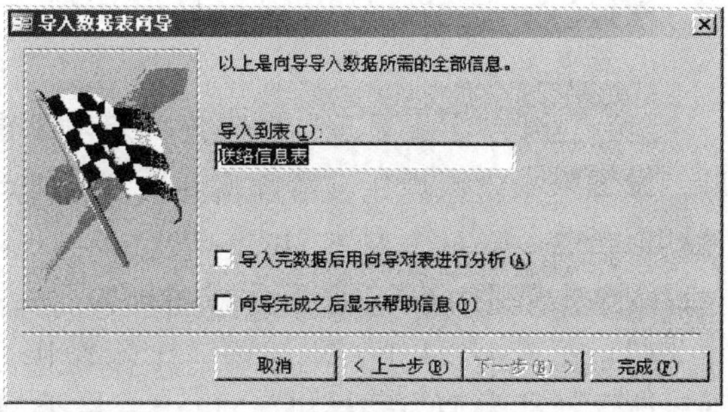

图 11-31　“导入数据表向导”第六步对话框

（10）在图 11-31 中，不作任何修改，单击“完成”按钮，弹出“导入数据表向导”完成消息框，如图 11-32 所示。

注意：消息框中的信息所示的路径，在不同计算机的工作环境中可能不相同。

（11）在图 11-32 中，单击“确定”按钮，返回到 db1.mdb 数据库的表对象窗口，发现来自于 Book1.xls 的“联络信息表”已被导入到 db1.mdb 数据库，导入完成后的效果如图 11-33 所示。

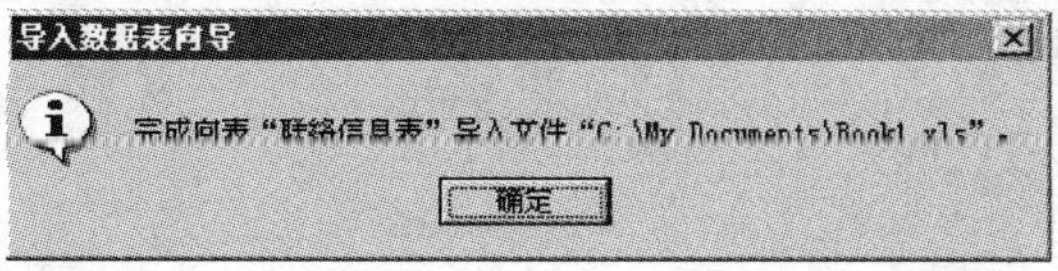

图 11-32　“导入数据表向导”完成消息框

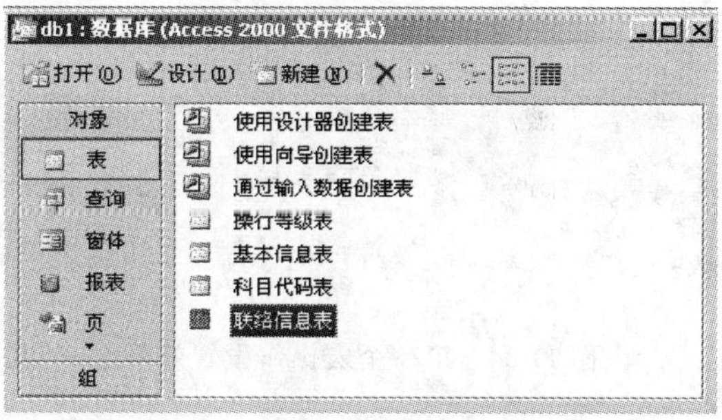

图 11-33　“联络信息表”已被导入

11.3　导入导出功能在系统中的应用

在“学生管理”数据库中，为了实现数据备份与还原的功能，必须具有“导入导出系统数据”的模块，每一次导入导出操作的对象是一批的数据表，这可以通过创建宏来实现。本节将讲述“学生管理”数据库的“导入导出系统数据”模块的创建过程。

11.3.1　导出系统数据

一批数据表的导出，最好的办法是创建宏来实现。下面，通过 1 个任务的操作，学习创建“导出系统数据”宏的操作过程。

任务7 创建“导出系统数据”的宏

1. 任务要求

掌握创建宏实现导出功能的操作方法。

2. 操作步骤

（1）打开“学生管理”数据库的宏对象窗口，并单击“新建”按钮，打开“宏编辑”窗口，设置第一个宏操作，选择操作为 TransferSpreadsheet，操作参数作以下修改，迁移类型为“导出”，电子表格类型为 Microsoft Excel 8－10，表名称为“基本信息表”，文件名称为“C：\班级学生管理.xls”，带有字段名称为“是”，第一个宏操作设置效果如图 11-34 所示。

（2）在图 11-34 中，添加第二个宏操作，选择操作为 TransferSpreadsheet，操作参数作以下修改，迁移类型为“导出”，电子表格类型为 Microsoft Excel 8－10，表名称为“联络信息表”，文件名称为“C：\班级学生管理.xls”，带有字段名称为“是”，第二个宏操作设置效果如图 11-35 所示。

（3）在图 11-35 中，添加第三个宏操作，选择操作为 TransferSpreadsheet，操作参数作以下修改，迁移类型为“导出”，电子表格类型为 Microsoft Excel 8－10，表名称为“科目代码表”，文件名称为“C：\班级学生管理.xls”，带有字段名称为“是”，第三个宏操作设置效果如图 11-36 所示。

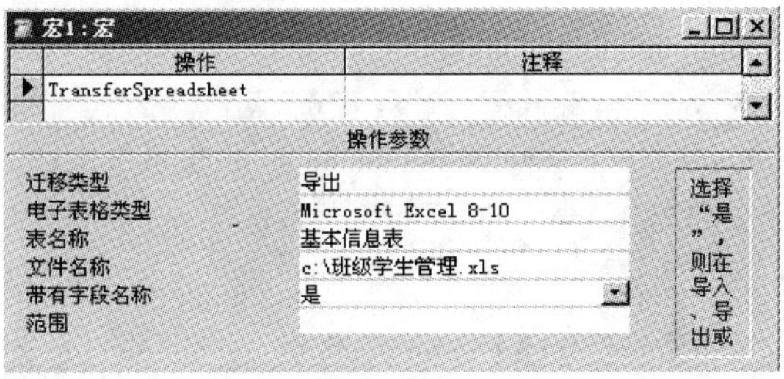

图 11-34 第一个宏操作设置效果

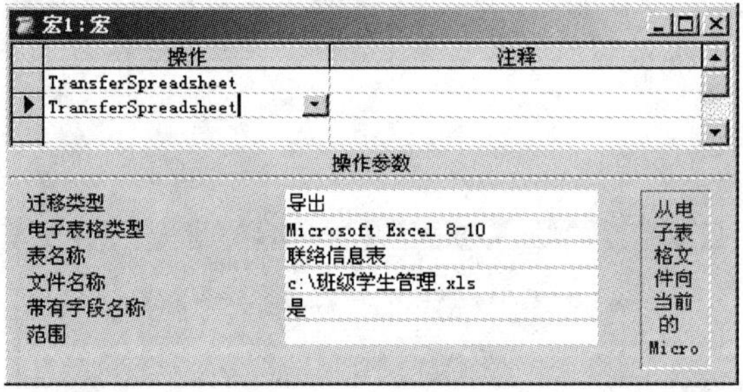

图 11-35 第二个宏操作设置效果

（4）在图 11-36 中，添加第四个宏操作，选择操作为 TransferSpreadsheet，操作参数作以下修改，迁移类型为“导出”，电子表格类型为 Microsoft Excel 8－10，表名称为“学生成绩表”，文件名称为“C：\班级学生管理.xls”，带有字段名称为“是”，第四个宏操作设置效果如图 11-37 所示。

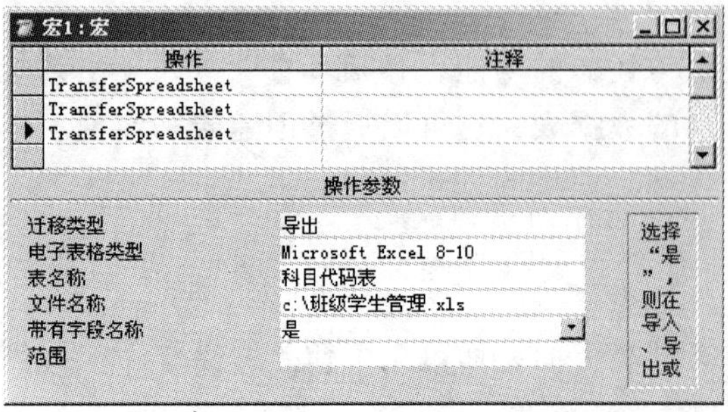

图 11-36 第三个宏操作设置效果

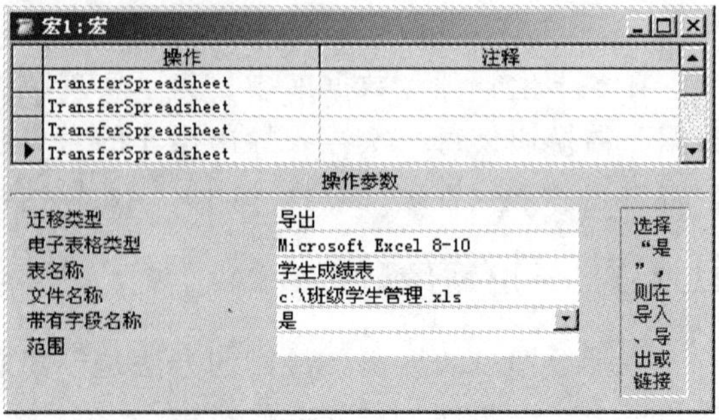

图 11-37 第四个宏操作设置效果

（5）在图 11-37 中，添加第五个宏操作，选择操作为 TransferSpreadsheet，操作参数作以下修改，迁移类型为“导出”，电子表格类型为 Microsoft Excel 8 – 10，表名称为“学生操行表”，文件名称为“C：\班级学生管理 .xls”，带有字段名称为“是”，第五个宏操作设置效果如图 11-38 所示。

（6）在图 11-38 中，添加第六个宏操作，选择操作为 MsgBox，操作参数作以下修改，消息为“数据导出完毕：已经生成 Excel 文件 c：\班级学生管理 .xls”，发嘟嘟声为“是”，类型为“信息”，标题为“系统提示”，第六个宏操作设置的效果如图 11-39 所示。

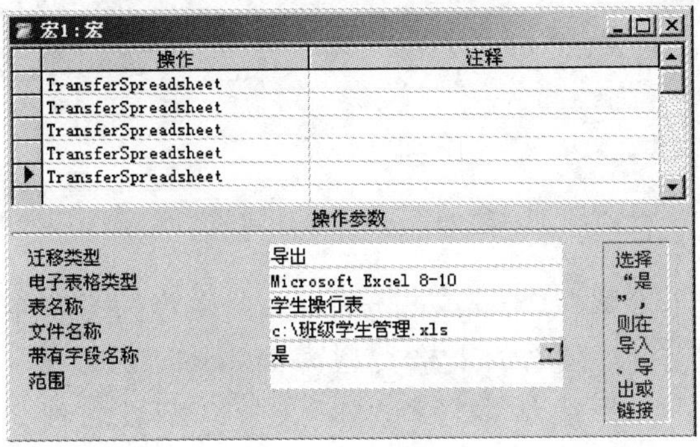

图 11-38　第五个宏操作设置效果

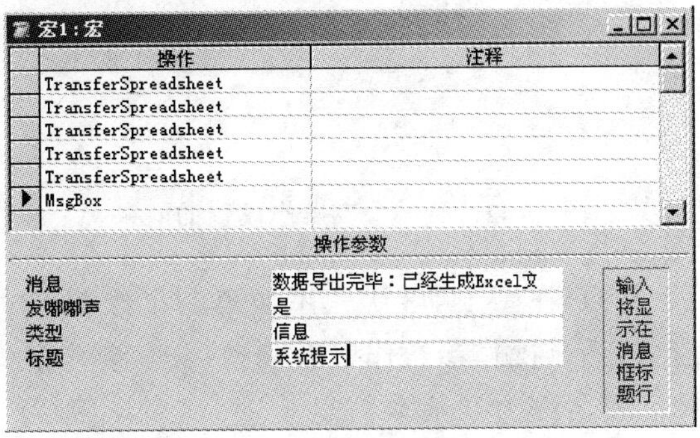

图 11-39　第六个宏操作设置的效果

（7）单击图 11-39 右上角的“关闭”按钮，弹出是否保存的提示框，如图 11-40 所示。

（8）在图 11-40 中，单击“是”按钮，弹出“另存为”对话框，输入宏名称为“导出系统数据”，如图 11-41 所示。

图 11-40　是否保存的提示框

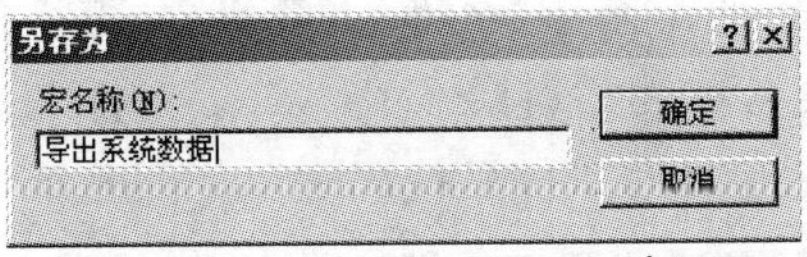

图 11-41　“另存为”对话框

（9）在图 11-41 中，单击“确定”按钮，完成此任务的操作。在本章最后一个任务 9，将讲述该宏的运行与调试。

11.3.2　导入系统数据

从 Excel 数据库文件中导入一批工作表作为数据库的数据表，最好的办法是创建宏来实现。下面，通过 1 个任务的操作，学习创建“导入系统数据”宏的操作过程。

任务 8　创建“导入系统数据”的宏

1. 任务要求

掌握创建宏实现导入功能的操作方法。

2. 操作步骤

（1）打开“学生管理”数据库的宏对象窗口，并单击“新建”按钮，打开“宏编辑”窗口，设置第一个宏操作，选择操作为 SetWarnings，注释为“关闭提示”，操作参数作以下修改，打开警告为“否”，第一个宏操作设置的效果如图 11-42 所示。

（2）在图 11-42 中，添加第二个宏操作，选择操作为 RunSQL，注释为“清空基本信息表”，操作参数作以下修改，SQL 语句“delete from 基本信息表”，使用事务处理为“是”，第二个宏操作设置的效果如图 11-43 所示。

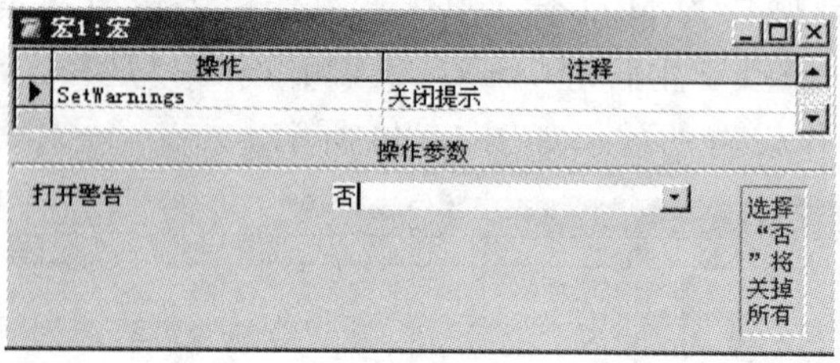

图 11-42　第一个宏操作设置的效果

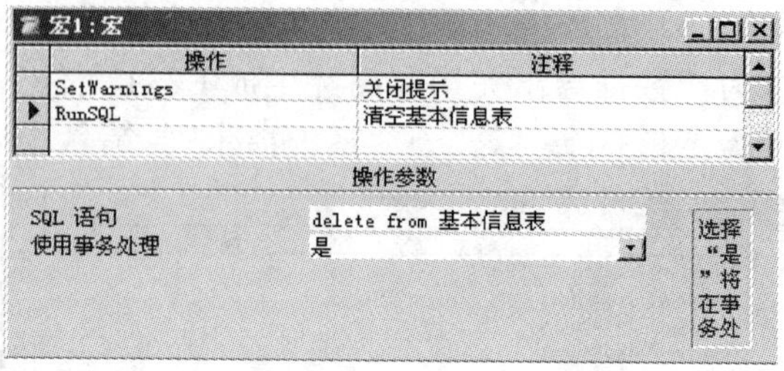

图 11-43　第二个宏操作设置的效果

（3）在图 11-43 中，添加第三个宏操作，选择操作为 TransferSpreadsheet，注释为“基本信息表”，操作参数作以下修改，迁移类型为“导入”，电子表格类型为 Microsoft Excel 8 - 10，表名称为“基本信息表”，文件名称为“C：\ 班级学生管理 .xls”，带有字段名称为“是”，范围为“基本信息表”，第三个宏操作设置的效果如图 11-44 所示。

（4）在图 11-44 中，添加第四个宏操作，选择操作为 RunSQL，操作参数作以下修改，SQL 语句“delete from 科目代码表”，使用事务处理为“是”，第四个宏操作设置的效果如图 11-45 所示。

（5）在图 11-45 中，添加第五个宏操作，选择操作为 TransferSpreadsheet，注释为“科目代码表”，操作参数作以下修改，迁移类型为“导入”，电子表格类型为 Microsoft Excel 8 - 10，表名称为“科目代码表”，文件名称为“C：\ 班级学生管理 .xls”，带有字段名称为“是”，范围为“科目代码表”，第五个宏操作设置的效果如图 11-46 所示。

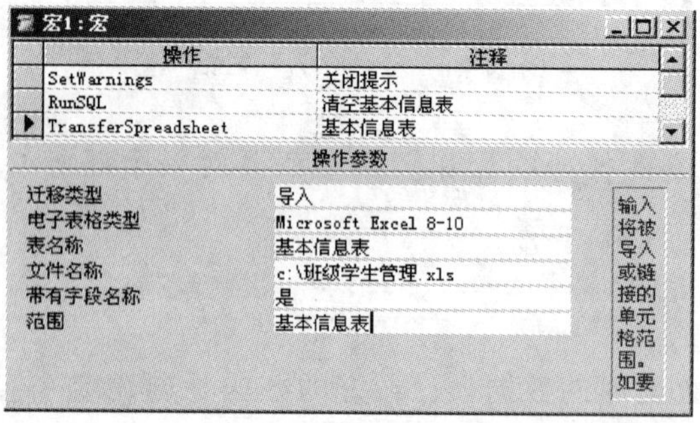

图 11-44　第三个宏操作设置的效果

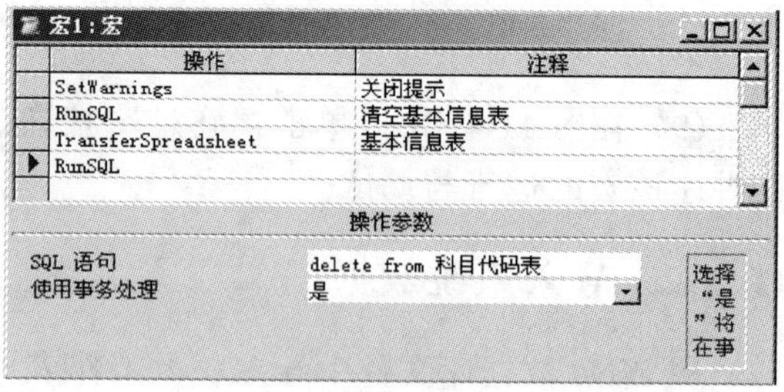

图 11-45　第四个宏操作设置的效果

（6）在图 11-46 中，添加第六个宏操作，选择操作为 RunSQL，操作参数作以下修改，SQL 语句“delete from 学生成绩表”，使用事务处理为“是”，第六个宏操作设置的效果如图 11-47 所示。

（7）在图 11-47 中，添加第七个宏操作，选择操作为 TransferSpreadsheet，注释为“学生成绩表”，操作参数作以下修改，迁移类型为“导入”，电子表格类型为 Microsoft Excel 8 - 10，表名称为“学生成绩表”，文件名称为“C：\ 班级学生管理 .xls”，带有字段名称为

“是”，范围为“学生成绩表”，第七个宏操作设置的效果如图 11-48 所示。

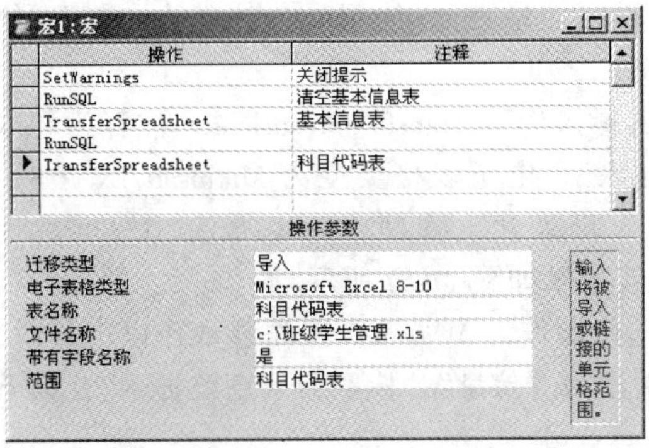

图 11-46　第五个宏操作设置的效果

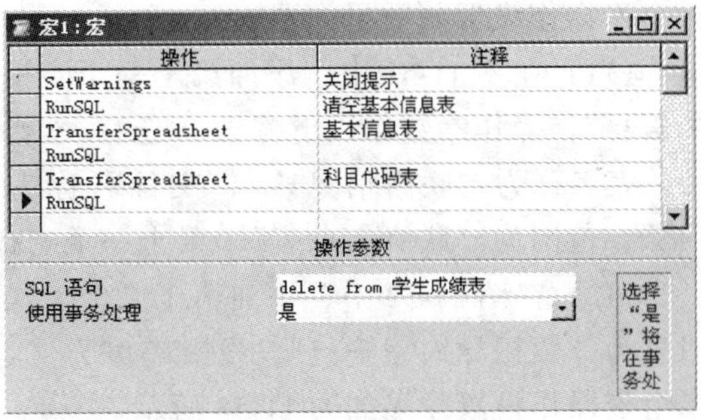

图 11-47　第六个宏操作设置的效果

(8) 在图 11-48 中，添加第八个宏操作，选择操作为 RunSQL，注释为“清空学生操行表”操作参数作以下修改，SQL 语句“delete from 学生操行表”，使用事务处理为“是”，第八个宏操作设置的效果如图 11-49 所示。

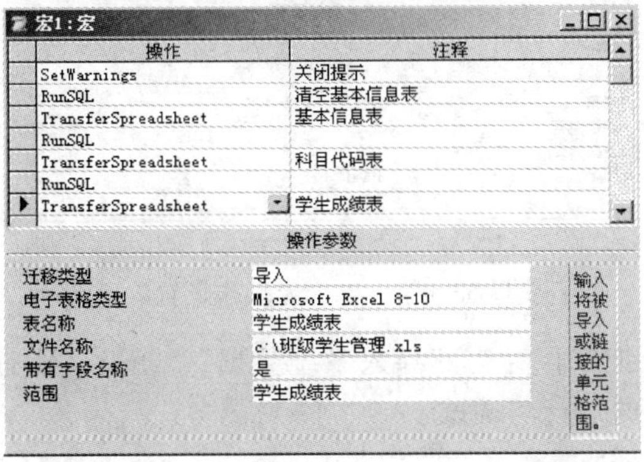

图 11-48　第七个宏操作设置的效果

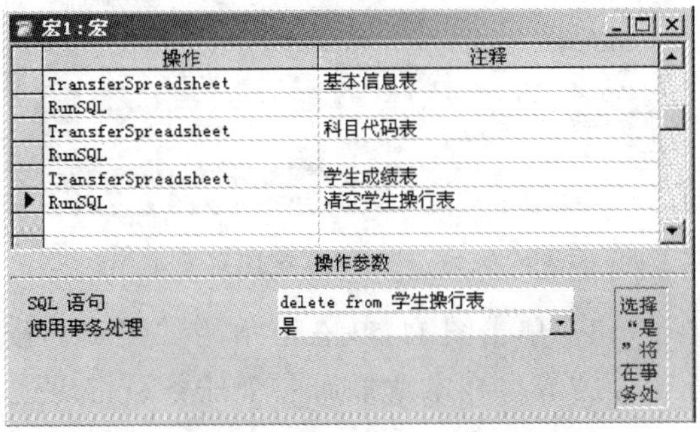

图 11-49　第八个宏操作设置的效果

(9) 在图 11-49 中，添加第九个宏操作，选择操作为 TransferSpreadsheet，注释为“学生操行表”，操作参数作以下修改，迁移类型为“导入”，电子表格类型为 Microsoft Excel 8－10，表名称为“学生操行表”，文件名称为“C：\ 班级学生管理 .xls”，带有字段名称为“是”，范围为“学生操行表”，第九个宏操作设置的效果如图 11-50 所示。

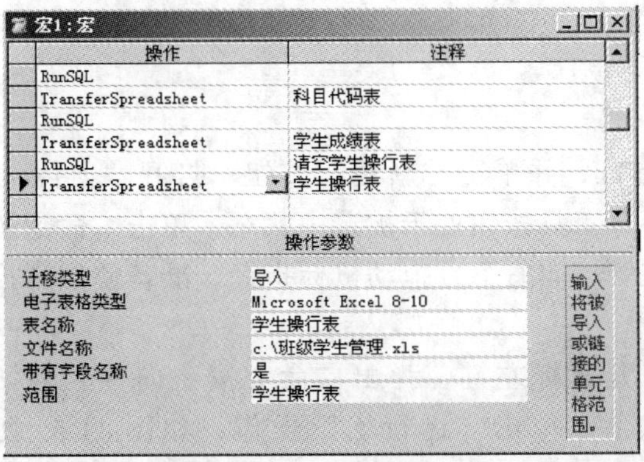

图 11-50　第九个宏操作设置的效果

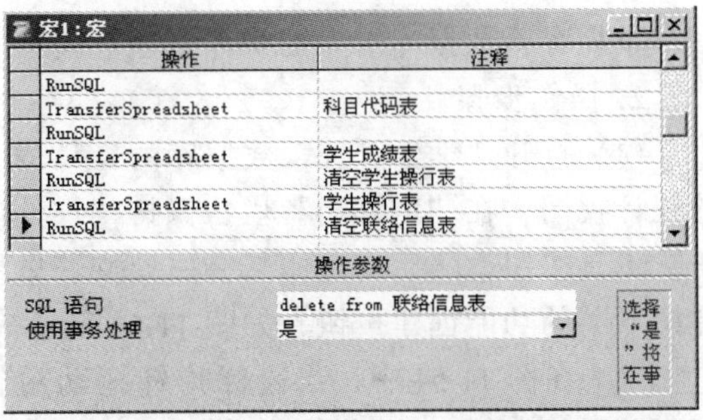

图 11-51　第十个宏操作设置的效果

（10）在图 11-50 中，添加第十个宏操作，选择操作为 RunSQL，注释为“清空联络信息表”操作参数作以下修改，SQL 语句“delete from 联络信息表”，使用事务处理为“是”，第十个宏操作设置的效果如图 11-51 所示。

（11）在图 11-51 中，添加第十一个宏操作，选择操作为 TransferSpreadsheet，注释为“联络信息”，操作参数作以下修改，迁移类型为“导入”，电子表格类型为 Microsoft Excel 8－10，表名称为“联络信息表”，文件名称为“C：\ 班级学生管理 .xls”，带有字段名称为“是”，范围为“联络信息表”，第十一个宏操作设置效果如图 11-52 所示。

（12）在图 11-52 中，添加第十二个宏操作，选择操作为 MsgBox，操作参数作以下修改，消息为“数据导入完毕!!”，发嘟嘟声为“是”，类型为“信息”，标题为“系统提示”，第十二个宏操作设置效果如图 11-53 所示。

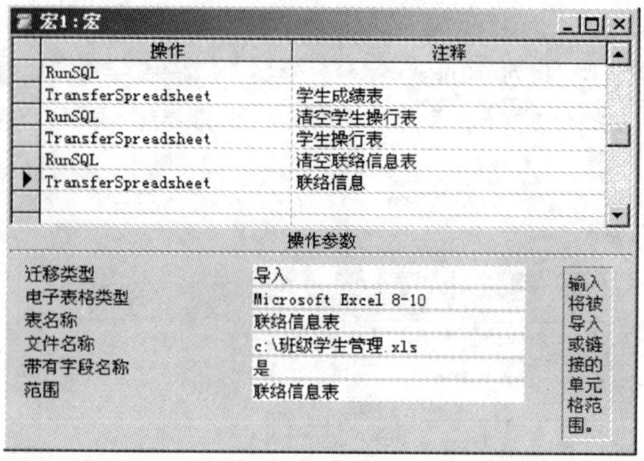

图 11-52　第十一个宏操作设置效果

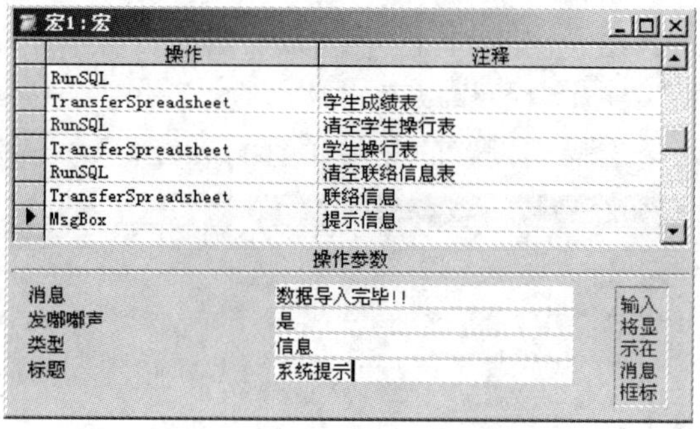

图 11-53　第十二个宏操作设置效果

（13）单击图 11-53 右上角的“关闭”按钮，把宏保存为“导入系统数据”，至此，本任务操作完成。在本章最后一个任务，将讲述该宏的运行与调试。

11.3.3　导入导出系统数据的功能调试

创建了“导出系统数据”和“导入系统数据”两个宏之后，要在系统中运行宏，一般需要创建窗体，实现交互界面。下面，通过 1 个任务的操作，学习此类界面的创建过程。

任务 9　创建和调试“导入导出系统数据”窗体

1. 任务要求

掌握导入数据库对象的操作方法。

2. 操作步骤

（1）打开“学生管理”数据库的窗体对象窗口，并单击“新建”按钮，打开“窗体 1”的视计视图，在“工具箱”栏，保持“控件向导”工具按钮处于被选中状态，单击“命令按钮”工具按钮，然后在窗体某空白处按着鼠标左键，向右下方拖动鼠标指针，准备使用“控件向导”的功能创建按钮，如图 11-54 所示。

（2）在图 11-54 中，当鼠标指针拖动后，松开鼠标左键，弹出“命令按钮向导”对话框，在对话框中，首先单击“杂项”类别，然后，单击“运行宏”操作，如图 11-55 所示。

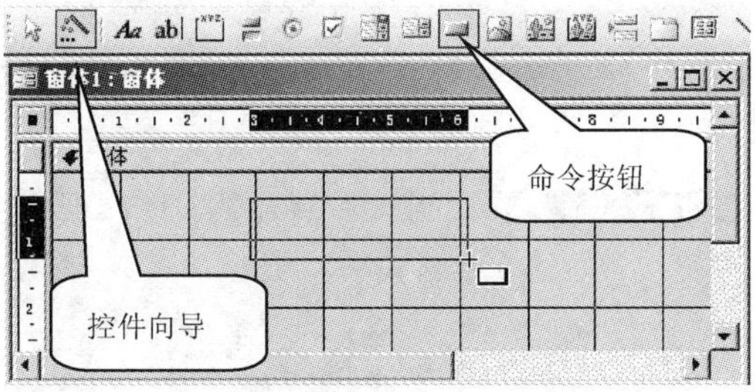

图 11-54　准备使用“控件向导”的功能创建按钮

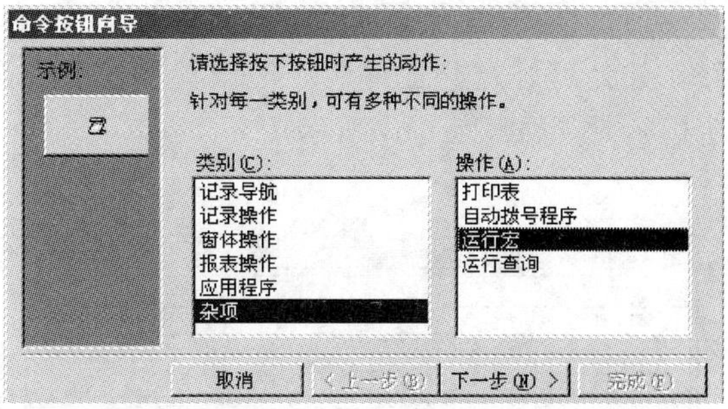

图 11-55　“命令按钮向导”第一步对话框

（3）在图 11-55 中，单击“下一步”按钮，打开“命令按钮向导”第二步对话框，在列表中单击“导出系统数据”宏，如图 11-56 所示。

（4）在图 11-56 中，单击“下一步”按钮，打开“命令按钮向导”第三步对话框，然后单击“文本”单选按钮，在文本框中输入“导出系统数据”，如图 11-57 所示。

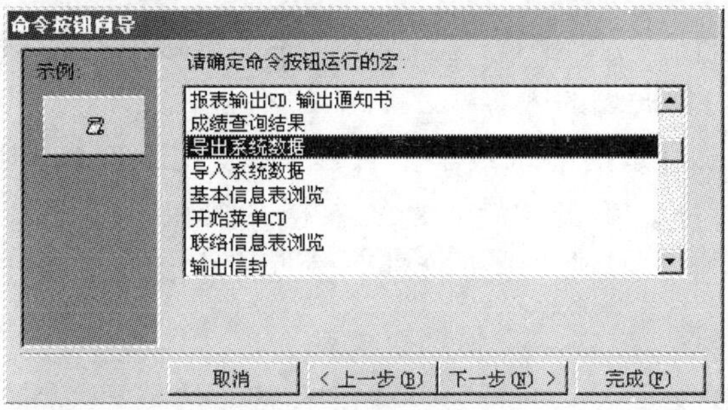

图 11-56　“命令按钮向导”第二步对话框

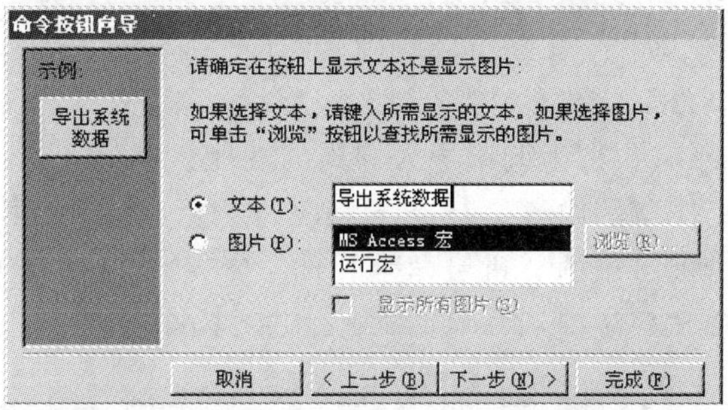

图 11-57　“命令按钮向导”第三步对话框

（5）在图 11-57 中，单击“下一步”按钮，打开“命令按钮向导”第四步对话框，然后在文本框中输入“导出系统数据”，如图 11-58 所示。

（6）在图 11-58 中，单击“完成”按钮，返回“窗体 1”的设计视图，窗体已添加了“导出系统数据”按钮，如图 11-59 所示。

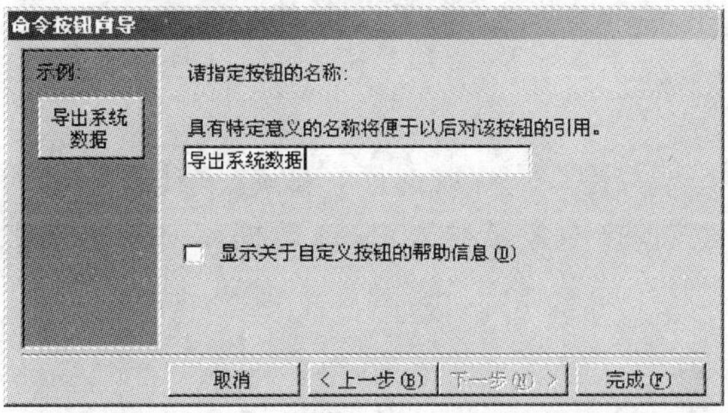

图 11-58　“命令按钮向导”第四步对话框

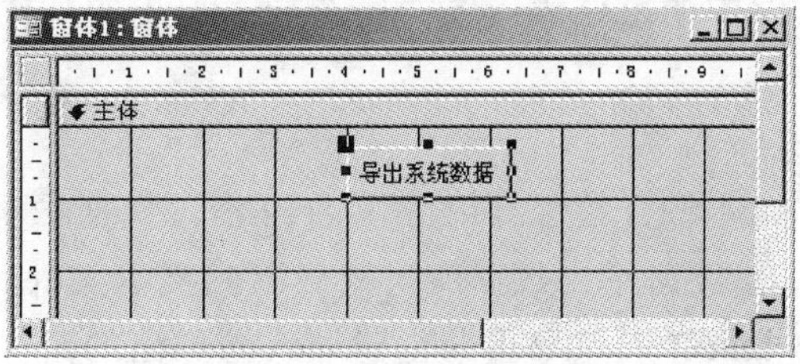

图 11-59　窗体已添加了“导出系统数据”按钮

（7）使用同样的方法，在图 11-59 的窗体中添加“导入系统数据”按钮，运行“导入系统数据”宏，添加后的效果如图 11-60 所示。

(8) 在图 11-60 的窗体中添加"关闭"按钮、"数据导入导出窗体"标签、矩形框等控件，并处理好这些控件的属性设置和位置，最后把窗体保存为"数据导入导出"，窗体的最后运行效果如图 11-61 所示。

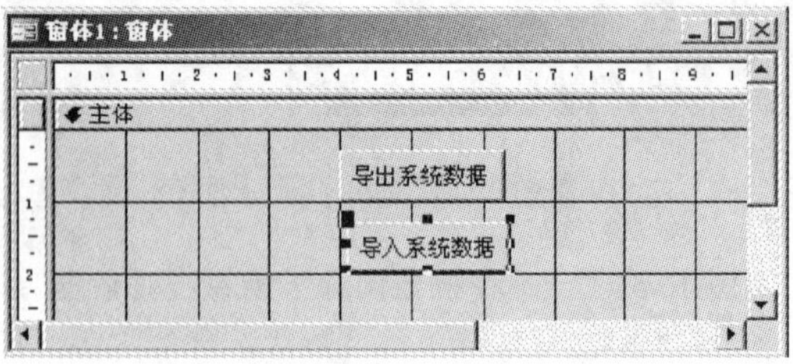

图 11-60　在窗体中添加了"导入系统数据"按钮

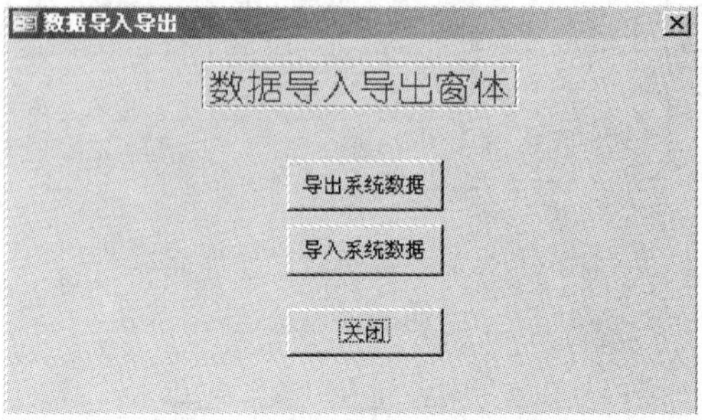

图 11-61　窗体的最后运行效果

(9) 运行"数据导入导出"窗体后，单击"导出系统数据"按钮，会执行数据表的导出功能，完成后出现"系统提示"对话框，如图 11-62 所示。

(10) 在图 11-62 中，单击"确定"按钮。然后，查看 C：盘根目录的"班级学生管理.XLS"文件的内容，即为"学生管理"数据库内数据表的内容。

(11) 为调试导入导出的功能，打开 C：盘根目录的"班级学生管理.XLS"工作薄，对工作薄的内容进行一下修改，然后，在图 11-61 中，单击"导入系统数据"按钮，会把 C：盘根目录的"班级学生管理.XLS"的工作表内容导入到"学生管理"数据库中，完成后出现"系统提示"对话框，如图 11-63 所示。

图 11-62　"系统提示"对话框

图 11-63　"系统提示"对话框

(12) 比较"学生管理"数据库中数据表的内容与 C：盘根目录的"班级学生管理.XLS"文件中的工作表内容，验查导入导出的功能是否成功，至此，本任务操作完成。

本章小结

本章介绍了导入导出的内容，包括数据库对象导出到另一数据库，数据库对象导出到 Excel 数据库，数据库对象导出到文本文件，导入数据库对象及导入 Excel 数据库，使用宏实现批量导入与导出，创建导入与导出的窗体界面。

习　题

一、判断题

1. 可以把数据表导出到另一数据库中。(　)
2. 不可以把窗体导出到另一数据库中。(　)
3. 可以把报表导出到另一数据库中。(　)

4. 使用宏可以实现一次导入多个数据表。(　)

5. 不使用宏不可一次导入一个数据库的多个对象。(　)

6. 不可以导入另一数据库的宏对象。(　)

7. 导出数据表时原数据表会丢失。(　)

8. 导出窗体到文本文件时，其实导出窗体的界面图像。(　)

9. 导出数据表时，一定只可以导出到 Excel 文件中。(　)

10. 导入完成后，源文件内容会被删除。(　)

二、操作题

1. 把“学生管理”数据库中的数据表“联络信息表”导出到某一文本文件中。

2. 创建一个新的数据库 db1.mdb，请把“学生管理”数据库中的所有数据表导入到 db1.mdb 数据库中。

3. 创建一个新的数据库 db2.mdb，请把“学生管理”数据库中的所有窗体导入到 db2.mdb 数据库中。

4. 创建一个新的数据库 db3.mdb，请把“学生管理”数据库中的所有对象导入到 db3.mdb 数据库中。

5. 参照图 11-64 的界面设计，运用导出的操作，实现输出空成绩表的功能，然后在空表中随意填写学生的成绩。(此题难度较高，只供选做)

6. 参照图 11-65 的界面设计，运用导出的操作，实现单科成绩导入的功能（导入数据表来源可以是第 5 题导出的结果)。(此题难度较高，只供选做)

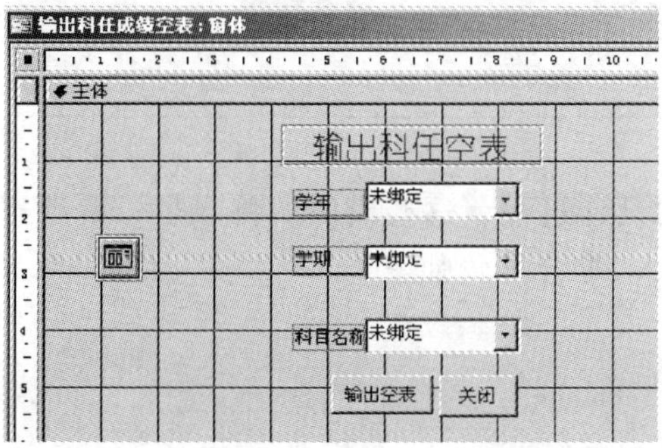

图 11-64　“输出空成绩表”窗体的设计视图

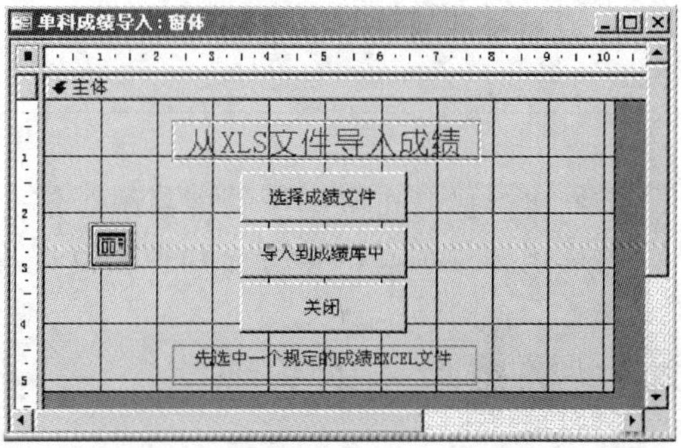

图 11-65　“单科成绩导入”窗体的设计视图

第12章　项目1中其他模块的设计

本章应知
1. 控件名称作为变量时的应用 2. 报表、窗体、查询之间变量的传递

本章应会
1. 窗体、查询、报表的综合设计 2. 交叉表查询的设计 3. 变量在报表、窗体、查询之间的数据传递 4. 编辑窗体或控件的各种事件代码

本章将讲述“班级学生管理系统”部分模块的设计过程，这些模块的特点是，设计过程中，需要用到Access的多方面知识，设计难度较大，综合性较强。

12.1　数据录入的实现

在“班级学生管理系统”中，成绩和学生操行情况的录入是必要的，本节将介绍如何实现这两方面功能的设计。

12.1.1　单科成绩录入

在“班级学生管理系统”中，设计了“单科成绩录入修改”窗体，为输入某一科目的成绩提供了可能，运行的效果如图12-1所示，用户可以选择相应的科目，输入学生的成绩。

任务1　创建“单科成绩录入修改”窗体

1. 任务要求

提高窗体、查询的综合设计能力。

2. 操作步骤

(1) 下面，将参照图12-1创建“单科成绩录入修改”窗体，该窗体将被命名为“单科成绩录入修改”。

(2) 打开“学生管理”数据库的窗体对象窗口，双击“在设计视图中创建窗体”选项，打开“窗体1”设计视图，如图12-2所示。

图 12-1　“单科成绩录入修改”窗体的运行效果

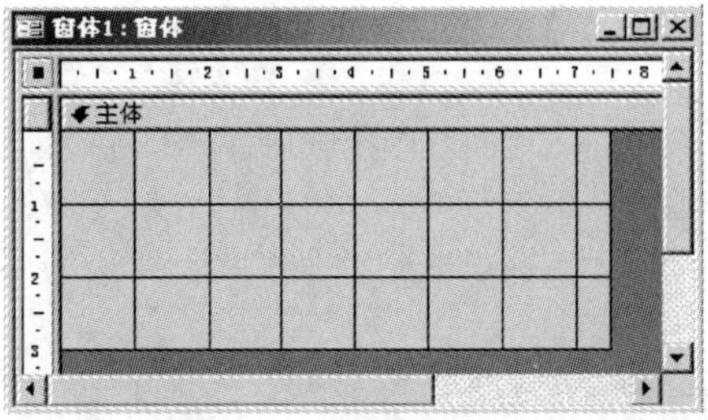

图 12-2　“窗体 1”设计视图

(3) 在窗体的标题栏上右击鼠标，弹出窗体的属性窗口，在属性窗口中为窗体选定记录源为“科目代码表”，如图 12-3 所示。

(4) 关闭窗体的属性窗口，然后在图 12-3 中，添加标题为“学年”的文本框，命名为 zhkxn，控件来源为“学年”，如图 12-4 所示。

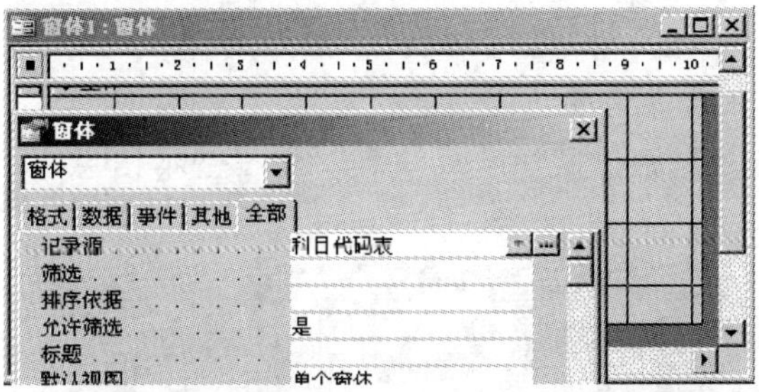

图 12-3　为窗体选定记录源为“科目代码表”

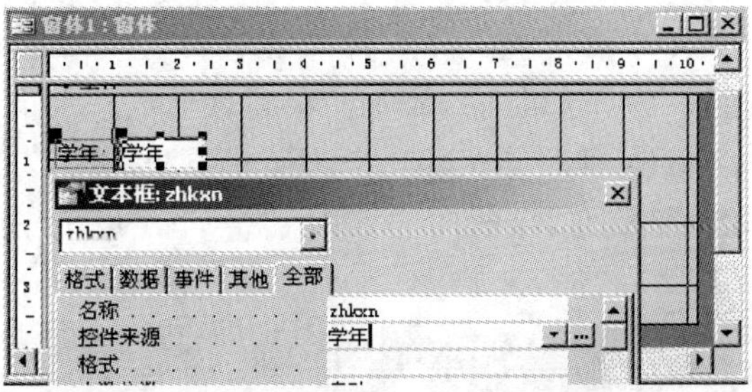

图 12-4　添加名称为 zhkxn 的文本框

(5) 参考“学年”文本框的添加方法，在图 12-4 中，依次添加以下两个文本框：

1) 标题为“学期”的文本框，命名为 zhkxq，控件来源为“学期”。

2) 标题为“科目名称”的文本框，命名为 zhkkmm，控件来源为“科目名称”。

添加了三个文本框的窗体，如图 12-5 所示。

(6) 在图 12-5 中，单击右上角的“关闭”按钮，弹出“班级学生管理系统”消息框，如图 12-6 所示。

(7) 在图 12-6 中，单击“是”按钮，弹出“别存为”对话框，并在对话框的文本框中输入“单科成绩的录入修改”，如图 12-7 所示。

(8) 在图 12-7 中，单击“确定”按钮，返回“学生管理”数据库的窗体对象窗口，切换到查询对象窗口，如图 12-8 所示。

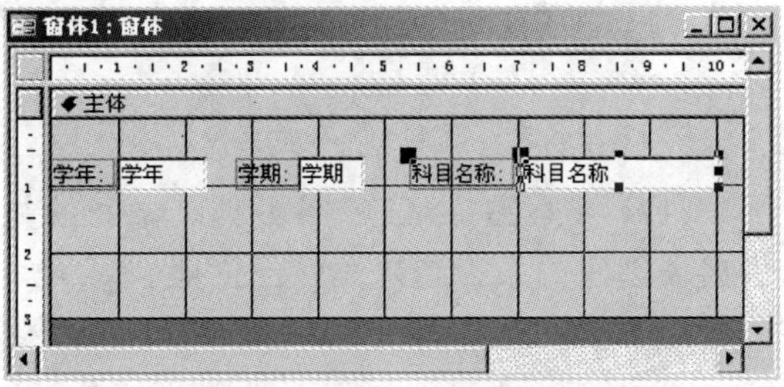

图 12-5　添加了三个文本框的窗体

(9) 在图 12-8 中，双击“在设计视图中创建查询”选项，打开“查询 1”设计视图，如图 12-9 所示。

图 12-6 “班级学生管理系统”消息框

图 12-7 “另存为”对话框

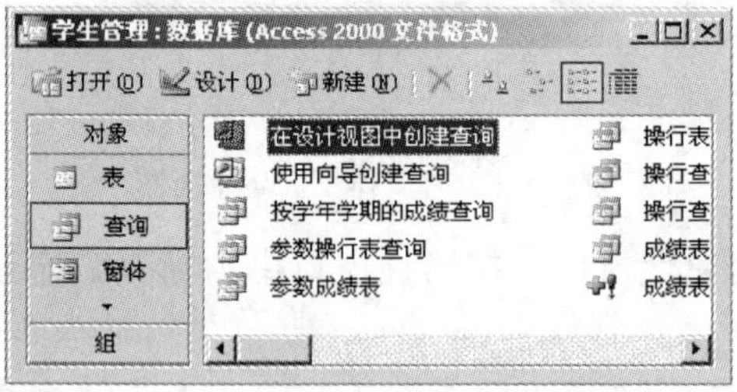

图 12-8 查询对象视图

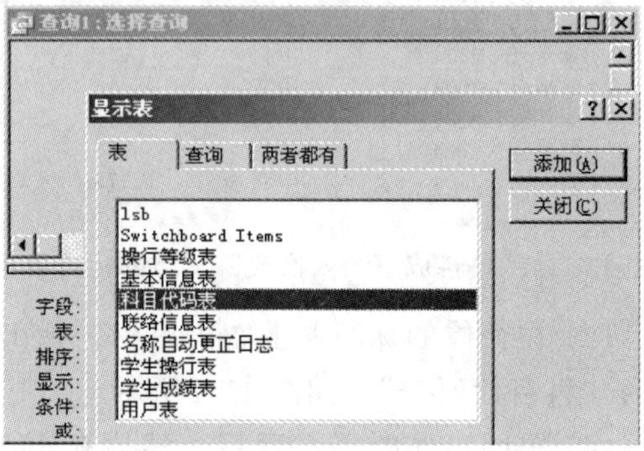

图 12-9 “查询 1”设计视图

(10) 在“查询 1”的“显示表”对话框中，单击“科目代码表”，然后再单击“添加”按钮，为“查询 1”添加“科目代码表”，如图 12-10 所示。

(11) 参照第 (10) 步的操作方法，为“查询 1”添加“学生成绩表”和“基本信息表”，添加了三个数据表的“查询 1”，如图 12-11 所示。

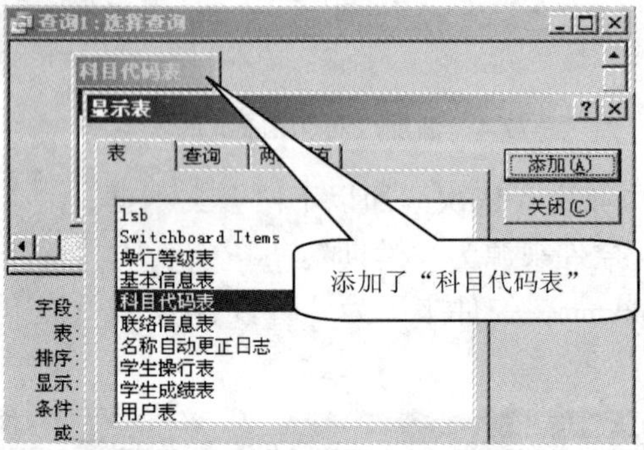

图 12-10 为“查询 1”添加“科目代码表”

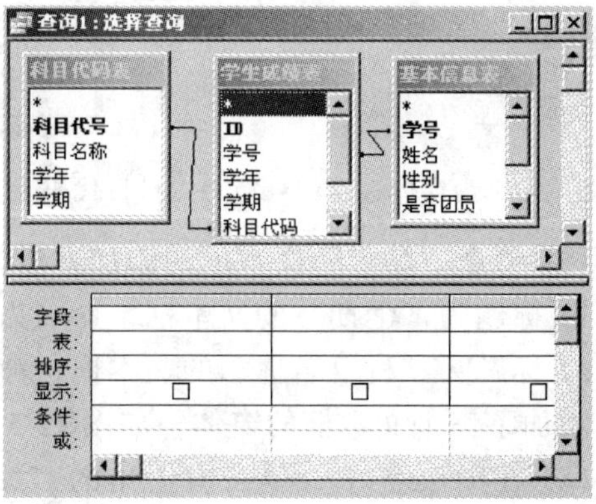

图 12-11 添加了三个数据表的“查询 1”

(12) 观察图 12-11 中各数据表之间的关系，如果关系还没有创建，必须按图 12-11 为各数据表创建关系，如果关系已创建，可为“查询 1”添加以下字段:

1) 添加“学号”字段，来源于“学生成绩表”。

2) 添加“姓名”字段，来源于“基本信息表”。

3) 添加“学年”字段，来源于“学生成绩表”，条件为“[forms]! [单科成绩的录入修改]! [zhkxn]”。

4) 添加“学期”字段，来源于“学生成绩表”，条件为“[forms]! [单科成绩的录入修改]! [zhkxq]”。

5）添加“科目名称”字段，来源于“科目代码表”，条件为“[forms]![单科成绩的录入修改]![zhkkmm]”。

6）添加“成绩”字段，来源于“学生成绩表”。

添加了 6 个字段的“查询 1”，如图 12-12 所示。

(13) 单击图 12-12 右上角的“关闭”按钮，弹出“班级学生管理系统”消息框，如图 12-13 所示。

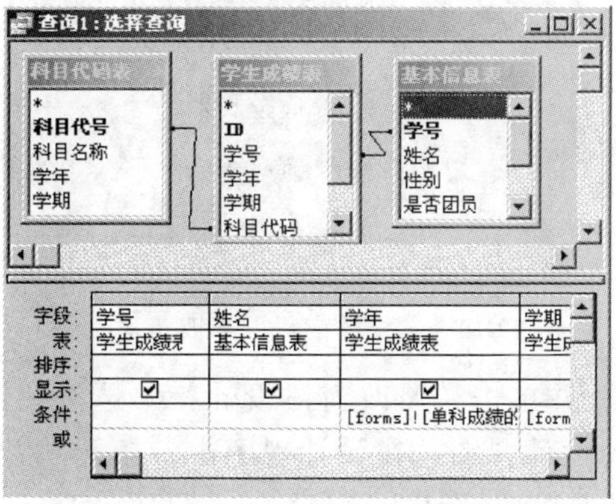

图 12-12　添加了 6 个字段的“查询 1”

图 12-13　“班级学生管理系统”消息框

(14) 在图 12-13 中，单击“是”按钮，弹出“另存为”对话框，在对话框的文本框中输入“单科成绩录入数据源”，如图 12-14 所示。

(15) 在图 12 14 中，单击“确定”按钮，保存“单科成绩录入数据源”查询，返回“学生管理”数据库的查询对象窗口。

图 12-14　“另存为”对话框

(16) 切换到“学生管理”数据库的窗体对象窗口，在窗体对象窗口中，双击“使用向导创建窗体”选项，打开“窗体向导”第一步对话框，在“窗体向导”对话框中，选择“单科成绩录入数据源”，并把可用字段都添加到“选定的字段”列表中，如图 12-15 所示。

(17) 在图 12-15 中，单击“下一步”按钮，打开“窗体向导”第二步对话框，在“窗体向导”对话框中，单击“数据表”单选按钮，如图 12-16 所示。

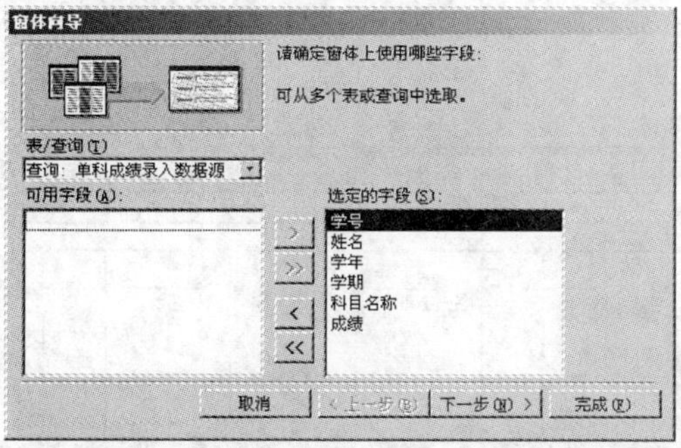

图 12-15　“窗体向导”第一步对话框

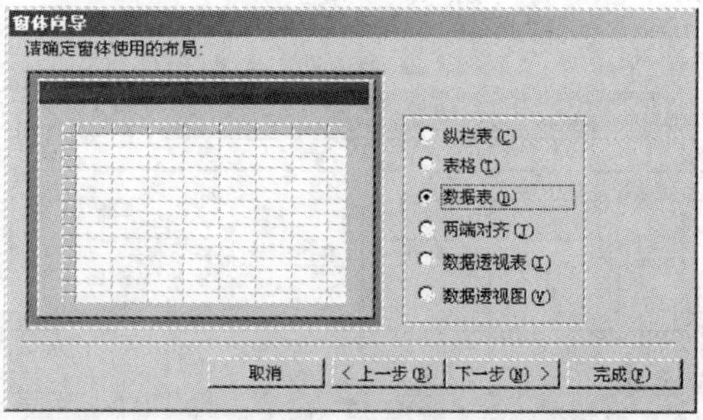

图 12-16　“窗体向导”第二步对话框

（18）在图 12-16 中，单击“下一步”按钮，打开“窗体向导”第三步对话框，如图 12-17 所示。

（19）在图 12-17 中，不作任何修改，单击“下一步”按钮，打开“窗体向导”第四步对话框，如图 12-18 所示。

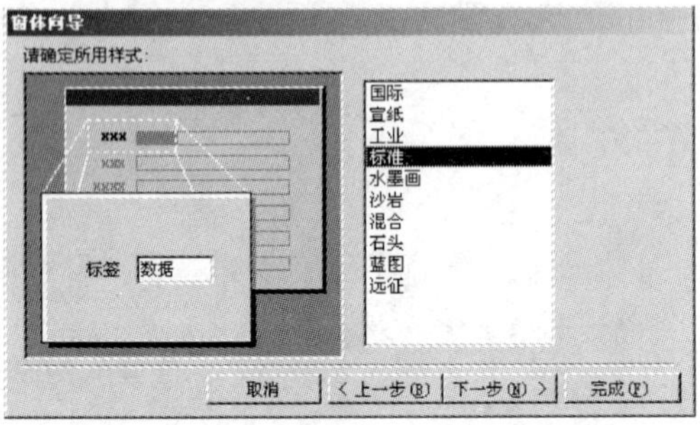

图 12-17　“窗体向导”第三对话框

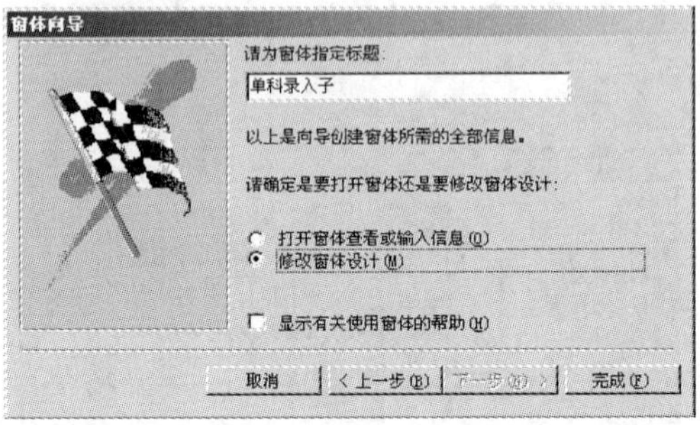

图 12-18　“窗体向导”第四步对话框

（20）在图 12-18 中，输入标题“单科录入子”，并单击“修改窗体设计”单选按钮，然后单击“完成”按钮，打开“单科录入子”窗体的设计视图，在设计视图中，打开“学号”文本框的属性窗口，把“是否锁定”属性设置为“是”，如图 12-19 所示。

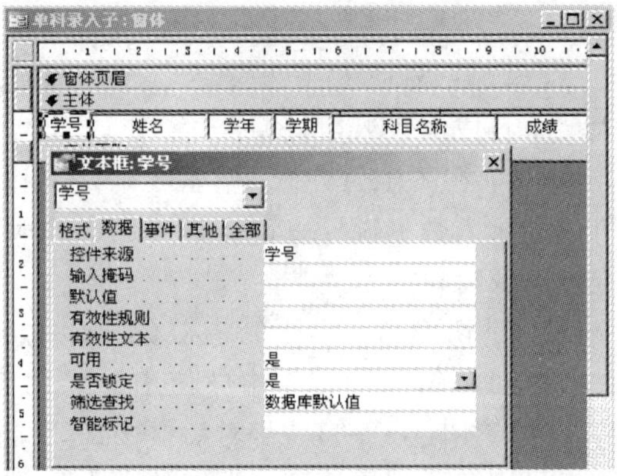

图 12-19　“学号”文本框的“是否锁定”设置为“是”

（22）单击工具箱上的“子窗体/子报表”工具按钮，选取“子窗体/子报表”工具，如图 12-20 所示。

（23）选取“子窗体/子报表”工具，在主体内的某一空白位置上按下鼠标左键，并拖动鼠标指针，如图 12-21 所示。

（24）接上一步，拖动鼠标指针时，观察出现有矩形框，然后松开鼠标左键，打开“子窗体向导”第一步对话框，在对话框中单击“使用现有的窗体”单选按钮，并从列表中选取“单科录入子”窗体，如图 12-22 所示。

（25）在图 12-22 中，单击“下一步”按钮，打开“子窗体向导”第二步对话框，并在对话框内的文本框中输入“单科成绩录入数据源”，如图 12-23 所示。

图 12-20　选取“子窗体/子报表”工具

图 12-21　在主体内拖动鼠标指针

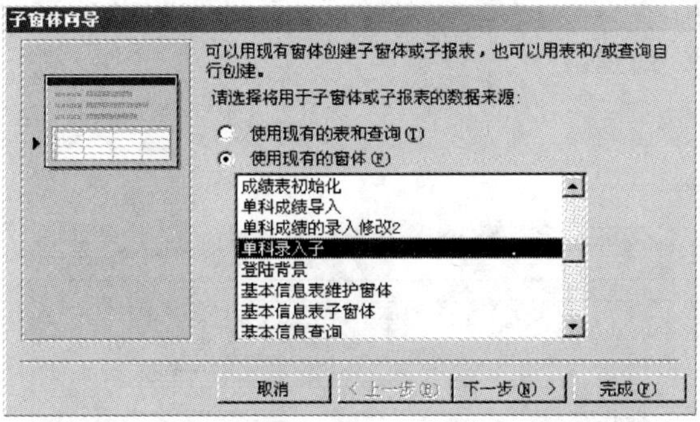

图 12-22　“子窗体向导”第一步对话框

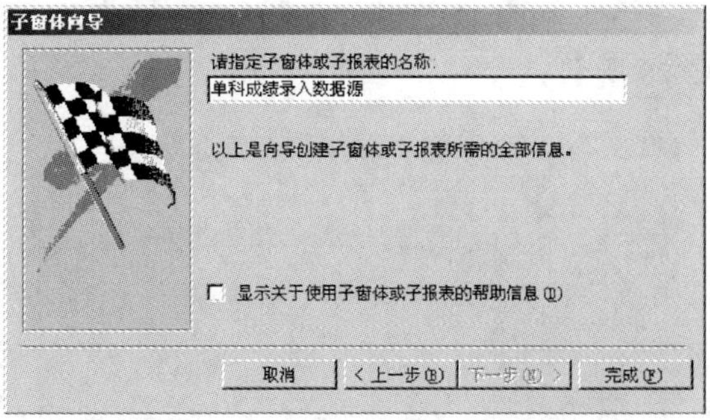

图 12-23　“子窗体向导”第二步对话框

(26) 在图 12-23 中，单击“完成”按钮，返回“单科成绩录入修改”窗体的设计视图，如图 12-24 所示。

(27) 在图 12-24 中，适当调整子窗体位置，然后选取工具箱上的“命令按钮”工具，并把鼠标指针移动到窗体某一空白处，按下鼠标左键，并拖动鼠标指针，准备向窗体添加命令按钮，如图 12-25 所示。

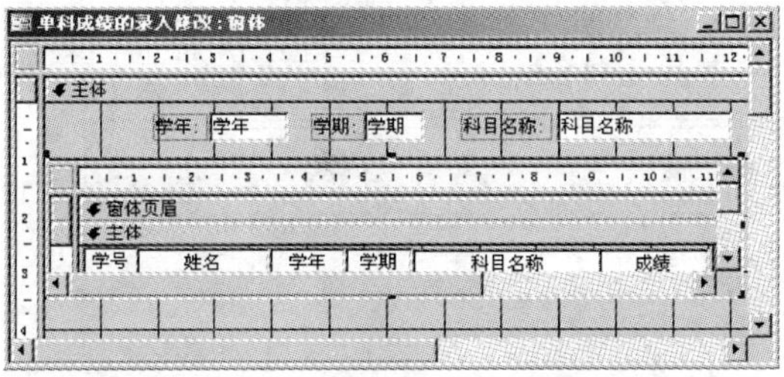

图 12-24　“单科成绩的录入修改”设计视图

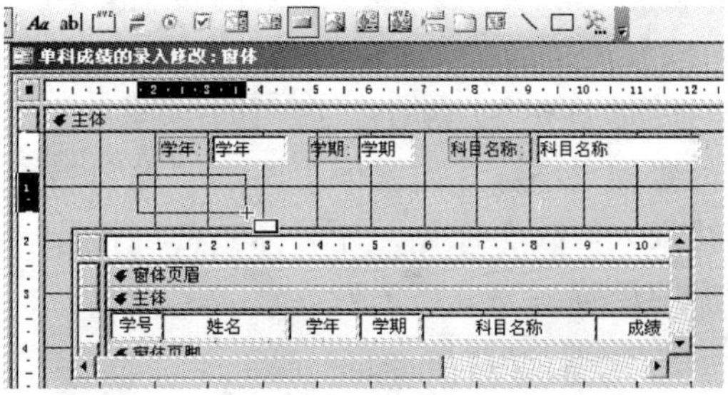

图 12-25　准备向窗体添加命令按钮

(28) 接上一步，观察鼠标指针拖动时出现了矩形框，可松开鼠标左键，打开“命令按钮向导”第一步对话框，在对话框中，选择“转至第一项记录”操作，如图 12-26 所示。

(29) 在图 12-26 中，单击“下一步”按钮，打开“命令按钮向导”第二步对话框，在对话框中，单击“文本”单选按钮，并在文本框中输入“第一科”，如图 12-27 所示。

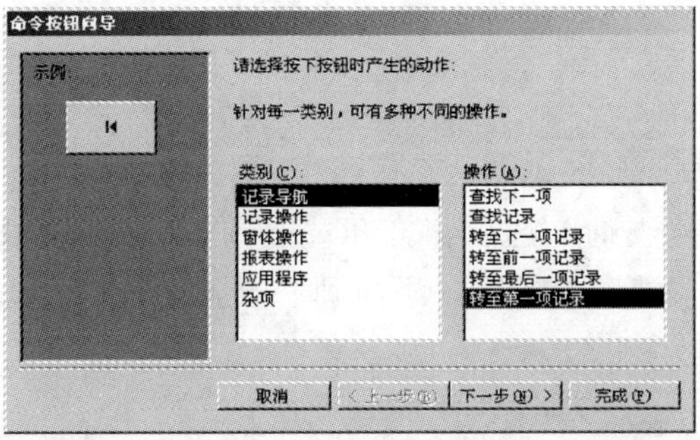

图 12-26　“命令按钮向导”第一步对话框

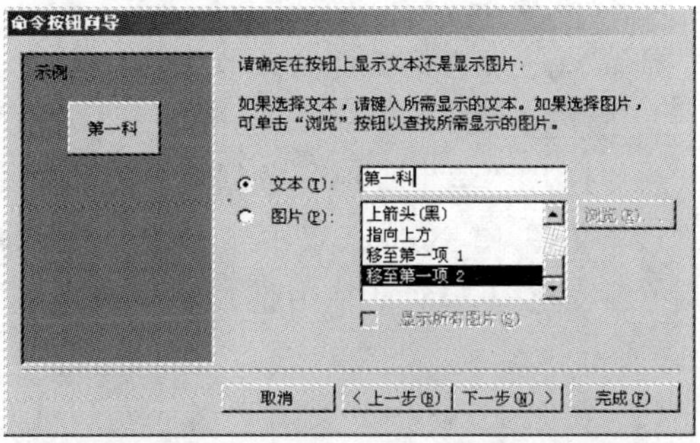

图 12-27　“命令按钮向导”第二步对话框

（30）在图 12-27 中，单击“下一步”按钮，打开“命令按钮向导”第三步对话框，如图 12-28 所示。

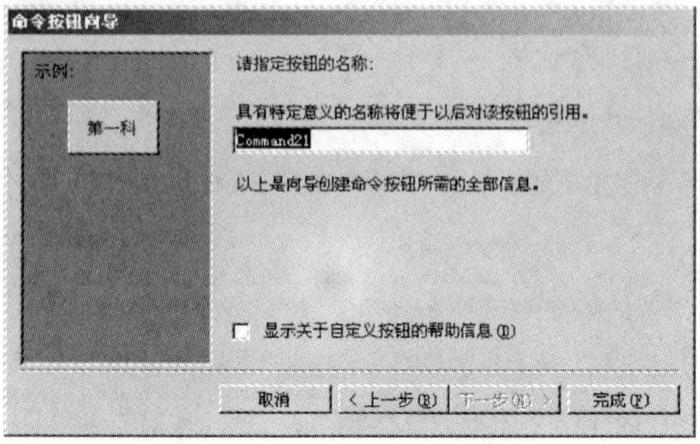

图 12-28　“命令按钮向导”第三步对话框

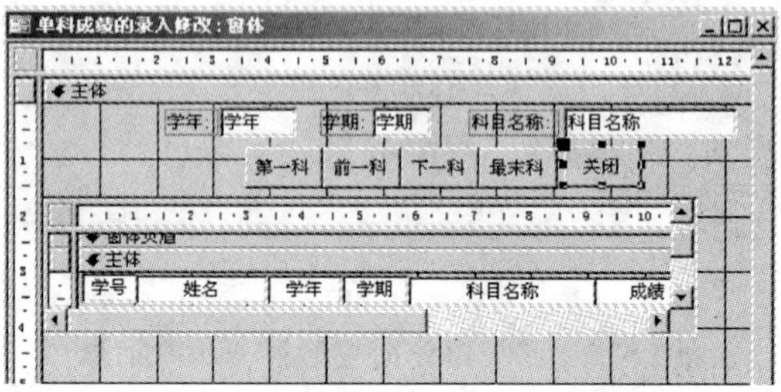

图 12-29　向窗体添加了一系列的按钮

（31）在图 12-28 中，不作任何修改，单击“完成”按钮，完成“第一科”按钮的创建。

（32）参考“第一科”按钮的创建方法，向窗体添加“前一科”、“下一科”、“最末科”、“关闭”等一系列的按钮，如图 12-29 所示。

（33）在图 12-29 中，适当调整各控件的位置和大小，并向窗体中添加“单科目成绩录入修改”标签，并对标签的属性作相应的设置，完成一系列设置后的设计视图，如图 12-30 所示。

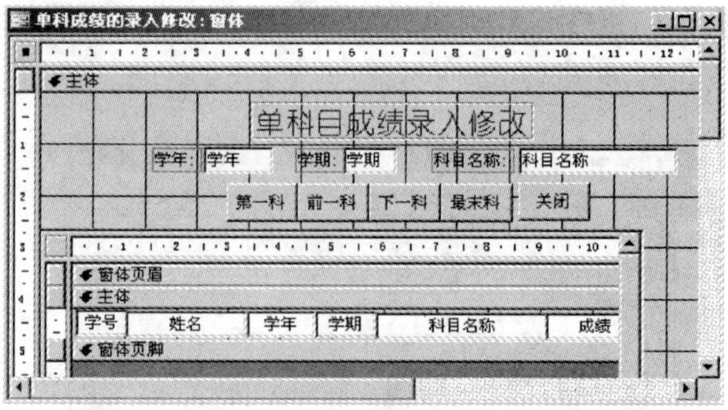

图 12-30　完成一系列设置后的设计视图

（34）至此，“单科成绩的录入修改”窗体已成功创建，保存后，可运行该窗体，调试窗体运行的功能。

12.1.2　学生操行情况录入

任务 2　创建“操行情况录入”窗体

1. 任务要求

提高窗体、查询的综合设计能力。

2. 操作步骤

（1）打开“学生管理”数据库的查询对象窗口，如图 12-31 所示。

（2）在图 12-31 中，双击“在设计视图中创建查询”选项，打开“查询 1”设计视图，然后在“显示表”对话框中把“基本信息表”和“学生操行表”添加到“查询 1”中，如图 12-32 所示。

（3）在图 12-32 中，关闭“显示表”对话框，为“查询 1”添加以下 6 个字段：

1）添加“学号”字段，来源于“基本信息表”。

2）添加“姓名”字段，来源于“基本信息表”。

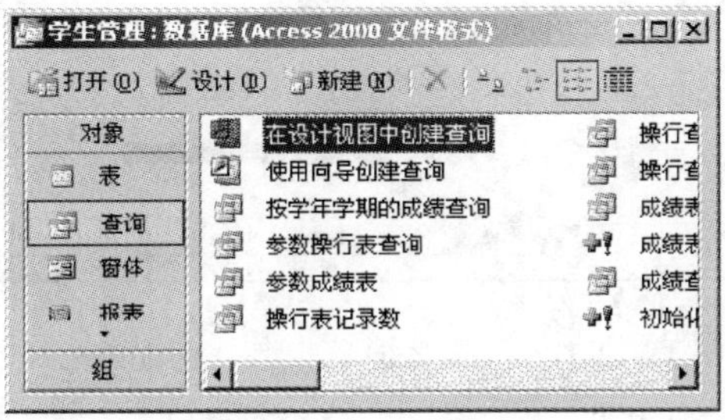

图 12-31　查询对象窗口

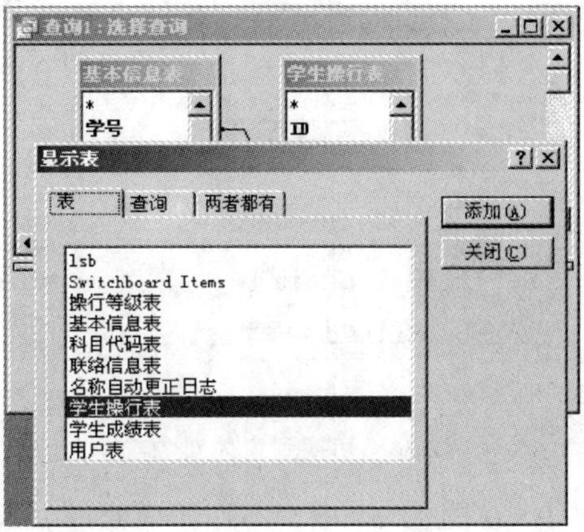

图 12-32　添加了“基本信息表”和“学生操行表”

3）添加“学年”字段，来源于“学生操行表”。

4）添加“学期”字段，来源于“学生操行表”。

5）添加“操行等级”字段，来源于“学生操行表”。

6）添加“操行评语”字段，来源于“学生操行表”。

添加了 6 个字段的“查询 1”，如图 12-33 所示。

(4) 单击图 12-33 右上角的“关闭”按钮，弹出“班级学生管理系统”消息框，如图 12-34 所示。

(5) 在图 12-34 中，单击“是”按钮，打开“另存为”对话框，并在对话框的文本框中输入“学生操行情况数据编辑数据源”，如图 12-35 所示。

(6) 在图 12-35 中，单击“确定”按钮，返回“学生管理”数据库的查询对象窗口，然后，切换到“学生管理”数据库的窗体对象窗口，如图 12-36 所示。

(7) 在图 12-36 中，双击“使用向导创建窗体”选项，打开“窗体向导”第一步对话框，并选取“学生操行情况数据编辑数据源”，并把可用字段都添加到“选定的字段”列表中，如图 12-37 所示。

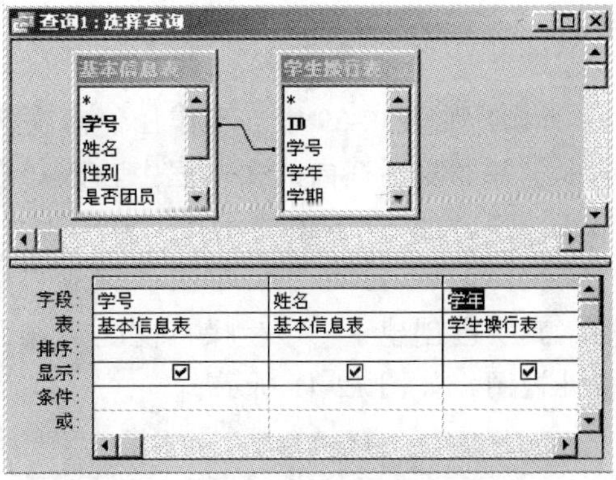

图 12-33　添加了 6 个字段的“查询 1”

(8) 在图 12-37 中，单击“下一步”按钮，打开“窗体向导”第二步对话框，如图 12-38 所示。

图 12-34　“班级学生管理系统”消息框

图 12-35　“另存为”对话框

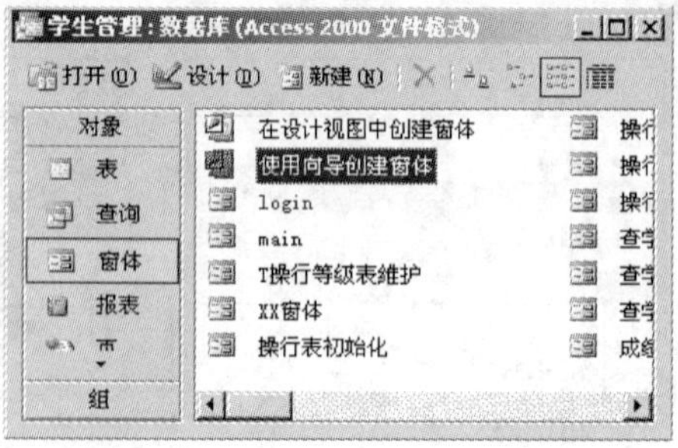

图 12-36　切换到窗体对象窗口

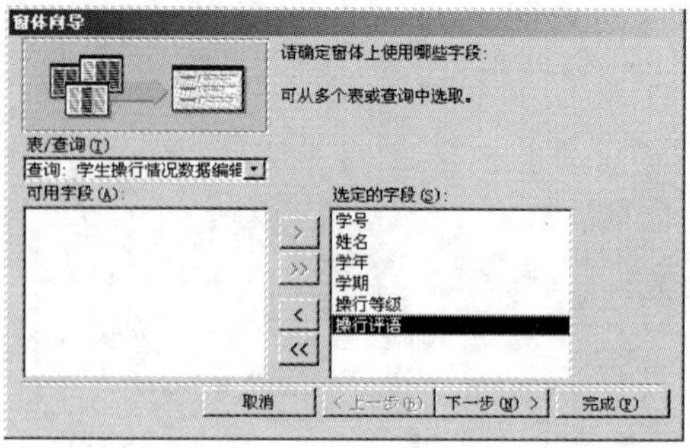

图 12-37　“窗体向导”第一步对话框

（9）在图 12-38 中，不作任何修改，单击“下一步”按钮，打开“窗体向导”第三步对话框，如图 12-39 所示。

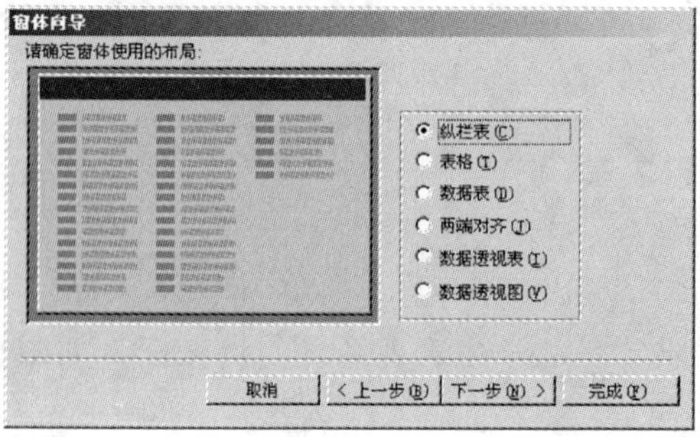

图 12-38　“窗体向导”第二步对话框

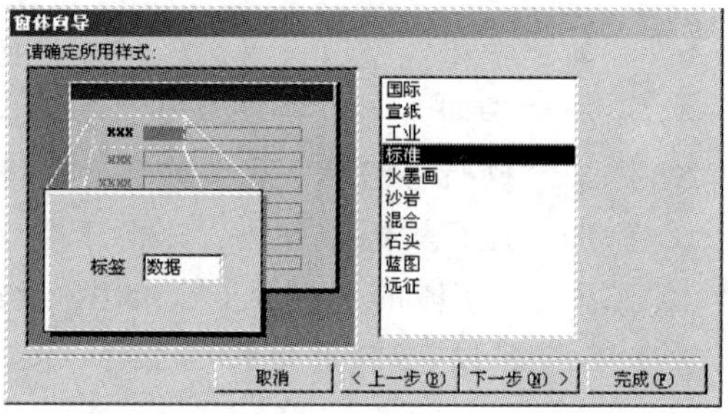

图 12-39　“窗体向导”第三步对话框

（10）在图 12-39 中，不作任何修改，单击“下一步”按钮，打开“窗体向导”第四步对话框，并在对话框内的文本框中输入“学生操行情况录入子”，然后单击“修改窗体设计”单选按钮，如图 12-40 所示。

（11）在图 12-40 中，单击“完成”按钮，打开“窗体 1”设计视图，关闭“窗体 1”之后，其实已创建了“学生操行情况录入子”窗体，重新打开“学生操行情况录入子”窗体的设计视图，如图 12-41 所示。

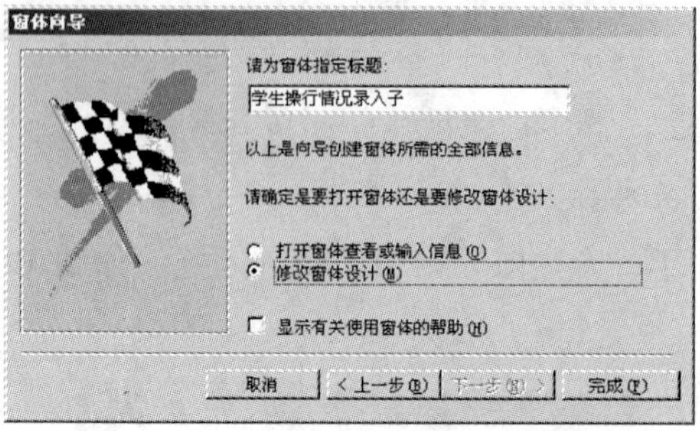

图 12-40　“窗体向导”第四步对话框

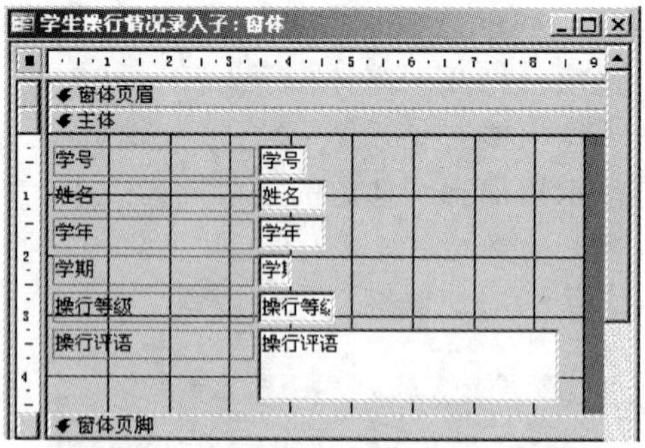

图 12-41　“学生操行情况录入子”窗体

（12）在图 12-41 中，右击“学号”文本框，从快捷菜单中打开“学号”文本框的属性窗口，在属性窗口中，把“学号”文本框的“是否锁定”属性的值设为“是”，如图 12-42 所示。

(13) 关闭图 12-42，参考“学号”文本框的操作方法，把“姓名”、“学年”、“学期”等 3 个文本框的“是否锁定”属性的值都设为“是”，然后，单击“操行等级”文本框，并按键盘上的 < Delete > 键，删除“操行等级”文本框，如图 12-43 所示。

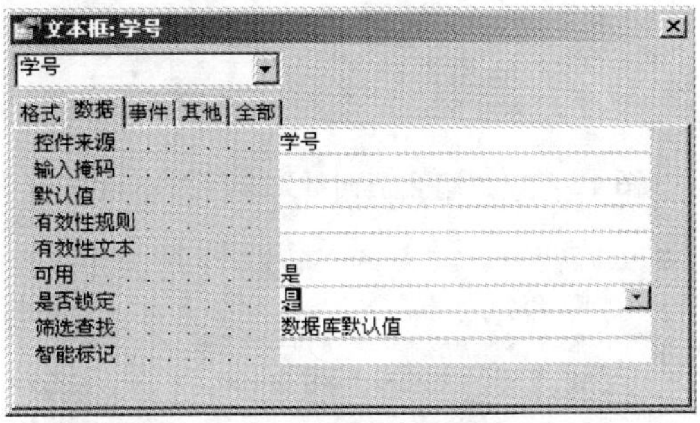

图 12-42　“是否锁定”属性的值设为“是”

图 12-43　删除“操行等级”文本框

(14) 删除“操行等级”文本框后，选取工具箱栏上的“组合框”工具按钮，然后，在图 12-43 的主体内某一空白处按下鼠标左键，并拖动鼠标指针，准备在窗体内添加组合框，如图 12-44 所示。

(15) 观察鼠标指针拖动时出现了矩形框，可松开鼠标左键，打开“组合框向导”第一步对话框，如图 12-45 所示。

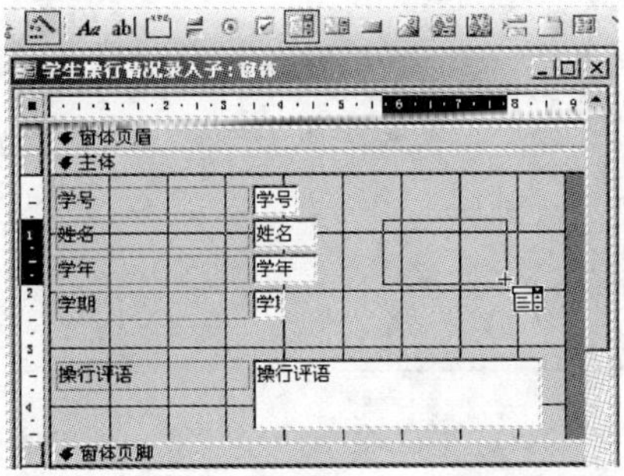

图 12-44　准备在窗体内添加组合框

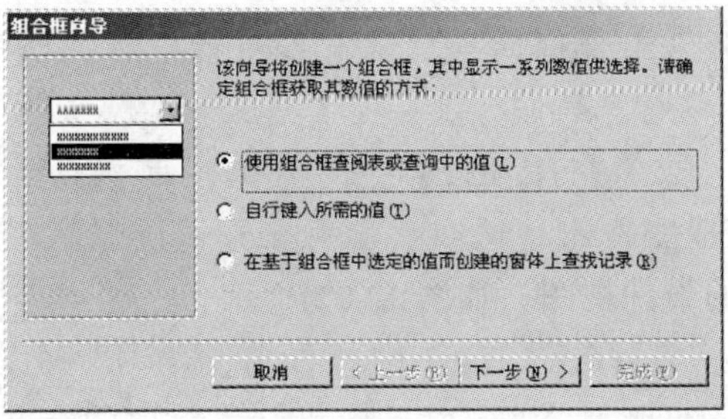

图 12-45　“组合框向导”第一步对话框

(16) 在图 12-45 中，不作任何修改，单击“下一步”按钮，打开“组合框向导”第二步对话框，在对话框内的列表中，选择“表：操行等级表”选项，如图 12-46 所示。

(17) 在图 12-46 中，单击“下一步”按钮，打开“组合框向导”第三步对话框，并把“可用字段”列表中的“操行等级”字段添加到“选定字段”列表中，如图 12-47 所示。

(18) 在图 12-47 中，单击“下一步”按钮，打开“组合框向导”第四步对话框，如图 12-48 所示。

(19) 在图 12-48 中，单击“下一步”按钮，打开“组合框向导”第五步对话框，如图 12-49 所示。

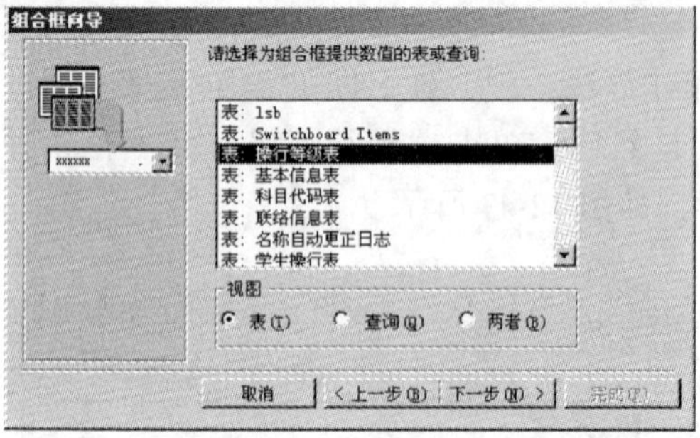

图 12-46 “组合框向导”第二步对话框

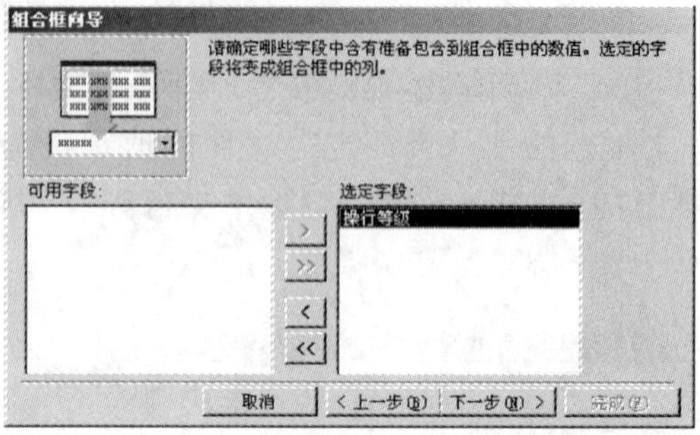

图 12-47 “组合框向导”第三步对话框

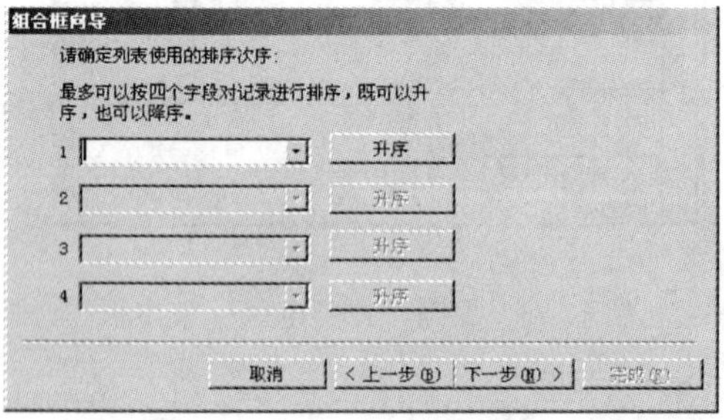

图 12-48 “组合框向导”第四步对话框

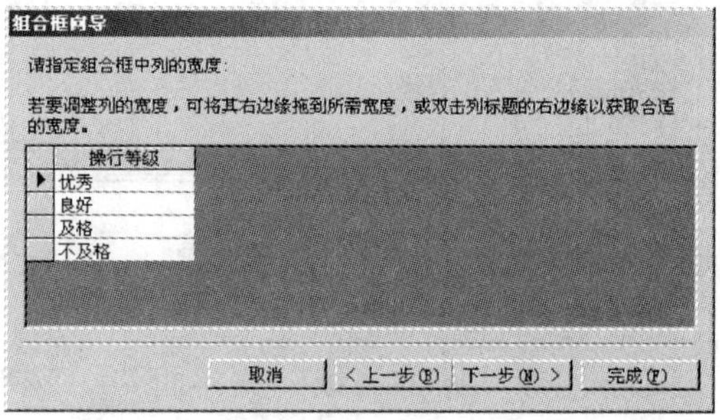

图 12-49 “组合框向导”第五步对话框

（20）在图 12-49 中，单击“下一步”按钮，打开“组合框向导”第六步对话框，如图 12-50 所示。

（21）在图 12-50 中，单击“下一步”按钮，打开“组合框向导”第七步对话框，如图 12-51 所示。

（22）在图 12-51 中，不作任何修改，单击“完成”按钮，返回“学生操行情况录入子”窗体的设计视图，如图 12-52 所示。

（23）在图 12-52 中，右击“学号”文本框，并从快捷菜单的【特殊效果】菜单项的级联菜单中，选择第 4 种特殊效果，如图 12-53 所示。

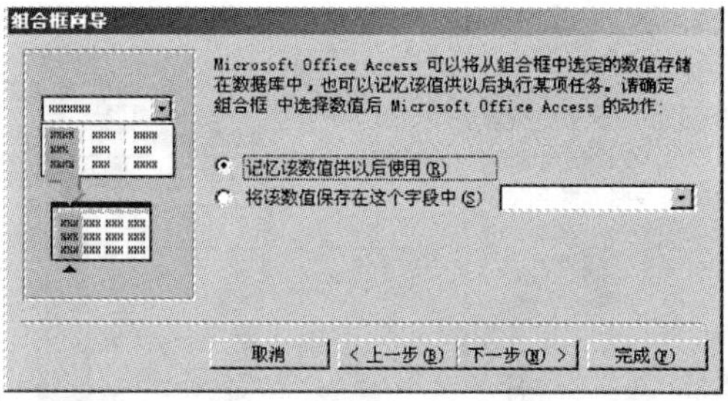

图 12-50 “组合框向导”第六步对话框

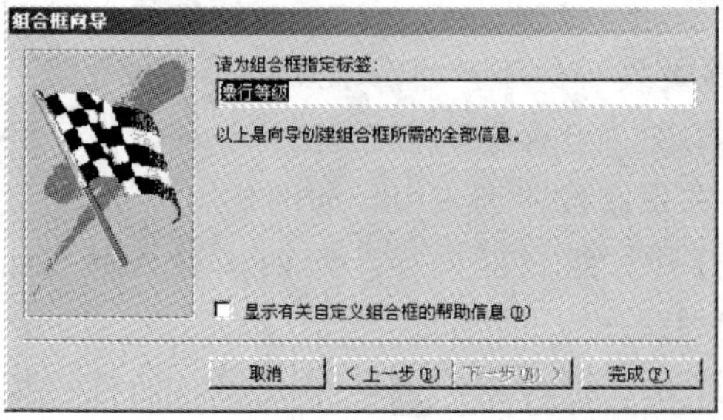

图 12-51 “组合框向导”第七步对话框

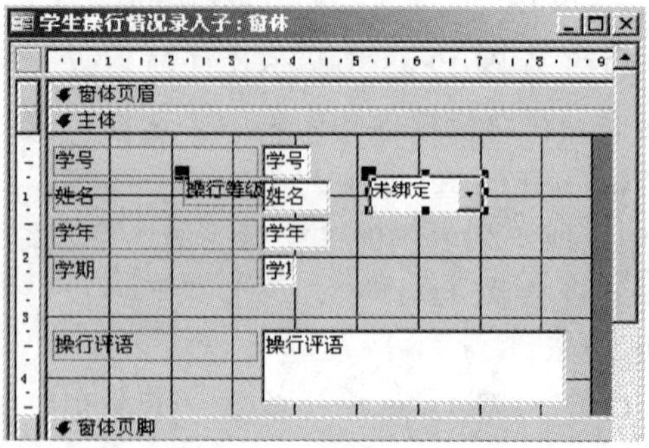

图 12-52 “学生操行情况录入子”窗体的设计视图

(24) 参考“学号”文本框的操作方法，把“姓名”、“学年”、“学期”等文本框控件都设置为第 4 种特殊效果，并把“操作等级”文本框的字体设置为红色，然后使用控件向导的功能向窗体添加“第一条”、“前一条”、“下一条”、“最末条”、“保存”、“撤消”等实现记录操作功能的按钮，如图 12-54 所示。

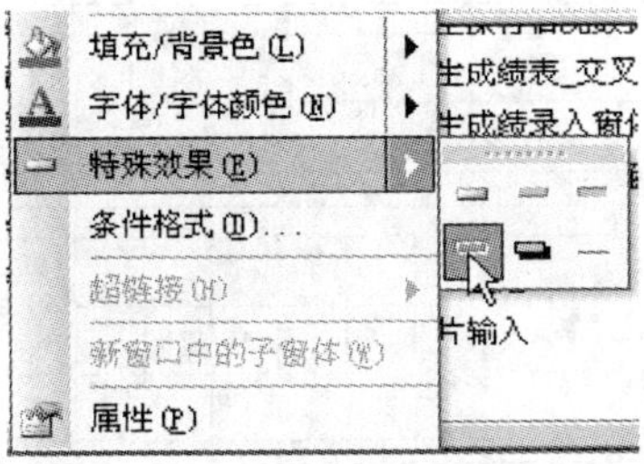

图 12-53　选择第 4 种特殊效果

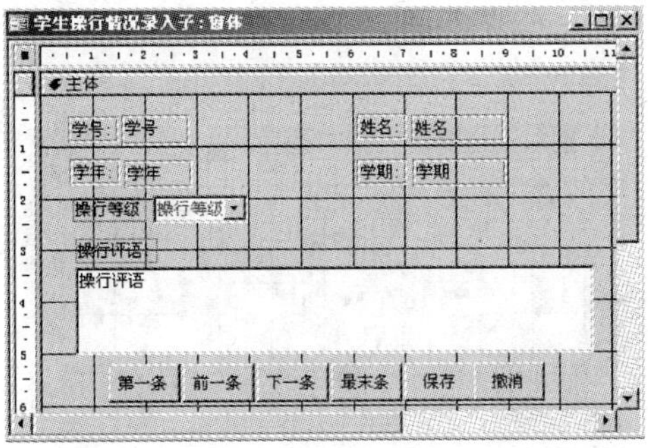

图 12-54　使用控件向导的功能向窗体添加一系列按钮

(25) 关闭并保存“学生操行情况录入子”窗体，返回窗体对象窗口，在窗体对象窗口中双击“在设计视图中创建窗体”选项，打开“窗体 1”设计视图，如图 12-55 所示。

(26) 在“窗体 1”视图中，如图 12-56 所示，添加“学生操行情况录入”标签。

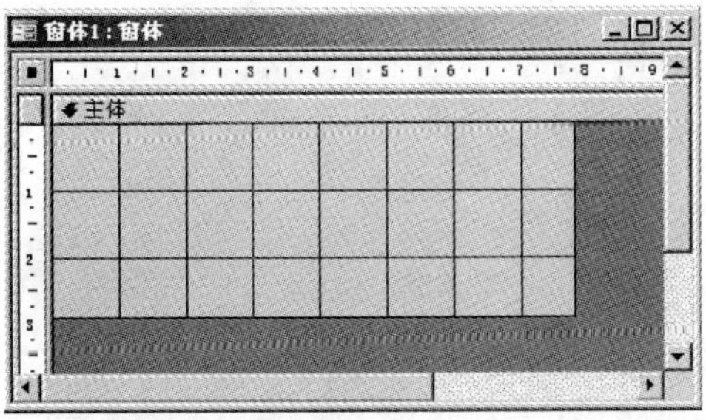

图 12-55　“窗体 1”设计视图

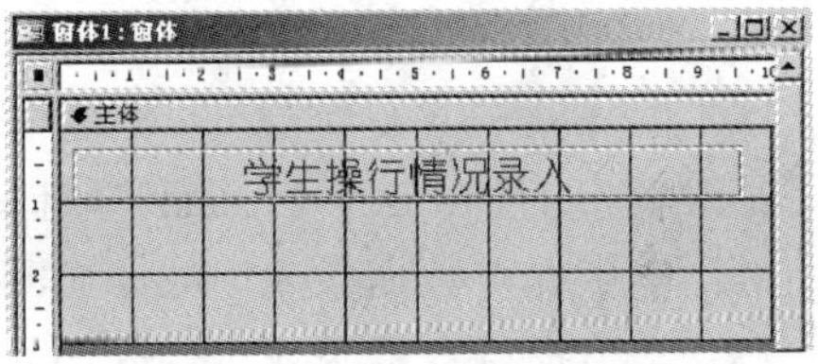

图 12-56　添加“学生操行情况录入”标签

(27) 在“窗体 1”视图中，添加标题为“学年”的组合框，名称为 zhkxn，行来源类型为“表/查询”，行来源为“SELECT　科目表中的学年．学年　FROM　科目表中的学年;”，默认值为 2004，如图 12-57 所示。

(28) 在“窗体 1”视图中，添加标题为“学期”的组合框，名称为 zhkxq，行来源类型为“值列表”，行来源为““上”;“下””，默认值为“上”，如图 12-58 所示。

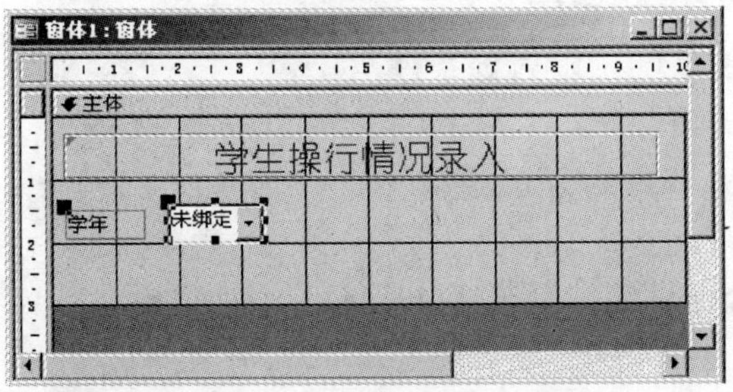

图 12-57　添加“学年”组合框

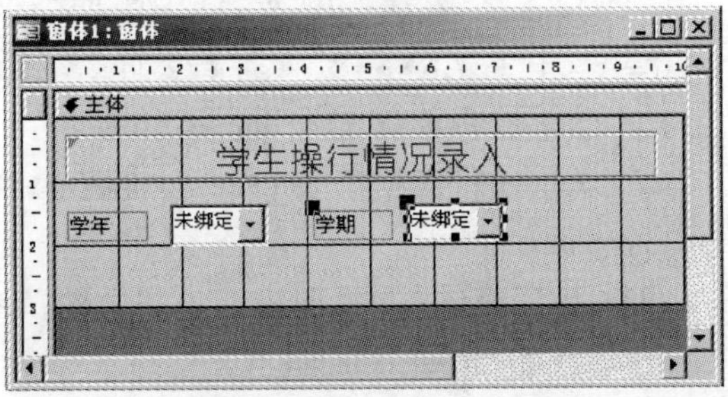

图 12-58　添加“学期”组合框

(29) 在“窗体 1”视图中，使用控件向导功能添加标题为“关闭”的命令按钮，实现关闭窗体的功能，如图 12-59 所示。

(30) 在“窗体 1”视图中，添加名称为“学生操行情况录入”的子窗体，源对象为“学生操行情况录入子”窗体，添加了子窗体的“窗体 1”，如图 12-60 所示。

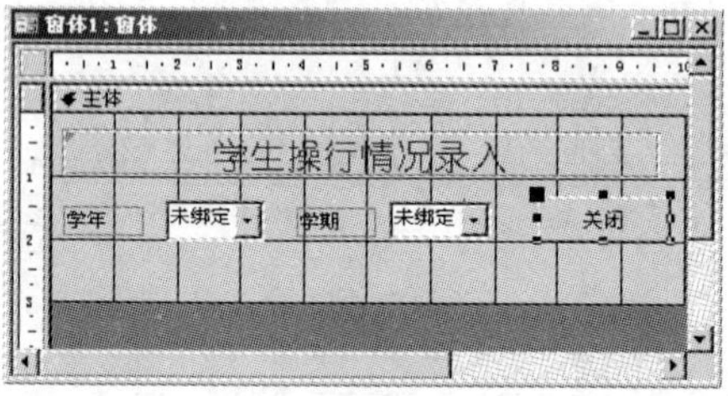

图 12-59　添加“关闭”按钮

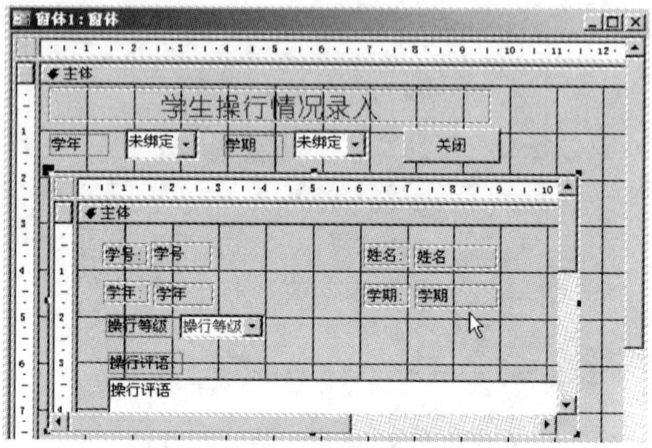

图 12-60　添加子窗体的“窗体 1”

(31) 在“窗体 1”视图中，为窗体设置“加载 (Load)”事件代码：

```
Private Sub Form_ Load ()
   Dim xn, xq, tj As String
   xn = zhkxn
   xq = zhkxq
   bq1.Caption = xn & "ê" & xq & "学期学生操行情况录入"
   tj = "学年 = '"& xn & "' and 学期 = '" & xq & "'"
   Me. 学生操行数据录入 .Form.Filter = tj
   Me. 学生操行数据录入 .Form.FilterOn = True
End Sub
```

(32) 在“窗体 1”视图中，为“学年”组合框设置“更改 (Change)”事件代码：

```
Private Sub zhkxn_ Change ()
' 学年组合框改变时候动态改变数据以及标题的显示内容
Dim xn, xq, tj As String
xn = zhkxn
xq = zhkxq
bq1.Caption = xn & "年" & xq & "学期学生操行情况录入"
tj = "学年 = '" & xn & "' and 学期 = '"& xq & "'"        ' 过滤条件
Me. 学生操行数据录入 .Form.Filter = tj
Me. 学生操行数据录入 .Form.FilterOn = True        ' 打开过滤器
End Sub
```

(33) 在“窗体 1”视图中，为“学期”组合框设置“更改 (Change)”事件代码：

```
Private Sub zhkxq_ Change ()
' 学期组合框改变时候动态改变数据以及标题内容，代码内容与学年组合框的 Change
```

```
事件相同
    Dim xn, xq, tj As String
    xn = zhkxn
    xq = zhkxq
    bq1.Caption = xn & "年" & xq & "学期学生操行情况录入"
    tj = "学年 = '"& xn &"' and 学期 = '"& xq &"'"        ' 过滤条件
    Me. 学生操行数据录入 .Form.Filter = tj
    Me. 学生操行数据录入 .Form.FilterOn = True        ' 打开过滤器
End Sub
```

(34) 适当调整各控件的位置，并参考图 12-61 对窗体部分属性进行设置，关闭并保存“窗体 1”，命名为“操行情况录入”，标题为“学生操行情况录入”。至此，“操行情况录入”窗体创建成功，运行窗体后的效果，如图 12-61 所示。

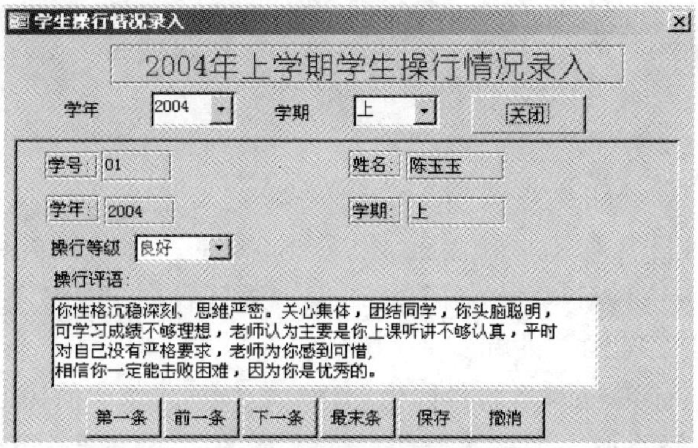

图 12-61　“操行情况录入”窗体运行效果

12.2　信息查询的实现

在 Access 中，有些窗体既包括查询功能，也包括打开报表的功能。下面，通过 1 个任务的操作，学习窗体、查询、报表的综合应用技巧。

任务 3　创建“查学生成绩”窗体

1. 任务要求

提高窗体、查询、报表的综合设计能力。

2. 操作步骤

(1) 打开“学生管理”数据库的查询对象窗口，创建“科目表中的学年”查询，数据来源为“科目代码表”，字段为“学年”，如图 12-62 所示。

(2) 关闭图 12-62，切换到“学生管理”数据库的窗体对象窗口，在窗体对象窗口中双击“在设计视图中创建窗体”选项，打开“窗体 1”设计视图，并在窗体中添加“学生成绩查询”标签，适当设置标签控件的字体大小、颜色及特殊效果，如图 12-63 所示。

(3) 在图 12-63 中，添加以下文本框、组合框等控件：

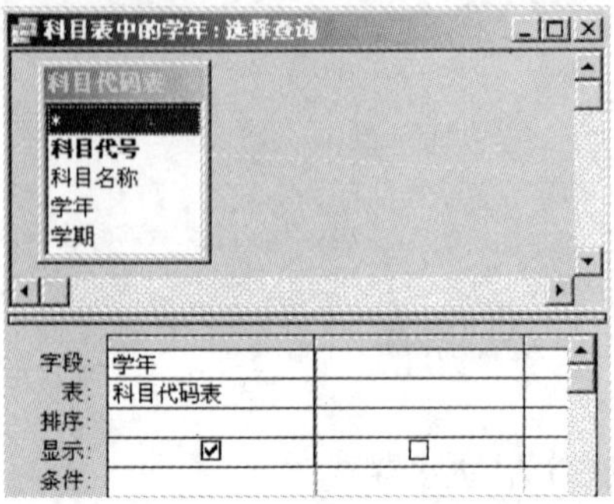

图 12-62 “科目表中的学年”查询

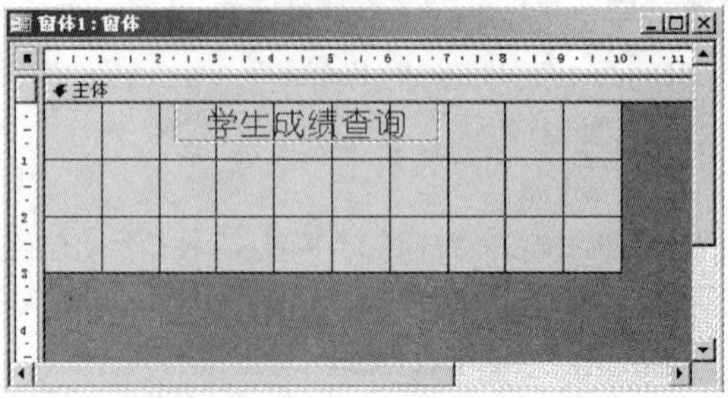

图 12-63 “窗体 1”设计视图

1）添加标题为“学号”的文本框，名称为 xh。

2）添加标题为“姓名”的文本框，名称为 xm。

3）添加标题为“学年”的组合框，名称为 xn，行来源类型“表/查询”，行来源为“SELECT 科目表中的学年 . 学年 FROM 科目表中的学年;”。

4）添加标题为“学期”的组合框，名称为 xq，行来源类型“值列表”，行来源为“″上″;″下″”。

5）添加标题为“科目名称”的组合框，名称为 kmmc，行来源类型“表/查询”，行来源为“SELECT 科目代码表 . 科目代号，科目代码表 . 科目名称 FROM 科目代码表;”。

6）添加标题为“成绩范围”的标签。

7）在“成绩范围”标签右侧添加名称为 cj1 的文本框，默认值为 0。

8）在 cj1 文本框右侧添加一个标签控件，标题为“～”，字号为 28。

9）在标题为“～”的标签控件右侧添加名称为 cj2 的文本框，默认值为 100。

添加了以上一系列控件的“窗体 1”设计视图，如图 12-64 所示。

(4) 关闭图 12-64，保存窗体时命名为“查学生成绩”，然后切换到“学生管理”数据库的查询对象窗口，按以下要求创建“成绩查询数据源”查询：

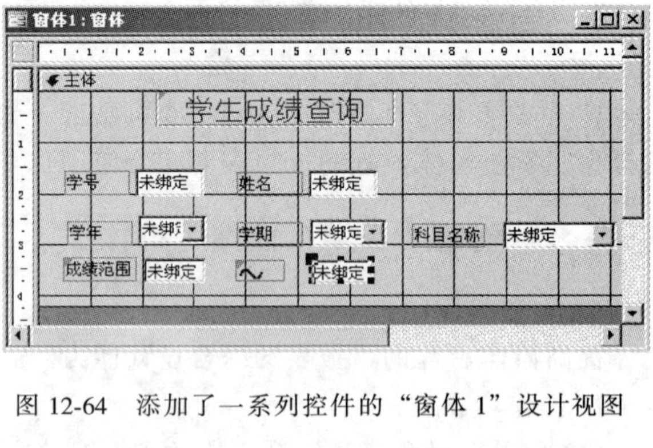

图 12-64 添加了一系列控件的“窗体 1”设计视图

1）数据来源为“基本信息表”、“学生成绩表”和“科目代码表”。

2）“基本信息表”与“学生成绩表”之间按“学号”字段建立关系，“学生成绩表”与“科目代码表”之间按“科目代号”字段建立关系。

3）设置字段“学号”，来自“学生成绩表”，查询条件为“Like (IIf (IsNull ([forms]! [查学生成绩]! [xh]),″*″, [forms]! [查学生成绩]! [xh] & ″*″))”。

4）设置字段“姓名”，来自“基本信息表”，查询条件为“Like (IIf (IsNull ([forms]! [查学生成绩]! [xm]),″*″, [forms]! [查学生成绩]! [xm] & ″*″))”。

5）设置字段“学年”，来自“学生成绩表”，查询条件为“Like (IIf (IsNull ([forms]!

[查学生成绩]! [xn]),"*", [forms]! [查学生成绩]! [xn]))"。

6) 设置字段“学期”，来自“学生成绩表”，查询条件为“Like (IIf (IsNull ([forms]! [查学生成绩]! [xq]),"*", [forms]! [查学生成绩]! [xq]))"。

7) 设置字段“科目名称”，来自“科目代码表”，查询条件为“Like (IIf (IsNull ([forms]! [查学生成绩]! [kmmc]),"*", [forms]! [查学生成绩]! [kmmc]))"。

8) 设置字段“成绩”，来自“学生成绩表”，查询条件为“Between [forms]! [查学生成绩]! [cj1] And [forms]! [查学生成绩]! [cj2]"。

创建完成的“成绩查询数据源”查询设计视图，如图 12-65 所示。

(5) 关闭并保存“成绩查询数据项”查询，切换到“学生管理”数据库的窗体对象窗口，打开“查学生成绩”窗体的设计视图，然后在工具箱上选取“子窗体/子报表”工具，如图 12-66 所示。

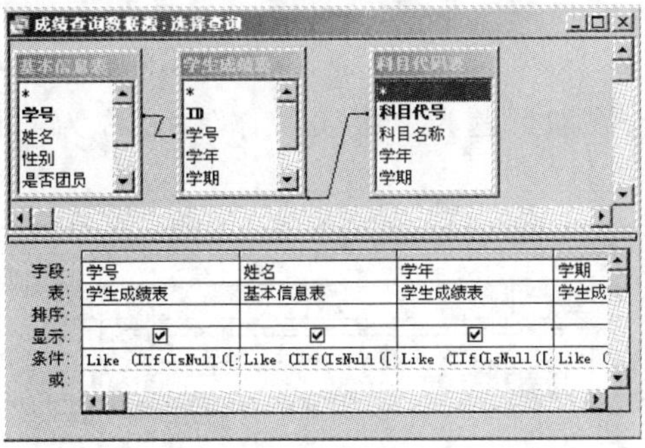

图 12-65　“成绩查询数据源”查询

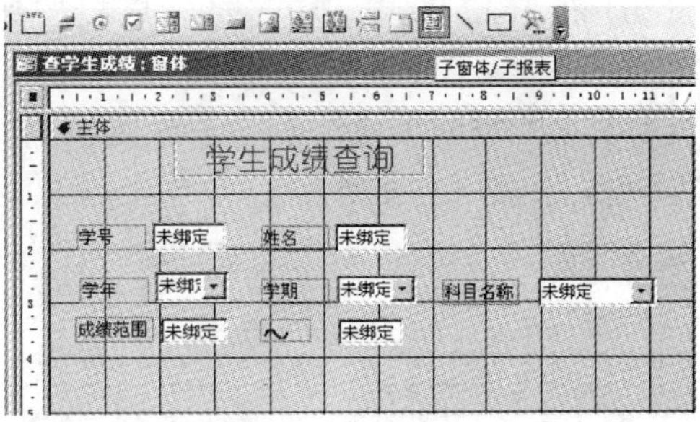

图 12-66　“查学生成绩”窗体的设计视图

(6) 选取“子窗体/子报表”工具后，在窗体内按下鼠标左键，并拖动鼠标指针，如图 12-67 所示。

(7) 当鼠标指针拖动时，如出现矩形框，可松开鼠标左键，弹出“子窗体向导”第一步对话框，如图 12-68 所示。

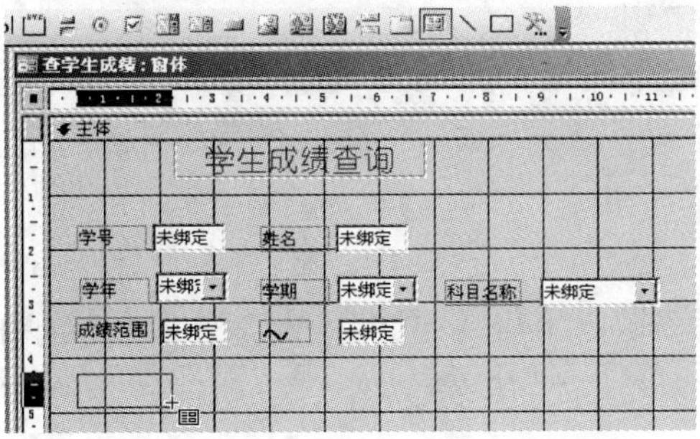

图 12-67　在窗体内拖动鼠标指针

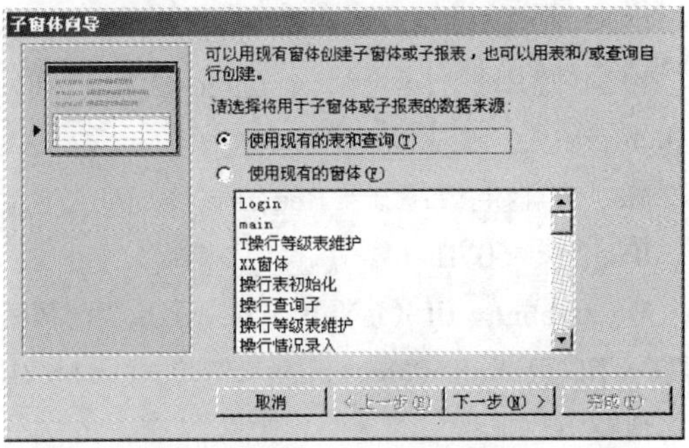

图 12-68　“子窗体向导”第一步对话框

(8) 在图 12-68 中，单击“下一步”按钮，打开“子窗体向导”第二步对话框，在对话框中选择“成绩查询数据源”查询，并把所有字段添加到“选定字段”列表中，如图 12-69 所示。

(9) 在图 12-69 中，单击“下一步”按钮，打开“子窗体向导”第三步对话框，并在对话框中的文本框内输入“查学生成绩子”，如图 12-70 所示。

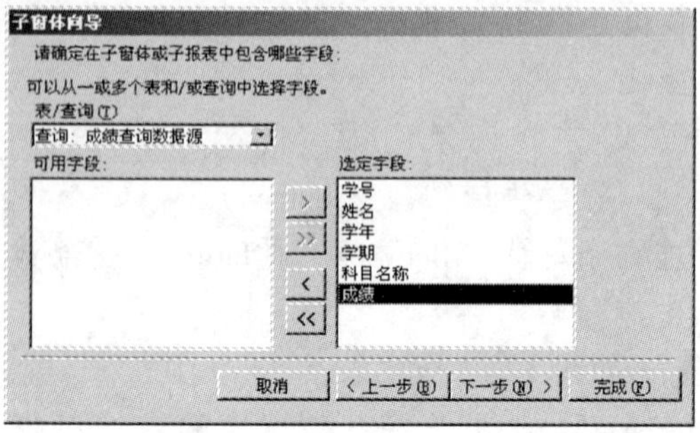

图 12-69 “子窗体向导”第二步对话框

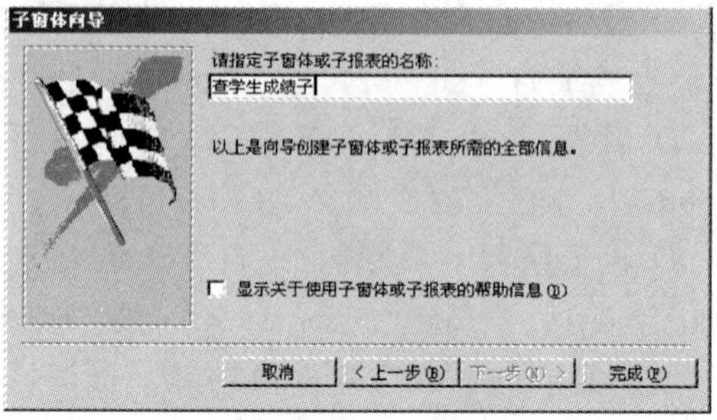

图 12-70 “子窗体向导”第三步对话框

(10) 在图 12-70 中，单击“完成”按钮，返回“查学生成绩”窗体的设计视图，如图 12-71 所示。

(11) 在“查学生成绩子”子窗体控件的下方，添加标题为“报表名称”、名称为 txtbbm 的文本框，如图 12-72 所示。

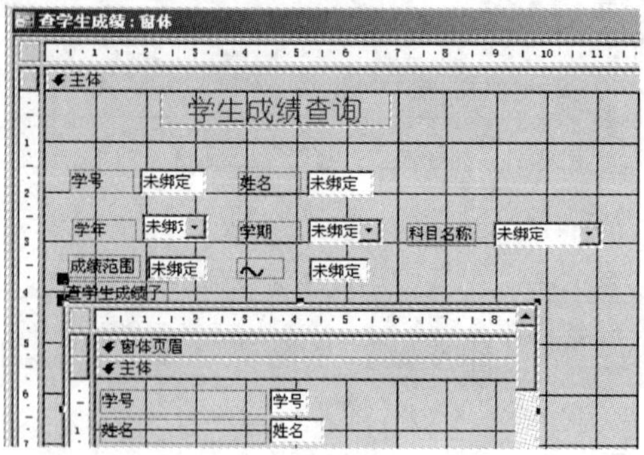

图 12-71 返回“查学生成绩”窗体的设计视图

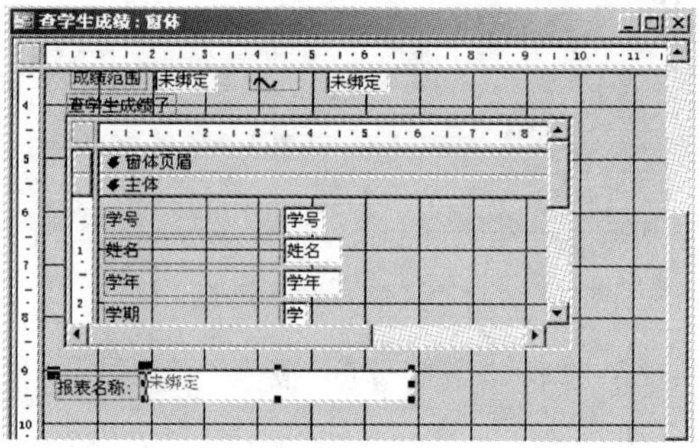

图 12-72 添加标题为“报表名称”的文本框

(12) 在图 12-72 中，按以下要求添加以下命令按钮：

1) 不使用控件向导，添加标题为“确定”的命令按钮，并设置单击（Click）事件，代码如下：

```
Me. 查学生成绩子 .Requery
If cj2 < 60 Then
Me.txtbbm = IIf (IsNull (Me.xn),"", Me.xn + "学年") + IIf (IsNull (Me.xq),"", Me.xq + "期") + IIf (IsNull (Me.kmmc),"","《" + Me.kmmc + "》") +"补考表"
Else
Me.txtbbm = IIf (IsNull (Me.xn),"", Me.xn + "学年") + IIf (IsNull (Me.xq),"", Me.xq + "期") + IIf (IsNull (Me.kmmc),"","《" + Me.kmmc + "》") +"成绩表"
End If
```

2) 不使用控件向导，添加标题为“清除”的命令按钮，并设置单击（Click）事件，代码如下：

```
Me.xh = Null
```

```
Me.xn = Null
Me.xq = Null
Me.kmmc = Null
Me.cj1 = 0
Me.cj2 = 100
Me.xm = Null
Me.txtbbm = Null
Me.查学生成绩子.Requery
```

3）使用控件向导，添加标题为“关闭”的命令按钮，执行关闭窗体的功能。完成以上命令按钮的“查学生成绩”窗体设计视图，如图 12-73 所示。

（13）关闭并保存“查学生成绩”窗体，返回窗体对象窗口，然后切换到报表对象窗口。在报表对象窗口中，双击“使用向导创建报表”选项，打开“报表向导”第一步对话框，在对话框中选取“成绩查询数据源”查询，并把所有字段添加到“选定的字段”列表中，如图 12-74 所示。

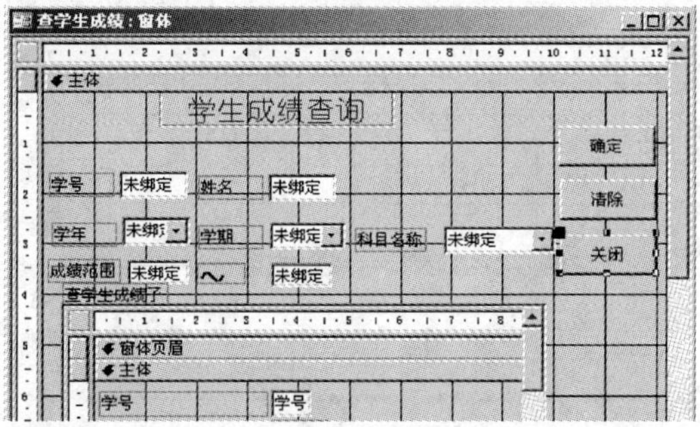

图 12-73　“查学生成绩”设计视图

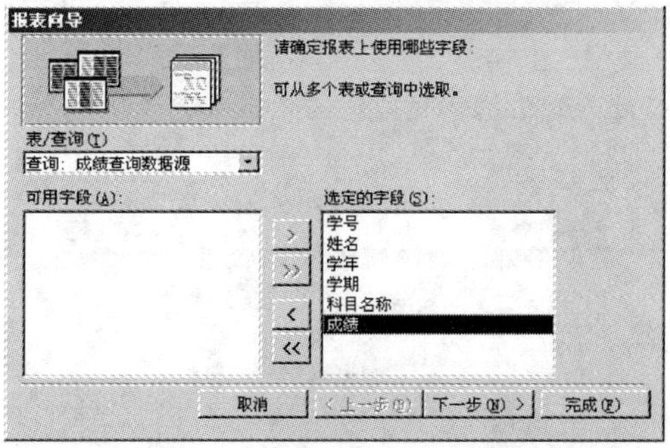

图 12-74　“报表向导”第一步对话框

（14）在图 12-74 中，单击“下一步”按钮，打开“报表向导”第二步对话框，如图 12-75 所示。

（15）在图 12-75 中，单击“下一步”按钮，打开“报表向导”第三步对话框，如图 12-76 所示。

（16）在图 12-76 中，单击“下一步”按钮，打开“报表向导”第四步对话框，如图 12-77 所示。

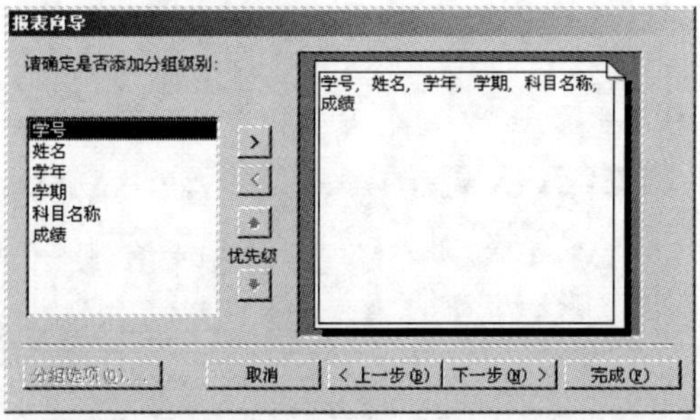

图 12-75　“报表向导”第二步对话框

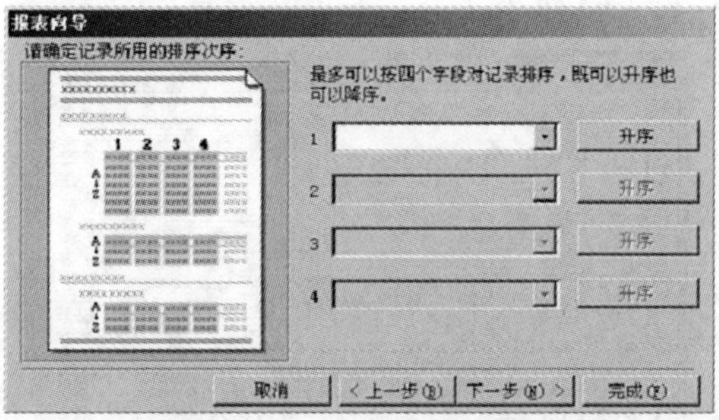

图 12-76　“报表向导”第三步对话框

(17) 在图 12-77 中，单击“下一步”按钮，打开“报表向导”第五步对话框，如图 12-78 所示。

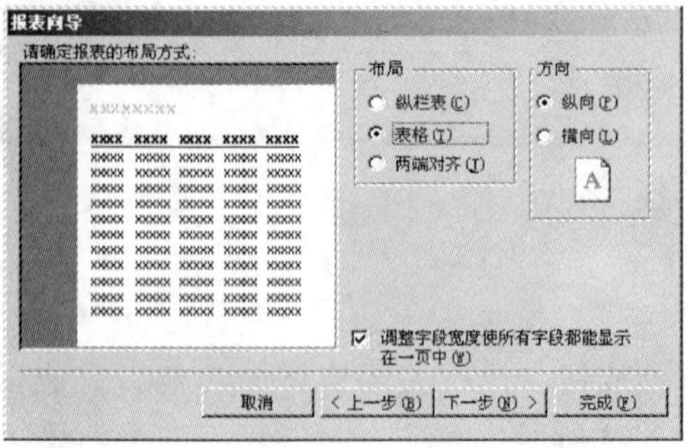

图 12-77 “报表向导”第四步对话框

图 12-78 “报表向导”第五步对话框

(18) 在图 12-78 中，单击“下一步”按钮，打开“报表向导”第六步对话框，在对话框内的文本框中输入“成绩查询打印”，并单击“修改报表设计”单选按钮，如图 12-79 所示。

(19) 在图 12-79 中，单击“完成”按钮，打开“报表 1”的设计视图，如图 12-80 所示。

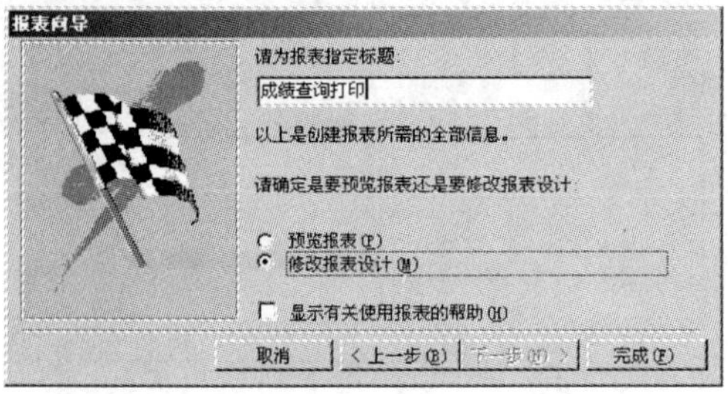

图 12-79 “报表向导”第六步对话框

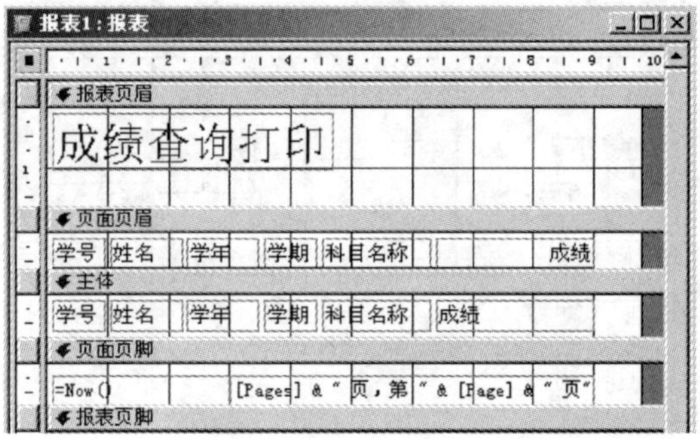

图 12-80 “报表 1”设计视图

(20) 在图 12-80 中，对报表进行修改，去除报表页眉与报表页脚，删除“成绩查询打印”标签和时间标签，添加标题为“查询数据结果”的标签控件，并命名为 bq1，然后适当调整各控件的位置和大小及标题标签的字体属性，如图 12-81 所示。

注意： *标题为“查询数据结果”的标签控件必须命名为 bq1。*

(21) 在图 12-81 中，单击右上角的“关闭”按钮，弹出“班级学生管理系统”消息框，如图 12-82 所示。

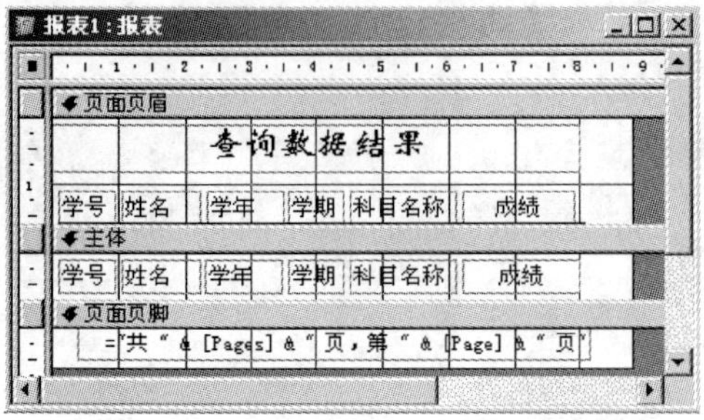

图 12-81 修改后的“报表 1”设计视图

图 12-82 “班级学生管理系统”消息框

(22) 在图 12-82 中，单击“是”按钮，返回报表对象窗口，然后切换到宏对象窗口，创建“成绩查询结果”宏，操作为 OpenReport，报表名称为“成绩查询打印”，视图为“打印预览”，如图 12-83 所示。

(23) 在图 12-83 中，并闭并保存“成绩查询结果”宏，返回宏对象窗口，然后切换到窗体对象窗口，再次打开“查学生成绩”窗体的设计视图，在“报表名称”文本框的右侧创建“打印查询结果”命令按钮，并为该按钮设置单击（Click）事件过程，代码如下：

```
Docmd.RunMacro　"成绩查询结果"
```

添加了“打印查询结果”命令按钮的“查学生成绩”窗体的设计视图，如图 12-84 所示。

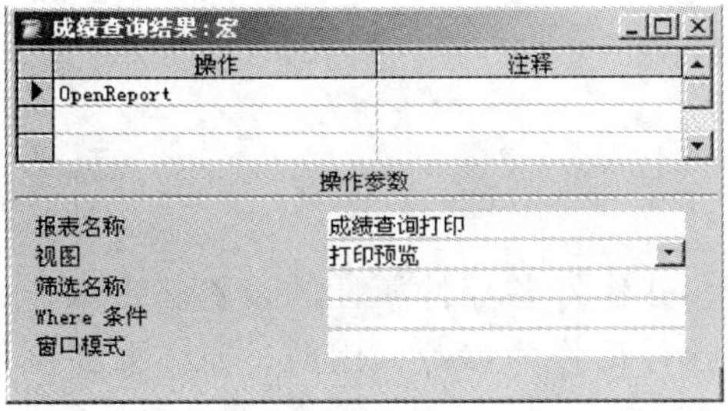

图 12-83　“成绩查询结果”宏的设计视图

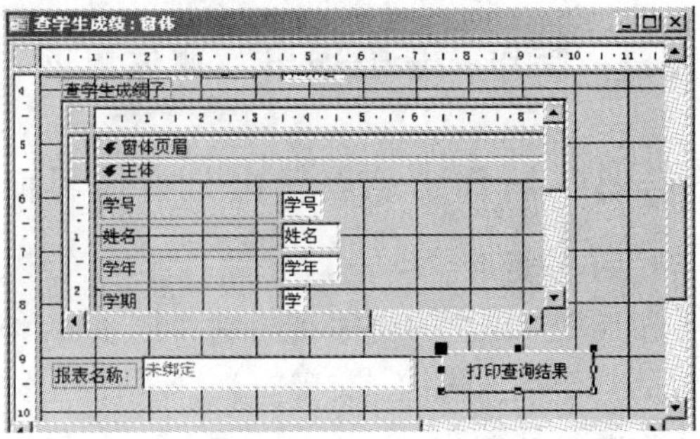

图 12-84　“查学生成绩”窗体的设计视图

(24) 在图 12-84 中，删除“查学生成绩子”标签，然后关闭并保存“查学生成绩”窗体，运行并调试窗体，如图 12-85 所示。

图 12-85　“查学生成绩”窗体的运行效果

12.3　“总表输出”模块的实现

在“班级学生管理系统”中，设计一个“总表输出”模块，提供打印成绩表的功能。

“总表输出”模块的功能通过“输出总表和通知书”窗体实现，可根据用户所选定的学年、学期，打印出学生各科成绩的总表，界面设计效果如图 12-86 所示。

本节讲述“输出总表和通知书”的创建过程。

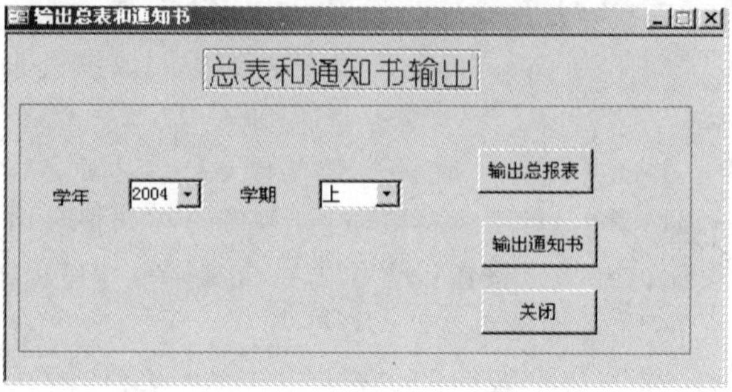

图 12-86 “输出总表和通知书”窗体界面效果

12.3.1 制作“总表输出”窗体界面

任务 4 制作“总表输出”窗体界面

1. 任务要求

按照图 12-87 的窗体布局制作出该窗体的界面，并作好各控件属性的设置。由于作为数据源的“学生成绩表_交叉查询”要使用本窗体的控件值作为参数，因此，窗体要在制作交叉查询前设计制作。

2. 操作步骤

(1) 打开“学生管理”数据库的窗体对象窗口，双击“在设计视图中创建窗体”选项，进入“窗体 1”设计视图。

(2) 向“窗体 1”添加“学年”组合框、“学期”组合框、“总表和通知书输出”标签、一个矩形和一个文本框等控件，并调整它们的位置和大小，然后，把“窗体 1”保存为“总表输出”，如图 12-87 所示。

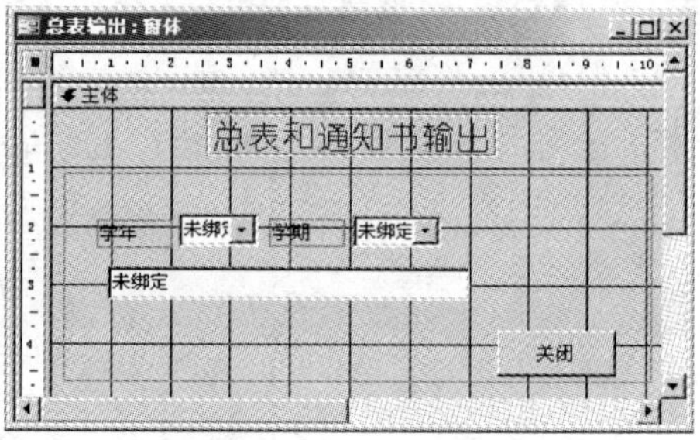

图 12-87 “总表输出”窗体

(3) 窗体和控件的属性设置。

按照表 12-1 设置相关控件的属性。

表 12-1 “总表输出”窗体中控件的主要属性

对象	属性名	属性值	备注
窗体	标题	总表和通知书输出	
	滚动条	两者均无	
	记录选择器	否	
	导航按钮	否	
	分隔线	否	
	自动居中	是	
	边框样式	对话边框	
文本框	名称	txtbt	
组合框	名称	xn	学年组合框
	行来源类型	表/查询	

（续）

对象	属性名	属性值	备注
	行来源	SELECT 学年 FROM 科目表中的学年	
	默认值	2004	
	绑定列	1	
组合框	名称	xq	学期组合框
	行来源类型	值列表	
	行来源	“上”；“下”	
	默认值	“上”	
	绑定列	1	

注意：

1）“学年”组合框的行来源为“SELECT　学年　FROM　科目表中的学年”，查询“科目表中的学年”已在第 5 章制作了。

2）此窗体的学年组合框、学期组合框要作为查询的参数被引用，引用的名称为：

学年组合框：[forms]！[总表输出]！[xn]

学期组合框：[forms]！[总表输出]！[xq]

它们可以取得组合框中的值。

12.3.2　制作查询“学生成绩表_交叉表”

任务 5　制作“学生成绩表_交叉表”

1. 任务要求

第 5 章建立的查询“成绩表查询”可以显示所有学生的所有科目的成绩，但由于表结构的特点，成绩数据显示的形式是“纵向”的，如图 12-88 所示。

但总成绩表输出的基本要求是以“横向”方式显示，即如图 12-89 所示的形式。

学号	姓名	学年	学期	科目代码	科目名称	成绩
01	陈宝玉	2004	上	01	语文	92
02	李　英	2004	上	01	语文	82
03	陈明华	2004	上	01	语文	69
04	林开光	2004	上	01	语文	91
05	徐雨轩	2004	上	01	语文	69
06	陈伟智	2004	上	01	语文	58
07	郑惠国	2004	上	01	语文	78
08	齐大海	2004	上	01	语文	91
09	史小枫	2004	上	01	语文	78

图 12-88　打开“成绩表查询”显示的数据

学号	姓名	学年	学期	总分	计算机	数学	语文
01	陈宝玉	2004	上	274	93	89	92
02	李　英	2004	上	236	76	78	82
03	陈明华	2004	上	203	66	68	69
04	林开光	2004	上	267	86	90	91
05	徐雨轩	2004	上	223	76	78	69
06	陈伟智	2004	上	219	83	78	58
07	郑惠国	2004	上	262	94	90	78
08	齐大海	2004	上	253	75	87	91
09	史小枫	2004	上	240	86	76	78

图 12-89　“横向”输出各科成绩表

利用“成绩表查询”作数据源，设计一个交叉表查询，可以实现图 12-89 的“横向”输出效果。再用此交叉表作为报表的数据源，来实现总表输出的功能。

2. 操作步骤

(1) 如图 12-90 所示，打开“学生管理”数据库的查询对象窗口，单击“使用向导创建查询”选项，然后单击“新建”按钮，打开“新建查询”对话框，在对话框中选取“交叉表查询向导”，如图 12-91 所示。

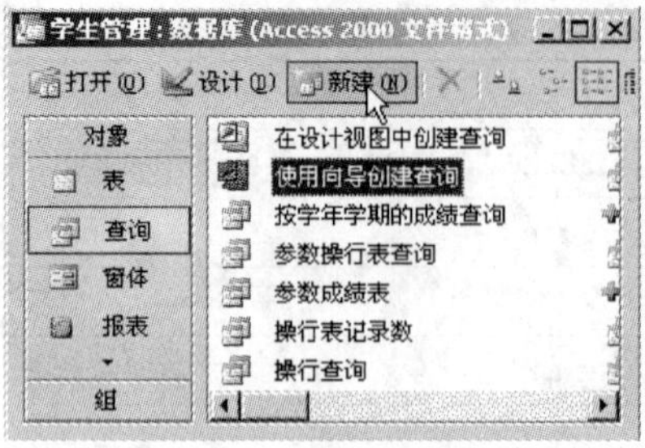

图 12-90　查询对象窗口

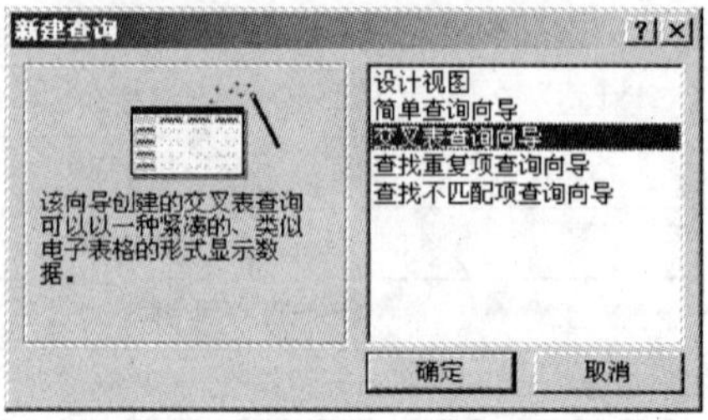

图 12-91　“新建查询”对话框

注意：由于此交叉表比较复杂，可以采取向导和手工结合的办法来制作。

(2) 在图 12-91 中，单击“确定”按钮，打开“交叉表查询向导”第一步对话框，在对话框中，单击“查询”单选按钮，并在列表框中选择“查询：成绩表查询”选项，如图 12-92 所示。

(3) 在图 12-92 中，单击“下一步”按钮，打开“交叉表查询向导”第二步对话框，在对话框中，从“可用字段”列表中，选取“学号”、“姓名”、“学年”添加到“选定字段”列表中，如图 12-93 所示。

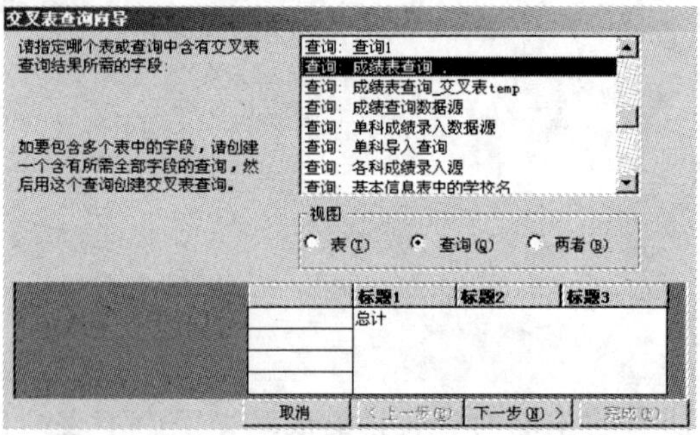

图 12-92　“交叉表查询向导”第一步对话框

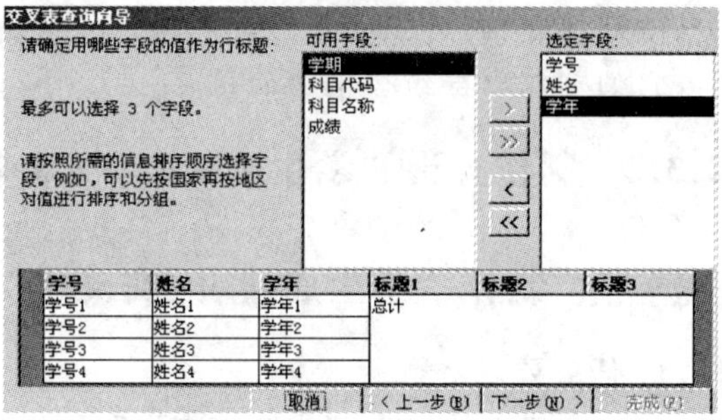

图 12-93　“交叉表查询向导”第二步对话框

(4) 在图 12-93 中，单击“下一步”按钮，打开“交叉表查询向导”第三步对话框，在对话框的列表中，单击“科目名称”选项，如图 12-94 所示。

(5) 在图 12-94 中，单击“下一步”按钮，打开“交叉表查询向导”第四步对话框，在对话框中，为确定行列交叉点计算的数字，在“字段”列表中选择“成绩”，在“函数”列表中选择“第一项”，如图 12-95 所示。

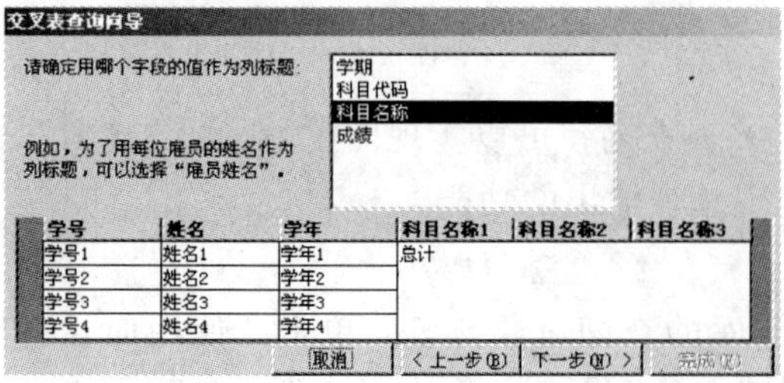

图 12-94　“交叉表查询向导”第三步对话框

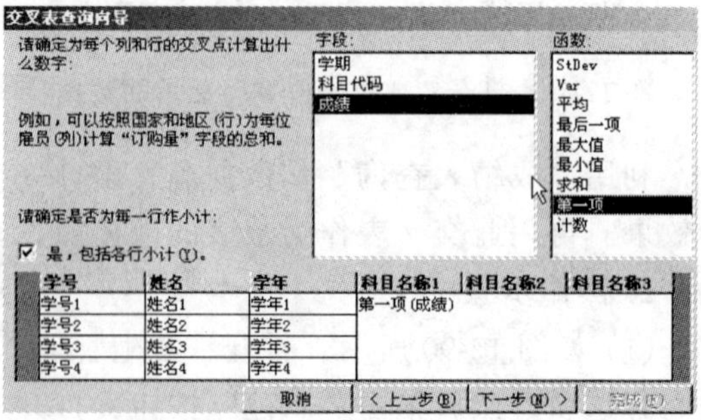

图 12-95　“交叉表查询向导”第四步对话框

（6）在图 12-95 中，单击“下一步”按钮，打开“交叉表查询向导”第五步对话框，在对话框内的文本框中，输入查询名称“学生成绩表_交叉表”，并选择“修改设计”单选按钮，如图 12-96 所示。

（7）在图 12-96 中，单击“完成”按钮，打开“学生成绩表_交叉表”的设计视图，在设计视图中，可对以上向导制作的查询再进行手工修改，在“学年”字段与“科目名称”字段之间增加一列“学期”，总计设为“分组”，交叉表设为“行标题”，如图 12-97 所示。

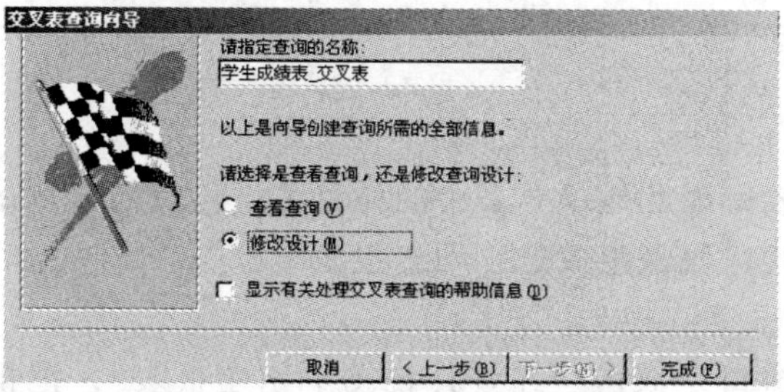

图 12-96　“交叉表查询向导”第五步对话框

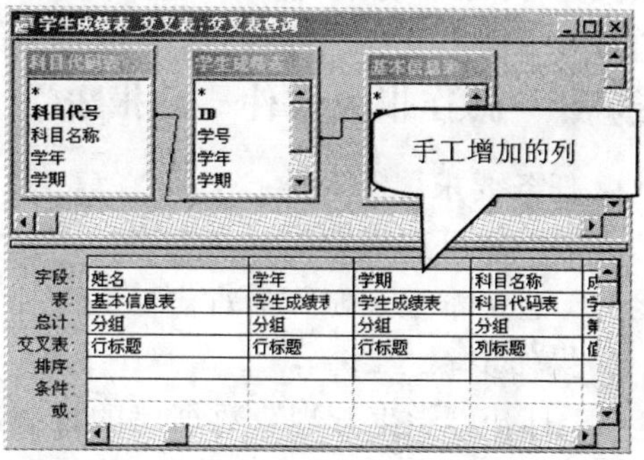

图 12-97　增加一列“学期”

（8）在图 12-97 中，再添加“学年”列和“学期”列，不同的是，此两列都设置了条件：

1）“学年”列的条件为“［FORMS］!［总表输出］!［xn］”。

2）“学期”列的条件为“［FORMS］!［总表输出］!［xq］”。

xn，xq 这两个参数就是窗体“总表输出”中的学年、学期文本框的名称。

添加了带条件的“学年”、“学期”列的“学生成绩表_交叉表”查询如图 12-98 所示。

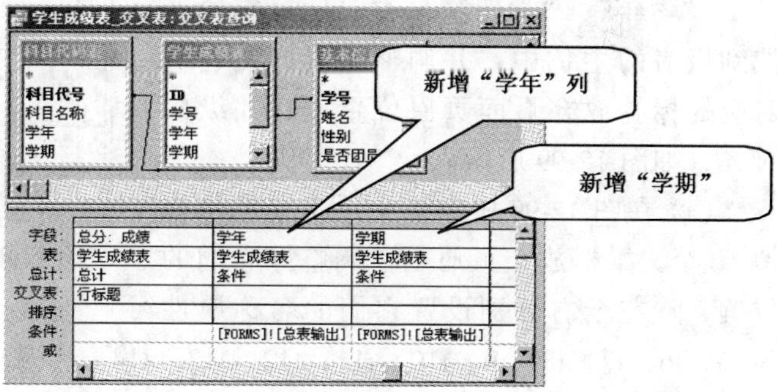

图 12-98　添加了“学年”、“学期”列

（9）完成以上操作后，还要修改查询的 SQL 语句：打开系统菜单的【视图/SQL 视图】菜单项，打开“学生成绩表_交叉表”查询的 SQL 视图，可以看到该查询的 SQL 语句：

TRANSFORM First（成绩表查询．成绩）AS 成绩之第一条记录

SELECT 成绩表查询．学号，成绩表查询．姓名，成绩表查询．学年，成绩表查询．学期，First（成绩表查询．成绩）AS 总分

FROM 成绩表查询

WHERE（（（成绩表查询．学年）＝［FORMS］!［总表输出］!［xn］）AND（（成绩表查询．学期）＝［FORMS］!［总表输出］!［xq］））

GROUP BY 成绩表查询．学号，成绩表查询．姓名，成绩表查询．学年，成绩表查询．学期

PIVOT 成绩表查询．科目名称；

（10）这是一个非常复杂的 SQL 语句，若不能深刻理解该语句的含义也无妨，重要的是

在该语句的最前面添加下面的语句：

PARAMETERS [FORMS]! [总表输出]! [xn] Text (255), [FORMS]! [总表输出]! [xq] Text (255);

(11) 上面语句的作用是使系统能识别查询参数。

(12) 关闭并保存查询，至此，"学生成绩表_交叉表查询"制作完成。

12.3.3 制作"总报表"

任务 6 制作报表文件"总报表"

1. 任务要求

由于用户可选择学年、学期来输出总成绩表，因此成绩总表中的科目名、科目的数量是变化的，这是本报表制作的难点。必须要用一些代码来生成这一动态报表。

2. 操作步骤

(1) 打开"学生管理"数据库的报表对象窗口，双击"在设计视图中创建报表"，把报表的记录源设置为"学生成绩表_交叉表"，保存报表为"总报表"。

(2) 从报表的"工具箱"中拖拽一个标签控件到页眉上，其属性设置为：

名称为 lbbt，标题为"成绩总表"，标题文字大小可设置为 22，字体设置为"华文新魏"。

把光标停在报表标题右下角位置，单击系统菜单【插入/页码】菜单项。

(3) 从"字段列表"中（若没有看见字段列表，可以从视图中打开），把"学号"、"学年"、"学期"、"总分"等字段拖拽到报表的主体中，并调整位置，使它们对应的标签放在页面页眉位置上，并纵向对齐，如图 12-99 所示。

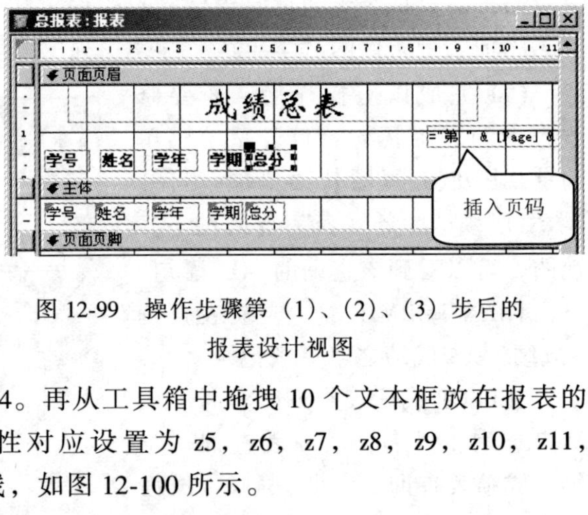

图 12-99 操作步骤第 (1)、(2)、(3) 步后的报表设计视图

(4) 在图 12-99 中，依次从工具箱中拖拽 10 个文本框放在页眉上，调整好它们的位置，从左至右分别设置它们的名称属性为 t5，t6，t7，t8，t9，t10，t11，t12，t13，t14。再从工具箱中拖拽 10 个文本框放在报表的主体上，与上面 10 个文本框对齐，名称属性对应设置为 z5，z6，z7，z8，z9，z10，z11，z12，z13，z14，并在主体的各控件下划一条线，如图 12-100 所示。

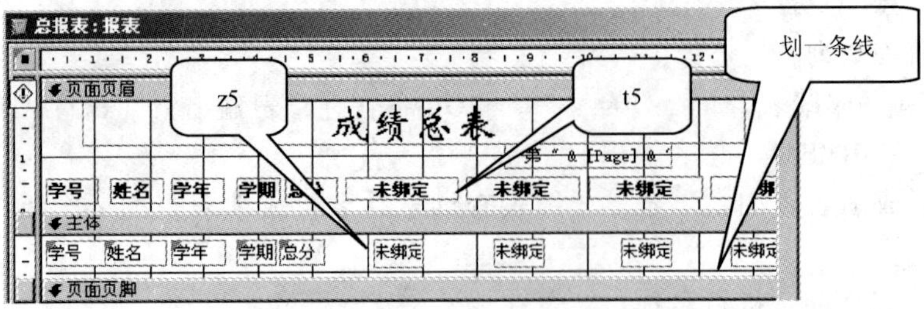

图 12-100 "总报表"上的各控件布局

注意：

1）t5 与 z5 要纵向对齐，其他文本框与此相似。

2）新加入的文本框所以从 t5，z5 开始，是因为它们之前已经有学号、姓名、学年、学期等 4 个控件了，这是为后面编写循环代码作准备的。

（5）为报表编写事件代码。

由于报表上待输出的科目名称、成绩都是不固定的，因此要用 VBA 编程来实现动态报表的生成。右击报表主体，在弹出的快捷菜单中选择“事件生成器”，进入报表的 VBA 编程环境，按以下要求编写事件代码。

1）“通用”的“声明”部分

声明两个变量。

```
Option Compare Database
Dim zds  '用来保存字段个数
Dimrst  '用来表示记录集
```

2）报表 Open 事件代码

```
Private Sub Report_Open (Cancel As Integer)
Set qdf = CurrentDb.QueryDefs ("学生成绩表_交叉表")  '查询定义
'以下是把所选的学年、学期加入到查询的参数集中，注意这种传递参数的方式
qdf.Parameters ("[FORMS]! [总表输出]! [xn]") = Application.Forms ("总表输出")!
[xn]
qdf.Parameters ("[FORMS]! [总表输出]! [xq]") = Application.Forms ("总表输出")!
[xq]
Set rst = qdf.openrecordset ()  '取得查询的结果集
zds = rst.Fields.Count  '得到字段个数
End Sub
```

注意：此事件在报表打开时发生，“成绩表查询_交叉表”中的所有记录将保存在对象 rst 中，其中字段个数保存在 zds 中。由于这两个变量是在通用部分声明的，因此所有报表事件中都可以引用。

3）页面页眉 Format 事件代码

```
Private Sub 页面页眉_Format (Cancel As Integer, FormatCount As Integer)
lbbt.Caption = Application.Forms ("总表输出")! [txtbt]
'生成报表标题，标题内容由窗体传递过来
For i = 5 To zds - 1  '从第 t5 起是未绑定的文本框
Me ("t" & i) = rst.Fields (i) .Name  '列名是字段名称，如语文，数学等
Next i
rst.MoveFirst
End Sub
```

注意：此事件在生成页面页眉时发生，代码作用是根据用户选择的学年、学期，生成报表标题和报表的各列名（从第 5 列起），即可生成数据表的“表头”。

4）主体的 format 事件

```
Private Sub 主体_Format (Cancel As Integer, FormatCount As Integer)
If Not rst.EOF Then
  For i = 5 To zds - 1
    Me ("z" & i) = rst.Fields (i)    ' 取得各字段的值，写入对应的文本框中
  Next i
  rst.MoveNext
End If
End Sub
```

注意：此事件在生成报表主体时发生。利用循环把记录集中的各字段的值写入到主体的各文本框中。

（6）报表的各事件编写完毕后，至此，总报表设计完成，关闭并保存报表。

12.3.4 完成“总表输出”的窗体代码

任务 7 完成“输出总报表”的事件代码编写

1. 任务要求

掌握编辑控件代码的能力。

2. 操作步骤

（1）打开“总表输出”窗体的设计视图。

（2）打开控件向导的功能，选取工具箱上的命令按钮工具，然后在窗体上拖拽鼠标指针，打开“命令按钮向导”第一步对话框，在类别列表中选取“报表操作”，在操作列表中选取“预览报表”，如图 12-101 所示。

（3）在图 12-101 中，单击“下一步”按钮，打开“命令按钮向导”第二步对话框，在列表中选取“总报表”，如图 12-102 所示。

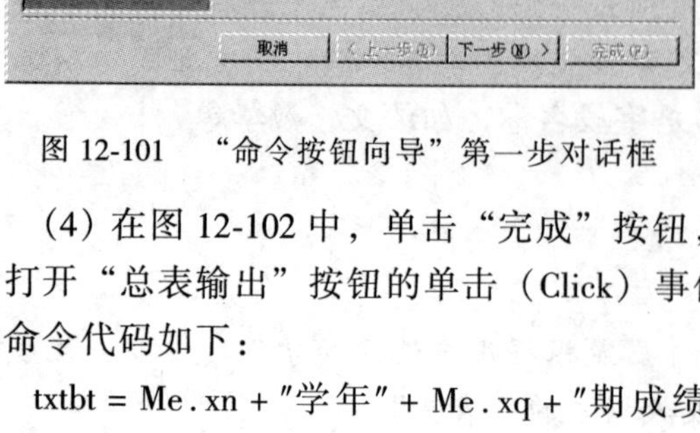

图 12-101 “命令按钮向导”第一步对话框

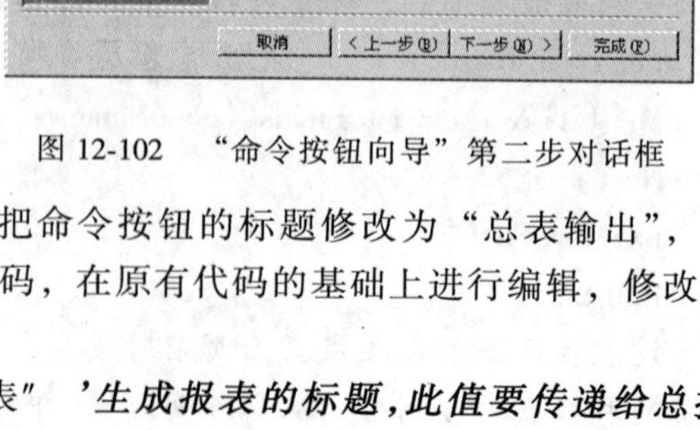

图 12-102 “命令按钮向导”第二步对话框

（4）在图 12-102 中，单击“完成”按钮，并把命令按钮的标题修改为“总表输出”，然后打开“总表输出”按钮的单击（Click）事件代码，在原有代码的基础上进行编辑，修改后的命令代码如下：

```
txtbt = Me.xn + "学年" + Me.xq + "期成绩总表"  '生成报表的标题,此值要传递给总报
```

表

```
On Error GoTo Err_Command37_Click
  Dim stDocName As String
  stDocName = ChrW (24635) &ChrW (25253) &ChrW ( -30616)
  Docmd.OpenReport stDocName, acPreview   '打开总报表
Exit_Command37_Click:
  Exit Sub
Err_Command37_Click:
  MsgBox Err.Description
  Resume_Exit_Command37_Click
```

(5) 添加“关闭”按钮实现关闭窗体的功能。

(6) 至此，本任务设计完成，运行“总表输出”窗体，学年选取 2004、学期选取“上”，测试执行的效果，如图 12-103 所示。

(7) 在图 12-103 中，单击“输出总报表”按钮，运行的效果是打开一份成绩总表，如图 12-104 所示。

图 12-103　学年选取 2004、学期选取“上”

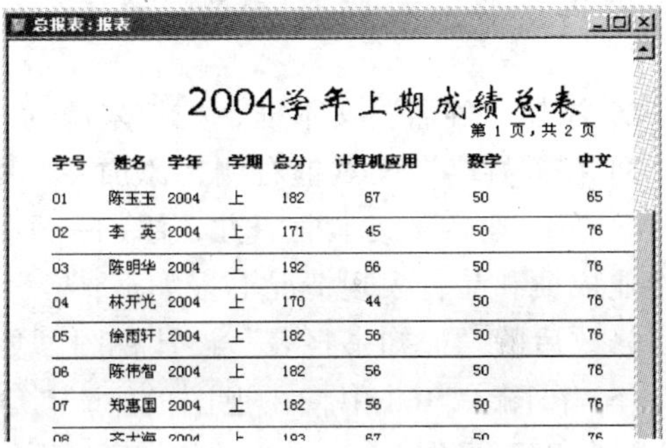

图 12-104　输出的成绩总表

注意：窗体的标题为“总表和通知书输出”，但名称为“总表输出”，并没有矛盾。

12.3.5　“输出通知书”功能的实现

任务 8　完成“输出通知书”的功能

1. 任务要求

提高报表、窗体、查询混合设计能力。

2. 操作步骤

(1) 打开“学生管理”数据库的报表对象窗口，单击“总报表”，再单击系统菜单的【编辑/复制】菜单项，然后，单击系统菜单的【编辑/粘贴】菜单项，弹出“粘贴为”对话框，在对话框中输入“通知书报表”，如图 12-105 所示。

(2) 在图 12-105 中，单击“确定”按钮，会陆续出现一系列的“输入参数值”对话框，可以不必理会，都单击“确定”按钮，如图 12-106 所示。

（3）当所有的“输入参数值”对话框都出现后，可生成“通知书报表”。然后，打开此报表的设计视图，发现报表内容与“总报表”的内容是一样的，如图 12-107 所示。

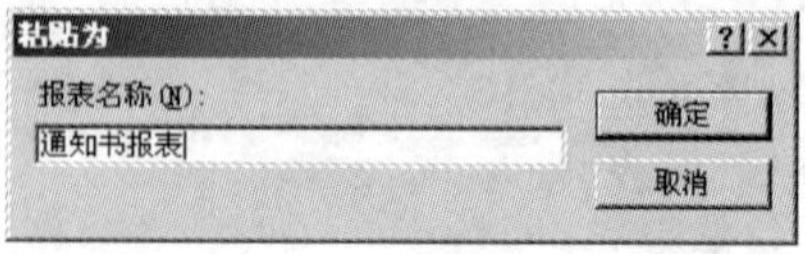

图 12-105　“粘贴为”对话框

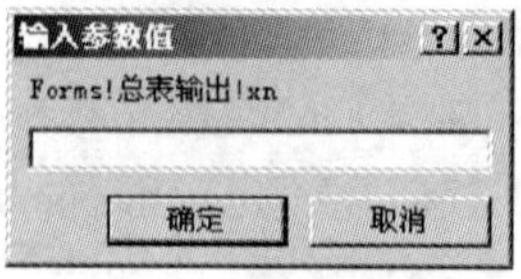

图 12-106　“输入参数值”对话框

注意：在打开“通知书报表”设计视图过程中，如出现“输入参数值”对话框，都可以单击“确定”按钮。

（4）在图 12-107 中，把“成绩总表”更改为“通知书”，删除页面页眉区域内的页码标签，把其他控件都移到主体区域内，在页面面眉区域内按以下要求添加控件：

1）添加名称和标题都为“学号”的文本框，控件来源为“学号”。

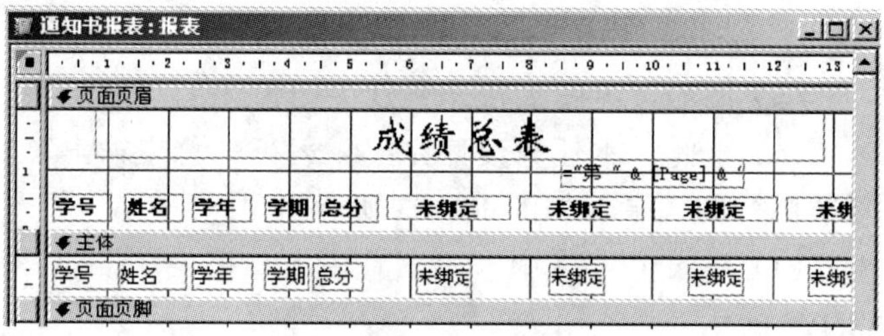

图 12-107　“通知书报表”设计视图

2）添加“姓名”文本框，控件来源为“姓名”。

3）在“姓名”文本框右侧，添加一个标签控件，标题为“同学之家长先生:”。

4）在“姓名”文本框下方，添加一个标签控件，标题为“现将贵子弟在我校学习期间的学业成绩和品行表现情况汇报如下:”。

修改后的“通知书报表”设计视图，如图 12-108 所示。

（5）在图 12-108 中，在视图的主体内进行以下操作：

1）把主体区域内的所有控件下移，添加一个标签控件，标题为“学业成绩:”。

2）在“学号”文本框下方，添加一个标签控件，标题为“品行表现:”。

3）在“品行表现:”标签下方，添加标题为“操行等级”文本框，名称为 txtdj。

图 12-108　修改后的“通知书报表”设计视图

4）在“操行等级”文本框的下方，添加标题为“操行评语”文本框，名称为 txtpy。

适当设置各控件的大小与位置，如图 12-109 所示。

注意：必须按以上要求为控件命名。

（6）关闭并保存“通知书报表”，返回报表对象窗口。然后，切换到窗体对象窗口，打开“总表和通知书输出”窗体的设计视图，使用控件向导的功能，添加“输出通知书”命令按钮，实现预览“通知书报表”的功能，如图 12-110 所示。

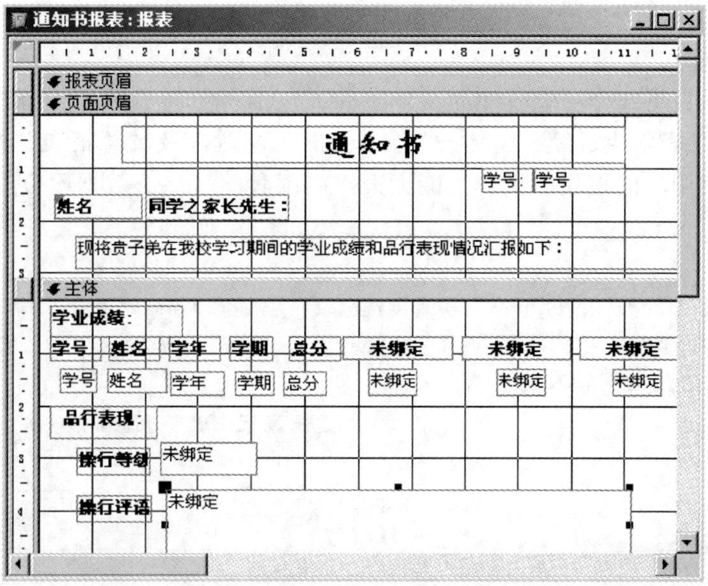

图 12-109　修改后的“通知书报表”设计视图

(7) 运行“总表输出”窗体，选取学年为 2004，学期为“上”，如图 12-111 所示。

(8) 在图 12-111 中，单击“输出通知书”按钮，打开“通知书报表”预览预图，如图 12-112 所示，至此，任务完成。

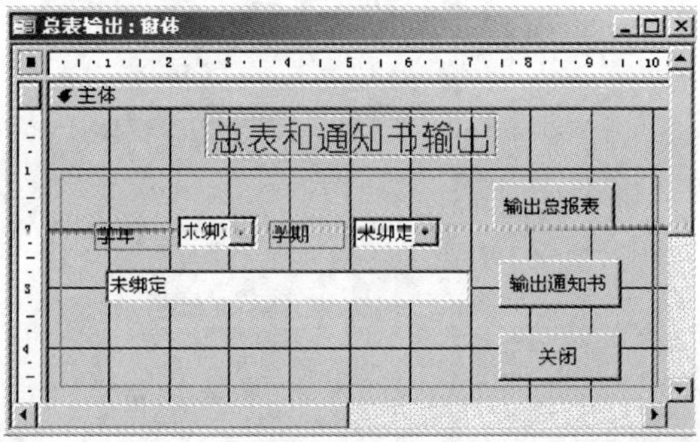

图 12-110　“总表输出”窗体的设计视图

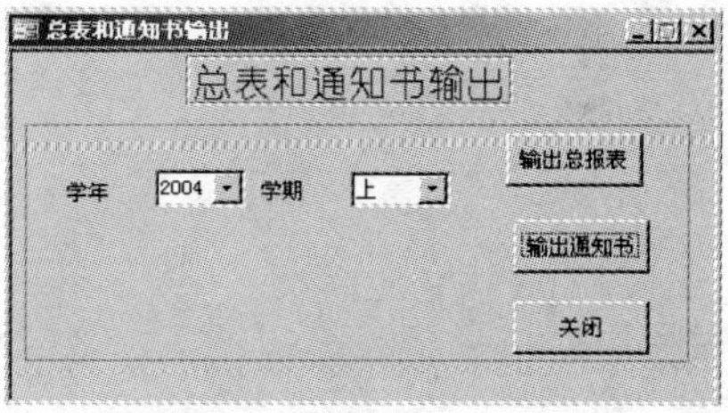

图 12-111　“总表输出”窗体的运行效果

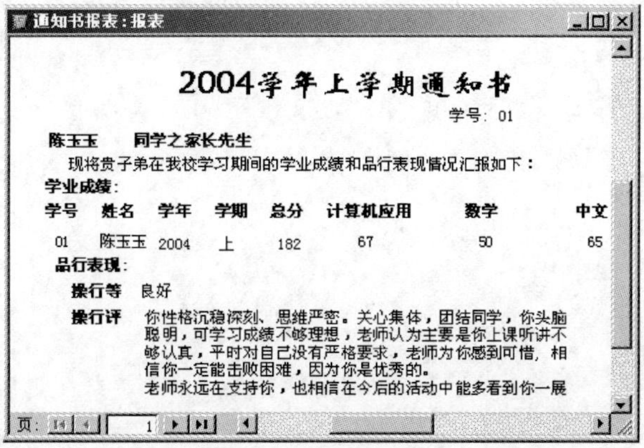

图 12-112　“通知书报表”预览预图

本章小结

本章介绍了项目 1 部分功能模块的设计过程，包括“单科成绩录入修改”窗体、“操行情况录入”窗体、“查学生成绩”窗体、“总表输出”窗体以及“总报表”及“输出通知书”窗体，通过这些实用功能模块的设计，能大大提高读者的 Access 数据库应用开发能力。

习　题

1. 创建“学生操行情况录入子”窗体，实现浏览记录、修改操行等级的功能，如图 12-113 所示。

2. 创建“学生操行情况录入”窗体，把“学生操行情况录入子”窗体嵌入其中，实现浏览记录、修改操行等级的功能，如图 12-114 所示。

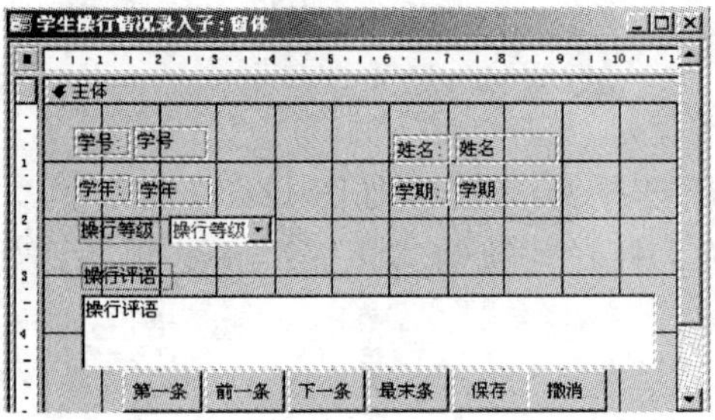

图 12-113　“学生操行情况录入子”窗体

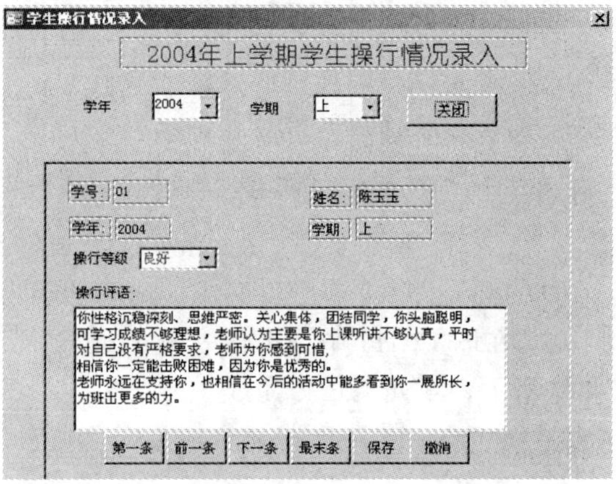

图 12-114　“学生操行情况录入”窗体

第 13 章　项目 1 的系统集成

本章应知
1. 菜单的功能安排、菜单的制作方法及步骤 2. 宏和宏组的应用、切换面板菜单中各页、项目之间的关系 3. 系统启动设置、编译、运行测试

本章应会
1. 按钮菜单的设计制作 2. 下拉式主菜单的设计制作 3. 切换面板菜单的设计制作 4. 启动参数设置以及系统编译的方法及步骤

数据库应用系统的各功能模块设计制作完成后，要把它们集成为一个完整的系统，以主菜单的形式提供给用户使用。在 Access 中，主菜单的常用形式有三种：按钮菜单、下拉菜单、切换面板菜单。本章用“集成模拟库”的示例学会这三种菜单的制作，然后通过设计制作“班级管理系统中的”主菜单，完成对项目 1“班级学生管理系统”的系统集成操作。

13.1　集成模拟库

为便于说明各种菜单的制作，先建立一个数据库“集成模拟库”，它具有多个功能模块的窗体。本章首先利用该数据库来学习掌握菜单的设计和制作。

13.1.1　“集成模拟库”的功能安排

“集成模拟库”是用来练习各种菜单制作的临时数据库，“集成模拟库”的系统功能结构如图 13-1 所示。

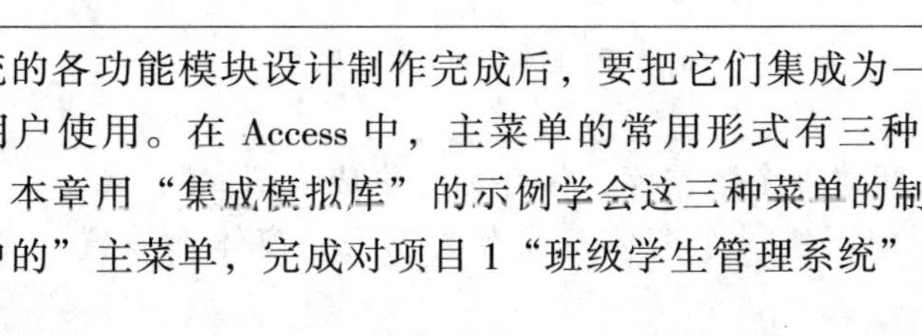

图 13-1　“集成模拟库”的功能结构

其中 4 个功能子模块功能 11、功能 12、功能 21、功能 22，分别由其对应的窗体 W11、W12、W21、W22 来实现。

13.1.2 创建“集成模拟库”

任务 1 创建数据库“集成模拟库”

1. 任务要求

创建数据库并在该库中建立 4 个窗体。

4 个功能窗体分别命名为 W11，W12，W21，W22，它们几乎相同，每个窗体都包含一个标签和一个按钮，此外没有具体的功能，仅用于菜单的建立。制作好窗体 W11 后，其他各窗体可以用复制办法得到。W11 的运行效果如图 13-2 所示。

图 13-2 窗体 W11 运行效果图

2. 操作步骤

(1) 启动 Access，新建一个数据库，保存为“集成模拟库”。

(2) 在设计器视图中新建一个窗体，保存为 W11，窗体上放置一个标签、一个命令按钮，如图 13-3 所示。

(3) 设置对象属性。

1) 窗体的属性设置如图 13-4 所示，其余属性取默认值。

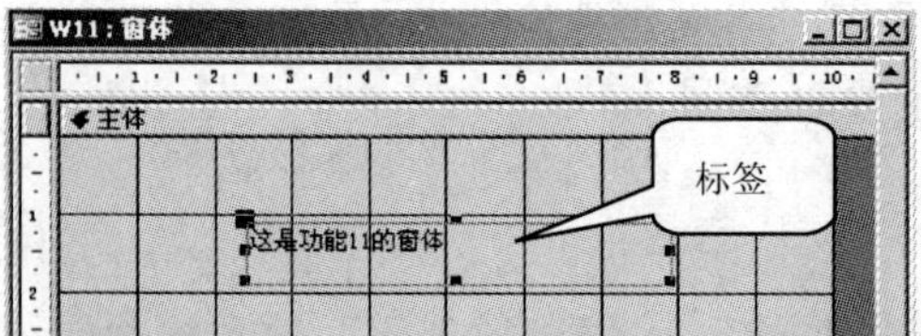

图 13-3 W11 设计视图

图 13-4 窗体 W11 主要属性设置

2) 标签的属性设置：窗体上的标签的标题属性设置成“这是功能 11 的窗体”。

(4) 代码编写。

本窗体不需编写更多代码，只有“关闭窗体”按钮实现关闭窗体的功能。如果用命令按钮控件向导来生成这个按钮，请使用控件向导创造“关闭窗体”命令按钮，如不使用命令按钮向导，则在该命令按钮的 Click 事件中输入如下代码：

```
Private Sub Command1_Click ( )
On Error GoTo Err_Command1_Click   '出错处理
        Docmd.Close   '关闭窗体
Exit_Command1_Click:
        Exit Sub
Err_Command1_Click:
        MsgBox Err.Description   '显示错误信息
        Resume Exit_Command1_Click
End Sub
```

上述代码正是由命令按钮控件向导产生的标准代码，若省掉错误处理，可简化成如下形式：

```
Private Sub Command1_Click ( )
   Docmd.Close
End Sub
```

窗体 W11 制作完毕，以下用复制的办法来产生其他窗体。

(5) 复制 W11，通过粘贴产生 W12。

1) 在数据库对象“窗体”窗口中，选中窗体 W11，单击鼠标右键，在弹出的快捷菜单中单击【复制】菜单项，如图 13-5 所示。

2) 在窗体对象窗口中，单击右键弹出快捷菜单，单击【粘贴】菜单项，输入窗体文件名 W12，如图 13-6 所示。

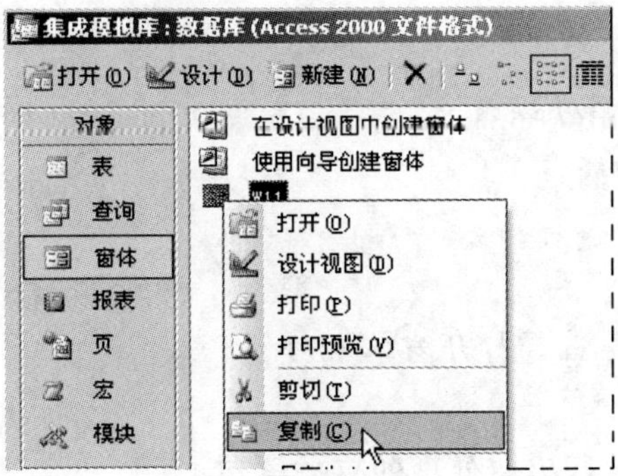

图 13-5　复制窗体 W11

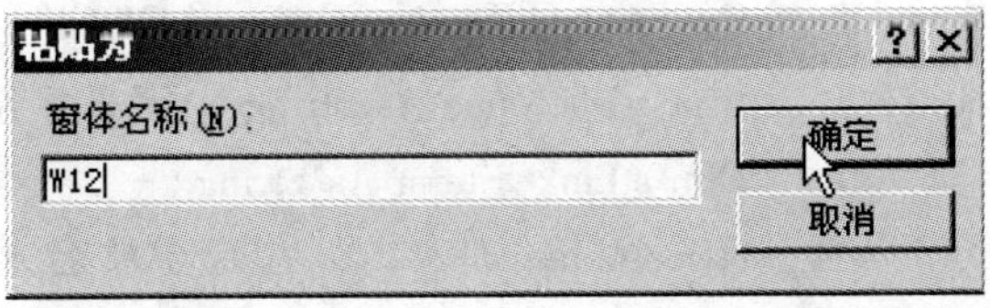

图 13-6　输入窗体名

3) 修改窗体 W12 上的标签提示。选中 W12，以设计视图方式打开。修改窗体和窗体上标签的标题属性分别为：

标签的标题：这是功能 12 的窗体

窗体的标题：W12

(6) 按同样方法粘贴产生 W21，W22 两个窗体，并修改窗体和窗体上标签的标题为相应的文字。

13.2 制作按钮菜单

按钮菜单是用一组按钮来调用各个功能模块，实现系统的集成。这是一种常见的菜单方式，实现起来也比较简单容易。主菜单窗体一般安排在用户检测之后，系统启动时首先进入用户登录模块，经过用户验证后再进入主菜单窗体。

13.2.1 制作主菜单窗体

任务2 制作系统主菜单窗体 Wbmain

1. 任务要求

设计制作按钮菜单窗体：

设计制作一个美观的菜单窗体，上面放置 5 个按钮，分别调用 W11、W12、W21、W22 窗体，并退出系统。

2. 操作步骤

(1) 打开数据库“集成模拟库”，新建一个窗体，窗体的主要属性与本章 12.1 节中的示例的基本一样，如图 13-3、图 13-4 所示。保存窗体文件名为 Wbmain。

(2) 在窗体上添加按钮。可以利用命令按钮控件向导来实现打开指定窗体的功能。例如添加的第一个按钮 Command1 的属性和代码为：

标题：功能 11

Click 单击事件的代码为：

```
Private Sub Command1_Click ( )
        On Error GoTo Err_Command2_Click  '出错处理
        Dim stDocName As String  '定义字符串变量
        Dim stLinkCriteria As String
        stDocName = "W11"  '指定窗体名
        Docmd.OpenForm stDocName,,, stLinkCriteria  '打开窗体 W11
Exit_Command1_Click:  '语句标号
        Exit Sub  '正常打开后结束过程，避免执行出错处理的有关语句
Err_Command1_Click:
        MsgBox Err.Description  '若打开窗体出错显示出错信息
        Resume Exit_Command2_Click  '继续执行
End Sub
```

上述代码是用按钮向导自动产生的，如果要直接输入代码，可以在窗体设计方式下选中该按钮，单击右键，在弹出的快捷菜单中单击【事件生成器】，如图 13-7 所示，进入该按钮的 Click 事件过程，如图 13-8 所示，直接输入下列代码：

```
Private Sub Command1_Click ( )
        Dim stDocName As String
```

```
    Dim stLinkCriteria As String
    stDocName = "W11"
    Docmd.OpenForm stDocName,,, stLinkCriteria
End sub
```

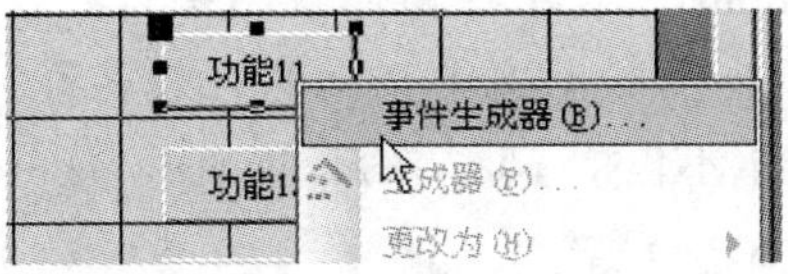

图 13-7　右击按钮，选事件生成器

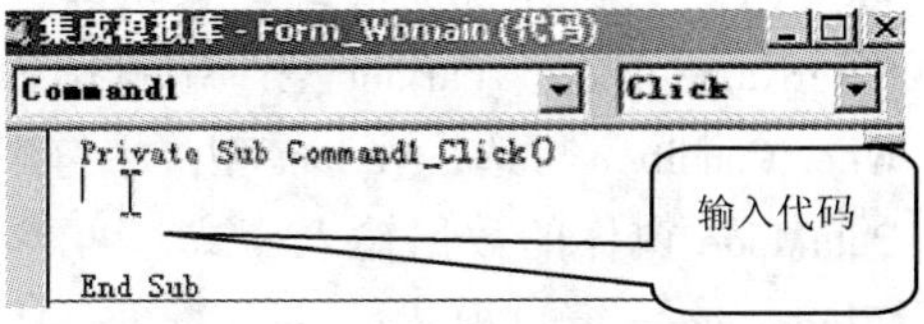

图 13-8　在 Command1 的 Click 事件中输入代码

对其余标题为“功能 12”、“功能 21”、“功能 22”、“退出系统”的 4 个按钮，请仿照按钮“功能 11”按钮的做法，用按钮向导来产生。也可以直接输入打开窗体的代码，各按钮的 Click 事件代码分别为：

“功能 12”按钮的 Click 事件代码：

```
Dim stDocName As String
Dim stLinkCriteria As String
stDocName = "W12"
Docmd.OpenForm stDocName,,, stLinkCriteria
```

“功能 21”按钮的 Click 事件代码：

```
Dim stDocName As String
Dim stLinkCriteria As String
stDocName = "W21"
Docmd.OpenForm stDocName,,, stLinkCriteria
```

“功能 22”按钮的 Click 事件代码：

```
Dim stDocName As String
Dim stLinkCriteria As String
stDocName = "W22"
Docmd.OpenForm stDocName,,, stLinkCriteria
```

“退出系统”按钮的 Click 事件代码：

```
Docmd.Quit
```

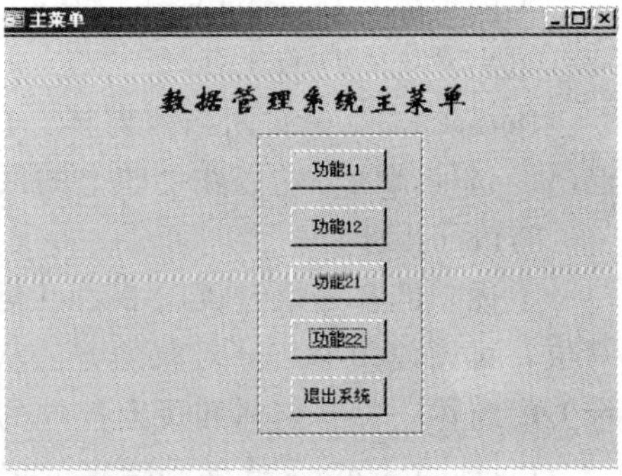

图 13-9　主菜单运行效果

(3) 在窗体上添加显示“数据库管理系统主菜单”的标签，在添加矩形框作为修饰，如图 13-9 所示。

(4) 运行该窗体，单击各菜单按钮，实现不同功能窗体的调用，至此，按钮菜单制作完毕。

13.2.2　窗体的打开与退出

在 Access 数据库应用开发中，常用代码来实现打开窗体、关闭窗体、退出系统等功能，现说明如下：

1. 打开窗体命令

调用 Docmd 对象的 Openform 方法来实现窗体的打开，其具体格式如下：

Docmd.OpenForm（FormName，View，FilterName，WhereCondition，DataMode，WindowMode，OpenArgs）

各参数的含义为：

Formname 要打开的窗体名。

View 可选，窗体视图模式，省略即为默认的 acNormal，表示在窗体视图中打开。

FilterName 可选，Variant 型。字符串表达式，表示当前数据库中查询的有效名称。

WhereCondition 可选，Variant 型。字符串表达式，表示不包括 Where 的有效 SQL where 语句。

DataMode 窗体的数据输入模式。

Windowmode 窗口模式。

OpenArgs 用于设置子窗体的属性。

通常情况下，省略一些参数，用下列形式（如 Wbmain 窗体中所使用的语句）：

Docmd.OpenForm stDocName,,, stLinkCriteria

甚至写成：

Docmd.Open "窗体名"

都可以实现打开指定的窗体，值得注意的是，选用不同的参数打开窗体，被打开的窗体的属性会有所不同。

2. 关闭窗体与退出程序

关闭窗体通过调用 Docmd 对象的 Close 方法实现，退出系统调用 Docmd 的 Quit，例如：

关闭窗体：Docmd.Close

退出系统：Docmd.Quit

Docmd.Close 是关闭当前窗体，Docmd.Quit 是退出整个应用程序，连同 Access 环境都要退出，请仔细区分它们在功能上的区别，并明确它们分别应该在哪个窗体中使用。

3.Docmd 对象

上述功能都是通过调用 Docmd 对象的方法来实现的，Docmd 是实现 Access 编程最常用的对象，可以使用 Docmd 对象的方法从 Visual Basic 中运行 Microsoft Access 操作，这个操作执行像关闭窗体、打开窗体和设置控件的值那样的任务，它支持许多方法，例如：

Docmd.GoToRecord 转到指定的记录。

Docmd.FindRecord 实现记录查找。

Docmd.Maximize 实现窗体最大化。

请参考 Access 帮助，学习 Docmd 对象及其它的各种方法的使用。

13.3 切换面板菜单

Access 提供了一个数据库实用工具“切换面板管理器”，用这个工具来实现切换面板控制菜单，是 Access 所特有的一种菜单形式，它美观大方，简单实用。以下通过 1 个任务来学习切换面板菜单的设计制作。

任务3 制作“集成模拟库”的切换面板菜单

切换面板中可以放置“项目”，各“项目”可调用不同的窗体，或者调用下一级的切换面板，由此实现菜单功能。因此，要制作切换面板菜单，先制作主切换面板，上面放置第二级的控制面板和项目。再在第二级切换面板放置更下一级的切换面板或者项目，再指定项目调用的窗体或者执行的命令、宏。

1. 任务要求

通过设计制作“集成模拟库”的切换面板主菜单，掌握切换面板的使用方法。集成模拟库的切换面板主菜单窗体为 WSWmain，运行效果如图 13-10 所示。

窗体 WSWmain 是主切换面板，窗体上的功能一、功能二是两个第二级的切换面板。这两个第二级的切换面板上分别放有调用各功能窗体的项目，请注意理解它们之间的层次关系。

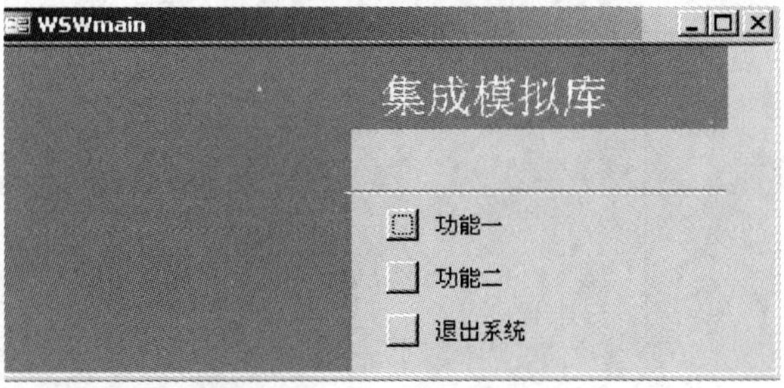

图 13-10　集成模拟库的切换面板主菜单窗体 WSWmain 运行效果

2. 操作步骤

(1) 打开“集成模拟库”，在系统工具中选择【工具/数据库实用工具/切换面板管理器】，如图 13-11 所示。

(2) 在弹出的“切换面板管理器”消息框中单击“是”按钮，创建了一个切换面板，如图 13-12 所示。

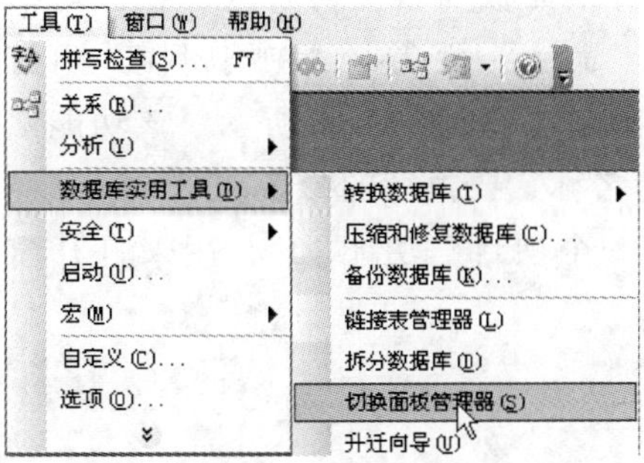

图 13-11　打开“切换面板管理器”

图 13-12　“切换面板管理器”消息框

(3) 新建两个切换面板。在出现的“切换面板管理器”对话框中，单击按钮“新建”，如图 13-13 所示。输入新建的切换面板的名称“功能一”。单击“确定”按钮，就建立了一个切换面板，如图 13-13、图 13-14 所示。

用同样的方法新建切换面板“功能二”，如图 13-15 所示。

(4) 关闭切换面板管理器，可以看到在数据库窗体的对象窗口中，多了一个“主切换面板”窗体，请把窗体更名为 WSWmain。

(5) 重新打开“切换面板管理器”，可看到已经有三个切换面板，如图 13-16 所示。

(6) 编辑切换面板“功能一”，在该切换面板上增加项目。

1) 在图 13-16 中，选中面板“功能一”，单击“编辑”按钮，打开“编辑切换面板页”，如图 13-17 所示。

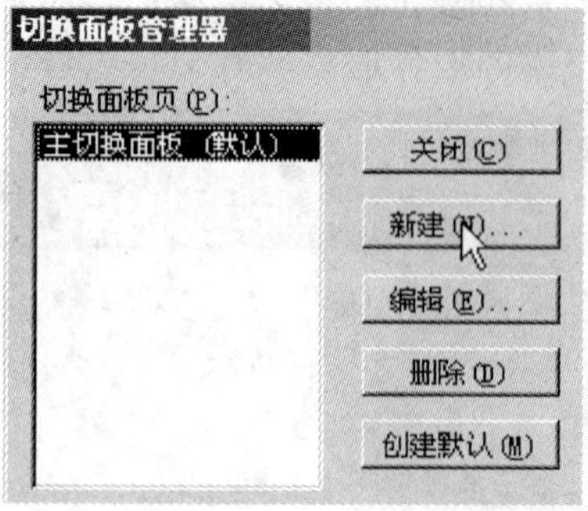

图 13-13　单击按钮“新建”图

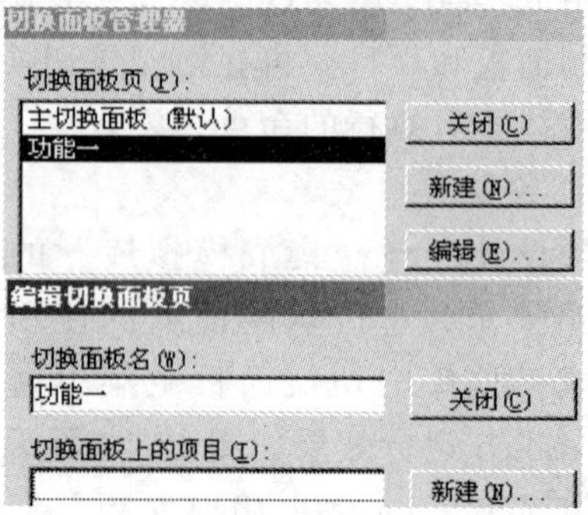

图 13-14　新建切换面板“功能一”

图 13-15　新建面板功能二

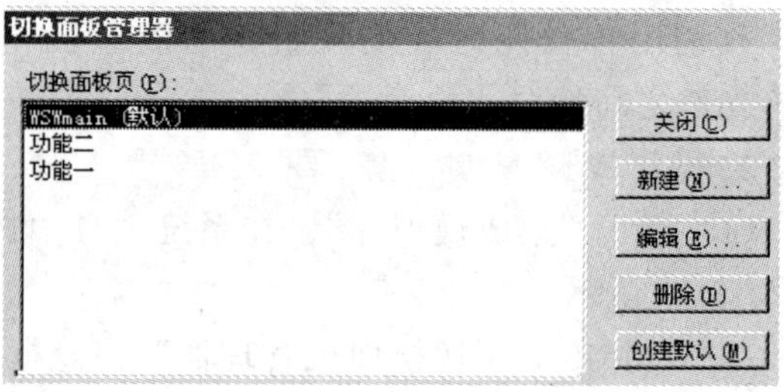

图 13-16　三个切换面板

2）在图 13-17 中，单击按钮“新建”，弹出“编辑切换面板项目”对话框，在该对话框中进行下列操作：在“文本”栏中输入“功能 11”，在“命令”栏选中“在编辑模式下打开窗体”，在“窗体”栏选中窗体 W11。最后单击按钮“确定”，如图 13-18 所示。该功能项目负责打开窗体 W11，因此上述操作中指明了功能项目的名称、要执行的命令和对象。

3）用同样的方法在切换面板“功能一”上建立另一个项目“功能 12”，用来打开窗体 W12。

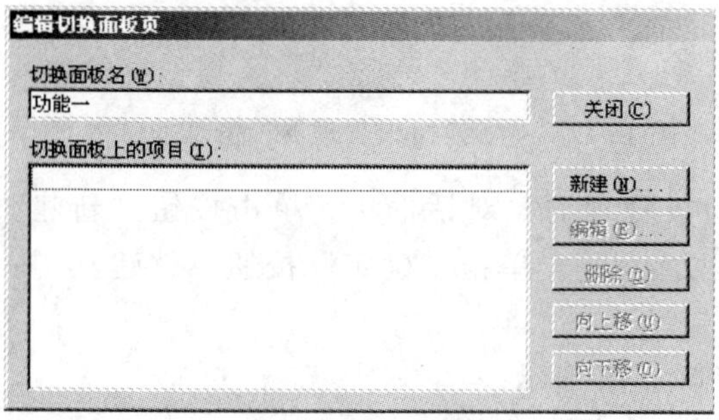

图 13-17　编辑切换面板图

图 13-18　建立打开 w11 的功能项目“功能 11”

4）建立一个“返回”功能项目，用来返回上一级切换面板，操作方法同上。注意输入的文本、选取的命令和对象的不同，如图 13-19 所示。

每个切换面板都应该有返回上一级切换面板的“返回”项目，以保证菜单的正确运行。

5）已编辑好的切换面板“功能一”，如图 13-20 所示。

图 13-19　建立"返回"功能项目图

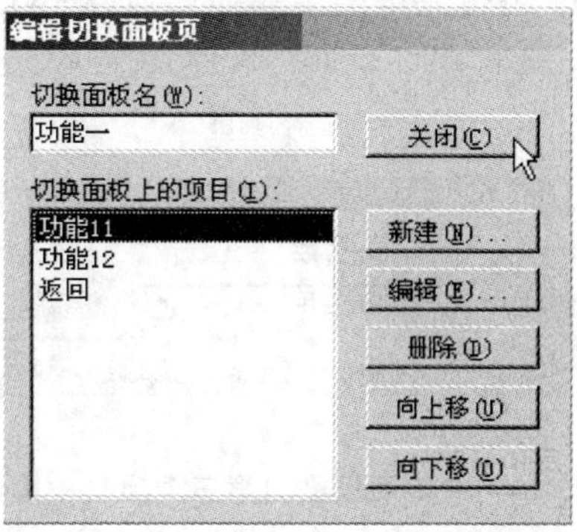

图 13-20　"功能一"面板上的三个项目

(7) 编辑切换面板"功能二"，在上面放置三个功能项目：功能 21、功能 22、返回。分别打开窗体 W21、W22 和返回主控面板。操作方法同第 (6) 步。编辑完成后的"功能二"的"编辑切换面板页"如图 13-21 所示。

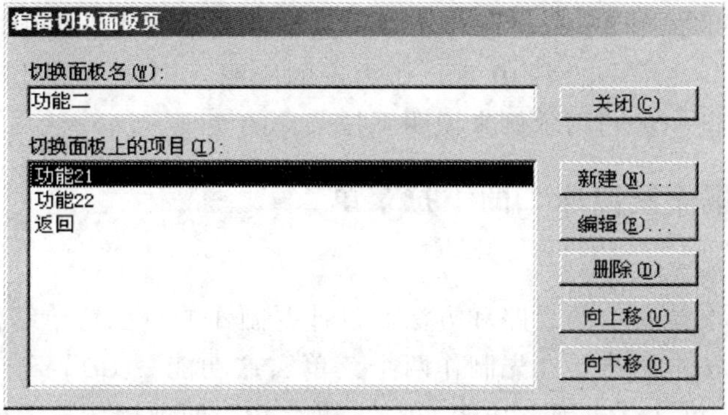

图 13-21　"功能二"面板上的三个项目

(8) 编辑主切换面板：主切换面板上放置两个二级切换面板项目和"退出系统"项目。具体操作如下：

1) 打开"切换面板管理器"，在图 13-16 中，选中 WSWmain，单击"编辑"按钮，弹出"编辑切换面板页"，在该对话框中，单击"新建"按钮。

2) 如图 13-22 所示，输入文本"功能一"，选择命令"转至切换面板"和切换面板对象"功能一"，再单击"确定"按钮。

3) 用同样方法建立转至"功能二"的项目，如图 13-23 所示。

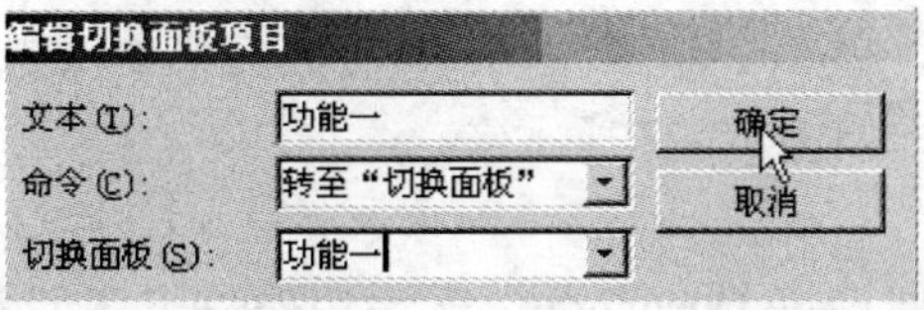

图 13-22　主切面板上项目"功能一"

图 13-23　主切面板上的第二个项目"功能二"

4) 新建"退出系统"项目，如图 13-24 所示。

5）编辑完毕的主切换面板 WSWmain 如图 13-25 所示。

图 13-24　主切面板上的第三个项目“退出系统”

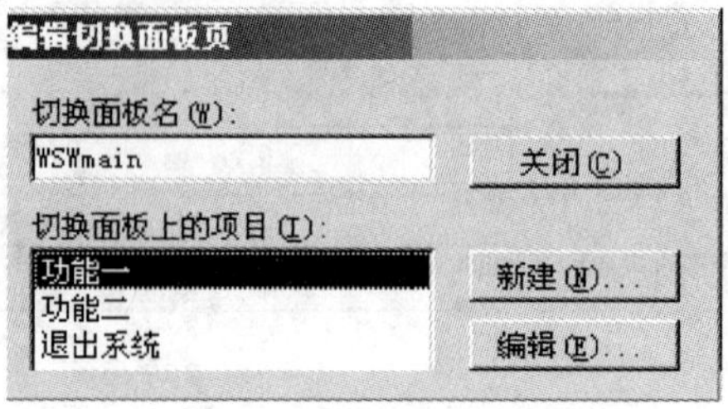

图 13-25　编辑完毕的主切换面板 WSWmain

（9）运行窗体 WSWmain，看切换面板菜单的最后效果。

13.4　下拉菜单

下拉菜单是最为常用的菜单形式，它一般放在窗口顶层，方便操作，如 Access 本身的系统菜单就是这样，几乎所有 Windows 程序都采用这种形式。在 Access 中，可以利用宏和宏组来实现下拉菜单效果。在本书的第 10 章，作为宏的应用，曾经介绍过用宏和宏组来制作下拉菜单的过程，本节进一步利用示例来说明下拉菜单的实现方法。

任务 4　制作“集成模拟库”的下拉菜单

1. 任务要求

学会利用宏制作下拉菜单的思路和方法。设计要制作的下拉菜单结构如图 13-26 所示。

下拉菜单制作的基本思路是：先制作两个菜单宏“功能一 CD”和“功能二 CD”，其中菜单宏“功能一 CD”包含有实现“功能 11”、“功能 12”两项操作；“功能二 CD”包含“功能 21”、“功能 22”两项操作。然后制作“主菜单 CD”，它包括“功能一 CD”、“功能二 CD”、“退出”三项操作，再利用 Access 提供的工具“用宏创建菜单”来生成下拉菜单。

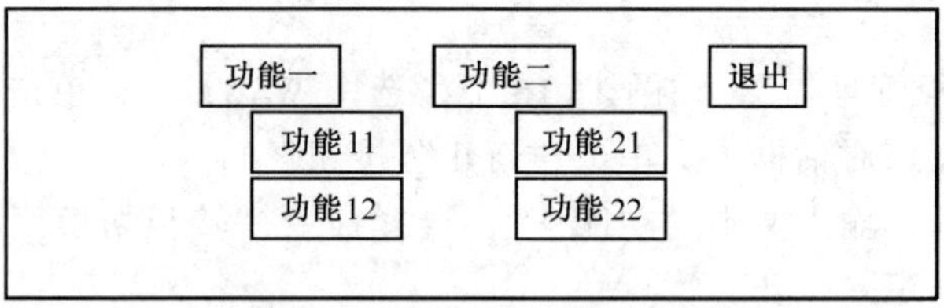

图 13-26　集成模拟库下拉菜单结构

2. 操作步骤

（1）打开“集成模拟库”，选中数据库宏对象，单击“新建”，并单击系统菜单【视图】中的【宏名】，使宏设计器中显示“宏名”这一列，如图 13-27 所示。

（2）创建菜单宏“功能一 CD”。

1）在“宏名”列中输入“功能 11”，“操作”列选取 OpenForm，在操作参数中选“窗体名称”为 W11，其余参数取默认值，如图 13-28 所示。

2）在图 13-28 中的另一行再创建“功能一 CD”的“功能 12”，并设置正确的操作命令和操作参数，使得“功能 12”实现打开窗体 W12 的功能，如图 13-29 所示。

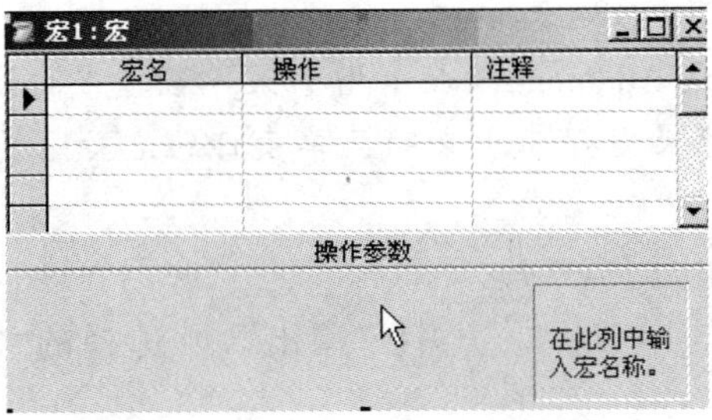

图 13-27　显示“宏名”列的宏制作环境

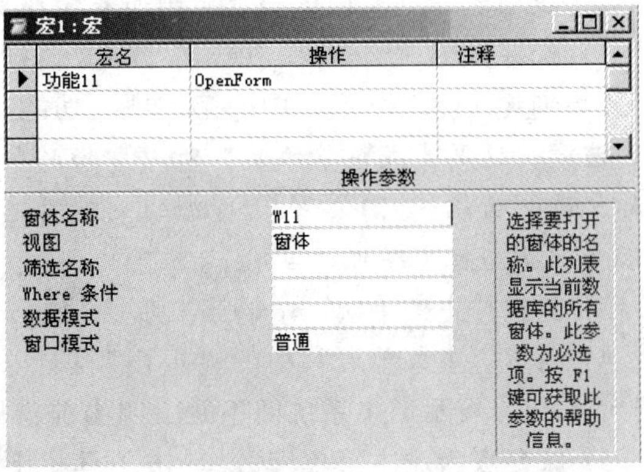

图 13-28　创建“功能一 CD”的“功能 11”

3) 关闭宏设计器，并把设计宏保存为“功能一 CD”。单击工具栏上的“保存”工具按钮，输入宏名“功能一 CD”，如图 13-30 所示。

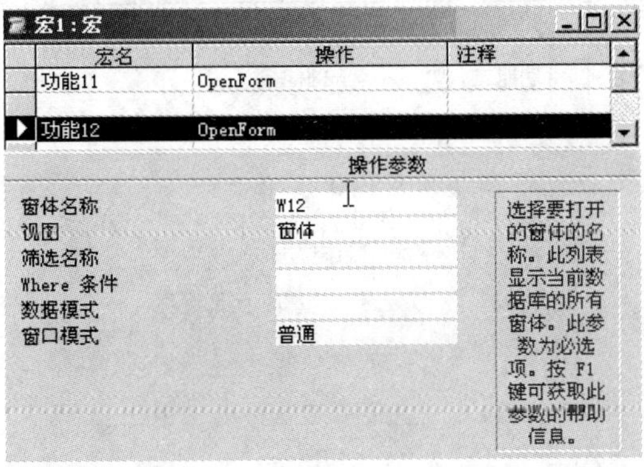

图 13-29　创建“功能一 CD”的“功能 12”

图 13-30　保存菜单宏“功能一 CD”

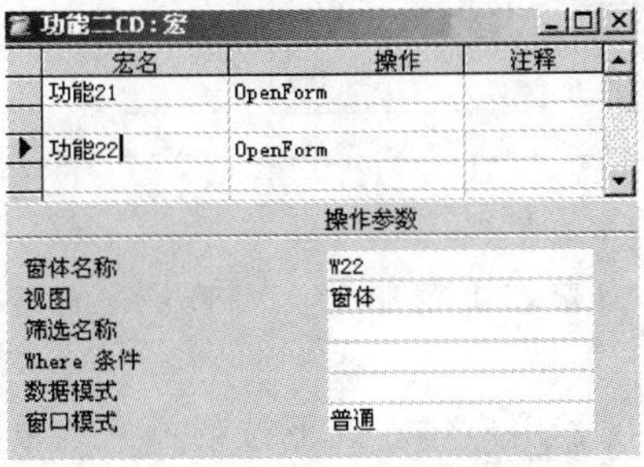

图 13-31　菜单宏“功能二 CD”

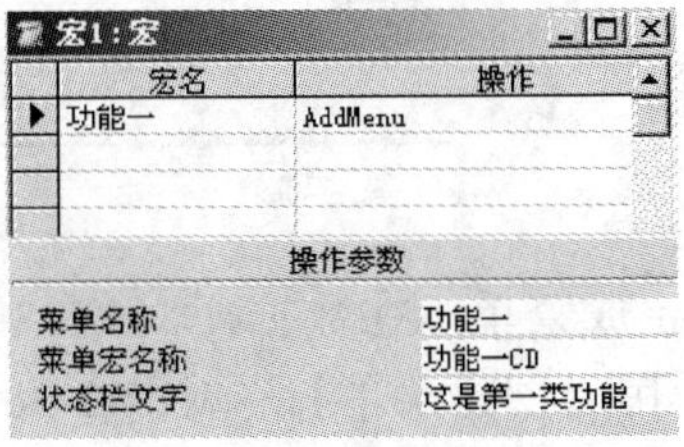

图 13-32　“主菜单宏”中的“功能一”

(3) 创建菜单宏“功能二 CD”。

基本的操作过程同第 (2) 步，该宏中包含两个操作“功能 21”、“功能 22”，分别打开窗体 W21、W22，保存宏的名称为“功能二 CD”，如图 13-31 所示。

(4) 制作“主菜单宏”。

“主菜单宏”是实现下拉菜单中所有一级菜单项的功能。

1）选择数据库宏对象，单击“新建”，打开宏编辑窗口，如图 13-32 所示。

2）创建“主菜单宏”中的第一项“功能一”，如图 13-32 所示。

注意：这是生成菜单的宏，所以“操作”栏中选 AddMenu，表示增加菜单项。“菜单宏名称”选“功能一 CD”，表示增加的菜单项，菜单名称是显示出来的菜单项目的名称。其他如宏名、状态栏文字可以自定。

3）创建“主菜单宏”中的第二项“功能二”，如图 13-33 所示。

4）创建“主菜单宏”中的“退出”项，如图 13-34 所示。其中“退出”所选择的“操作”是 quit，表示退出系统而不是关闭当前窗体。

5）保存宏为“主菜单宏”。单击工具栏上的“保存”工具，输入名称“主菜单宏”，如图 13-35 所示。

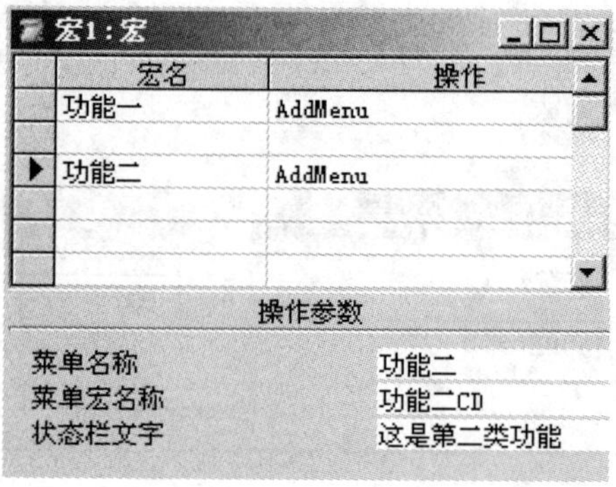

图 13-33 “主菜单宏”中的“功能二”

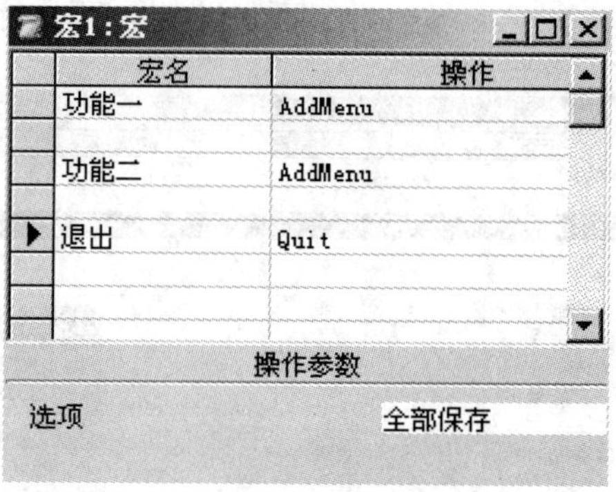

图 13-34 “主菜单宏”中的“退出”项

图 13-35 保存为“主菜单宏”

(5) 生成菜单。在数据库对象“宏”窗口中，选中宏“主菜单宏”，打开系统菜单中的【工具/宏/用宏创建菜单】，如图 13-36 所示。

用宏创建菜单后，可以看到在系统菜单上已经出现了用户建立的下拉菜单，菜单制作完毕。

(6) 设置系统启动参数。如果不想显示 Access 系统的固有菜单，可以通过系统菜单中的【工具/启动】的设置来实现。除选择“主菜单宏”、输入应用程序标题“集成模拟系统”外，其余所有选项都取消，如图 13-37 所示。

设置后关闭 Access，重新打开“集成模拟库”，可以看到菜单效果，如图 13-38 所示。

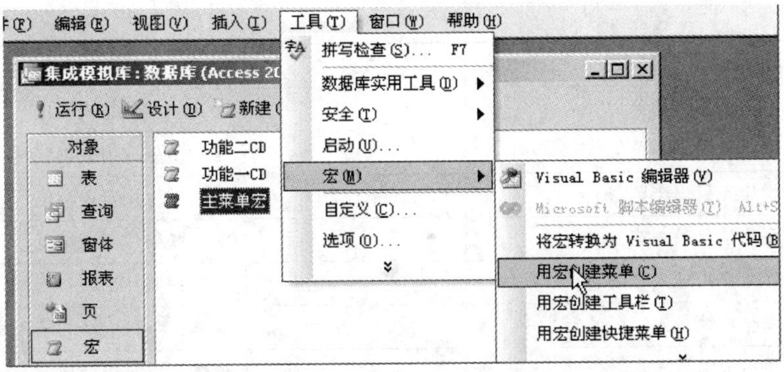

图 13-36　用宏创建菜单

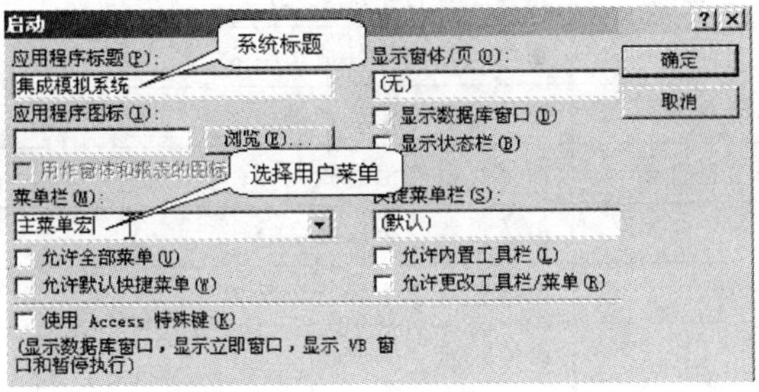

图 13-37　设置系统的启动参数

图 13-38　下拉菜单运行效果

13.5　“班级学生管理系统”切换面板菜单

本章前面章节用“集成模拟库”介绍了三种形式菜单的设计制作。从本节起，将根据前面的方法，具体完成项目“班级学生管理系统”菜单的设计制作，本节着手设计“班级学生管理系统”的切换面板菜单，它的设计思路和制作方法同前面一样。但由于“班级学生管理系统”中的功能比较多，因此对应的菜单项也多一些，制作过程相应复杂一些。

13.5.1　“班级学生管理系统”的菜单结构

“班级学生管理系统”包含的功能比较多，其功能（菜单）结构见表 13-1。

表 13-1　“班级学生管理系统”菜单结构以及功能对象表

	1 级	2 级	3 级	实现菜单功能的对象
主菜单	系统初始	科目代码初始化		窗体：科目代码维护窗体
		基本信息表初始化		窗体：基本信息表维护窗体
		成绩表初始化		窗体：成绩表初始化
		操行表初始化		窗体：操行表初始化
	数据维护	用户表维护		窗体：系统用户表维护
		操行等级表维护		窗体：操行等级表维护
		联络信息表维护		窗体：联络信息数据编辑

（续）

	1级	2级	3级	实现菜单功能的对象
主菜单	数据浏览	基本信息表浏览		宏：基本信息表浏览
		学生成绩表浏览		宏：学生成绩表浏览
		学生操行表浏览		宏：学生操行表浏览
		联络信息表浏览		宏：联络信息表浏览
	数据编辑	学生照片录入修改		窗体：照片输入
		单科成绩录入		窗体：单科成绩的录入修改
		单科成绩导入		窗体：单科成绩导入
		各科成绩录入		窗体：学生成绩录入窗体
		操行情况录入		窗体：操行情况录入
		生成科任成绩文件		窗体：输出科任成绩空表
	数据查询	学生信息查询	基本信息查询	窗体：基本信息查询
			联络信息查询	窗体：联络信息查询
		学生成绩查询		窗体：查学生成绩
		学生表现查询		窗体：查学生操行情况
	报表输出	输出各科成绩		窗体：查学生成绩
		输出学生成绩登记表		窗体：输出学生登记表
		输出信封封面		宏：输出信封
		输出学生成绩总表		窗体：总表输出
		输出科任成绩登记表		窗体：输出学生登记表
		输出通知书		窗体：总表输出
	数据交换	数据导入/导出		窗体：数据导入导出
	退出系统			宏：退出系统 CD

认清上述菜单结构对制作菜单非常有用，一级菜单项全部制作成切换面板页，因为它包含了下一级的项目；二级菜单可制作成对应一级菜单面板中的项目，它调用相应的数据库对象。但“数据查询”存在三级菜单，因此它的二级菜单“基本信息查询”和“联络信息查询”也分别制作成面板页。另外，在每一个面板上都加上一个“返回”菜单项，用来返回上一级的面板，使设计出来的菜单运行起来流畅自如。

13.5.2 制作“班级学生管理系统”切换面板主菜单

本节先检查数据库对象，保证表 13-1 中实现各菜单功能对象能正常使用，同时删除“学生管理”库中平时练习临时保存的内容，仅保留系统必需的数据库对象。以下用 1 个任务来完成这项工作。

任务 5 清理“学生管理库”的数据库对象

1. 任务要求

按照表 13-1 的菜单结构，检查所有数据库对象。

2. 操作步骤

(1) 打开“学生管理”数据库，删掉除表 13-1 中“实现菜单功能对象”列所列对象之外的窗体和宏对象，同时删除所有以字母 T 开头的查询。删除的这些对象是前面章节生成的临时性对象，仅用于平时的练习，“班级学生管理系统”并不需要。通过整理，使数据库中仅保留“实现菜单功能的对象”所必需的那些内容。

(2) 检查菜单需要调用的对象。在“学生管理”数据库对象中，检查表 13-1 中“实现菜单功能的对象”列中的窗体和宏，看这些对象是否存在、是否能正常运行。如果不存在或者不能正常运行，则要重新制作。这些对象的的运行要涉及到许多个作为数据源的查询，如果对应的查询不存在，可能造成某些窗体或者宏无法运行。因此，对表中“实现菜单功能的对象”所列出来的窗体、宏等都要仔细检查，以保证菜单制作顺利进行。

任务 6　制作“班级学生管理系统”切换面板主菜单

1. 任务要求

根据 13.5.1 节的菜单结构制作“班级管理系统”切换面板主菜单。

2. 操作步骤

本任务操作过程比较复杂，步骤繁多，菜单设计制作的大致思路是：

先制作主控切换面板，再制作其他各级切换面板。然后通过编辑各切换面板，增加切换面板的菜单项。注意，除了主控切换面板外，每个切换面板都要增加一项“返回上级”的菜单项目。

(1) 新建主控切换面板。

1) 打开“学生管理”数据库，在系统菜单中单击【工具/数据库实用工具/切换面板管理器】，当系统询问是否创建一个有效的切换面板时，单击“是”按钮，创建一个默认的主切换面板，如图 13-39 所示。

2) 把“主控切换面板”改名为“主菜单”。在图 13-39 中，单击按钮“编辑”，在编辑切换面板页中输入“主菜单”，如图 13-40 所示。

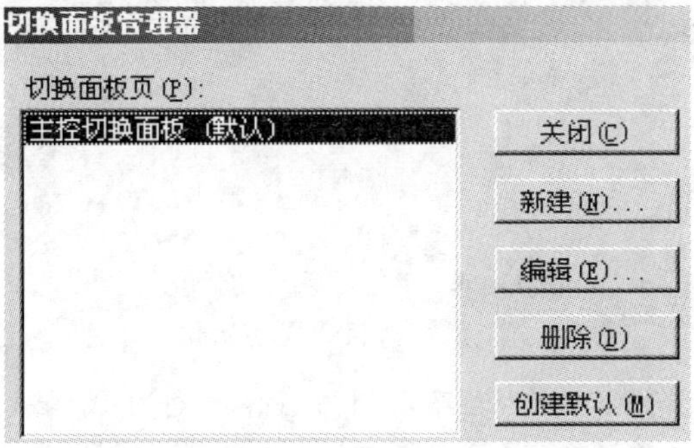

图 13-39　创建默认的主控切换面板

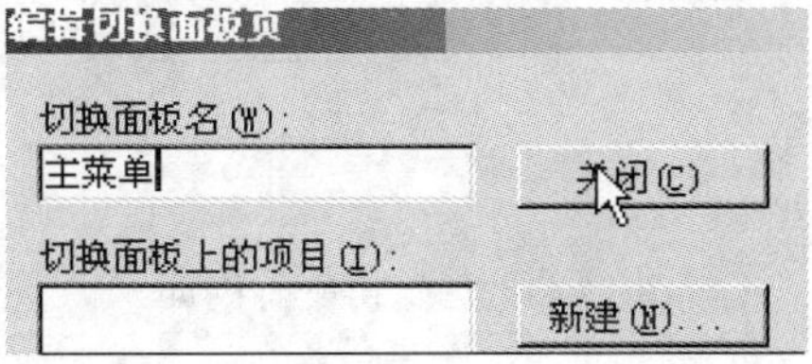

图 13-40　主控切换面板改名为“主菜单”

关闭“切换面板管理器”后，在窗体对象窗口中，会多出一个“切换面板”窗体，将窗体改名为 main，以方便调用。

(2) 新建各切换面板。

1) 新建“系统初始化”切换面板页。打开“切换面板管理器”如图 13-39 所示，单击

“新建”按钮，在弹出的“新建”对话框中输入“系统初始化”，单击“确定”按钮，如图13-41 所示。

2）按同样的方法分别建立“数据录入修改”、“报表输出”等其他 7 个面板页，如图 13-42 所示。

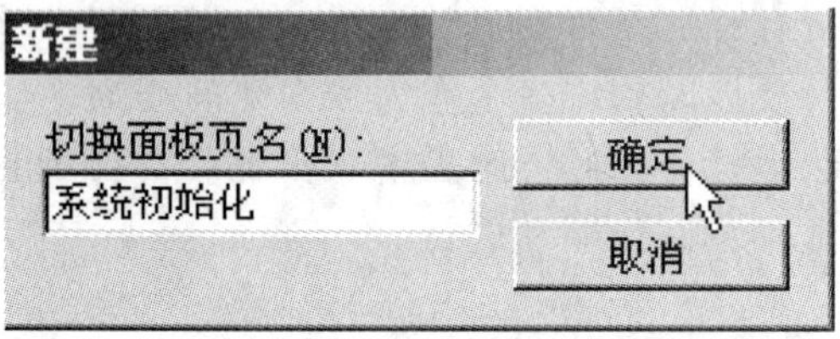

图 13-41　新建“系统初始化”面板页

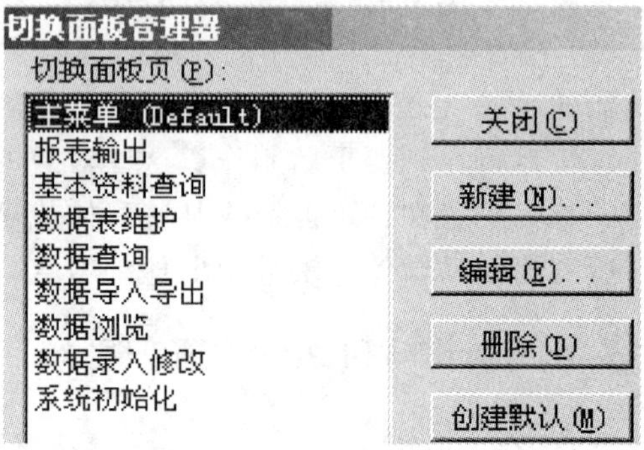

图 13-42　新建所有的面板页

(3) 编辑各面板页上的项目。这一步工作量大，要把所有的面板页上的菜单项建立好。下面以“系统初始化”为例，说明操作的详细步骤：

1）在图 13-42 中，选中“系统初始化”，单击“编辑”按钮，弹出“编辑切换面板页”窗口，如图 13-43 所示。

2）在图 13-43 中，单击“新建”按钮，在弹出的“编辑切换面板项目”窗口中输入“科目代码初始化”、选择相应的命令和窗体名称，如图 13-44 所示。

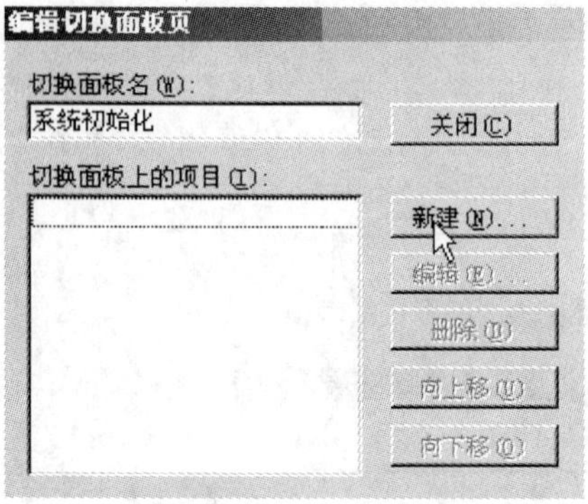

图 13-43　编辑切换面板页

图 13-44　建立“系统初始化”页上的“科目代码初始化

注意：根据菜单项的功能输入文本、选择命令和对象。这里是调用窗体“科目代码维护窗体”来实现科目代码的初始化。所以在图 13-44 中，“文本”输入“科目代码初始化”，它将出现在菜单中，“命令”要选择“在编辑模式下打开窗体”，“窗体”名选择“科目代码维护窗体”。

3）建立“系统初始化”面板页上的“基本信息表初始化”项目，如图 13-45 所示。

4）建立“系统初始化”面板页上的“成绩表初始化”项目，如图 13-46 所示。

5）建立“系统初始化”面板页上的“学生操行表初始化”项目，如图 13-47 所示。

6）建立“系统初始化”面板页上的“返回主菜单”项目，如图 13-48 所示。

图 13-45　新建项目“基本信息表初始化”

图 13-46　新建项目“成绩表初始化”

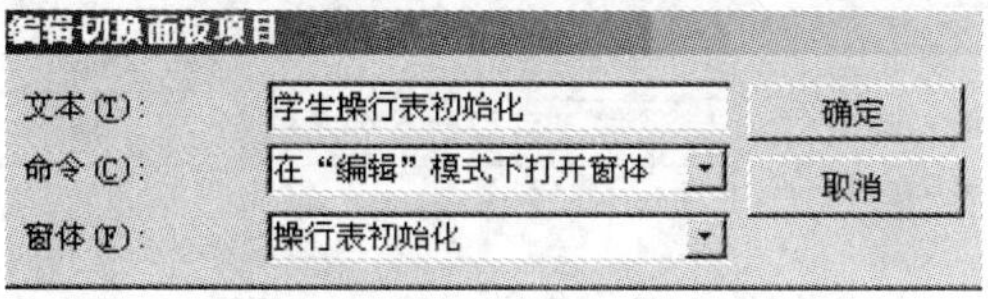

图 13-47　新建项目“学生操行表初始化”

图 13-48　新建项目“返回主菜单”

注意：图 13-48 中是新建项目“返回主菜单”，选择的命令是“转至切换面板”，“切换面板”选择“主菜单”。其他面板页都要包含此项，以使菜单正确返回，其制作的内容和过程也相同。

至此，“系统初始化”面板页编辑完毕，上述步骤，是在该页上新建了 5 个项目，全部创建完成后的“系统初始化”切换面板构成如图 13-49 所示。

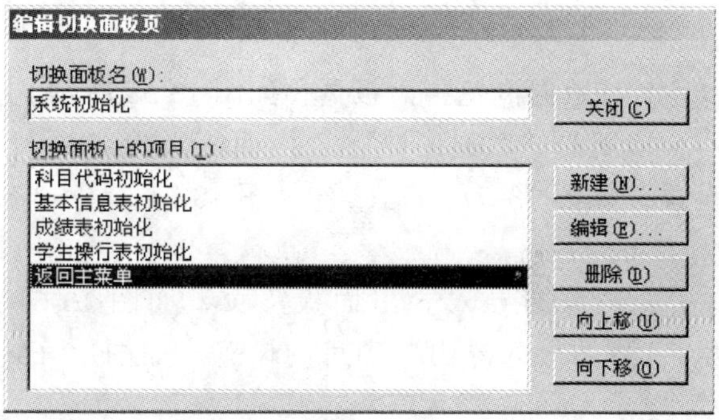

图 13-49　编辑完毕的“系统初始化”面板页

(4) 按照第 (3) 方法和步骤，根据表 13-1 中的菜单结构，编辑各面板页。具体的操作此处忽略，以下给出面板页和各新建项的图例，请自行完成。

1）“数据录入修改”面板页，如图 13-50 所示。

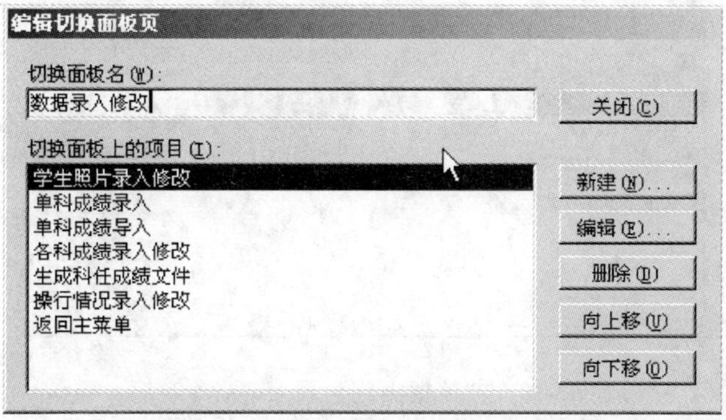

图 13-50　“数据录入修改”面板页的各项目

以下是“数据录入修改”切换面板页上各切换面板项目设置图，按照图示设置各面板项目即可，如图 13-51、图 13-52、图 13-53、图 13-54、图 13-55、图 13-56、图 13-57 所示。

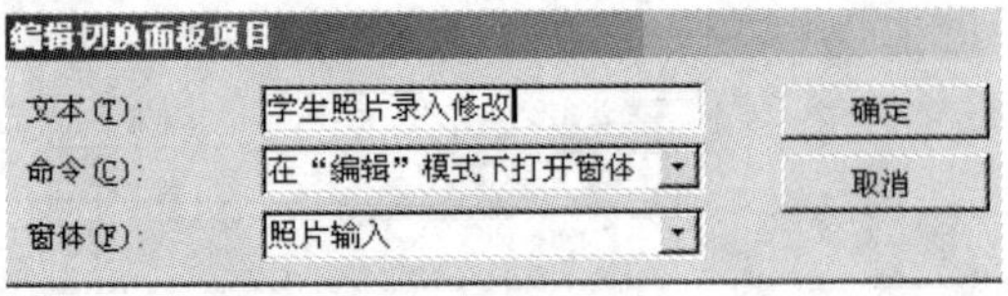

图 13-51　学生照片录入修改

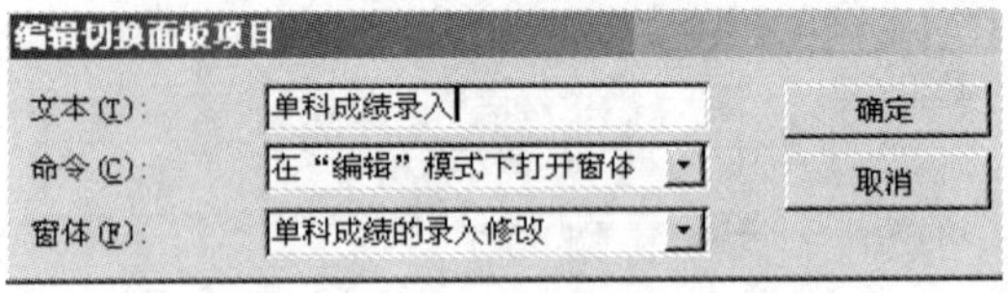

图 13-52　单科成绩录入

图 13-53　单科成绩导入

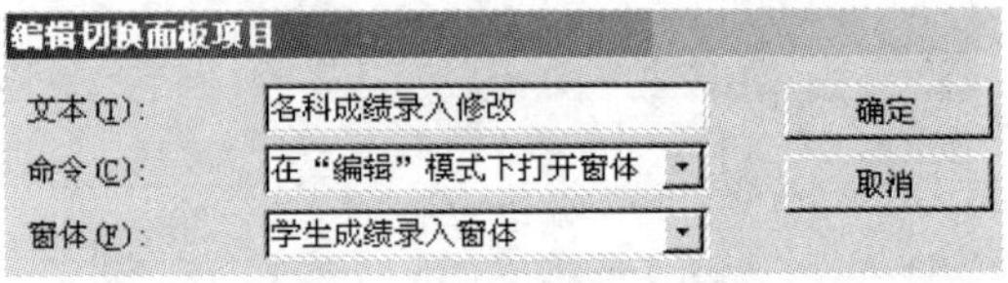

图 13-54　各科成绩录入修改

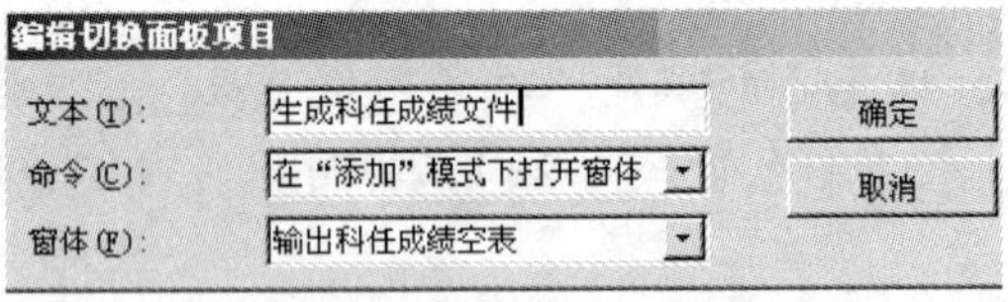

图 13-55　生成科任成绩文件

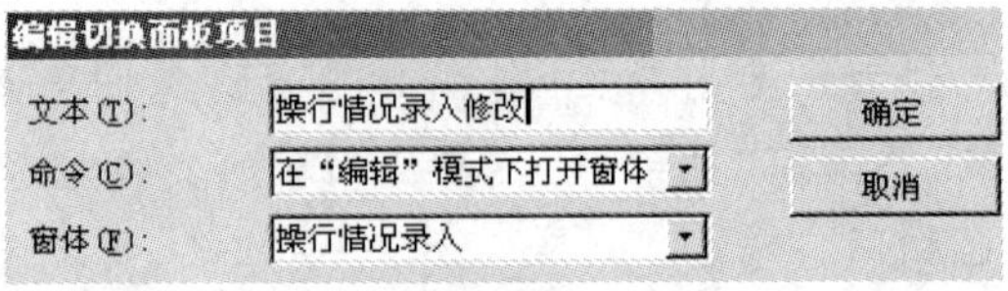

图 13-56　操行情况录入修改

2)“数据浏览”面板页，如图 13-58 所示。

以下是“数据浏览”切换面板页上各项目的设置：如图 13-59、图 13-60、图 13-61、图 13-62、图 13-63 所示。

3)“数据导入导出面板”页，如图 13-64 所示，“数据导入导出”项目的设置，如图 13-65 所示。

图 13-57　返回主菜单

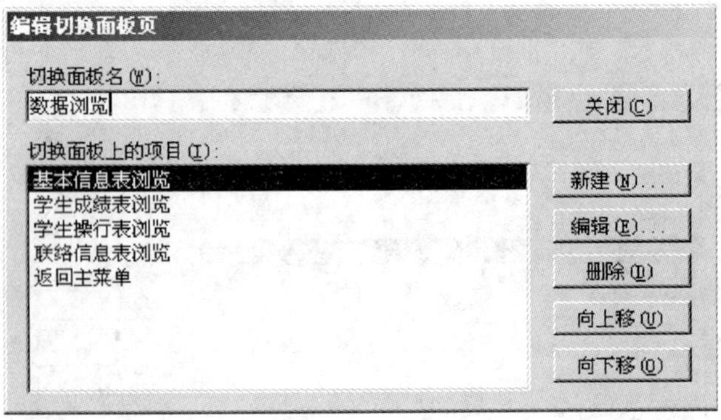

图 13-58　“数据浏览”页上的各个项目

4)“数据查询”面板页，如图 13-66 所示。

“数据查询面板页”各项目的设置如图 13-67、图 13-68、图 13-69 所示。

5)“数据表维护”面板页，如图 13-70 所示。

“数据表维护”面板页各项目的设置如图 13-71、图 13-72、图 13-73 所示。

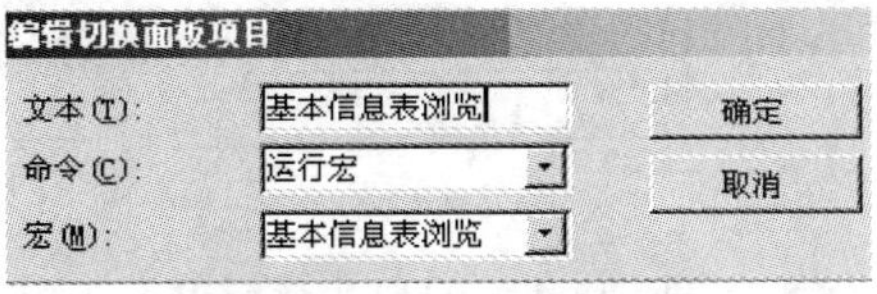

图 13-59　基本信息表浏览

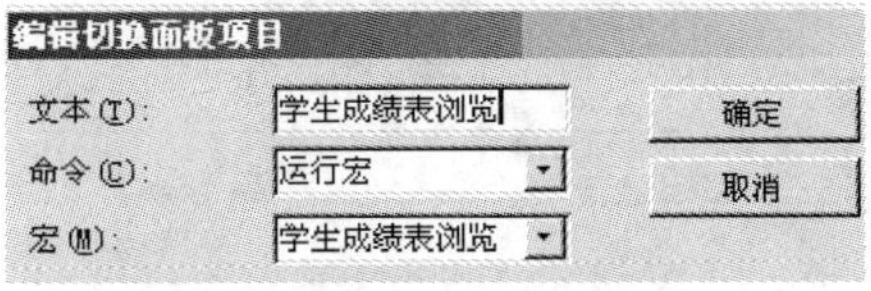

图 13-60　学生成绩表浏览

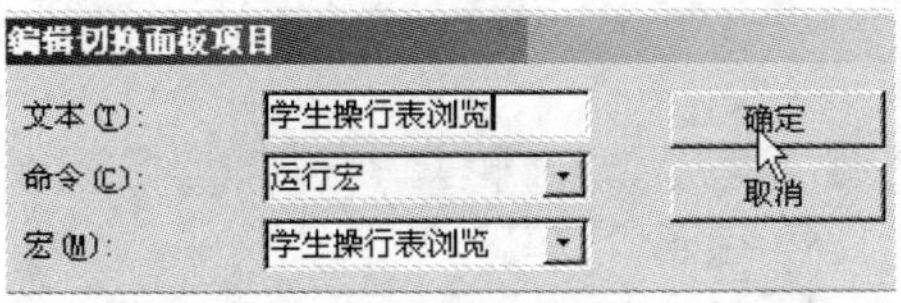

图 13-61　学生操行表浏览

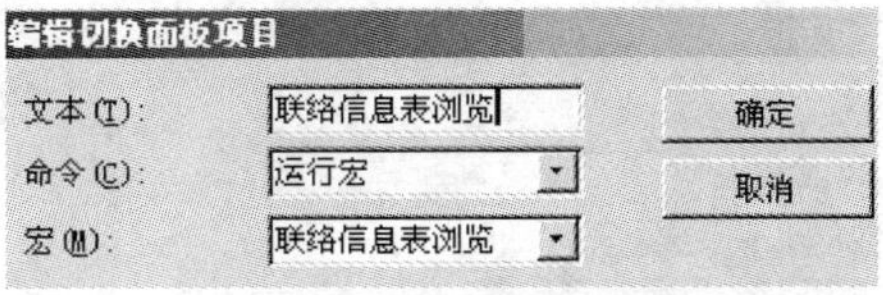

图 13-62　联络信息表浏览

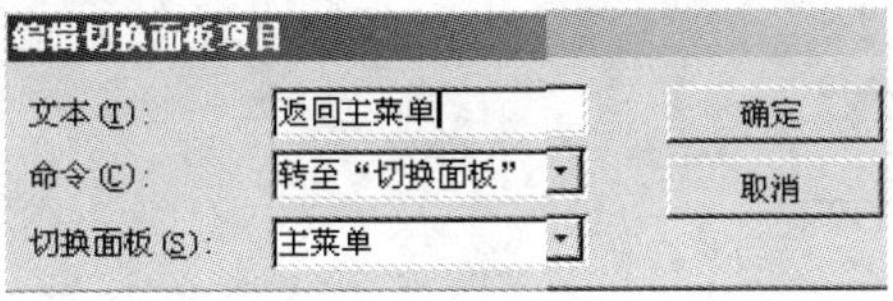

图 13-63　返回主菜单

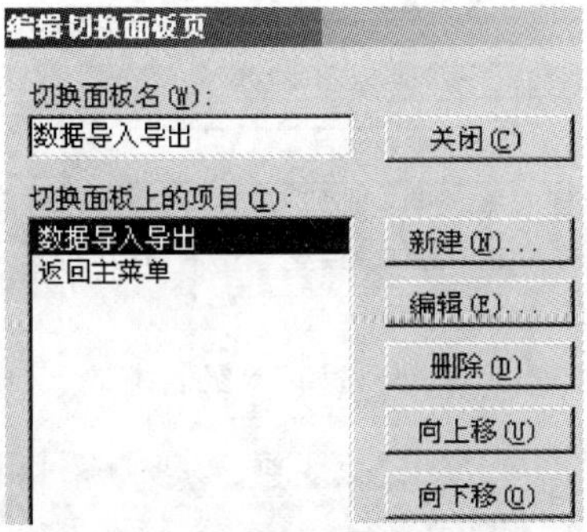

图 13-64　数据导入导出面板页

图 13-65　数据导入导出

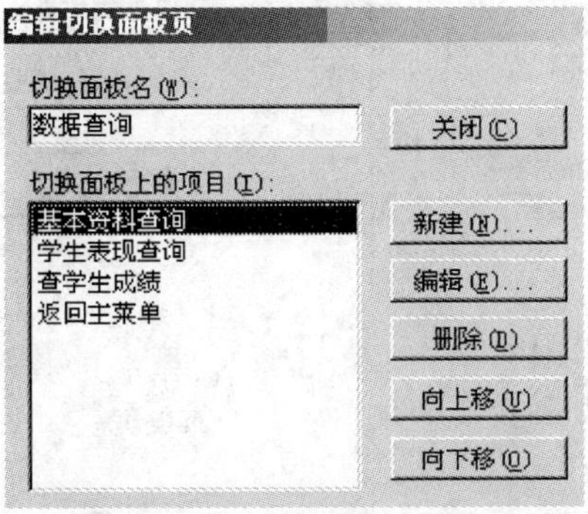

图 13-66　“数据查询”面板页

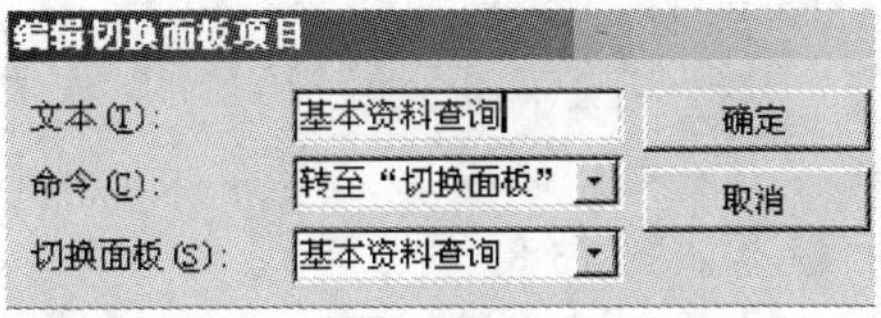

图 13-67　基本资料查询

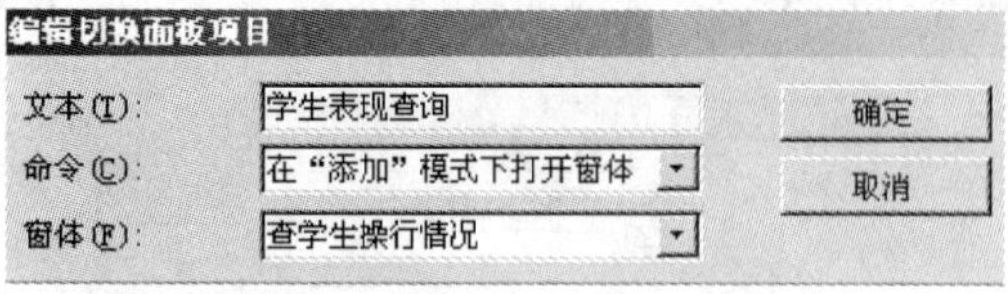

图 13-68　学生表现查询

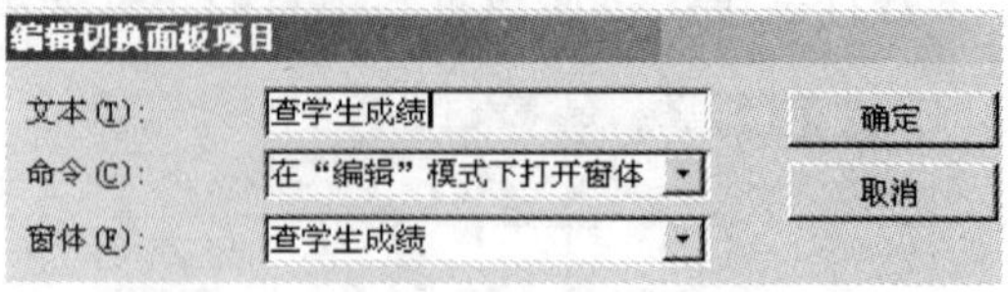

图 13-69　查学生成绩

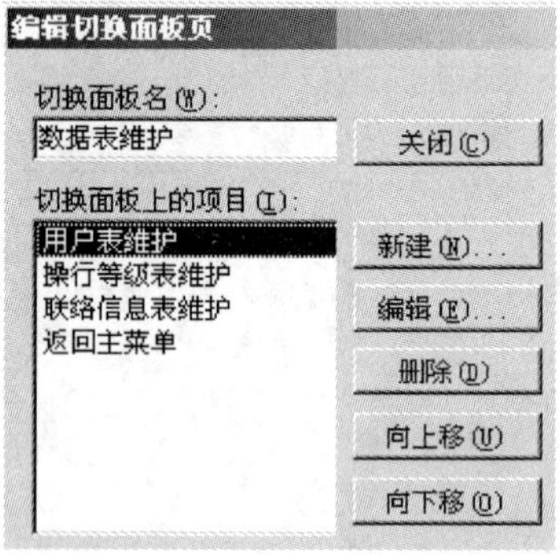

图 13-70　“数据表维护”面板页

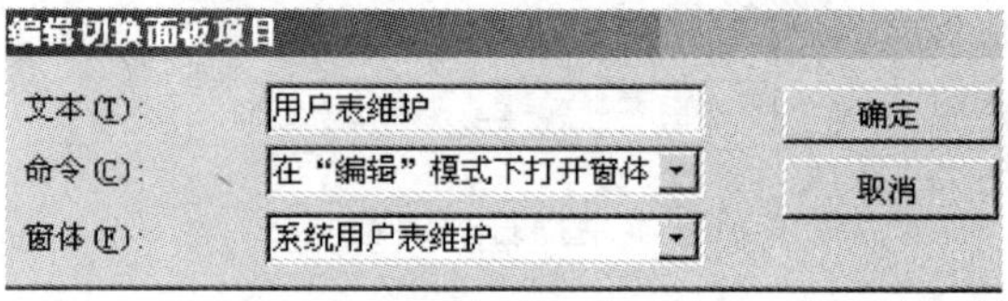

图 13-71　用户表维护

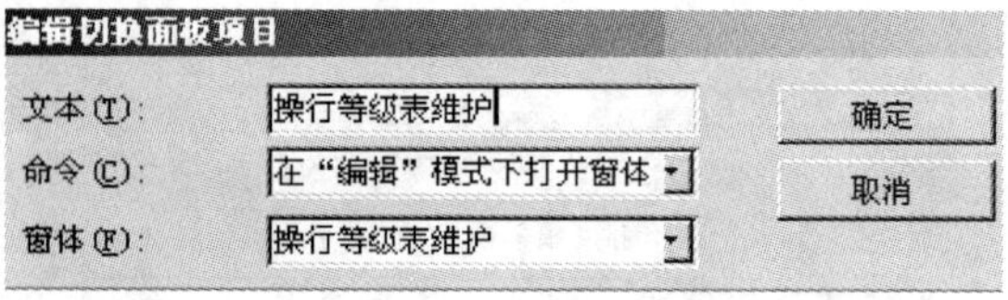

图 13-72　操行等级表维护

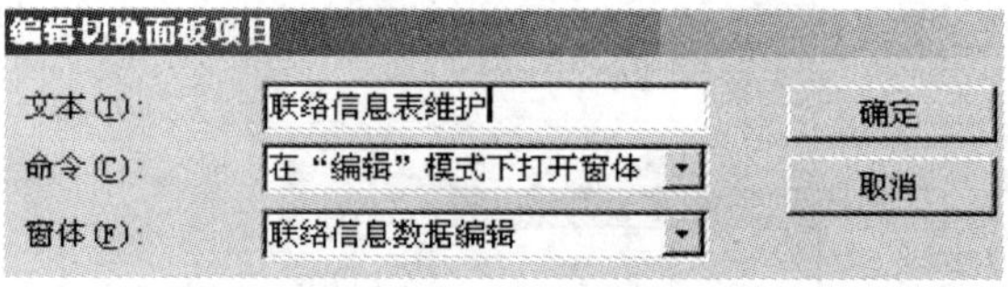

图 13-73　操行等级表维护

6)“基本资料查询”面板页，如图 13-74 所示。

以下是“基本资料查询”切换面板的各项目的设置：如图 13-75、图 13-76 所示。

7)“报表输出”面板页，如图 13-77 所示。

以下是“报表输出”切换面板页上各项目的设置：如图 13-78、图 13-79、图 13-80、图 13-81、图 13-82 所示。

(5) 编辑“主菜单”面板页，操作方法同前面介绍的一样。在“主菜单”面板页上增加 8 个项目，编辑好的“主菜单”面板页如图 13-83 所示。

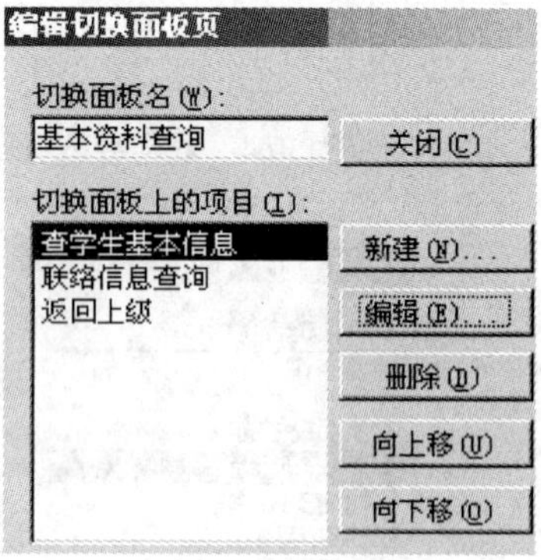

图 13-74　“基本资料查询”面板页

主菜单上 8 个项目（除“退出系统”外）分别调用对应的切换面板转到下一级菜单，它们的具体“编辑切换面板项目”设置作如下说明：

1) 编辑“初始系统”项目。在图 13-83 中，选中“初始系统”，单击按钮“编辑”，在“编辑切换面板项目”对话框中按如图 13-84 所示输入和选择。

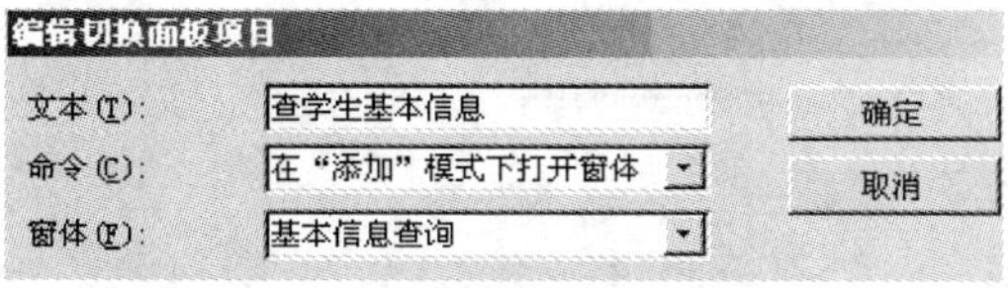

图 13-75　查学生基本信息

图 13-76　联络信息查询

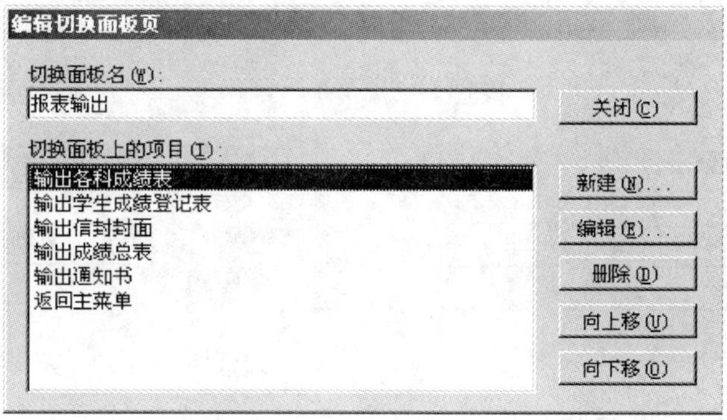

图 13-77　“报表输出”面板页

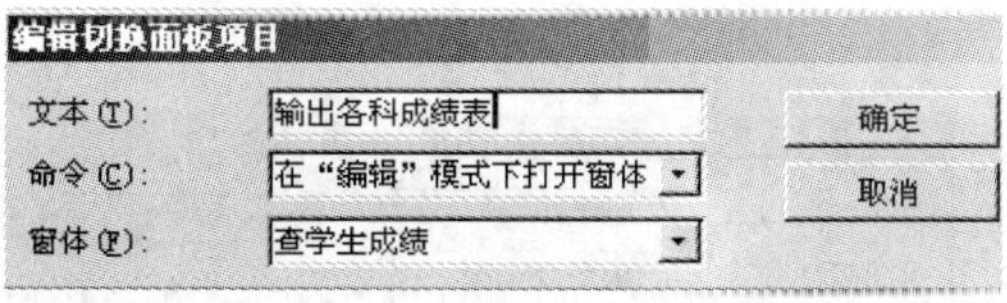

图 13-78　输出各科成绩表

图 13-79　输出学生成绩登记表

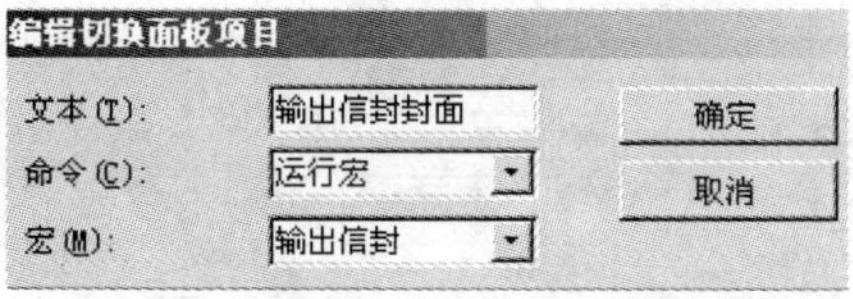

图 13-80　输出信封封面

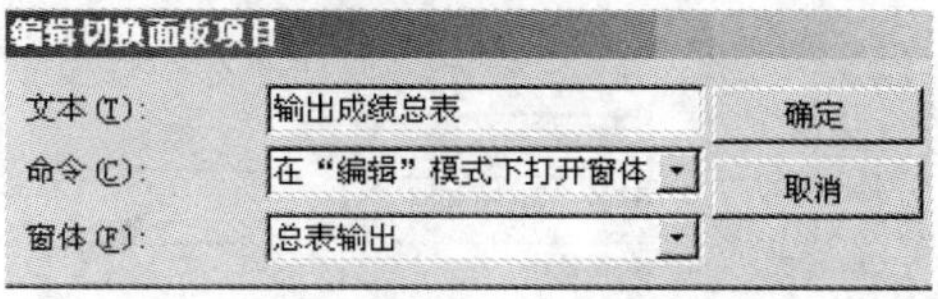

图 13-81　输出成绩总表

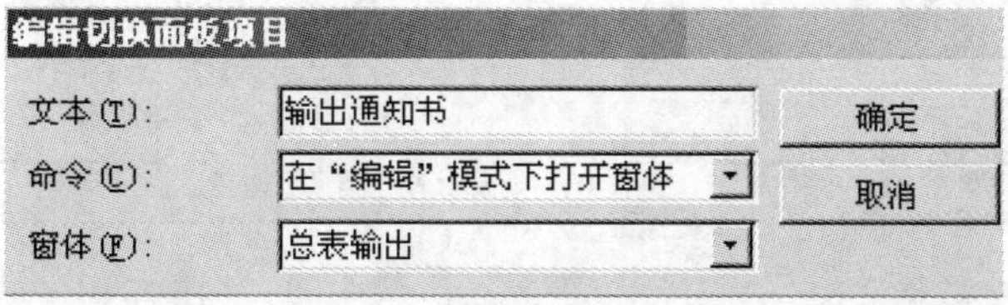

图 13-82　输出通知书

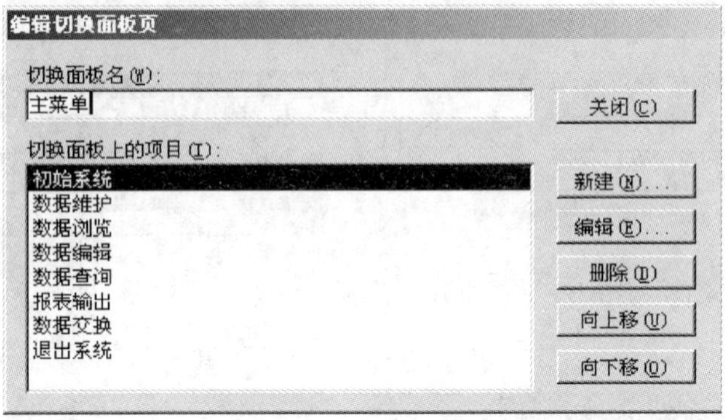

图 13-83　“主菜单”面板页

图 13-84　“初始系统”项目

图 13-85　“数据维护”项目

注意： 在图 13-84 和 13-85 中，“命令”组合框中选择［转至“切换面板”］，实现转向下级菜单的功能。“切换面板”组合框则选择相应的下级切换面板名。

2）其余各个项目的编辑方法参考步骤 1），各具体项目的设置：如图 13-86、图 13-87、图 13-88、图 13-89、图 13-90、图 13-91 所示。

图 13-86　数据浏览

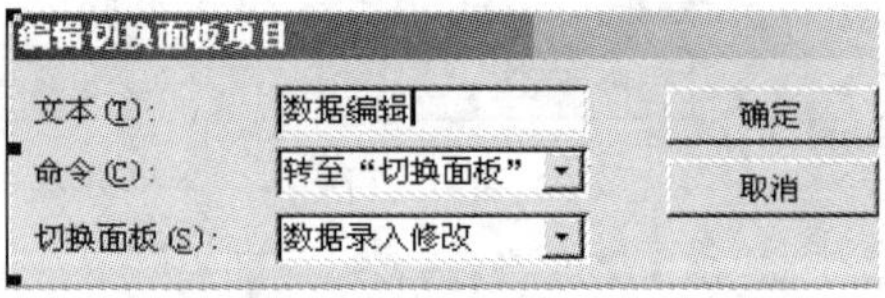

图 13-87　数据编辑

图 13-88　数据查询

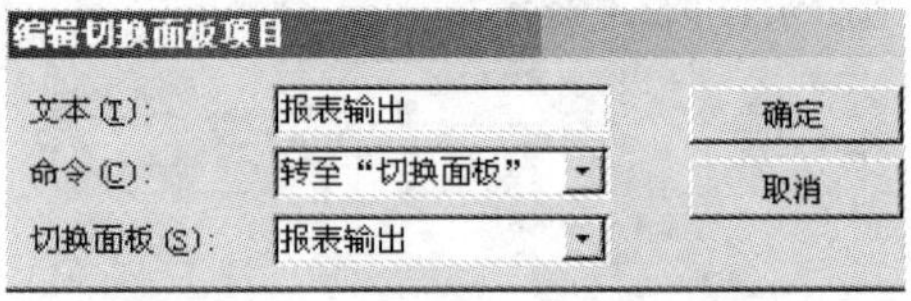

图 13-89　报表输出

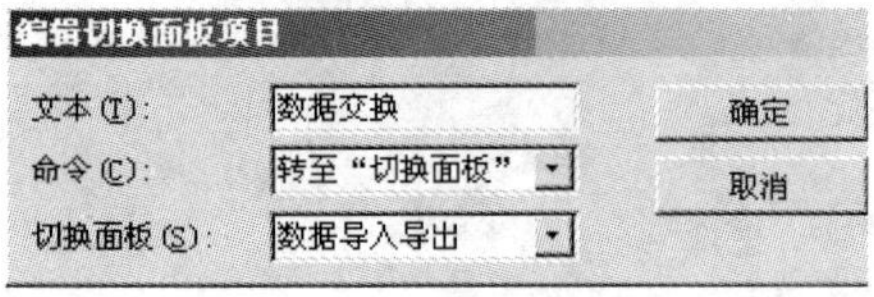

图 13-90　数据交换

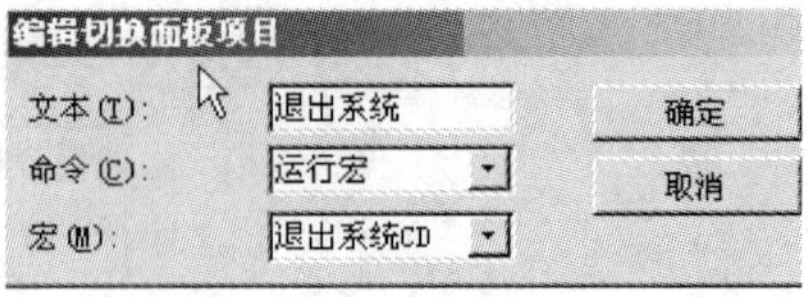

图 13-91　退出系统

（6）关闭“切换面板管理器”，运行窗体 main，单击各功能项，运行流畅的切换面板主菜单制作成功。

注意： 切换面板主菜单中的各菜单项之间的关系保存在一个表中，它就是系统自动生成的表 switchboard Items，请不要删除此表，否则切换面板菜单无法运行。

13.6　“班级学生管理系统”下拉式菜单

下拉式菜单是利用宏和宏组来实现的，根据本章 13.5.1 节中表 13-1 的内容，所有一级菜单项都制作成宏组，每个宏组中包含了一组操作，然后把这些宏组装成下拉菜单。本节分 2 个任务来完成这些操作。

任务 7　制作菜单宏

1. 任务要求

设计制作所有一级菜单宏，包括“系统维护”、“数据维护”等 8 个菜单宏。每个菜单宏中包含了对应的功能。其中“数据查询”中还有下一级菜单，如图 13-92 所示。

图 13-92　下拉菜单中的一级菜单项

2. 操作步骤

（1）制作初始系统宏组“系统初始化 CD”。具体制作方法步骤参见第 10.2 节。此处直接使用已经制作好的宏组“系统初始化 CD”。

（2）制作数据维护宏组“数据维护 CD”。该宏组包含了三个宏，表示三个操作，它们的宏名、操作和操作参数设置如图 13-93、图 13-94 和图 13-95 所示。

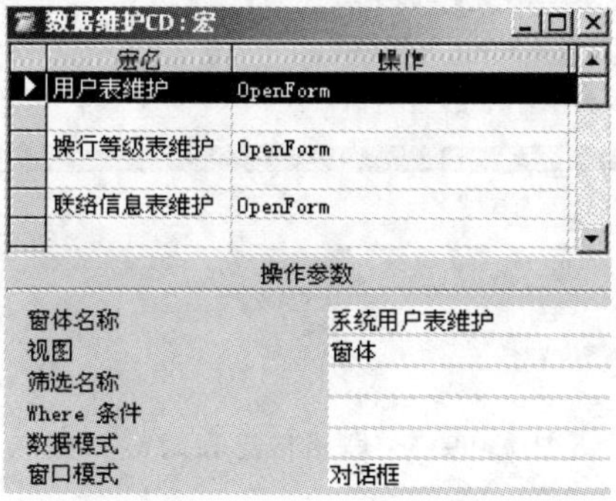

图 13-93　“数据维护 CD”中“用户表维护”

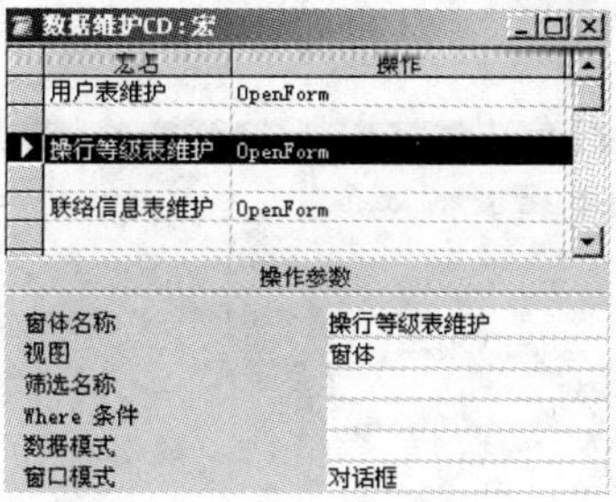

图 13-94　“数据维护 CD”的“操行等级维护”

注意： 在图 13-93～图 13-95 中，窗口模式可以选用“普通”或者“对话框”，这两种模式都能实现对数据记录的编辑和修改操作，但所展示的窗体特征有所不同，请在“班级学生管理系统”运行时注意观察“普通”模式的窗口和“对话框”模式的窗口有何不同。

（3）打开宏组“数据浏览 CD”，观察该宏组的内容：该宏组中有 4 个宏，分别实现打开 4 个表来进行浏览。各个宏的宏名、操作、操作参数如图 13-96、图 13-97、图 13-98、图 13-99 所示。

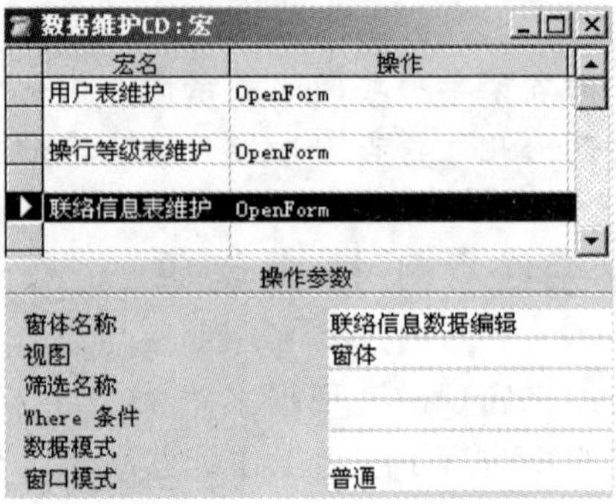

图 13-95 “数据维护 CD”中的“联络信息表维护”

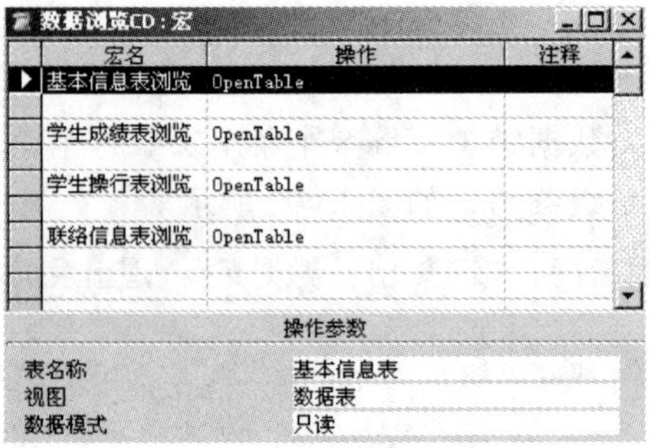

图 13-96 “基本信息表浏览”宏

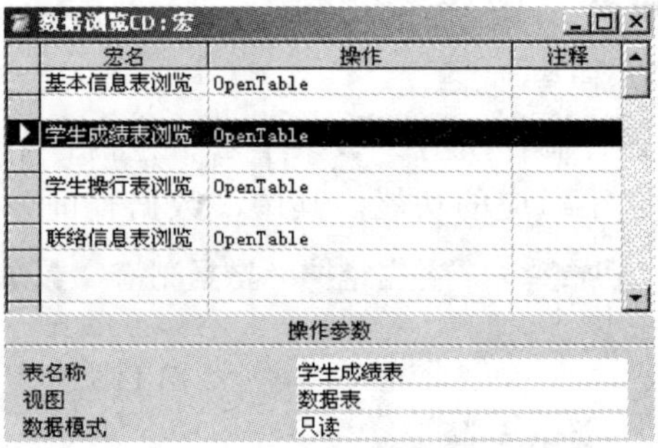

图 13-97 “学生成绩表浏览”

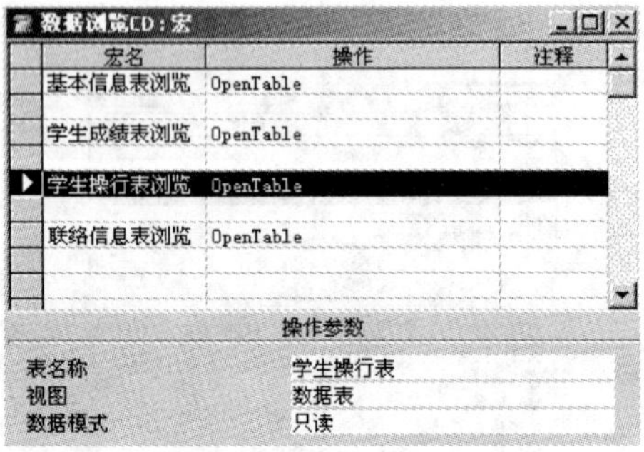

图 13-98 “学生操行表浏览”宏

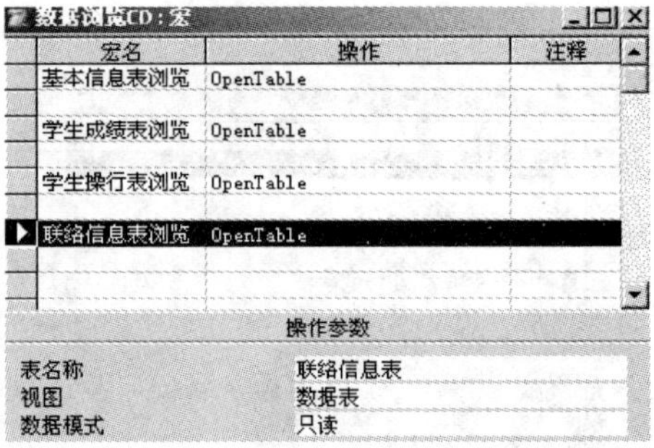

图 13-99 “联络信息表浏览”宏

注意：由于本模块提供对表的“浏览”，因此打开表的数据模式均选择“只读”，以禁止用户修改表的记录内容。

(4) 制作数据录入修改的宏组“数据录入修改 CD”，该宏组中有 5 个宏，打开对应的窗体来实现菜单功能。各宏的宏名、操作、操作参数如图 13-100、图 13-101、图 13-102、图 13-103、图 13-104 所示。

(5) 制作数据查询的宏组“数据查询 CD”，在该宏组中，有一个宏组“学生信息查询 CD”，表示下一级菜单；还有两个宏，分别完成学生成绩和学生表现的查询功能。所有宏组的宏名、操作及操作参数如图 13-105、图 13-106、图 13-107、图 13-108、图 13-109 所示。

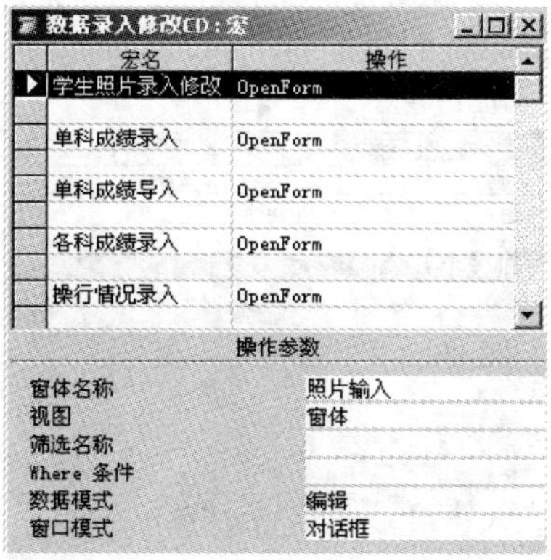

图 13-100　“学生照片录入修改”宏

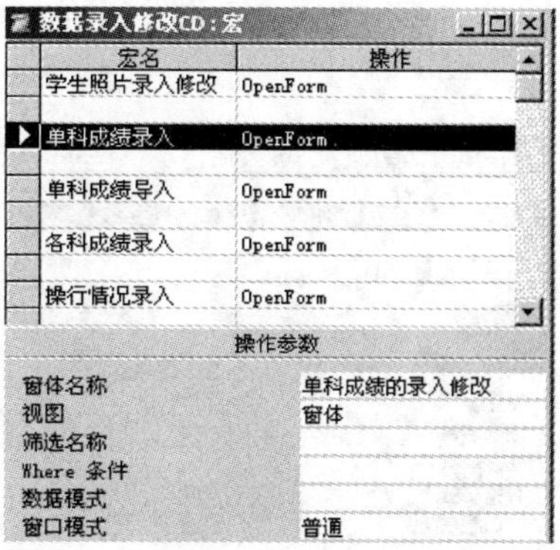

图 13-101　“单科成绩录入”宏之一

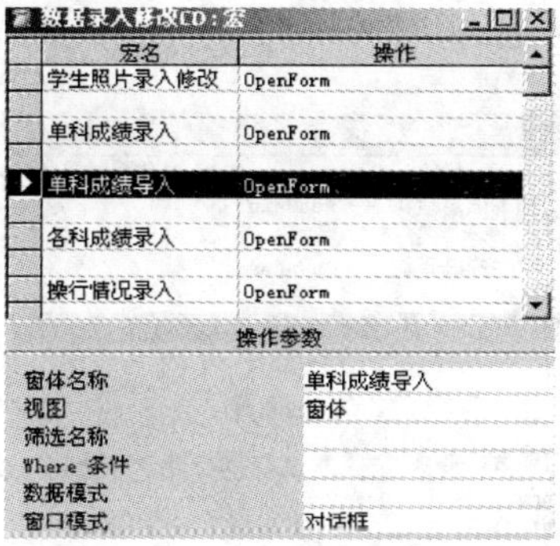

图 13-102　“单科成绩导入”宏

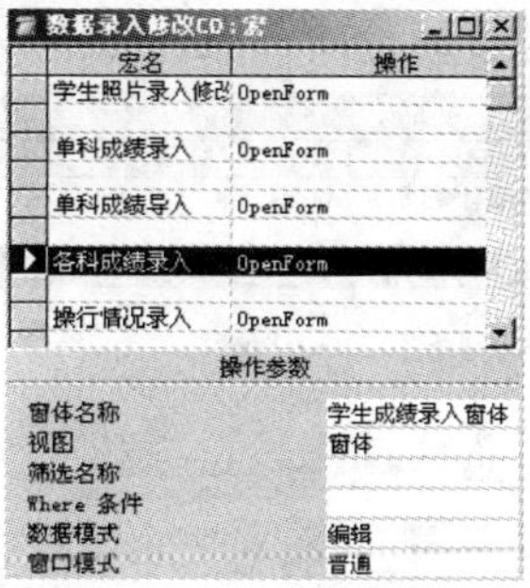

图 13-103　“单科成绩录入”宏之二

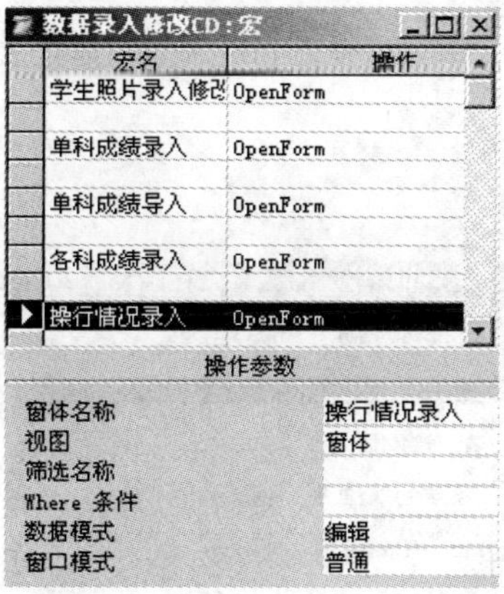

图 13-104　“操行情况录入”宏

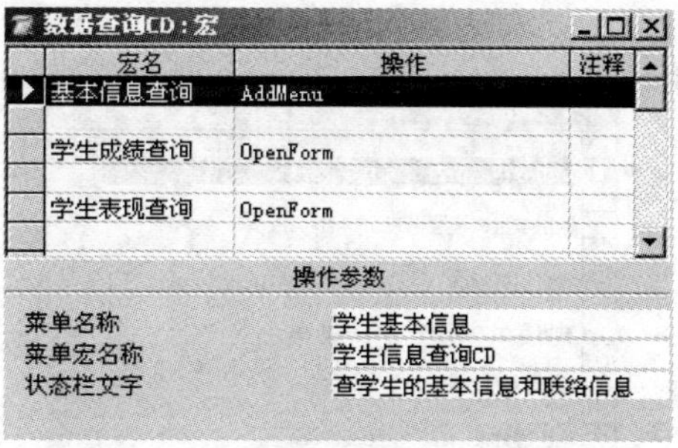

图 13-105　“基本信息查询 CD”宏

注意：图 13-106 和图 13-107 是“数据查询 CD”中的“基本信息查询 CD”的两个查询，它们是更下一级菜单。

(6) 创建宏组“报表输出 CD”，该宏组的内容为：有 6 个宏，有的打开窗体，有的打开报表，请注意各宏所选的“操作”的不同，具体设置如图 13-110、图 13-111、图 13-112、图 13-113、图 13-114、图 13-115 所示。

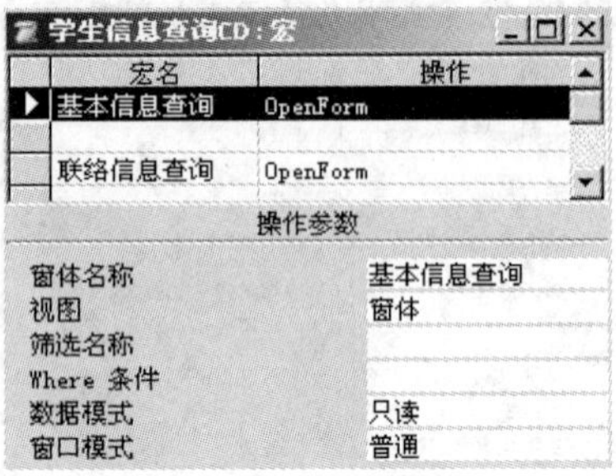

图 13-106 “基本信息查询”宏

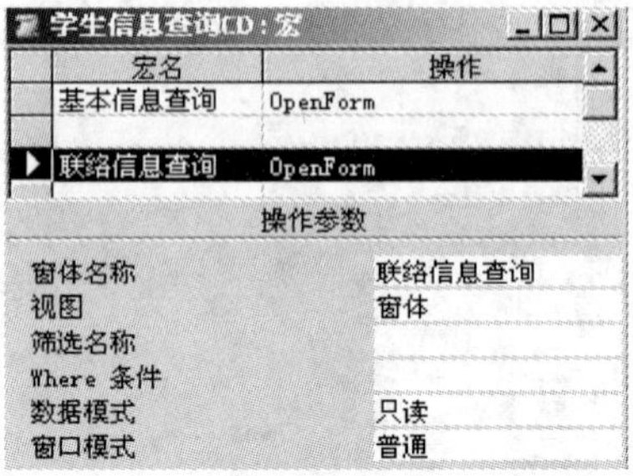

图 13-107 “联络信息查询”宏

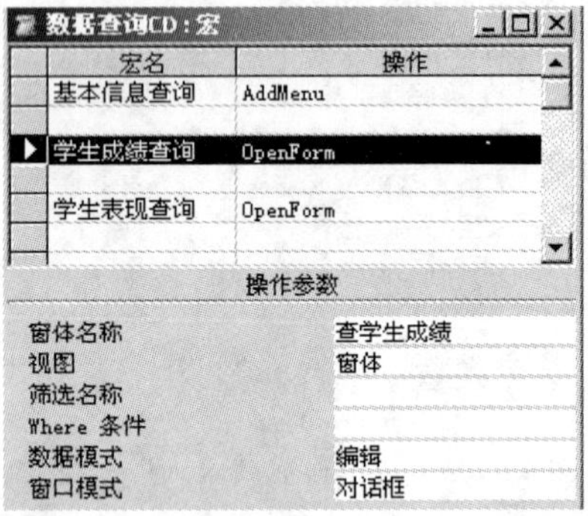

图 13-108 “数据查询 CD”中的“学生成绩查询”

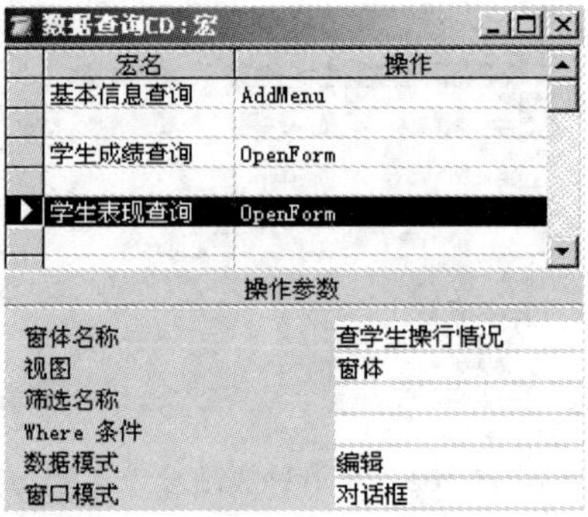

图 13-109 “数据查询 CD”中的“学生表现查询”

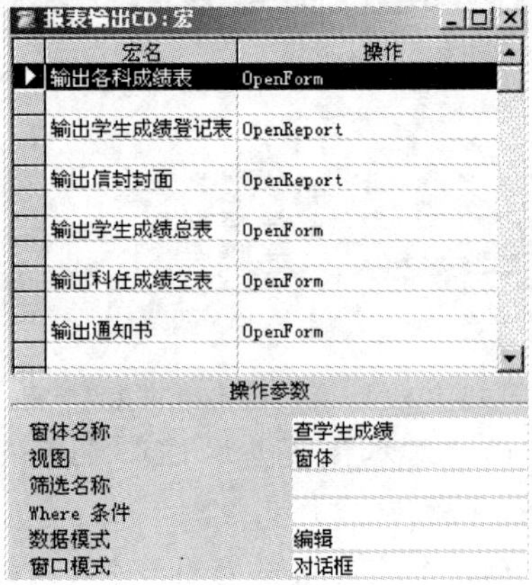

图 13-110 “输出各科成绩表”宏

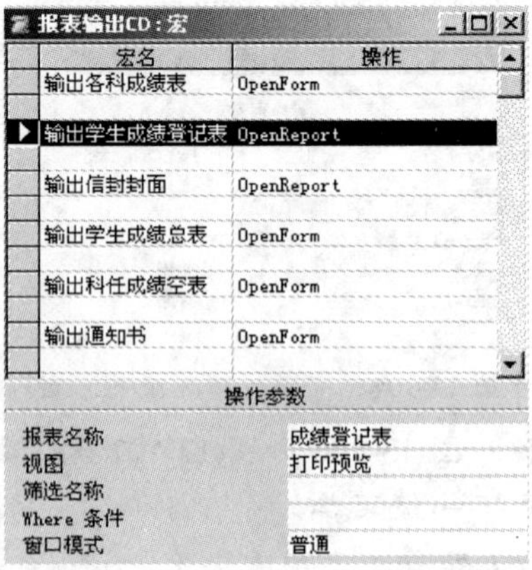

图 13-111 “输出学生成绩登记表”宏

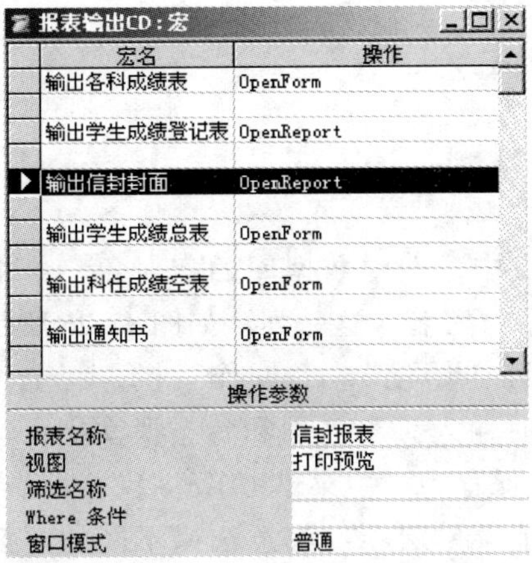

图 13-112　“输出信封封面”宏

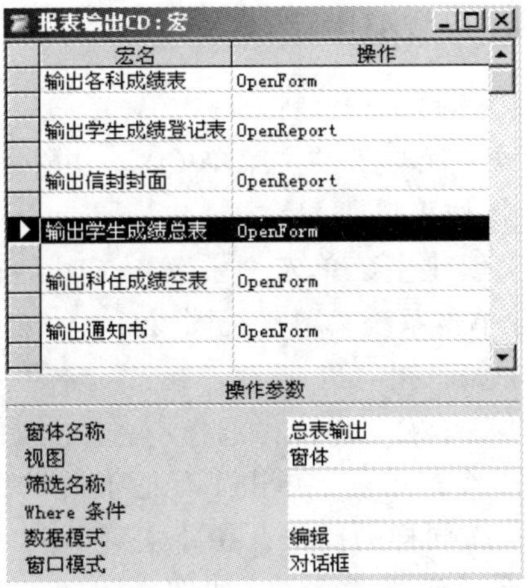

图 13-113　“输出学生成绩总表”宏

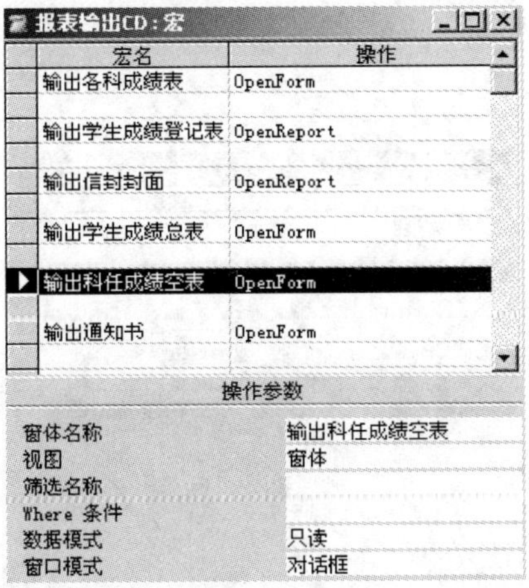

图 13-114　“输出科任成绩空表”宏

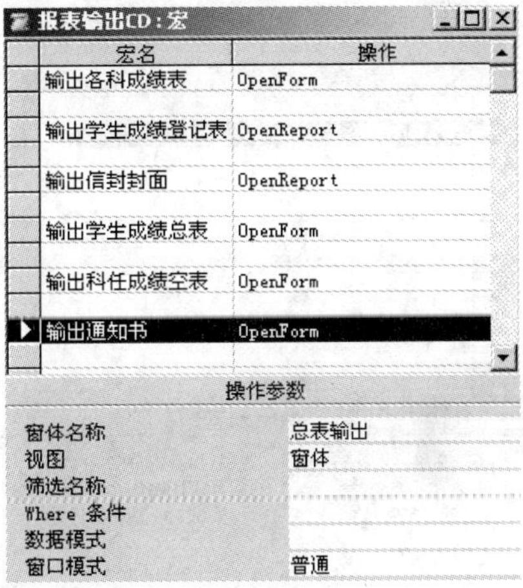

图 13-115　“输出通知书”宏

(7) 制作导入导出宏“数据导入导出 CD”，该菜单项只有一个操作，打开“数据导入导出”即可。宏名、操作、操作参数的设置如图 13-116 所示。

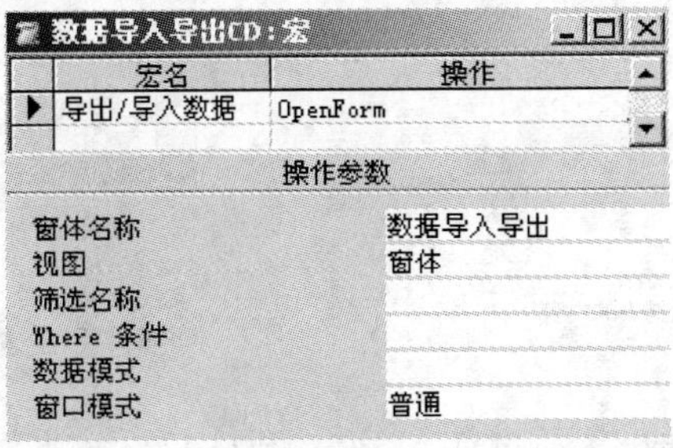

图 13-116　数据导入导出 CD

至此，菜单中需要的各宏、宏组制作完毕。下面通过 1 个任务把这些宏、宏组组合装配成主菜单。

任务 8　装配主菜单

1. 任务要求

制作主菜单宏“主菜单 CD”，并生成菜单。

2. 操作步骤

(1) 创建主菜单宏“主菜单 CD”。在数据库窗口中，选中数据库的宏对象，单击“新建”，并单击系统菜单【视图/宏】，使宏设计器中显示“宏名”这一列，如图 13-26 所示。

(2) 如图 13-117 所示，在“宏名”中输入“系统初始化”，“操作”栏选择命令 Add Menu，“菜单宏名称”栏选择“系统初始化 CD”，同时输入菜单名称和状态栏文字，这样就增加了一个菜单宏。单击工具栏上的“保存”按钮，保存为“主菜单 CD”。

(3) 按同样的操作，在“主菜单 CD”上增加其他菜单宏项。注意选择不同的“菜单宏名称”和“菜单名称”，如图 13-118、图 13-119、图 13-120、图 13-121、图 13-122、图 13-123、图 13-124 所示。

图 13-117　“主菜单 CD”中的“初始系统”

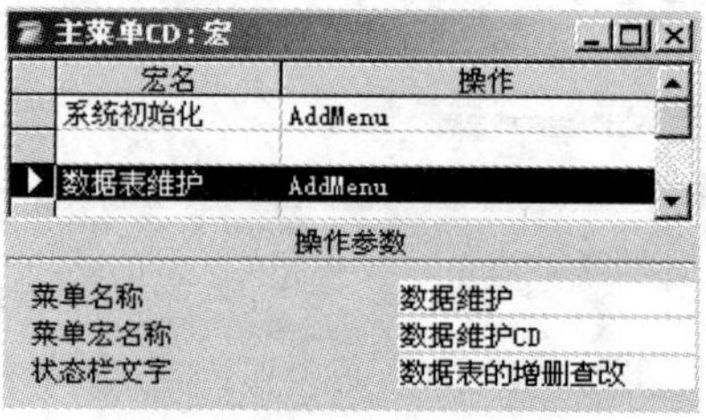

图 13-118　“主菜单 CD”中的“数据表维护”

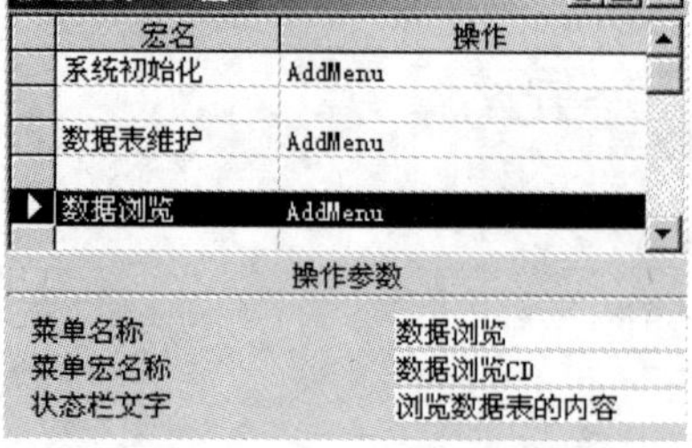

图 13-119　“主菜单 CD”中的“数据浏览”

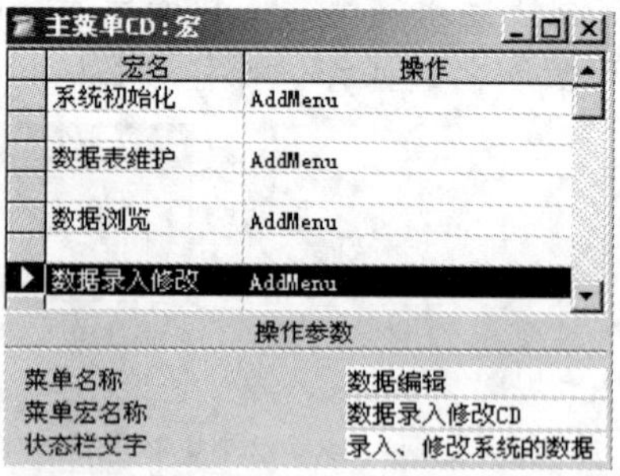

图 13-120　“主菜单 CD”中的“数据录入修改”

(4) 利用宏“主菜单 CD”创建菜单。在数据库窗口中，选中宏对象中的“主菜单 CD”，单击 Access 系统菜单中的【工具/宏/用宏创建菜单】，这样就生成了菜单“主菜单 CD”和各级子菜单。此时可以看到菜单的效果，它是与 Access 的系统菜单同时显示的。

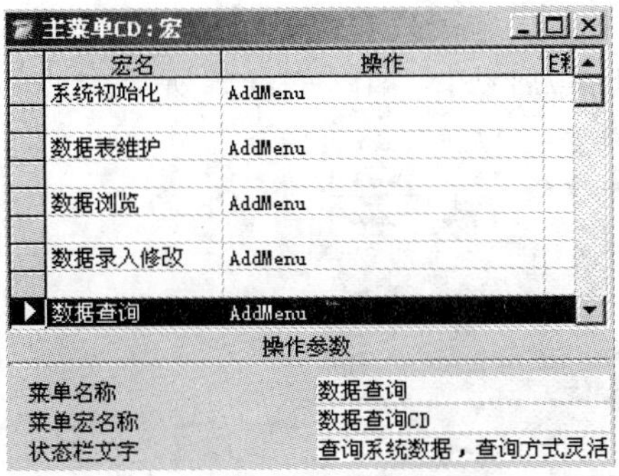

图 13-121　“主菜单 CD”中的“数据查询”

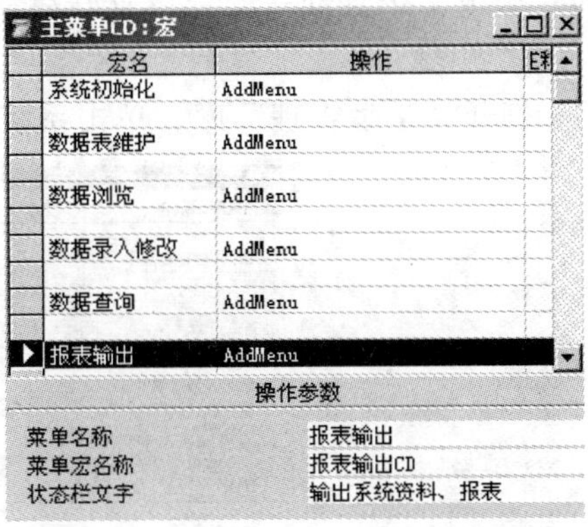

图 13-122　“主菜单 CD”中的“报表输出”

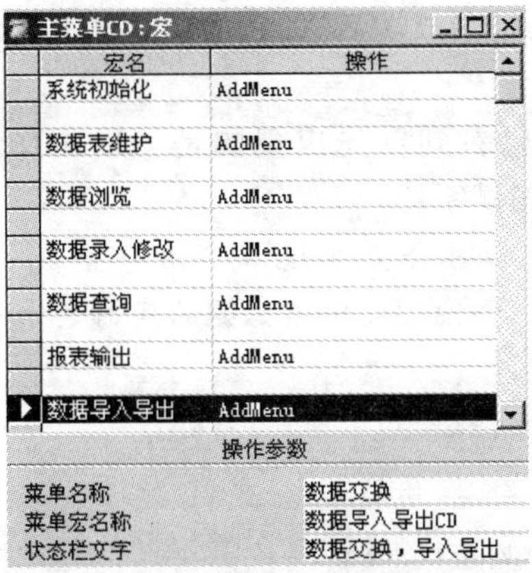

图 13-123　“主菜单 CD”中的“数据导入导出”

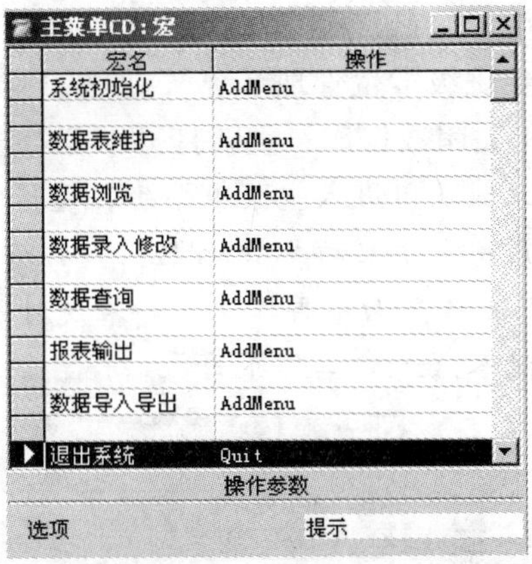

图 13-124　“主菜单 CD”中的“退出系统”

13.7　启动设置与编译运行

启动设置的操作功能是设置应用系统在启动时的一些参数，它决定应用系统执行的第一个窗体、图标、菜单情况等。

Access 的编译就是用数据库生成 MDE 文件，编译工作将删除所有可编辑的源代码并且压缩原来的数据库，数据库占用的磁盘空间也会减少，除此之外，还将优化内存，这有助于提高数据库的性能。

13.7.1　启动参数设置

要关闭 Access 的系统菜单，只显示用户自定义菜单、用户特有的应用程序标题等，都可以通过启动参数的设置来实现。以下通过 1 个任务说明启动参数的设置方法。

任务 9　设置“班级学生管理系统”的启动参数

1. 任务要求

为“班级学生管理系统”设置好启动窗体、菜单、应用程序标题等参数。

2. 操作步骤

(1) 打开“学生管理”库，单击系统菜单的【工具/启动】，如图 13-125 所示。

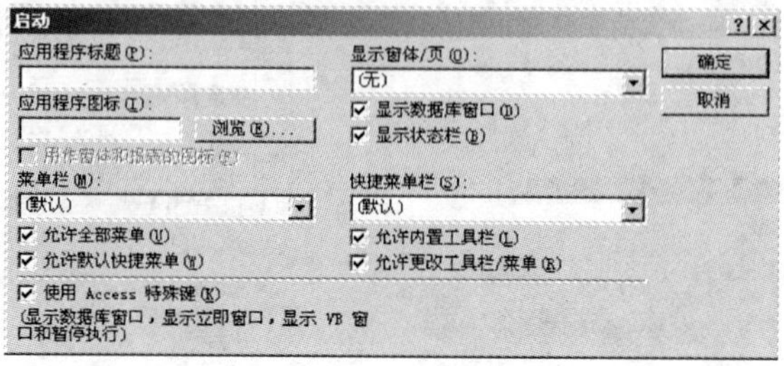

图 13-125　启动参数设置窗体

(2) 设置参数。在图 13-125 中，取消所有复选框选择，“显示窗体”设置为“用户登录”，这是“班级学生管理系统”的第一个工作窗口，登录成功后进入主菜单。“应用程序标题”为“班级学生管理系统”，如图 13-126 所示。

(3) 关闭数据库，重新打开“学生管理”库，可以看到首先出现的是“用户登录”窗体。登录成功可进入主菜单系统，运行各功能模块，测试系统。

注意：由于启动参数的设置，打开“学生管理”库时会直接进入“用户登录”窗体，Access 的系统界面不再出现。如果要对系统进行修改，要按住 < Shift > 键的同时再打开，可以重新进入 Access 工作界面。

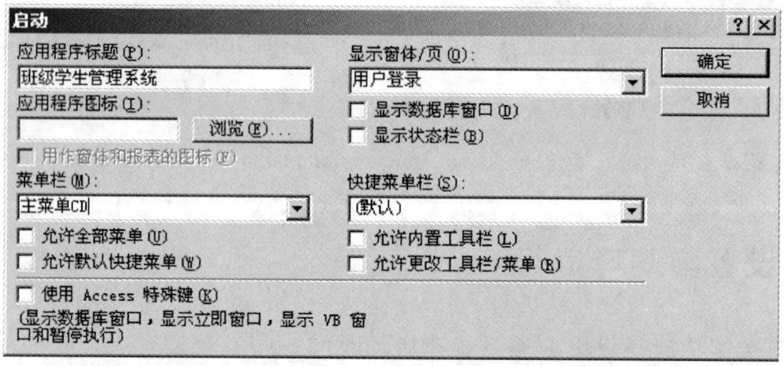

图 13-126　“班级学生管理系统”的启动参数设置

13.7.2 编译运行系统

Access 的数据库文件默认扩展名为 MDB，此格式数据库的窗体可以在 Access 系统中被打开并能编辑和修改，这是系统开发者所不愿看到的。但通过编译生成 MDE 文件后，窗体文件不能再进行编辑和修改了，编译之后所有的可编辑的源代码将被删除。VBA 代码能继续运行，但无法查看和编辑。

将 Access 数据库编译，保存为 MDE 文件后可防止以下操作：

(1) 在“设计”视图中查看、修改或创建窗体、报表或模块。

(2) 添加、删除或更改对对象库或数据库的引用。

(3) 更改代码（MDE 文件中没有源代码）。

(4) 导入或导出窗体、报表或模块。但是，可以在表、查询、数据访问页和宏中导入或导出非 MDE 数据库。

Access 系统专门提供了一个实用工具来完成 MDB 数据的编译。以下通过 1 个任务说明系统编译工具的使用。

任务 10　编译“学生管理”库生成 MDE 文件

1. 任务要求

利用系统提供的工具编译“学生管理”库，学会 Access 系统的发布。

为使系统发布后能更广泛的应用，可以用 Access 2000 来编译系统，因为 Access 编译出来得到的 MDE 文件在 Access 2000/2002/2003 都可以运行。本任务就用 Access 2000 来进行编译。

2. 操作步骤

(1) 启动 Access 2000 打开“学生管理库”，若所用数据库是 Access 2003 建立的，应先在 Access 2003 中把它转换为 Access 2000 格式，然后在 Access 2000 中打开。

(2) 单击 Access 系统菜单【工具/数据库实用工具/生成 MDE 文件】，如图 13-127 所示。

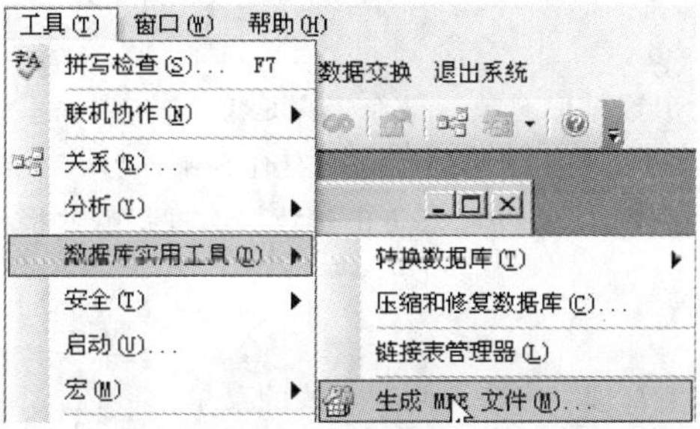

图 13-127　编译数据库工具菜单

(3) 在系统弹出的“将 MDE 保存为”对话框中，选择要保存文件的位置，并输入文件名“班级学生管理”，单击“保存”按钮，则系统对数据库进行编译并生成指定的 MDE 文件，如图 13-128 所示。

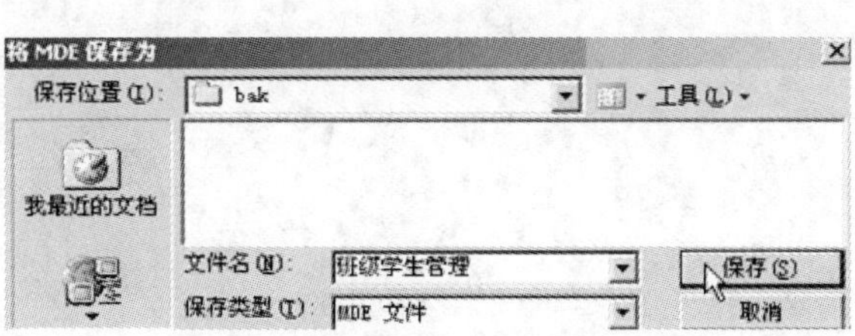

图 13-128　输入 MDE 文件名

(4) 编译完成后系统会自动启动“班级学生管理”系统，出现用户登录窗体，此时可以单击“取消”按钮，退出系统的运行。

(5) 关闭 Access 系统，打开第 (2) 步产生的“班级学生管理 .MDE”文件，对系统进行测试，若能正常运行，则可以发布 Access 应用程序了。此时生成的 MDE 文件能在 Access 2000/2002/2003 环境中运行。

注意：在对数据库进行编译之前请对其作好备份，若对数据库的有关程序进行了修改，则要对数据系统重新进行编译。

本章小结

本章主要阐述 Access 数据库应用系统中各功能模块的集成方法，用实例详细介绍了三种形式菜单的设计和制作，掌握这三种菜单的设计与制作，对于 Access 数据库设计和开发非常有用。此外，本章还介绍了 Access 数据库系统的编译和发布，系统的启动参数设置等，这些都是数据库系统设计和开发的重要技术。

习　题

一、填空题

1. Access 中常用的菜单有三种，它们是__________、__________和__________。
2. 制作切换面板菜单是利用 Access 系统提供的工具__________来实现的。
3. 通过__________或者__________的设计，可以创建下拉式菜单。
4. Access 系统启动时最先显示的窗体可以在菜单项__________中进行设置。
5. 对 Access 数据库系统进行编译，就是利用 Access 系统提供的工具__________生成 MDE 文件。

二、问答题

1. 在数据库窗口中，复制一个数据库对象的操作步骤是怎样的？
2. 用 Docmd.close 与 Docmd.quit 实现关闭功能，它们有什么不同？
3. 把 Access 数据库程序编译成 MDE 文件可以防止对数据库进行哪些操作？

三、操作题

按照教材的指引，请为“学生管理”库建立两种形式的菜单：

(1) 下拉式菜单；

(2) 切换面板控制菜单。

要求这两种菜单都要包含“学生管理”库中的所有功能模块。

第 14 章　项目 2　小超市销售管理系统

本章应知

1. 项目开发的一般步骤
2. 项目的模块划分

本章应会

1. 销售管理系统开发的模块设计
2. 销售管理系统记录管理功能的设计
3. 销售管理系统销售功能模块的实现

14.1　“小超市销售管理系统”的设计分析

设计“小超市销售管理系统”系统，是根据现实社会的商品销售工作环境，使用 Access 实现销售环节的各项操作功能，让具有一般计算机基础知识的人员都能够使用，最终实现提高使用单位的经济利润。

系统设计之前，必须了解实际工作环境，根据实际需要设计系统的功能，分析系统各模块的功能分布，设计出系统将要用到的数据表、表结构及表的关系等。

14.1.1　系统的模块设计

任务 1　“小超市销售管理系统”系统模块的划分和设计

1. 任务要求

提高分析系统模块的能力，理解各模块的功能关系。

2. 操作步骤

(1) 登录模块如图 14-1 所示。

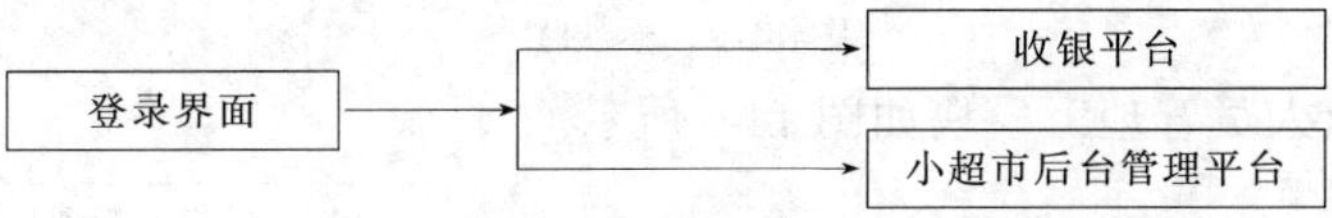

图 14-1　模块图 1

说明：“收银平台”由收银员用户登录，“小超市后台管理平台”由“经理”用户登录。

(2)“小超市后台管理平台”模块如图 14-2 所示。

(3)“商品入仓上架及盘点”模块如图 14-3 所示。

(4)“资料查询”模块如图 14-4 所示。

(5)“商品数据维护”模块如图 14-5 所示。

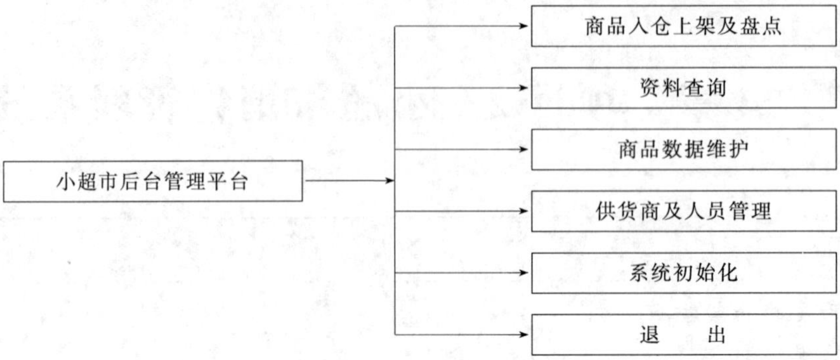

图 14-2　模块图 2

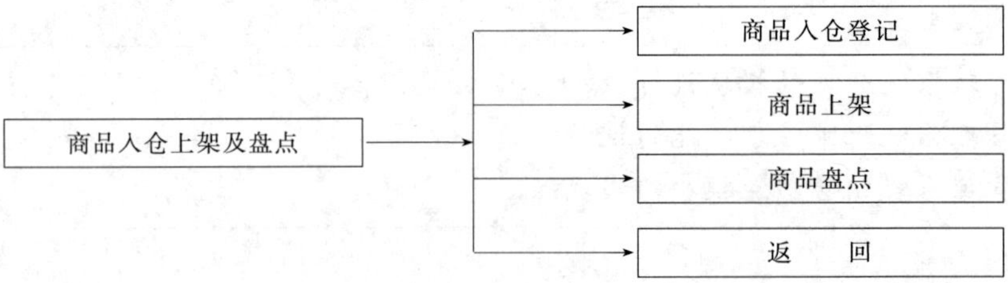

图 14-3　模块图 3

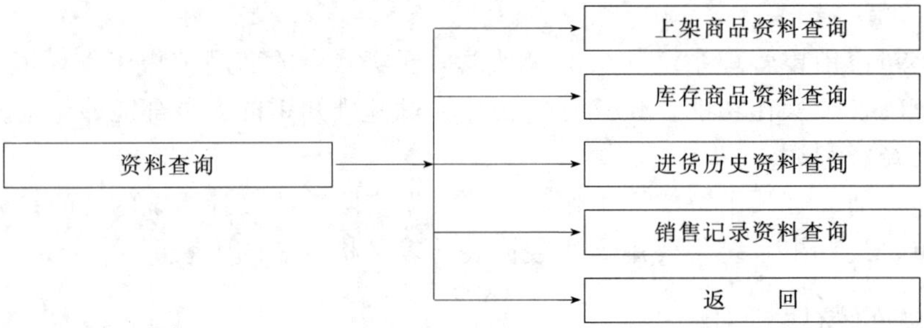

图 14-4　模块图 4

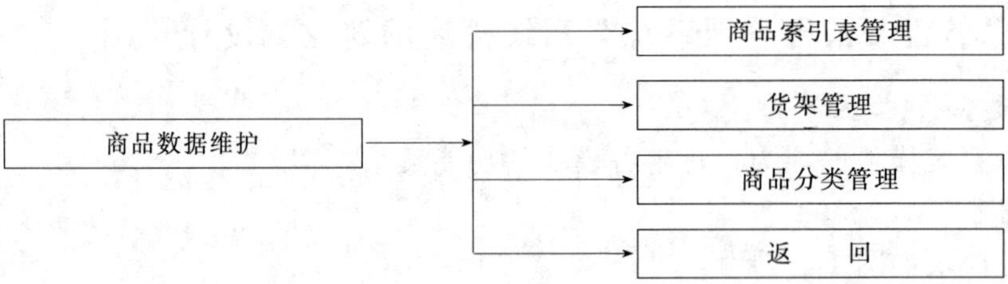

图 14-5　模块图 5

（6）“供货商及人员管理”模块如图 14-6 所示。

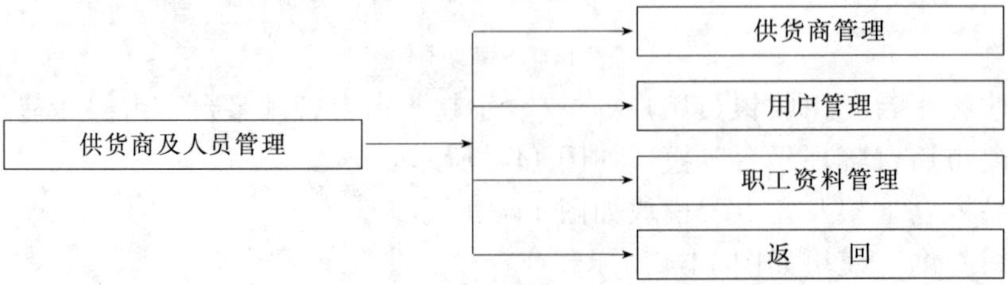

图 14-6　模块图 6

(7)“系统初始化”模块如图 14-7 所示。

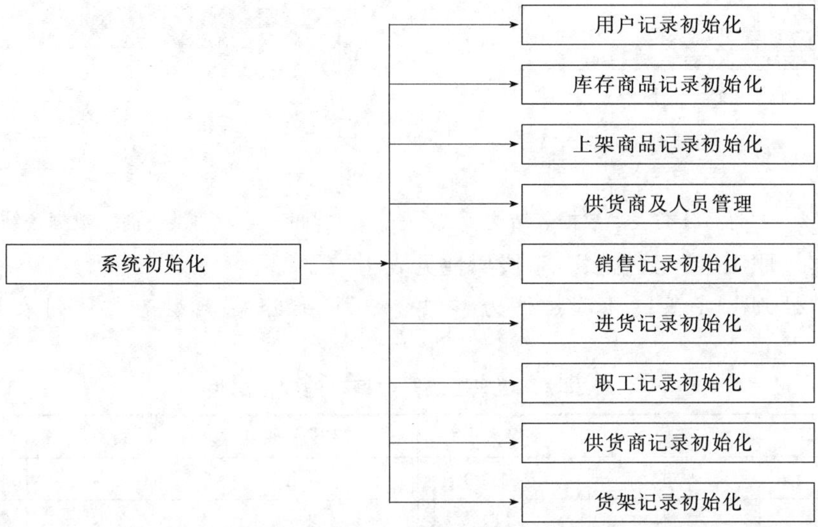

图 14-7　模块图 7

(8) 至此，完成了各模块的划分工作，为保证系统后期开发工作的顺利开展，应尽可能咨询有开发经验人士的意见，也可集体讨论，反复、周密地考虑模块划分的科学性、可行性、可靠性。

14.1.2　数据表的创建

为实现系统的功能，创建数据表的工作是必不可少的，在创建数据表操作之前，必须为“小超市销售管理系统”新建一个名称为“小超市系统”的 Access 数据库文件。

任务 2　创建“小超市销售管理系统”的数据表

1. 任务要求

熟练掌握创建数据表的操作。

2. 操作步骤

(1) 创建“商品分类表”数据表，字段属性见表 14-1。

表 14-1　“商品分类表”的字段属性

字段名称	类型	字段大小
编号	文本	4
类别	文本	8

“商品分类表”数据表结构如图 14-8 所示。

(2) 创建“供货商”数据表，字段属性见表 14-2。

表 14-2　“供货商”数据表的字段属性

字段名称	类型	字段大小	字段名称	类型	字段大小
编号	文本	3	地址	文本	50
供货商名称	文本	12	电话	文本	13
负责人	文本	30			

“供货商”数据表结构如图 14-9 所示。

图 14-8 “商品分类表”数据表结构

图 14-9 “供货商”数据表结构

(3) 创建“职工表”数据表，字段属性见表 14-3。

注意：“性别”字段，显示控件为“组合框”，行来源类型为“值列表”，行来源为［“男”；“女”］。

表 14-3 “职工表”数据表的字段属性

字段名称	类型	字段大小	字段名称	类型	字段大小
工号	文本	5	岗位	文本	10
姓名	文本	12	职务	文本	10
性别	文本	2	工资	货币	

“职工表”数据表结构如图 14-10 所示。

(4) 创建“用户表”数据表，字段属性见表 14-4。

注意：“用户类型”字段，显示控件为“组合框”，行来源类型为“值列表”，行来源为［“经理”；“收银员”］。

“使用员工”字段，显示控件为“组合框”，行来源类型为“表/查询”，行来源为“SELECT 工号 & 姓名 FROM 职工表;”。

表 14-4 “用户表”数据表的字段属性

字段名称	类型	字段大小	输入掩码
用户号	文本	5	
密码	文本	12	密码
用户类型	文本	2	
使用员工	文本	10	

“用户表”数据表结构如图 14-11 所示。

图 14-10 “职工表”数据表结构

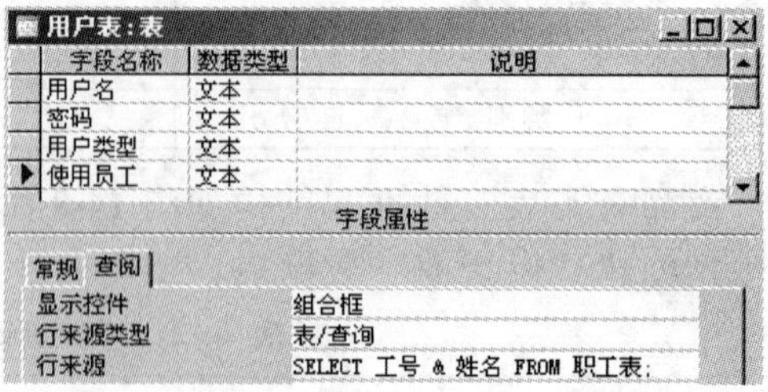

图 14-11 “用户表”数据表结构

(5) 创建“货架表”数据表，字段属性见表 14-5。

注意：“分类”字段，显示控件为“组合框”，行来源类型为“表/查询”，行来源为

“SELECT 类别 FROM 商品分类表;”。

“负责人”字段，显示控件为“组合框”，行来源类型为“表/查询”，行来源为“SELECT 姓名 FROM 职工表;”。

表 14-5　“货架表”数据表的字段属性

字段名称	类型	字段大小	字段名称	类型	字段大小
货架编号	文本	8	位置	文本	20
分类	文本	10	负责人	文本	10

“货架表”数据表结构如图 14-12 所示。

(6) 创建“商品索引表”数据表，字段属性见表 14-6。

注意：“类别”字段，显示控件为“组合框”，行来源类型为“表/查询”，行来源为“SELECT 编号 & 类别 FROM 商品分类表;”。

“单位”字段，显示控件为“组合框”，行来源类型为“值列表”，行来源为[“包”;“袋”;“箱”;“支”;“瓶”;“千克”;“桶”;“打”;“件”;“套”]。

“包装”字段，显示控件为“组合框”，行来源类型为“值列表”，行来源为[“袋装”;“瓶装”;“散装”;“箱装”;“盒装”]。

“供货商”字段，显示控件为“组合框”，行来源类型为“表/查询”，行来源为“SELECT 供货商名称 FROM 供货商;”。

表 14-6　“商品索引表”数据表的字段属性

字段名称	类型	字段大小	字段名称	类型	字段大小
ID	自动编号	长整型	包装	文本	10
商品编号	文本	13	进货单价	货币	
商品名称	文本	15	出售单价	货币	
类别	文本	8	生产厂家	文本	15
型号	文本	10	供货商	文本	15
单位	文本	2			

“商品索引表”数据表结构如图 14-13 所示。

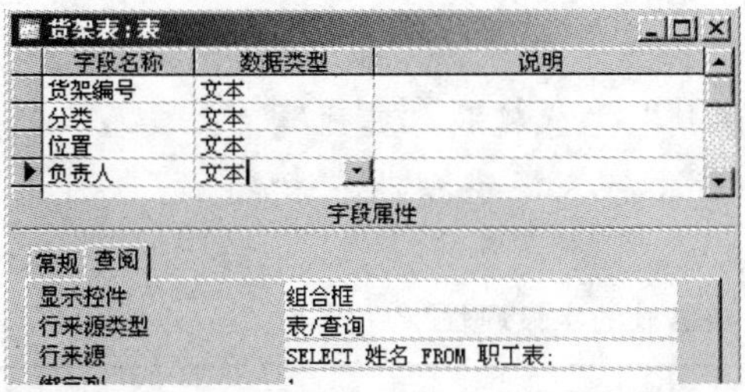

图 14-12　“货架表”数据表结构

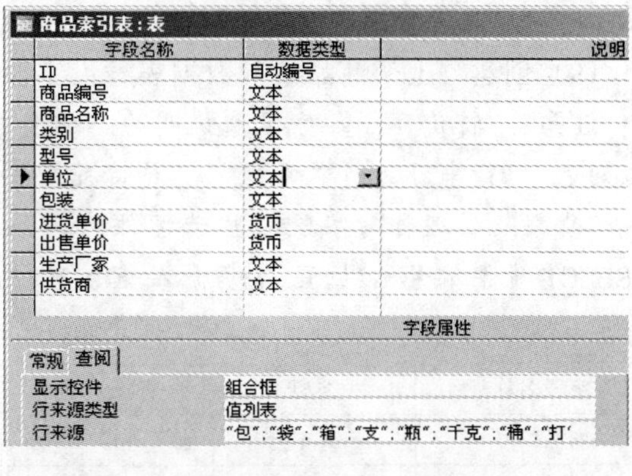

图 14-13　“商品索引表”数据表结构

(7) 创建“进货入仓登记历史表”数据表，字段属性见表 14-7。

注意：“单位”字段，显示控件为“组合框”，行来源类型为“值列表”，行来源为［“包”；“袋”；“箱”；“支”；“瓶”；“千克”；“桶”；“打”；“件”；“套”］。

“供货商”字段，显示控件为“组合框”，行来源类型为“表/查询”，行来源为“SELECT 供货商名称 FROM 供货商;”。

表 14-7　“进货入仓登记历史表”数据表的字段属性

字段名称	类型	字段大小	字段名称	类型	字段大小
进货单编号	文本	10	单价	货币	
商品编号	文本	13	总额	货币	
商品名称	文本	15	生产厂家	文本	15
型号	文本	10	供货商	文本	15
单位	文本	2	操作员	文本	10
数量	数字	长整型	操作日期	日期/时间	

“进货入仓登记历史表”数据表结构如图 14-14 所示。

（8）创建“商品库存表”数据表，字段属性见表 14-8。

表 14-8　“商品库存表”数据表的字段属性

字段名称	类型	字段大小
商品编号	文本	13
库存量	数字	长整型

“商品库存表”数据表结构如图 14-15 所示。

图 14-14　“进货入仓登记历史表”数据表结构

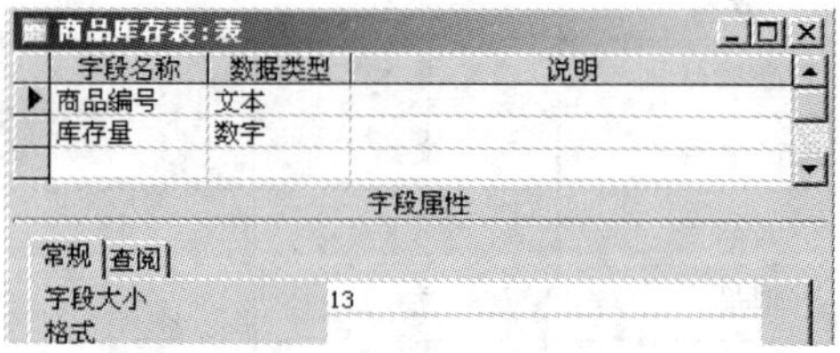

图 14-15　“商品库存表”数据表结构

（9）创建“上架商品表”数据表，设字段属性见表 14-9。

注意：“特价商品”字段，说明为“销售形式”，显示控件为“组合框”，行来源类型为“值列表”，行来源为［“常规”；“特价处理”；“促销”；“代销”；“其他”］。

“货架及管理员”字段，显示控件为“组合框”，行来源类型为“表/查询”，行来源为“SELECT 货架编号 & 位置 & 负责人 FROM 货架表;”。

表 14-9　“上架商品表”数据表的字段属性

字段名称	类型	字段大小	字段名称	类型	字段大小
商品编号	文本	13	单价	货币	
商品名称	文本	15	特价商品	文本	10
数量	数字	长整型	货架及管理员	文本	20

“上架商品表”数据表结构如图 14-16 所示。

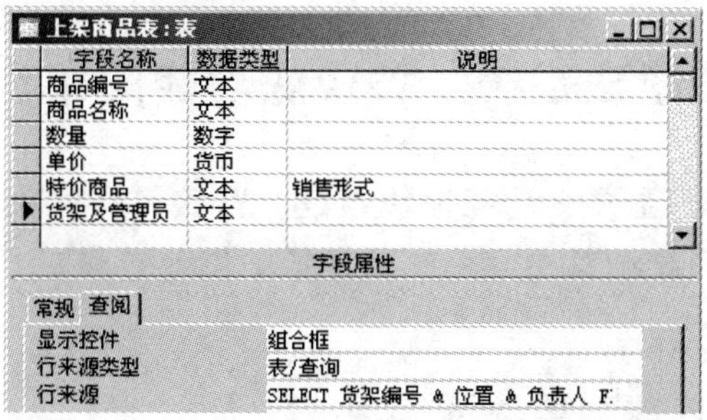

图 14-16　“上架商品表”数据表结构

（10）创建“销售记录表历史表”数据表，设字段属性见表 14-10。

表 14-10　“销售记录表历史表”数据表的字段属性

字段名称	类型	字段大小	字段名称	类型	字段大小
单据号	文本	20	单价	货币	
商品编号	文本	13	总价	货币	
商品名称	文本	15	售出日期时间	日期/时间	
数量	数字	长整型	收银员	文本	13

“销售记录表历史表”数据表结构如图 14-17 所示。

（11）创建“销售记录临时表”数据表，设字段属性见表 14-11。

表 14-11　“销售记录临时表”数据表的字段属性

字段名称	类型	字段大小	字段名称	类型	字段大小
单据号	文本	20	单价	货币	
商品编号	文本	13	总价	货币	
商品名称	文本	15	售出日期时间	日期/时间	
数量	数字	长整型			

“销售记录临时表”数据表结构如图 14-18 所示。

图 14-17　“销售记录表历史表”数据表结构

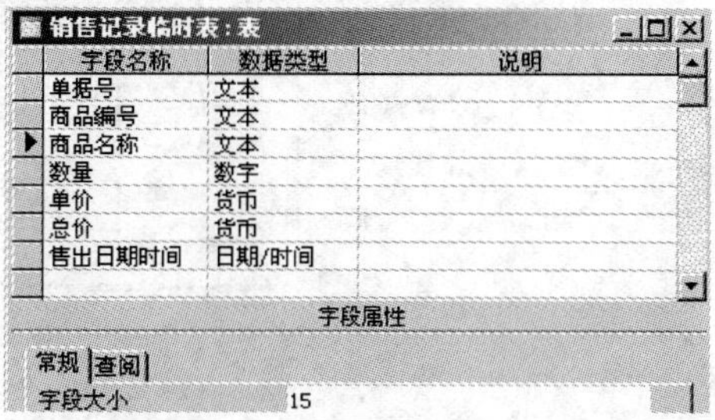

图 14-18　“销售记录临时表”数据表结构

（12）进行以下复制操作，创建 4 个临时表：复制“商品索引表”的结构为“temp 商品索引表”和“temp2 商品索引表”，复制“商品库存表”的结构为“商品库存表 temp”，复制

“上架商品表”的结构为“上架商品表 temp”。至此，系统的数据表创建完成。

14.2 “小超市销售管理系统”各模块功能的实现

“小超市销售管理系统”由多个功能模块组成，其实，在实现各模块的工作中，许多操作重复出现，本节将讲述系统中其中几个主要模块的创建过程，其余一些功能较为简单的模块可参考本书附带的光盘。

14.2.1 “商品索引表管理”模块的实现

创建“商品索引表管理”模块，是为了更科学地管理商品记录，“商品索引表”中存在的商品，就是小超市所有经营的商品记录，并对商品进行编号，采用条形码的技术管理，保证不会出现不明商品被采购进货、无记录商品被顾客选购等错误。

任务 3 创建“商品索引表”窗体

1. 任务要求

实现商品资料记录科学管理的功能。

2. 操作步骤

（1）“商品索引表”窗体的运行效果，如图 14-19 所示，请参考图 14-19 创建该窗体。

（2）在数据库的窗体对象窗口中，采用“使用向导创建窗体”功能创建“商品索引表”窗体，窗体布局为“纵栏表”，窗体必须命名为“商品索引表”，然后，对“商品索引表”进行加工处理。

（3）如图 14-19 所示，改变原控件的位置，添加“矩形”控件，对窗体的属性作部分修改，以达到美化界面的目的。

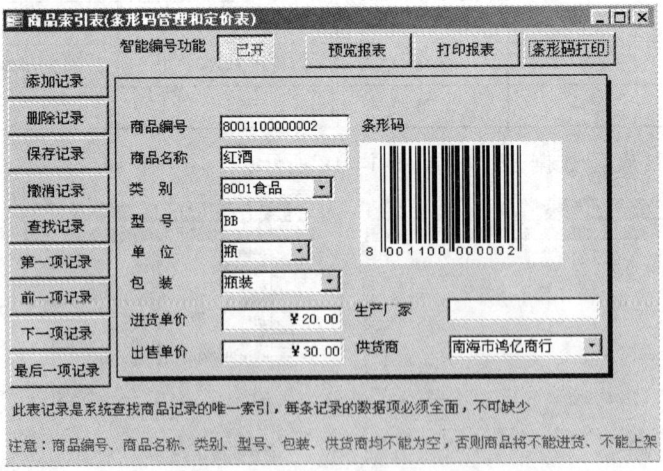

图 14-19 “商品索引表”窗体

（4）使用“按钮向导”功能添加“添加记录”、“删除记录”……“最后一项记录”等九个控件，实现记录的一般管理功能。

（5）允许用户修改其中的出售单价，也即实现了商品定价功能。

(6) 添加“智能编号功能”切换按钮，名称为 ONOFF，标题为“已开”，并添加“更新后”事件，命令代码如下：

```
Private Sub ONOFF_AfterUpdate ()
  If Me.ONOFF = -1 Then
    Me.ONOFF.Caption = "已开"
  Else
    Me.ONOFF.Caption = "已关"
  End If
End Sub
```

(7) 为“类别”组合框添加“更新后”事件，代码如下：

```
Private Sub 类别_AfterUpdate ()
' 当智能编号功能的开关开启时执行以下程序段，实现智能编号，否则人工输入编号
  If Me.ONOFF = -1 Then
    Dim aa As String
  aa = Mid (Me. 类别, 1, 4)
  If Val (aa) > 0 Then
    aa = Trim (aa) & LTrim (Str (100000000 + Me.CurrentRecord))
  Else
    aa = "111" & LTrim (Str (100000000 + Me.CurrentRecord))
  End If  ' 采用当前记录号与商品编号对应，可防止出现重码
    Me. 商品编号 = aa
    Me.Refresh
  End If
End Sub
```

(8) 添加 BarCodeCtrl1 条码控件（在按钮工具栏的“其他控件”工具中可找到），控件来源为“商品编号”事件，实现直观以条形码形式显示商品编号的功能。

(9) 在数据库的报表对象窗口中，创建“商品索引表”报表，记录源为“商品索引表”。

(10) 添加“预览报表”和“打印报表”按钮，实现输出“商品索引表”报表。

(11) “条形码打印”按钮暂时不必添加，该按钮将执行“条形码打印”窗体，在后面的任务中，将讲述创建“条形码打印”窗体。

(12) 至此任务完成，运行“商品索引表”窗体，调试其中的操作功能。

14.2.2　条形码打印功能的实现

在商品管理数据库系统中，打印条形码是必备的功能，将为检索商品记录提高效率。下面，将讲述条形码打印的其中一种方法。

任务 4　创建“条形码打印”窗体

1. 任务要求

掌握条形码打印技术的实现方法。

2. 操作步骤

（1）“条形码打印”窗体的运行效果，如图 14-20 所示，请参考图 14-20 创建该窗体。

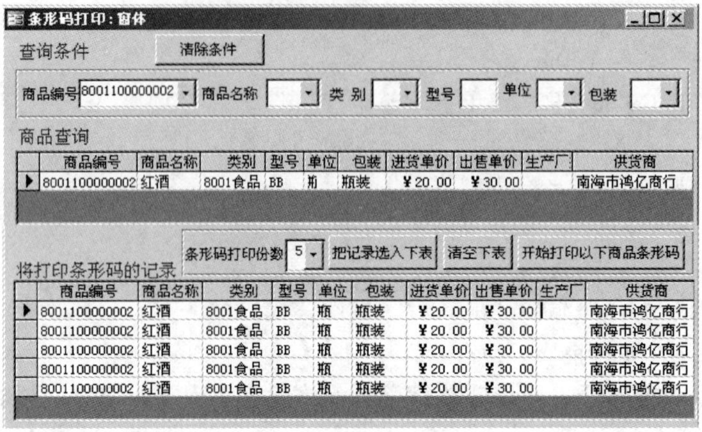

图 14-20　“条形码打印”窗体

（2）添加以下六个控件（实现让用户从商品索引表中查出将要打印条形码的商品记录，确定打印份数后，选入“将打印条形码的记录”列表中）：

1）添加“商品编号”组合框，名称为 DNum，行来源类型为“表/查询”，行来源为“SELECT 商品编号 FROM 商品索引表;”。

2）添加“商品名称”组合框，名称为 DNam，行来源类型为“表/查询”，行来源为“SELECT 商品名称 FROM 商品索引表;”。

3）添加“类别”组合框，名称为 DLei，行来源类型为“表/查询”，行来源为“SELECT 编号 & 类别 FROM 商品分类表;”。

4）添加“型号”文本框，名称为 DType。

5）添加“单位”组合框，名称为 DDanwei，行来源类型为“值列表”，行来源为““包”;“袋”;“箱”;“支”;“瓶”;“千克”;“桶”;“打”;“件”;“套””。

6）添加“包装”组合框，名称为 DBao，行来源类型为“值列表”，行来源为““袋装”;“瓶装”;“散装”;“箱装”;“盒装””。

（3）在数据库的查询对象窗口下，创建“商品索引表查询选择”查询，查询类型为“选择查询”，数据源来自“商品索引表”，包括“商品索引表”的所有字段，各字段的查询条件如下：

1）“商品编号”字段的查询条件为：

Like（IIf（IsNull（［forms］!［条形码打印］!［DNum］），“*”，［forms］!［条形码打印］!［DNum］））

2）“商品名称”字段的查询条件为：

Like（IIf（IsNull（［forms］!［条形码打印］!［DNam］），“*”，［forms］!［条形码打印］!［DNam］））

3）“类别”字段的查询条件为：

Like（IIf（IsNull（［forms］!［条形码打印］!［DLei］），“*”，［forms］!［条形码打印］!［DLei］））

4）“型号”字段的查询条件为：

Like（IIf（IsNull（［forms］！［条形码打印］！［DType］），“＊”，［forms］！［条形码打印］！［DType］））

5）“单位”字段的查询条件为：

Like（IIf（IsNull（［forms］！［条形码打印］！［DDanwei］），“＊”，［forms］！［条形码打印］！［DDanwei］））

6）“包装”字段的查询条件为：

Like（IIf（IsNull（［forms］！［条形码打印］！［DBao］），“＊”，［forms］！［条形码打印］！［DBao］））

（4）在数据库的窗体对象窗口中，创建“商品索引表查询选择”窗体，窗体布局为“数据表”，记录源为“商品索引表查询选择”查询。

（5）添加标题为“商品查询”的子窗体，名称为“商品索引表查询选择”，源对象为“商品索引表查询选择”窗体。

（6）为第（2）步创建的六个控件都添加“更新后”事件，命令代码如下：

```
Docmd.SetWarnings False
  Me.商品索引表查询选择.Requery
Docmd.SetWarnings True
```

（7）添加“清空条件”按钮，并添加“单击”事件，命令代码为：

```
Me.DBao = Null
  Me.DDanwei = Null
  Me.DNam = Null
  Me.DLei = Null
  Me.DNum = Null
  Me.DType = Null
Me.商品索引表查询选择.Requery
```

（8）添加“条形码打印份数”组合框，名称为 DShu，行来源类型为“值列表”，行来源为“1；5；10；20；50；100；200”。

（9）在数据库的窗体对象窗口中，创建“条形码窗体”窗体，窗体布局为“数据表”，记录源为“Temp 商品索引表”查询。

（10）添加标题为“将打印条形码的记录”的子窗体，名称为“条形码窗体”，源对象为“条形码窗体”窗体。

（11）在数据库查询对象窗口中，创建“商品索引表查询选择追加”查询，查询类型为“追加查询”，源数据来自“商品索引表查询选择”查询，追加到“Temp 商品索引表”数据表，源字段与目标字段的追加关系如下（前者为源）：

注意：“Temp 商品索引表”与“商品索引表”的结构一样，可通过复制生成。

1）“商品编号”字段追加到“商品编号”字段。

2）“商品名称”字段追加到“商品名称”字段。

3）“类别”字段追加到“类别”字段。

4）“型号”字段追加到“型号”字段。

5）“单位”字段追加到“单位”字段。

6）“包装”字段追加到“包装”字段。

7）“进货单价”字段追加到“进货单价”字段。

8）“出售单价”字段追加到“出售单价”字段。

9）“生产厂家”字段追加到“生产厂家”字段。

10）“供货商”字段追加到“供货商”字段。

(12) 添加“把记录选入下表”按钮，并添加“单击”事件，命令代码为：

```
Docmd.SetWarnings False
If Me.DShu > 0 Then
For I = 1 To Me.DShu
  Docmd.OpenQuery“商品索引表查询选择追加”
Next I
Else
  MsgBox“请确认打印的份数”, 0,“提示”
End If
  Me.条形码窗体.Requery
  Docmd.SetWarnings True
```

(13) 添加“清空下表”按钮，并添加“单击”事件，命令代码为：

```
Docmd.SetWarnings False
Docmd.RunSQL“delete from Temp 商品索引表”
Me.条形码窗体.Requery
Docmd.SetWarnings True
```

(14) 在数据库的窗体对象窗口中，创建“条形码”窗体，记录源为“temp 商品索引表”数据表，在窗体中添加 BarCodeCtrl0 控件，控件来源为“商品编号”，调整 BarCodeCtrl0控件的大小充满整个窗体，窗体与条形码的大小尽可能相同，如图 14-21 所示。

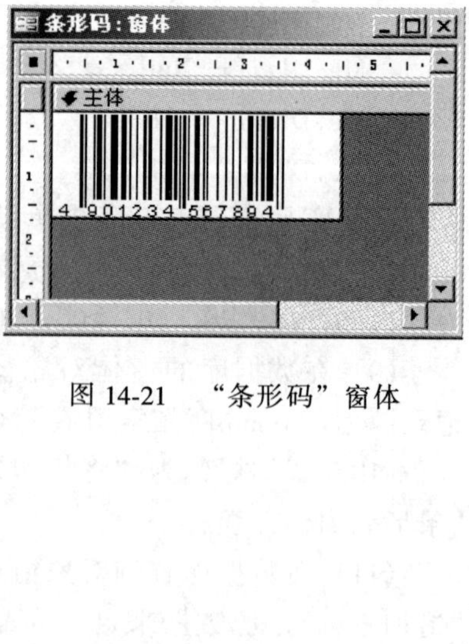

图 14-21 “条形码”窗体

(15) 使用按钮向导功能，在“条形码打印”窗体中添加“开始打印以下商品条形码”按钮，执行打印“条形码”窗体的功能。

(16) 至此，“条形码打印”窗体创建完成。

14.2.3 “商品进货入仓登记”模块的实现

采购员采购商品后，为了让超市信息管理员能随时查询、管理商品记录信息，首先必须把商品信息记录到库存表中，这一功能由“商品进货入仓登记”窗体实现。

任务5 创建“商品进货入仓登记”窗体

1. 任务要求

实现商品资料记入库存表的功能。

2．操作步骤

（1）“商品进货入仓登记”窗体的运行效果，如图 14-22 所示，请参考图 14-22 创建该窗体，窗体必须命名为“商品进货入仓登记”。

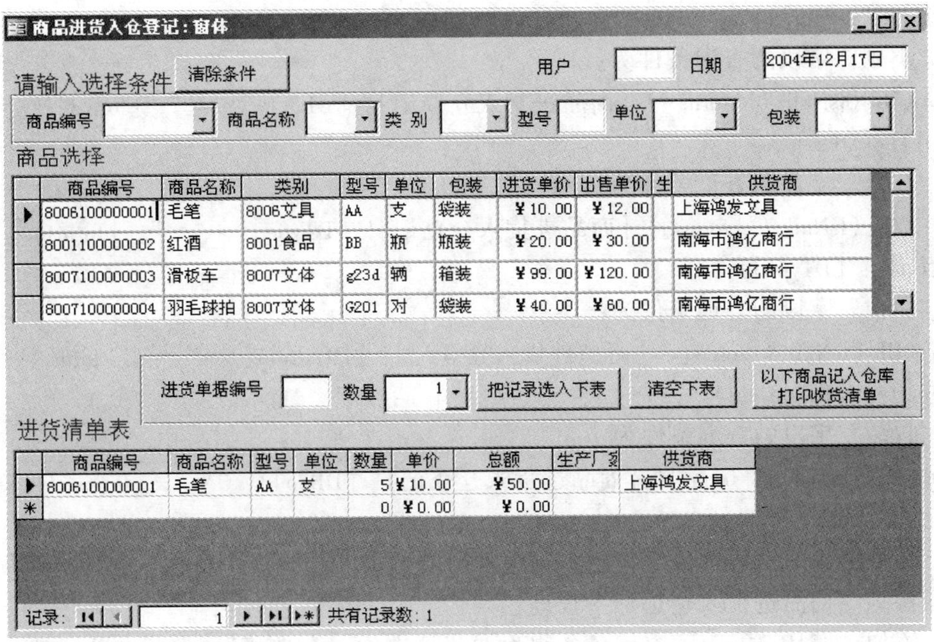

图 14-22　“商品进货入仓登记”窗体

（2）添加“用户”文本框，名称为 Tuser，供显示当前工作的用户名称。

（3）添加“日期”文本框，名称为 TDate，供显示当前日期。

（4）添加以下 6 个控件（实现让用户从商品索引表中查出将要进货的商品记录，确定数量后，选入进货清单）：

1）添加“商品编号”组合框，名称为 DNum，行来源类型为“表/查询”，行来源为“SELECT 商品编号 FROM 商品索引表;”。

2）添加“商品名称”组合框，名称为 DNam，行来源类型为“表/查询”，行来源为“SELECT 商品名称 FROM 商品索引表;”。

3）添加“类别”组合框，名称为 DLei，行来源类型为“表/查询”，行来源为“SELECT 编号 & 类别 FROM 商品分类表;”。

4）添加“型号”文本框，名称为 DType。

5）添加“单位”组合框，名称为 DDanwei，行来源类型为“值列表”，行来源为““包”;“袋”;“箱”;“支”;“瓶”;“千克”;“桶”;“打”;“件”;“套””。

6）添加“包装”组合框，名称为 DBao，行来源类型为“值列表”，行来源为““袋装”;“瓶装”;“散装”;“箱装”;“盒装””。

（5）在数据库的查询对象窗口下，创建“商品进货入仓选择”查询，查询类型为“选择查询”，数据源来自“商品索引表”，包括“商品索引表”的所有字段，各字段的查询条件如下：

1）“商品编号”字段的查询条件为：

Like (IIf (IsNull ([forms]! [商品进货入仓登记]! [DNum]), “*”, [forms]! [商品进货

入仓登记]! [DNum]))

2)“商品名称”字段的查询条件为:

Like (IIf (IsNull ([forms]! [商品进货入仓登记]! [DNam]), “*”, [forms]! [商品进货入仓登记]! [DNam]))

3)“类别”字段的查询条件为:

Like (IIf (IsNull ([forms]! [商品进货入仓登记]! [DLei]), “*”, [forms]! [商品进货入仓登记]! [DLei]))

4)“型号”字段的查询条件为:

Like (IIf (IsNull ([forms]! [商品进货入仓登记]! [DType]), “*”, [forms]! [商品进货入仓登记]! [DType]))

5)“单位”字段的查询条件为:

Like (IIf (IsNull ([forms]! [商品进货入仓登记]! [DDanwei]), “*”, [forms]! [商品进货入仓登记]! [DDanwei]))

6)“包装”字段的查询条件为:

Like (IIf (IsNull ([forms]! [商品进货入仓登记]! [DBao]), “*”, [forms]! [商品进货入仓登记]! [DBao]))

(6) 在数据库的窗体对象窗口中，创建“商品进货入仓选择”窗体，窗体的布局为数据表，记录源为“商品进货入仓选择”查询。

(7) 添加“商品选择”子窗体，名称为“商品进货入仓选择”，源对象为“商品进货入仓选择”窗体。

(8) 为第 (4) 步创建的六个控件都添加“更新后”事件，命令代码如下:

```
Docmd.SetWarnings False
  Me. 商品地进货入仓选择 .Requery
Docmd.SetWarnings True
```

(9) 添加“清空条件”按钮，并添加“单击”事件，命令代码为:

```
Me.DBao = Null
  Me.DDanwei = Null
  Me.DNam = Null
  Me.DLei = Null
  Me.DNum = Null
  Mc.DType = Null
Me. 商品进货入仓选择 .Requery
```

(10) 添加“进货单据编号”文本框，名称为 TDNumber，供用户输入进货单据编号。

(11) 添加“数量”组合框，名称为 DShu，供用户输入每种商品进货时的数量。

(12) 在数据库查询对象窗口中，创建“商品进货入仓选择追加”查询，查询类型为“追加查询”，源数据来自“商品进货入仓选择”查询，追加到“Temp2 商品索引表”数据表，源字段与目标字段的追加关系如下 (前者为源):

注意:“Temp2 商品索引表”与“商品索引表”的结构一样，可采用复制生成。

1)“商品编号”字段追加到“商品编号”字段。

2）“商品名称”字段追加到“商品名称”字段。

3）“型号”字段追加到“型号”字段。

4）“单位”字段追加到“单位”字段。

5）“进货单价”字段追加到“单价”字段。

6）“表达式 1：forms！商品进货入仓登记！Dshu”追加到“数量”字段。

7）“生产厂家”字段追加到“生产厂家”字段。

8）“供货商”字段追加到“供货商”字段。

9）“表达式 2：forms！商品进货入仓登记！DShu * ［进货单价］”字段追加到“总额”字段。

（13）在数据库的窗体对象窗口中，创建“进货清单表”窗体，窗体布局为“数据表”，记录源为“Temp2 商品索引表”数据表。

（14）添加标题为“进货清单表”的子窗体，名称为“进货清单表”，源对象为“进货清单表”窗体。

（15）添加“把记录选入下表”按钮，并添加“单击”事件，命令代码为：

```
Docmd.SetWarnings False
If Me.DShu > 0 Then
  Docmd.OpenQuery“商品进货入仓选择追加”
Else
  MsgBox“请确认进货数量”，0，“提示”
End If
  Me.进货清单表.Requery
  Docmd.SetWarnings True
```

（16）添加“清空下表”按钮，并添加“单击”事件，命令代码为：

```
Docmd.SetWarnings False
  Docmd.RunSQL“delete from Temp2 商品索引表”
  Me.进货清单表.Requery
Docmd.SetWarnings True
```

（17）在数据库查询对象窗口中，创建“商品进货入仓记录”查询，查询类型为“追加查询”，源表来自“Temp2 商品索引表”数据表，追加到“商品库存表”数据表，源字段与目标字段的追加关系如下（前者为源）：

1）“商品编号”字段追加到“商品编号”字段。

2）“数量”字段追加到“库存量”字段。

（18）在数据库查询对象窗口中，创建“商品进货入仓保留历史记录”查询，查询类型为“追加查询”，源表来自“Temp2 商品索引表”数据表，追加到“进货入仓登记历史表”数据表，源字段与目标字段的追加关系如下（前者为源）：

1）“商品编号”字段追加到“商品编号”字段。

2）“商品名称”字段追加到“商品名称”字段。

3）“型号”字段追加到“型号”字段。

4）“单位”字段追加到“单位”字段。

5）“数量”字段追加到“数量”字段。

6）“单价”字段追加到“单价”字段。

7）“总额”字段追加到“总额”字段。

8）“生产厂家”字段追加到“生产厂家”字段。

9）“供货商”字段追加到“供货商”字段。

10）“表达式 1：forms！商品进货入仓登记！TDnumber”追加到“进货单编号”字段。

11）“表达式 2：forms！商品进货入仓登记！Tuser”追加到“操作员”字段。

12）“表达式 3：Now（）”追加到“操作日期”字段。

（19）添加“以下商品记入仓库”按钮，并添加“单击”事件，命令代码为：

```
Docmd.SetWarnings False
If IsNull（Me.TDNumber）Then
  MsgBox“请填入进货单据编号”，0，“提示”
Else
  Docmd.OpenQuery“商品进货入仓记录”
  Docmd.OpenQuery“商品进货入仓保留历史记录”
  Docmd.RunSQL“delete from Temp2 商品索引表”
  Me. 进货清单表 .Requery
  MsgBox“商品已存入库存表”，0，“提示”
End If
Docmd.SetWarnings True
```

（20）为获取登录时的用户名，为窗体添加“加载”事件，命令代码如下：

```
Private Sub Form_Load（）
  Me.Worker = Superuser
End Sub
```

（21）至此，创建“商品进货入仓登记”窗体任务完成，保存窗体，运行窗体，调试其中的操作功能是否完善。

14.2.4 “商品上架”模块的实现

商品在仓库存放，顾客并不能直接购买，为了能让顾客直接选购，必须把商品摆放在货架上，同时必须在商品的显眼处贴上条形码标签。在商品数据的管理中，必须设有上架商品表，上架的商品记录必须从库存表转移到上架商品表，此功能由“商品上架”窗体实现。

任务 6 创建“商品上架”窗体

1. 任务要求

实现上架商品记录从库存表到上架商品表的追加。

2. 操作步骤

（1）“商品上架”窗体的运行效果如图 14-23 所示，请参考图 14-23 创建该窗体，窗体必须命名为“商品上架”。

（2）添加以下 5 个控件（实现让用户从库存表中查出将要上架的商品记录，确定数量

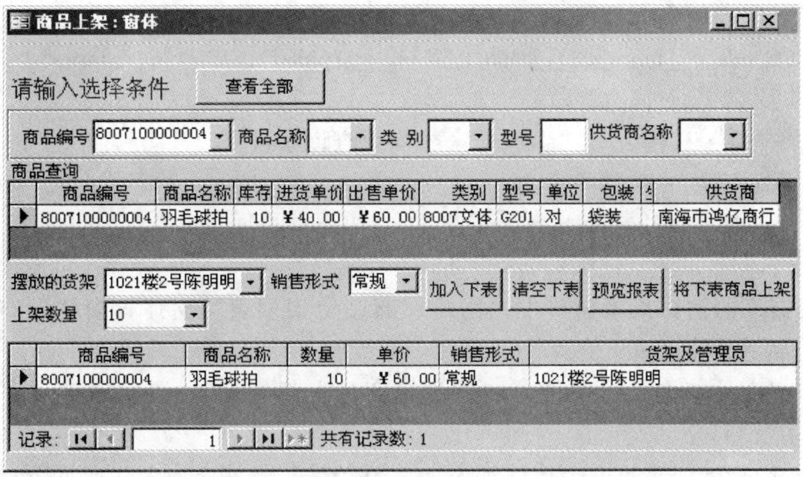

图 14-23　“商品上架”窗体

后，选入将上架商品记录清单)：

1）添加“商品编号”组合框，名称为 DNum，行来源类型为“表/查询”，行来源为“SELECT 商品编号 FROM 商品索引表;”。

2）添加“商品名称”组合框，名称为 DNam，行来源类型为“表/查询”，行来源为“SELECT 商品名称 FROM 商品索引表;”。

3）添加“类别”组合框，名称为 DLei，行来源类型为“表/查询”，行来源为“SELECT 编号 & 类别 FROM 商品分类表;”。

4）添加“型号”文本框，名称为 DType。

5）添加“供货商名称”组合框，名称为 DDanwei，行来源类型为“表/查询”，行来源为“SELECT 供货商名称 FROM 供货商;”。

(3) 在数据库的查询对象窗口下，创建“商品上架”查询，查询类型为“选择查询”，设置“总计”功能，数据源来自“库存表”和“商品索引表”，“库存表”与“商品索引表”以“商品编号”建立关系，选取的字段中，“商品编号”与“库存量总计”来自“库存表”，其余的均来自“商品索引表”，字段设置如下（没提及的设置均采用默认值）：

1）“商品编号”字段，排序为“升序”，查询条件为：

Like (IIf (IsNull ([forms]! [商品上架]! [DNum]), “*”, [forms]! [商品上架]! [DNum]))

2）“商品名称”字段的查询条件为：

Like (IIf (IsNull ([forms]! [商品上架]! [DNam]), “*”, [forms]! [商品上架]! [DNam]))

3）字段“库存量总计：库存量”，总计为“总计”，无查询条件。

4）字段“进货单价平均值：进货单价”，总计为“平均值”，无查询条件。

5）字段“出售单价”，无查询条件。

6）“类别”字段的查询条件为：

Like (IIf (IsNull ([forms]! [商品上架]! [DLei]), “*”, [forms]! [商品上架]! [DLei]))

7）“型号”字段的查询条件为：

Like(IIf (IsNull ([forms]! [商品上架]! [DType]), “ * ”, [forms]! [商品上架]! [DType]))

8）字段“单位”、“包装”、“生产厂家”均无查询条件。

9）“供货商”字段的查询条件为：

Like(IIf (IsNull ([forms]! [商品上架]! [DDanwei]), “ * ”, [forms]! [商品上架]! [DDanwei]))

（4）在数据库的窗体对象窗口中，创建“商品上架列表”窗体，窗体的布局为数据表，记录源为“商品上架”查询。

（5）添加“商品查询”子窗体，名称为“商品上架查询”，源对象为“商品上架列表”窗体。

（6）为第（2）步创建的五个控件都添加“更新后”事件，命令代码如下：

```
Docmd.SetWarnings False
  Me. 商品上架查询 .Requery
Docmd.SetWarnings True
```

（7）添加“摆放的货架”组合框，名称为 Djia，行来源类型“表/查询”，行来源“SELECT 货架编号 & 位置 & 负责人 FROM 货架表;”。

（8）添加“销售形式”组合框，名称为 DSale，行来源类型“表/查询”，行来源““常规”；“特价处理”；“促销”；“代销”；“其他””。

（9）添加“上架数量”组合框，名称为 DShu，行来源类型“表/查询”，行来源“10；20；30；50；100”。

（10）在数据库的窗体对象窗口中，创建“商品上架 Temp”窗体，窗体的布局为数据表，记录源为“商品上架 Temp”数据表。

（11）添加“商品上架 TEMP”子窗体，源对象为“商品上架 TEMP”窗体。

（12）在数据库查询对象窗口中，创建“商品上架选择”查询，查询类型为“追加查询”，源表来自“商品上架”查询，追加到“上架商品表 TEMP”数据表，源字段与目标字段的追加关系如下（前者为源）：

1）“商品编号”字段追加到“商品编号”字段。

2）“商品名称”字段追加到“商品名称”字段。

3）“表达式 1：forms！商品上架！DShu”追加到“数量”字段。

4）“出售单价”字段追加到“单价”字段。

5）“表达式 2：forms！商品上架！Djia”追加到“货架及管理员”字段。

6）“表达式 3：forms！商品上架！DSale”追加到“特价商品”字段。

（13）添加“加入下表”按钮，并添加“单击”事件，命令代码为：

```
Docmd.SetWarnings False
If IsNull (Me.Djia) Then
  MsgBox“请选定摆放的货架”, 0,“提示”
  GoTo err
End If
```

```
If IsNull (Me.DSale) Then
  MsgBox“请选定销售形式”, 0,“提示”
  GoTo err
End If
If IsNull (Me.DShu) Then
  MsgBox“请确定上架的数量”, 0,“提示”
  GoTo err
End If
  Docmd.OpenQuery“商品上架选择”
  Me. 商品上架 TEMP.Requery
  Docmd.SetWarnings True
err:
```

（14）添加“清空下表”按钮，并添加“单击”事件，命令代码为：

```
Docmd.SetWarnings False
  Docmd.RunSQL“delete from 上架商品表 TEMP”
  Me. 商品上架 TEMP.Requery
Docmd.SetWarnings True
```

（15）在数据库的报表对象窗口中，创建“商品上架 Temp”报表，记录源为“商品上架 Temp”数据表。

（16）添加“预览报表”按钮，实现预览“商品上架 Temp”报表的功能。

（17）在数据库查询对象窗口中，创建“商品上架数量处理”查询，查询类型为“更新查询”，源表来自“商品上架 Temp”数据表，更新对象表为“库存表”数据表，进行以下字段更新设置：

“库存量”字段，更新到为“商品库存表！库存量 - 上架商品表 TEMP！数量”，更新条件为“［商品库存表］!［商品编号］ = ［上架商品表 TEMP］!［商品编号］”。

（18）在数据库查询对象窗口中，创建“商品上架完成”查询，查询类型为“追加查询”，源表来自“商品上架 Temp”数据表，追加到“上架商品表”数据表，源字段与目标字段的追加关系如下（前者为源）：

1）“商品编号”字段追加到“商品编号”字段。

2）“商品名称”字段追加到“商品名称”字段。

3）“数量”字段追加到“数量”字段。

4）“单价”字段追加到“单价”字段。

5）“特价商品”字段追加到“特价商品”字段。

6）“货架及管理员”字段追加到“货架及管理员”字段。

（19）添加“将下表商品上架”按钮，并添加“单击”事件，命令代码为：

```
Docmd.SetWarnings False
  Docmd.OpenQuery“商品上架数量处理”
  Docmd.OpenQuery“商品上架完成”
  Docmd.RunSQL“delete from 上架商品表 TEMP”
```

```
  Me.商品上架TEMP.Requery
Docmd.SetWarnings True
```

(20) 本任务操作完成，运行“商品上架”窗体，调试其中的操作功能是否完善。

14.2.5 “收银平台”模块的实现

收银员通过“收银平台”窗体进行工作，该窗体提供准确检索顾客的选购商品记录的功能，为收银员校对商品实物与商品记录是否相同提供信息。同时实现允许顾客一次购买多件商品、自动计算所购物品的总额、保存销售记录等功能。

任务7 创建“收银平台”窗体

1. 任务要求

实现收银员销售收银的功能。

2. 操作步骤

(1) “收银平台”窗体的运行效果如图 14-24 所示，请参考图 14-24 创建该窗体，窗体的记录源为“销售记录临时表”，窗体的名称为“收银平台”。

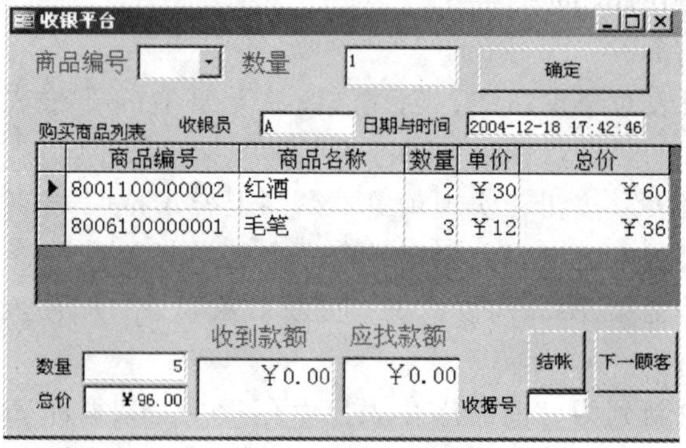

图 14-24 “收银平台”窗体

(2) 添加“商品编号”组合框，名称为 TradeName，行来源类型为“表/查询”，行来源为“SELECT 上架商品表 . 商品编号 FROM 上架商品表;”，并添加“键按下”事件，命令代码如下：

```
Private Sub TradeName_KeyDown (KeyCode As Integer, Shift As Integer)
Select Case KeyCode
Case 40
  Me.Tradename.Dropdown
Case 37
  Me.shoushu.SetFocus
End Select
End Sub
```

(3) 添加“数量”文本框，名称为 Shu，默认值为 1。

(4) 添加“收银员”文本框，名称为 Worker，实现显示用户名的功能。

(5) 添加“日期与时间”文本框，名称为 Tradetime，默认值为 = Now ()，实现显示当前日期与时间的功能。

(6) 在数据库的窗体对象窗口中，创建“销售记录临时表”窗体，窗体的布局为数据表，记录源为“销售记录临时表”数据表。

(7) 添加标题为“购买商品列表”子窗体，名称为“购买商品列表”，源对象为“销售记录临时表”窗体。

(8) 在数据库查询对象窗口中，创建“收银平台查询商品”查询，查询类型为“追加查询”，源表来自“商品上架表”数据表，设置“总计”功能，追加到“销售记录临时表”数据表，各字段的设置如下（前者为源）：

1)“商品编号”字段追加到“商品编号”字段，条件为“Like ([forms]! [收银平台]! [tradename])”。

2)“商品名称”字段追加到“商品名称”字段。

3)“单价”字段追加到“单价”字段。

4)“表达式 1: forms! 收银平台! shu”追加到“数量”字段。

(9) 添加“确定”按钮，添加两个事件。

1) 添加“键按下”事件，命令代码如下：

```
If KeyCode = 40 Then
  Me.shoushu.SetFocus
End If          ' 如果按下向右方向键“→”，文本框 shoushu 获得焦点
```

2) 添加“单击”事件，命令代码如下：

```
Docmd.SetWarnings False
  Docmd.OpenQuery“收银平台查询商品”
  yj =“update 销售记录临时表 set 总价 = 数量 * 单价”    ' 计算被选取商品的总价
  Docmd.RunSQL yj
  Me.购买商品列表 .Requery    ' 刷新窗体中的商品列表中的记录
  Me.Shu = 1
  Me.Tradename = “”
  Me.Requery
Docmd.SetWarnings True
```

(10) 添加名称为“数量”的文本框，控件来源为“= Sum ([数量])”，格式为“货币”。

注意： 在这之前必须设置窗体的记录源为“销售记录临时表”。

(11) 添加名称为“总价”的文本框，控件来源为“= Sum ([总价])”，格式为“货币”。

注意： 在这之前必须设置窗体的记录源为“销售记录临时表”。

(12) 添加“收到款额”文本框，名称为 shoushu，格式为“货币”，小数位为 2。

(13) 添加“应找款额”文本框，名称为 zaoshu，格式为“货币”，小数位为 2。

(14) 添加标题为“收据号”文本框，名称为 StDanNum。

(15) 在数据库的查询对象窗口下，创建“收银平台结帐”查询，查询类型为“追加查

询”，源表来自“销售记录临时表”数据表，追加到“销售记录表历史表”数据表，各字段的设置如下（前者为源）：

1）“商品编号”字段追加到“商品编号”字段。

2）“商品名称”字段追加到“商品名称”字段。

3）“数量”字段追加到“数量”字段。

4）“单价”字段追加到“单价”字段。

5）“总价”字段追加到“总价”字段。

6）“表达式 1：Forms！收银平台 .worker”追加到“收银员”字段。

7）“表达式 2：Now（）”追加到“售出日期时间”字段。

8）“表达式 3：Forms！收银平台 .stdannum”追加到“单据号”字段。

（16）在数据库查询对象窗口中，创建“收银结帐商品数管理”查询，查询类型为“更新查询”，源表为“上架商品表”数据表和“销售记录临时表”数据表，更新对象表为“上架商品表”数据表，进行以下字段更新设置：

“数量”字段，更新到为“上架商品表！数量 - 销售记录临时表！数量”，更新条件为“[上架商品表]！[商品编号] = [销售记录临时表]！[商品编号]”。

（17）添加“结帐”按钮，设置“单击”事件，命令代码如下：

```
Docmd.SetWarnings False
Docmd.OpenQuery“收银平台结帐”
Docmd.OpenQuery“收银结帐商品数管理”
NextGuest.SetFocus
Docmd.SetWarnings True
```

（18）添加“下一顾客”按钮，设置“单击”事件，命令代码如下：

```
Docmd.SetWarnings False
Docmd.RunSQL“delete from 销售记录临时表”
Me.shoushu = 0
Me.zaoshu = 0
Me.购买商品列表 .Requery
Me.Shu = 1
Me.Tradename = “”
Me.Requery
Me.Cache.Enabled = True
Docmd.SetWarnings True
’实现操作界面恢复开始状态，为进行下一个顾客的收银工作准备
```

（19）为获取登录时的用户名，为窗体添加“加载”事件，命令代码如下：

```
Private Sub Form_Load（）
  Me.Worker = Superuser
End Sub
```

（20）本任务操作完成，运行“收银平台”窗体，调试其中的操作功能是否完善。

14.2.6　“商品库存查询”模块的实现

超市的经理要准确的了解库存商品的数量、总价等，就必须查阅到仓库中的所有商品信息，此功能通过“商品库存查询”窗体实现。

任务 8　创建“商品库存查询”窗体

1. 任务要求

实现商品库存资料的查询功能。

2. 操作步骤

(1)“商品库存查询”窗体的运行效果如图 14-25 所示，请参考图 14-25 创建该窗体，窗体必须命名为“商品库存查询”。

(2) 添加以下五个控件（允许用户输入查询条件）：

1）添加“商品编号”组合框，名称为 DNum，行来源类型为“表/查询”，行来源为“SELECT 商品编号 FROM 商品索引表;”。

2）添加“商品名称”组合框，名称为 DNam，行来源类型为“表/查询”，行来源为“SELECT 商品名称 FROM 商品索引表;”。

3）添加“类别”组合框，名称为 DLei，行来源类型为“表/查询”，行来源为“SELECT 编号 & 类别 FROM 商品分类表;”。

4）添加“型号”文本框，名称为 DType。

5）添加“供货商名称”组合框，名称为 DDanwei，行来源类型为“表/查询”，行来源为“SELECT 供货商名称 FROM 供货商;”。

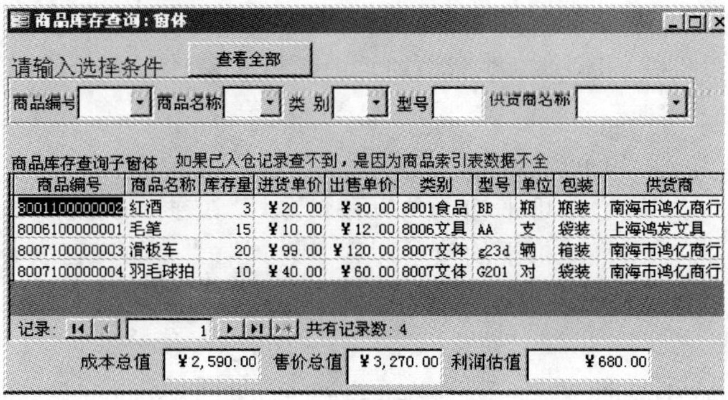

图 14-25　“商品库存查询”窗体

(3) 在数据库的查询对象窗口下，创建“商品库存表查询”查询，查询类型为“选择查询”，设置“总计”功能，数据源来自“库存表”和“商品索引表”，“库存表”与“商品索引表”以“商品编号”建立关系，选取的字段中，“商品编号”与“库存量总计”来自“库存表”，其余的均来自“商品索引表”，字段设置如下（没提及的设置均采用默认值）：

1）“商品编号”字段，查询条件为：

Like (IIf (IsNull ([forms]! [商品库存查询]! [DNum]), “*”, [forms]! [商品库存查询]! [DNum]))

2）“商品名称”字段的查询条件为：

Like (IIf (IsNull ([forms]! [商品上架]! [DNam]), “*”, [forms]! [商品上架]! [DNam]))

3）字段“库存量总计：库存量”，总计为“总计”，无查询条件。

4）字段“进货单价平均值：进货单价”，总计为“平均值”，无查询条件。

5）字段“出售单价平均值：出售单价”，总计为“平均值”，无查询条件。

6）“类别”字段的查询条件为：

Like (IIf (IsNull ([forms]! [商品库存查询]! [DLei]), “*”, [forms]! [商品库存查询]! [DLei]))

7）“型号”字段的查询条件为：

Like (IIf (IsNull ([forms]! [商品库存查询]! [DType]), “*”, [forms]! [商品库存查询]! [DType]))

8）字段“单位”、“包装”、“生产厂家”均无查询条件。

9）“供货商”字段的查询条件为：

Like (IIf (IsNull ([forms]! [商品库存查询]! [DDanwei]), “*”, [forms]! [商品库存查询]! [DDanwei]))

(4) 在数据库的窗体对象窗口中，创建“商品库存查询子窗体”窗体，窗体的布局为数据表，记录源为“商品库存表查询”查询。

(5) 添加标题为“商品库存查询子窗体”子窗体，名称为“商品库存表查询”，源对象为“商品库存查询子窗体”窗体。

(6) 添加标题为“成本总值”文本框，名称为 Te1。

(7) 添加标题为“售价总值”文本框，名称为 Te2。

(8) 添加标题为“利润估润”文本框，名称为 Te3。

(9) 为第 (2) 步创建的五个控件都添加“更新后”事件，命令代码如下：

```
Docmd.SetWarnings False
Me. 商品库存表查询 .Requery
Me.Te1 = DSum ( “进货单价平均值 * 库存量总计”, “商品库存表查询”, “”)
Me.Te2 = DSum ( “出售单价平均值 * 库存量总计”, “商品库存表查询”, “”)
Me.Te3 = Me.Te2 - Me.Te1
Me.Refresh
Docmd.SetWarnings True
```

(10) 添加“查看全部”按钮，并设置“单击”事件，命令代码如下：

```
Me.DDanwei = Null
Me.DNam = Null
Me.DLei = Null
Me.DNum = Null
Me.DType = Null
Me. 商品库存表查询 .Requery
Me.Te1 = DSum ( “进货单价平均值 * 库存量总计”, “商品库存表查询”, “”)
Me.Te2 = DSum ( “出售单价平均值 * 库存量总计”, “商品库存表查询”, “”)
```

```
Me.Te3 = Me.Te2 - Me.Te1
Me.Refresh
```

（11）本任务创建完成，运行“商品库存查询”窗体，调试其中的操作功能是否完善。

14.2.7　“销售记录查询结果”模块的实现

超市的经理要准确的了解商品的销售情况，就必须查阅销售记录的信息，此功能通过“销售记录查询”窗体实现。

任务 9　创建“销售记录查询”窗体

1. 任务要求

实现查询销售记录资料的查询功能。

2. 操作步骤

（1）“销售记录查询”窗体的运行效果如图 14-26 所示，请参考图 14-26 创建该窗体，窗体必须命名为“销售记录查询”。

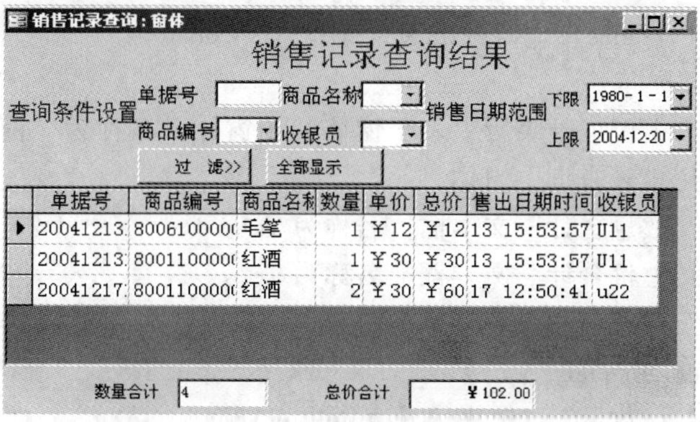

图 14-26　“销售记录查询”窗体

（2）添加用于输入查询条件的控件（允许用户输入查询条件）：

1）添加“单据号”文本框，名称为 StDanNum。

2）添加“商品编号”组合框，名称为 StNumber，行来源类型为“表/查询”，行来源为“SELECT 商品索引表 . 商品编号 FROM 商品索引表;”。

3）添加“商品名称”组合框，名称为 STName，行来源类型为“表/查询”，行来源为“SELECT 商品索引表 . 商品名称 FROM 商品索引表;”。

4）添加“收银员”组合框，名称为 StWorker，行来源类型为“表/查询”，行来源为“SELECT 职工表 . 姓名 FROM 职工表;”。

5）添加两个 Microsoft Date And Time Picker Control 控件，在控件工具栏的“其他控件”工具中可找到，名称依次设为 StDT1 和 StDT2，作为输入销售日期范围的下限和上限。

（3）在数据库的查询对象窗口下，创建“销售记录表历史表查询”查询，查询类型为“选择查询”，数据源来自“销售记录表历史表”数据表，字段设置如下（没提及的设置均采用默认值）：

1）“单据号”字段，查询条件为：

Like (IIf (IsNull ([forms]! [销售记录查询]! [StDanNum]), " * ", [forms]! [销售记录查询]! [StDanNum] & " * "))

2)"商品编号"字段，查询条件为：

Like (IIf (IsNull ([forms]! [销售记录查询]! [StNumber]), " * ", [forms]! [销售记录查询]! [StNumber] & " * "))

3)"商品名称"字段的查询条件为：

Like (IIf (IsNull ([forms]! [销售记录查询]! [StName]), " * ", [forms]! [销售记录查询]! [StName] & " * "))

4) 字段"数量"、"单价"、"总价"，均无查询条件。

5)"售出日期时间"字段，查询条件为：

Between IIf (IsNull ([forms]! [销售记录查询]! [StDT1]), # 1900 - 12 - 30 # , [forms]! [销售记录查询]! [StDT1]) And IIf (IsNull ([forms]! [销售记录查询]! [StDT2]), # 2010 - 12 - 30 # , [forms]! [销售记录查询]! [StDT2])

6)"收银员"字段，查询条件为：

Like (IIf (IsNull ([forms]! [销售记录查询]! [StWorker]), " * ", [forms]! [销售记录查询]! [StWorker] & " * "))

(4) 添加标题为"销售记录表历史表子窗体"子窗体，名称为"商品库存表查询"，记录源为"销售记录表历史表查询"窗体。

(5) 添加标题为"数量合计"文本框，名称为 Te1。

(6) 添加标题为"总价合计"文本框，名称为 Te2。

(7) 添加"过滤"按钮，并设置"单击"事件，命令代码如下：

```
Me.销售记录查询 .Requery
Me.Te1 = DSum ( "数量", "销售记录表历史表查询", "")
Me.Te2 = DSum ( "总价", "销售记录表历史表查询", "")
Me.Refresh
```

(8) 添加"全部显示"按钮，并设置"单击"事件，命令代码如下：

```
Me.StDT1 = DateValue ( "1980 - 1 - 1")
Me.StDT2 = Now + 1
Me.StDanNum = Null
Me.StName = Null
Me.StNumber = Null
Me.StWorker = Null
Me.销售记录查询 .Requery
Me.Te1 = DSum ( "数量", "销售记录表历史表查询", "")
Me.Te2 = DSum ( "总价", "销售记录表历史表查询", "")
Me.Refresh
```

(9) 添加必要的标签控件，设置各控件在窗体中的位置，至此，本任务操作完成，运行"销售记录查询"窗体，调试其中的操作功能是否完善。

14.2.8　“进货历史查询”模块的实现

商品销售过程中，必须想到是否再采购商品，在采购时，可能需要查询阅过去的进货情况，此功能通过“进货历史查询”窗体实现。

任务 10　创建“进货历史查询”窗体

1. 任务要求

实现查询进货历史记录的功能。

2. 操作步骤

(1)“进货历史查询”窗体的运行效果如图 14-27 所示，请参考图 14-27 创建该窗体，窗体必须命名为“进货历史查询”。

(2) 添加用于输入查询条件的控件：

1) 添加“单据号”文本框，名称为 StDanNum。

2) 添加“商品编号”组合框，名称为 DNum，行来源类型为“表/查询”，行来源为“SELECT 商品编号 FROM 商品索引表;”。

3) 添加“操作员”组合框，名称为 StWorker，行来源类型为“表/查询”，行来源为“SELECT 职工表 . 姓名 FROM 职工表;”。

4) 添加“商品名称”组合框，名称为 DNam，行来源类型为“表/查询”，行来源为“SELECT 商品名称 FROM 商品索引表;”。

5) 添加“供货商”组合框，名称为 DDanwei，行来源类型为“表/查询”，行来源为“SELECT 供货商名称 FROM 供货商;”。

6) 添加两个 Microsoft Date And Time Picker Control 控件，在控件工具栏的“其他控件”工具中可找到，名称依次设为 StDT1 和 StDT2，作为输入销售日期范围的下限和上限。

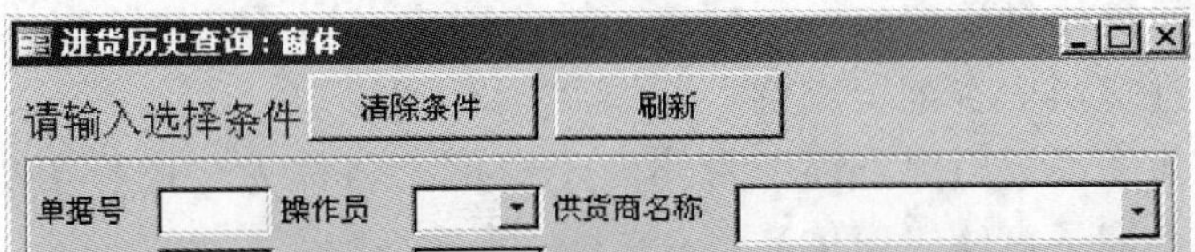

图 14-27　“进货历史查询”窗体

(3) 在数据库的查询对象窗口下，创建“进货历史查询”查询，查询类型为“选择查询”，数据源来自“进货入仓登记历史表”数据表，字段设置如下（没提及的设置均采用默认值）：

1）“进货单编号”字段的查询条件为：

Like (IIf (IsNull ([forms]! [进货历史查询]! [StDanNum]), “ * ”, [forms]! [进货历史查询]! [StDanNum]))

2）“商品编号”字段的查询条件为：

Like (IIf (IsNull ([forms]! [进货历史查询]! [DNum]), “ * ”, [forms]! [进货历史查询]! [DNum]))

3）“商品名称”字段的查询条件为：

Like (IIf (IsNull ([forms]! [进货历史查询]! [DNam]), “ * ”, [forms]! [进货历史查询]! [DNam]))

4）“型号”字段的查询条件为：

Like (IIf (IsNull ([forms]! [进货历史查询]! [DType]), “ * ”, [forms]! [进货历史查询]! [DType]))

5）字段“单位”、“数量”、“单价”、“总额”、“生产厂家”，均无查询条件。

6）“供货商”字段的查询条件为：

Like (IIf (IsNull ([forms]! [进货历史查询]! [DDanwei]), “ * ”, [forms]! [进货历史查询]! [DDanwei]))

7）“操作员”字段的查询条件为：

Like (IIf (IsNull ([forms]! [进货历史查询]! [StWorker]), “ * ”, [forms]! [进货历史查询]! [StWorker]))

8）“操作日期”字段的查询条件为：

Between IIf (IsNull ([forms]! [进货历史查询]! [StDT1]), #1900 - 12 - 30#, [forms]! [进货历史查询]! [StDT1]) And IIf (IsNull ([forms]! [进货历史查询]! [StDT2]), #2010 - 12 - 30#, [forms]! [进货历史查询]! [StDT2])

(4) 在数据库的窗体对象窗口中，创建“进货历史查询子窗体”窗体，窗体的布局为数据表，记录源为“进货历史查询”查询。

(5) 添加标题为“进货历史查询子窗体”子窗体，名称为“进货历史查询子窗体”，源对象为“进货历史查询子窗体”窗体。

(6) 为第 (2) 步创建的前 5 个控件添加“更新后”事件，命令代码如下：

```
Me.进货历史查询子窗体 .Requery
```

(7) 添加“刷新”按钮，并设置“单击”事件，命令代码如下：

```
Me.进货历史查询子窗体 .Requery
```

(8) 添加“清除条件”按钮，并设置“单击”事件，命令代码如下：

```
Me.StDT1 = DateValue ( “1980 - 1 - 1”)
Me.StDT2 = Date + 1
Me.StDanNum = Null
Me.StWorker = Null
Me.DDanwei = Null
Me.DNam = Null
Me.DNum = Null
```

Me. 进货历史查询子窗体 .Requery

(9) 添加必要的标签控件，设置各控件在窗体中的位置，至此，本任务操作完成，运行“进货历史查询”窗体，调试其中的操作功能是否完善。

14.2.9　登录模块的实现

软件系统启动时，一般需要校对用户名和用户密码，只允许正确的用户名使用正确的密码才可能启动系统，此功能由“登录”窗体实现。

任务 11　创建登录窗体

1. 任务要求

实现用户登录功能。

2. 操作步骤

(1) 打开“小超市销售管理系统”数据库的“模块对象”窗口，新建“模块 1”，并在其中输入一行代码：

Public Superuser As String

如图 14-28 所示。

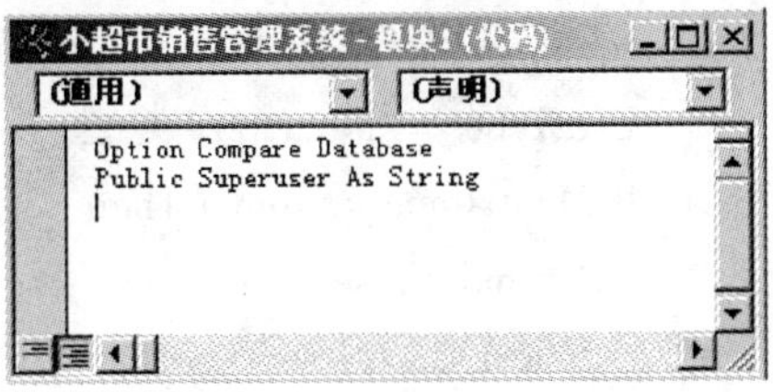

图 14-28　模块 1

(2) 打开“小超市销售管理系统”数据库的窗体对象窗口，创建“登录”窗体，按以下要求对部分控件进行设置。

1) 组合框控件名称为 cmbyhm，行来源类型为“表/查询”，行来源为“SELECT 用户表 . 用户名 FROM 用户表;”组合框的“更改后”事件的命令代码如下：

```
Private Sub cmbyhm_AfterUpdate ()
Dim zqmm, tj As String
tj = "用户名 = '" & Me.cmbyhm & "'"
Superuser = Me.cmbyhm        ' 把用户名记录在 Superuser 中，方便传送到打开的窗体上
  Me.Filter = tj             ' 设置过滤条件
  Me.FilterOn = True         ' 打开过滤器
  zqmm = Me. 密码            ' 取正确密码
  UserType = Me. 用户类型
    Select Case UserType
    Case "经理"
  Me.LabelLogin.Caption = "此用户为 [ 经理 ] 用户，启动小超市后台管理平台"
    Case "收银员"
  Me.LabelLogin.Caption = "此用户为 [ 收银员 ] 用户，将会启动收银平台"
    Case Else
    err.Description = "用户类型不明"
      GoTo Err_login:
    End Select' 使用 VB 的命令判断不同类型的用户显示不同的提示信息
```

```
  Err_login:
End Sub
```

2）“用户密码”文本框的名称为 txtmm，输入掩码为密码。

3）“确定”按钮的“单击”事件的命令代码如下：

```
  On Error GoTo Err_login:
  Dim zqmm, tj As String
  tj = “用户名 = '” & Me.cmbyhm & “'”
  Superuser = Me.cmbyhm
  If IsNull (Me.txtmm) Then
    MsgBox “请输入用户密码！”, vbInformation, “系统提示”
  Exit Sub
  End If
  Me.Filter = tj              ' 设置过滤条件
  Me.FilterOn = True          ' 打开过滤器
  zqmm = Me. 密码             ' 取正确密码
  UserType = Me. 用户类型
  If Me.txtmm = zqmm Then
    Docmd.Close
    Select Case UserType
    Case “经理”
      stDocName = “main”
    Case “收银员”
      stDocName = “收银平台”
    Case Else
      err.Description = “用户类型不明”
      GoTo Err_login:
    End Select' 使用 VB 的命令判断不同类型的用户，启动不同的窗体
   Docmd.OpenForm stDocName, , , stLinkCriteria
Else
   MsgBox “密码错误，请重新选择用户并输入密码”, vbCritical, “系统提示”
   Me.txtmm = “”
End If
Exit Sub
Err_login:
   MsgBox err.Description
```

4）最下方的标签控件名称为 LabelLogin，标题为“请选取用户名”。

5）其他控件参照图 14-29 添加。

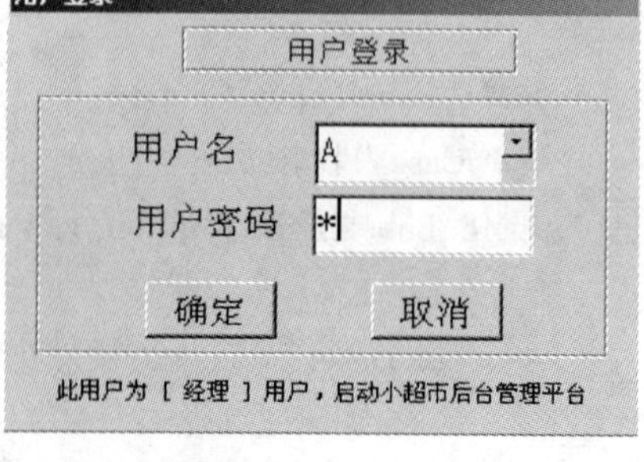

图 14-29　用户登录

（3）“登录”窗体的运行效果如图 14-29 所示。

本 章 小 结

本章介绍了“小超市销售管理系统”的模块设计、数据表的创建及部分主要功能模块的实现过程，主要功能模块的叙述包括“商品索引表管理”模块、条形码打印功能模块、“商品上架”模块、“收银平台”模块、“商品库存查询”模块、“销售记录查询结果”模块、“进货历史查询”模块、登录模块等。

习　　题

操作题

1. 如图 14-30 所示，创建“职工资料管理”窗体，实现职工数据记录的“添加”、“删除”、“修改”、“浏览”等数据库基本的管理功能。

2. 如图 14-31 所示，创建“用户维护”窗体，并添加“添加”、“删除”、“撤消”、“保存”等控件，实现用户数据记录的数据库基本的管理功能。

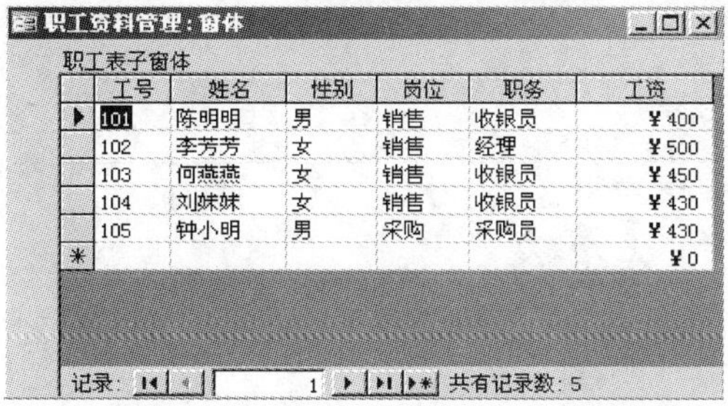

图 14-30　“职工资料管理”窗体

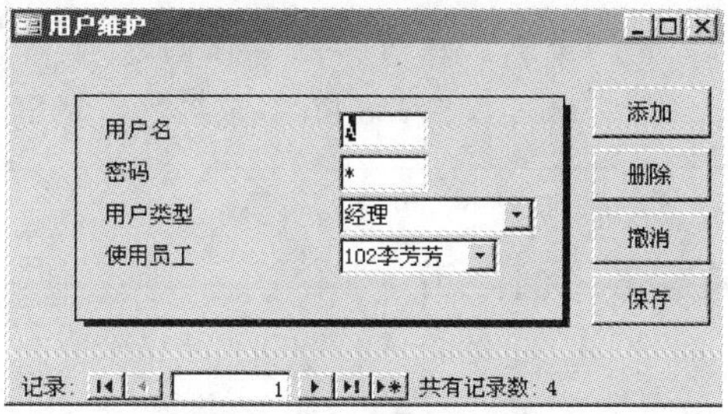

图 14-31　“用户维护”窗体

3. 如图 14-32 所示，创建“供货商管理”窗体，并添加“添加记录”、“删除记录”、“撤消修改”、“保存记录”、“查找记录”等控件，实现供货商记录数据基本的管理功能。

4. 如图 14-33 所示，创建“上架商品查询”窗体，实现按“商品编号”、“商品名称”、“销售形式”、“摆放的货架”等条件查询以及统计所显示记录的“数量”、“价格总额”的功能。

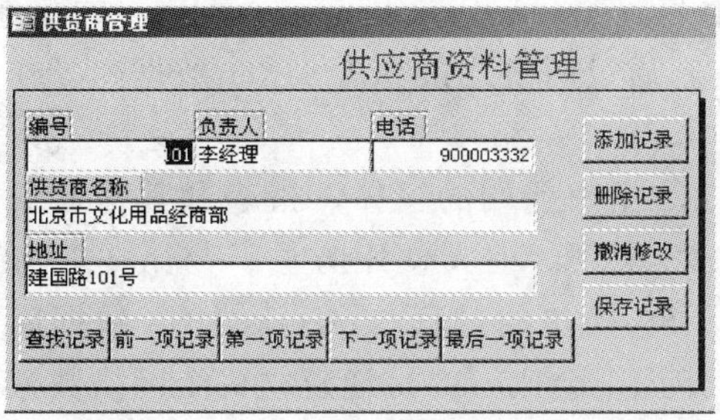

图 14-32　“供货商管理”窗体

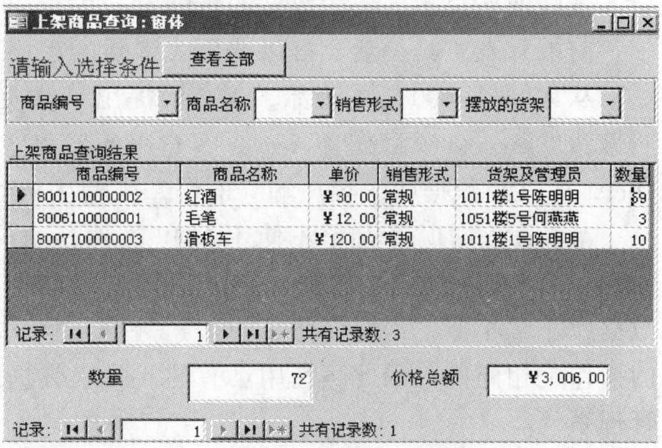

图 14-33　“上架商品查询”窗体

第15章　项目3　网络留言簿系统

本章应知
1. 模块变量、函数的编辑和使用 2. Access 数据项目的编写方法和步骤 3. 系统功能安排与数据库设计的方法
本章应会
1. 用 Access 数据项目在 SQL Server 2000 上建立数据库和数据表 2. 用户登录、注册功能窗体的设计 3. 完成项目 3"网络留言簿系统"的设计

15.1　系统概述

15.1.1　C/S 结构的应用程序

"网络留言簿系统"是一个 C/S（Client/Server 客户/服务器）程序，系统分成两个部分，前端用户使用的操作界面和后端数据库。这种 C/S 结构的主要优点是：

提高数据的安全性；

支持多用户访问，不会造成数据冲突；

减轻网络负担，减少数据的传输量；

前端开发工具灵活，可以选用大多数的程序设计语言。

从 Access 2000 版本开始，Access 提出了数据项目（Access Data Projects，ADP）的概念，叫做微软 Access 项目或者 Access 客户服务器程序，它通过网络连接 SQL Server 数据库，作为 Microsoft SQL 数据库的客户端（前端）来使用。

Access 数据项目 ADP 不使用 MDB 文件，ADP 把数据库前端的窗体、报表和其他对象存储在一个 .ADP 复合文件中，它虽不再是以前的 MDB 文件，但其使用方法，与 Access MDB 数据库非常相似，创建窗体、报表、数据访问页、宏、模块的过程与 Access MDB 数据库中的操作是相同的。因此，利用已有的 Access 数据库知识，会比较容易地建立一个网络数据库管理系统。

作为 Access 在网络上的应用实例，本章将设计制作一个"网络留言簿系统"，它以 Access 实现前端设计，在后台数据库 SQL Server 2000 的支持下实现网络留言功能。

15.1.2　数据库及系统功能设计

1. 数据库设计

“网络留言簿系统”数据库是创建在 SQL Server 2000 上的，名为 Accdata，它包含两个表：用户表 yhb 和留言表 lyb。

yhb（用户表）是用来记录注册用户的相关信息，它的结构如图 15-1 所示。

在 yhb 结构中，用户名与用户密码的数据类型都是 varchar，它表示“可变长字符”，是 SQL Server 2000 支持的数据类型，长度值是该列的最大长度。“权限等级”用来记录该用户的操作权限，默认值为 2。权限等级为 1，表示系统管理员；权限等级为 2，表示注册用户。

lyb（留言表）用来记录留言的内容，它的结构如图 15-2 所示。

yhb : 表

列名	数据类型	长度	允许空
用户名	varchar	50	
用户密码	varchar	50	✓
权限等级	char	1	✓
邮件地址	varchar	50	✓

图 15-1　ynb 表结构

列名	数据类型	长度	允许空
ylid	int	4	
用户名	varchar	10	✓
主题	varchar	50	✓
发表日期	datetime	8	✓
言论	varchar	5000	✓

图 15-2　lyb 表结构

ylid 是作为标识字段的主键，“发表日期”用来记录留言的日期时间，默认取系统的当前日期和时间。

2. 模块功能设计

“网络留言簿系统”是用户发表、浏览、管理留言的网络程序，它主要由 4 个模块组成，各功能模块之间的关系如图 15-3 所示，它们的功能分工如下：

（1）连接测试　测试与 SQL Server 2000 的连接，如果连接不成功则退出系统。连接成功则进入“注册登录”窗体。

（2）注册登录　提供用户注册、用户登录、匿名登录的功能。

（3）浏览数据　提供留言察看、发表留言、删除留言、重新登录等功能

（4）发表言论　这是发表言论时要调用的窗体。提供用户发表言论的功能。

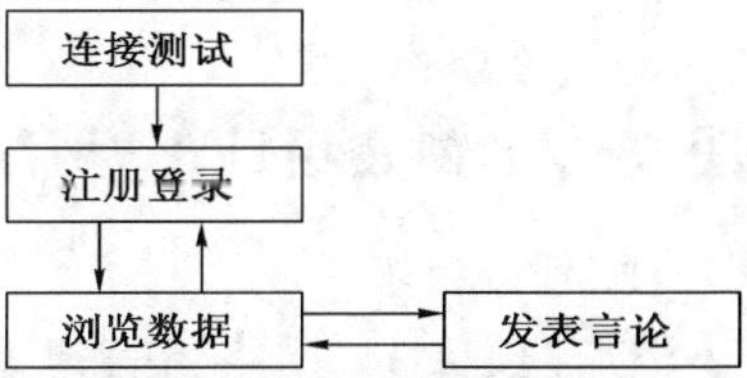

图 15-3　网络留言簿的各功能模块的数据关系

15.2　在 SQL Server 2000 上创建数据库

“网络留言簿系统”使用的数据保存在网络上的数据库服务器上，只有取得访问 SQL Server 2000 数据库服务器的有关权限才能操作服务器中的数据。

15.2.1　访问 SQL Server 2000

SQL Server 2000 服务器的实际位置可能有下面两种情况：

（1）在网络上的另一台电脑或者网络中专门数据库服务器；

（2）在与设计 Accesss 数据项目同一台电脑上（本地机）。通常如 SQL Server 2000 的

Desktop 版本，可以安装在 Windows 98/2000 上，便于程序设计者学习和练习。

无论哪种情况，访问 SQL Server 2000 的方法是相同的。

1. 访问 SQL Server 2000 的条件

要访问 SQL Server 2000 上的数据库，必须要拥有一个已知密码的 SQL Server 2000 的“登录 ID”，同时是待访问数据库的一个具有一定权限的用户，这样才能访问 SQL Server 2000 上的数据库，“登录 ID”和“用户名”可以是同一个标识。

不论 SQL Server 2000 服务器的实际位置在哪里，应用程序访问数据库的原理和过程都相同，但必须取得访问该服务器的相关权限。例如，在本例中，假设 SQL Server 2000 服务器的相关参数如下：

服务器名：JYXL

登录名：test

登录密码：test

服务器角色：database creators

2. 创建登录名 test

如果在网络上的 SQL Server 2000 服务器上创建登录名 test，请联系该数据库服务器管理员。如果 SQL Server 2000 安装在本地机上，请以 sa 的身份打开“企业管理器”创建登录名，并设置密码、权限、数据库角色。要注意的是，用户必须具有创建数据库的权限，否则该用户无法建立数据库。创建好登录名 test 后，可以在 Access 项目中创建 SQL 2000 上的数据库了。

以下通过 1 个任务来说明如何在 Access 中创建 SQL Server 2000 服务器上的数据库。

15.2.2 创建“网络留言簿系统”

任务 1 创建项目 3“网络留言簿系统”的数据库 Accdata

1. 任务要求

创建项目 3“网络留言簿系统”数据项目 Wbook，并在 SQL Server 2000 上创建数据库 Accdata。

2. 操作步骤

(1) 打开 Access 2003，在“其他任务窗格”中选择“新建文件”，单击“使用新数据的项目”，如图 15-4 所示。

(2) 在如图 15-5 所示的窗口中，选择保存位置输入项目名 Wbook，单击“创建”按钮。创建一个数据库项目 Wbook。系统同时启动 Microsoft SQL 数据库向导。

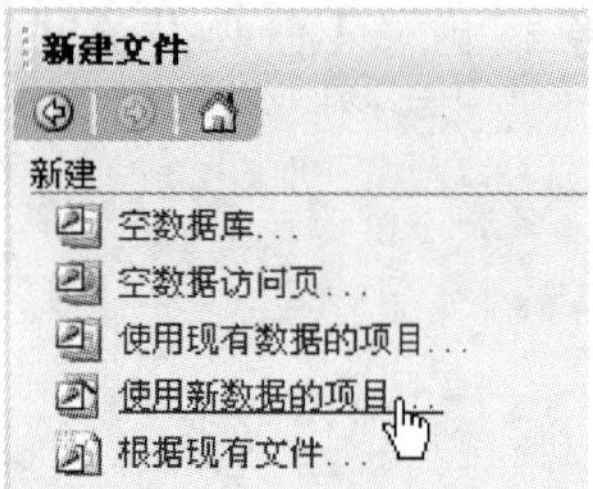

图 15-4 单击“使用新数据的项目”

图 15-5 创建项目 3 Wbook

(3) 在图 15-6 中，选择 SQL Server 2000 服务器名 JYXL，“登录 ID”输入 test，“密码”输入 test（显示为 * * * *），数据库名 Accdata。单击“完成”按钮，系统会自动链接网络。如果网络正常，即可在 SQL Server 200 上建立 Accdata 数据库，并进入 Access 的工作界面。

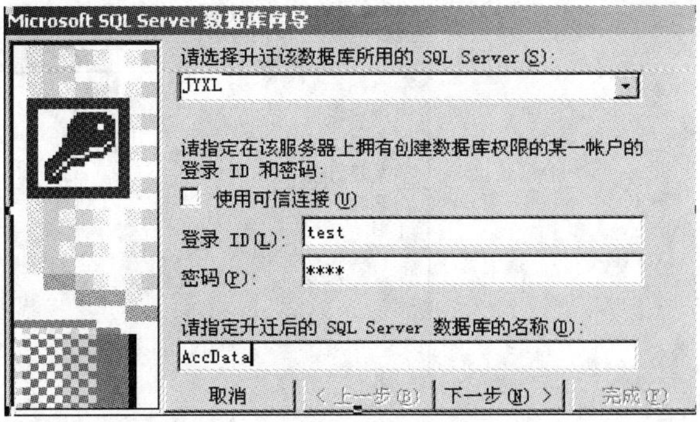

图 15-6　输入数据库服务器名、连接和数据库名建立数据库

注意： 数据库的建立也可以通过 SQL Server 2000 的图形管理工具“企业管理器”来完成，或者请专门的数据库管理员建立。若数据库 Accdata 已经建立，在创建数据项目时可以选择图 15-4 中“使用现有数据的项目”。

由于数据项目使用了 SQL Server 2000 上的数据库，因此，每次打开数据项目 Wbook，都要进行 SQL Server 2000 的链接，因此在数据项目设计过程中要保证网络畅通。

任务 2　创建 Accdata 中的表

1. 任务要求

创建 yhb 和 lyb 两个表。

2. 操作步骤

(1) 在网络连通情况下打开数据库项目 Wbook，选择数据库表对象，双击“使用设计器创建表”，打开表设计器。

(2) 创建用户表 yhb，如图 15-7 所示，设置用户表 yhb 的列名、数据类型、长度等。并把“用户名”设置为主键，其中“权限等级”的默认值为 2，完成上述操作后单击工具栏上的“保存”按钮，输入表名 yhb，如图 15-8 所示，这样就创建了用户表 yhb。

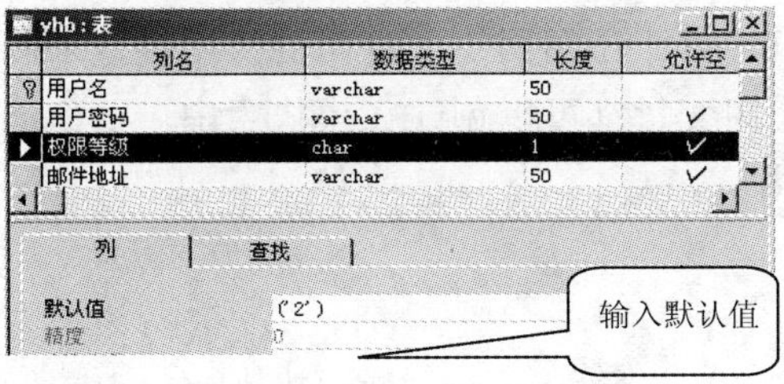

图 15-7　在 SQL Sever 200 上创建表 yhb

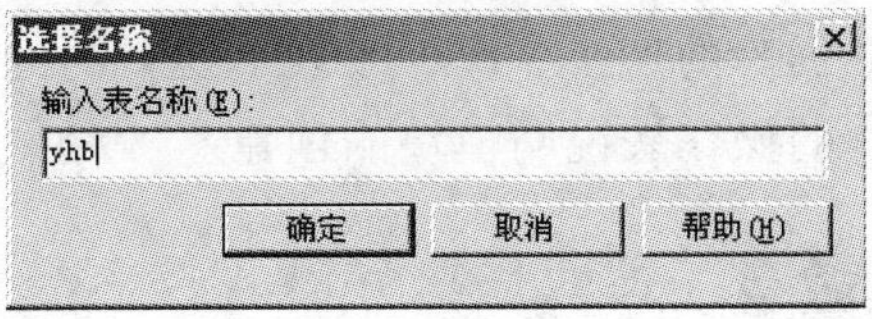

图 15-8　把表保存为 yhb

注意： 由于所创建的表是 SQL Server 2000 中的表，因此，“数据类型”不再是 Access 中的那些数据类型。例如 varchar 是可变长的字符类型，char 是固定长的字符类型，与 Access 的 text 类型保持兼容。

(3) 创建留言表 lyb。用同样操作的方法建立表 lyb，如图 15-9 所示。创建完毕后保存为 lyb。

注意：

(1) 图 15-9 中，定义表 lyb 的各字段时请按照下列属性值进行设置：

ylid 标识列，在列属性框中选“标识”为“是”。

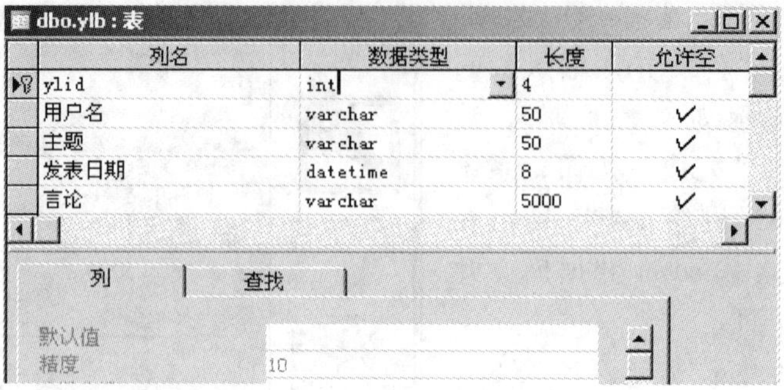

图 15-9　创建 lyb

“主题”、“言论”字段的“默认值”取“无”。

“发表日期”字段的“默认值”取 getdate ()，此函数是获得系统的当前日期和时间。

(2) 留言表 lyb 创建完成后，请增加一个权限等级为 1 的用户，例如：用户名 system，密码 system，权限等级为 1。该用户用于管理留言。

15.3　设计制作“注册登录”窗体

SQL Server 2000 上的数据库和表建立好后，就可以设计各功能窗体，实现网络留言。本节用 4 个任务说明“注册登录”窗体的设计制作。

“注册登录”窗体是“网络留言簿系统”的主要窗体之一，当网络连通，数据库连接正常时则自动启动本窗体，“注册登录”窗体通过后才进入“数据浏览”窗体，“注册登录”窗体还负责把登录用户名、用户权限等级记入模块变量中，供后面章节的操作使用。

15.3.1　创建模块 mk1

模块是将 Visual Basic for Applications 声明和过程作为一个单元进行保存的集合。在“网络留言簿系统”中，窗体与窗体之间要传递数值，窗体还调用一个专门的公用函数来测试网络数据库的连接状况，实现上述目的的函数和公用变量都可以创建在模块当中。下面通过任务 3 的操作来说明模块的创建。

任务 3　创建模块 mk1

1. 任务要求

在模块中创建公用变量和测试函数。

2. 操作步骤

(1) 在 Wbook 数据库对象窗口中，选择“模块”，单击“新建”，进入 VBA 代码编辑环境，如图 15-10 所示。

(2) 在光标处输入如下代码：

Public dlm, dldj, zt1 As String’dlm 用来记录用户登录名，dldj 记录用户权限，zt1 用来记录主题，它们都是用作窗体之间的参数传递

(3) 创建测试连接函数 lj (　)：单击系统菜单【插入/过程】，如图 15-11 所示，在名称

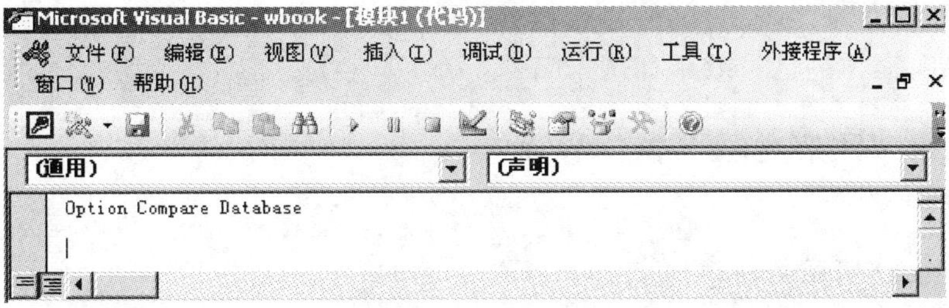

图 15-10　添加代码创建模块

中输入 lj，在类型中选择“函数”，单击“确定”按钮，增加一个函数 lj（ ）。

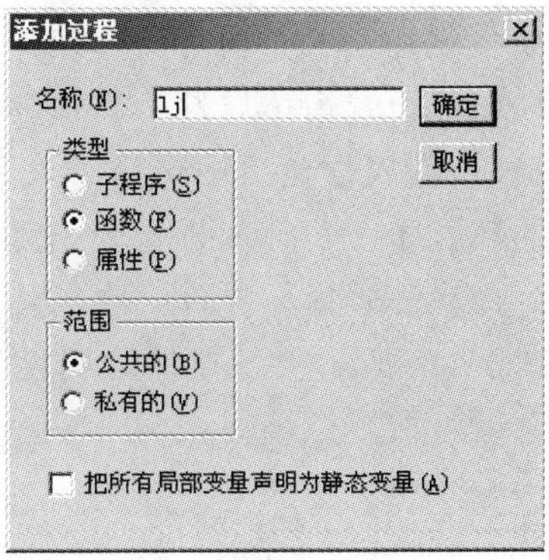

图 15-11　增加函数 lj（ ）

系统自动增加的函数模块为：

```
Public Function lj ( )
End Function
```

（4）修改函数的参数形式并输入函数代码：

```
Public Function lj ( ) As Integer
  lj = 0
  On error GoTo cl:
  Dim cnn As String
   cnn ="Provider = SQLOLEDB.1; Password = test;
Persist Security Info = True; User ID = test; Initial Catalog = Accdata; Data Source = JYXL"
'cnn是连接SQL Server 2000的字符串
Application.CodeProject.OpenConnection cnn'打开连接
lj = 1
cl:
lj = lj + 1
End Function
```

函数的基本功能为：若连接数据库服务器成功，函数返回 2，否则返回 1。

（5）单击“保存”工具，把该模块保存为 mk1。

15.3.2　“用户登录”模块

“用户登录”窗体包括用户登录、用户注册、匿名登录三个功能模块，它提供用户的检测、注册管理、匿名登录等功能。

图 15-12　“注册登录”窗体运行效果

“注册登录”窗体要提供用户注册、用户名和用户密码的检测、匿名登录等功能，同时，登录成功而离开本窗体时，还要记录登录系统的用户名、用户权限等参数，供后面的功能模块调用。作为实用的应用程序，界面设计也要美观大方、控件布局合理。本节主要设计窗体界面，编写“用户登录”按钮代码。

“注册登录”窗体的运行效果如图 15-12 所示。

任务 4　创建“注册登录”窗体界面

1. 任务要求

创建如图 15-12 所示的窗体界面。

2. 操作步骤

(1) 打开数据项目 Wbook.adp，选中数据库窗体对象，单击“在设计视图中创建窗体”选项，创建了一个窗体。

(2) 设置窗体属性：在窗体主体中单击右键，在快捷菜单中选择“属性”，弹出“属性窗口”，在属性窗口中选择对象下拉框中的“窗体”，此时显示的属性窗口就是当前编辑的窗体的属性了。窗体属性设置值如图 15-13 所示，其余属性取默认值即可。

(3) 部署窗体控件，在窗体中添加 2 个标签、2 个文本框、4 个命令按钮和 1 个矩形框，如图 15-14 所示。各控件的属性（大小、位置、标题等）均按图 15-14 所示效果进行设置，其余属性取默认值。

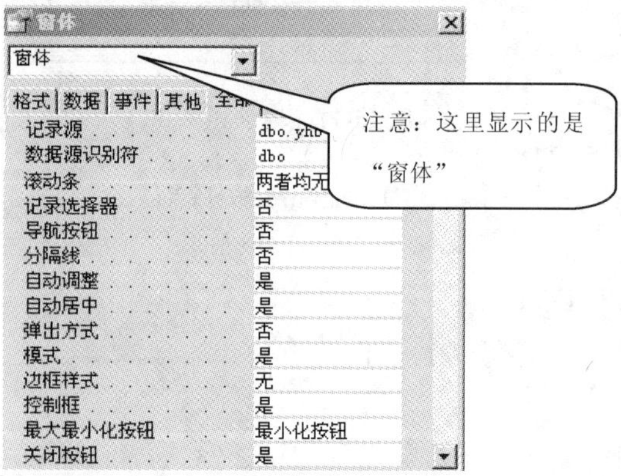

图 15-13　“注册登录”窗体的主要属性设置

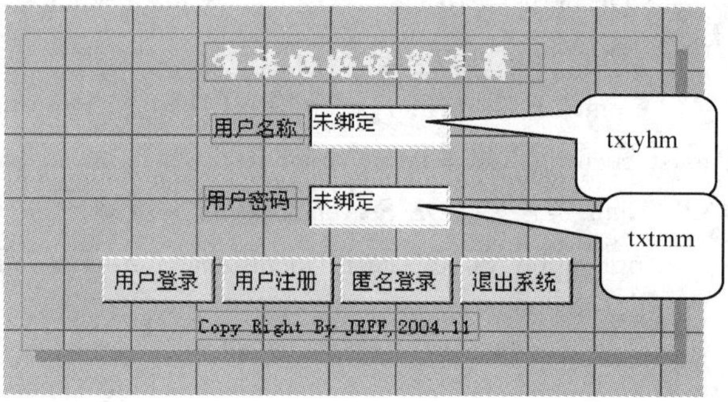

图 15-14　“注册登录”窗体控件部署

两个文本框的名称属性如下：

“用户名称”文本框的“名称”为 txtyhm。

“用户密码”文本框的“名称”为 txtmm。

窗体的背景色可按如下操作来设置：右击窗体主体，在弹出的快捷菜单中利用“填充/背景色”来选择合适的颜色。

(4) 保存窗体为“注册登录”，窗体界面制作完毕。

任务 5　编写“用户登录”按钮的代码

1. 任务要求

编写各按钮代码，实现用户检测功能。

“用户登录”按钮实现的主要功能为：如果用户没有输入用户名或者密码，要提醒用户输入用户名或者密码。如果用户输入了用户名和密码，则判断用户名与密码是否正确，若正确，把用户名、用户权限等级等记录到模块变量，并进入留言簿浏览窗体；若错误，则显示错误信息并要求重新输入。

2. 操作步骤

（1）在设计视图下打开“注册登录”窗体，右击“用户登录”按钮，在弹出的快捷菜单中选择“事件生成器”，进入 VBA 的编程环境，光标处于空白的 Click 事件过程中：

```
Private Sub Command4-Click ()
|
End Sub
```

“用户登录”按钮的“名称”为 command4（系统默认的名称）。所以事件过程为 Command4_Click，表示 Command4 的单击 click 事件。在光标位置输入代码。输入代码后的事件过程为：（其中斜体部分是程序的注释）

```
Private Sub Command4-Click ()
Dim yhm As String’定义 yhm 为 string 型变量，用来保存用户名
’若没有输入用户名或者密码，则提示用户输入
If IsNull (Me.txtyhm) Or IsNull (Me.txtmm) Then
  MsgBox“没有输入用户名或者用户密码”，vbInformation，“系统提示”
  Exit Sub
End If
yhm = Me.txtyhm（’取得用户输入的用户名）
’若输入了用户名，按照输入的用户名生成 filter 过滤条件
If (DLookup (“用户名”，“yhb”，“用户名 = '” & yhm & “'”)) < > “” Then
    Dim tj As String
    tj = “用户名 = '” & yhm & “'”
’例，如果输入张三，则 tj 的值为：“用户名 = ‘张三’”
Me.Filter = tj
’设置过滤条件
Me.FilterOn = True
’打开过滤
’判断密码对不对
        If Trim (Me.txtmm) = Trim (Me. 用户密码) Then
            MsgBox“验证通过，你可以使留言板”，vbInformation，“系统提示”
            dlm = yhm
            ’dlm 是一个模块变量，保存用户名
            dldj = Me. 权限等级
            ’dldj 也示模块变量，保存用户的权限等级
Docmd.Close’关闭注册登录窗口
            Dim stDocName As String
          Dim stLinkCriteria As String
          stDocName = “浏览数据”
```

```
        Docmd.OpenForm stDocName, , , stLinkCriteria ' 打开浏览数窗体
    Else
        MsgBox "秘密错误", vbSystemModal, "系统提示"
    End If
  Else
    MsgBox "用户名错!", vbInformation, "系统提示"
    Me.txtmm = ""
    Me.txtyhm = ""
    Exit Sub
  End If
End Sub
```

（2）任务完成，调试窗体。

15.3.3 “用户注册”与“匿名登录”模块

任务6 编写“用户注册”按钮、“匿名登录”按钮代码

1. 任务要求

编写代码实现用户注册和匿名登录的功能。

（1）“用户注册”按钮代码的功能：对输入的新名进行注册，用户没有输入名称和密码时要提醒用户输入，若输入了用户名和密码，则判断输入的用户名在 yhb 中是否存在，若存在，则要用户重新输入名称注册；若不存在，则把用户输入的名称和密码写入 yhb 表，并提醒用户的名称和密码，注册成功。

（2）“匿名登录”按钮的功能：把 yhm 设为“无名氏”，并设 dldj 为 3，表示匿名登录，直接进入“数据浏览”窗体。

2. 操作步骤

（1）在图 15-11 中右击“用户注册”按钮，在弹出的快捷菜单中选择“事件生成器”，进入 VBA 的编程环境，在该按钮的 Click 事件中输入代码：

```
Private Sub Command5_Click ()
Dim yhm As String
' 如果没有输入用户名或密码，提示用户
If IsNull (Me.txtyhm) Or IsNull (Me.txtmm) Then
  MsgBox "没有输入用户名或者用户密码", vbInformation, "系统提示"
  Exit Sub
End If
  yhm = Me.txtyhm ' 取得输入的用户名
' 判断该名称是否存在，若存在，则不允许注册，清空用户输入。
If (DLookup ( "用户名", "yhb", "用户名 = '" & yhm & "'")) < > "" Then
      MsgBox "该用户已经被别人注册过了，请另择芳名!", vbInformation, "系统提示"
  Me.txtmm =""
```

```
  Me.txtyhm = “”
Exit Sub
End If
’若输入名称不存在，允许注册，把用户名、密码写入 yhb
Docmd.GoToRecord , , acNewRec
’新增一条记录
  Me.用户名 = yhm
  Me.用户密码 = Me.txtmm
Me.Refresh
’刷新窗体
    MsgBox“注册成功！请记住自己的用户名和密码：用户名”& yhm &“密码”&
Me.txtmm, vbInformation,“系统提示”
    Me.txtmm = “”
    Me.txtyhm = “”
End Sub
```

(2) 在 VBA 环境中输入“匿名登录”按钮的 Click 事件代码：

```
Private Sub Command7-Click ()
  ’匿名登录时 dlm 设为“无名氏”、dldj 设为 3
    dlm = “无名氏”
      dldj = “3”
Docmd.Close
’关闭窗体
  ’以下是打开“数据浏览”窗体
  Dim stDocName As String
    Dim stLinkCriteria As String
      ’ stDocName = ChrW (27983) & ChrW ( - 30264) & ChrW (25968) & ChrW
(25454)
    stDocName = “数据浏览”
    Docmd.OpenForm stDocName, , , stLinkCriteria
’打开数据浏览窗体
End Sub
```

(3)“退出”按钮 Click 事件，代码如下：

```
Private Sub Command6-Click ()
  Docmd.Quit
End Sub
```

3. 知识要点

在上述代码中使用了两个实用函数 IsNull () 和 Dlookup ()，它们的意义和用法如下：

(1) IsNull (表达式)　此函数曾在第 5 章中使用过，这里进一步指出其用法。该函数指出表达式是否为不包含任何数值 (Null)，若为 Null，则函数值为 True，否则为 False。IsNull

( ) 常用来判断用户的输入是否为空。

(2) Dlookup ( )　此函数对从表或者记录集中提取指定的数值最为有用，如从表中取指定的记录的字段值，一般用下列格式：

Dlookup（“字段名”，“表名”，条件）

例如：userpass = Dlookup（“用户密码”，“yhb”，“用户名 = ’ kkk’”）

userpass 就是表 yhb 中用户名为 kkk 的用户密码。

利用这个函数来检测用户名、密码等，代码非常简洁。

15.4 设计制作“数据浏览”窗体

15.4.1 “数据浏览”窗体的功能和界面

“数据浏览”窗体是“网络留言簿系统”主要功能的窗体，它的功能要求如下：

(1) 动态保存用户名、权限等级，能让不同用户使用各自的功能。

(2) 对所有留言，能方便地进行浏览察看、查找和搜索。

(3) 根据用户的权限等级实现留言的发表、修改、删除功能。

(4) 通过刷新，用户能看到最新的留言信息。

“数据浏览”窗体的运行效果如图 15-15 所示。

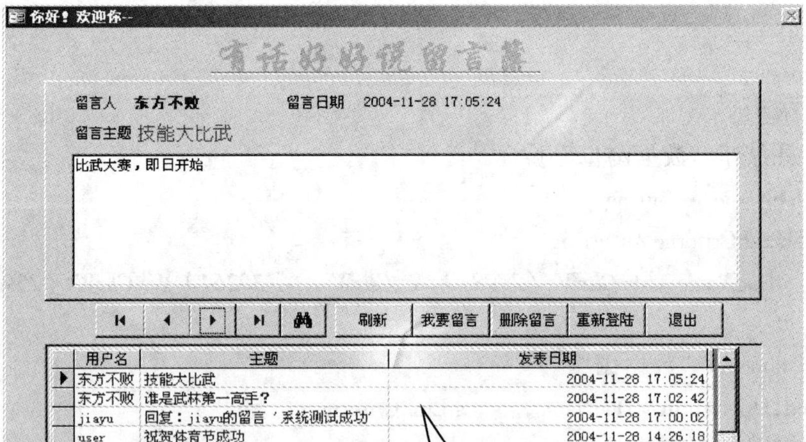

图 15-15　“数据浏览”窗体运行效果

15.4.2 “数据浏览”窗体的设计制作

本节用 2 个任务来完成“数据浏览”窗体的设计制作，窗体要用到子窗体，因此制作“数据浏览”窗体之前，先制作子窗体。

任务 7　设计制作数据表子窗体 ZT

1. 任务要求

设计动态显示留言内容的子窗体。

为浏览数据方便，在“数据浏览”窗体的下半部分，以表格的形式展现留言，用一个数据表子窗体来实现。子窗体显示用户名、主题、发表日期等内容，当用户在子窗体上用鼠标单击某条留言记录时，主窗体上半部分，用文本框动态显示留言主题和内容。由于子窗体以视图 Chx1 为数据源，因此必须先创建视图 Chx1。

2. 操作步骤

（1）制作视图 Chx1：打开数据项目 Wbook，选中查询对象，双击工具“使用设计器创建视图”，添加表 lyb，如图 15-16 所示。

（2）在添加的表 lyb 上，选中所有的列，并把“发表日期”列的排序类型设置为“降序”，排序顺序为 1，如图 15-17 所示，保存为 Chx1。

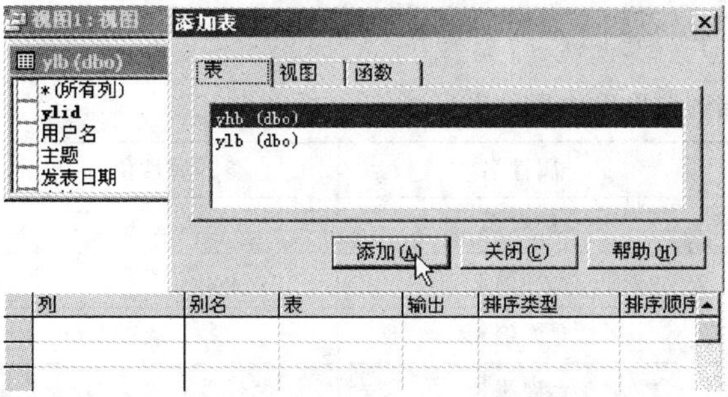

图 15-16　添加表 lyb

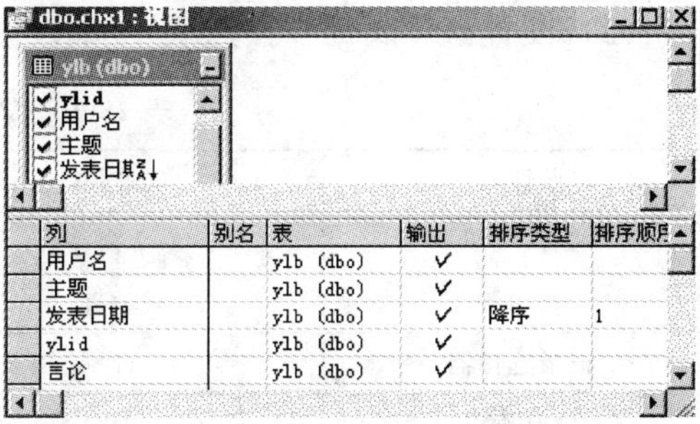

图 15-17　选中所有的列，“发表日期”排“降序”

（3）制作数据表子窗体 ZT。

1）在数据库窗口中选中窗体对象，单击“在设计视图创建窗体”选项。

2）设置窗体属性：按照表 15-1 设置窗体的属性，其余属性取默认值。

表 15-1　窗体属性表

属性名	属性值	属性名	属性值
默认视图	数据表	记录源	Ado.chx1
滚动条	只垂直	允许筛选	否
记录选择器	否	允许编辑	否
导航按钮	否	允许添加	否
分隔线	否	允许删除	否

3）把用户名、主题、发表日期、ylid 等字段拖拽到窗体中，如图 15-18 所示。

4）运行该窗体，调整窗体大小，保存窗体为 ZT，如图 15-19 所示，子窗体 ZT 制作完毕。

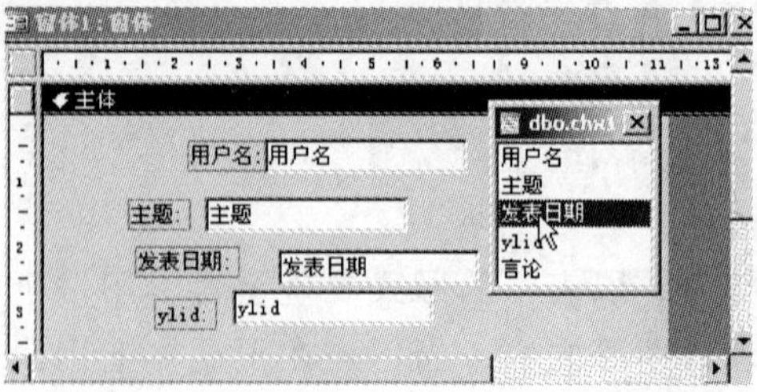

图 15-18 在设计视图中拖拽各字段到窗体

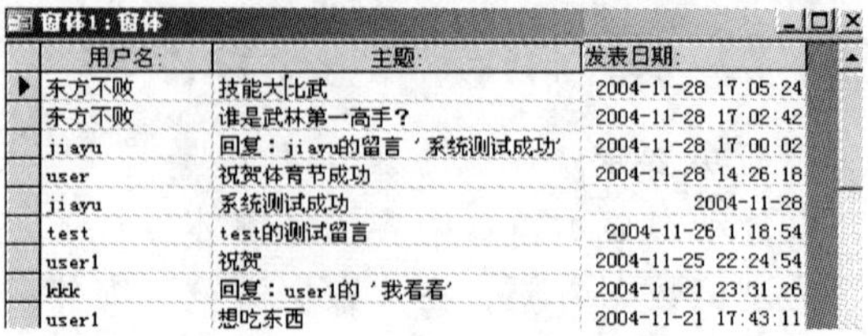

图 15-19 子窗体 ZT 的运行效果

任务 8 制作“数据浏览”窗体

1. 任务要求

制作“数据浏览”窗体，界面效果如图 15-15 所示。

2. 操作步骤

(1) 在数据库窗口选中窗体对象，单击“在设计视图创建窗体”选项。

(2) 设置窗体属性：按照表 15-2 设置窗体的属性，其余属性取默认值。

表 15-2 “数据浏览”窗体属性表

属性名	属性值	属性名	属性值
默认视图	单个窗体	记录源	Ado.chx1
滚动条	只垂直	允许筛选	是
记录选择器	否	允许编辑	否
导航按钮	否	允许添加	否
分隔线	否	允许删除	是
边框样式	对话框窗体		

(3) 在窗体上部署控件：如图 15-20 所示，在窗体上添加控件，并调整控件的大小、位置。各控件产生的方法如下：用户名、发表日期、主题、言论等文本框，通过拖拽数据源字段产生；浏览按钮和查找按钮通过按钮向导产生，其余按钮不用向导产生，因为要为它们编写专门的代码。

各控件的属性除大小、位置、标题等这些显而易见的属性可按图 15-20 所示进行设置外，其余属性取默认设置即可，另外两个命令按钮的名称属性在图 15-20 中已经标注。

(4) 在“浏览数据”窗体中添加子窗体。把制作好的子窗体“子窗体 ZT”拖拽到“浏览数据”的指定位置，再作适当调整，如图 15-21 所示。

(5) 编写子窗体的 Current 事件，代码如下：

```
Private Sub Form_Current ()    ’当子窗体中移动记录指针时候发生
Dim n As Integer
n = Me.CurrentRecord’取得记录号
Docmd.GoToRecord acDataForm,“浏览数据”, acGoTo, n ’使主窗体的记录指针保持同步
End Sub
```

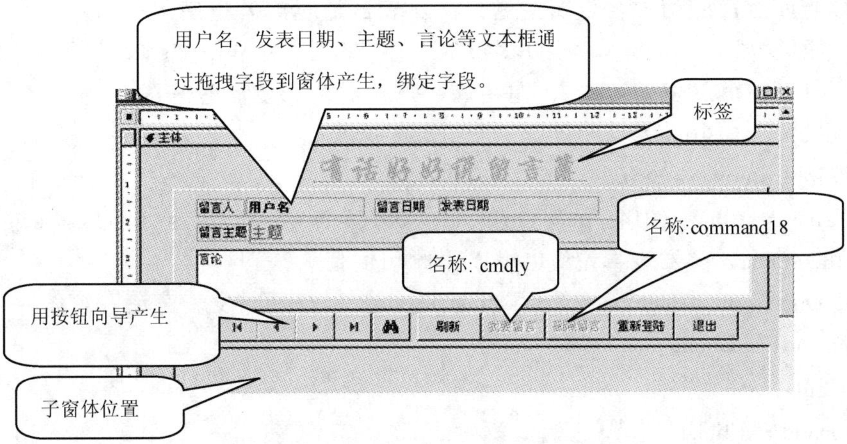

图 15-20　“浏览数据”窗体的控件布局

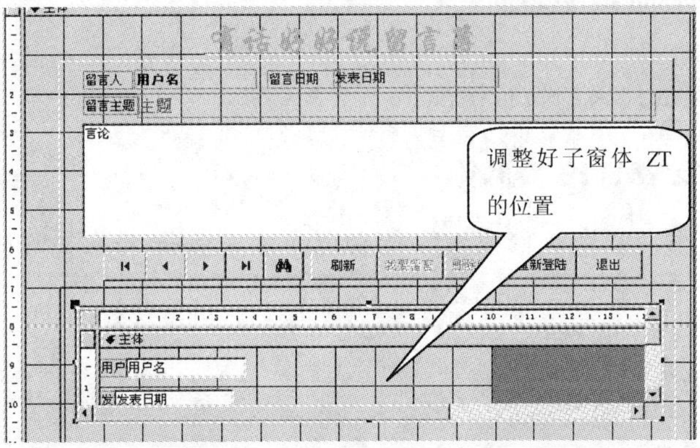

图 15-21　在窗体中添加子窗体

15.4.3　“我要留言”模块代码

“我要留言”模块的主要功能，是记录当前留言的一些信息之后，再调用“发表言论”窗体来完成留言的操作。本节先编写“我要留言”按钮的代码，再制作“发表言论”窗体。

任务 9　编写“我要留言”按钮的代码

1. 任务要求

编写按钮代码，调用窗体实现留言。

本按钮代码实现的功能为：把用户选中的当前留言的用户名（发言人）、主题保存在模块变量 zt1 中，调用“发表言论”窗体。

2. 操作步骤

(1) 右击“我要留言”按钮，打开代码生成器。

(2) 在光标处输入代码：

```
Private Sub cmdly_ Click ()
On Error GoTo Err_ Command17_ Click’若出错误，转 Command17_Click 处
```

```
    ' 取得当前留言的用户名以及主题，在发表言论时窗体里使用
    zt1 = "回复:" & Trim (Me. 用户名) & "的留言 '" & Me. 主题 & "'"
    ' 以下打开窗体"发表言论"，是由向导产生的代码复制过来的
Dim stDocName As String
    Dim stLinkCriteria As String
    stDocName = ChrW (21457) & ChrW ( -30616) & ChrW ( -30208) & ChrW ( -29766)
      ' stdocName = "发表言论"也可以用此句代替上一句
    Docmd.OpenForm stDocName, , , stLinkCriteria   ' 打开"发表言论"窗体
Exit-Command17_ Click:
      Exit Sub
Err_ Command17-Click:
      MsgBox Err.Description
      Resume Exit_ Command17_ Click
End Sub
```

(3) 任务完成，调试代码的执行情况。

任务 10　制作“发表言论”窗体

“发表言论”提供用户发表、修改留言的功能，由“数据浏览”窗口。

1. 任务要求

设计制作“发表言论”窗体。

该窗体的运行效果如图 15-22 所示。

它的功能要求为：

(1) 根据用户在“数据浏览”窗体情况自动填充留言人、留言时间，自动生成留言主题；

(2)“书写言论”按钮提供初始窗体信息的功能；

(3)“正式发表”按钮完成把留言写入到数据表的功能。

2. 操作步骤

(1) 使用“设计视图创建窗体”新建一个窗体，保存为“发表言论”，在窗体上放置四个文本框、三个按钮，如图 15-23 所示。

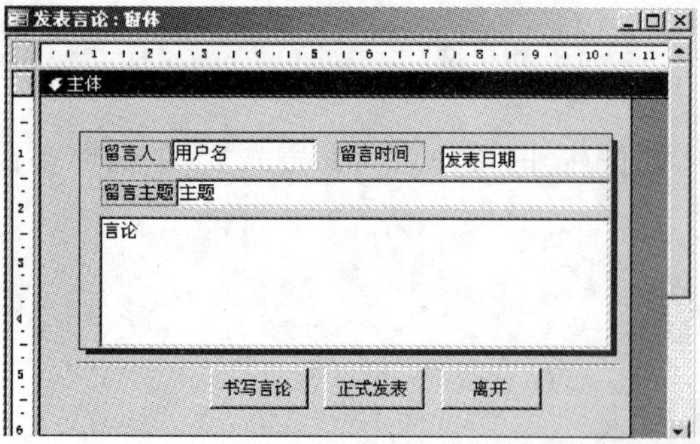

图 15-22　“发表言论”窗体运行效果

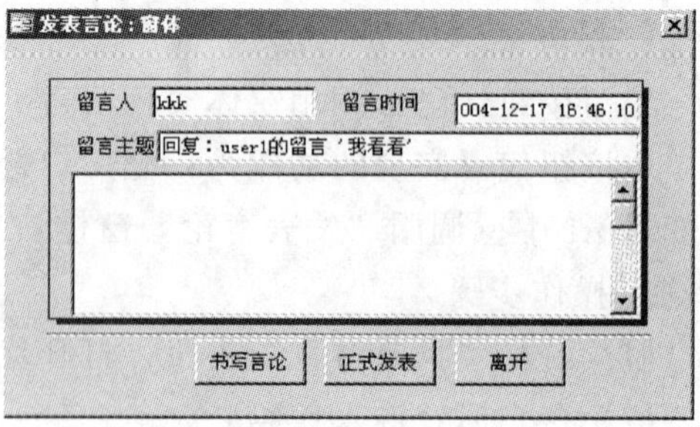

图 15-23　“发表言论”窗体的控件布局

（2）窗体及控件的主要属性：通过属性窗口，设置窗体以及控件的主要属性，见表 15-3，未涉及的对象和属性请根据图 15-23 所示自行确定或取默认值。

表 15-3　“发表言论”窗体以及控件主要设置

对象	属性名	属性值	备注
窗体	记录源	Dbo.ylb	
	记录选择器	否	
	导航按钮	否	
	分隔线	否	
	边框样式	对话框边框	
用户名文本框	名称	txtlyr	留言人
	控件来源	用户名	
	是否锁定	是	自动产生
日期文本框	控件来源	发表日期	
	输入掩码	9999 \ 年 99 \ 日；	
主题文本框	名称	Txtzt	
	控件来源	主题	
言论文本框	控件来源	言论	
矩形	特殊效果	阴影	
命令按钮	名称	Command4	书写言论按钮
	名称	Command5	正式发表按钮
	名称	Command6	离开按钮

注意：具有“控件来源”的文本框是与窗体记录源字段绑定的，它可以通过拖拽记录源的字段产生。其他一些标签控件以及它们的标题属性、字体、字形等属性，请根据图 15-21 所示自行设置。

（3）编写窗体代码

在代码生成器中编写按钮事件的代码，具体操作过程略，仅给出各代码段的作用以及注释。代码的生成，也可以采取在命令向导自动产生的代码基础上通过修改和添加的方式。

1）窗体的 Activate 事件代码的编写。

Activate 事件在窗体获得焦点成为活动窗口时发生。本段代码取得“浏览数据”窗体中选中的留言的用户名、主题等信息，直接赋予留言人文本框、主题文本框等。

```
Private Sub Form_Activate ()
  Docmd.GoToRecord , , acNewRec ’打开窗体时记录指针移至新增记录位置
  Me.txtlyr = dlm
  Me.txtzt = zt1
End Sub
```

2）“书写言论”按钮的 Click 事件代码的编写。

它的功能是：新增一条留言记录，留言人自动取登录进入系统的用户名。

```
Private Sub Command4_Click ()
```

```
On Error GoTo Err_Command4_Click
   Docmd.GoToRecord , , acNewRec
   Me.txtlyr = dlm
Exit_Command4_Click:
   Exit Sub
Err_Command4_Click:
   MsgBox Err.Description
   Resume Exit_Command4_Click
End Sub
```

注意：由于表的“发表日期”、“主题”、“言论”等列都设置了默认值，因此新增加留言记录时“主题”、“言论”等会自动取“无”，“发表日期”则自动取得系统日期时间。

3）“正式发表”按钮代码。

把用户输入的言论信息保存入 SQL Server 2000 上的表 lyb。

```
Private Sub Command5_Click ()
   On Error GoTo Err_Command5_Click
      Docmd.DoMenuItem acFormBar, acRecordsMenu, acSaveRecord, , acMenuVer70
’保存记录
   MsgBox“留言成功！你可以离开此窗口！”, vbInformation,“留言板提示”
        Docmd.Close ’关闭本窗体
   Exit_Command5_Click:
        Exit Sub
Err_Command5_Click:
      MsgBox Err.Description
      Resume Exit_Command5_Click
End Sub
```

4）“离开”按钮的 Click 事件代码。

```
Private Sub Command6_Click ()
   On Error GoTo Err_Command6_Click
   Docmd.GoToRecord , , acLast
   Docmd.DoMenuItem acFormBar, acEditMenu, acUndo, , acMenuVer70
      Docmd.Close
   Exit_Command6_Click:
      Exit Sub
Err_Command6_Click:
      MsgBox Err.Description
      Resume Exit_Command6_Click
End Sub
```

（4）“发表言论”窗体制作完毕，打开窗体视图，运行测试本窗体。

此外，在图 15-21 中，窗体上还有数据浏览按钮、查找按钮、“刷新”按钮、“删除留言”按钮、“重新登录”按钮、“退出”按钮等，它们的功能都非常明确。其中“刷新”的功能是使窗体显示最新的留言记录。实现这些功能的各按钮 Click 事件代码详见光盘上的 Wbook.adp 实例，此处不再一一列举。

15.5　设计制作“连接测试”窗体

一般情况下，数据库项目打开时会自动进行数据库服务器的连接，如果连接不成功也会打开应用程序，但此时应用程序实际上是无法运行的。因此，有必要设计一个连接测试过程，当连接出错时退出系统而不再继续打开数据库。

任务 11　制作“连接测试”窗体

1. 任务要求

“连接测试”窗体运行效果如图 15-24 所示。

“连接测试”窗体的功能要求为：

（1）窗体启动时自动利用连接测试模块函数 lj（）测试连接状况，如果正常则关闭本窗体进入“注册登录”窗体，否则退出系统。

（2）本窗体通过延时处理，自动停留一段时间，让用户“感觉”到数据库服务器的连接过程。

图 15-24　“连接测试”运行效果

2. 操作步骤

（1）“连接测试”窗体设计　打开数据库的窗体对象窗口，单击“在设计视图中建窗体”选项，建立一个窗体，保存为“连接测试”。在窗体上放置一个标签、矩形框，如图 15-25 所示。

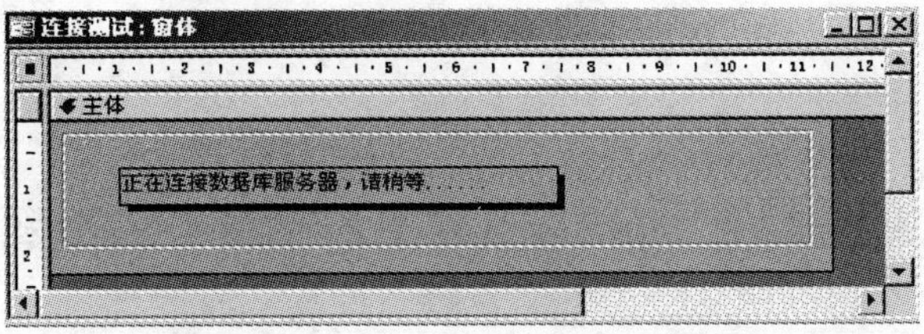

图 15-25　“连接测试”窗体设计

（2）窗体以及控件属性的设置　窗体和控件的主要属性设置见表 15-4。

表 15-4　“连接测试”窗体及其控件的主要属性

对象	属性名	属性值	备注
窗体主体	背景色	16751052	
	记录选择器	否	
	导航按钮	否	
	分隔线	否	
	边框样式	无	
标签	名称	lbts	
	标题	正在连接数据库服务器，请稍侯...	
矩形	特殊效果	蚀刻	

(3) 窗体代码编写

1) 在通用过程中定义一个变量 n1，用于延时计数。

```
Option Compare Database
Public n1 As Integer
```

2) 窗体的 load 事件代码：该事件在窗体加载时发生，使系统的计时器开始起作用。

```
Private Sub Form-Load ()
    Me.TimerInterval = 100 '事件间隔设为 100 毫秒，并同时启动计时器
End Sub
```

3) 时钟事件代码：每 100 毫秒执行一次。

```
Private Sub Form_ Timer ()
' 通过循环，控制窗体停留时间
If n1 < = 10 Then
  n1 = n1 + 1
Else
Me.TimerInterval = 0 '停止计时器工作
On Error GoTo cl: '出错处理，若有错误出现转到 CL:
Dim m As Integer
m = mk1.lj () ' 调用连接测试模块函数 lj ()
  If m = 2 Then ' 连接正常
    Docmd.Close ' 关闭本窗口打开注册登录窗体
    Dim stDocName As String
    Dim stLinkCriteria As String
    stDocName = ChrW (27880) & ChrW (20876) & ChrW (30331) & ChrW (24405)
          Docmd.OpenForm stDocName, , , stLinkCriteria
  Else
cl:
MsgBox "数据库连接错误，不能运行留言板系统。请同数据库管理员联系。",
vbSystemModal, "系统提示"
Docmd.Quit ' 连接出错，退出系统，不再进入网络留言簿系统
End If
End If
End Sub
```

15.6 设置启动参数和编译运行系统

系统的所有窗体已制作完毕，可以设置系统的启动参数，编译并测试系统。若不想 Access 系统菜单出现，可以先制作一个不包含任何菜单项的空白菜单。

任务 12 制作“空菜单”

1. 任务要求

制作一个不包含任何选项的菜单宏，然后生成空白菜单。

2. 操作步骤

（1）打开 Wbook，选中数据库对象“宏”，单击工具栏按钮“新建”。

（2）在宏设计器中不输入任何内容，保存宏为“空白菜单”。

（3）新建宏“空菜单”，选“操作”为 AddMenu，菜单宏名称“空白菜单”，如图 15 – 26 所示。

（4）关闭宏设计器，单击系统菜单中的【工具/宏/用宏创建菜单】，这样生成了一个不包含任何菜单项的菜单。

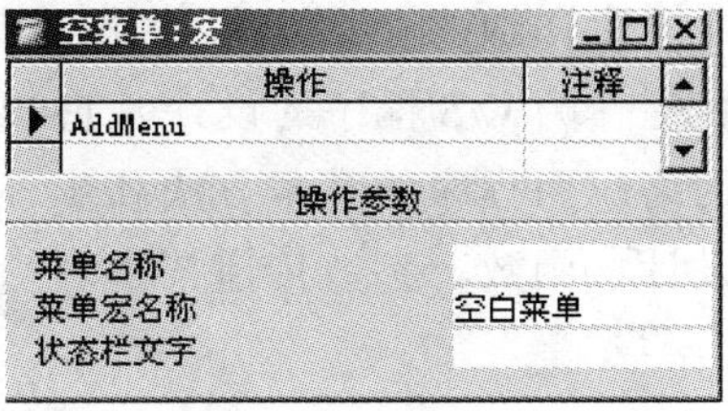

图 15-26 “空菜单”宏

任务 13 设置“网络留言簿系统”的启动参数

1. 任务要求

利用系统工具设置“网络留言簿系统”的启动参数。

2. 操作过程

（1）打开数据项目 Wbook，单击【工具/启动】，打开系统启动参数设置对话框，如图 15-27 所示。

（2）在图 15-27 中，“应用程序标题”中输入“有话好好说留言簿”，在“显示窗体/页”位置选择“连接测试”窗体，让系统首先自动运行该窗体，“菜单栏”内选“空菜单”。其余参数全部取消。

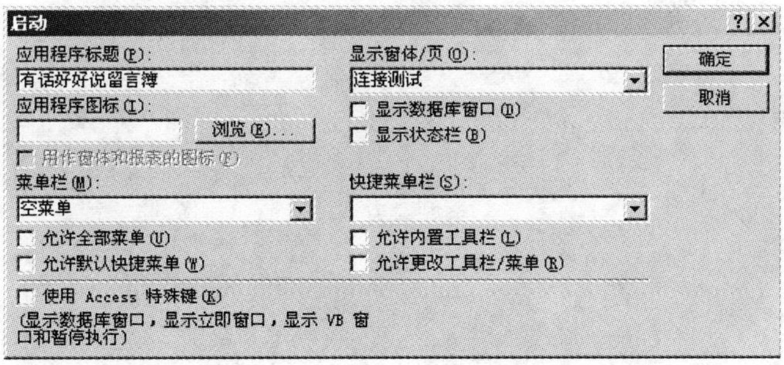

图 15-27 “网络留言簿系统”的启动参数

（3）单击系统菜单【工具/数据库实用工具/生成 ADE 文件】，保存为 Wbook.ADE 即可。

（4）关闭系统，重新双击 Wbook.ADE 运行系统。

注意：如果系统无法编译成 ADE 文件，出现如图 15-28 所示的错误信息，这是因为 Wbook.adp 可能是 Access 2000 的格式，应把它转换为 Access 2002/2003 格式，再在 Access 2003 中来编译。当然，对于 Access 2000 设计的应用系统，也可以在 Access 2000 中直接编译无需转换。

图 15-28　无法生成 ADE 文件的出错信息

本章小结

本章详细的介绍了“网络留言簿系统”Wbook.adp 的编写过程，该系统的功能虽然简单，但作为 C/S 程序的设计，它却是一个典型的案例，希望读者通过这个案例学会 Access 编写网络应用程序的基本方法和步骤。在“网络留言簿系统”的设计过程中，本章还介绍了模块设计、函数、参数传递技术。

习　　题

一、问答题

1.C/S 结构的应用程序有什么优点？

2. 如何用代码判断与数据库服务器 SQL Server 2000 连接是否正常？假定访问一个数据库服务器参数如下：

SQL Server 2000 服务器名 Server1

登录名 Acctest

密码 123456

默认数据库 DATATEST

试编写一个函数 testcnn（）测试系统与数据库服务器的连接是否正常。

二 、操作题

请选择一个数据库题材，设计制作成网络数据库管理系统。

附　　录

附录 A　常用宏操作命令

命令	功　能
AddMenu	自定义菜单栏可替换窗体或报表的内置菜单栏
Applyfilter	从表中检索浏览记录
Beep	扬声器发出嘟嘟声
CanclEvent	停止激活的事件
Close	关闭一个窗体及其所包含的所有对象，如果没有指定窗体，则关闭当前窗体
CopyObject	把一个数据库中的对象复制到另一个数据库中，或快速地创建一个相似的对象
DeleteObject	删除一个特定的数据库对象
DoMenuItem	执行一个菜单命令
Echo	决定运行宏时是否更新屏幕，如果将 EchoOn 参数设置为 No，宏运行时将不会更新屏幕
FindNext	用 FindRecord 中的准则寻找下一个记录，通常可以在宏中输入 FindRecord 操作，然后使用 FindNext 操作，连续地查找符合相同准则的记录
FindRecord	在表中寻找第一个符合准则的记录
GotoControl	把光标移到指定的表格或报表中的控件位置
GotoPage	把光标移到指定页面的第一个控件位置
GoToRecord	确定打开的表、窗体或查询中的当前记录
HourGlass	在鼠标器指针处显示沙漏图标
Maximize	扩大当前窗体以填充 Access 窗体，该操作可以使用户尽可能多地看到活动窗体中的对象
Minimize	把当前窗体缩小为图标
MoveSize	移动当前窗体或重新定义当前窗体的大小
MsgBox	打开一个可以显示包含警告信息或其他信息的消息框
OpenDataAccessPage	打开数据访问页
OpenDiagram	打开一个数据库图表
OpenForm	打开一个窗体
OpenModule	打开一个模块
OpenQuery	打开一个查询
OpenReport	打开一个报表
OpenStoredProcedure	打开一个存储过程

（续）

命令	功　能
OpenTable	打开一个表
OpenView	打开一个视图
OutputTo	将特定的 Access 数据库对象（表、查询、窗体、报表、数据访问页、模块）中的数据输出到 Excel 文件（＊．xls）、MS－DOS 文本文件（＊．txt）
Print	打印当前数据图表、窗体或报表
PrintOut	打印打开数据库中的当前对象
Quit	退出 Access
Rename	给选定的数据库对象重新取名
RepaintObject	刷新一个窗体的内容，如果没有指定数据库对象，则对当前数据库对象进行更新
Requery	从表格中或指定的对象中获得最新的信息，如果不指定控件，该操作将对对象本身的数据源进行重新查询，用该操作可以保证当前对象或其所包含的控件显示的是最新的数据
RestoryRestore	将处于最大化或最小化的窗体恢复为原来的大小
RunApp	在 Access 中运行一个 Windows 或 MS－DOS 应用程序，如 Excel，Word 或 PowerPoint
RunCode	运行 VisualBasic 函数
RunCommand	运行 Access 的内置命令
RunMacro	调用另一个宏
RunSQL	通过使用相应的 SQL 语句，运行操作查询和数据定义查询
Save	保存一个特定的 Access 对象，或在没有指定的情况下保存当前活动的对象
SelectObject	把光标移动到指定的对象上
Sendkeys	输入一个击键动作
SendObject	将指定的 Access（表、窗体、报表数据访问页、模块）对象包含在电子邮件消息中，以便查看和发送
SetMenuItem	设置活动窗体的自定义菜单栏，或全局菜单栏上菜单项的状态
SetValue	设置窗体或报表中一个控件特性的值
SetWormings	打开或关闭 Access 的系统消息
ShowAllRecord	取消基本表或查询中所有的筛选
ShowToolbar	显示或隐藏内置工具栏或自定义工具栏
StopAllMacro	中断所有运行的宏
StopMacro	中断当前运行的宏
TransferDatabase	与其他数据库之间导入与导出数据
TransferSpreadheet	与电子表格文件之间导入或导出数据
TransferTest	与文本文件之间导入或导出文本

附录B　常用窗体与报表的属性

属性	功　能
标题	窗体或报表标题栏中显示的内容，与窗体本身的内容无关，系统默认值为窗体或报表的名称
默认视图	当窗体被打开时所要显示的视图类型
允许的视图	用户可切换的视图
滚动条	窗体是否显示滚动条和显示什么样的滚动条
记录选定器	窗体是否显示记录选定器
定位按钮	窗体是否显示定位按钮
分隔线	在窗体的节之间是否显示分隔线
自动调整	为了能显示一个记录的全部字段，是否可以调整窗体的大小
自动居中	窗体是否在显示器的中心
边框宽度	控件边框的宽度
边框样式	控件边框样式
控制框	是否在窗体的左上角显示控制菜单。控制菜单内有还原、移动、最大化、最小化和关闭等命令按钮
最大化最小化按钮	在窗体上是否显示最大化和最小化按钮
关闭按钮	在窗体上是否显示关闭按钮
问号按钮	在窗体上是否显示问号按钮
宽度	窗体的宽度
图片	窗体背景图片的路径及名称
图片类型	背景图片是链接还是嵌入
图片缩放模式	指定窗体或报表中的图片调整大小的方式
图片对齐方式	指定背景图片在图像控件、窗体或报表中显示的位置
图片平铺	指定背景图片是否在整个图像控件、窗体窗口或报表页面中平铺
网格线X坐标	网格中每一单位量度的（水平）分隔数
网格线Y坐标	网格中每一单位量度的（垂直）分隔数
打印版式	是否使用打印机字体
调色板来源	调色板图形的路径或文件名称
强制分页	指定窗体节或报表节是否在新的一页打印，而不是从当前页打印
新行或新列	指定一个节和它的相关数据是否在多列报表或多列窗体的一个新行或新列中进行打印
保持同页	是否使节都包含在同一页上
可见性	对象是否可见
何时显示	指定窗体中将在屏幕上显示的节或控件
可以扩大	节或控件是否可垂直地增大，使行能够打印或预览所有数据
可以缩小	节或控件是否可垂直地缩小，使行能够打印或预览所有数据而不包含空白

（续）

属性	功　能
高度	控件的高度
背景颜色	控件或节的颜色
前景颜色	文本在控件中的颜色，或文本打印的颜色
特殊效果	控件或节的外观效果
超级链接地址	为命令按钮、图像控件或标签控件指定或确定其链接到对象、文档、Wed 页或其他目标的路径
超级链接子地址	指定或确定由超级链接地址所指定的目标文档中的某一位置
左边距	控件左端相对于窗体或报表的位置
上边距	控件上部相对于窗体或报表的位置
背景样式	控件的背景样式
字体名称	文本的字体
字体大小	文本的大小
字体的粗细	文本的线条宽度
斜体	文本是否倾斜
下划线	文本是否带有下划线
文本对齐	控件内文本的对齐方式
小数位数	控件中小数的位数
列数	组合框中下拉列表的列数
列标头	是否用字段名称、标题或数据的首行列标题或图表的标签
列宽	多列列表框或组合框中下列表中的列宽
列表行数	组合框下拉列表中的所显示的最大行数
列表宽度	组合框下拉列表的宽度
记录来源	窗体或报表所基于的表、查询或 SQL 语句
控件来源	作为控件数据来源的字段名称或表达式
行来源	控件数据的来源
行来源类型	控件数据来源的类型
结合型列	设置控件值的列表框或组合框的列
自动展开	当首字符与所选列之一相同时，是否展开文本
筛选	窗体/报表自动加载的筛选
排序依据	窗体/报表自动加载的排序依据
允许筛选	是否允许记录筛选
允许编辑	在窗体中能否修改记录
允许删除	在窗体中能否删除记录
允许添加	在窗体中能否添加记录
数据入口	是否仅允许添加新记录
记录集类型	决定哪些表可以编辑

（续）

属性	功 能
记录锁定	是否及如何锁定基础表或查询中的记录
默认值	自动输入到此字段记录中的值
成为当前	在焦点从一个记录移动到另一个记录时所要执行的宏或函数
插入前	在新记录的第一个字符被键入时所要执行的宏或函数
插入后	在新记录被键入后所要执行的宏或函数
更新前	在字段或记录被更新后所要执行的宏或函数
更新后	在字段或记录被更新后所要执行的宏或函数
删除	在记录被删除时所要执行的宏或函数
确认删除前	在确认删除前所要执行的宏或函数
确认删除后	在确认删除后所要执行的宏或函数
打开	在窗体或报表打开时所要执行的宏或函数
进入	当控件第一次获得焦点时所要执行的宏或函数
退出	当控件在同一个窗体上失去焦点时所要执行的宏或函数
加载	窗体/报表在加载时所要执行的宏或函数
调整大小	窗体/报表在调整大小时所要执行的宏或函数
卸载	窗体/报表在卸载时所要执行的宏或函数
关闭	窗体/报表在关闭时所要执行的宏或函数
激活	当一个窗体/报表激活时所要执行的宏或函数
停用	当一个窗体/报表失去激活时所要执行的宏或函数
获得焦点	当一个窗体或控件获得焦点时所要执行的宏或函数
失去焦点	当一个窗体或控件失去焦点时所要执行的宏或函数
单击	当控件被单击时所要执行的宏或函数
双击	当控件被双击时所要执行的宏或函数
鼠标按下	当鼠标按下时所要执行的宏或函数
鼠标移动	当鼠标移动时所要执行的宏或函数
鼠标释放	当鼠标释放时所要执行的宏或函数
键按下	当键按下时所要执行的宏或函数
键释放	当键释放时所要执行的宏或函数
击键	当键按下或释放时所要执行的宏或函数
键预览	是否在控件的键盘事件发生前调用窗体的键盘事件
出错	当窗体或报表在发生运行错误时所要执行的宏或函数
筛选	当一个筛选被编辑时所要执行的宏或函数
应用筛选	当一个筛选被应用或移去时所要执行的宏或函数
计时器触发	当计时器时间隔为“0”时所要执行的宏或函数
计时器间隔	以毫秒为单位来指定计时器时间间隔
格式化	当节被格式化前所要执行的宏或函数

（续）

属性	功　能
弹出方式	窗体是否为弹出式窗口，自动出现在其他窗体之前
独占方式	窗体是否保留焦点，直到关闭
循环	Tab 键应如何循环
菜单栏	自定义菜单栏或菜单栏宏的名称
工具栏	窗体被打开时显示的工具栏
快捷菜单	允许在浏览模式中使用鼠标键菜单
快捷菜单栏	自定义快捷菜单和菜单宏的名称
快速激活打印	是否使用激光打印机的规则来打印
帮助文件	此窗体自定义帮助文件名称
帮助上下文 ID	自定义帮助文件中主题的标识号
标记	由此控件保存的额外数据
内含模块	确定窗体或报表是否含在类模块
垂直放置	指定在垂直方向显示、编辑窗体中的控件，或在水平方向显示、打印报表中的控件
控件提示文本	提示信息
输入法模式	鼠标进入控件时是否打开输入法
状态栏文本	当控件被选定时，状态栏中所显示的内容
Enter 键行为	在某一控件接受到同一窗体上另一控件焦点之前即按（Enter 键）之后，所要发生的事件
允许自动更正	是否自动更正此控件中输入的文字
自动工 tab 键	输入最后一个掩码允许的字符后，是否自动跳到下一个控件
Tab 键索引	通过生成器可以定义 Tab 键的次序
记录锁定	是否及如何锁定基础表或查询的记录
日期分组	指定如何在报表中分组日期字段

附录 C　常用统计计算函数

函数	功　能
Avg	计算指定范围内的多个记录中，指定字段值的平均值
Count	计算指定范围内的记录个数
First	返回指定范围内的多个记录中，第一个记录指定字段值的值
Last	返回指定范围内的多个记录中，最后一个记录指定字段值的值
Max	返回指定范围内的多个记录中的最大值
Min	返回指定范围内的多个记录中的最小值
StDev	计算标准偏差
Sum	计算指定范围内的多个记录中，指定字段值的和
Var	计算总体方差

附录D　常用字段的属性

属性	功　能
字段大小	设置字段存储数据的最大字节数
格式	自定义字段的显示和打印方式
输入掩码	控制在文本框类型的控件中的输入值
标题	定义视图的列名称，默认值为字段名
默认值	自动填充的字段值
有效性规则	指定对输入到记录、字段或控件中的数据限制条件
有效性文本	当违反了有效性规则时，所显示的文本信息
必添字段	控制不允许有空字段值
索引	设置索引字段
小数位数	定义字段中的小数位数
新值	定义自动编号字段的值，是以递增方式，还是以随机方式产生
显示控件	定义字段是以文本框显示的方式，还是是以列表框显示的方式，或是以组合框显示的方式显示
行来源类型	定义控件数据来源的类型
行来源	定义查阅向导字段类型控件的数据类型
结合型列	定义设置控件值的列表框或组合框列
列数	定义要显示的列数目
列标头	定义是否用字段名称，标题或数据的首行作为列标题或图表标签
列宽	定义多列列表框或组合框中的列宽
列表行数	定义在组合框或中显示的行的最大数目
列表宽度	定义在组合框中下拉列表的宽度
限于列表	定义当首字符与所选择列之一相符时是否接受文本
筛选	定义是否和表或查询一起加载筛选
排序依据	定义是否和表或查询一起加载排序依据
说明	定义表划查询的说明
输出所有字段	定义是否从来源表中或从查询中输出所有字段
上限值	定义查询所返回的行数或百分比
惟一值	定义查询中是否有重复的字段值
执行权限	定义可执行查询的用户
源数据库	定义输入表或查询的源数据库名称和路径
来源连接字符串	定义连接字符串的源数据库
记录锁定	定义是否及如何锁定基础表或查询中的记录
记录集类型	定义哪些表可以编辑

附录 E《中等职业学校计算机应用与软件技术专业领域技能型紧缺人才培养培训指导方案》节选

一、指导思想

根据劳动力市场需求，以信息产业人才需求的调查结果为基本依据，以提高学生的职业实践能力和职业素养为宗旨，倡导以学生为本位的教育培训理念和建立多样性与选择性相统一的教学机制，通过综合和具体的职业技术实践活动，帮助学习者积累实际工作经验，突出职业教育的特色，全面提高学生的职业道德职业能力和综合素质。

根据我国信息产业发展的客观需求及劳动力市场的特点，考虑不同地区经济技术社会以及职业教育与培训的发展水平和区域特点，着力提高学生的操作技能和技术服务能力，本专业领域技能型紧缺人才的培养培训应体现以下基本原则：

1. 以全面素质为基础，以职业能力为本位

以科学的劳动观与技术观为指导，帮助学生正确理解技术发展劳动生产组织变革和劳动活动的关系，充分认识职业和技术实践活动对经济发展和个人成长的意义和价值，使受教育者形成健康的劳动态度、良好的职业道德和正确的价值观，全面提高劳动者素质。技能型紧缺人才的培养要把提高学生的职业能力放在突出的位置，加强实践性教学环节，把学生培养成为企业生产服务一线迫切需要的高素质劳动者。

2. 以企业需求为基本依据，以就业为导向

将满足企业的工作需求作为课程开发的出发点，全力提高教育与培训的针对性和适应性探索和建立根据企业用人“订单”进行教育与培训的机制。教育行政部门和职业学校要关注企业需求变化，根据企业用人需求，调整专业方向，确定培养培训规模，开发、设计实施性教育与培训方案。相关行业、企业要深入地参与职业学校的教育与培训活动，要在确定市场需求、人才规格、知识技能结构、课程设置、教学内容和学习成果评估等方面发挥主导作用。

3. 适应行业技术发展，体现教学内容的先进性和前瞻性

要关注信息技术的最新发展，通过校企合作等形式，及时调整课程设置和教学内容，突出本专业领域的新知识、新技术、新流程和新方法，克服专业教学中存在的内容陈旧、更新缓慢、片面强调学科体系完整、不能适应产业发展需要的弊端。要结合专业要求，在扎实掌握专业基本知识和基本技能的基础上，及时了解本专业领域的最新技术发展方向，实现专业教学基础性与先进性的统一。

4. 以学生为主体，体现教学组织的科学性和灵活性

要根据各地经济技术的发展情况，充分考虑学生的认知水平和已有知识技能经验与兴趣，为每一个学生提供适应劳动力市场需要和有职业发展前景的、模块化的学习资源。要力求在学习内容、教学组织、教学评价等方面给教师和学生提供选择和创新的空间，构建开放式的课程体系，适应学生个性化发展的需要。采用“大专业、小专业化”的课程组织模式，用本专业职业能力结构中通用部分构筑能力平台，用灵活的模块化课程结构和学分制管理制度满足学生的不同需要。技能型紧缺人才培养的课程和教学项目，不仅要适应职业学校的学

历教育，而且要适应在职人员更新知识和技能培训的需要。

二、计算机软件专业培养目标与规格

修业年限：3～4年

招生对象：初中毕业生

培养目标：面向IT行业，培养拥护党的基本路线，德、智、体、美全面发展，具有与本专业相适应的文化水平和良好的职业道德，掌握本专业的基础知识和基本技能，了解软件项目的开发流程，能够从事计算机初级编码或开发、软件调试及技术服务与软件销售等工作的专业人员。

技能型紧缺人才培养培训中应重点体现的特色；本专业培养培训技能型紧缺人才，要在实施《中等职业教育计算机及应用专业教学指导方案》的基础上，特别突出以下知识、技能和态度的培养：

(1) 了解软件开发流程及项目的组织方式，能够理解和编写规范的技术文档，具有初步的软件开发经验；

(2) 能借助字典或者实典软件阅读一般的专业英文技术资料；

(3) 具有良好的人际交流能力、团队合作精神和客户服务意识；

(4) 了解IT前沿技术和发展方向，具备学习能力；

(5) 具有良好的知识产权保护意识和基本能力；

(6) 取得相应IT认证资格，具有一定的就业竞争力。

专业基本能力：

(1) 具有熟练的计算机操作技能，能够进行网络操作系统和常用软件的安装与使用；

(2) 熟练使用至少一种流行的程序设计语言，了解面向对象的思想；

(3) 能够根据详细设计说明书编写规范的程序代码并进行调试和单元测试，能解决在编码过程中遇到的技术问题：

(4) 能够进行代码维护工作；

(5) 掌握数据库的基本知识，能够进行数据库的查询简单维护；

(6) 具备Web开发的基本技术，能进行简单的基于Web的应用程序开发；

(7) 具备桌面开发的基本知识，能够进行简单的桌面应用程序开发；

(8) 熟悉软件项目开发的流程，能够进行代码维护。

就业范围与机会：本专业毕业生可在IT软件企业从事初级软件编码、维护和技术支持以及软件的销售工作。还可以在其他各企事业单位从事办公自动化应用、应用程序的使用及计算机维护工作。

三、计算机软件核心教学与训练项目（课程）及教学要求（见表E-1）

表 E-1　计算机软件核心教学与训练项目（课程）及教学要求

核心教学与训练项目（课程）	主要教学内容与教学要求	建议教学与训练课时数	教学建议与说明
计算机操作与使用	计算机基本原理与基本结构，计算机的基本维护知识，基本外部设备的使用与维护知识，计算机键盘操作与录入技能实训，操作系统的应用，办公软件的应用，计算机基础应用软件操作实训，Internet 的应用 通过学习，学生能够掌握计算机基本操作；能够进行简单的软件安装和系统维护；能熟练使用办公软件；能够使用 Internet 常用功能	164	建议采用知识引入上机操作、查资料自学、分组作业和项目教学相结合的方式
计算机网络技术与应用	网络基础知识，简单网络环境配置通过学习，能够进行简单的 Windows 平台下的网络配置；能够进行 Internet 连接	100	同上
软件开发一（基于过程程序设计语言）	简单的算法，程序流程控制，用流程图表示程序的逻辑性，数据结构，各种文档的编写 通过学习，能够使用一种高级程序设计语言进行简单的程序设计和调试；能够运用基本的结构化程序设计 方法进行流程设计；能编写各种文档；具备一定的沟通能力和团队合作精神	132	建议采用项目教学
网页制作	HTML 网页制作的基本方法与技能，网页制作工具 通过学习，能够综合运用软件技术和开发工具进行网站开发与网页设计，具备一定的相关经验：能够开发小型网站，进行网页设计	132	建议采用项目教学
数据库应用开发	建立使用与维护数据库，建立查询界面报表与菜单的方法 通过学习，能够掌握简单数据库应用程序开发方法；具备一定的沟通能力和团队合作精神	168	
软件开发二（基于桌面应用程序）	一种基于桌面的程序设计语言，设计图形化的用户操作界面，编写各种文档 通过学习，具备综合或者单独运用程序设计语言进行小型桌面应用程序开发的能力与经验；具备图形用户操作界面设计和开发的能力；能够编写各种文档；具备一定的沟通能力和团队合作精神	132	建议采用项目教学
软件开发流程实训	软件开发流程，相关文档，简单测试方法 通过学习，了解规范的软件开发流程；能够看懂相关文档；能进行单元测试	72	建议采用知识引入案例分析和模拟演习的方式

根据企业用人具体要求和较内外教学与训练条件，可对上述核心课程与实训项目进行必要的选择与组合，也可以对其内容的深放广度做适当调整。

四、计算机软件专业参考性教学安排（见表 E-2）

表 E-2　计算机软件专业参考性教学安排

课程类别	课程名称	教学总学时数	学期学时分配（周学时）					
			第一学年		第二学年		第三学年	
			1	2	3	4	5	6
			16 周	16 周	16 周	16 周	16 周	20 周
文化基础课程（1267）	德育	175	2	2	2	2	3	
	体育	160	2	2	2	2	2	
	语文	256	4	4	4	4		
	数学	256	4	4	4	4		
	英语	256	4	4	4	4		
	计算机操作与使用（含实训）	164	4	4				
核心课程（736）	软件开发（一）（含实训）	132		6				
	计算机网络技术与应用（含实训）	100			4			
	网页制作（含实训）	132			6			
	数据库应用开发（含实训）	168				6		
	桌面应用程序设计（软件开发二）（含实训）	132					6	
	软件开发流程实训	72					2 周	
其他专业课程	可开设计算机英语、面向对象的程序设计方法、计算机信息安全技术、程序语言及开发工具使用、计算机组装与维护等							
选开及选修课程	选开及选修课程可选常用工具软件、电子商务、计算机辅助设计、平面图像处理、办公软件高级应用、计算机组装与维护、市场营销、动画制作、职业指导等，各地也可以根据具体情况开设其他选修课程							
总学时 3000 ~ 3300								

参考文献

1　黄涛编著. Access2003 速成培训教程. 北京：中国电力出版社，2004

2　郑小玲，王学军编著 .Access 项目案例导航. 北京：科学出版社，2003

3　全国计算机信息高新技术考试教材编写委员会编著. Access2002 职业技能培训教程. 北京：科学出版社，2004

4　国家职业技术鉴定专家委员会编著. Access2002 试题汇编. 北京：北京希望电子出版社，2004

5　国家职业技术鉴定专家委员会编著. Access2002 试题解答. 北京：北京希望电子出版社，2004

6　毛一心等编著. 中文版 Access2000 应用及实例集锦. 北京：人民邮电出版社，2002

7　（美）StephenFortet 等编著. Access2002 开发实用全书. 张冕洲等译. 北京：电子工业出版社，2002

8　李禹生等编著. 数据库应用技术——Access 及应用系统开发. 北京：中国水利水电出版社，2002

读者信息反馈表

为了更好地为您服务，有针对性地为您提供图书信息，方便您选购合适图书，我们希望了解您的需求和对我们教材的意见和建议，愿这小小的表格为我们架起一座沟通的桥梁。

<table>
<tr><td>姓 名</td><td colspan="2"></td><td colspan="2">所在单位名称</td><td colspan="2"></td></tr>
<tr><td>性 别</td><td colspan="2"></td><td colspan="2">所从事工作</td><td colspan="2"></td></tr>
<tr><td>通信地址</td><td colspan="4"></td><td>邮 编</td><td></td></tr>
<tr><td>办公电话</td><td colspan="3"></td><td colspan="2">移动电话</td><td></td></tr>
<tr><td>E-mail</td><td colspan="6"></td></tr>
<tr><td colspan="7">1. 您选择图书时主要考虑的因素（在相应项前画√）
（ ）出版社 （ ）内容 （ ）价格 （ ）封面设计 （ ）其他
2. 您选择我们图书的途径（在相应项前画√）
（ ）书目 （ ）书店 （ ）网站 （ ）朋友推介 （ ）其他</td></tr>
<tr><td colspan="7">希望我们与您经常保持联系的方式：
□ 电子邮件信息 □ 定期邮寄书目
□ 通过编辑联络 □ 定期电话咨询</td></tr>
<tr><td colspan="7">您对我社图书出版有哪些意见和建议（可从内容、质量、设计、需求等方面谈）：</td></tr>
<tr><td colspan="7">您今后是否准备出版相应的教材、图书或书著（请写出出版的专业方向、准备出版的时间、出版社的选择等）：</td></tr>
</table>

非常感谢您能抽出宝贵的时间完成这张调查表的填写并回寄给我们，您的意见和建议一经采纳，我们将有礼品回赠。我们愿以真诚的服务回报您对机械工业出版社技能教育分社的关心和支持。

请联系我们——

地址 北京市西城区百万庄大街 22 号 机械工业出版社技能教育分社

邮编 100037

社长电话 （010）88379080，88379083；68329397（带传真）

E-mail hyq@mail.machineinfo.gov.cn